"煤炭清洁转化技术丛书"

丛书主编：谢克昌

丛书副主编：任相坤

各分册主要执笔者：

《煤炭清洁转化总论》	谢克昌　王永刚　田亚峻
《煤炭气化技术：理论与工程》	王辅臣　于广锁　龚　欣
《气体净化与分离技术》	上官炬　毛松柏
《煤炭转化过程污染控制与治理》	亢万忠　周彦波
《煤炭热解与焦化》	尚建选　郑明东　胡浩权
《煤炭直接液化技术与工程》	舒歌平　吴春来　任相坤
《煤炭间接液化理论与实践》	孙启文
《煤基化学品合成技术》	应卫勇
《煤基含氧燃料》	李　忠　付廷俊
《煤制烯烃和芳烃》	魏　飞　叶　茂　刘中民
《煤基功能材料》	张功多　张德祥　王守凯
《煤制乙二醇技术与工程》	姚元根　吴越峰　诸　慎
《煤化工碳捕集利用与封存》	马新宾　李小春　任相坤
《煤基多联产系统技术》	李文英
《煤化工设计技术与工程》	施福富　亢万忠　李晓黎

煤炭清洁转化技术丛书

丛书主编　谢克昌　　丛书副主编　任相坤

煤炭气化技术
理论与工程

王辅臣　于广锁　龚　欣　等 编著

化学工业出版社

·北京·

内容简介

本书是"煤炭清洁转化技术丛书"的分册之一，集理论探讨与工程实践于一体，系统介绍了煤气化技术的最新进展和工程应用。本书通过过程分析提出了煤气化技术一百余年来发展的共性问题：原料稳定高效输送、煤炭高效快速气化、粗合成气能量回收与除尘。之后以大型气流床气化技术为主线，结合作者团队三十余年的研究成果，系统阐述了煤气化技术的物理化学基础、炉内射流与湍流多相流动、湍流混合及其对复杂气化反应的影响、水煤浆制备与输送、粉煤的流动特性及其密相气力输送、气化炉内熔渣流动与沉积、气流床气化过程放大与集成、煤与气态烃的共气化、气化炉及气化系统模拟优化、大型煤气化技术的工程应用等内容。书中详细分析了不同煤气化技术的特点和共性，探讨了煤气化技术的发展方向。

本书在紧密结合国内外煤气化技术发展的基础上，充分融合了国内近年来在该领域的基础研究突破与工程应用进展，理论与实践并重，可供煤化工领域的研究、设计和生产技术人员，尤其是从事煤气化技术开发、设备设计和工程设计的技术人员参考。

图书在版编目（CIP）数据

煤炭气化技术：理论与工程 / 王辅臣等编著.
北京：化学工业出版社，2025. 3. --（煤炭清洁转化技术丛书）. -- ISBN 978-7-122-46750-8

Ⅰ. TQ54

中国国家版本馆 CIP 数据核字第 20246RL967 号

责任编辑：傅聪智　仇志刚　　　　装帧设计：张　辉
责任校对：边　涛

出版发行：化学工业出版社
　　　　　（北京市东城区青年湖南街 13 号　邮政编码 100011）
印　　装：中煤（北京）印务有限公司
787mm×1092mm　1/16　印张 35¼　字数 882 千字
2025 年 2 月北京第 1 版第 1 次印刷

购书咨询：010-64518888　　　　　售后服务：010-64518899
网　　址：http://www.cip.com.cn

定　　价：268.00 元

"煤炭清洁转化技术丛书"编委会

马连湘　青岛科技大学教授

马新宾　天津大学教授

毛松柏　中石化南京化工研究院有限公司教授级高级工程师

倪维斗　中国工程院院士，清华大学教授

任相坤　中国矿业大学教授

上官炬　太原理工大学教授

尚建选　陕西煤业化工集团有限责任公司教授级高级工程师

施福富　赛鼎工程有限公司教授级高级工程师

石岩峰　中国炼焦行业协会高级工程师

舒歌平　中国神华煤制油化工有限公司研究员

孙启文　上海兖矿能源科技研发有限公司研究员

田亚峻　中国科学院青岛生物能源与过程所研究员

王辅臣　华东理工大学教授

王永刚　中国矿业大学教授

魏　飞　清华大学教授

吴越峰　东华工程科技股份有限公司教授级高级工程师

谢克昌　中国工程院院士，太原理工大学教授

谢在库　中国科学院院士，中国石油化工股份有限公司教授级高级工程师

杨卫胜　中国石油天然气股份有限公司石油化工研究院教授级高级工程师

姚元根　中国科学院福建物质结构研究所研究员

应卫勇　华东理工大学教授

张功多　中钢集团鞍山热能研究院教授级高级工程师

张庆庚　赛鼎工程有限公司教授级高级工程师

张　勇　陕西省化工学会教授级高级工程师

郑明东　安徽理工大学教授

周国庆　化学工业出版社编审

周伟斌　化学工业出版社编审

诸　慎　上海浦景化工技术股份有限公司

丛书序

2021年中央经济工作会议强调指出："要立足以煤为主的基本国情，抓好煤炭清洁高效利用。"事实上，2019年到2021年的《政府工作报告》就先后提出"推进煤炭清洁化利用"和"推动煤炭清洁高效利用"，而2022年和2023年的《政府工作报告》更是强调要"加强煤炭清洁高效利用"和"发挥煤炭主体能源作用"。由此可见，煤炭清洁高效利用已成为保障我国能源安全的重大需求。中国工程院作为中国工程科学技术界的最高荣誉性、咨询性学术机构，立足于我国的基本国情和发展阶段，早在2011年2月就启动了由笔者负责的《中国煤炭清洁高效可持续开发利用战略研究》这一重大咨询项目，组织了煤炭及相关领域的30位院士和400多位专家，历时两年多，通过对有关煤的清洁高效利用全局性、系统性和基础性问题的深入研究，提出了科学性、时效性和操作性强的煤炭清洁高效可持续开发利用战略方案，为中央的科学决策提供了有力的科学支撑。研究成果形成并出版一套12卷的同名丛书，包括煤炭的资源、开发、提质、输配、燃烧、发电、转化、多联产、节能降污减排等全产业链，对推动煤炭清洁高效可持续开发利用发挥了重要的工程科技指导作用。

煤炭具有燃料和原料的双重属性，前者主要用于发电和供热（约占2022年煤炭消费量的57%），后者主要用作化工和炼焦原料（约占2022年煤炭消费量的23%）。近年来，由于我国持续推进煤电机组与燃料锅炉淘汰落后产能和节能减排升级改造，已建成全球最大的清洁高效煤电供应体系，燃煤发电已不再是我国大气污染物的主要来源，可以说2022年，占煤炭消费总量约57%的发电用煤已基本实现了煤炭作为能源的清洁高效利用。如果作为化工和炼焦原料约10亿吨的煤炭也能实现清洁高效转化，在确保能源供应、保障能源安全的前提下，实现煤炭清洁高效利用便指日可待。

虽然2022年化工原料用煤3.2亿吨仅占包括炼焦用煤在内转化原料用煤总量的32%左右，但以煤炭清洁转化为前提的现代煤化工却是煤炭清洁高效利用的重要途径，它可以提高煤炭综合利用效能，并通过高端化、多元化、低碳化的发展，使该产业具有巨大的潜力和可期望的前途。至2022年底，我国现代煤化工的代表性产品煤制油、煤制甲烷气、煤制烯烃和煤制乙二醇产能已初具规模，产量也稳步上升，特别是煤直接液化、低温间接液化、煤制烯烃、煤制乙二醇技术已处于国际领先水平，煤制乙醇已经实现工业化运行，煤制芳烃等技术也正在突破。内蒙古鄂尔多斯、陕西榆林、宁夏宁东和新疆准东 4 个现代煤化工产业示范区和生产基地产业集聚加快、园区化格局基本形成，为现代煤化工产业延伸产业链，最终实现高端化、多元化和低碳化奠定了雄厚基础。由笔者担任主编、化学工业出版社 2012 年出版发行的"现代煤化工技术丛书"对推动我国现代煤化工的技术进步和产业发展发挥了重要作用，做出了积极贡献。

现代煤化工产业发展的基础和前提是煤的清洁高效转化。这里煤的转化主要指煤经过化学反应获得气、液、固产物的基础过程和以这三态产物进行再合成、再加工的工艺过程，而通过科技创新使这些过程实现清洁高效不仅是助力国家能源安全和构建"清洁低碳、安全高效"能源体系的必然选择，而且也是现代煤化工产业本身高端化、多元化和低碳化的重要保证。为顺应国家"推动煤炭清洁高效利用"的战略需求，化学工业出版社决定在"现代煤化工技术丛书"的基础上重新编撰"煤炭清洁转化技术丛书"（以下简称丛书），仍邀请笔者担任丛书主编和编委会主任，组织我国煤炭清洁高效转化领域教学、科研、工程设计、工程建设和工厂企业具有雄厚基础理论和丰富实践经验的一线专家学者共同编著。在丛书编写过程中，笔者要求各分册坚持"新、特、深、精"四原则。新，是要有新思路、新结构、新内容、新成果；特，是有特色，与同类著作相比，你无我有，你有我特；深，是要有深度，基础研究要深入，数据案例要充分；精，是分析到位、阐述精准，使丛书成为指导行业发展的案头精品。

针对煤炭清洁转化的利用方式、技术分类、产品特征、材料属性，从清洁低碳、节能高效和环境友好的可持续发展理念等本质认识，丛书共设置了 15 个分册，全面反映了作者团队在这些方面的基础研究、应用研究、工程开发、重大装备制造、工业示范、产业化行动的最新进展和创新成果，基本体现了作者团队在煤炭清洁转化利用领域追求共性关键技术、前沿引领技术、现代工程技术和颠覆性技术突破的主动与实践。

1.《煤炭清洁转化总论》（谢克昌　王永刚　田亚峻　编著）

以"现代煤化工技术丛书"之分册《煤化工概论》为基础，将视野拓宽至煤炭清洁转化全领域，但仍以煤的转化反应、催化原理与催化剂为主线，概述了煤炭清洁转化的主要过程和技术。该分册一个显著的特点是针对中国煤炭清洁转化的现状和问题，在深入分析和论证的基础上，提出了中国煤炭清洁转化技术和产业"清洁、低碳、安全、高效"的量化指标和发展战略。

2.《煤炭气化技术：理论与工程》（王辅臣　于广锁　龚欣　等编著）

该分册通过对煤气化过程的全面分析，从煤气化过程的物理化学、流体力学基础出发，深入阐述了气化炉内射流与湍流多相流动、湍流混合与气化反应、气化原料制备与输送、熔渣流动与沉积、不同相态原料的气流床气化过程放大与集成、不同床型气化炉与气化系统模拟以及成套技术的工程应用。作者团队对其开发的多喷嘴气化技术从理论研究、工程开发到大规模工业化应用的全面论述和实践，是对煤气化这一煤炭清洁转化核心技术的重大贡献。专述煤与气态烃的共气化是该分册的另一特点。

3.《气体净化与分离技术》（上官炬　毛松柏　等编著）

煤基工业气体净化与分离是煤炭清洁转化的前提与基础。作者基于团队几十年在这一领域的应用基础研究和技术开发实践，不仅系统介绍了广泛应用的干法和湿法净化技术以及变压吸附与膜分离技术，而且对气体净化后硫资源回收与一体化利用进行了论述，系统阐述了不同净化分离工艺技术的应用特征和解决方案。

4.《煤炭转化过程污染控制与治理》（亢万忠　周彦波　等编著）

传统煤炭转化利用过程中产生的"三废"如果通过技术创新、工艺进步、装置优化、全程管理等手段，完全有可能实现源头减排，从而使煤炭转化利用过程达到清洁化。该分册在介绍煤炭转化过程中硫、氮等微量和有害元素的迁移与控制的理论基础上，系统论述了主要煤炭转化技术工艺过程和装置生产中典型污染物的控制与治理，以及实现源头减排、过程控制、综合治理、利用清洁化的技术创新成果。对煤炭转化全过程中产生的"三废"、噪声等典型污染物治理技术、处置途径的具体阐述和对典型煤炭转化项目排放与控制技术集成案例的成果介绍是该分册的显著特点。

5.《煤炭热解与焦化》（尚建选　郑明东　胡浩权　等编著）

热解是所有煤炭热化学转化过程的基础，中低温热解是低阶煤分级分质转化利用的最佳途径，高温热解即焦化过程以制取焦炭和高温煤焦油为主要目的。该分册介绍了热解与焦化过程的特征和技术进程，在阐述技术原理的基础上，对这两个过程的原料特性要求、工艺技术、装备设施、产物分质利用、系统集成等详细论述的同时，对中低温煤焦油和高温煤焦油的深加工技术、典型工艺、组分利用、分离精制、发展前沿等也做了全面介绍。展现最新的研究成果、工程进展及发展方向是该分册的特色。

6.《煤炭直接液化技术与工程》（舒歌平　吴春来　任相坤　编著）

通过改变煤的分子结构和氢碳原子比并脱除其中的氧、氮、硫等杂原子，使固体煤转化成液体油的煤炭直接液化不仅是煤炭清洁转化的重要途径，而且是缓解我国石油对外依存度不断升高的重要选择。该分册对煤炭直接液化的基本原理、用煤选择、液化反应与影响因素、液化工艺、产品加工进行了全面论述，特别是世界首套百万吨级煤直接液化示范工程的工艺、装备、工厂运行等技术创新过程和开发成果的详尽总结和梳理是其亮点。

7.《煤炭间接液化理论与实践》（孙启文　编著）

煤炭间接液化制取汽油、柴油等油品的实质是煤先要气化制得合成气，再经费-托催化反应转化为合成油，最后经深加工成为合格的汽油、柴油等油品。与直接液化一样，间接液化是煤炭清洁转化的重要方式，对保障我国能源安全具有重要意义。费-托合成是煤炭间接液化的关键技术。该分册在阐述煤基合成气经费-托合成转化为液体燃料的煤炭间接液化反应原理基础上，详尽介绍了费-托合成反应催化剂、反应器和产物深加工，深入介绍了作者在费-托合成领域的研发成果与应用实践，分析了大规模高、低温费-托合成多联产工艺过程，费-托合成产物深加工的精细化以及与石油化工耦合的发展方向和解决方案。

8.《煤基化学品合成技术》（应卫勇　编著）

广义上讲，凡是通过煤基合成气为原料制得的产品都属于煤基合成化学品，含通过间接液化合成的燃料油等。该分册重点介绍以煤基合成气及中间产物甲醇、甲醛等为原料合成的系列有机化工产品，包括醛类、胺类、有机酸类、酯类、醚类、醇类、烯烃、芳烃化学品，介绍了煤基化学品的性质、用途、合成工艺、市场需求等，对最新基础研究、技术开发和实际应用等的梳理是该书的亮点。

9.《煤基含氧燃料》（李忠　付廷俊　等编著）

作为煤基燃料的重要组成之一，与直接液化和间接液化制得的煤基碳氢燃料相比，煤基含氧燃料合成反应条件相对温和、组成简单、元素利用充分、收率高、环保性能好，具有明显的技术和经济优势，与间接液化类似，对煤种的适用性强。甲醇是主要的、基础的煤基含氧燃料，既可以直接用作车船用替代燃料，亦可作为中间平台产物制取醚类、酯类等含氧燃料。该分册概述了醇、醚、酯三类主要的煤基含氧燃料发展现状及应用趋势，对煤基含氧燃料的合成原料、催化反应机理、催化剂、制造工艺过程、工业化进程、根据其特性的应用推广等进行了深入分析和总结。

10.《煤制烯烃和芳烃》（魏飞　叶茂　刘中民　等编著）

烯烃（特别是乙烯和丙烯）和芳烃（尤其是苯、甲苯和二甲苯）是有机化工最基本的基础原料，市场规模分别居第一位和第二位。以煤为原料经气化制合成气、合成气制甲醇，甲醇转化制烯烃、芳烃是区别于石油化工的煤炭清洁转化制有机化工原料的生产路线。该分册详细论述了煤制烯烃（主要是乙烯和丙烯）、芳烃（主要是苯、甲苯、二甲苯）的反应机理和理论基础，系统介绍了甲醇制烯烃技术、甲醇制丙烯技术、煤制烯烃和芳烃的前瞻性技术，包括工艺、催化剂、反应器及系统技术。特别是对作者团队在该领域的重大突破性技术以及大规模工业应用的创新成果做了重点描述，体现了理论与实践的有机结合。

11.《煤基功能材料》（张功多　张德祥　王守凯　等编著）

碳元素是自然界分布最广泛的一种基础元素，具有多种电子轨道特性，以碳元素作为唯一组成的炭材料有多样的结构和性质。煤炭含碳量高，以煤为主要原料制取的煤基炭材料是煤炭材料属性的重要表现形式。该分册详细介绍了煤基有机功能材料（光波导材料、光电显示材料、光电信息存储材料、工程塑料、精细化学品）和煤基炭功能材料（针状焦、各向同性焦、石墨电极、炭纤维、储能材料、吸附材料、热管理炭材料）的结构、性质、生产工艺和发展趋势。对作者团队重要科技成果的系统总结是该分册的特点。

12.《煤制乙二醇技术与工程》（姚元根　吴越峰　诸慎　主编）

以煤基合成气为原料通过羰化偶联加氢制取乙二醇技术在中国进入到大规模工业化阶段。该分册详细阐述了煤制乙二醇的技术研究、工程开发、工业示范和产业化推广的实践，针对乙二醇制备过程中的亚硝酸甲酯合成、草酸二甲酯合成、草酸酯加氢、中间体分离和产品提纯等主要单元过程，系统分析了反应机理、工艺流程、催化剂、反应器及相关装备等；全面介绍了煤基乙二醇的工艺系统设计及工程化技术。对典型煤制乙二醇工程案例的分析、技术发展方向展望、关联产品和技术说明是该分册的亮点。

13.《煤化工碳捕集利用与封存》（马新宾　李小春　任相坤　等编著）

煤化工生产化学品主要是以煤基合成气为原料气，调节碳氢比脱除CO_2是其不可或缺的工艺属性，也因此成为煤化工发展的制约因素之一。为促进煤炭清洁低碳转化，该分册阐述了煤化工碳排放概况、碳捕集利用和封存技术在煤化工中的应用潜力，总结了与煤化工相关的CO_2捕集技术、利用技术和地质封存技术的发展进程及应用现状，对CO_2捕集、利用和封存技术工程实践案例进行了分析。全面阐述CO_2为原料的各类利用技术是该分册的亮点。

14.《煤基多联产系统技术》（李文英　等编著）

煤基多联产技术是指将燃煤发电和煤清洁高效转化所涉及的主要工艺单元过程以及化工-动力-热能一体化理念，通过系统间的能量流与物质流的科学分配达到节能、提效、减排和降低成本的目的，是一项系统整体资源、能源、环境等综合效益颇优的煤清洁高效综合利用技术。该分册紧密结合近年来该领域的技术进步和工程需求，聚焦多联产技术的概念设计与经济性评价，在介绍关键技术和主要工艺的基础上，对已运行和在建的系统进行了优化与评价分析，并指出该技术发展中的问题和面临的机遇，提出适合我国国情和发展阶段的多联产系统技术方案。

15.《煤化工设计技术与工程》（施福富　亢万忠　李晓黎　等编著）

煤化工设计与工程技术进步是我国煤化工产业高质量发展的基础。该分册全面梳理和总结了近年来我国煤化工设计技术与工程管理的最新成果，阐明了煤化工产业高端化、多元化、低碳化发展的路径，解析了煤化工工程设计、工程采购、工程施工、项目管理在不同阶段的目标、任务和关键要素，阐述了最新的工程技术理念、手段、方法。详尽剖析煤化工工程技术相关专业、专项技术的定位、工程思想、技术现状、工程实践案例及发展趋势是该分册的亮点。

　　丛书 15 个分册的作者，都十分重视理论性与实用性、系统性与新颖性的有机结合，从而保障了丛书整体的"新、特、深、精"，体现了丛书对我国煤炭清洁高效利用技术发展的历史见证和支撑助力。"惟创新者进，惟创新者强，惟创新者胜。"坚持创新，科技进步；坚持创新，国家强盛；坚持创新，竞争取胜。"古之立大事者，不惟有超世之才，亦必有坚韧不拔之志"，只要我们坚持科技创新，加快关键核心技术攻关，在中国实现煤炭清洁高效利用一定会指日可待。诚愿这套丛书在煤炭清洁高效利用不断迈上新水平的进程中发挥科学求实的推动作用。

谢克昌

2023 年 6 月 9 日

前言

　　煤炭是我国的基础能源和战略原料，煤炭的清洁高效利用是社会经济发展和生态文明建设的客观要求，也是保障国家能源安全的现实需要。煤气化是煤炭清洁高效利用的核心技术，广泛应用于煤基大宗化学品合成（合成氨、甲醇、乙二醇、醋酸、乙烯、丙烯等）、煤制液体燃料（汽油、柴油等）、煤制天然气（SNG）、IGCC发电、煤基多联产、直接还原炼铁、制氢等过程，是这些领域的龙头技术、关键技术。

　　改革开放以来，特别是进入 21 世纪后，我国在煤气化技术的基础研究、技术开发、工程示范、工业应用等方面均取得了长足进步。编者所在的研究团队由已故的于遵宏先生创立，在国家和相关部门支持下，一直从事气流床煤气化及相关领域的应用基础研究和工程化研究，与兖矿集团公司合作，2005 年开发成功了国内首个具有完全自主知识产权的多喷嘴对置式水煤浆气化技术，实现了我国大型煤气化技术零的突破。国内开发的多种煤气化技术也成功实现了工业应用，我国煤气化技术完成了从跟跑、并跑到领跑的跨越，支撑了现代煤化工行业的快速发展。截至 2023 年底，我国煤制合成氨产能约为 5472 万吨/年，煤制甲醇产能接近 8303 万吨/年，煤制油产能 823 万吨/年，煤制烯烃产能 1872 万吨/年，乙二醇产能 1143 万吨/年，煤制天然气产能 51 亿立方米/年，加上煤气化制中低热值燃气行业，全年通过气化转化的原料煤约为 3 亿吨，占我国煤炭消费总量的 6% 左右，以煤气化技术为核心的现代煤化工技术对促进国民经济可持续科学发展，保障国家能源安全发挥了重要作用。

　　自主知识产权大型煤气化技术在我国的成功开发和广泛应用，是几代煤化工人接续努力的结果，其间既有艰难探索中的失败，也有不懈努力后的成功，在这一过程中，很多研究单位和个人都做出了重要贡献。作为近 30 年来我国煤气化技术研究开发和工程应用的参与者、亲历者，本书的主要编写者见证了进入 21 世纪后，我国煤气化技术在几代人努力的基础上，实现了从无到有、从弱到强的快速发展。2009年编者团队编写了《煤炭气化技术》一书，并由化学工业出版社出版，该书出版后，受到了各个层面读者的欢迎。

　　智山慧海传真火，愿随前薪作后薪。2008 年于遵宏先生去世后，编者所在团队，继续在煤气化技术领域深耕不辍，解决了多喷嘴对置式水煤浆气化技术大型化过程面临的科学和技术难题，推动了技术的不断优化与发展。多喷嘴对置式水煤浆气化技术实现了大型化跨越。2009年6月，单炉日投煤量2000吨级的多喷嘴对置式水煤浆气化装置在江苏灵谷化工有限公司建成投运，配套生产合成氨和尿素，是当时国内单炉处理能力最大的水煤浆气化装置；2016年6月，单炉日投煤量3000吨级的多喷嘴对置式水煤浆气化装置在内蒙古荣信化工有限公司建成投运，配套生产甲醇，是当时世界单炉处理规模最大的煤气化装置；2019年10月，单炉日投煤量4000吨级的多喷嘴对置式水煤浆气化装置在内蒙古荣信化工有限公司建成投运，配套生产甲醇和乙二醇，是迄今为止世界上单炉处理规模最大的煤气化装置。2020年12月，首套多喷嘴对置式废锅-激冷耦合水煤浆气化炉在兖州煤业榆林能化有限公司投入运行，单炉日处理煤2000吨，提升了大型煤气化装置的系统能效；2024年5月单炉日处理煤3000吨/天的多喷嘴对置式粉煤气化装置投入运行。截至2023年底，在建和运行的多喷嘴对置式水煤浆气化炉209台，国内市场占有率第一。团队与中国石化集团公司合作开发的SE粉煤气化技术和SE水煤浆气化技术也实先后现了产业化应用。2004年1月，配套制氢的千吨级SE粉煤气化技术（单喷嘴冷壁式粉煤加压气化技术）工业示范装置在中国石化扬子石油化工有限公司建成投运；2019年6月，配套170万吨甲醇转化烯烃的七套日投煤1500吨级SE粉煤气化装置在中安联合煤化有限责任公司建成投运；2020年9月，单炉日投煤量2000吨级SE粉煤气化装置在中科（广东）炼化有限公司建成投运。2019年1月，配套制氢的千吨级SE水煤浆气化技术工业示范装置在中国石化镇海炼化公司建成投运；2021年11月，镇海炼化二期建设的单炉日投煤2500吨级SE水煤浆气化装置投运；2023年11月，单炉日处理煤1500吨级SE水煤浆水冷壁气化装置建成投运。

与此同时，国内其他煤气化技术的工业化也取得了长足进展。据不完全统计，我国现有林林总总的煤气化专利商或声称拥有煤气化技术的公司30余家，煤气化技术进入了百花齐放的时代。2010年以来，一些新的研究文献也不断发表，为了反映国内外煤气化技术领域最新的研究成果，在化学工业出版社的大力支持下，对《煤炭气化技术》一书进行了补充修订，新书名为《煤炭气化技术：理论与工程》。新书保留了原书的框架结构，但对第5章和第6章重新进行了梳理，将原书第6章中有关水煤浆输送的内容编入第5章，对第6章内容进行了扩充，新增了第11章，主要反映了最近十多年来国内煤气化技术在工程应用方面的最新应用进展，并在各章中也补充了国内外披露的最新研究内容。

华东理工大学洁净煤技术研究所的同仁们对全书的编写提出了宝贵的意见，给予了全力支持。本书的内容主要取材于团队的科研成果和国内外其他学者发表的文献，其特点是既反映了煤气化技术领域国内外的最新进展，更包含了编者所在团队30余年在煤气化领域学术研究的积累，许多重要内容为同类专著中首次披露。

全书共分11章，在分析不同煤气化技术特点和共性的基础上，以大型煤气化技术涉及的基础理论和关键技术为主线。

第1章对煤气化过程进行了分析，比较了不同煤气化技术的共性及特殊性，探讨了煤气化技术的发展方向。

第2章讲述煤的结构及其对气化过程的影响、煤气化过程的动力学、煤气化过程的热力学平衡计算。

第3章主要内容包括"射流-同轴受限射流-撞击流"的基本原理与计算方法，重点讲述了炉内射流与湍流多相流动的流体力学特征。

第4章探讨湍流混合基本概念、原理及其对气化过程的影响，包括湍流混合、雾化和弥散等。

第5章主要介绍水煤浆的制备技术、水煤浆特性和水煤浆输送过程。

第6章主要介绍粉煤加压输送技术。

第7章主要介绍熔渣在气流床气化炉水冷壁上的沉积规律。

第8章以气流床为基础，讨论煤气化过程的放大与集成。

第9章涉及多原料气化，主要讨论煤与气态烃的共气化。

第10章主要介绍煤气化过程与系统模拟。

第11章则主要介绍国内煤气化技术在工程应用方面的主要进展。

本书第1章，第2章第1、4、5节，第3章第5节，第4章第1、2、5节，第5章第1～4、7节，第6章第1节，第8章1、3节，第9章，第11章由王辅臣编写；第2章第2节由周志杰、沈中杰编写；第2章第3节由卫俊涛编写；第3章1～4节由李伟锋编写；第4章第3、4节由刘海峰、赵辉编写；第5章第5、6节、第8章第6节由于广锁编写；第6章第2、3节由龚欣、郭晓镭和陆海峰编写；第7章由梁钦锋、白进编写；第8章第2节由郭庆华、龚岩编写，第4节由王亦飞编写，第5节由陈雪莉编写；第10章第1、2、4、5节由代正华编写，第3节由许建良编写。全书由王辅臣统稿。王兴军帮助编者对书稿进行了校对，许建良、郭庆华、龚岩、赵辉、陆海峰、刘霞、赵丽丽、丁路、沈中杰、高云飞、唐龙飞整理了部分资料。

洁净煤技术研究所历届研究生论文中的部分研究工作，作为团队的研究成果被收集入本书。本书编写期间，许多研究生做了大量收集文献、整理数据、绘制图表的工作，一并向他们表示谢意。

本书许多内容是编者所在团队30余年学术研究的结晶，这些研究得到了国家973计划、863计划、国家攻关（支撑）计划、国家重点研发计划、国家自然科学基金、科技部重点领域创新团队、教育部"长江学者和创新团队发展计划"、教育部重大项目、教育部新世纪优秀人才资助计划、中国石化重点项目、上海市科委重大项目、上海市优秀学科带头人资助计划、上海市科技启明星计划、上海市曙光计划等科技和人才计划持续不断的支持。也一直得到了中国石化集团公司、兖矿集团有限公司（现山东能源集团有限公司）等大型企业的支持。正是这些支持，才使编者及其团队的研究思路、研究目标得以实现，在本书付梓之际，对上述单位给予的各种支持表示衷心的感谢。

国内许多专家、学者对本书编者所在团队的研究工作一直给予指导和支持，他们无私的帮助，促进了多喷嘴煤气化技术的顺利开花结果，也促进了编者所在团队的继续成长和发展。在此，对他们表示衷心的感谢。

本书写作过程中，中国石化南京化学工业有限公司档案馆、上海化工研究院有限公司档案室、西北化工研究院档案室、煤炭科学技术研究院有限公司煤化工分院档案室、兖矿鲁南化工有限公司宣传部提供了部分珍贵的档案资料，中国科学院山西煤炭化学研究所房倚天研究员、中国科学院工程热物理研究所吕清刚研究员、清华大学张建胜教授、浙江大学杨启炜教授、天津大学曾亮博士、中国华能集团有限公司许世森研究员、航天长征化学工程股份有限公司姜丛斌总经理、新奥集团公司汪国庆博士等提供了部分第一手的研究资料，丰富了本书的内容。在此，也对他们表示衷心的感谢。

煤气化技术还在不断发展，新的研究成果也在不断涌现，限于编者水平，难免挂一漏万，不当之处敬请读者批评指正。

编者于上海
2024 年 6 月

目录

2　煤气化过程的物理化学基础　　　　045

3　炉内射流与湍流多相流动　　　　103

4　湍流混合及其对复杂气化反应的影响　150

5 水煤浆制备与输送 211

6　粉煤的流动特性及其密相气力输送　　267

7　气化炉内熔渣流动与沉积　　306

8　气流床气化过程放大与集成　　　333

9　煤与气态烃的共同气化　　　378

10 气化炉及气化系统模拟   408

11　煤气化技术的工程化及其应用　493

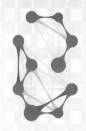

1

煤气化过程分析

相对于石油和天然气，煤是一种比较难于清洁利用的化石能源和重要原料。煤炭气化的过程实质是将难以加工处理、难以脱除无用组分的固体，转化为易于净化、易于应用的气体的过程，简言之，是将煤中的 C、H 转化为清洁合成气或燃料气（$CO+H_2$）的过程。煤炭气化是煤炭高效清洁利用的重要途径。

已工业化的煤气化技术主要有固定床、流化床和气流床技术，而规模 1000t/d 以上的煤气化装置均采用气流床技术，可以说气流床技术是大规模高效煤气化技术发展的主要方向。本章将从过程分析的角度阐述不同煤气化技术的共性，介绍不同煤气化工艺的特点，探讨煤气化技术发展的主要趋势。

1.1 煤气化工艺过程分析

鉴于煤气化过程的复杂性和工艺流程的多样性，本节将从过程合成与分析的角度，对煤气化工艺过程进行分析。目的有二，一是熟悉过程合成的方法论，从方法论的角度来驾驭煤气化过程；二是理解煤气化过程的多样性，工艺过程的合成没有唯一解，而有多种解，诸多工艺方案都是问题的解，但它们之间有好坏优劣之分。

1.1.1 推论分析与合成

分析与合成[1]是一种方法论，分析是将已有的过程或问题分解成若干单元加以研究，合成是将各个单元组合成一个整体，从而产生一个过程，分析和合成是相互作用、相互补充、相互促进又相互制约的。

如何从分析和合成的角度来认识煤气化过程呢？先从分析的角度看，煤气化的目的是生产清洁合成气或燃料气，我们可以把这一目的视为问题的起点或解决问题的要求，从原理上讲它是合理的，是可以实现的。进一步就是来寻找实现该结果的前提，对于煤气化过程，这些前提无非是：气化反应器（气化炉）、温度、压力、反应状态、组成、流量等。再把这些前提视为结果，继续寻找实现这些结果的前提，这些前提应当是：气化炉的具体形式（固定床、流化床、气流床等）、适宜的反应条件（温度、压力、流动形态）、原料的性质（褐煤、烟煤、无烟煤等）、原料的输送形态（固体、粉体、浆料等）、灰渣的分离、合成气的净化、热量回收等。再从合成的角度看，我们把原料输送、气化、除渣、热量回收、净化等单元操作、设备与机械等有机地结合起来，辅以信息交换与控制，就会形成煤气化工艺的概念设计，实现确定的目标。

用推论分析进行过程综合（合成），可用图 1-1 所示的框图表示。即以目的产物的生产过程（反应器）为核心，原料的前处理、分析进反应器的原料形态以及目的产物的后处理，逐级分解，直到找到在现有工艺技术条件下确有把握实现的设备、机械、原料、材料、工艺，以此为起点，就可实现过程综合（合成），以此合成的过程具有预期的功能。

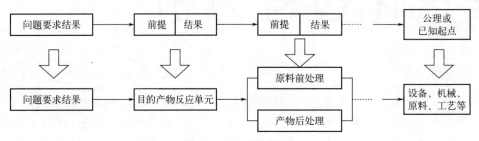

图 1-1　过程综合框图

显然，推论分析法可以找到把具有不同功能的单元沿物料流动方向组合起来的依据。对煤气化工艺而言，实现气化、净化、热量回收的方法有多种，即有多个起点，这就是煤气化具有多种工艺的原因。

1.1.2　功能分析

前已述及，推论分析是将具有不同功能的单元进行逻辑组合，形成一个系统，该系统具有将原料转化为产品的整体功能。如果用经济、技术指标对系统进行评价，可以想见，系统的功能有好坏优劣之分。实践告诉人们，实现某种功能往往有多种方案及新的组合，为了比较不同方案及新组合的整体功能，功能分析的方法便应运而生。

为了有助于理解功能分析，我们举一个日常生活中的例子。铅笔是一种书写工具，经过仔细观察分析，就会发现它由四个单元（或称要素）组成，即笔芯用于标记，不同硬度的铅芯用于调节标记，铅芯的长度用于在一定的时间范围内保持标记的功能，笔杆用于方便握持。这四个要素各具功能，进一步拓宽视野，不难发现还有很多方案同样具有上述功能，例如，装有颜料的塑料微管、蘸有墨汁的湿毛线、湿的滚球、金属薄片都具有标记功能；孔径、间隙、黏度、颜色等具有调节标记的功能；海绵、橡皮管、塑料管都有长时间保持标记的功能；而塑料杆、金属杆、竹竿都具有握持的功能。如果将上述功能进行组合，就会派生出日常所见的诸多书写工具。如果一个有心人注意到一个湿球滚过地板时会留下一条痕迹，并且将这作为一种标记功能的选择，他也许会成为圆珠笔的发明者。

从上述的例子不难理解，功能分析是把一个过程（整体）分解为若干单元（基本部分），缜密地研究其基本功能和基本属性，在此基础上分别考虑能够实现这些基本功能可供选择的其他方案，并寻求这些方案的可能组合，达到创新的目的。

在煤气化工艺的形成过程中，开发者往往在自觉或不自觉地采用功能分析的方法。尽管煤气化工艺多种多样，但它们都由 3 个基本的部分组成，即原料（煤）的处理与输送、煤气化过程、合成气热量回收与初步净化，系统工程的语言将其称为 3 个过程级。煤气化技术问世 100 多年，工艺流程在不断发展，究其细节，不过是具有相同功能单元或过程级的取代。为了便于比较分析，我们按功能单元进行归纳，它们之间的不同组合就构成了各具特色的煤气化工艺流程。

（1）原料（煤）的处理与输送　最简单而又古老的气化方法是空气鼓风的煤气发生炉[2]。煤（或焦炭）通过煤仓（或料斗）从煤气发生炉顶部加入，气化剂从发生炉下部供给，气化后的灰渣通过炉箅从下部排出。煤的加入和灰渣的排出都是周期性的。早期的固定床气化炉只适用于焦炭或经过选择的黏结性比较低的无烟煤。

随着煤化工的发展，间歇性的加料方式已经不适应过程工业大型化对煤气化技术的需求。受到渣油气化过程的启迪，美国德士古（Texaco）公司首先开发了加压水煤浆气化工艺，水煤浆可以通过特殊的泵（隔膜泵）同液体一样进行输送，而且输送压力随技术的发展也在不断提高，从早期的 2.0MPa 发展到现在的接近 10.0MPa。加料方式的改变，不仅为提高气化炉的负荷创造了条件，也大大拓展了气化用煤的范围。

（2）煤气化过程　对于空气鼓风的煤气发生炉，其主要的反应是

$$C+O_2 \rule[0.5ex]{1.5em}{0.5pt} CO_2 \tag{1-1}$$

$$C+CO_2 \rule[0.5ex]{1.5em}{0.5pt} 2CO \tag{1-2}$$

以上两个反应耦合，则得到

$$2C+O_2 \rule[0.5ex]{1.5em}{0.5pt} 2CO \tag{1-3}$$

反应（1-1）和反应（1-2）共同放出的热量足以维持常温下逆流进入煤气发生炉的反应物发生气化反应。但往往会出现反应放热远远大于反应物升温所需热量的情况，导致床层出现高温，引起煤中灰分的熔融，影响正常的排渣。这时人们自然会想到在反应物中增加一种温度调节剂，使之与碳之间发生吸热反应，用以吸收多余的热量。显然蒸汽是一种理想的温度调节剂，它与碳之间可以发生如下吸热反应

$$C+H_2O \rule[0.5ex]{1.5em}{0.5pt} CO+H_2 \tag{1-4}$$

这一反应的发生不仅降低了温度，而且可以使水蒸气分解产生氢气，蒸汽-碳的反应是所有气化反应中最重要的反应，也是另一个主要的原始气化方法——水煤气法的基础。在水煤气法中，反应（1-3）和反应（1-4）交替进行，从而可以得到不含氮气的氢气和一氧化碳。

水煤气法曾经是合成气和城市煤气的主要来源，对于以焦炭为原料的水煤气发生炉，往往与煤的焦化装置联合操作，特别是对于供应城市煤气的水煤气发生炉，如果与焦化装置联合操作，可以将焦炉气加入水煤气中，从而大大提高煤气的热值。对于以煤为原料的水煤气发生炉，需要特殊的非黏结性煤。由于对原料的特殊要求（焦炭或非黏结性煤），使其应用范围受到限制。另一方面，水煤气发生炉通常采用间歇操作，包括将蒸汽加入高温床层产生 CO 和 H_2 的气化阶段，以及在床层中产生维持蒸汽-碳反应所需热量的空气鼓风阶段，它们循环操作，需要有气柜才能保证连续供气。

由于水煤气法的上述缺点，人们一直在研究如何在一个反应床层中实现煤的连续气化。随着制氧技术的发展，氧气大规模投入工业生产，人们就开始研究将氧气和蒸汽混合作为气化剂进入反应床层，使之足以维持某一反应温度下的热力学平衡，以求在一个反应床层中实现煤的连续气化。连续气化反应可用反应（1-1）和反应（1-4）按某种比例进行耦合，目的是保证一定气化温度下的热力学平衡，例如

$$\frac{3}{2}C+H_2O+\frac{1}{2}O_2 \rule[0.5ex]{1.5em}{0.5pt} \frac{1}{2}CO_2+CO+H_2 \tag{1-5}$$

尽管以上的反应产物不含氮气，但含有二氧化碳，当作为合成气，特别是作为合成氨的原料气时，必须脱除二氧化碳，研究发现，加压不仅有利于二氧化碳的脱除，而且有利于提高气化炉的生产负荷，由此产生了加压气化的方法。

德国鲁奇（Lurgi）公司利用这一原理，开发了用于气化难以被发生炉气化的褐煤的加压气化工艺[3,4]。由常压间歇气化发展为加压连续气化，是煤气化技术发展史上的一次重要突破，它大大提高了单炉的生产负荷，简化了下游煤气净化和处理步骤，促进了煤气净化技术的发展，使煤气化技术适应了大工业时代对城市煤气或合成气的大量需求，大大推进了煤化工技术的进步。

为了提高气化过程的生产强度，并利用高活性的褐煤资源，德国在 20 世纪 20 年代开始开发 Winkler 气化炉，该气化炉首次在工业过程中利用了流态化技术[4]。然而流态化技术在煤气化领域的应用并未得到进一步的重视，这种现象一直持续到 20 世纪 40 年代末期，人们开始研究利用流态化技术在反应区之间进行燃料的传送，以及化学热载体和惰性热载体的循环，以期能得到不含氮气的合成气和燃料气。流化床气化技术的发展，进一步拓展了煤种的适应范围，使一些难以在固定床气化炉中气化的煤也可以成为气化的原料。尽管流化床相对于固定床而言，是一种进步，但其难以实现高压操作，单炉的处理能力受到限制，无法满足现代过程工业对大型煤气化技术的需求。

为了开发连续加压操作的大型煤气化技术，科技和工业界一直在进行不懈的努力，气流床气化技术就是在这种背景下产生的。最早的气流床气化的概念出现在 20 世纪 30 年代，美国和德国对这一技术的发展一直十分关注，最早实现工业化的气流床气化技术是 Koppers-Totzek 法。20 世纪 50 年代早期，Texaco 成功实现了气流床渣油气化技术的工业化，同时在加利福尼亚的 Montebello 建设了煤处理量为 6.5t/d 的气流床煤气化中试装置。由于当时石油价格非常低廉，与渣油气化技术相比，气流床煤气化技术在经济上没有优势可言，因此在 20 世纪 50～60 年代近 20 年的时间内 Texaco 气流床煤气化技术的发展基本处于停滞的阶段，直到 20 世纪 70 年代的石油危机发生，促使人们重新关注大型煤气化技术的研究与开发。Texaco 公司在 Montebello 重新建设了以水煤浆为原料气流床加压煤气化中试装置，并成功运转。1978 年 Texaco 公司在德国建设了煤处理量为 150t/d 的水煤浆气化工业示范装置，并成功运转。目前全世界有 30 余套 Texaco 气化装置（100 余台气化炉）在运转或即将运转，其中 75% 在中国。

在同一时期，荷兰 Shell 公司与德国 Krupp-Koppers 公司合作，在 Shell 公司位于阿姆斯特丹的技术中心建设了投煤量 6t/d 的煤粉加压气化中试装置，1978 年在德国汉堡附近建成了一套干煤粉加压气化示范装置，投煤量为 150t/d。其后 Krupp-Koppers 公司与 Shell 公司分道扬镳，1987 年 Shell 公司在美国休斯敦建成了投煤量为 250～400t/d 的工业装置，气化压力为 2～4MPa；1994 年在荷兰 Buggenum 建成了投煤量为 2500t/d 的商业示范装置，配套 250MW IGCC 发电装置。而 Krupp-Koppers 公司则开发了 Prenflo 干煤粉加压气化工艺，于 1986 年在德国建成了规模为 48t/d、气化压力 3.0MPa 的中试装置；1997 年投煤量 2600t/d 的 Prenflo 气化装置在西班牙 Puertollano 300MW IGCC 电站投入运行。

此后开发完成商业化示范的气流床煤气化技术还有前民主德国国家燃料研究所开发的 GSP 粉煤气化技术和美国 Destec 公司开发的两段式水煤浆气化技术。

不难看出，煤气化技术的发展过程就是功能不断完善、不断替代的过程。本章第 1.2～1.4 节将对不同的煤气化工艺及其特点进行介绍。

（3）煤气热量回收与初步净化　煤气化过程一般在较高的温度下进行，产生的合成气

（或燃料气）温度很高，为了合理利用能量，必须回收高温气体的显热。其途径有三，一是采用间接换热的方式，通过锅炉产生蒸汽；二是用直接接触的方式，最为常见的是用水进行激冷，合成气经激冷后含有饱和蒸汽；三是采用化学法回收高温煤气显热，即利用煤气中的 CO_2 和 H_2O 与一部分煤进行二次气化反应，达到降低合成气温度的目的。对于以制氢（合成氨）为目的的煤气化系统，激冷流程在系统的简洁性、能量回收的合理性、投资的经济性上均具有明显的优势；而对于以 IGCC 发电和燃料气生产为目的的煤气化过程，采用废锅回收热量有其合理的成分；化学法回收高温煤气显热尚处在研究开发的阶段。因此，选择何种煤气热量回收方式，并不是一个简单的技术问题，必须从系统工程的角度出发，综合考虑后续系统的需求和配置。

Texaco 水煤浆气化最初采用激冷工艺回收气体热量，后来出于适应 IGCC 发电的要求，开发了适用于水煤浆气化的辐射废锅工艺，但实际运行表明，废锅工艺用于煤气化系统时尚有很多关键的工程问题需要解决，如炉管积灰、结渣等。除了 Tempa 电站采用废锅工艺之外，神华宁煤也将原首钢集团引进的 Texaco 废锅气化炉用于生产甲醇，但自 2007 年试运转以来，对流废锅的结渣已成为影响装置稳定运行的最大障碍。因此，目前用于合成气生产的 Texaco 水煤浆气化工艺多采用激冷流程。GSP 煤气化技术从开发之初就选择了激冷工艺，但其采用的激冷室结构是一种比较落后的形式。GSP 煤气化技术引入中国后，国内工程界作了大量的消化吸收工作，对激冷系统进行了全面改进，以宁夏煤业引进的 GSP 煤气化装置为例，其后续改造过程中，激冷系统基本模仿了国内自主开发的多喷嘴对置式煤气化技术的激冷系统。

针对甲醇（乙二醇）合成不需要合成气完全变换和低水汽比变换工艺的需要，国内的相关单位一直在研究大型气化装置的半废锅流程，即辐射废锅与激冷结合，高温合成气先冷却到 900℃左右，回收部分高温显热，副产蒸汽，再进一步激冷。与全激冷相比，采用半废锅流程，气化装置的总体效率可提高 1 个百分点以上。清华大学与阳煤化机合作，首先实现了单喷嘴水煤浆气化炉半废锅流程的工程示范，单炉规模 500t/d。华东理工大学与兖矿集团有限公司合作，开发了多喷嘴对置式水煤浆气化炉的半废锅气化工艺，首套示范装置单炉规模 2000t/d，建于兖矿榆林甲醇厂。

1.1.3　形态分析

功能分析是为了产生技术的比较方案以供选择，形态分析是对每种可供选择的技术方案进行精确的分析和评价，选出最优方案。在方法论上，形态分析提供了一种逻辑结构，以取代随机想法，防止遗漏。通过形态分析，对可供选择的技术方案进行综合，就可产生新的过程。

对于煤气化过程，可以将其分为三个过程级，即前述的原料（煤）的处理与输送、煤气化过程、合成气热量回收与初步净化。针对每一个过程级，形态分析的第一步是分支，即汇集或产生可供选择的技术方案；第二步是确定判据，从不同的方面对方案的优劣进行评价；第三步是收敛，即择优汰劣。

以图 1-2 为例说明形态分析的运用。这是某一工艺的一个过程级，有五种方案，有 A、B、C 三个判据，判据是根据所讨论问题的实际情况决定的。如果方案 1 通过判据 A、B、C，而方案 2、3、4、5 未通过判据 A、B、C 的约束而被淘汰，则这一过程级的最优方案是 1；如果所有方案均被淘汰，则问题无解；多个方案通过，则问题有多个解。各个过程级的解组合起来，则成为过程的解。

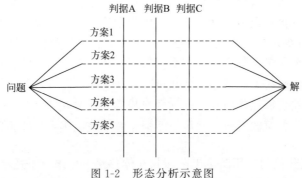

图 1-2　形态分析示意图

关键在于判据的确定，不同的具体问题，应该有不同的判据。对于煤气化过程而言，这些判据应该是：

① 煤种的适应性。不同的气化技术都有其煤种的适应范围，迄今为止，还没有一种气化技术可以适应所有的煤种。

② 技术经济指标。例如碳转化率、比氧耗、比煤耗、水耗、投资额等。

③ 技术资料的完整性与可信程度。例如中试的技术资料、示范装置的技术资料、运转情况等。

④ 原料煤的价格及其供应的可持续性。

⑤ 设备的可靠程度、加工地。材料是否需要进口，国内是否具有设备的加工能力。

⑥ 环境、安全、法律。

⑦ 知识产权的有效性。例如是否涉及专利侵权等。

在明确了形态分析之后，就可以对煤气化过程的合成进行讨论。用形态分析得到的流程，至少能满足可行性研究的需求，通过不断的优化，应当能产生全新的工艺流程。

1.1.4　煤气化过程的共性

煤气化是煤在高温、常压或加压的情况下，与气化剂反应，转化为气体产物和少量残渣的过程。气化剂主要是水蒸气、空气（氧气）或它们的混合气体。煤的气化反应比较复杂，包括了一系列均相与非均相的化学反应。不同的气化方式和不同的气化剂下，煤气化反应有其特殊性，但也有明显的共性。煤气化过程的共性表现在：在气化炉内，煤一般都要经历干燥、热解、燃烧和气化过程。

1.1.4.1　干燥

原料煤（块煤、碎煤、粉煤、煤浆）加入气化炉后，由于煤与炉内热气流之间的传热（对流或辐射），煤中的水分蒸发，即

$$湿煤 \xrightarrow{\text{加热}} 干煤 + H_2O$$

煤中水分的蒸发速率与煤颗粒的大小及传热速率密切相关，颗粒越小，蒸发速率越快；传热速率越快，蒸发速率也越快。对于以干煤粉或水煤浆为原料的气流床气化过程，由于大部分煤颗粒小于 200 目，炉内平均温度在 1300℃ 以上，可认为水分是在瞬间蒸发的。

1.1.4.2　热解

煤是由矿物质、有机大分子化合物等组成的极其复杂的物质，在受热后煤自身会发生一系列复杂的物理和化学变化，这一过程传统上称为"干馏"，现在一般称为热解[5~7]或热分解。炼焦过程就是一个典型而完整的煤热解的例子。气化过程中煤的热解，除与煤的物理化学特性、岩相结构等密切相关外，还与气化条件密不可分。

在以块状或大颗粒煤为原料的固定床气化过程中，煤与气化后的气体产物逆向接触，进行对流传热，升温速率相对较慢，其热解温度通常在700℃以下，属于低温热解。

在以粉煤或水煤浆为原料的气流床气化过程中，煤颗粒的平均直径只有几十微米，气化炉内温度极高，水分蒸发与热解速率极快，热解与气化反应几乎同时发生，属于高温快速热解过程。

煤气化过程，特别是气流床气化过程中，煤颗粒和气流的流动属于复杂的湍流多相流动，流动与混合过程对煤的升温速率和热解产物的二次反应有显著影响，这种热解过程与炼焦过程的热解明显不同。

（1）煤热解过程的物理变化　热解过程中，煤中的有机质随温度的升高将发生一系列变化，其宏观的表现是析出挥发分，残余部分形成半焦或焦炭。一般将煤的热解过程分为三个阶段，从室温到350℃为第一阶段，350~550℃为第二阶段，550℃以上为第三阶段。气化过程，特别是气流床气化过程煤的升温速率很快，这三个阶段并无特别明显的界限。

热解过程的物理变化主要表现在：低温下，煤中吸附的气体析出，主要为甲烷、二氧化碳和氮气。温度继续升高，会发生有机质的分解，生成大量挥发分（煤气和焦油），煤黏结成半焦，煤中灰分全部存在于半焦之中，煤气成分除热解水、一氧化碳、二氧化碳外，还有气态烃。一些中等煤阶的煤（如烟煤），会经历软化、熔融、流动和膨胀直到再固化，期间会形成气、液、固三相共存的胶体质。研究表明，在450℃左右时，焦油量最大，450~550℃范围内气体析出量最多。温度进一步升高时，将发生化学变化，会发生缩聚反应和烃类挥发分的裂解，半焦变成焦炭，气体主要为烃类、氢气、一氧化碳和二氧化碳。

（2）煤热解过程的化学变化　煤热解过程涉及的化学反应非常复杂，反应途径多种多样。一般认为煤热解过程通常包括两大类主要的反应，即裂解反应和缩聚反应，热解前期以裂解反应为主，热解后期以缩聚反应为主。热解反应的宏观形式可以表示如下：

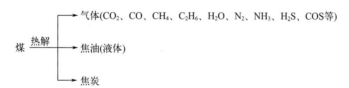

裂解反应通常有4类。一是桥键断裂生成自由基，煤中的桥键主要有—CH_2—、—CH_2—CH_2—、—O—、—CH_2—O—、—S—S—等，其作用在于连接煤的结构单元，是煤结构中最薄弱的环节，受热后很容易生成自由基；二是脂肪侧链的裂解，其产物是CH_4、C_2H_6、C_2H_4等；三是含氧官能团的裂解，煤中含氧官能团的稳定次序为—OH（羟基）＞C＝O（羰基）＞—COOH（羧基），其中羟基最稳定，在高温和有氢存在时可生成水，羰基在400℃左右可裂解生成一氧化碳，羧基在200℃以上可裂解生成二氧化碳；四是低分子化合物的裂解，煤中以脂肪族化合物结构为主的低分子化合物受热后液化，并不断裂解，生成较

多的挥发性产物。大量的研究表明，煤在热解过程中析出挥发分的次序为 H_2O、CO_2、CO、C_2H_6、CH_4、焦油、H_2。这些产物通常称为一次分解产物。

一次分解产物在析出过程中，如果进一步升温，就会发生二次热分解反应，传统的观点认为，二次热分解反应主要有裂解、芳构化、加氢和缩聚反应，但在气流床气化过程中，温度很高，气化反应速率极快，一次分解产物应以燃烧反应为主，二次热分解反应可能是次要的。

煤的煤化程度、岩相组成、粒度、环境温度条件、最终温度、升温速率和气化压力等对煤的热解过程均有影响，相关内容将在本书第 2 章加以详细讨论。

1.1.4.3 气化过程中的化学反应

煤气化反应涉及高温、高压、多相条件下复杂的物理和化学过程的相互作用，是一个复杂的体系。对于气流床和流化床气化，由于涉及复杂条件下的湍流多相流动与复杂化学反应过程的相互作用，过程就更为复杂。传统上，气化反应主要指煤中碳与气化剂中的氧气、水蒸气的反应，也包括碳与反应产物以及反应产物之间进行的反应。随着对气流床气化过程研究的深入，发现这样的认识有一定的局限性，比如在以纯氧为气化剂的气流床气化过程中，第一阶段的反应显然以挥发分的燃烧反应为主，当氧气消耗殆尽后，气化过程将以气化产物与残炭的气化反应为主。

（1）挥发分的燃烧反应　气化过程中主要的可燃挥发分有 CO、H_2、CH_4、C_2H_6 等，它们与气化剂中的氧气将发生下列燃烧反应

$$CO + \frac{1}{2}O_2 \Longrightarrow CO_2 \tag{1-6}$$

$$H_2 + \frac{1}{2}O_2 \Longrightarrow H_2O \tag{1-7}$$

$$CH_4 + 2O_2 \Longrightarrow CO_2 + 2H_2O \tag{1-8}$$

$$C_2H_6 + \frac{7}{2}O_2 \Longrightarrow 2CO_2 + 3H_2O \tag{1-9}$$

（2）焦炭的燃烧反应　化学反应必须要有分子之间的接触，从这个角度讲，挥发分的燃烧反应要比焦炭的燃烧反应更加容易进行，焦炭的燃烧反应主要为

$$2C + O_2 \Longrightarrow 2CO \tag{1-3}$$

$$CO + \frac{1}{2}O_2 \Longrightarrow CO_2 \tag{1-10}$$

焦炭与氧气首先生成 CO，CO 与氧气进一步反应，将生成 CO_2，反应（1-3）和反应（1-10）可看作是一个串联反应过程，反应（1-3）和反应（1-10）相加得到

$$C + O_2 \Longrightarrow CO_2 \tag{1-1}$$

（3）焦炭的气化反应　当氧气消耗殆尽后，气化剂中的 H_2O，燃烧过程生成的 H_2O 和 CO_2 将与焦炭发生下列气化反应

$$C + H_2O \Longrightarrow CO + H_2 \tag{1-4}$$

$$C + CO_2 \Longrightarrow 2CO \tag{1-2}$$

研究表明，焦炭的气化反应速率大小次序为 $(C+H_2O) \gg (C+CO_2)$，反应（1-4）大约比反应（1-2）快一个量级。

(4) 挥发分的转化反应

$$CH_4 + H_2O \Longrightarrow CO + 3H_2 \tag{1-11}$$

$$CH_4 + CO_2 \Longrightarrow 2CO + 2H_2 \tag{1-12}$$

(5) 关于甲烷的形成　还有研究者认为，焦炭与氢气会发生甲烷化反应，即

$$C + 2H_2 \Longrightarrow CH_4 \tag{1-13}$$

研究表明，焦炭的气化反应速率大小次序为 $(C+H_2O) \gg (C+CO_2) \gg (C+H_2)$，其中 $(C+H_2)$ 的反应要比 $(C+H_2O)$ 和 $(C+CO_2)$ 的反应慢几个量级，因此从动力学的角度而言，反应（1-13）发生的可能性是很小的；再从热力学的角度讲，无论何种气化技术，气化过程首先发生的必然是煤的裂解，裂解过程中会产生大量的 CH_4，尽管一部分甲烷会发生燃烧反应，但甲烷的存在会从平衡的角度抑制反应（1-13）的发生。因此，在实际的气化过程中，可以不考虑反应（1-13）的影响，特别是在气流床气化过程中，由于高温快速热解，实际的挥发分析出量要远远高于煤中工业分析的挥发分量，甚至高出 60% 以上[8]，在这种条件下，反应（1-13）显然可以忽略不计。

1.1.5　气化与燃烧的比较

可以把煤的气化过程看作煤的富燃料燃烧的一种，从这个角度讲，煤的气化和燃烧存在诸多相似的方面，诸如使用相同的原料煤的处理方法，如煤的制备、研磨、干燥、煤浆的制备等。当然，煤气化和燃烧也有许多差异之处，表 1-1 比较了煤直接燃烧与气化的不同之处。

表 1-1　煤直接燃烧与气化的比较

项目	直接燃烧	气化
操作温度	较低	气流床气化过程较高
工作压力	通常为常压	通常为中压或高压
排灰	通常为干灰	气流床气化通常为熔渣
反应介质	空气	氧气/蒸汽
主要气体产物	CO_2、N_2、H_2O 等	CO、H_2、CH_4、H_2O 等
污染物	SO_2、NO_x 等	H_2S、HCN、NH_3 等，H_2S 易于脱除并资源化利用
煤焦油产物	无	个别气化工艺有
残炭的反应速率	快（主要和 O_2）	慢（主要和 H_2O、CO_2）
目的	一般产生蒸汽，利用热量	合成气或燃料气，利用元素

1.2　固定（移动）床气化工艺

固定床气化一般采用一定块径的块煤（焦、半焦、无烟煤）或成型煤为原料，与气化剂逆流接触，用反应残渣（灰渣）和生成气的显热，分别预热入炉的气化剂和煤，固定床气化炉一般热效率较高。多数固定床气化炉采用移动炉箅把灰渣从炉底排出，也有采用熔融排渣的固定床气化炉。

1.2.1　固定（移动）床气化工艺发展历史

现代意义上的煤气化技术最早就是固定床，其雏形来自法国人采用的焦炭煤气发生炉，德国西门子公司于1857年建立了工业化的煤气发生炉[9,10]，这是现代固定床煤气化技术的源头，也是煤气化技术发展史上的第1次重大突破。

1882年，第1台常压固定床空气间歇气化炉完成设计，并实现工业化。1913年后，美国联合气体改进公司（United Gas Improvement Company）对该技术进行完善，形成了UGI炉[10]。20世纪60年代后，该技术在国外逐渐被两段固定床气化技术和德国鲁奇（Lurgi）公司开发的加压固定床气化技术替代。但由于我国的特殊国情，行业发展的技术水平参差不齐，常压固定床气化炉至今仍在部分企业中使用，以生产合成氨或燃气为主。

1936年，Lurgi公司开发了加压固定床气化炉[11-13]，从常压间歇进料的煤气发生炉到加压连续进料的固定床气化炉，这是煤气化历史上又一次重大的技术突破。由于气化炉操作压力提高，单炉处理能力显著增加，适应了当时快速发展的化学工业对装置大型化的需求，煤气化技术的发展和应用也进入了新阶段。

20世纪40年代奥地利开发成功了两段式固定床气化技术[14-17]，该技术曾广泛应用于城市煤气的生产[18,19]，后因天然气的普及而逐渐退出历史舞台。

20世纪50年代末，Lurgi公司开始研究固定床熔渣气化技术[20,21]，70年代初与英国煤气公司合作，完成了熔融排渣的Lurgi加压气化炉工业试验[22-26]，形成了BGL气化技术。

1.2.2　主要的固定床气化工艺

典型的固定床气化炉主要有UGI气化炉、Lurgi加压气化炉、两段固定床气化炉、熔融排渣的BGL气化炉。表1-2列出了主要固定床气化技术基本情况。

表1-2　主要固定床气化炉基本情况

主要技术	开发年代	技术来源	应用情况	结构特点
水煤气发生炉	1857	德国西门子公司	曾在国内外用于燃气生产	—
UGI气化炉	1913	美国联合气体改进公司	在国内外广泛应用于合成气及燃气生产，国内曾有4000余台	见图1-3
Lurgi加压气化炉	1936	德国鲁奇公司	在国内外广泛应用于合成气及燃气生产	见图1-4
BGL气化炉	20世纪50~60年代	英国煤气公司和Lurgi公司合作	在国内外广泛应用于合成气及燃气生产	见图1-5
两段固定床气化炉	20世纪40年代	奥地利开发意大利改进	在国内外广泛应用于燃气生产[21,22]	见图1-6

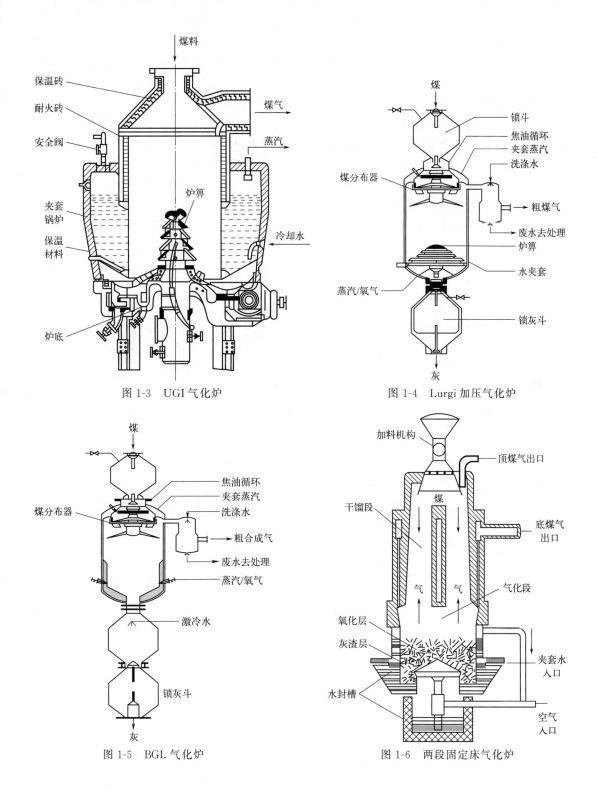

图 1-3　UGI 气化炉

图 1-4　Lurgi 加压气化炉

图 1-5　BGL 气化炉

图 1-6　两段固定床气化炉

1.2.3　固定（移动）床气化工艺特点

（1）固定床气化工艺共同特点　固定床气化过程中，煤在气化炉内由上而下缓慢移动，与上升的气化剂和反应气体逆流接触，经过一系列的物理化学变化，温度约230～700℃的含尘煤气与床层上部的热解产物从气化炉上部离开，温度为350～450℃的灰渣从气化炉下部排出。

对固定床气化特别是固定床加压气化的反应机理进行了近百年的研究，但是由于煤炭自身结构和气化过程本身的复杂性，至今都没有建立一个可以对加压气化炉实际工况和气化过程进行准确描述的机理模型。一般根据煤在固定床内不同高度进行的主要反应，将其自下而上分为灰渣层、燃烧层、气化层、甲烷生成层、干馏层和干燥层。

在大型固定床加压气化炉内，气化褐煤或烟煤时，床层温度随高度的大体分布列于表1-3[27]。图1-7为固定床内温度及主要产物的变化示意[13]。

固定床气化炉采用粒径（块径）较大的煤，气化温度比较低，反应速率慢，在生成的气体产物中含有大量的焦油，甲烷含量也比较高，为了保证气化过程的顺利进行，对煤质也有一定的限制和要求（如较高的灰熔点、较高的机械强度和良好的热稳定性等）。在使用黏结煤时，炉内应设置专门的破黏装置。

表1-3　固定床床层温度随高度的分布

反应区间	床层高度（自炉算算起）/mm	温度范围/℃
灰渣层	0～300	350～450
燃烧层	300～600	1000～1100
气化层	600～1100	800～1000
甲烷层	1100～2200	550～800
干馏层	2200～2700	350～550
干燥层	2700～3500	350

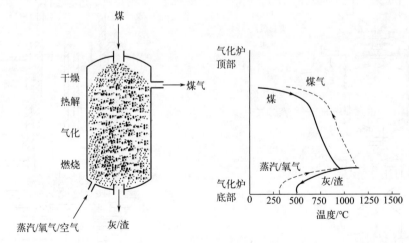

图1-7　固定床内温度及主要产物的变化示意

（2）UGI炉气化工艺特点　原料通常采用无烟煤或焦炭，其特点是可以采用不同的操作方式（连续或间歇），也可以采用不同的气化剂，制取空气煤气、半水煤气或水煤气。

UGI炉用空气生产空气煤气或以富氧空气生产半水煤气时，可采用连续操作方式，即气化剂从气化炉底部连续进入，生成气从顶部引出；以空气、蒸汽为气化剂制取半水煤气或水煤气时，一般采用间歇式操作方法。除少数用连续式操作生产发生炉煤气（即空气煤气）外，绝大部分采用间歇式操作生产半水煤气或水煤气。

UGI 炉的优点是设备结构简单，易于操作，投资低，一般不用氧气作气化剂，冷煤气效率较高。其缺点是生产能力低，一般每平方米炉膛截面积半水煤气发生量仅约 $1000m^3/h$；对煤种的要求非常严格；间歇操作时工艺管道非常复杂。

UGI 炉 20 世纪在国内合成氨行业曾大量使用，国内工程界作了大量的技术改进，从炉算结构到原料煤种，为我国化肥行业的发展做出了重大贡献。

（3）Lurgi 气化工艺特点　Lurgi 气化工艺在煤气化领域首次实现了加压（气化压力 3.0MPa）、纯氧、水蒸气连续气化，并成功应用于工业生产，其中最典型的案例是 1954 年应用于南非 Sasolburg 的煤制油装置。

筛选过的煤通过加压密封料斗加入分布器，通过分布器均匀分布到气化炉燃料床层上部（见图 1-4）。为了防止黏结性强的煤在煤的脱挥发分过程中形成的黏聚物影响气化炉连续稳定操作，通常在分布器上安装一个搅拌器，以破碎在脱挥发分区形成的黏聚物。燃料床层用旋转炉算支撑，通过炉算使气化剂均匀进入气化床层并连续排灰。气化剂一边沿床层上升，一边与煤逆流进行热量、质量传递，并不断进行气化反应。

（4）BGL 气化工艺特点　BGL（British Gas-Lurgi）气化工艺是在 Lurgi 气化工艺的基础上发展起来的，其最大的改进是将干法排渣的 Lurgi 气化炉改为熔融态排渣，提高了气化炉的操作温度，从而改进了传统 Lurgi 气化炉的操作性能，提高了生产能力，使之更加适合于灰熔点低的煤和对蒸汽反应活性较低的煤。

BGL 气化炉上部组成与普通的 Lurgi 加压气化炉并无不同（见图 1-5），同样包括加压密封煤斗、煤分布器（搅拌器）、煤气出口和煤气激冷。气化炉下部用四周设置气化剂进口的耐火材料炉膛以支撑气化过程的燃料床层。蒸汽和氧气从气化剂进口喷入，其配比足以产生高温以使灰渣熔融并聚集在炉膛底部，熔渣从炉膛流入气化炉下部的熔渣室，用水激冷并使其在密封灰斗中沉积，然后排出气化炉。

（5）两段固定床气化工艺特点　两段固定床气化技术是在 UGI 技术的基础上发展而来的一种固定床炉型，后经意大利改进完善。该气化炉基本反应原理与常压固定床类似，其特点是在气化炉上端加入一段干馏段，煤在干馏段中生成半焦，进入气化段。气化段生产的煤气不含焦油，一部分上升至干馏段，作为煤干馏的热源，干馏气直接从气化炉顶部引出；不含焦油的煤气经气化炉还原层的煤气导管从气化炉上侧面引出，首次实现了煤气化过程热解与气化的解耦。

1.3　流化床气化工艺

1.3.1　流化床气化工艺发展历史

1922 年，德国人温克勒（Winkler）首次发现了流态化现象，并应用于煤气化技术的开发，形成了 Winkler 气化技术，1926 年在德国洛伊纳建成了第 1 个工业装置[9]。Rheinbraun Brennstoff 公司为气化褐煤而对常规 Winkler 气化炉作了优化改进后形成了新工艺，其特点是提高了气化压力，最高达到 3.0MPa，同时也进一步提高了气化温度，并用强旋风分离器分离细灰循环进入气化炉，显著提高了碳转化率，形成了高温 Winkler（HTW）气化工艺[28]。应用高峰时，有 70 余台温克勒气化炉在世界各地运转[29]，但由于各种原因，大多数

Winkler 气化炉先后停产。温克勒流化床煤气化技术开创了流态化技术工业应用的先河，这是煤气化技术发展的第 2 次重大突破。

20 世纪 80 年代，Lurgi 公司和 Foster Wheeler 公司分别开发出了各自的 CFB 气化工艺[30]，CFB 炉中的较高气速（5~8m/s）可以保证较大的颗粒也能流化并从反应器顶部离开。

20 世纪 90 年代，Kellogg Brown&Root 公司开发了 KBR 输运床气化工艺[31]。曾在 1997~1999 年用于燃烧，在 1999~2002 年作为气化装置运行达 3000h，气化温度 900~1000℃，气化压力 1.1~1.8MPa，碳转化率达到 95%。

20 世纪 80 年代，美国 IGT（Institute of Gas Technology）与 Westing House Electric 分别开发了 U-Gas 灰熔聚气化技术[32]和 KRW 灰熔聚气化技术[33]。由美国能源部资助，应用 KRW 气化工艺在美国内华达州的 Reno 建立的一个 100MW 的 IGCC 工厂至今也未能成功运行，据说主要是由于高温气体过滤单元存在问题[34]。

20 世纪 80 年代，中国科学院山西煤炭化学研究所开始研究灰熔聚流化床气化技术[35-39]，并在 2001 年实现了工业示范。循环流化床气化技术研究也始于同期，先后有煤炭科学研究院北京煤化学研究所[40-46]、清华大学[47-50]和中国科学院工程热物理研究所[51-55]等单位开展相关的技术研究与开发，最终中国科学院工程热物理研究所的技术在 2011 年实现了工业示范。

1.3.2　主要的流化床气化工艺

典型的流化床气化炉主要有温克勒（Winkler）气化炉、高温温克勒气化炉、循环流化床（CFB）气化炉、KBR 输运床气化炉、灰熔聚气化炉等。表 1-4 列出了主要流化床气化技术基本情况。

表 1-4　主要流化床气化炉基本情况

	主要时间	开发时间	技术来源	应用情况	结构特点
国外技术	Winkler	1926 年	德国	曾在国内外用于燃气与合成氨生产	见图 1-8
	高温 Winkler（HTW）	20 世纪 50 年代	德国	在国内外广泛应用于合成气及燃气生产	见图 1-9
	循环流化床（CFB）气化炉	20 世纪 80 年代	Lurgi 公司、Foster Wheeler 公司	在国内外广泛应用于合成气及燃气生产	见图 1-10
	KBR 输运床气化炉	1999 年	Kellogg Brown&Root 公司	在国内外广泛应用于合成气及燃气生产	见图 1-11
	灰熔聚气化炉	20 世纪 80 年代	美国 IGT、Westing House Electric 公司	在国内外广泛应用于燃气生产	见图 1-12、图 1-13
国内技术	灰熔聚气化炉	2001 年	中国科学院山西煤炭化学研究所	在国内应用于合成氨和燃气生产	见图 1-14
	循环流化床气化炉	2011 年	中国科学院工程热物理研究所	在国内应用于合成氨和燃气生产	见图 1-15

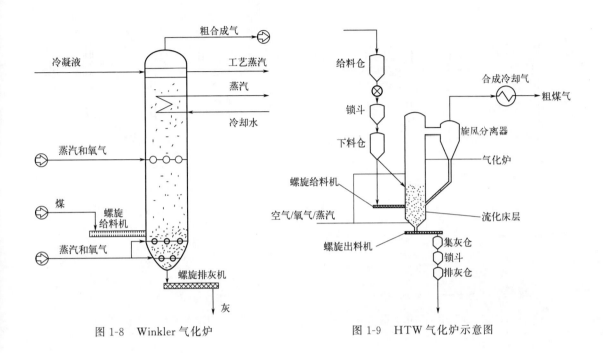

图 1-8 Winkler 气化炉

图 1-9 HTW 气化炉示意图

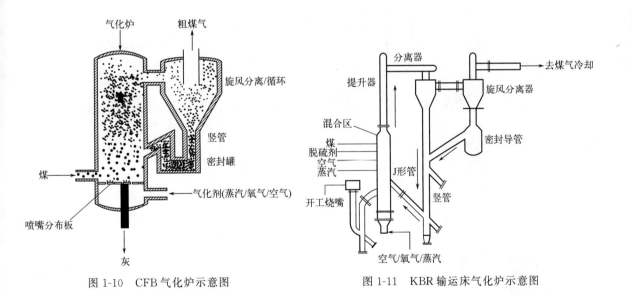

图 1-10 CFB 气化炉示意图

图 1-11 KBR 输运床气化炉示意图

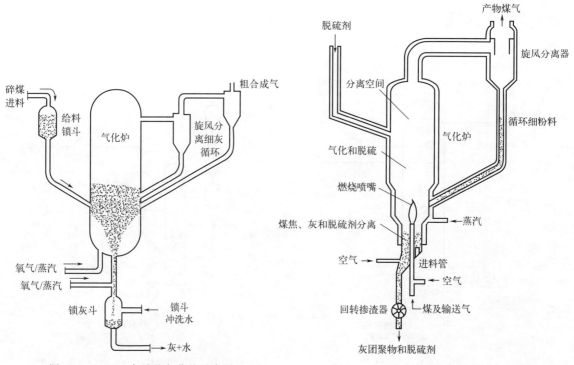

图 1-12 U-Gas 灰熔聚气化炉示意图

图 1-13 KRW 灰熔聚气化炉示意图

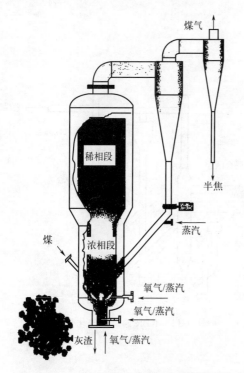

图 1-14 ICC 灰熔聚流化床气化炉示意图

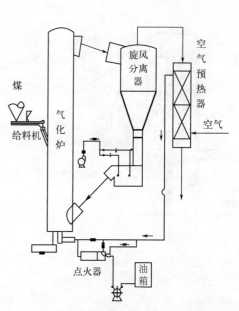

图 1-15 常压循环流化床气化工艺流程

1.3.3　流化床气化工艺特点

不同的流化床气化工艺具有一些共同的特点，也有各自不同的技术特色，在发展过程中互相借鉴，取长补短。

（1）流化床气化工艺的共同特点　当气体或液体以某种速度通过颗粒床层而足以使颗粒物料悬浮，并能保持连续的随机运动状态时，便出现了颗粒床层的流化。流化床气化就是利用流态化的原理和技术，使煤颗粒通过气化介质达到流态化。流化床的特点在于其有较高的气-固之间的传热、传质速率，床层中气固两相的混合接近于理想混合反应器，其床层固体颗粒分布和温度分布比较均匀（图1-16）。煤的物理和化学性质对流化床气化炉的操作有显著的影响，例如，在脱挥发分过程中煤有黏结的倾向，这将导致流化不良，特别是对于黏结性强的煤尤为严重。这些因素会限制流化床的最高床层温度，从而也会限制生产能力和碳转化率。因此流化床中的气化速率要低于气流床，但高于固定床，流化床内的平均停留时间通常介于气流床和固定床之间。

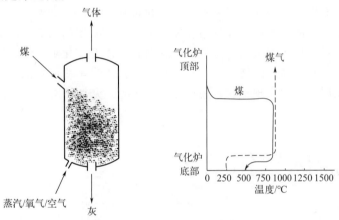

图1-16　流化床颗粒与气体温度分布

对流化床气化过程的研究表明，流化床中煤的气化过程与固定床有很多相似之处，流化床层内同样存在氧化层和还原层。当床层流化不均匀时，会产生局部高温，甚至导致局部结渣，影响流化床的稳定操作。为了避免结渣，一般流化床的气化温度控制在950℃。

由于流化床气化技术具有适应于劣质煤种的气化，气化强度高于一般的固定床气化炉，产品气中不含焦油和酚类等特点，而受到人们的关注，世界上许多国家都积极开展流化床煤气化技术的研发工作。

（2）Winkler气化工艺特点　Winkler气化炉要求进入气化炉的煤颗粒低于10mm，如果煤中含水量低于10%，可以不对原料煤进行干燥。Winkler气化炉一般在低于灰的熔化温度下操作，随煤种不同，其床层温度一般在950~1050℃。在气化炉的上部加入部分气化剂，能够保证颗粒的气化，同时也提高了床层上部的温度，有利于减少合成气中的焦油含量。在气化炉后设有废热锅炉以回收合成气的热量；设有旋风分离器以分离合成气中的飞灰，由于飞灰中含有大量未反应的碳，一般将其作为工厂公用工程的锅炉燃料；除灰后的合成气再进行洗涤。

高温Winkler（HTW）气化炉提高了气化压力，最高达到3.0MPa，同时也进一步提高了气化温度，并用强旋风分离器分离细灰循环进入气化炉，显著提高了碳转化率。

（3）循环流化床（CFB）气化工艺特点　循环流化床气化炉同时具备固定流化床和输运床的特点，较高的滑移速度保证了气-固两相的充分混合，促进了气化炉内的热质传递。与传统的固定流化床相比，循环流化床具有很高的循环率，有利于原料的快速升温，减少了焦油的生成。循环流化床另一个重要的特点是，它对煤颗粒的大小和形状无特殊要求，因此这种形式的流化床气化炉也适合于生物质与固体废弃物的气化。

（4）输运床气化工艺特点　与循环流化床相比，输运床流化气速更高，达到11～13m/s，其目的在于使流化床气化炉可以在高循环率、高气速、高密度下操作，以获得更好的炉内混合效果，强化热质传递，提高生产能力。

原料煤（可以含石灰等脱硫剂）通过料斗加入气化炉，在气化炉混合区与由竖管循环进入炉内的未反应完全的煤进行混合（见图1-11）；气体携带固体颗粒由混合区进入上升段，上升段出口与提升器上部料斗相连，大颗粒可以通过重力作用在提升器上部料斗中分离，而较小的颗粒则通过后面的旋风分离器与气体分离；由提升器和旋风分离器分离出来的颗粒经竖管和J形管循环进入气化炉混合区。

（5）灰熔聚流化床气化工艺特点　灰熔聚气化工艺是为了解决一般的流化床排出灰渣含碳量比较高的问题而提出的。在灰熔聚流化床气化过程中，炉内高温区灰分会软化变形并进一步熔化，灰熔聚气化的原理就是允许熔化的灰分进行有限度的团聚，结成含碳量较低的球状灰渣，当团聚后颗粒体积增大到一定值后，就会自动离开气化炉底部，因此灰熔聚技术与传统的流化床相比，有较高的碳转化率。灰熔聚气化技术有鲜明的特点，床层内气、固两相混合充分，煤在床层内一次实现破黏、脱挥发分、气化、灰团聚与分离、焦油与酚类的裂解等过程。

1.4　气流床气化工艺

1.4.1　气流床气化工艺发展历史

1.4.1.1　国外气流床气化技术发展回顾

20世纪30年代末，德国克柏斯（Koppers）公司和美国Texaco公司开始进行气流床煤气化技术的研究[9,14,56]。1952年Koppers-Totzek（K-T）气流床气化工艺实现了工业化[57-59]，开创了气流床煤气化技术工业化的先河，其后在14个国家和地区约有50台K-T气化炉在运行。

1972年Shell公司与Koppers公司合作，在K-T炉的基础上开始开发新的气流床粉煤加压气化工艺，于1976年在Amsterdam建成了6t/d天的中试装置[60-63]。1978年，Shell与Koppers合作在德国汉堡建立了一套规模150t/d的中试装置，但是由于各自的目标并不一致，在汉堡装置试验完成后双方分手；1987年，Shell在美国休斯敦建立了一套250t/d的示范装置。1994年Shell在荷兰Buggenum建立了单炉2000t/d的Shell煤气化装置，配套253MW的IGCC发电装置[64,65]。

Texaco公司则将气流床气化技术用于气态与液态烃类气化制合成气，1950年首先在天然气非催化部分氧化上取得成功，1956年又应用于渣油气化[66,67]。在20世纪50年代

Texaco 公司对煤气化技术进行了部分研究工作；20 世纪 70 年代的石油危机促使 Texaco 公司将目光再一次投向煤气化技术，1975 年在 Montebello 建成了气流床水煤浆气化中试装置。1978 年在德国的 RAG 建成首套工业示范装置（废锅流程，150t/d，4.0MPa），1983 年美国加州的 Cool Wate 建成 820t/d 气化装置（气化压力 6.5MPa）[68]。其后进入商业化推广，并在多个国家应用[69-74]。

其后国外又有 Prenflo[75-79]、GSP（科林）[80]、E-gas[81]、Eagle[82]、CCP[83] 等气化技术先后完成商业化示范或中试试验，文献[84]对这些技术有详细的介绍，下文不再赘述。

1.4.1.2 国内气流床气化技术发展回顾

气流床技术在国内的研究可追溯到 20 世纪 50 年代末期。1959 年上海化工研究院建成了我国第 1 台粉煤气化试验中试装置，气化炉采用 K-T 炉炉型，体积 0.6m^3，设计投煤量 160kg/h。从 1960 年开始，进行阜新煤、兰州褐煤飞灰、广西屯里煤、福建邵武煤试烧试验研究[85]。1969 年在新疆芦草沟建设首套工业示范装置（炉膛内径 ϕ2400mm，气化室总体积 11m^3）[86,87]，1971~1974 年试生产，并取得了预期效果，后因原料煤煤质变化、耐火材料供应困难等问题而停止运行，随后改为重油原料气化[88]。1976 年，陕西化肥工业研究所（现西北化工研究院）建成了 1 台常压粉煤气化工业性试验装置，设计产气（CO+H$_2$）量 1500m^3/h，采用 K-T 炉炉型[89]。

1979~1984 年间，化学工业部化肥工业研究所开展了水煤浆气化模型试验，试验装置设计投煤量 4.8t/d，气化压力为 2.0MPa，该装置吸取了 1969 年衢化水煤浆气化技术试验失败的经验[89]，采用水煤浆直接入炉的技术方案。探索了煤浆制备、煤浆泵送、气化炉耐火材料性能、喷嘴结构及材质、排渣、温度测量等关键技术问题[90]。1985 年建成了投煤量 36t/d 的中试装置，操作压力 2.5~3.3MPa，采用辐射废热锅炉和对流废热锅炉串联回收合成气显热，副产 4.0MPa 饱和蒸汽。中试装置设有 2 台气化炉，一台气化炉耐火砖后设有水冷壁（称为冷壁炉），另一台为耐火砖（称为热壁炉）。1986 年，在该中试装置上先后完成了煤种评价试验、工艺条件优化、气化炉结构及耐火材料、喷嘴及耐磨材料、废热锅炉及耐腐蚀材料、测温探头、高压煤浆泵、系统控制等关键技术的试验研究[91-100]，1990 年 7 月，通过了化工部组织的专家鉴定[101]，该装置被美国德士古开发公司（TDC）授权为煤种试验评价装置。该中试装置是中国煤气化发展史上的重要里程碑之一，为水煤浆气化技术的进一步创新和工程应用提供了重要借鉴。

20 世纪 80 年代末华东理工大学开始研究气流床气化技术，针对引进的 Texaco 水煤浆气化技术存在的问题，进行了大量基础研究，基于对置撞击射流强化混合的原理，提出了多喷嘴对置式煤气化炉技术方案[102-104]。2000 年，华东理工大学联合山东鲁南化肥厂（后被兖矿集团兼并重组），建成了 22t/d 的水煤浆气化中试装置，并运行成功[105-108]。2005 年，在兖矿国泰化工（现兖矿鲁南化工）建成单炉 1150t/d 多喷嘴对置水煤浆气化工业装置[109-111]。这也是我国煤气技术发展史上的里程碑，标志着我国拥有了完全自主知识产权的大型煤气技术。其后又完成了单炉 2000t/d、3000t/d 和 3000t/d 多喷嘴对置水煤浆气化装置的建设和运行。2020 年 12 月首套 2000t/d 废锅-激冷组合式多喷嘴对置水煤浆气化装置建成，并一次投料成功[112]。

2004 年 8 月，华东理工大学和兖矿鲁南化工合作，建成了多喷嘴对置式粉煤加压气化中试装置，气化炉衬里采用耐火砖结构，气化压力为 4.0MPa，同年 9 月底投入运行[113,114]；

2005 年 6 月，完成了我国首次 CO_2 为输送介质的粉煤加压气化试验[115]。2007 年 7 月建成了投煤量 30 t/d 的水冷壁粉煤加压气化炉中试装置，并投入运行[116,117]。其后华东理工大学又与中国石化合作，分别开发了单喷嘴粉煤加压气化技术（SE 粉煤炉）和单喷嘴水煤浆加压气化技术（SE 水煤浆炉），前者于 2004 年 1 月投运[118-120]，后者于 2019 年 1 月投入运行。

在多喷嘴对置水煤浆气化技术之后，国内又先后开发成功了华能两段式粉煤加压气化技术[121-127]、晋华（清华）炉水煤浆气化技术[128-132]、航天炉（HTL）粉煤加压气化技术[133-138] 等多种气流床煤气化技术，这些技术的工程应用将在本书第 11 章详细介绍。

1.4.2　国内外主流的气流床气化技术

表 1-5 列出了国内外主流的气流床气化技术的基本特点及产业化状态。水煤浆气化技术与粉煤气化技术各有优劣，将长期共存。就气化炉本身而言，粉煤气化效率高于水煤浆，如果考虑到原料煤干燥、合成气变换等系统的能耗，孰优孰劣，则取决于最终的产品。如后续产品是合成氨或氢气，则同样煤种采用水煤浆技术的整体能耗低于粉煤气化技术；如后续产品为甲醇或乙二醇，则两种原料气化的总体能耗大体相当，水煤浆气化技术略占优势；如后续合成气用于 IGCC 发电，则采用粉煤气化技术要优于水煤浆气化技术。从投资而言，同样规模气化装置粉煤气化的投资约为水煤浆气化的 1.8~2.5 倍左右，具体的差异取决于具体工艺流程的配置、关键设备制造与选型等。同时，多年的工程实践，煤化工界也基本形成了共识，在灰熔点 1350℃以下且适合制浆的煤种，应该优先选择水煤浆气化技术。

由于气化技术在快速发展，国内已经出现了十余种名称各异的气流床煤气化炉，有不少大同小异，个别技术在主要技术和系统构成上模仿现有的主流煤气化技术，本书限于篇幅，不再一一列举。

表 1-5　国内外主流气流床气化炉

原料形态	气化工艺	气化炉组合方式	进料方式	流动方式	耐火衬里	合成气冷却方式	气化介质	运行状态	结构特点
水煤浆	Texaco	1 段	水煤浆	下行	耐火砖	水激冷	氧气	商业装置	图 1-17、图 1-18
	E-gas	2 段	水煤浆	上行	耐火砖	分级气化冷却	氧气	商业装置	图 1-19
	多喷嘴炉[48-55]	1 段	水煤浆	下行	耐火砖	水激冷/水激冷-废锅	氧气	商业装置	图 1-20
	晋华炉[56-60]	1 段	水煤浆	下行	水冷壁	水激冷/水激冷-废锅	氧气	商业装置	图 1-21、图 1-22
	SE 炉	1 段	水煤浆	下行	耐火砖	水激冷	氧气	商业装置	图 1-23
干煤粉	K-T 炉	1 段	干煤粉	上行	水夹套	合成气激冷	氧气-蒸汽	商业装置	图 1-24
	Shell 炉	1 段	干煤粉	上行	水冷壁	合成气激冷	氧气-蒸汽	商业装置	图 1-25
	Prenflo 炉	1 段	干煤粉	上行	水冷壁	合成气激冷	氧气-蒸汽	商业装置	图 1-26
	GSP 炉	1 段	干煤粉	下行	水冷壁	水激冷	氧气-蒸汽	商业装置	图 1-27
	Eagle 炉	2 段	干煤粉	上行	水冷壁	分级气化冷却	氧气-蒸汽	示范装置	图 1-28
	CCP 炉	2 段	干煤粉	上行	水冷壁	分级气化冷却	空气	示范装置	图 1-29
	华能两段炉	2 段	干煤粉	上行	水冷壁	分级气化冷却	氧气-蒸汽	示范装置	图 1-30
	多喷嘴炉	1 段	干煤粉	下行	水冷壁	水激冷	氧气-蒸汽	商业装置	图 1-20(a)
	HTL 炉	1 段	干煤粉	下行	水冷壁	水激冷	氧气-蒸汽	商业装置	图 1-31
	SE 炉	1 段	干煤粉	下行	水冷壁	水激冷	氧气-蒸汽	商业装置	图 1-32

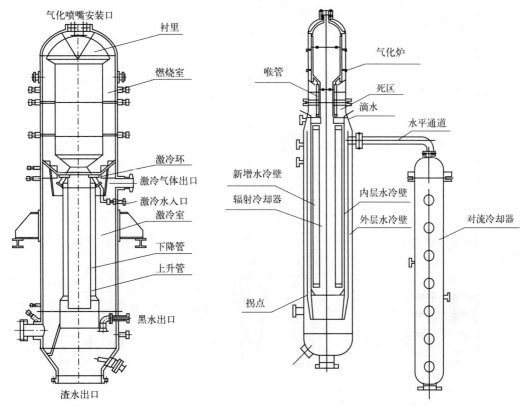

图 1-17　激冷型 Texaco 水煤浆炉示意图　　　　图 1-18　废锅型 Texaco 水煤浆炉示意图

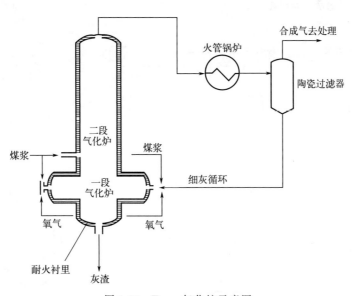

图 1-19　E-gas 气化炉示意图

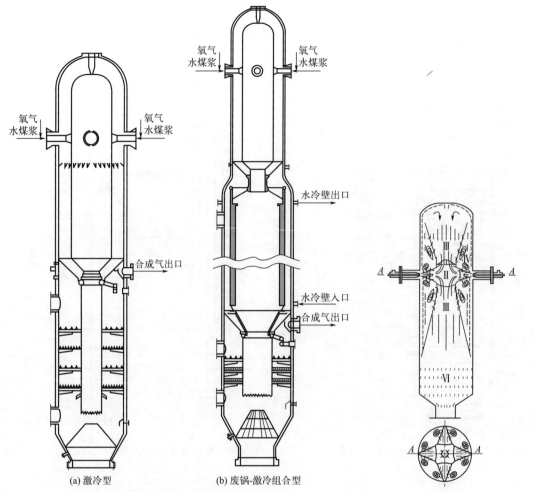

(a) 激冷型

(b) 废锅-激冷组合型

图 1-20　多喷嘴对置式水煤浆气化炉示意图

图 1-21　多喷嘴对置式气化炉流场结构

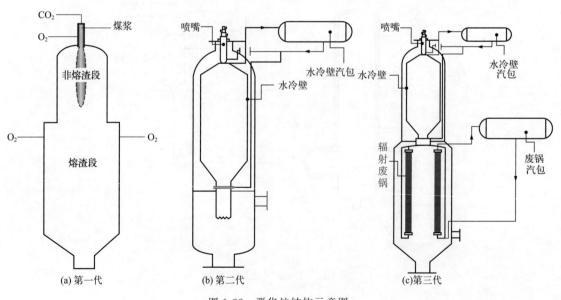

(a) 第一代

(b) 第二代

(c)第三代

图 1-22　晋华炉结构示意图

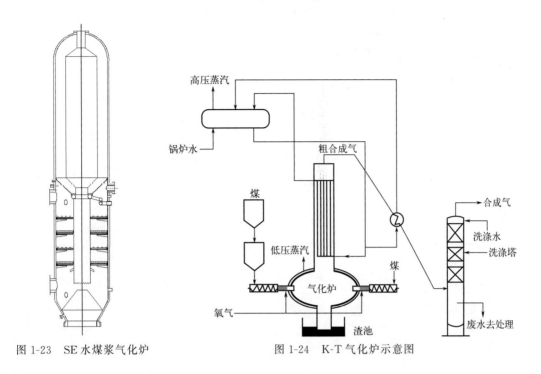

图 1-23　SE 水煤浆气化炉

图 1-24　K-T 气化炉示意图

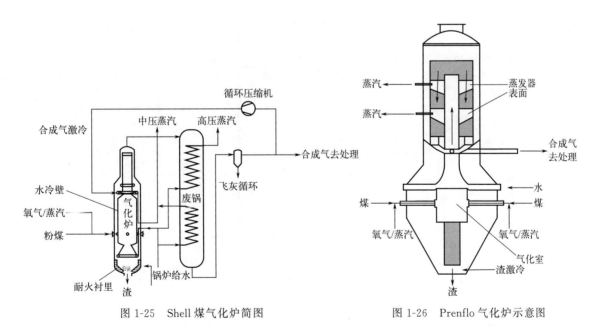

图 1-25　Shell 煤气化炉简图

图 1-26　Prenflo 气化炉示意图

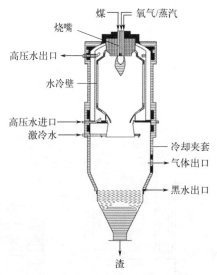

图 1-27 GSP 气化炉示意图

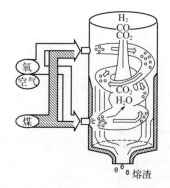

图 1-28 Eagle 气化炉结构示意图

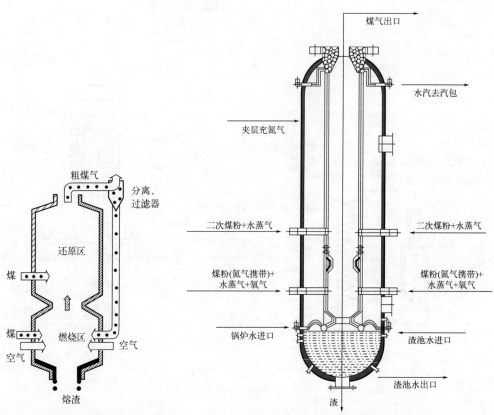

图 1-29 CCP 两段气化炉结构示意图

图 1-30 华能两段气化炉结构示意图

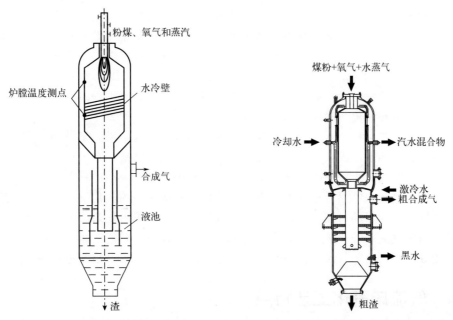

图 1-31　HTL 气化炉结构示意图　　　　　图 1-32　SE 粉煤气化炉结构示意图

1.4.3　气流床气化过程层次机理模型

气流床气化过程涉及高温、高压下多相湍流流动与复杂化学反应的相互作用，气流床气化过程一般在高温下进行（炉内平均温度在 1300℃ 以上，火焰前沿温度更高），气化过程基本上属于快反应，与流体流动密切相关的混合过程在其中起着极为重要的作用。基于这一认识，研究者提出了气流床气化过程的层次机理模型，如图 1-33 所示[111,139]。

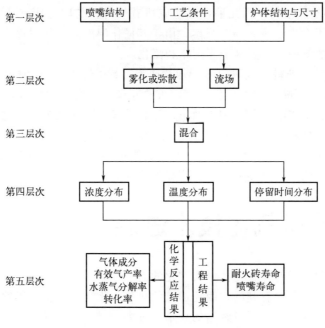

图 1-33　气化过程层次机理模型

其中喷嘴和炉体的结构与几何尺寸、工艺条件（第一层次）决定了炉内的流场结构（包括速度分布、压力分布、回流与卷吸，属于第二层次），流场结构又决定了炉内的混合过程（包括煤浆的雾化或粉煤的弥散，属于第三层次），并由此形成了炉内的浓度分布、温度分布和停留时间分布（第四层次）。而有效气成分、有效气产率、碳转化率和水蒸气分解率等气化反应结果，以及喷嘴寿命、耐火砖寿命、激冷环寿命和结渣等工程结果（第五层次）则受浓度分布、温度分布和停留时间分布的影响。

其中第一层次是可控因素，关键是控制依据；第五层次为结果，是被动承受的；第二层次、第三层次、第四层次因素源于第一层次因素，影响气化结果，在工业条件下，是人们无法看到的，但又是设计第一层次因素的依据，它们与炉内流体流动过程密切相关，鉴于流体流动特征以及与之相关的混合过程的特殊性，可以将其从复杂的气化反应中分解出来，通过大型冷模装置加以详尽的研究。该模型对认识气流床煤气化炉内复杂流动和反应之间的相互作用、开发新的气流床气化炉、对原有气流床气化炉的改进、对气流床气化炉的优化操作均有重要的指导价值。有关气流床内流动与混合过程的内容将在本书第3章详细介绍。

1.4.4　气流床气化工艺特点

气流床又称射流携带床（jet entrained bed），是利用流体力学中射流卷吸的原理，将煤浆或煤粉颗粒与气化介质通过喷嘴高速喷入气化炉内，射流引起卷吸，并高度湍流，从而强化了气化炉内的混合，有利于气化反应的充分进行。

气流床气化炉的高温、高压、混合较好的特点决定了它有在单位时间、单位体积内提高生产能力的最大潜能，符合大型化工装置单系列、大型化的发展趋势，代表了煤气化技术发展的主流方向。迄今为止，已广泛应用于大规模工业生产的煤处理量 1000t/d 以上的气化炉几乎全为气流床气化炉，就是明显的例证。

气流床气化炉煤种适应性强，除了采用耐火砖形式的水煤浆气化炉受制于煤的成浆性和灰熔点不超过 1400℃ 的限制外，几乎可以适应所有煤种。与固定床和流化床相比，其碳转化率高，合成气中不含焦油等产物。当然，由于其操作温度高，相对而言，其比氧耗［生产 $1000m^3(CO+H_2)$ 的氧耗量］要高于固定床和流化床。

气流床煤气化炉从进料方式讲，有干煤粉进料（Shell、GSP、Prenflo 等）和水煤浆进料（Texaco、E-gas、多喷嘴对置气化炉等）两种方式；从喷嘴设置看，有上部进料的单喷嘴气化炉、上部进料的多喷嘴气化炉以及下部进料的多喷嘴气化炉三种型式；从气化炉耐火衬里结构讲，有耐火砖衬里和水冷壁衬里两种型式，水冷壁又分盘管式水冷壁和膜式水冷壁；从合成气降温方式看，有全激冷、全废锅和废锅-激冷组合三种型式。由于原料不同，进料位置各异，就炉内温度分布而言，有明显的不同。

1.5　其他煤气化技术进展

如果不考虑过程工业对煤气化技术大型化的需求，只从物质和能量利用的合理性角度而言，低温、温和的气化是最有利的，因此加氢气化和催化气化等技术仍然有研究的必要，超临界气化和煤炭地下气化也是不可忽略的技术。过去 40 年，国内外在地下气化、催化气化、加氢气化、超临界水气化、等离子体气化、化学链气化等方面进行了大量有益的探索研究。

1984 年以来，中国矿业大学（北京）联合国内相关单位，在国家相关科技计划的支持下，依托不同矿区，先后进行了多次煤炭地下气化试验。2005 年以来，新奥集团联合国内相关单位，在国家 863 计划、国家科技支撑计划和国家重点研发计划项目的支持下，先后建立催化气化、超临界水气化和加氢气化的中试装置，并完成了催化气化和加氢气化工业示范装置的建设和运行。

1.5.1　地下气化

地下气化最早作为一种煤的开采技术而提出，苏联在煤炭地下气化技术方面做了大量开创性的研究开发工作。1958 年到 1962 年，我国先后在大同、皖南、沈北等许多矿区进行过自然条件下煤炭地下气化试验，取得了初步的研究成果[140,141]。

自 1984 年开始，中国矿业大学（北京）开始煤炭地下气化技术的研究，在国家 863 计划项目的支持下，建成了我国唯一的煤炭地下气化综合试验台和测控系统，开展了长期的基础研究，并取得了重要的研究成果[142-147]，提出了长通道、大断面、两阶段地下气化新工艺。自 1987 年以来，先后在江苏徐州、河北唐山、山东新汶、山东肥城、山西昔阳、黑龙江依兰、河南鹤壁、山东新密、甘肃华亭、贵州盘江、内蒙古乌兰察布、陕西渭南等地完成了多次地下气化现场试验[148-156]，为未来地下煤气化技术的发展积累了宝贵的基础数据和运行经验。地下气化原理及过程如图 1-34 所示。

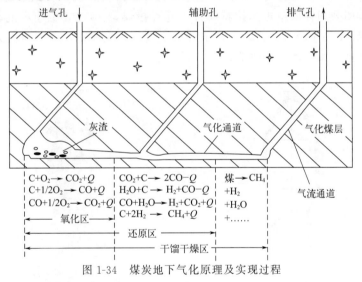

图 1-34　煤炭地下气化原理及实现过程

煤炭地下气化技术具有广阔的发展前景，但也面临巨大技术挑战。从技术本身看，到目前为止仍难以实现大规模产业化，主要原因是单个工作面产气量小、无法长周期稳定运行、污染物在地下的扩散规律认识不清，许多国家的研究人员仍在持续不断地开展研究工作。

1.5.2　催化气化

从 1980 年开始，国内学术界关注并介绍国外在催化气化方面的研究进展，煤炭科学研究院北京煤化学研究所、天津大学、武汉科技大学、安徽工业大学、中国科学院山西煤炭化学研究所、华东理工大学、太原理工大学、中国科学院过程工程研究所、沈阳化工大学、福州大学等单位先后开展了部分基础研究工作[157-174]，进行了大量的探索。

2008年，新奥科技发展有限公司联合中国科学院山西煤炭化学研究所，针对国外Exxon和GPE技术存在的问题，开展新型催化气化技术的开发，提出了高温燃烧-催化气化-催化热解多段耦合的催化气化分级转化工艺路线，完成了实验室小试研究[175]，建成了投煤量为0.5t/d和5t/d中试装置。在国家863计划和科技支撑计划项目的支持下开展了放大研究。2016年4月，在内蒙古达拉特旗建设投煤量1500t/d级的工业示范装置（气化炉结构见图1-35）。2018年9月，世界首套高压流化床催化气化工业示范装置建成，并打通了工艺流程，产出合格LNG产品，为煤催化气化技术商业化应用奠定了重要基础。

1.5.3　加氢气化技术

国内学术界从1978年开始关注并介绍国外在煤加氢气化技术方面的进展，华东理工大学、煤炭科学研究院北京煤化学研究所、天津大学、中国科学院山西煤炭化学研究所等单位也开展了相关的基础研究[176-181]，取得了一定的进展。

2012年3月，新奥集团公司正式启动加氢气化技术开发工作，在国家863计划课题的支持下，联合了国内多家高校、研究院所和工程公司进行研究[182]。2013年建成了投煤量10t/d中试装置，累计运行时间超过3000h，为技术放大积累了大量实验数据。2016年，建成了投煤量50t/d中试装置建设，并实现稳定运行。2016年4月，在国家重点研发计划项目支持下，新奥集团公司在内蒙古达拉特旗开工建设投煤量400t/d工业示范装置（气化炉结构如图1-36所示），2018年12月装置建成并一次性打通全流程，2019年9月完成72h连续运行，目前正在进行系统优化和改造。

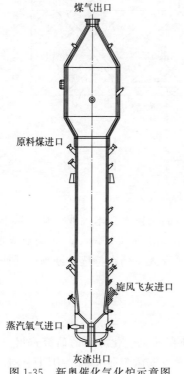

图1-35　新奥催化气化炉示意图

图1-36　新奥加氢气化炉示意图

1.5.4　超临界气化

20 世纪 90 年代初，大连理工大学郭树才教授团队在国内首先将超临界水用于煤利用过程的研究[183]。2000 年后，中国科学院山西煤炭化学研究所[184,185]、西安交通大学[186,187]等单位开展了相关的基础研究工作。2012 年，新奥集团在河北廊坊建成了投煤量 2.4t/d 的超临界水气化中试装置，完成高水褐煤气化试验研究，积累了大量工艺、设备和试验运行数据，完成煤的超临界水气化百吨级工艺包开发。

1.5.5　等离子体气化

1981 年，清华大学周力行教授首先向国内介绍了煤的等离子体气化技术[188]，但在 2000 年以前，国内公开文献中只有一些对国外等离子体煤气化技术进展的介绍[189-191]，尚未见系统研究报道。国内最早研究等离子体煤气化技术的是太原理工大学谢克昌院士团队，取得了初步成果[192-197]；其后大连理工大学也开展了探索性研究[198]。2009 年，在国家 863 计划项目的支持下，新疆天业（集团）有限公司联合清华大学和浙江大学等研究单位，建成了 5MW 煤等离子体裂解制乙炔中试装置，并进行了连续运行试验，为等离子体煤气化技术的工业应用积累了宝贵的经验。浙江大学研究团队利用等离子体高温、高焓、高反应活性的特点，创制了煤制乙炔异型结构旋转弧等离子体反应器，开发了耐烧蚀复合电极材料和新型高效淬冷器，实现了极端条件下的传递强化，在毫秒级时间维度内将煤裂解，经高速淬冷后，得到乙炔为主要成分的高附加值裂解气，并有效抑制了壁面结焦，实现在线清焦，突破了国内外公认的放大效应严重、结焦速度快、清焦难度大等技术瓶颈[199,200]。在国家重点研发计划项目的支持下，浙江大学等建成年产乙炔 5000t 规模的 10MW 氢等离子体裂解煤制乙炔工业示范装置（等离子气化炉结构示意见图 1-37），并实现稳定运行，乙炔收率 17.4% ～

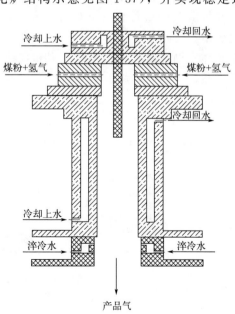

图 1-37　浙江大学旋转弧等离子体裂解煤制乙炔装置示意图

20.8％，同行专家鉴定认为总体技术鉴定处于国际领先水平。相对于电石法工艺，该技术乙炔成本下降 25％～30％，生产过程无需石灰石、焦炭等原辅料，无电石渣、二氧化碳等排放，环保效益显著，应用前景广阔，有望推动我国乙炔行业的技术变革。

1.5.6　化学链气化

化学链气化将化学链概念[201]与气化过程结合，通过双床间高温固体循环将气化与燃烧反应解耦，实现物质转化与气体分离，同时循环载体可以调控合成气组成，为煤和生物质等含碳原料的气化提供了新路线。基于氧化-还原循环的化学链气化过程，利用固态氧载体（通常为金属氧化物）在反应-再生系统中不断循环传递氧和热量[202]，达到部分氧化燃料与合成气组成调控的目的[203]，同时避免了传统气化所需要的纯氧，节省了昂贵的空气分离装置投资[204]。

20 世纪 60 年代以来，不断涌现基于钙基化学链概念的 H_2 或清洁电力（使用燃气轮机或燃料电池）生产研究，包括吸收增强重整过程（SER）[205]，CO_2 Acceptor 工艺[206]，HyPr-RING 工艺[207]和 Endex（吸热-放热）反应等[208]，其中 CO_2 Acceptor 工艺已经在一套设计产能为 40t/d 试验装置上累计运行 13000h，证明了该高温循环反应系统的可行性。最近化学链气化研究主要以固定床和小型鼓泡流化床反应器研究为主，集中于研究合成气生产的机理和操作条件[209]。目前新奥科技发展有限公司已建成 MWth 级化学链气化技术中试平台，实现高温固体连续稳定循环和富氢合成气的直接制取[210]。如图 1-38 所示，新奥钙基化学链气化采用气化炉与燃烧炉双床并置形式。气化炉反应条件温和（700～800℃），固体热载体为煤-水气化反应供热，CaO 载体可以吸收 CO_2 并释放一定热量，促进气化和变换反应向氢气生成方向移动，从而改变合成气中 H_2/CO 比例，实现对合成气组成和热值的调控。气化炉中难以转化的半焦随循环载体进入燃烧炉与空气反应，为整体系统供热，解决半焦气化停留时间长的难题，同时再生 CaO 载体。钙基化学链气化不需要纯氧燃烧供热，从而节省空气分离设备投资，并且由于 CaO 原位分离 CO_2，传统工艺中水煤气变换和 CO_2 脱除工段可以直接集成到气化炉中，因此化学链气化工艺流程短，设备投资低。化学链气化主要的工程挑战之一是：钙基载体在循环过程中会不断磨损和烧结，载体材料的 CO_2 吸收活性随循环次数的不断增加而衰减，需要向燃烧炉中不断补充新鲜的 $CaCO_3$ 床料，相应的操作成本可能升高。

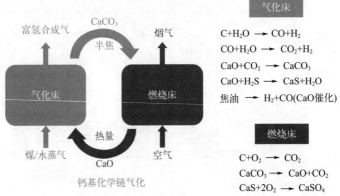

图 1-38　基于 CaO 碳酸化-煅烧循环的化学链气化过程示意图

1.6 气化工艺的评价指标

要对不同的煤气化技术做出恰当的评价，是一个非常复杂的问题。一般只能撇开投资、煤种适应性等因素，就气化过程本身作一评价，评价的基本指标主要有以下 3 项。

1.6.1 碳转化率

碳转化率定义为

$$y_c = \left(1 - \frac{离开气化炉的碳}{进入气化炉的碳}\right) \times 100\% \tag{1-14}$$

煤炭气化过程中，相对于碳与挥发分的燃烧反应，C 与水蒸气和 CO_2 的气化反应［反应(1-11)和反应(1-12)］是比较慢的，这两个反应进行的程度最终决定了碳转化率的高低。

反应 (1-11) 和反应 (1-12) 均为吸热反应，因此无论从热力学的角度还是从动力学的角度，提高温度都有利于提高气化过程的碳转化率。从化学反应速率的角度讲，当气化温度一定时，气化进行的程度取决于反应物的浓度（或分压），在气化反应的后期，水蒸气和 CO_2 的浓度逐渐向平衡趋近，这时反应进行的程度主要由反应时间的长短所决定。因此，对气化过程而言，延长停留时间特别是二次反应的时间，有利于提高碳转化率。

1.6.2 冷煤气效率

冷煤气效率的定义如下

$$\eta = \frac{单位质量煤产生的煤气的热值}{单位质量煤的热值} \times 100\% \tag{1-15}$$

也可以用下式表示

$$\eta = \frac{煤气产率 \times 煤气的热值}{煤的热值} \times 100\% \tag{1-16}$$

式中，煤气产率为每千克煤产生的煤气量（按体积计算）。

由于煤气的热值和煤的热值均有高热值（HHV）和低热值（LHV）之分，因此在计算气化过程的冷煤气效率时必须注明是以高热值为基础，还是以低热值为基础。

用冷煤气效率来表征气化效率有一定的局限性，特别是以生产合成气为目的的气化过程。因为，当气化产物中甲烷含量比较高时（如 Lurgi 和 E-gas 气化），冷煤气效率无疑是高的，但是大量的甲烷在后续合成工段无法参加反应，只会增加弛放气的排放。因此必须重新定义一个可以对以合成气生产为目的的气化装置效率进行比较的工艺指标。

1.6.3 合成气产出率

1.6.3.1 合成气产出率的定义

为了弥补冷煤气效率在评价气化效率时的不足，文献[211]提出了合成气产出率的概念。

认为将出口气体中 CO 和 H_2 的总物质的量与进料煤炭中 C 和 H_2 的总物质的量之比作为考核指标，可以弥补单纯用冷煤气效率衡量以合成气生产为目的的气化过程气化效率时的不足，定义该项指标为有效气产出率（P_e），即

$$P_e = \frac{N_{CO} + N_{H_2}}{N_{i,C} + N_{i,H_2}} \times 100\%$$ (1-17)

式中，N_{CO}、N_{H_2} 分别为出口气体中 CO 和 H_2 的物质的量，mol；$N_{i,C}$、N_{i,H_2} 分别为进料煤炭中 C 的物质的量和 H 原子换算为 H_2 的物质的量，mol。

1.6.3.2 合成气产出率的计算方法

根据元素平衡，由煤的元素组成和气化炉出口气体组成可计算不同操作工况下的产气量。具体方法如下。

以 100kg 煤为基准，根据气化炉出口气组成可得到

$$\frac{N_{CO_2}}{N_{CO}} = \frac{Y_{CO_2}}{Y_{CO}}$$ (1-18)

$$\frac{N_{CH_4}}{N_{CO}} = \frac{Y_{CH_4}}{Y_{CO}}$$ (1-19)

$$\frac{N_{H_2}}{N_{CO}} = \frac{Y_{H_2}}{Y_{CO}}$$ (1-20)

$$\frac{N_{CO_2}}{N_{CO}} = \frac{Y_{CO_2}}{Y_{CO}}$$ (1-21)

$$\frac{N_{N_2 + Ar}}{N_{CO}} = \frac{Y_{N_2 + Ar}}{Y_{CO}}$$ (1-22)

$$\frac{N_{COS}}{N_{CO}} = \frac{Y_{COS}}{Y_{CO}}$$ (1-23)

式中，Y_i 为气化炉出口气体中 i 组分的体积分数，%；N_i 为 100kg 煤生产的 i 组分的物质的量，mol。

煤中碳转化为气相产物的物质的量为

$$N_{i,C} = \frac{X_C R_C}{12}$$ (1-24)

式中，X_C 为煤中元素碳的质量分数，%；R_C 为碳的转化率。

从而出口气中 CO 的物质的量为

$$N_{CO} = \frac{N_{i,C}}{1 + \frac{N_{CO_2}}{N_{CO}} + \frac{N_{CH_4}}{N_{CO}}}$$ (1-25)

从而由式（1-18）～式（1-23）可得到其他组分的物质的量。

煤中 H 原子换算为 H_2 的物质的量为

$$N_{i,H_2} = \frac{X_H}{2}$$ (1-26)

式中，X_H 为煤中元素 H 的质量分数，%。

则由水蒸气分解得到的 H_2 物质的量为

$$N_{w,H_2} = N_{H_2} + 2N_{CH_4} - N_{i,H_2}$$ (1-27)

所以水蒸气的分解率为

$$y_{ds} = \frac{N_{w,H_2} \times 18}{100 \times R_{H_2O}}$$ (1-28)

式中，R_{H_2O} 为蒸汽煤比（对水煤浆气化过程则为煤浆中水与煤的质量比）。

有效气产率为

$$P_{CO+H_2} = \frac{22.4 \times (N_{CO} + N_{H_2})}{100}$$ (1-29)

比氧耗为

$$R_{P_{O_2}} = \frac{100 \times R_{O_2}}{P_{CO+H_2}}$$ (1-30)

式中，R_{O_2} 为氧煤比。

有效气产出率为

$$P_e = \frac{N_{CO} + N_{H_2}}{N_{i,C} + N_{i,H_2}} \times 100\%$$ (1-31)

1.7 典型煤气化工艺的比较与选择

不同类型的煤气化技术是在技术发展的不同阶段，为适应不同的工艺要求而发展起来的。离开煤种、煤气化配套的下游转化装置等具体问题，泛泛而谈不同煤气化技术的优劣，是没有意义的。

Simbeck 等曾对不同气化工艺的特点作了比较[212]，见表 1-6。

表 1-6 不同气化工艺的特点比较

项目	固定（移动）床		流化床		气流床
灰渣形态	干灰	熔渣	干灰	灰团聚	熔渣
气化工艺	Lurgi	BGL	Winkler, HTW, CFB	ICC, U-Gas, KRW	K-T, Texaco, Shell, E-gas, GSP
原料特点					
煤颗粒/mm	6~50	6~50	6~10	6~10	<0.1
细灰循环	有限制	最好是干灰	可以	较好	无限制
黏结性煤	加搅拌	可以	基本可以	可以	可以
适宜煤阶	任意	高煤阶	低煤阶	任意	任意
操作特点					
出口温度/℃	425~650	425~650	900~1050	900~1050	1250~1600
氧气耗量	低	低	中	中	高
蒸汽耗量	高	低	中	中	低
碳转化率	低	低	低	低	高
焦油等	有	有	无	无	无

本书将从不同煤气化工艺的固有技术特征出发，从煤种适应性、合成气产物处理的难易程度、原料消耗、生产强度等几个方面对不同的气化技术作进一步的比较。

1.7.1　煤种适应性

1.7.1.1　固定床气化炉

早期的固定床气化炉一般采用活性高、灰熔点高、黏结性低的无烟煤或焦炭，Lurgi 加压固定床气化技术的成功，拓展了固定床对煤种的适应性，一些褐煤也可用于固定床加压气化，BGL 技术的煤种适应性与干法排灰的 Lurgi 加压气化炉相比又进了一步。

1.7.1.2　流化床气化炉

与固定床气化炉类似，早期一般的流化床气化炉为了提高碳转化率，多采用褐煤、长焰煤等活性比较好的煤种。灰熔聚气化技术的发展拓展了流化床气化技术对煤种的适应性，特别是对一些高灰、高灰熔点的劣质煤有其独特的优势。

1.7.1.3　气流床气化炉

气流床气化炉对煤的活性没有任何要求，从原理上讲几乎可以适应所有的煤种。但是受制于诸多的工程问题，不同的气流床气化炉对煤种还是有所要求的。以水煤浆为原料的耐火砖衬里气化炉，一是要求煤的成浆性要好，制浆浓度一般不低于 59%；二是灰熔点要低，一般要低于操作温度 50℃，所以灰熔点高于 1400℃的煤一般不适合于采用水煤浆为原料的耐火砖衬里气化炉。褐煤一般灰熔点比较低，但其水含量高，成浆浓度比较低（一般在 50%），如果用于气流床水煤浆气化，氧耗、煤耗相对较高，因此绝大多数褐煤同样不适合于水煤浆为原料的耐火砖衬里气化炉。尽管从理论上讲，在煤中加入石灰石可以降低灰熔点，但带来后系统，特别是灰水系统堵塞等难以解决的工程问题。

对于采用干法进料的水冷壁气化炉，由于其操作温度高，对煤的成浆性没有要求，其煤种的适应性无疑优于水煤浆气化炉。但 Shell 技术在国内的运行实践表明，那种认为干粉进料的水冷壁式气流床技术可以适应所有煤种的观点，是站不住脚的。

1.7.2　合成气的处理

从合成气组成来看，固定床气化炉由于其床层温度分布的固有特点，出气化炉的粗煤气中含有大量的焦油和酚类，给煤气的初步净化带来了很多困难。而流化床和气流床则没有这一问题。

从气体中携带的灰渣来看，固定床相对要低于流化床和气流床，但无论何种气化技术从高温气体中分离细灰都是非常复杂的。

从热量回收来看，固定床和流化床出口粗合成气温度都在 1000℃以下，可以直接采用废锅回收合成气的热量。而气流床气化炉出口粗合成气温度一般都在 1300℃以上，无法直接进入对流式废热锅炉，必须进行降温，或用完全激冷，或用循环合成气激冷，降低温度后再进入废锅。

1.7.3 原料消耗

1.7.3.1 氧耗量

对于采用纯氧气化的工艺，氧耗是一个重要的工艺指标。一般氧耗与气化温度成正比，气化温度越高，氧耗越高，就这一点而言，生产单位体积合成气，气流床气化炉的氧耗无疑要高于固定床和流化床。水煤浆原料的气流床气化炉，由于进料中含有35%以上的水，这些水在气化炉内蒸发需要的大量的热量，由燃烧反应来提供，因此水煤浆原料的气化炉氧耗一般要比干煤粉原料的气化炉高15%～20%。

1.7.3.2 蒸汽耗量

除了水煤浆为原料的气流床气化炉外，其他形式的气化炉在气化过程中都需加入蒸汽，一方面蒸汽是气化介质，另一方面蒸汽是一种温度调节剂，通过蒸汽量与氧气量的匹配，可以调节气化温度。蒸汽耗量与煤种、气化温度等相关，不同的工艺其蒸汽耗量没有什么可比性。

1.7.3.3 碳转化率

碳转化率的高低是原料煤消耗的一个重要指标。气流床气化炉的碳转化率远远高于固定床和流化床。气流床气化炉的碳转化率既与操作温度和气化炉平均停留时间有关，也与喷嘴的雾化或弥散混合性能密切相关。其中单喷嘴进料的水煤浆气化炉碳转化率一般在95%左右，多喷嘴水煤浆气化炉碳转化率大于98%。而干煤粉进料的气化炉碳转化率据报道在99%以上。

1.7.4 生产强度

生产强度（或气化炉单炉的最大处理能力）是衡量气化炉优劣的重要指标之一，现代过程工业一个重要的发展趋势是单系列、大型化，因此尽可能提高单炉能力也是作为龙头的煤气化技术发展的必然趋势。气化炉作为一种特殊的反应器，高温、加压无疑有利于提高反应速率和单位体积的处理能力，从这一点而言，气流床气化炉具有提高单炉处理能力的最大潜力，而固定（移动）床和流化床气化炉要提高压力和温度则受到许多工程因素的限制。表1-7列出了煤气化商业装置的规模及特点。

表 1-7　煤气化商业装置的规模及特点

炉型	代表性专利商	规模/(t/d)	特点
固定床	Lurgi	500	煤种要求高、气化温度低、气体处理困难
流化床	HTW	840	煤种要求高、气化温度不够高、碳转化率低
气流床	Texaco	2000	高温、高压、碳转化率比较高（除Texaco气化技术碳转化率在95%左右外，其他都在98%以上）
	Shell	3000	
	Prenflo	2600	
	多喷嘴气化炉	4000	

1.7.5　煤气化技术选择的基本原则

煤气化技术是龙头技术，它的运行优劣决定了后系统化工或发电装置能否安全、稳定、长周期、满负荷运行。对于大型的煤化工装置或 IGCC 发电系统，选择合适的气化技术是极为重要的。人们不断总结现有装置的运行经验，总结出了 5 条选择气化技术的重要原则[213]，这 5 条原则如下。

（1）先进性原则　工艺技术的先进性决定了产品的市场竞争力。企业在选择气化技术时应充分调研工艺技术的现状，把握发展趋势，选择先进技术，以保证气化技术配套项目的产品竞争力。技术的先进性体现在产品质量性能、工艺水平和装备水平等方面。现代化学工业发展的一个重要趋势就是大型化、单系列，煤气化技术也不例外，大型化是先进性的重要标志之一。从大型化角度看，气流床有优势，从气流床本身的大型化看，多喷嘴比单喷嘴有优势。

（2）适应性原则　适应性表现在两个方面，一是对原料煤的适应性；二是与下游装置的配套性，比如是发电还是化工产品，是合成氨还是甲醇等。

我国地域辽阔，煤种千差万别，企业应根据所在地煤资源状况或来源途径、煤的品质（水分、灰分、灰熔点、热值等）、辅助原料的来源等具体情况，选择适合自己的气化技术。可以说，原料煤的性质不仅是选择煤气化技术时的最根本依据，也是决定气化装置能否稳定、高效、长周期运行的关键。

从下游产品看，生产合成氨、甲醇、煤间接液化、制氢、发电等不同的工艺，对气化产生的合成气有不同的要求。比如合成氨和制氢需要对合成气进行全部变换，这时激冷流程就优于废锅流程；甲醇和间接液化需要部分变换，从某种角度看，废锅与激冷结合的流程更为合理；IGCC 发电需要最大限度地利用能量，这时废锅流程又优于激冷流程。总之，企业在选择气化技术时，应从规划生产的产品和规模出发，选择适合自己的气化技术。

（3）可靠性原则　可靠性的体现是气化装置能够安全、稳定、长周期、满负荷运行。没有长周期、满负荷、稳定运行，先进的工艺指标无从谈起，稳定、可靠应是选择气化技术的重要条件。一般应该采用已经充分验证并有商业化运行业绩的技术。当然对于新技术、新工艺，也要在充分试验并取得成功的基础上大胆采用，但前提是对可能的风险要经过预先分析并有应对措施。对于尚在试验阶段的新工艺、新设备等要采取积极和慎重的态度。

（4）安全环保原则　煤的固有特性决定了煤气化过程必然会产生废渣、废水和废气，有些处理难度比较大，如固定床气化过程中的含酚废水，再如汞、铬等微量重金属元素等。因此企业在选择煤气化技术时还要结合当地的环境状况（如水资源、大气污染物的环境容量等），选择清洁高效的煤气化技术，保证清洁生产。

（5）知识产权安全原则　要注意保护工艺技术来源和所有者的权益。对于专利技术要研究其产权问题，包括其使用范围和有效期限。不要为了贪图小利，而侵犯别人的知识产权。

上述原则是相辅相成、密切相关的，不能割裂开来看。

1.8　煤气化技术展望

2009 年笔者曾对当时大型煤气化技术发展需要注意的问题进行了总结梳理，并对未来发展进行了展望[214,215]。十多年来，我国煤气化技术的研究开发和工程应用取得了长足进步，当时提出的一些问题已经在技术研发和工程应用中得到了部分和完全解决，煤气化技术的进步支撑了我国现代煤化工行业的可持续快速发展，但也存在一些制约技术持续发展的瓶颈问题，从技术本身看，主要表现是：装置投资依然偏高，系统效率还有提升空间，物耗、能耗还有下降余地，微量污染物控制任重道远，含盐废水资源化利用亟待突破，基础研究有待继续深化。从创新氛围看，主要表现是行业自律缺乏，模仿、抄袭技术的案例屡见不鲜，侵犯知识产权的事时有发生，严重制约煤气化技术的创新和进步。从长远看，煤气化技术的发展，要加强以下几方面的工作[216]。

（1）通过过程强化，不断提高气化炉单位体积的处理能力，降低装置投资　目前全世界运行的单炉处理规模最大的气化装置是内蒙古荣信化工的多喷嘴对置式水煤浆气化炉，单炉投煤量达 4000t/d，气化炉外直径已达 4.2m，单纯通过体积放大，增加气化炉处理量，必然会受到设备尺寸的制约。因此通过过程强化，提高气化炉单位体积处理能力，是气化炉大型化并降低投资的根本途径。回顾气化技术发展历程，一方面气化炉内平均反应时间从数十分钟级（固定床）到分钟级（流化床）再到 10s 级（气流床），反应时间缩短，单位体积处理能力大幅度增加，另一方面从常压气化向加压气化发展，单位体积处理能力也大幅度增加。可否将目前煤颗粒在气化炉内的反应时间降低到 1s 级甚至更低？笔者认为，这从理论上是可行的。当然这中间会面临一些极具挑战的科学和技术问题，需要在原料制备、输送、气化炉结构等方面进行系统创新，这是未来研究的重要方向。

（2）开发新的单元技术，优化工艺流程，降低系统物耗能耗，提升全系统效率　就粉煤加压气化技术而言，粉煤加压输送系统占据了很大一部分投资，能耗也比较高，开发煤粉输送泵是工程界一直讨论的热点问题，但至今鲜有深入系统的试验研究，粉煤高压输送技术的变革应该引起业界重视。就水煤浆气化技术而言，煤浆中水含量是影响气化系统效率的重要因素，提高煤浆浓度，能够显著降低比氧耗和比煤耗，因此开发高浓度水煤浆制备、输送、雾化技术，是提高水煤浆气化系统效率、降低物耗和能耗的有效途径，这一点也应该引起业界的足够重视。从全系统工艺流程构建而言，由于过去 20 多年煤化工行业快速发展，技术需求旺盛，工程公司没有足够的时间和精力在流程优化和系统能耗方面进行深入细致的再研究和再开发，在总体工艺流程设计上有点因循守旧，工艺流程大同小异，缺乏变革，因此，结合下游合成气变换、净化、合成、分离等单元的具体情况，对煤气化系统的工艺流程进行不断改进和优化，也应该引起业界的重视。

（3）开发环境友好技术，实现近零排放　煤中的有害元素在煤气化过程中会发生迁移转化，进入合成气、循环水或废水和灰渣，硫、氮等有害元素的迁移转化和控制已有成熟技术，氯和微量重金属元素迁移转化的机理研究方面也取得了很大的进展，但进展尚需转化为解决工程问题的具体技术。目前困扰工程界的主要问题有三：其一是氯在系统的积累，造成系统腐蚀，特别是一些氯含量较高的煤种，问题更为突出；其二是汞、铬、砷、铅等重金属元素在系统和环境中的积累，国内相关单位开展了大量基础研究工作，部分技术也进行了中试试验，需要进一步加大对研究工作的支持力度，建立工业示范装置，形成先进的微量重金属脱除与控制技术；其三是废水问题，固定床气化废水酚含量高，难以处理，是世界公认的难题，而气流床气化过程中由于熔融态灰渣激冷，大量的碱金属和碱土金属离子进入废水，造成盐分在系统的积累，一方面会引起系统结垢堵塞，另一方面废水含盐量很高，难以回收利用，国内在这方面也进行了大量研究工作，取得了重要进展，需要通过工程示范，形成先进的含酚废水处理技术和含盐废水资源化利用。

（4）气化系统要从单纯的"气化岛"向"气化岛＋热力岛＋环保岛"的方向发展　煤气化本质上是一种高温热化学转化过程，这一特点决定了它不仅能实现煤的气化，而且也可以实现所有含碳固体废弃物和有机废液的转化，还能通过合成气高温显热回收，产生高压蒸汽，为全系统提供热力或动力。因此，通过煤气化装置来处理工厂自身产生的含碳固体废弃物、有机废液和工厂周边的含碳固体废弃物和有机废液，具有得天独厚的条件。协同处置废物，将单独的"气化岛"变成"气化岛＋环保岛"，是未来煤气化技术发展的重要方向。当务之急是打破行业壁垒，促进协同创新。

（5）依托大数据、信息化技术，保障煤气化装置的安稳长满优运行　依托信息技术革命带来的技术便利，改变工厂、车间管理运行模式，通过大数据监控，实现事故早期预警、早期处理，可以大幅降低工厂故障率，提高装置运行率。将大数据与工艺原理结合，建立机理模型，实现全系统的动态优化控制，提升系统效率，进而建立智慧工厂，是未来发展的重要方向。

（6）对新思路、新方法、新技术、新工艺研究开发进行持续支持　国内煤气化技术发展到今天，取得了可喜的成绩，但还没有突破已有煤气化技术的范畴。一方面，需要对地下气化、催化气化、加氢气化、超临界水气化、等离子体气化等技术的研究给予持续支持，在中试和示范装置运行中暴露问题、解决问题，不断提升技术的稳定性和经济性；另一方面也要关注太阳能与煤气化的耦合、核能与煤气化耦合等新技术的发展，还要时刻关注煤气化领域随时可能出现的变革性技术苗头，在研究上予以持续支持。

（7）营造尊重知识产权，保护知识产权的良好氛围，激发技术创新活力　煤气化技术在我国 150 多年的发展历史，是互相学习、互相促进的过程。但是互相学习，不等于相互抄袭，学习的目的是在前人和别人的基础上创新，抄袭导致停滞，创新才有进步。煤气化技术专利商之间可以尝试技术互相许可，这样既能尊重保护已有的知识产权，促进技术创新，又能实现技术上的优势互补，做到一加一大于二。

参考文献

[1] 于遵宏. 化工过程开发 [M]. 上海：华东理工大学出版社，1996.

[2] Rudolph P F H，Herbert P K. Coversion of Coal to High Value Products [C]//Symp Coal Gasification，Liquefaction and Utilization. Pittsburgh，1975.

[3] Rudolph Paul F H. The Art of Coal Gasification [M]. Frankfurt：Lurgi Gmbh，1976.

[4] Ricketts T S. High-pressure coal gasification plants in scotland and sbroad [J]. J Inst Fuel，1961，34：177-188.

[5] Anthony D B，Howard J B. Coal devolatilization and hydrogasification [J]. AIChE J，1976，22：625.

[6] Solomon P R，Colket M B. Coal devolatilization [C]//17th Symposium (International) on Combustion. Pittsburgh，1979：131.

[7] Howard J B，Peters W A，Serio M A. Coal devolatilization information for reactor modeling：AP-1803. MA：EPRI [R]. 1981.

[8] Kobayashi H，Howard J B，Sarofim A F. Coal devolatilization at high temperature [C]//16th Symposium (International) on Combustion. Pittsburgh，1977：411.

[9] Lowry H H. Chemistry of Coal Utilization [M]. New York：John Wiley and Sons，1963：949-965.

[10] Hamilton G W. Gasification of solid fuel [J]. Cost Eng，1963，8：4-11.

[11] Rudolph P F H. The Lurgi Process，The Route to SNG from Coal [C]//4th Synthetic Pipeline Gas Symp. Chicago，1972.

[12] Schilling H D，Bonn B，Krauss U. Coal Gasification [M]. Essen：Verlag Glöckauf GmbH，1979：200-209.

[13] Rudolf P. Lurgi Coal Gasification (Moving-bed Gasifier) [M]//Meyers R A. Handbook of Synfuels Technology. New York：McGraw-Hill，1984.

［14］Elliott M A. Chemistry of Coal Utilization［M］. 2nd ed. Hoboken: John Wiley and Sons, Inc, 1981.

［15］Grant A J. Applications of the Woodall-Duckham Two-Stage Coal Gasification［C］//3rd Annual International Coal Conversion, Pittsburgh, August 3-5, 1976.

［16］Williams I. Fuel gas plants for the process industries burning coal cleanly, efficiently［J］. Process Engineering, 1974, 5: 52-57.

［17］聂世根. 两段式煤气化炉在我国的适用性［J］. 化工设计, 1991 (5): 16-20.

［18］段喜臣. 完善两段炉工艺的探讨［J］. 煤气与热力, 1990 (3): 15-16.

［19］徐振刚. 我国水煤气两段炉气化技术的发展［J］. 煤炭加工与综合利用, 1995 (3): 3-5.

［20］Hebden D, Edge R F. Experiments with a Slagging Pressure Gasifier: Gas Council Research Commun, No. GC50［R］. 1958.

［21］Hebden D, Horsler A G, Lacey J A. Further Experiments with a Slagging Pressure Gasifier. Gas Council Research Commun. No. GC112, 1964.

［22］British Gas Corporation. US coal test program on BGC-Lurgi Slagging Gasifier［R］. EPRI Report AP-1922. RP-1267-1. 1981.

［23］Hebden D. High Pressure Gasification Under Slagging Congditions［C］//7th Synthetic Pipeline Gas Symp. Chicago, 1975.

［24］Brooks C T, Stroud H J F, Tart K R. British gas/lurgi slagging gasifier［M］//Hand Book of Synfuels Technology. New York: McGraw-Hill, 1984: 63-83.

［25］Cooke B H, Taylor M R. The environmental benefit of coal gasification using the BGL gasifier［J］. Fuel, 1993, 72 (3): 305-314.

［26］李宝庆. 液态排渣鲁奇气化技术的进展［J］. 煤化工, 1994 (1): 17-22.

［27］Thimsen D, Maurerr R E, Pooler A R, et al. Fixed-bed Gasification Research using US Coal: Contract H0222001 Final Report (1984-1985)［R］. US Bureau of Mines, 1-19.

［28］Teggers H, Theis K A. The Rheinbraun High-temperature Winkler and Hydrogasification Process［C］//1st International Gas Research Conference. Chicago, 1980.

［29］Bögner F, Wintrup K. The Fluidized-bed Coal Gaification Process (Winkler Type)［M］//Meyers R A. Handbook of Synfuels Technology. New York: McGraw-Hill, 1984.

［30］Greil C, Hirschfelder H, Turna O, Obermeier T. Operating results from gasification of waste material and biomass in fixed-bed and circulating fluidized-bed gasifier［C］//Gasification Conference. Noordwijk, Netherlands, 2002.

［31］Smith R V, David B M, Vimalchand P, et al. Operation of the PDSF Transport Gasifier［C］//Gasification Technology Conference. San Francisco, 2002.

［32］Jequier L, Longchambon L, van de Putte G. The Gasification of Coal Fine. J Inst Fuel, 1960 (33): 584-591.

［33］Patel J G, Wheeler G F. The roles of pilot plants in the development of U-gas commercial reactor design［C］//AIChE Annual Meeting. San Francisco, 1984: 25-30.

［34］US Department of Energy (DOE). Piñon Pine IGCC Power project: A DOE Assessment: Report 2003/1183［R］. DOE/NETL, 2002.

［35］王洋, 吴晋沪. 中国高灰、高硫、高灰熔融性温度煤的灰熔聚流化床气化［J］. 煤化工, 2005 (2): 4-15.

［36］房倚天, 王洋, 马小云, 等. 灰熔聚流化床粉煤气化技术加压大型化研究新进展［J］. 煤化工, 2007, 35 (1): 11-15.

［37］王洋. 灰熔聚流化床粉煤气化技术及其工业应用［J］. 全国煤气化技术通讯, 2003, 3: 30-39.

［38］王洋. 加压灰熔聚流化床粉煤气化技术的研究与开发［J］. 山西化工, 2002, 22 (3): 4-7.

［39］房倚天, 王洋, 马小云, 等. 灰熔聚流化床粉煤气化技术加压大型化研发新进展［J］. 煤化工, 2007, 1: 11-15.

［40］加压流化床粉煤气化小试研究报告 (1986—1990). 煤炭科学研究院北京煤化学研究所 (内部资料). 1991.

［41］增压循环流化床气化技术. 煤炭科学研究院北京煤化学研究所科技成果鉴定证书 (第 9606007 号). 1996.

［42］联合循环发电工艺——增加循环流化床. 煤炭科学研究院北京煤化学研究所 (鉴定材料). 1995.

［43］加压流化床煤气化技术研究报告. 煤炭科学研究院北京煤化学研究所 (内部资料). 1995.

［44］项友谦, 彭万旺, 步学朋, 等. 粉煤加压气流床气化试验与模拟的比较［C］//中国城市煤气学会气源专业委员会六届二次技术交流会. 昆明, 1994.

［45］彭万旺, 步学朋, 王乃计, 等. 加压粉煤流化床气化技术试验研究［J］. 煤炭转化, 1998, 21 (4): 67-76.

[46] 逢进，彭万旺，步学朋，等. 加压粉煤流化床气化的开发研究 [J]. 煤气与热力，1999，19（1）：3-8.

[47] 马润田，郭宪华，张魁彪. 流化循环床双器煤气化工艺小试 [J]. 煤气与热力，1986，6（3）：12-17.

[48] 马润田. 流化循环床双器煤气化工艺 [J]. 钢铁，1987（3）：66-69.

[49] 李定凯，沈幼庭，徐秀清，等. 循环流化床煤气-热-电联产技术及其应用前景 [J]. 煤气与热力，1994，14（5）：41-45.

[50] 马润田，梁国栋. 循环流化床粉煤气化工艺 [J]. 中国陶瓷工艺，1995（1）：32-33.

[51] 吕清刚，刘琦，范晓旭，等. 双流化床煤气化试验研究 [J]. 工程热物理学报，2008，29（8）：1435-1439.

[52] 宋国良，吕清刚，刘琦，等. 循环流化床单床与双床煤气化特性试验研究 [J]. 中国电机工程学报，2009，29（32）：24-29.

[53] 刘嘉鹏，于旷世，朱治平，等. 温度对循环流化床双床气化中热解炉产物影响 [J]. 化学工程，2011，40（11）：56-59.

[54] 刘嘉鹏，朱治平，蒋海波，等. 循环流化床富氧气化实验研究 [J]. 燃料化学学报，2014，42（3）：297-302.

[55] 梁晨，吕清刚，张海霞，等. 循环流化床煤富氧-水蒸气气化实验研究 [J]. 燃烧科学与技术，2019，25（2）：105-111.

[56] Schlinger W G. The texaco coal gasification process [M] //Hand Book of Synfuels Technology. New York：McGraw-Hill，1984：148.

[57] Ingenhoff V. Koppers-Totzek Coal Dust Gasification Process [J]. J Fuel Soc，1974，53（9）：757-761.

[58] Franzen J E，Goeke E K. SNG Production Based on Koppers-Totzek Coal Gasification [C]//6th Synthetic Pipeline Gas Symp，Chicago，1974.

[59] Koppers-Totzek. Prenflo：Clean Power Generation from Coal. Company Brochure，1996.

[60] van der Burgt M J，Naber J E. Develoment of the Shell Coal Gasification Process（SCGP）[C]//Third BOC Priestley Conference. London，1983.

[61] van der Burgt M J，Naber J E. Development of the Shell coal gasifiaction process（SCGP）[C]//Advanced Gasification Symposium. Shanghai：1983.

[62] 张东亮. 干法进料粉煤加压煤气化制合成气技术 [J]. 煤化工，1996（4）：24-30.

[63] Ploeg J E G. The Shell coal gasification process development history [C]//Technical Seminar on the Shell Coal Gasification Process. Beijing：1998：17-20.

[64] Postuma A. The Shell coal gasification process（SCGP）—research and development overview [C]//Technical Seminar on the Shell Coal Gasification Process. Beijing：1998.

[65] Doering E L，Cremea G A. Shell 煤气化工艺新进展 [J]. 洁净煤技术，1996，2（4）：51-54.

[66] DuBois E. Synthesis gas by partial oxidation [J]. Industrial and Engineering Chemistry，1956，48（7）：1118-1122.

[67] Weissman R，Thone P. Gasification of sloid，liquid and gaseous feedstock：commercial portfolio of texaco technology [C]//IChemE Conference. London，1995.

[68] Curran P F，Tyree R F. Feedstock Versatility for Texaco Gasifiers [C]//IChemE Conference. Dresden，1998.

[69] 王旭宾. 德士古煤气化工艺技术完善探讨 [J]. 化肥工业，1999（4）：53.

[70] 孟庆勇. 煤浆系统自动控制技术改造 [J]. 中氮肥，1997（5）：61.

[71] 李东玉. 刮板式捞渣机的改造 [J]. 化肥工业，1998（2）：65.

[72] 宋先林. Texaco 煤气化净化系统技改总结 [J]. 中氮肥，2004（6）：31.

[73] 张继臻，种学峰. 煤质对 Texaco 气化装置运行的影响及其选择 [J]. 中氮肥，2002（2）：16.

[74] 张继臻，马运志，杨军. Texaco 气化装置对煤质选择适应性的实例分析 [J]. 煤化工，2002（3）：34.

[75] Schellberg W. Prenfio for the European IGCC at Puertoiiano [C]//Proc. Annu. Int. Pittsburgh Coal Conf. Pittsburg，1995.

[76] Pruschek R. Advanced Cycle Technologies，Improvement of Gasifi-cation Combined Cycle（IGCC）Power Plants Starting from the Stateofthe-Art（Puertollano）：Final Report 1998 JOF3 CT95-0004 [R].

[77] Schellberg W. Prenflo for the European IGCC at Puertouano [C]//Proc. Annu. Int. Pittsburgh Coal Conf，1995.

[78] Phomson D，Argent B B. Prediction of the distribution of trace elements between the product streams of the prenflo gasifier and comparison with reported data [J]. Fuel，2002（81）：555-570.

[79] Campbell P E，McMullan J T，Williams B C. Concept for a competitive coal fired integrated gasification combined cycle power plant [J]. Fuel，2000（79）：1031-1040.

[80] Lorson H，Schingnitz M，Leipnitz Y. The thermal trentment of wastes and sludges with the noell entrained-flow gasifier [C]//IChemE Conference. 1995.

[81] Amick P. 2006 E-Gas TM Technology Update [C] //Gasification Technology Conference. Washington，2006.

[82] Tajima M，Tsunoda J. Development status of the EAGLE gasification pilot plant [C] //Gasification Technologies Conference. San Francisco，2002 .

[83] Ishibashi Y，Shinada O. First Year Operation Results of CCP's Nakoso 250 MW Air-blown IGCC Demonstration Plant [C]//Gasification Technologies Conference. Washington，2008.

[84] Higman G，van der Burgt M. Gasification [M]. Oxford，UK：Elsevier，2003：110.

[85] 化工部上海化工研究院. 粉煤气化制合成氨原料气扩大试验总结报告（档案资料：氮48-1-1）. 1966.

[86] 化工部上海化工研究院. 常压粉煤气化制合成氨原料气扩大试验技术鉴定报告书（档案资料：氮48-1-2）. 1966.

[87] 化工部第二设计院. 常压粉煤气化试验小结（内部资料）. 1968.

[88] 化工部第二设计院. 常压粉煤气化装置设计试车小结（内部资料）1976.

[89] 张东亮. 水煤浆加压气化技术在国内的开发情况 [J]. 煤化工，1987（2）：37-41.

[90] 赵天一，侯晓文. 水煤浆加压气化制合成气工艺研究 [J]. 煤化工，1987（4）：8-17.

[91] 牟向峰. 国家"六五"重点攻关项目——水煤浆法加压气化中间试验获得成功 [J]. 煤化工，1987（1）：52.

[92] 王义文，王长农. 水煤浆加压气化中试煤浆制备的研究 [J]. 煤化工，1987（4）：27-36.

[93] 许康宁. 三种煤的气化性能 [J]. 煤化工，1987（4）：37-44.

[94] 潘福海，车来凤，任相坤. 水煤浆输送泵的研制 [J]. 煤化工，1987（4）：45-48.

[95] 田芬菊，门长贵. 水煤浆加压气化中试用喷嘴的研制和应用 [J]. 煤化工，1987（4）：49-53.

[96] 佟浚芳. 关于气流床加压溶渣气化炉耐火衬里材料的应用 [J]. 煤化工，1987（4）：54-57.

[97] 段盼盼，任小苟. 水煤浆加压气化中试用煤样灰渣粘温特性的测试 [J]. 煤化工，1987（4）：58-61.

[98] 王青山. 自控仪表在水煤浆加压气化中试装置中的应用 [J]. 煤化工，1987（4）：62-66.

[99] 平成舫. 水煤浆和液固悬浮液管输压力降的计算 [J]. 煤化工，1988（2）：48-56.

[100] 王旭宾，赵天一，张东亮. 我国水煤浆加压气化的新进展 [J]. 煤气与热力，1988（5）：9-17.

[101] 化学工业部化肥工业研究所，冶金工业部洛阳耐火材料研究院，中国科学院金属研究所. 水煤浆加压气化制合成气开发研究（中间试验）：试验研究报告（内部材料），1990.

[102] 于遵宏，龚欣，吴韬，等. 多喷嘴对置水煤浆（或粉煤）气化炉及其应用：中国，98110616. 1 [P]. 1998.

[103] 于遵宏，王辅臣，刘海峰，等. 以含碳氢化合物为原料气流床生产煤气的初步净化装置：中国，01112700. 7 [P]. 2001.

[104] 于广锁，王辅臣，于遵宏，等. 碳氢化合物为原料煤气生产装置中的含渣废水热回收方法：中国，01112701. 5 [P]. 2001.

[105] 韩文，赵东志，祝庆瑞，等. 新型（多喷嘴对置）水煤浆气化炉的开发 [J]. 化肥工业，2001，28（3）：18-20.

[106] 龚欣，刘海峰，王辅臣，等. 新型（多喷嘴对置式）水煤浆气化炉. 节能与环保，2001，6：15-17.

[107] 龚欣，王辅臣，刘海峰，等. 新型撞击流气流床水煤浆气化炉. 燃气轮机技术，2002，15（2）：23-24.

[108] 于广锁，龚欣，刘海峰，等. 多喷嘴对置式水煤浆气化技术. 现代化工，2004，24（10）：46-49.

[109] 于遵宏，于广锁. 多喷嘴对置式水煤浆气化技术的研究开发与产业化应用 [J]. 中国科技产业，2006（2）：28-31.

[110] 土辅臣，于广锁，龚欣，等. 多喷嘴对置煤气化技术的研究与工业示范 [J]. 应用化工，2006，35（1）：119-132.

[111] Wang Fuchen, Zhou Zhijie, Dai Zhenhua, et al. Development and demonstration plant operation of an opposed multi-burner coal-water slurry gasification technology [J]. Frontiers of Energy and Power Engineering in China，2007，1（3）：251-258.

[112] 郭庆华. 多喷嘴对置式水煤浆气化技术研发及工业应用最新进展 [C]//第九届全国水煤浆气化技术交流年会. 无锡，2020.

[113] 龚欣，郭晓镭，代正华，等. 新型气流床粉煤加压气化技术 [J]. 现代化工，2005，25（3）：51-52.

[114] 龚欣，郭晓镭，代正华，等. 自主创新的气流床粉煤加压气化技术 [J]. 大氮肥，2005，28（3）：154-157.

[115] 龚欣，郭晓镭，代正华，等. 气流床粉煤加压气化制备合成气新技术 [J]. 煤化工，2006（6）：5-8.

[116] Xiaolei Guo, Zhenghua Dai, Xin Gong, et al. Performance of an entrained-flow gasification technology of pulverized coal in pilot-scale plant [J]. Fuel Processing Technology，2007，88：451-459.

[117] 郭晓镭，梁钦锋，代正华，等. 多喷嘴对置式粉煤气化技术开发与工业示范进展 [C]//中国金属学会2008年非高炉炼铁年会文集. 吉林延吉，2008.

[118] 张炜. SE-东方炉煤气化技术及其工业应用 [J]. 大氮肥，2015，38 (Z1)：1-6.

[119] 丁家海. SE-东方炉粉煤加压气化技术煤种适应性工业试验 [J]. 大氮肥，2016，39 (6)：361-365.

[120] 胡小平. 安徽淮南煤在 SE-东方炉煤气化装置上的工业应用 [J]. 大氮肥，2019，42 (2)：73-77.

[121] 任永强，许世森，等. 干煤粉加压气化技术的试验研究 [J]. 煤化工，2004，32 (3)：10-13.

[122] 任永强，许世森，夏军仓，朱鸿昌. 粉煤加压气化小型试验研究 [J]. 热能动力工程，2004 (6)：579-581.

[123] 许世森，任永强，夏军仓，等. 两段式干煤粉加压气化技术的研究开发 [J]. 中国电力，2006，39 (6)：30-33.

[124] 任永强，许世森，夏军仓，等. 神木煤粉加压气流床气化中试试验研究 [J]. 煤化工，2006 (5)：15-18.

[125] 许世森，李小宇，任永强，等. 两段式干煤粉加压气化技术中试研究 [J]. 中国电力，2007，40 (4)：5.

[126] 许世森，王保民. 两段式干煤粉加压气化技术及工程应用 [J]. 化工进展，2010，29 (S1)：290-294.

[127] 任永强，车得福，许世森，等. 国内外 IGCC 技术典型分析 [J]. 中国电力，2019 (2)：7-13.

[128] 张建胜，胡文斌，吴玉新，等. 分级气流床气化炉模型研究 [J]. 化学工程，2007，35 (3)：14-18.

[129] 吴玉新，蔡春荣，张建胜，等. 二次氧量对分级气化炉气化特性影响的分析和比较 [J]. 化工学报，2012，63 (2)：369-374.

[130] 毕大鹏，赵勇，管清亮，等. 水冷壁气化炉内熔渣流动特性模型 [J]. 化工学报，2015，66 (3)：888-895.

[131] 丁满福，张建胜，马宏波. 水煤浆水冷壁气化炉结构的优化设计及应 [J]. 中国化工装备，2015，4：44-48.

[132] 马宏波. 晋华炉的应用与发展 [C]// 2020（第九届）中国国际煤化工发展论坛资料集. 荆州，2020.

[133] 姜从斌. 航天粉煤加压气化技术的发展及应用 [J]. 氮肥技术，2011，32 (1)：18-20.

[134] 姜从斌，刘晓军，葛超伟. HT-L 航天粉煤加压气化装置运行情况 [J]. 化工设计通讯，2011，37 (4)：24-28.

[135] 卢正滔，姜从斌. 航天粉煤加压气化技术（HT-L）的进展及装置运行情况 [J]. 化肥工业，2012，39 (4)：1-2.

[136] 朱玉营，赵静一，彭书，等. 航天粉煤加压气化炉运行总结 [J]. 化肥工业，2012，39 (4)：19-21.

[137] 姜从斌，朱玉营. 航天炉运行现状及煤种适应性分析 [J]. 煤炭加工与综合利用，2014，10：23-28.

[138] 姜从斌. 航天粉煤气化新技术示范及应用报告 [C]//2020（第九届）中国国际煤化工发展论坛资料集. 荆州，2020.

[139] 王辅臣. 气流床气化过程研究 [D]. 上海：华东理工大学，1995.

[140] 余力，张维廉，梁洁. 煤炭地下气化在我国的发展前景 [J]. 煤炭转化，1994，1：39-43.

[141] 余力，张维廉，梁洁. 煤炭地下气化及其在我国的发展前景 [J]. 城市公用事业，1995，1：23-26.

[142] Xi Jianfen, Liang Jie, Sheng Xunchao. Characteristics of pyrolysis of lump lignite the influence on swell of lignite in the context of underground coal gasification [J]. Journal of Analytical and Applied Pyrolysis, 2016, 117：228-235.

[143] 王张卿，梁杰，梁鲲. 鄂庄烟煤地下气化反应区分布与工艺参数的关联特性 [J]. 煤炭学报，2015，40 (7)：1677-1683.

[144] Wang Zhangqing, Liang Jie, Shi Longxi. Expansion of three reaction zones during undergrund coal gasification with free and percolation channels [J]. Fuel, 2017, 190：435-443.

[145] 席建奋，梁杰，王张卿. 煤炭地下气化温度场动态扩展对顶板热应力场及稳定性的影响 [J]. 煤炭学报，2015，40 (8)：1949-1955.

[146] 梁杰，王张卿. 煤炭地下气化基础-基于三区分布的煤炭地下气化物料及能量平衡模型 [M]. 北京：科学出版社，2017.

[147] 梁杰. 煤炭地下气化过程稳定性及控制技术 [M]. 徐州：中国矿业大学出版社，2002.

[148] 余力，秦志宏，梁洁. 马庄煤矿煤炭地下气化试验简介 [J]. 中国能源，1989，2：39-45.

[149] 杨兰和，梁杰，余力等. 徐州马庄煤矿煤炭地下气化试验研究 [J]. 煤炭学报，2000，25 (1)：86-90.

[150] 杨兰和，梁杰，余力，贺广祥. 煤炭地下气化工业性试验 [J]. 中国矿业大学学报，1998，27 (3)：3-5.

[151] 杨兰和，余力. 煤炭地下气化工业试验 [J]. 化工学报，2001，52 (11)：1012-1016.

[152] 梁杰，余力. 长通道、大断面煤炭地下气化新工艺 [J]. 中国煤炭，2002，28 (12)：8-10.

[153] 梁杰，刘淑琴，余力，等. 刘庄煤反应动力学特征的研究 [J]. 中国矿业大学学报，2000，29 (4)：400-402.

[154] 梁杰，郎庆田，余力. 缓倾斜薄煤层地下气化试验研究 [J]. 煤炭学报，2003，28 (2)：126-130.

[155] 梁杰，张彦春，魏传玉. 昔阳无烟煤地下气化模型试验研究 [J]. 中国矿业大学学报，2006，35 (1)：25-28.

[156] 梁杰，席建奋，孙加亮，等. 鄂庄薄煤层富氧地下气化模型试验 [J]. 煤炭学报，2007，32 (10)：1031-1035.

[157] 李师崐. 国外煤炭气化研究动向 [J]. 煤炭科学技术，1980，2：60-82.

[158] 苏阿冠，逄进，邵毅. 京西无烟煤蒸汽催化气化 [J]. 煤炭学报，1981，4：21-28.

[159] 徐振刚，刘国海，于涌年. 煤催化气化反应的收缩核模型 [J]. 化工学报，1988，4：488-494.

[160] 柳作良，李淑芬，阮湘泉，等. 煤的催化水蒸气气化的初步研究 [J]. 天津大学学报，1982，3：93-102.

[161] 何中虹. 唐村煤焦的反应性及其催化气化的初步研究 [J]. 燃料化学学报, 1983, 3: 24-31.

[162] 龙世刚. 碱金属对焦炭气化反应的催化作用及其对铁氧化物还原的影响 [J]. 炼铁, 1985, 3: 1-6.

[163] 白秀全, 王积平, 魏梅中, 等. 用热天平法研究煤的催化气化 (Ⅰ) 几种碳酸盐在碳与水蒸气气化中的催化作用 [J]. 燃料化学学报, 1985, 13 (2): 152-159.

[164] 潘英刚, 刘敏芝, 计承仪, 等. 煤加压催化气化研制城市煤气 (Ⅰ) 大同煤和煤焦的催化气化特性 [J]. 华东化工学院学报, 1986, 12 (1): 25-33.

[165] 龚欣, 于遵宏, 曹恩洪. 加压下阳泉煤气化与催化气化的比较 [J]. 华东化工学院学报, 1987, 13 (6): 696-702.

[166] 潘英刚, 沈楠, 顾丽萍, 等. 煤加压催化气化制城市煤气 (Ⅱ) 煤水蒸气催化气化动力学特性 [J]. 燃料化学学报, 1989, 17 (1): 80-89.

[167] 于遵宏, 龚欣, 沈才大, 等. 加压下煤催化气化动力学研究 [J]. 燃料化学学报, 1990, 18 (4): 324-329.

[168] 凌开成, 谢克昌, 米杰. 高灰煤在 CO_2 中的催化气化 [J]. 太原工业大学学报, 1989, 20 (2): 66-70.

[169] 张三健, 谢克昌. 煤/煤焦-水蒸气的催化气化理论基础 [J]. 煤炭转化, 1990, 2: 33-39.

[170] 谢克昌, 张三健, 赵玉兰. 高灰煤的加压水蒸气催化气化 (Ⅰ) 含铁工业废渣用作催化剂的研究 [J]. 天然气化工 (C1 化学与化工), 1991, 16 (5): 26-29.

[171] 张三健, 谢克昌, 赵玉兰, 等. 高灰煤的加压水蒸气催化气化 (Ⅱ) 碱金属复合盐用作催化剂的研究 [J]. 天然气化工 (C1 化学与化工), 1992, 17 (1): 35-38.

[172] 赵连权, 储绍彬. 用于煤气化 CO_2 还原反应的一种催化剂 [J]. 燃料化学学报, 1990, 18 (4): 382-384.

[173] 王杰, 金革. 对煤焦的水蒸气催化气化及煤灰的研究 [J]. 沈阳化工学院学报, 1991, 5 (3): 211-218.

[174] 张济宇, 林驹黄, 文沂, 等. 福建无烟粉煤催化气化 [J]. 燃料化学学报, 1999, 27 (3): 3-5.

[175] 康守国, 李金来, 郑岩, 等. 加压下煤焦与水蒸气的催化气化动力学研究 [J]. 煤炭转化, 2011, 34 (3): 31-35.

[176] 于涌年. 美国煤的加氢气化 [J]. 煤炭科学技术, 1978, 7: 59-62.

[177] 杨允明, 沙兴中, 任德庆. 煤和煤焦在压力下加氢气化的动力学研究 (Ⅰ). 温度的影响 [J]. 华东化工学院学报, 1988, 14 (4): 500-504.

[178] 杨允明, 沙兴中, 任德庆. 煤和煤焦压力下加氢气化动力学的研究 [J]. 煤气与热力, 1989, 4: 4-10.

[179] 步学明, 于涌年, 逄进. 煤炭加氢气化的研究 [J]. 煤气与热力, 1989, 5: 4-11.

[180] 李淑芬, 孙瑞峥. 煤焦与 H_2 加压气化活性 [J]. 天津大学学报, 1993, 5: 65-70.

[181] 孙庆雷, 王晓, 刘建华, 等. 煤加氢气化过程热力学研究 [J]. 山东科技大学学报 (自然科学版), 2004, 23 (4): 27-29.

[182] Shenfu Yuan, Jicheng Bi, Xuan Qu. coal hydrogasification entrained flow bed design-operation and experimental study of hydrogasification characteristics [J]. International Journal of Hydrogen Energy, 2018, 43: 3664-3675.

[183] 佟斌, 郭树才, 胡浩权, Hedden Kurt. 以水、甲苯及其混合溶剂超临界萃取煤的研究 [J]. 燃料化学学报, 1993, 21 (4): 407-412.

[184] 程乐明, 张荣, 毕继诚. KOH 对低阶煤在超临界水中制取富氢气体的影响 [J]. 化工学报, 2004, 55 (S1): 44-49.

[185] 姜炜, 程乐明, 张荣, 毕继诚. 连续式超临界水反应器中褐煤制氢过程影响因素的研究 [J]. 燃料化学学报, 2008, 36 (6): 660-665.

[186] 闫秋会, 郭烈锦, 梁兴, 等. 连续式超临界水中煤/CMC 催化气化制氢 [J]. 太阳能学报, 2005, 26 (6): 874-877.

[187] 李永亮, 郭烈锦, 张明颛, 等. 高含量煤在超临界水中气化制氢的实验研究 [J]. 西安交通大学学报, 2008, 42 (7): 919-924.

[188] 周力行. 煤的等离子体气化 (译文) [J]. 力学进展, 1981, 4: 383-391.

[189] 张酣. 燃料化工中的等离子体技术 [J]. 现代化工, 1987, 7 (1): 38-41.

[190] 邱介山. 等离子体在煤化工中的应用 [J]. 煤炭转化, 1995, 18 (2): 26-32.

[191] 李登新, 高晋生. 等离子体技术及其在煤制合成气中的应用 [J]. 煤炭转化, 1999, 22 (2): 3-5.

[192] 谢克昌, 田亚峻, 陈宏刚. 煤在 H_2/Ar 电弧等离子体中的热解 [J]. 化工学报, 2001, 52 (6): 516-521.

[193] 谢克昌, 陈宏刚, 田亚峻. H2/Ar 等离子体射流反应器的模拟 [J]. 化工学报, 2001, 52 (5): 389-395.

[194] 庞先勇, 吕永康, 谢克昌. 煤气化等离子体反应器内的温度 [J]. 煤炭转化, 2002, 25 (4): 23-26.

[195] 申曙光, 王胜, 庞先勇, 等. 煤在直流电弧等离子体中的气化 [J]. 煤炭转化, 2003, 26 (1): 45-47.

[196] 庞先勇, 吕永康, 朱素渝. 等离子体辅助煤气化及影响因素 [J]. 燃料化学学报, 2005, 32 (6): 683-686.

[197] 杨巨生, 杨燕, 张永发, 等. 煤等离子气化反应器优化模拟 [J]. 化学反应工程与工艺, 2006, 22 (5): 396-400.

[198] 何孝军, 孙天军, 邱介山, 等. 煤的水蒸气等离子体气化初步研究 [J]. 大连理工大学学报, 2004, 44 (3): 371-377.

［199］Ming Zhang，Jie Ma，Baogen Su，et al. Pyrolysis of polyolefins using rotating arc plasma technology for productions of acetylene ［J］. Energies，2017，10：513-525.

［200］Jie Ma，Baogen Su，Guangdong Wen，et al. Pyrolysis of pulverized coal to acetylene in magnetically rotating hydrogen plasma reactor ［J］. Fuel Process Technology，2017，167：721-729.

［201］Fan L-S. Chemical Looping Partial Oxidation：Gasification，Reforming，and Chemical Syntheses ［M］. Cambridge：Cambridge University Press，2017.

［202］Huang Y，Yi Q，Kang J-X，et al. Investigation and optimization analysis on deployment of China coal chemical industry under carbon emission constraints ［J］. Appl Energy，2019，254：113684.

［203］韦泱均，程乐鸣，李立垚，等. 化学链燃烧/气化双床系统运行与设计进展 ［J］. 石油学报（石油加工），2020，36（6）：1312-1330.

［204］Zhu X，Imtiaz Q，Donat F，et al. Chemical looping beyond combustion - A perspective ［J］. Energy Environ Sci，2020，13：772-804.

［205］Han C，Harrison D P. Simultaneous shift reaction and carbon dioxide separation for the direct production of hydrogen ［J］. Chemical Engineering Science，1994，49（24，Part 2）：5875-5883.

［206］Dobbyn R C，Ondik H M，Willard W A，et al. Evaluation of the performance of materials and components used in the CO_2 acceptor process gasification pilot plant ［R］. Washington：Department of Energy，1978.

［207］Lin S，Harada M，Suzuki Y，et al. Continuous experiment regarding hydrogen production by Coal/CaO reaction with steam（II）solid formation ［J］. Fuel，2006，85（7-8）：1143-1150.

［208］Butler J W，Lim C J，Grace J R. CO_2 capture capacity of CaO in long series of pressure swing sorption cycles ［J］. Chemical Engineering Research and Design，2011，89（9）：1794-1804.

［209］Lin Y，Wang H，Wang Y，et al. Review of Biomass Chemical Looping Gasification in China ［J］. Energy Fuels，2020，34（7）：7847-7862.

［210］Wei D，Jia Z，Sun Z，et al. Process simulation and economic analysis of calcium looping gasification for coal to synthetic natural gas ［J］. Fuel Processing Technology，2021，218：106835.

［211］王辅臣，龚欣，于遵宏，等. 渣油气化炉工艺分析 ［J］. 大氮肥，1996，19（5）：321-328.

［212］Simbeck D R，Korens D R，Biasca F E，et al. Coal Gasification Guidebook：Status，Application and Technologies ［M］. Palo Alto：Electric Power Research Institute（EPRI），1993.

［213］张兴刚. 中国煤气化技术市场面面观 ［N］. 中国化工报，2008-03-24.

［214］王辅臣，于广锁，龚欣，等. 大型煤气化技术的研究与发展 ［J］. 化工进展，2009，28（2）：173-180.

［215］王辅臣，等. 大规模高效气流床煤气化技术基础研究进展 ［J］. 中国基础科学，2008，3：4-13.

［216］王辅臣. 煤气化技术在中国：回顾与展望 ［J］. 洁净煤技术，2021，27（1）：1-33.

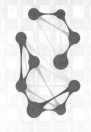

2

煤气化过程的物理化学基础

    煤的气化过程除了受流动、混合等与气化炉结构形式相关的因素影响外，还与煤的结构特性、气化过程的动力学、气化过程的热力学等物理化学过程密切相关。本章将分别介绍煤的结构特性及其对气化过程的影响，煤的热解过程及其动力学模型，煤焦气化过程及其动力学模型，还将通过热力学平衡模型对气流床水煤浆和粉煤加压气化过程进行模拟与分析，探讨在平衡条件下工艺参数对气化结果的影响。此外，还介绍了煤和生物质共气化反应特性及协同行为影响因素。

2.1 煤的结构特性及其对气化过程的影响

    煤的结构和性质属于煤化学研究的范畴，陈鹏[1]对中国煤质的分类进行了详细的研究总结，谢克昌[2]对煤的结构和反应性作了系统的研究和总结。但是由于煤的结构和性质对不同的煤气化过程都有不同程度的影响，因此在本节将对煤的结构和性质作一简单的介绍，然后讨论它们对气化过程的影响

2.1.1 煤的结构特性

2.1.1.1 煤的形成和分类

    煤是一种组成不均的有机固体燃料，主要由植物经过千百万年的部分分解和变质而形成。植物性原料变成煤的过程称为煤化过程，煤化过程需要很长的时期，常常是处于高压覆盖层及较高的温度条件下。不同种类的植物以及不同的变质程度，形成不同成分的煤。煤的成分变化很大，没有两种煤的结构和成分是完全相同的。对煤成分的描述是属于岩相学的一部分[3]。

    为了研究的方便，人们常常将几乎是无限多品种的煤分成几大类，并将煤化过程中各种

煤之间的一些具有相似性的重要特性加以关联。各国有自己的煤炭分类方法，其中较为通用的是 ASTM（American Society for Testing Materials，美国材料与试验协会）的分类方法，它以固定碳含量和热值为基础。根据煤化程度的不同，可分为泥炭（煤）、褐煤、烟煤和无烟煤四大类。

泥炭（peat）一般外观呈不均匀深褐色，属于植物残骸与煤之间的过渡产物。

褐煤（lignite，brown coal）大多数外观呈褐色或暗褐色，大都无光泽，因其外观颜色而得名；褐煤是泥炭沉积后，经历脱水、压实等成煤作用的初期产物。褐煤含水量较高，一般在 30%～60%。我国褐煤储量比较丰富，已探明的约有 893 亿吨。

烟煤（bituminous coal）是自然界分布最广、储量最大和品种最多的煤种。烟煤的煤化程度高于褐煤而低于无烟煤，因燃烧时烟（挥发分）多而得名。一般烟煤具有不同程度的光泽，绝大多数呈明暗交替条带状，大都比较致密，硬度亦较高。根据煤化程度的不同，烟煤又可分为长焰煤、不黏煤、弱黏煤、气煤、肥煤、焦煤、瘦煤和贫煤。

无烟煤（anthracite）是最"年老"的煤种，因燃烧时无烟而得名。无烟煤外观呈灰黑色，带有金属光泽，无明显条带。在各种煤中，无烟煤挥发分最少，真密度最大，硬度最高，燃点也较高，一般在 360～410℃以上。

2.1.1.2　煤的基本物理特征

煤的物理特征包括煤的力学性质、煤的热性质、煤的光学性质、煤的电磁性质和煤的表面性质。煤的光学性质和电磁性质在气化过程中并不是主要的影响因素，因此下文只对煤的力学性质、热性质和表面性质作简单介绍。

（1）煤的力学性质　表征煤的力学性质的参数主要有煤的机械强度（硬度）、密度和弹性。

煤的硬度主要反映煤抵抗外来机械作用的能力，煤的莫氏硬度一般在 1～4 之间，煤的硬度与煤化程度有关，煤化程度越高，硬度越高。

密度是单位体积煤的质量，是反映煤性质和结构的重要物理量，与所有物质一样，煤的密度的大小亦取决于分子结构和分子排列的紧密程度。煤的密度随煤化程度的变化有一定的规律，利用密度数值应用统计法可对煤进行结构解析。由于煤的高度不均一性，煤的体积在不同情况下有不同含义，因而煤的密度也有不同定义，一般有真密度、视密度和堆积密度。煤的真密度（TRD）是指不包括煤中孔隙的单位体积煤的质量；煤的视密度（ARD）是指包括煤的内孔隙的单位体积煤的质量；煤的堆积密度（BD）是指用自由堆积方法装满容器的煤粒的总质量与容器体积之比。

煤的弹性是指外力作用下所产生的变形，以及外力消除后变形的复原程度。物质的弹性与构成它的分子间的结合力的大小密切相关，因此测定煤的弹性对研究煤结构也非常重要。研究表明，煤中矿物质和水分越多、矿物质的密度越大，则煤的弹性也越大[4]。

（2）煤的热性质　煤的热性质主要由煤的比热容、导热性和发热量来表征。

煤的比热容因煤化程度、水分、灰分及温度而异，室温下煤的比热容随煤化程度增加而减少[5]。煤的比热容随温度的增加而变化，在 0～350℃ 范围内，煤的比热容随温度增加而增加，在温度大于 350℃ 后，比热容下降，这是因为温度大于 350℃ 后煤发生了热解，最后接近于石墨的比热容。

煤的导热性通常由热导率 $\lambda[kJ/(m \cdot h \cdot K)]$ 和热扩散系数 $\alpha(m^2/h)$ 两个基本参数描述，两者有如下关系

$$\alpha = \frac{\lambda}{c\rho} \tag{2-1}$$

式中　c——煤的质量比热容，kJ/(kg·K)；

ρ——煤的密度，kg/m³。

煤的热导率与其含有的灰分、水分以及温度、煤种有关，可用以下经验公式估算

$$\lambda = 0.0003 + \frac{at}{1000} + \frac{bt}{1000^2} \tag{2-2}$$

式中　t——温度，℃；

a、b——经验常数，黏结性煤的 a、b 相等，为 0.0016；弱黏结性煤的 a 为 0.0013，b 为 0.0010。

中等煤化程度的烟煤的热扩散系数可用以下的经验公式计算

$$\alpha = 4.4 \times 10^{-4}[1 + 0.003(t - 20)] \quad (20℃ \leqslant t \leqslant 400℃时) \tag{2-3}$$

$$\alpha = 5.0 \times 10^{-4}[1 + 0.003(t - 400)] \quad (400℃ < t \leqslant 1000℃时) \tag{2-4}$$

煤的热值（又称发热量）是单位质量煤完全燃烧放出的热量，用 Q 表示，发热量是评价煤质和热工计算的重要指标。热值分为高热值和低热值，高热值是假定燃烧过程中所有水都冷凝为同温度的液态水条件下，单位质量煤完全燃烧放出的热量；与此对应，低热值则不考虑燃烧过程中水的冷凝。有好几种计算煤热值的公式，一般可用元素分析数据计算褐煤、烟煤和无烟煤的热值，其经验公式如下

$$Q_{net,v,daf} = [aC_{daf} + bH_{daf} + 15S_{daf} - 25O_{daf} - 5(A_d - 10)] \times 4.184 \tag{2-5}$$

式中，对于 C_{daf} 大于 95% 或 H_{daf} 小于 1.5% 的煤，a 取 78.1，对其余煤种，取 80；对于 C_{daf} 小于 77% 的煤，b 取 300，其他煤种取 310；对于灰分 A_d 大于 10% 的煤公式中最后一项灰分校正才成立，反之则可以不予考虑。

（3）煤的表面性质　表征煤的表面性质的参数主要有煤的润湿性及润湿热、煤的表面积、煤的孔隙率和孔径分布。

当煤与液体接触时，由于液体和煤的表面性质，液体对煤的润湿情况也不相同。通常用接触角来表示煤的润湿性，接触角定义为液体界面和固-液界面之间的夹角[1]，接触角的大小取决于煤、液体、固-液界面的界面张力的相对大小。通常当接触角为锐角时，可以认为液滴能润湿煤表面，接触角越小，液体对煤的润湿性越好。煤的润湿性与煤化程度和液体种类有关[6]，研究表明，对于氮-水体系，年轻煤表面易润湿，随着煤化程度的加深，润湿变得比较困难。煤被液体润湿时放出的热量称为润湿热，润湿热是液体与煤表面相互作用而引起的，润湿热的大小与液体种类和煤的比表面积有关，因此润湿热的测量值常常用来确定煤中孔隙的总表面积。

煤的表面积包括外表面积和内表面积，但煤的外表面积所占比例极小，其表面积主要是内表面积。在煤的形成过程中，煤的内部形成了极微细的毛细管和孔隙，它们数量极大，分布又深又广，具有极为复杂发达的内部结构。煤的内表面积与煤的微观结构和化学反应性密切相关，是煤的重要物理指标之一。随着煤化程度的变化，煤的内表面积具有两头（褐煤和无烟煤）大，中间（中等煤化程度煤）小的变化规律[7]，这实际上反映了煤化过程中煤分子空间结构的变化。

煤的内部孔隙的总体积占煤的整个体积分数定义为煤的孔隙率。煤的孔隙率与煤化程度相关，研究表明，年轻烟煤的孔隙率基本在 10% 以上，随着煤化程度的提高，孔隙率减小，但在大约 $C_{daf} = 90\%$ 附近，孔隙率有一个最低点，此处孔隙率小于 3%，其后又随煤化程度

的增加，孔隙率有所增加[8]。这是因为随着煤化程度的增加，煤在变质作用下结构渐趋紧密，但煤化程度进一步提高后，煤的裂隙又会增加。

煤的孔径大小是不均一的，一般分为三类：直径小于 1.2nm 的微孔，直径在 1.2～30nm 之间的过渡孔（大多数小于 10nm），直径大于 30nm 的大孔。研究表明，煤中孔分布有一定规律可循，C_{daf} 低于 75% 的褐煤大孔占优势，基本不存在过渡孔；C_{daf} 在 75%～82% 之间的煤，过渡孔特别发达，孔隙总体积主要取决于过渡孔和微孔；C_{daf} 在 88%～91% 之间的煤，微孔占优势，微孔总体积占孔隙总体积的 70% 以上，过渡孔一般很少[9]。

2.1.1.3 煤的基本化学特征

煤的化学特征是指煤的各类组成成分的化学属性以及煤与各种化学试剂在一定条件下发生不同化学反应的性质。煤的基本化学特征包括煤中的水分、煤中矿物质与煤的灰分、煤的挥发分与固定碳、煤的元素组成及形态等，它们是煤气化过程的重要化学基础。

（1）煤中的水分　煤中的水分按其在煤中存在的状态，一般分为外在水分、内在水分和化合水三种。

外在水分是指煤在开采、运输、储存和洗选等过程中，附着在煤颗粒表面及大毛细孔（直径大于 100nm）中的水分，用符号 M_f（%）表示。外在水的存在仅与外界条件有关，与煤本身无关，较易蒸发。

内在水分是指吸附或凝聚在煤颗粒内部毛细孔或孔隙中的水分，表示为 M_{ad}（%）。内在水分以物理和化学方式与煤结合，与煤的本质特征相关，内表面积愈大，小毛细孔愈多，内在水分亦愈高。内在水分较难蒸发，一般要加热至 105～110℃ 时才能完全蒸发。

煤中的化合水以化学方式与煤中矿物质结合，即通常所说的结晶水或结合水。化合水含量不多，根据其结合的矿物质不同，一般要在更高的温度下才能失去。在煤的工业分析中，一般不考虑化合水。

煤中水分的多少，在一定程度上反映了煤质的状况，与煤的孔隙率和比表面积密切相关。低煤化程度煤结构疏松，结构中极性官能团多，内部毛细孔发达，内表面积大，最具备赋存水分的条件。例如，褐煤的外在水分和内在水分均可达到 20% 以上。随着煤化程度的提高，两种水分均会减少，在肥煤与焦煤变质阶段，内在水分达到最小（小于 1%）。到高变质无烟煤阶段，由于煤粒内部裂隙增加，孔隙率和比表面积均有增加，内在水分也会相应增加，可达到 4% 左右。

（2）煤中的矿物质和灰分　煤中矿物质（mineral matter）是煤中除水分外所有无机物质的总称，用符号 MM（%）表示。煤中的灰分是指煤中所有可燃物质完全燃烧时，煤中矿物质在一定温度下经过一系列分解、化合剩余的残渣，用符号 A（%）表示。

灰分是煤在规定操作下变化的产物，由氧化物和相应的盐类组成，不能简单认为灰分含量是煤中固有的，更不能把灰分量看成是矿物质的含量，这是因为在煤高温燃烧或气化时，大部分矿物质都会发生各种类型的化学反应。但是煤中的灰分与矿物质含量之间是存在一定关系的，一般可采用如下的经验公式由灰分计算煤中矿物质的含量：

$$MM = 1.08A + 0.55S_t \tag{2-6}$$

$$MM = 1.10A + 0.50S_p \tag{2-7}$$

$$MM = 1.13A + 0.47S_p + 0.5Cl \tag{2-8}$$

式中　MM——煤中矿物质含量，%；

A——煤中灰分，%；

S_t——煤中全硫含量，%；

S_p——煤中硫化铁中硫的含量，%；

Cl——煤中氯的含量，%。

（3）煤中的挥发分和固定碳　煤在规定条件下隔绝空气加热后挥发性有机物质的总产率称为挥发分（volatile），用符号V表示。实际上，煤在该条件下产生的挥发物质，既包括了煤中有机质热解气态产物，还包括煤中水分产生的水蒸气和碳酸盐矿物质分解产生的CO_2。不能把挥发分看成是煤中的固有物质，而是煤在特定加热条件下热分解的产物。

从测定煤样挥发分的焦渣中减去灰分后的残留物称为固定碳（fixed carbon），用FC表示（%）。固定碳实际上是煤中有机质在一定加热条件下产生的热解固体产物，在元素组成上，固定碳不仅含有碳元素，还含有氢、氧、氮元素。固定碳与煤元素分析中的碳含量是两个完全不同的概念。一般来说，固定碳含量小于煤的元素分析碳含量，只有在高煤化程度的煤中两者才趋于接近。

挥发分产率与煤的煤化程度关系密切，包括我国在内的许多国家都以挥发分产率作为煤的第一分类指标，以表征煤的煤化程度。根据挥发分产率和焦渣特征，可以初步评价各种煤对加工工艺的适应性。

煤中固定碳与挥发分之比称为燃料比，用FC_{daf}/V_{daf}表示。一般褐煤为$0.6 \sim 1.5$，长焰煤为$1.0 \sim 1.7$，气煤为$1.0 \sim 2.3$，焦煤为$2.0 \sim 4.6$，瘦煤为$4.0 \sim 6.2$，贫煤为$4.0 \sim 9.0$，无烟煤为$9.0 \sim 29$。燃料比可用来评价煤的燃烧性质。

（4）煤的元素组成及形态　煤中有机质主要由碳、氢、氧、氮、硫等元素组成，其中碳、氢、氧的总和占煤的有机质的95%以上。这些元素在煤中有机质中的含量与煤的成因类型、煤岩组成和煤化程度有关[10]。元素分析是煤质分析与研究的重要内容，尽管元素分析数据并不能告诉人们煤的有机质是何种化合物，但利用元素分析数据配合其他工艺性质指标，可以帮助我们了解煤的某些性质，例如通过元素分析数据可以计算煤的发热量、理论燃烧温度、燃烧产物组成，也可以估算炼焦化学产品的产率等。

① 碳。碳是煤中有机质的主要组成元素，在煤的结构单元中，它构成了稠环芳烃的骨架。煤中碳的含量随煤化程度的升高而有规律地增加[10]。

② 氢。氢是组成煤大分子骨架和侧链的重要元素。尽管氢元素占煤有机质的质量一般低于7%，但由于其原子量小，故其在煤中的原子分数与碳处于同一量级。与碳相比，氢元素有较高的反应活性。煤中氢含量同样与煤化程度有关，煤化程度增加，氢含量逐渐降低。从中变质烟煤到无烟煤，氢含量和碳含量之间有较好的相关关系，经验方程如下

$$H_{daf} = 26.10 - 0.241C_{daf} \quad \text{（对中变质烟煤）} \tag{2-9}$$

$$H_{daf} = 44.73 - 0.448C_{daf} \quad \text{（对无烟煤）} \tag{2-10}$$

③ 氧。对煤气化有重要影响的主要是有机氧，有机氧在煤中主要以羧基（—COOH）、羟基（—OH）、羰基（$\diagdown C = O$，$\diagup$），甲氧基（—OCH₃）和醚（$-\overset{|}{\underset{|}{C}}-O-\overset{|}{\underset{|}{C}}-$）等存在，也有某些氧与碳骨架结合成杂环。煤中有机氧含量随煤化程度增高而明显减少[10]，氧在煤中存在的形态和总量直接影响煤的性质。氧的反应能力很强，在煤加工过程中起着重要作用。

与氢元素相似，煤中的氧含量与碳含量亦有一定的相关关系，但无烟煤例外，其经验方程为

$$O_{daf} = 85.0 - 0.9C_{daf} \quad \text{（对烟煤）} \tag{2-11}$$

$$O_{daf} = 80.38 - 0.84C_{daf} \quad (\text{对褐煤和长焰煤}) \tag{2-12}$$

④ 氮。煤中氮含量较少，仅为 0.5%～3%。氮是煤中唯一完全以有机状态存在的元素，煤中氮含量随煤化程度的加深而趋向减小，研究表明[11]，煤中氮在镜质组中以吡咯和吡啶存在、在壳质组中以氨基和吡啶存在，在惰质组中以氨基和吡咯存在。工程实践表明，气化过程中煤中氮主要转化为 N_2、NH_3、HCN。

对于我国绝大多数煤来说，煤中氮含量与氢含量有如下关系

$$N_{daf} = 0.3H_{daf} \tag{2-13}$$

⑤ 硫。煤中硫通常以有机硫和无机硫的形式存在，有机硫一般与煤的有机结构相结合，其组成结构十分复杂，研究表明[11]，煤的三种有机显微组分中，硫的赋存形态基本相同，主要为噻吩、硫醇和硫醚。煤中无机硫主要以硫化物硫和少量硫酸盐硫存在，硫化物硫以黄铁矿为主。在气化过程中硫主要转化为 H_2S 和 COS。

2.1.1.4 煤的化学结构特性

为了了解煤在气化、液化等转化过程中发生的化学反应的本质，人们进行了大量的研究工作以阐明煤的化学结构。但由于煤的非晶态、高度复杂、结构不均一等原因，至今缺乏统一的认识。比较典型的有 Fuchs 模型[5]、Given 模型[12]、Wiser 模型[13]、本田模型[10] 和 Shinn 模型[14] 等。其中 Shinn 模型如图 2-1 所示。该模型假设：芳环和氢化芳环单位由较短的脂链和醚键相连，形成大分子的聚集体，小分子镶嵌于聚集体的孔洞和空穴中。这一模型并不是任何个别煤的特有结构，仅是用来解释和整理煤转化数据的一种简化模型。煤的实际

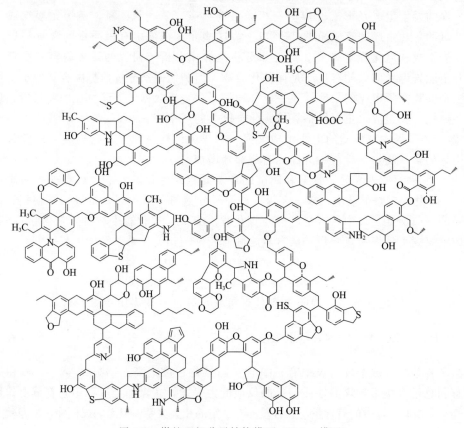

图 2-1　煤的理想分子结构模型（Shinn 模型）

结构无疑更为复杂和多变。

2.1.2 煤的结构特性对气化过程的影响

煤气化过程的反应性通常指在一定的温度和压力下，煤与不同的气化介质（如 O_2、CO_2、H_2O 等）相互作用的反应能力。影响煤气化反应的因素很多，如煤阶（煤化程度）、煤的类型、煤的热解及预处理条件、煤中矿物质种类和含量、内表面积与反应条件等。一般情况下，煤热解成焦的速度要快于煤焦气化反应的速度，因此在工业上常常认为煤的气化反应性可用煤焦的气化反应性表示。

2.1.2.1 煤阶对气化反应的影响

研究结果表明，煤焦的气化反应特性一般随原煤煤化程度的升高而降低，这一结果已被大多数研究者所接受[15,16]。对不同煤焦与水蒸气、空气、CO_2 和 H_2 的气化反应性进行的研究表明，气化反应性顺序为：褐煤＞烟煤、烟煤焦≫半焦、沥青焦。

但也有学者认为煤阶对反应性的影响还不很明确。Takarada 等[17]对从泥煤到无烟煤的 34 种不同煤的气化反应性进行分析后，就认为低煤化程度煤的气化反应性并不一定总是高于高煤化程度的煤种。他们以反应性指数 R 的概念来表征煤焦的反应性，其定义为

$$R = \frac{2}{\tau_{0.5}} \tag{2-14}$$

式中 $\tau_{0.5}$——固定碳转化率达到 50% 时所需要的时间，h。

其研究结果如图 2-2 所示，从图中可以看出，当 $C_{daf} > 78\%$ 以后，其反应指数 R 较小（小于 $0.1 h^{-1}$）；当 $C_{daf} < 78\%$ 时，其反应性要比高阶煤高许多，但波动性也很大。因此，他们认为煤焦的反应性不仅与煤阶有关，同时还与煤焦中含氧官能团和无机化合物的含量有关。

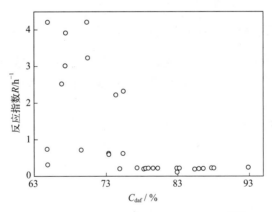

图 2-2　反应性指数随原煤碳含量的变化[17]

2.1.2.2 煤的显微组分对气化反应的影响

煤中的各种岩相组分来源于具有不同结构的植物组成，因此煤焦的气化反应性必然与岩相组成具有一定的关系。由于不同煤岩相显微组分的煤焦具有不同的比表面积和活性中心密度，因此显微组分的焦样之间的反应性差异明显。Franciszek 等[18]的研究结果表明，在其实验条件下，无论是镜质组的反应性，还是气化中的空隙发展都是最好的，显微组分的水蒸气

和 CO_2 反应性是一致的，排列次序为：镜质组＞原煤＞壳质组＞惰质组。

但是大量的研究结果彼此并不是完全一致的。谢克昌等[19]对平朔气煤的显微组分进行系统研究后得出如下结论：各显微组分的比表面积在气化反应过程中的变化规律是不同的，对同一温度下转化率的比较表明，惰质组焦样的 CO_2 反应性较强，而镜质组焦样的 CO_2 反应性较弱。这说明，显微组分的含量对半焦的反应性确有影响，但影响的形式极为复杂。

2.1.2.3　煤中矿物质对气化过程的影响

在早期的研究中人们已经发现煤中矿物质形成的灰分对气化反应具有一定的催化作用。其中最早的报道来自于 Taylor 在 1921 年的研究工作，其后，Walker 和 Franklin 等众多学者的研究也表明，煤中的灰分具有一定的催化作用，煤中金属氧化物的含量与反应性存在线性关系，煤中矿物质对气化起催化作用的主要是碱金属和碱土金属。大量文献表明，灰分中含有的碱金属的催化作用，以钾最好，其次是钠。

但是，煤中的硫对气化反应的催化作用具有抑制作用，研究表明[20]，即使气相中硫的含量只有 0.05％，也会对催化作用有明显的抑制。另外，煤中矿物质内含有大量的硅铝酸盐，在高温下这些硅铝酸盐会与碱金属生成无催化作用的非水溶性化合物，从而降低碱金属的催化作用。

2.1.2.4　热解条件对气化过程的影响

在本书第 1 章中已述及，煤的气化过程可明显地分成两个阶段，第一阶段是煤的热解，第二阶段是煤焦的气化。热解的条件不同，生成的煤焦在气化阶段的反应性各异。一般认为，煤焦的反应性与热解温度、压力、停留时间有关。研究表明[21]，在最终热解温度下停留的时间越长，半焦的气化反应性越低。这可能是因为在苛刻的热解条件下，半焦表面的活性中心减少而造成的。

2.1.2.5　比表面积对气化过程的影响

气化过程中煤和半焦孔结构发生变化，比表面积随之变换，这对整个气化过程中传质行为的影响是很大的。在气化过程中，各种煤焦的比表面积有所变化，前人用 TGA 对各种煤焦的气化研究表明[22]，在气化过程中，煤焦的比表面积稍有减少，各种煤焦表面积的变化很相近。从表面上看，表面积的变化与反应性的变化存在内在联系，低阶煤半焦所表现的反应性要高于仅仅由于表面积增加而提高的反应性。这恰恰从一个侧面说明，在煤焦气化过程中化学因素的重要影响。

2.2　煤气化过程动力学

2.2.1　煤的热解

文献报道的大量有关煤热解反应特征的研究，都是在隔绝空气的条件下，考察煤在惰性气氛中的物理和化学变化过程。文献 [2] 有专门的章节讨论煤的热解反应。

2.2.1.1 影响煤热解过程的因素

作为煤气化过程中的煤发生变化的一个重要阶段，实际气化工艺中涉及的热解过程极为复杂，既与煤种有关，又与气化炉的类型关系密切。不同的气化炉类型，采用的煤颗粒大小不同，颗粒在炉内的停留时间也不尽相同，更为重要的是不同类型气化炉的操作条件不同、流动方式不同，决定了炉内的传热传质过程各异，颗粒的升温速率也会有显著差异，从而对煤热解过程产生不同的影响。

① 煤的种类　不同的煤种煤化程度各异，煤化程度是影响煤热解过程的重要因素之一。大量的研究表明，从泥煤、褐煤、烟煤到无烟煤，热解初始温度逐渐升高，由泥煤的 $190\sim200℃$ 升高到烟煤的 $390\sim400℃$；热解产物也各不相同，一般来说，褐煤等年轻煤热解反应活性要高于无烟煤等老年煤，其热解产物中气体及焦油产率也比较高。

② 煤颗粒直径的影响　从反应工程的角度讲，如果煤热解过程中化学反应是控制步骤，则可认为热解过程与颗粒尺寸或颗粒的孔结构无关；一般在煤颗粒慢速升温热解过程中，可认为煤热解过程不受颗粒尺寸的影响。但对于气流床气化过程，煤颗粒的平均直径为 $75\mu m$，升温速率极快，可能在毫秒级，这时化学反应的影响已经处于次要的位置，煤的热解过程不能说与颗粒尺寸无关，当然，这方面还缺少相关的实验数据。

③ 气化炉类型　不同的气化炉中热质传递的特征是不相同的，在固定（移动）床中颗粒主要通过与气流主体的对流传热升高温度，升温速度比较慢，更接近于慢速升温热解过程；在气流床气化炉内，由于流体的高速湍流，热质传递的速度要远远高于固定床，加上气化温度高，热辐射强，颗粒升温速度极快。Kobayashi 等[23]的研究表明，在快速热解过程中，挥发分析出率要远远高于煤工业分析中实际的挥发分含量。

2.2.1.2 煤热解过程中挥发分析出模型

早期的热解模型以单反应、复合反应或多级分解反应为基础，Anthony 和 Howard[24]、Howard[25]和 Smoot[26]等已做过详细评述。其后不断有一些新的进展，李春柱[27]对有关褐煤热解的研究进展进行了综述。前已述及，在气流床气化过程中，煤的升温速率很快，其升温的速率是毫秒级的，这时可不考虑胶质体的形成，只考虑煤脱挥发分的反应。下文将对描述煤脱挥发分的动力学模型进行介绍。

Gavalas 等的官能团模型认为，煤由各种官能团组成，各种官能团的热解参数与煤阶无关，总反应性随煤阶的变化是由于各官能团的初始含量不同。因为对传质和传热过程考虑很少，该模型不能用于预测大颗粒的热解行为。由于这些模型的动力学参数与煤种有关，应用起来受到很多限制。

（1）单方程模型　该模型由 Badzioch[28]提出，假设煤脱挥发分过程为一级反应，反应速率与煤中剩余挥发分的量成正比，即

$$\frac{\mathrm{d}V}{\mathrm{d}t} = k(V_\infty - V) \tag{2-15}$$

式中

$$k = k_0 \exp(-E/RT_\mathrm{p})$$
$$V_\infty = Q(1 - V_c)V_\mathrm{M}$$

式中　V——相对于煤粒初始质量的挥发分的质量分数；

V_∞——当 $t \to \infty$ 时最终析出的挥发分的质量分数，也称挥发分最终产量；

k——热解的反应速率系数；

k_0——热解反应的频率因子；

E——热解反应的活化能；

V_M——工业分析中挥发分量；

Q、V_c——实验得到的参数；

T_p——煤粒温度。

该模型的优点是简单实用。缺点是 E、k_0 值随煤种而变，且只适用于等温过程，缺乏通用性，无法对新煤种的挥发分析出过程进行比较准确的预测，因此应用受到一定的限制。

（2）双竞争反应模型　鉴于单方程模型只适用于等温过程，为此 Kobayashi[23] 提出用两个平行的一级反应描述热解过程，即

$$煤 \left\{ \begin{array}{l} \text{挥发分}(V_1) + \text{剩下的炭}(R_1) \\ \quad\ \alpha_1 \qquad\qquad 1-\alpha_1 \\ \text{挥发分}(V_2) + \text{剩下的炭}(R_2) \\ \quad\ \alpha_2 \qquad\qquad 1-\alpha_2 \end{array} \right.$$

以上两个反应中 k_1、k_2 服从 Arrhenius 定律，α_1、α_2 分别为挥发分在两个反应中所占的质量分数。

该模型假定 $E_2 > E_1$，$k_2 > k_1$，低温时，第一个反应为主；高温时，第二个反应为主；在中等温度时，两个反应均起作用。从而弥补了单方程热解模型只适用于等温过程的不足，可适用于较广的温度范围。其中 α_1、α_2、E_1、E_2、k_1、k_2 均由实验确定。

挥发分的产量为

$$\frac{\mathrm{d}m_v}{\mathrm{d}t} = \frac{\mathrm{d}m_{v_1}}{\mathrm{d}t} + \frac{\mathrm{d}m_{v_2}}{\mathrm{d}t} = (\alpha_1 k_1 + \alpha_2 k_2)m \tag{2-16}$$

或

$$m_v = \int_0^t (\alpha_1 k_1 + \alpha_2 k_2)m\,\mathrm{d}t \tag{2-17}$$

式中，m_v 是挥发分的质量；m_{v_1}、m_{v_2} 分别是第一个反应式和第二个反应式已析出的挥发分的质量；m 是未反应的原煤的质量。

由煤的热解反应得

$$-\frac{\mathrm{d}m}{\mathrm{d}t} = m(k_1 + k_2) \tag{2-18}$$

或

$$\frac{m}{m_0} = \exp\left[-\int_0^t (k_1 + k_2)\mathrm{d}t\right] \tag{2-19}$$

所以

$$V = \frac{m_v}{m_0} = \frac{\int_0^t (\alpha_1 k_1 + \alpha_2 k_2)m\,\mathrm{d}t}{m_0} = \int_0^t (\alpha_1 k_1 + \alpha_2 k_2)\exp\left[-\int_0^t (k_1 + k_2)\mathrm{d}t\right] \tag{2-20}$$

实验中测得 V-t 关系，并根据煤颗粒的能量方程算出煤粒温度 T_p 与时间 t 的关系，便可通过上式拟合得到 α_1、α_2、E_1、E_2、k_1、k_2。

（3）无限平行反应模型　该模型由 Anthony 等[29] 提出，基本前提是认为热解通过无限多个平行反应进行，并假定活化能是一连续的正态分布，而频率因子是一个常数。对于其中

某一反应的热解产物的产量仍可采用单方程反应式，即

$$\frac{\mathrm{d}V_i}{\mathrm{d}t} = k_i(V_{i,\infty} - V_i)$$

式中，V_i 是无限多平行反应中某一反应产生的挥发分产量；$k_i = k_i(E)$ 是某一反应的反应速率系数；$V_{i,\infty}$ 是某一反应的最大挥发分产量。

由此得到了如下的表达式：

$$\frac{V_\infty - V}{V_\infty} = \int_{-\infty}^{\infty} \exp\left[-\int_0^t (k_0 \mathrm{e}^{-\frac{E}{RT_\mathrm{p}}} \mathrm{d}t)f(E)\mathrm{d}E\right] \tag{2-21}$$

而 $f(E)$ 满足

$$f(E) = [\sigma(2\pi)^{1/2}]^{-1} \exp\left[-\frac{(E-E_0)^2}{2\sigma^2}\right]$$

式中，E_0、σ 分别为平均活化能及标准偏差。

模型预测结果与 Anthony 等人的褐煤热解实验结果吻合较好，但也受煤种的限制，用该模型对烟煤的实验结果拟合并不理想。

（4）Solomon 热解通用模型　前述的几种热解模型均只考虑挥发分的总析出量，而未涉及挥发分的具体成分。Solomon 等[30,31]通过对煤分子结构的研究，测定了大量煤种的红外光谱特性，发现它们具有相似性。不同的煤种都具有一些相同的官能团，包括羧基、羟基、醚、脂肪烃、芳香烃等，不同官能团在热解中的产物不同。例如，羧基热解时会产生 CO_2，而羟基热解时将产生 H_2O，醚将产生 CO，脂肪烃将产生 CH_4、C_2H_2，芳香烃将产生 H_2 等。

每个官能团反应都符合单方程模型，从而有

$$Y_i = Y_i^0 \exp(-k_i t) \tag{2-22}$$

$$k_i = k_0 \exp\left(\frac{E_i^0 \pm \sigma_i}{RT_\mathrm{p}}\right) \tag{2-23}$$

式中，Y_i 是已释放的官能团（即某挥发分）的质量分数；Y_i^0 是原煤中所含官能团的初始质量分数，满足 $\sum_i Y_i^0 = 1$；E_i^0、σ_i 分别为采用高斯分布描述某一官能团活化能的平均活化能及标准偏差；k_i 为反应速率常数；k_0 为指前因子；T_p 为煤颗粒温度。

该模型假定煤中各官能团热解时，其热解动力学参数与煤种无关。但煤的总体挥发分析出速率随煤种而变，即各官能团含量随煤种而变。

该模型认为煤中官能团在热解过程中的逐渐减少是通过两种相互竞争的过程实现的，一是官能团热解为气体产物，另一则是官能团作为焦油释放出来。因此必须联立官能团模型 FG 和焦油释放模型 DVC。

焦油的释放模型为

$$X = X^0 \exp(-k_\mathrm{tar} t) \tag{2-24}$$

$$k_\mathrm{tar} = k_\mathrm{tar}^0 \exp\left(\frac{E_\mathrm{t}^0 \pm \sigma_\mathrm{t}}{RT_\mathrm{p}}\right) \tag{2-25}$$

式中，X 为焦油的质量分数；X^0 为焦油原生质的质量分数，非焦油原生质为 $1-X^0$；k_tar 为焦油释放过程速率常数；k_tar^0 为焦油释放过程指前因子；E_t^0 为采用高斯分布描述某一官能团活化能的平均活化能；σ_t 为采用高斯分布描述某一官能团活化能的平均活化能时的标准偏差。

焦炭中某一特定组分的质量分数为

$$V_i(焦炭) = (1 - X^0 + X)Y_i$$

式中，Y_i 是已释放的官能团（即某挥发分）的质量分数；Y_i^0 是原煤中所含官能团的初始质量分数。

在气态挥发分和焦油中某种特定组分的质量分数为

$$V_i(焦油) = (X^0 Y_i^0 - XY_i)k_{tar}/(k_i + k_{tar})$$

$$V_i(气体) = (1 - X^0)(Y_i^0 - Y_i) + V_i(焦油)k_i/k_{tar}$$

$$V_i(焦炭) + V_i(焦油) + V_i(气体) = 1$$

如已知一组动力学参数、煤中官能团的组成及其含量、煤粒在热解过程中的温度变化历程，则可求解挥发分（焦油及气体）的析出规律。

（5）Fu-Zhang 模型　Fu-Zhang 模型[32]假定：

① 煤粒热解的等值动力学参数 E、k_0 与煤种无关，仅与煤粒终温 T_∞ 加热速率有关；

② 煤粒的最终挥发分产量 V_∞ 与煤种、煤粒尺寸和加热条件有关；

③ 煤粒挥发分析出的总体速率由阿累尼乌斯公式表示。

从而有

$$E(或 k_0) = F(T_\infty)$$

即认为 E、k_0 与煤种无关，仅与煤粒的终温 T_∞ 及加热速率有关。从而得到煤粒热解动力学方程如下

$$\frac{dV}{dt} = (V_\infty - V)k_0 \exp(-E/RT_p) \tag{2-26}$$

热解的总体速率 $\dfrac{dV}{dt}$ 与煤种有关，因为 T_∞ 对于不同的煤种、不同的煤粒尺寸及不同的加热条件是不同的，V_∞ 必须由实验确定。

煤粒能量方程如下：

$$\frac{\partial}{\partial t}(\rho_c c_{p,c} T_p) = \frac{1}{r^2} \times \frac{\partial}{\partial t}\left(\lambda r^2 \frac{\partial T_p}{\partial r}\right) - q_v G_V - \frac{\partial}{\partial V_p}(V_p G_V c_{p,v} T_p) \tag{2-27}$$

式中，T_p 是煤粒温度；V_p 是煤粒体积；q_v 是热解潜热；G_V 是煤粒单位体积的挥发分释放速度。这里假定 $\lambda = \lambda(T_\infty)$，$c_{p,c} = \overline{c}_{p,c}(T_\infty)$，代表煤粒在热解期间的平均热导率和比热容。

上式简化为

$$\rho_c \overline{c}_{p,c} \frac{\partial T_p}{\partial t} = \lambda\left(\frac{\partial^2 T_p}{\partial t^2} + \frac{2}{r} \times \frac{\partial T_p}{\partial r}\right)$$

边界条件

$$\frac{\partial T}{\partial r}\Big|_{r=0} = 0$$

$$\lambda \frac{\partial T}{\partial r}\Big|_{r=R} = h(T_p - T_\infty) + \varepsilon\sigma F(T_p^4 - T_w^4)$$

初始条件

$$T(t, r)\big|_{t=0} = T_{p,0}$$

最后得

$$\rho_c c_{p,c} V_p \frac{\partial T}{\partial t} = Sh(T_\infty - T_p) + S\varepsilon\sigma F(T_w^4 - T_p^4) \tag{2-28}$$

S 和 F 分别是煤粒的表面积、辐射角系数；T_w 是炉内壁温度。

$$T_w = 0.5(T_p + T_\infty)$$

煤粒质量方程

$$\frac{dV}{dt} = \frac{d\rho_c/\rho_{c,0}}{dt} \tag{2-29}$$

2.2.2 煤气化过程中的燃烧反应

煤气化过程中由于氧气的存在，在煤快速升温热解后，会发生燃烧反应，既有挥发分的燃烧，也有煤焦的燃烧。对固定床气化炉，由于气化剂与煤逆流接触，其燃烧反应以脱挥发分后形成的煤焦燃烧为主，在床层中形成热点；在气流床气化过程中，煤浆或粉煤与氧气通过烧嘴并流进入气化炉，雾化后的煤浆液滴或弥散后的粉煤颗粒快速升温，挥发分析出，因此挥发分将首先与氧气进行燃烧反应，形成火焰；而流化床气化中，由于颗粒的悬浮，既有挥发分的燃烧，亦有煤焦的燃烧。

2.2.2.1 挥发分的燃烧

挥发分与氧气进行燃烧反应，将形成火焰，决定火焰能否形成的两个主要因素[33]，一是挥发分的浓度，二是温度。

一般而言，挥发分从悬浮的颗粒表面向外扩散，颗粒表面的浓度最高，随着距离增加其浓度不断降低。同时煤颗粒由于气流的传热而继续升温，气相温度高于煤颗粒的温度，即温度梯度和挥发分浓度梯度的方向相反。当温度和浓度都超过某一极限后就会发生燃烧，着火点既不会在颗粒表面（温度太低），也不会远离颗粒表面（浓度太低），而是在离颗粒表面一定范围内。

在某些特定条件下，挥发分也可能在离表面极近的界膜着火并立即传递到颗粒表面或在颗粒表面直接着火。这就要求煤颗粒的升温速度要极快，在挥发分还没有来得及离开表面时，表面温度已经达到着火温度。

显然，着火的空间位置既取决于煤种、煤的反应活性、煤颗粒大小，也与气化炉类型有关。其中煤颗粒的大小是极为重要的影响因素，颗粒越小，比表面积越大，而传热越快，颗粒的升温速度也越快，容易形成表面着火。挥发分着火后，火焰即向颗粒和颗粒周围空间两个方向蔓延，直到氧气或挥发分浓度低到不足以维持燃烧为止，火焰就稳定在挥发分析出量和氧气扩散量符合化学计量关系的范围内。挥发分析出速率越高或氧气扩散速率越低，火焰稳定区域离煤颗粒就越远。许多研究发现，在煤粒周围形成的火球直径可以是煤粒本身直径的 3～5 倍。

随着燃烧的进行，挥发分的析出速率不断降低，火球也就随之减小，直到仅在煤粒表面燃烧。如果此时的表面温度和氧气浓度都足够高的话，就会发生煤焦的燃烧反应。

挥发分的析出和燃烧，对一个煤粒而言，在各个方向不一定是均匀的。因为煤粒本身的形状就往往不对称，另外岩相成分、可燃物质和矿物质的分布也可能不均匀，所以煤粒周围不可能形成圆球形对称的火焰。

流化床气化过程中，在低温下，由于床层总体温度不高，颗粒加热速率慢，挥发分析出速率也较低，煤粒周围的挥发分浓度及温度达不到着火条件。此外由于煤粒周围的气流的运动，析出的未着火的挥发分不可能滞留，因此煤颗粒表面可以与环境中的氧直接接触进行反应而着火。在高温下，由于挥发分析出速率大，煤粒周围挥发分浓度高，此时挥发分易着火，在煤粒表面形成包围火焰，氧在火焰面上几乎全部被燃尽，煤焦表面无法与氧进行反应，只有当挥发分析出速率减小时，煤焦才开始着火燃烧。

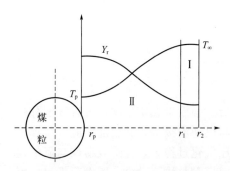

图 2-3　均相着火分区简化模型

T_p 为煤颗粒温度；r_p 为煤颗粒半径；Y_r 为着火产物质量分数；下标 r 表示径向距离；r_1、r_2 分别表示不同的径向距离；T_∞ 为环境温度

Annamalai 和 Durbetaki[34] 于 1977 年提出了分区简化模型（见图 2-3）。将煤颗粒外边界层分成两区，反应区 I 不考虑对流换热，加热区 II 不考虑反应放热。

该模型假设颗粒表面只发生热解反应，热解产物全部为 CH_4；求解颗粒边界层内各种气相成分的质量守恒、能量守恒等控制微分方程组，并以颗粒表面径向温度梯度 $\dfrac{dT}{dr}=0$ 的状态（即所谓的绝热准则）来定义着火温度。该模型预测结果不甚理想，比如所预测的均相着火温度随氧浓度的升高而升高，这与实验结果恰恰相反。Essenhigh[35] 认为，这是绝热准则在此应用不当所造成的。

另一种是 Gururajan 等[36] 提出的既考虑表面非均相反应，又考虑空间的均相反应的比较严格的数值求解方法。

傅维镳[32] 在此基础上提出了判别煤颗粒着火方式的准则，一般情况下总是挥发分首先着火，但在煤颗粒极微细及加热速率很大时，可能是煤焦首先着火。

设环境温度为 T_∞，将直径为 d_p 的煤粒突然放入该环境中，建立其着火条件。基本假设如下：①Re 数及 Bi 数都很小；②过程为准定常；③$Le=1$；④挥发分着火前不考虑煤粒表面反应；⑤不考虑辐射传热。

其着火模型如图 2-4 所示，认为着火是首先发生于靠近外边界的薄层 $\Delta r = r_1 - r_2$ 中，那里温度接近于 T_∞，浓度也有一定值。在该薄层中对流换热相对于反应放热可忽略不计。当 $r<r_2$ 时，认为是反应的冻结区。当 $\left(\dfrac{dT}{dr}\right)_{r=r_1}=0$ 时，则达到了着火条件。

由此得到煤粒均相着火的基本方程

$$\frac{1}{r^2} \times \frac{d}{dr}\left(\lambda r^2 \frac{dT}{dr}\right) - \rho v c_p \frac{dT}{dr} + W_v Q_v = 0 \tag{2-30}$$

$$\frac{1}{r^2} \times \frac{d}{dr}\left(r^2 D\rho \frac{dY}{dr}\right) - \rho v \frac{dY}{dr} - W_i = 0 \tag{2-31}$$

$$i = \text{v}, O_2$$

$$G_v = 4\pi r_p^2 \rho v = 4\pi r^2 \rho v = 常数 \tag{2-32}$$

式中，v、Q_v 分别为挥发分燃烧反应速率及其发热量；W_v 为挥发分的质量；D 为扩散系数；下标 v 指挥发分。而

$$W_v = k_{0,v}\rho^2 Y_0 Y_v e^{-\frac{E_v}{RT}} \tag{2-33}$$

式中，$k_{0,v}$、E_v 分别为挥发分燃烧反应的频率因子及活化能。

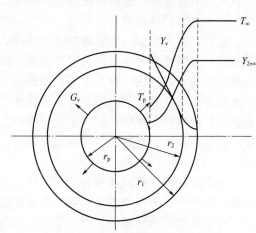

图 2-4　煤粒着火模型

T_p 为煤颗粒表面温度；r_p 为煤颗粒半径；G_v 为质量通量；Y_v 为挥发分的质量分数；$Y_{2,\infty}$ 为着火产物在环境中质量分数；r_1、r_2 分别表示不同的径向距离；T_∞ 为环境温度

边界条件

$$r = r_p, \quad -\frac{dY_v}{dr} + \frac{G_v}{4\pi D\rho r_p}Y_v = \frac{G_v}{4\pi D\rho r_p}$$

$$-\frac{dY_0}{dr} + \frac{G_v}{4\pi D\rho r_p}Y_0 = 0$$

$$-\frac{dT}{dr} + \frac{q_v G_v}{4\pi r_p^2 \lambda} = 0$$

$$r = r_1, \quad Y_v = 0; Y_0 = Y_{0,\infty}; T = T_\infty$$

式中，$r_1 = \dfrac{r_p}{1 - \dfrac{2}{Nu^*}}$ 为折算薄膜半径，Nu^* 是无蒸发时的 Nusselt 数，它可以按下式

计算

$$Nu^* = 2(1 + 0.3Re^{0.5}Pr^{0.33}) \tag{2-34}$$

2.2.2.2　煤焦的燃烧反应

（1）n 级反应模型

$$C + O_2 \longrightarrow CO/CO_2 \tag{2-35}$$

反应速率方程式

$$R_{O_2} = kP_{O_2}^n \tag{2-36}$$

式中，R_{O_2} 为氧气的反应速率；k 为反应速率常数；P_{O_2} 为氧气分压；n 为反应级数，实际的经验中 n 不等于 0 或 1。

这个模型作为通用形式有其局限性，但在一定范围内的温度和压力下，此式仍具有实际应用价值。当 $n=0$ 时，此式非常有用，在粉煤燃烧，温度严格控制在 1227～1727℃内，反应表现更接近于 0 级反应。

（2）两步反应模型　大多数非均相反应，都可用吸附-解吸[37,38]两步反应机理进行描述，例如对于煤焦和氧气的燃烧，可表示如下

$$C + O_2 \rightleftharpoons C(O) \tag{2-37}$$

$$C(O) \longrightarrow CO \tag{2-38}$$

式中，C(O) 是氧表面配合物，低压下，C(O) 的浓度低，反应由吸附控制，即第一个方程控制，而高压下 C(O) 浓度达到饱和，反应由解吸过程控制，即第二个方程。从而可得到 Langmuir 形式反应速率方程

$$R_{O_2} = \frac{k_1 k_2 P_{O_2}}{k_1 P_{O_2} + k_2} \tag{2-39}$$

式中，k_1、k_2 代表上述两个反应式 Arrhenius 形式的反应速率常数。

大量煤焦燃烧实验表明，两步反应在氧气浓度和温度变化时能够较好预测出有效的反应级数。式(2-39)在给定压力条件下，有两种限制情况，即低温情况下，当反应级数为 0 级时，过程为解吸控制，此时有

$$R_{O_2} = k_2$$

高温情况下，当反应级数为 1 时，过程为吸附控制，此时有

$$R_{O_2} = k_1 P_{O_2}$$

（3）三步反应模型　由于两步反应机理的变化，像分离的 Langmuir 形式，它的扩展改

变关于空位的反应级数问题，但并不能改变关于氧和它的温度关系的基础反应级数的问题，这个问题无法得到解决。Hurt 和 Calo 提出了三步反应机理[39]，主要根据煤焦表面氧化时最新的氧配合物的研究而得出的。这个机理的表达式为：

$$C + O_2 \rightleftharpoons C(O) \tag{2-40}$$

$$C(O) + O_2 \rightleftharpoons CO_2 + C(O) \tag{2-41}$$

$$C(O) \rightleftharpoons CO \tag{2-42}$$

其表达式为：

$$R_{O_2} = \frac{k_1 k_2 P_{O_2}^2 + k_1 k_3 P_{O_2}}{k_1 P_{O_2} + k_3/2} \tag{2-43}$$

式中，k_1、k_2、k_3 表示反应（2-40）～反应（2-42）三个反应的反应速率常数。表达式可以解释压力和温度共同对现有实验数据的影响。

2.2.3 煤焦的气化反应

气化过程中，由于不完全燃烧，剩余的煤焦将与水蒸气和二氧化碳等气化剂进行气化反应，这两个反应均属非均相吸热反应。其中，碳和水蒸气反应生成一氧化碳和氢将最终影响气化炉出口的合成气成分。二氧化碳也会与煤焦进行气化反应，这个反应又称为 Boudouard 反应。大量的研究表明，水蒸气与煤焦的气化反应要比二氧化碳与煤焦的反应快一个量级，高晋生[40]的最新研究表明，神华慢速热解焦与水蒸气气化活性是 CO_2 的 9.94 倍；神华快速热解焦与水蒸气气化活性是 CO_2 的 7.15 倍。

2.2.3.1 煤焦气化反应机理

Lahaye 和 Ehrburger[41]提出活性位和相关活性点面积的概念，对煤焦气化反应动力学的研究起到很大的推进作用。

他们认为，碳晶体结构矩阵的边缘或者表面上存在很多未饱和的碳链（即未被 H 饱和的碳支链），这些支链在反应气化过程中可以被视为"反应活性位"C_f，在气化反应过程中，一个氧原子由一个气体分子转移至固体碳表面上并与之结合形成配合物，然后形成的配合物在碳表面发生分解反应而使碳原子脱离固体碳，如图 2-5 所示。

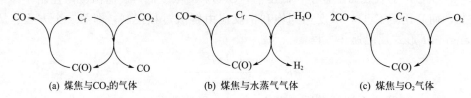

(a) 煤焦与CO_2的气体　　　　　(b) 煤焦与水蒸气气体　　　　　(c) 煤焦与O_2气体

图 2-5　煤焦与不同气化剂之间的气化反应机理

2.2.3.2 煤焦气化动力学模型

煤焦气化反应是典型的气-固反应，通常必须经过如下 7 步：
① 反应气体从气相扩散到固体表面（外扩散）；
② 反应气体再通过颗粒的孔道进入小孔的内表面（内扩散）；
③ 反应气体分子吸附在固体表面上，形成中间络合物；

④ 吸附的中间络合物之间或吸附的中间络合物和气相分子间进行反应，这称为表面反应步骤；

⑤ 吸附态的产物从固体表面脱附；

⑥ 产物分子通过固体的内部孔道扩散出来（内扩散）；

⑦ 产物分子从颗粒表面扩散到气相中（外扩散）。

以上步骤中，①、②、⑥、⑦过程为扩散过程，③、④、⑤为吸附表面反应和脱附过程，因为吸附和脱附都涉及化学键的变化，所以这三个步骤都属于化学过程范畴，故称为表面过程或化学动力学过程。各个步骤的阻力不同，所以反应的总速率可能有外扩散控制，或者内扩散控制，抑或是化学反应控制。

温度影响着各个不同反应步骤的 k 值，所以根据温度的不同可以把煤焦与气化剂的反应速率随反应温度的变化分成三个区域和两个过渡区，即：①低温区-化学反应控制，②中温区-表面反应和内扩散控制，③高温区-外扩散控制，在①和②之间有一个过渡区，在②和③之间也有一个过渡区。在过渡区要综合考虑两类过程速率的影响。

（1）内扩散控制的动力学方程　对于煤焦的气化反应，当煤焦颗粒具有很高的孔隙率时，颗粒的内表面将成为主要反应表面，此时气化速率受到表面反应和质量传递两个过程影响。在煤焦颗粒内部的扩散和化学反应不是严格的串联过程，反应物在向孔内扩散的同时还将在内孔壁面上发生化学反应。随着反应的进行，反应物不断消耗，越深入孔内部，反应物的浓度越低。即沿颗粒不同的渗入深度，反应物的物质的量浓度逐渐降低。此时内扩散过程和化学反应过程的关系更为复杂。

一般处理内扩散控制的动力学问题时，有两种方法，一是表观反应动力学法，二是效率因子法。其中效率因子法应用较多。

在动力学控制区的反应速率方程为

$$w = \frac{dn}{dt} = -m_c K_V c_A \tag{2-44}$$

式中，w 表示单位时间内气化的焦炭质量；m_c 是焦炭颗粒总质量；c_A 为各反应物浓度。

当过程为传质控制时，则上述方程可改写成

$$\frac{dn}{dt} = -m_c K_V \eta c_A \tag{2-45}$$

式中，η 称为效率因子，一般与焦炭颗粒大小、速率常数 K_V 以及孔内有效扩散系数（D_{eff}）有关。令 $K_\varepsilon \eta = K_V \eta$，则有

$$\frac{dn}{dt} = -m_c K_\varepsilon \eta c_A \tag{2-46}$$

对于直径为 d_p 的球形颗粒，效率因子可表示成

$$\eta = \frac{1}{\varphi}\left(\frac{1}{\tan 3\varphi} - \frac{1}{3\varphi}\right) \tag{2-47}$$

式中，φ 为 Thiele 模数，可用下式表示

$$\varphi = \frac{d_p}{6}\sqrt{\frac{K_V \rho}{D_{eff}}} \tag{2-48}$$

式中，ρ 为固体密度。

当 $\eta < \frac{1}{3}$ 即 $\varphi > 3$ 时，可得

$$\eta = \frac{6}{d_{\mathrm{p}}}\sqrt{\frac{D_{\mathrm{eff}}}{K_{\mathrm{V}}\rho}} \tag{2-49}$$

故

$$\frac{\mathrm{d}n}{\mathrm{d}t} = -m_{\mathrm{c}}\frac{d_{\mathrm{p}}}{6}\sqrt{\frac{K_{\mathrm{V}}D_{\mathrm{eff}}}{\rho}}c_{\mathrm{A}} \tag{2-50}$$

（2）外扩散控制的动力学方程　在较高温度下（如气流床气化过程），反应速率极快，以致任何气体一到达煤焦颗粒外表面，就立即与固体反应而迅速耗尽。这时穿过边界层的外扩散就成为控制步骤，此时，气化反应速率方程表示为

$$\frac{\mathrm{d}n}{\mathrm{d}t} = -m_{\mathrm{c}}A\beta c_{\mathrm{A}} \tag{2-51}$$

式中，A 为颗粒的外表面积；β 为传质系数，它与气体扩散系数以及边界层厚度有关。

传质系数 β 可由下式计算

$$\frac{\beta d_{\mathrm{p}}}{D} = Sh = 1.5Re^{0.55} \quad (40 < Re < 4000) \tag{2-52}$$

球形颗粒的比表面积

$$A = \frac{6}{\rho d_{\mathrm{p}}} \tag{2-53}$$

式中，ρ 为固体的密度；d_{p} 为颗粒直径。

（3）化学反应控制的动力学方程

① 均相模型。均相模型[42,43]假设反应发生在整个颗粒内，当反应进行时，固体颗粒的尺寸不变，但密度均匀地变化。根据此假设，当反应为一级反应时，可推得反应速率表达式为

$$\frac{\mathrm{d}x}{\mathrm{d}t} = k(1 - x) \tag{2-54}$$

式中，反应速率常数 k 主要与气化剂浓度和气化温度有关。该模型数学处理简单，在煤气化动力学研究中曾被广泛应用。

林荣英等[44]研究 4 种高变质程度无烟煤常压下纯水蒸气催化气化反应动力学，并用均相模型进行拟合，结果表明，低转化率模型与实验结果吻合较好，但当转化率较高时，拟合结果与试验数据吻合不好。

② 未反应芯缩核模型。未反应芯收缩模型又称缩芯模型，是由 Wen[45] 提出的。Schmal[46]、Kazuteru[47]、李淑芬[48,49]、肖新颜[50]等研究者都曾用此模型来描述 C-H_2O、C-CO_2 的反应过程。

对于图 2-6 所示的球形煤焦颗粒，假设：

a. 反应从半径为 R_{p} 的颗粒外表面开始，随着反应的进行，反应表面逐渐移向颗粒内部；

b. 已反应过的部分形成一层灰层，未反应的芯核随反应时间增长不断收缩；

c. 气化剂在未反应芯的外表面进行反应，但不渗透到芯核内部。

图 2-7 所示为未反应缩芯颗粒和气化剂浓度曲线示意图。

当过程为化学反应控制时，则有

$$1 - (1 - X)^{1/3} = \frac{K_{\mathrm{S}}C_{\mathrm{Ag}}}{\rho_{\mathrm{B}}R_{\mathrm{p}}}t = Kt \tag{2-55}$$

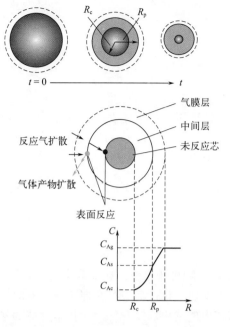

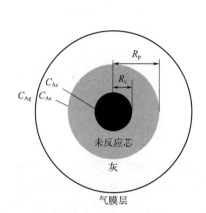

图 2-6　球形煤焦颗粒　　　　图 2-7　未反应缩芯颗粒和气化剂浓度曲线示意图

上式对 t 微分得到

$$\frac{\mathrm{d}x}{\mathrm{d}t} = K(1-X)^{2/3} \tag{2-56}$$

以上式中和图中，X 为煤焦的质量分数；ρ_B 为煤颗粒的密度；C_{Ag}、C_{As} 和 C_{Ac} 分别为气相组分 A 在气流中、粒子表面和反应芯表面的浓度；R_p、R_c 和 R 则表示粒子半径、未反应芯半径和粒子内任一处半径；$K = \dfrac{K_s C_{Ag}}{\rho_B R_p}$，$K$ 为煤焦与 CO_2 气化反应的速率常数（min^{-1}），速率方程为

$$\frac{\mathrm{d}x}{\mathrm{d}t} = KP^n(1-X)^{2/3} \tag{2-57}$$

式中，P 为反应压力；n 为反应级数。

③ 随机孔模型。随机孔模型（the random pore model）由 Bhatia 和 Perlmutter[51] 提出，该模型假设煤焦颗粒具有很多直径不均匀的圆柱形孔，以这些孔的内表面作为反应表面，会发生孔交联，反应没有固体产物生成。煤焦颗粒圆柱形孔的交叠图如图 2-8 所示。

在动力学控制时，根据反应表面积（S）的变化与转化率和转化时间的关系得出如下方程

$$\frac{S}{S_0} = \frac{1-X}{(1-\tau/\sigma)^3}\sqrt{1-\psi\ln\left[\frac{1-X}{(1-\tau/\sigma)^3}\right]} \tag{2-58}$$

$$X = 1-(1-\tau/\sigma)^3\exp\left(-\tau\frac{1+\psi\tau}{4}\right) \tag{2-59}$$

式中，τ 是时间；下标 0 表示气化开始时的情况；ψ、σ 分别是表示结构和颗粒尺寸的参数，表达式为

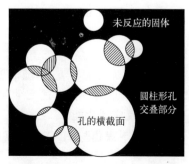

图 2-8　煤焦颗粒圆柱形孔的交叠图

$$\tau = \frac{K_s C^n S_0 t}{1 - \varepsilon_0} = A_0 t$$

$$\psi = \frac{4\pi L_0 (1 - \varepsilon_0)}{S_0^2}$$

$$\sigma = \frac{R_0 S_0}{1 - \varepsilon_0}$$

初始结构是用反应比表面积 S_0、单位体积孔长 L_0、颗粒半径 R_0 和孔隙率 ε_0 表示。表面反应是用反应气浓度 C 的反应速率常数 K_s 和反应速率级数 n 表示。等式中的参数 A_0 为初始反应速率。

对 $X = 1 - (1 - \tau/\sigma)^3 \exp\left(-\tau \dfrac{1 + \psi\tau}{4}\right)$ 微分，整理后得到气化反应速率与碳转化率的关系式：

$$\frac{\mathrm{d}X}{\mathrm{d}t} = A_0 (1 - X)\sqrt{1 - \psi \ln(1 - X)} \tag{2-60}$$

④ 修正随机孔模型。在实践中发现，原始的随机孔模型的假设往往不能完全得到满足，尤其是当煤焦气化过程中存在催化现象的时候。因为在随机孔模型中，煤焦颗粒的孔结构只考虑了其物理结构，以及气固相化学反应的速率常数，没有考虑一些具有催化活性的元素在孔表面分布情况对气化反应速率的影响。具有催化作用的元素（如碱金属）在煤焦颗粒内并非均匀分布，只有当其暴露在气固相表面时才起到催化作用，因此，也不能简单地直接修正气固反应速率常数表达其对气化反应速率的影响。

Struis 等[52]在经典随机孔模型的基础上，提出了一种修正模型，这种修正主要是一种数学方法上的处理。修正模型假设气固反应速率常数是一个随反应的进行而改变的连续函数，最后将随机孔模型修正为如下形式

$$\frac{\mathrm{d}X}{\mathrm{d}t} = A_0 (1 - X)\sqrt{1 - \psi \ln(1 - x)} \times \left[1 + (p+1)(bt)^p\right] \tag{2-61}$$

式中，b 是有量纲的常数，min^{-1}；p 表示无量纲的幂率常数。

修正模型与原始的随机孔模型在形式上非常类似，孔结构参数的物理意义也相同。

⑤ Langmuir-Hinshelwood 模型。低压下煤焦与水蒸气的机理[53]可表示为

$$C_f + H_2O \underset{k_2}{\overset{k_1}{\rightleftharpoons}} C(O) + H_2 \tag{2-62}$$

$$C(O) \overset{k_3}{\longrightarrow} CO \tag{2-63}$$

式中，C_f 表示碳活性位；$C(O)$ 表示碳氧络合物。假设 $C(O)$ 络合物为恒稳态，可得 Langmuir-Hinshelwood 动力学方程：

$$R = \frac{k_1 p_{H_2O}}{1 + (k_2/k_3)p_{H_2} + (k_1/k_3)p_{H_2O}} \tag{2-64}$$

式中，k_1、k_2、k_3 为随温度而变化的参数，并符合 Arrhenius 方程，$k_i = k_{i,0}\exp(-E_i/RT_p)$，$i = 1 \sim 3$。在上述三个随温度变化的反应速率常数中，$k_1$ 所求活化能占主导，即通过 k_1 求反应活化能。

高压下煤焦与 H_2O 气化反应机理[54]可表示为

$$C + H_2O \underset{k_2}{\overset{k_1}{\rightleftharpoons}} C(OH) + C(H) \tag{2-65}$$

$$C(OH) + C(H) \xrightarrow{k_3} C(O) + C(H_2) \tag{2-66}$$

$$C + H_2 \underset{k_5}{\overset{k_4}{\rightleftharpoons}} C(H_2) \tag{2-67}$$

$$C(O) \xrightarrow{k_6} CO \tag{2-68}$$

$$C(H_2) + H_2O + C \xrightarrow{k_7} CH_4 + C(O) \tag{2-69}$$

式中，k_1、k_2、k_3、k_4、k_5、k_6、k_7 同样为随温度而变化的参数，并符合 Arrhenius 方程，$k_i = k_{i,0}\exp(-E_i/RT_p)$，$i = 1 \sim 7$。

文献[54]通过实验数据拟合反应速率与水蒸气分压的关系，根据二者作图得到的斜率及截距表达式，进一步获得了简化的 Langmuir-Hinshelwood 速率方程式可表达为：

$$R_{H_2O} = \frac{K_1 p_{H_2O} + K_4 p_{H_2O} p_{H_2} + K_5 p_{H_2O}^2}{1 + K_2 p_{H_2} + K_3 p_{H_2O}}$$

式中，p 为反应组分的分压，K_1、K_2、K_3、K_4 和 K_5 为与反应速率常数相关的参数，由实验确定，其与反应（2-65）～反应（2-69）相应的速率常数的关系如下。

$$K_1 = \frac{k_1 k_3}{k_3 + k_2}$$

$$K_2 = \frac{k_4}{k_5}$$

$$K_3 = \frac{k_7}{k_5} + \frac{k_1(k_6 + k_3)}{k_6(k_2 + k_3)} + \frac{k_1 k_3}{k_4(k_2 + k_3)}$$

$$K_4 = \frac{k_4 k_7}{k_5}$$

$$K_5 = \frac{k_1 k_3}{k_3 + k_2} \cdot \frac{2k_7}{k_5}$$

Langmuir-Hinshelwood 速率方程已经用于高压下煤焦燃烧的动力学模型。

⑥ 修正 Langmuir-Hinshelwood 模型。实际工业过程中，气化气氛通常为混合物，如水蒸气和二氧化碳，因此许多研究人员对混合气氛下气化反应动力学模型开展了大量研究[55]。

煤焦与 CO_2 气化的反应机理可表示为：

$$C_f + CO_2 \underset{k_2}{\overset{k_1}{\rightleftharpoons}} CO + C(O)$$

$$C(O) \xrightarrow{k_3} CO + C_f$$

根据 L-H 吸附/脱附理论，当上述基元反应的吸附/脱附达平衡时，可得煤焦与 CO_2 反应的 L-H 方程如下：

$$R_{CO_2} = \frac{k_1 p_{CO_2}}{1 + \left(\dfrac{k_2}{k_3}\right) p_{CO_2} + \left(\dfrac{k_1}{k_3}\right) p_{CO}} \tag{2-70}$$

式中，k_1、k_2、k_3 为随温度而变化的参数，并符合 Arrhenius 方程，$k_i = k_{i,0}\exp(-E_i/RT_p)$，$i = 1 \sim 3$。可简化如下：

$$K_a = k_1$$

$$K_b = k_2/k_3$$

$$K_c = k_1/k_3$$

将 K_a、K_b、K_c 代入式（2-70）有

$$R_{CO_2} = \frac{K_a p_{CO_2}}{1 + K_b p_{CO_2} + K_c p_{CO}} \qquad (2\text{-}71\text{a})$$

对于煤焦-水蒸气反应速率表达式（2-64），同样可简化，令

$$K_d = k_1$$

$$K_e = k_2 / k_3$$

$$K_f = k_1 / k_3$$

将 K_d、K_e、K_f 代入式（2-64）有

$$R = \frac{K_d p_{H_2O}}{1 + K_e p_{H_2O} + K_f p_{H_2}} \qquad (2\text{-}71\text{b})$$

通常，CO_2 分子只能进入 1.5nm 以上的孔隙与煤焦反应，而水蒸气分子可以进入 0.6nm 以上的孔隙与煤焦反应，这表明部分存在于小于 1.5nm 孔隙内的活性位只可能接触到水蒸气分子，而不可能被 CO_2 分子所占据。另外，煤中金属物质对水蒸气气化及 CO_2 气化的催化作用也存在很大程度的差异。基于上述原因，可以推断，水蒸气气化及 CO_2 气化可能并非在完全相同或完全不同的活性位上进行反应，而是在部分相同、部分不同的活性位上进行反应。因此，为定量分析水蒸气气化及 CO_2 气化所共用的那部分活性位的数量，定义无量纲参数 a 和 b 进行分析。两个参数的定义表达式如下：

$$a = \frac{n_{share}}{n_{CO_2}}$$

$$b = \frac{n_{share}}{n_{steam}}$$

式中，n_{share}、n_{CO_2} 和 n_{steam} 分别代表水蒸气气化及 CO_2 气化共用的活性位数量、CO_2 气化所占有活性位总量以及水蒸气气化所占有活性位总量。因此，参数 a 和 b 分别表示共用的活性位数量与 CO_2 气化和水蒸气气化所占有活性位总量的比值。通过上述推断和参数假设，可以对传统的 L-H 模型进行修正，该修正模型的气化反应速率方程为：

$$R = \frac{(1-a)K_a p_{CO_2}}{1 + K_b p_{CO_2} + K_c p_{CO}} + \frac{(1-b)K_d p_{H_2O}}{1 + K_e p_{H_2O} + K_f p_{H_2}} + \frac{aK_a p_{CO_2} + bK_d p_{H_2O}}{1 + K_b p_{CO_2} + K_c p_{CO} + K_e p_{H_2O} + K_f p_{H_2}}$$

$$(2\text{-}72)$$

式中，p 为反应组分的分压；K_a、K_b、K_c、K_d、K_e 和 K_f 为与反应速率常数相关的参数，同样由实验确定。

修正模型的预测结果与样品焦-水蒸气-CO_2 反应的实验结果非常吻合（见图 2-9），验证了修正模型的有效性和准确性。此外，研究人员基于化学吸附实验，发现无量纲参数参数 a 和 b 的大小与碳活性位的数量有关[56]。

⑦ 修正体积模型（MVM）。修正体积模型[57]（modefied volumetric model）是由 Kasaoka 等人提出的，是对均相模型的修正，在均相模型方程中引入了一个新参数，即时间幂 b，从而有

$$x = 1 - \exp(-at^b) \qquad (2\text{-}73)$$

根据煤焦气化反应的实验数据，用非线性回归可得出 a、b 的值。

用 $x = 0.5$ 时的速率常数 $k_{x=0.5}$ 来计算出平均反应速率常数 $\bar{k}$，即

$$\bar{k} = k_{x=0.5} = a^{1/b} b (\ln 2)^{(b-1)/b} \qquad (2\text{-}74)$$

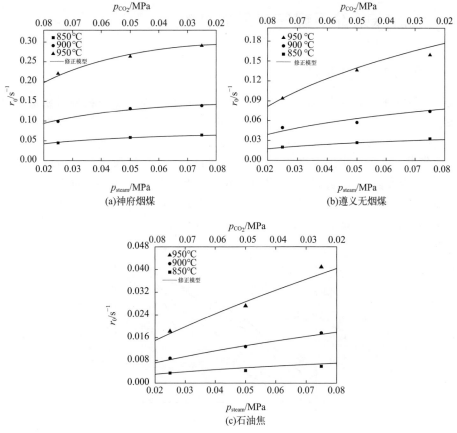

图 2-9 修正模型与实验数据比较

从而有

$$\frac{\mathrm{d}x}{\mathrm{d}t} = a^{1/b} b (1-x) \big[-\ln(1-x)\big]^{(b-1)/b} \qquad (2\text{-}75)$$

式中，a、b 是经验常数。

⑧ Free model（自由模型）方法。整合气化反应速率表达式和阿伦尼乌斯关系式，可得出下式：

$$\frac{\mathrm{d}X}{\mathrm{d}t} = A \exp\left(-\frac{E}{RT}\right) f(X) \qquad (2\text{-}76)$$

采用自由模型方法可将上式转变为下式[58]：

$$\ln t = \ln\left[\frac{F(X)}{A}\right] + \frac{E}{RT} = a + \frac{E}{RT} \qquad (2\text{-}77)$$

式中，t、$F(X)$ 和 a 分别表示达到给定转化率所需气化时间、$\mathrm{d}X/f(X)$ 的积分形式和一常数值。

通过对同一转化率、不同气化温度条件所对应的 $\ln t \sim 1/T$ 数据进行线性拟合可获得特定碳转化率下的反应活化能。该等转化率方法与随机孔、未反应芯缩核模型、均相模型等传统动力学模型相比具有较高准确性。这主要归因于其降低了反应速率常数拟合结果的不确定性并且避免了结构函数的选取。

2.2.4　气流床条件下煤气化反应特性

2.2.4.1　典型煤种气化特性

气流床内气化平均温度在1300℃以上，火焰区温度更高，煤颗粒或煤浆液滴进入气化炉后，快速升温并发生热解（时间尺度在毫秒级）。高晋生等[59-61]研究了兖州、神华、贵州、淮南四种典型煤种的气化特性，不同快速热解焦的反应活性强弱顺序为：贵州煤＜淮南煤＜兖州煤＜神华煤，但当气化温度高达1400℃时，不同快速热解煤焦的反应性基本一致（见图2-10）。并发现在高温气化条件下，各种煤焦的气化活性普遍较高，此时热解温度、热解速率和煤种对各种煤焦气化活性的影响已显得不明显。因此可以推断，在气流床气化高温下，因煤种不同而产生的煤焦气化活性差异已不是其作为气化原料的决定条件。

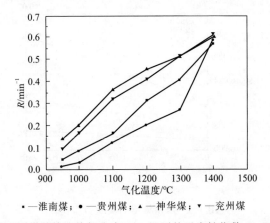

图2-10　四种不同煤种快速热解焦在1400℃下的反应性指数R（$R=0.5/\tau_{0.5}$）

2.2.4.2　不同含碳固体原料多尺度反应

在系统研究典型煤种的气化特性和不同含碳原料气化特性的基础上，笔者团队又研究了灰渣熔融对气化过程的影响、颗粒群反应特性、气化炉壁面颗粒反应特性以及颗粒反应过程的多尺度现象，为深入理解高温、高压、多相流动条件下含碳原料的反应提供了重要指导。

（1）煤灰熔融对气化过程影响　Krishnamoorthy等[62]研究匹茨堡8号煤样的高温气化过程时，发现当气化温度高于煤的灰熔点时煤焦气化过程的表层灰层会出现熔融现象，且在转化率为30％时已开始发生熔融。笔者团队探究了煤气化过程的煤焦-灰渣转变机理[63-66]，发现气化温度低于灰熔点时，煤焦颗粒在反应前期和中期呈现收缩模式并在反应后期为缩核模式。气化温度高于煤灰熔点时，液态渣的形成堵住煤焦的空隙并阻碍气化反应。反应后期煤焦颗粒表层的熔融层覆盖煤焦颗粒的表面，而残余的碳会浮于液态渣表面，近似"冰山"模式。因此，在气流床气化炉的高温工况下，因煤种不同而产生的煤焦气化活性差异已不是其作为气化原料的决定条件，这一结论与前述的研究结果一致。高温熔渣中的碱金属和碱土金属元素能够对界面上的石油焦颗粒起到一定的催化作用（见图2-11）。石油焦颗粒在熔渣界面的反应受熔渣内金属的催化作用和液面的遮蔽作用影响，且对于煤和石油焦在气流床气化炉内的共气化过程中石油焦颗粒适当延长停留时间有利于石油焦颗粒的转化。

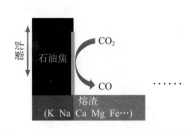

图 2-11 熔渣界面石油焦颗粒气化反应

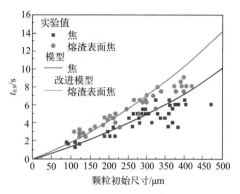

图 2-12 熔渣界面煤焦颗粒燃烧与常规煤焦
颗粒燃烧反应时间的实验与模型预测结果对比

颗粒的界面燃烧速率低于常规的颗粒燃烧，颗粒的燃尽减缓约 20％～25％ （图 2-12)[67]。通过传热模型分析发现，熔渣界面颗粒燃烧反应过程中的传热方向与气化反应相反，颗粒的热量有部分传至熔渣，颗粒温度降低，燃烧速率降低，且随着颗粒粒径的增大该现象越显著，不利于颗粒的转化。

（2）颗粒群反应特性 颗粒群内颗粒数量的增加使得气化剂浓度在群内浓度降低，减缓群的整体气化反应速率和碳转化率（见图 2-13)[68]。此外，稀相颗粒群的反应速率与稠密相颗粒群的反应速率也有所不同。对于反应活性高的褐煤煤焦颗粒和烟煤煤焦颗粒，颗粒浓度对气化反应活性的影响是有限的，颗粒温度的升高和气化剂的减少对反应活性的影响是相反的。而对于反应活性低的无烟煤煤焦和石油焦颗粒，由于颗粒温度的轻微降低和气化剂浓度的明显降低，导致反应速率随颗粒浓度的显著降低。

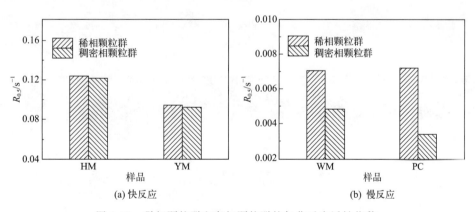

图 2-13 稀相颗粒群和密相颗粒群的气化反应活性指数

在炉内的密相状态下，颗粒群效应对反应活性高的烟煤颗粒和反应活性低的石油焦颗粒具有同样的燃烧延迟影响。颗粒群内浓度的增加，燃尽时间延长（见图 2-14)[69]。随着颗粒群燃烧温度的升高，燃尽时间可延长 20％～80％。结果还表明，群外颗粒的燃烧过程会抑制群内颗粒的燃烧，烟煤煤焦颗粒燃烧时间延迟可达 4 倍，而活性低的石油焦颗粒燃烧时间则延长约 3 倍。颗粒反应存在脉动现象[70]，颗粒表层的不规则微观结构和表面活性位点的不均匀分布是造成颗粒波动的原因，不同微反应区生成气态产物的释放速率不同，导致颗粒受力不平衡，直接引起颗粒的脉动。

（3）气化炉壁面颗粒反应特性 入炉煤颗粒总量的 20％会黏附于气化炉熔渣壁面并与

近壁面气体反应壁面反应[71]。颗粒黏附于高温熔渣壁面后，颗粒表面与气体反应剂的接触面减小，但是气化反应速率及碳转化率对比常规的煤焦颗粒气化反应速率反而增快，气化反应速率增加近 1 倍（见图 2-15）[67,72]。通过传热分析，发现了熔渣的"热浴效应"对为颗粒气化反应提供热量，颗粒温度升高，气化反应速率加快。此外，通过对不同煤种煤焦颗粒和石油焦颗粒的熔渣界面颗粒气化反应研究发现（见图 2-16），界面颗粒反应后期的破碎现象能够显著增大颗粒的转化，整体反应速率增加，且颗粒的破碎程度与煤的演化程度相关：褐煤＞烟煤＞无烟煤＞石油焦[73]。

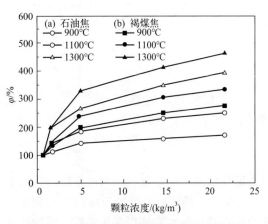

图 2-14　颗粒群效应对烟煤煤焦和石油焦
颗粒燃尽时间延迟比影响

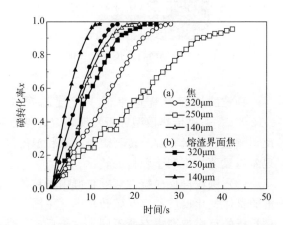

图 2-15　煤焦颗粒碳转化率与时间的关系

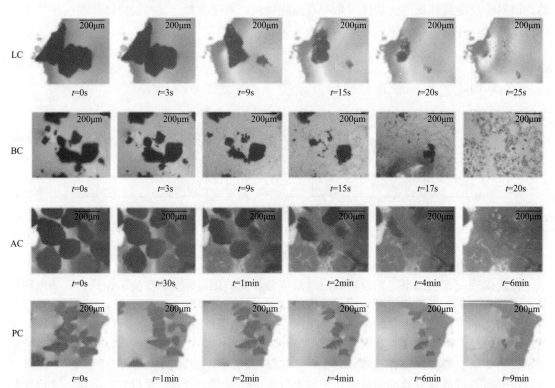

图 2-16　褐煤煤焦（LC）、烟煤煤焦（BC）、无烟煤煤焦（AC）和石油焦（PC）颗粒的熔渣界面气化反应

（4）多尺度现象　气流床气化炉壁面附着高温的熔融渣层。煤焦颗粒黏附于壁面后，与近壁面的气体发生燃烧反应和气化反应。颗粒的熔渣壁面反应过程中也会发生诸如颗粒下沉、熔渣包裹和颗粒破碎等界面的气液固多尺度现象。在研究煤焦颗粒的壁面反应过程中还首次发现了气泡现象（见图 2-17）[74]。气泡的形成是在气化反应进行到一定程度时在熔渣与煤焦颗粒的界面生成，反应过程中气泡的体积逐渐增大，且数量随机出现。随着颗粒尺度增加，气泡形成的时间逐步增加，生成气泡的累计体积与总气体产物比随煤焦初始粒度的增大而减小。熔渣界面的煤焦颗粒越小，在反应过程中生成气泡的概率越大。基于多孔介质的扩散反应理论，提出气泡生成的机理是二氧化碳气体通过煤焦孔道扩散到颗粒内部与碳质反应后，气体产物 CO 扩散到煤焦与熔渣的界面并形成气泡浮于液体表面，即气泡的生成与颗粒的初始粒度有关。

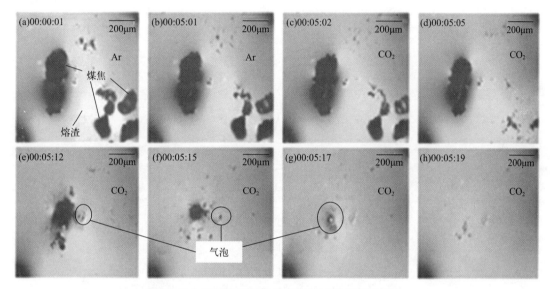

图 2-17　熔渣界面煤焦颗粒气化过程的气泡现象

2.3　煤和生物质共气化

生物质是重要的含碳资源，气化是生物质清洁高效利用的重要途径。生物质气化具有可利用资源总量大、含氮硫污染物排放量低、反应活性好等显著优势，但生物质气化技术的工业进展缓慢，主要由于：①生物质原料供给不稳定，存在季节性变化，且存在地区性组成差异；②颗粒不规则，造成料层不稳定；③能量密度低，堆积体积大；④气化过程焦油产率大，对气化炉的正常运行造成严重不利影响[75]。尽管煤与生物质的物化结构与性质差异较大，但两者间的互补性显著，主要体现在：煤能有效解决生物质上述不足之处，这有利于推进生物质气化技术的工业应用。生物质能够弥补煤炭在资源储量、污染物排放、产物分布、反应活性等方面的劣势，且生物质灰中碱金属/碱土金属矿物质含量较高，可作为廉价高效催化剂以降低气化工艺催化剂成本、提高气化反应速率[76,77]。煤与生物质共气化研究取得了一些新的进展。

2.3.1　共热解特性及协同作用

共热解过程是共气化反应的基础步骤。Acma[78]指出添加生物质对泥煤和褐煤焦产率的影响显著，对烟煤和无烟煤焦产率的影响很小，因此推断生物质与煤共热解过程存在一定的相互作用。Park等[79]发现在生物质与煤共热解过程存在相互作用促进了挥发分释放、降低了焦收率和焦油产率。Wang等[80]指出玉米芯与褐煤共热解过程焦油产率提高、气体产率降低、挥发分产率变化较小，这主要归因于共热解过程玉米芯挥发分与褐煤间的相互作用。

Sonobe等[81]对褐煤与玉米芯共热解研究未发现明显的协同促进作用存在（图 2-18），Vuthaluru等[82]、Meesri等[83]和Moghtaderi等[84]也得出了相似的结论。

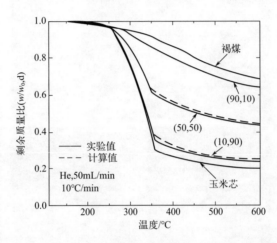

图 2-18　褐煤-玉米芯共热解过程失重曲线实验值和与理论值对比[81]
w—反应至某一时刻的样品质量；w_0—样品初始质量；d—干燥基

Soncini等[85]研究 $600 \sim 975℃$ 条件下生物质与煤的共热解产物分布，发现焦油产率提高、焦产率降低，认为生物质热解产生的 H_2 可与煤热解产生的自由基相结合，从而达到稳定自由基的作用。Zhang等[86]指出提高生物质与煤的掺混比、降低热解温度更有利于生物质与煤共热解过程协同反应的产生，且较高阶的煤与生物质共热解可能更有利于协同反应的发生。

2.3.2　共热解过程对共气化反应的影响

共热解过程二元颗粒间相互作用会显著影响焦理化性质及后续混合焦共气化反应。Gao[87]研究发现当热解温度高于 $700℃$ 时，煤和木屑共热解焦样反应活性高于单独煤焦，而当热解温度高于 $1100℃$、$1250℃$、$1400℃$ 时，生物质掺混比例大于 50% 共热解焦样的气化反应活性低于单独煤焦。袁帅[88]开展了 $1200℃$ 不同掺混比例烟煤与稻草快速共热解实验，并考察了气化反应活性，结果表明当煤与稻草掺混比为 $4:1$ 时存在协同促进作用（图 2-19）。

Ellis等[89]基于固定床开展了煤与木屑共热解实验（表 2-1），指出共热解过程孔隙结构变化不影响后续共气化过程，而Krerkkaiwan等[90]提出印尼次烟煤与稻草/木材共热解过程促进了焦样孔隙结构发展，这有利于提高共气化反应活性。Wang 等[91]指出褐煤与玉米芯共热解过程焦样比表面积演变对焦气化反应活性的影响弱于 K 含量（活性矿物组分）及小分子结构含量（化学结构）变化的影响。

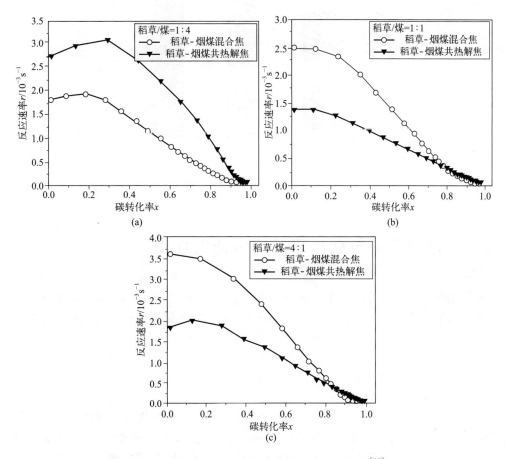

图 2-19　不同原料掺混比条件下共气化反应速率曲线[88]

表 2-1　生物质与煤共热解焦 CO_2 吸附比表面积实验值与计算值的对比[89]

生物质比例(质量分数)/%	热解表面积线性加和/(m²/g)	混合热解表面积/(m²/g)
100	468.1	468.1
75	413.8	430.3
50	359.6	370.3
25	305.3	311.6
0	251.0	251.0

Zhu 等[92]在 650～850℃ 条件下开展了气流床反应器煤与小麦秸秆共热解实验，研究结果表明共热解焦样的高气化反应活性是由于小麦秸秆中的碱金属组分，且发现热解温度750℃共热解焦中 K 含量最高、气化反应活性最强（图 2-20）。而 Ellis 等[89]还发现共热解过程二氧化硅、氧化铝与碱金属之间会相互反应生成晶体结构，从而抑制气化反应活性。

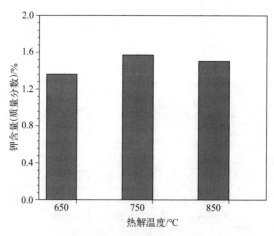

图 2-20　不同热解温度制取混合焦中 K 含量[92]

2.3.3　混合焦共气化反应特性及协同作用

　　焦气化是气化反应的速率控制步骤。李克忠等[93]采用热天平研究了原煤与生物质、脱灰煤与脱灰生物质共气化实验，发现煤与高粱、稻草共气化过程存在明显的协同作用，而煤与松木屑、脱灰高粱、脱灰稻草共气化过程未发现明显相互作用。Zhang 等[94]指出煤与生物质共气化过程协同作用产生于生物质灰形成，即接近生物质完全时，生物质灰中 K 对煤焦气化反应活性具有催化促进作用，最显著的协同作用发生于低灰煤与富 K 生物质共气化过程。

　　Jeong 等[75]发现表明生物质的添加有利于促进气化过程的进行，原因为生物质灰中含有催化活性矿物质，并指出协同促进作用随气化温度和生物质添加量的增加更为显著。Rizkiana 等[76]开展了低阶煤与三种生物质（日本雪柏、稻草和海藻）水蒸气共气化实验，指出共气化过程的协同作用取决于生物质中碱金属及碱土金属矿物含量。低温气化时，协同促进作用随生物质掺混比增加而增强，而高温气化时，添加少量生物质能够显著促进煤的气化反应活性。Kajitani 等[95]基于 TGA 开展雪松皮与烟煤 CO_2 共气化实验，发现当气化温度为 1200℃和 1400℃时，共气化过程未发现协同作用存在，而低温（850℃、950℃）气化时存在较小的促进作用。Xu 等[96]指出生物质掺混比的增加有利于煤和生物质共气化过程协同作用的产生（图 2-21）。

　　丁路等[77]提出共气化过程的协同促进作用主要归因于生物质中富含 K、生物质与高阶煤反应性差异大，而共气化过程的协同抑制作用则主要归因于生物质焦和煤焦间的亲密接触、生物质与低阶煤反应性差异小以及 K 的失活。Habibi 等[97]研究发现柳枝与次烟煤共气化过程 K 会失活生成 $KAlSi_3O_8$（图 2-22），抑制了共气化反应的进行，并指出当混合焦样中 K/Al 物质的量比大于 1 时，较多 K 的活性能够保持。

2.3.4　煤和生物质共气化协同机理

　　煤和生物质共热解/共气化过程协同行为依赖于混合原料种类以及热解/气化反应条件，

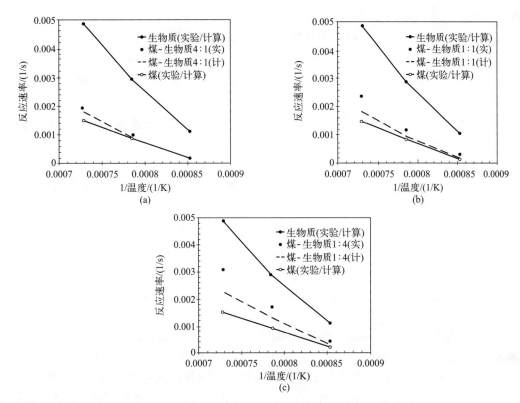

图 2-21　不同掺混比条件下混合焦共气化反应协同作用

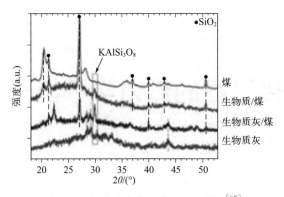

图 2-22　混合焦气化半焦 XRD 谱图[97]

具有一定复杂多变性。目前，关于共热解/共气化过程协同作用的研究并不充分，反应过程煤和生物质交互作用机理仍不清晰。以下为前人研究中，提出的几点可能的协同机理。

（1）氢转移反应　生物质与煤间显著差异之一为生物质拥有较高的 H/C 比[98]。在相同的热解反应条件下，生物质的氢产率约为煤的 $5\sim16$ 倍[99]。煤热解过程受富氢轻分子（CO、CO_2、H_2、CH_4、H_2O 等）影响，这些气体在高温条件下快速地从生物质中释放。这些物质参与挥发分-焦相互作用从而改变煤的热分解行为，尤其对于温度范围为 $400\sim500℃$ 的煤塑形阶段。

煤自身所含的可转移的氢在煤可塑性方面也扮演了重要角色，其芳香族之间的环烷碳和乙烯碳可作为氢供体位点。煤自身的转移性氢数量在温度范围为 $350\sim500℃$ 内急剧降低[100]。

当热解温度为 300~600℃时，煤和生物质共热解过程中源自生物质的 H_2 产率保持恒定值，从而增加了煤颗粒周围的氢气可利用性[101]。外部氢供体干扰与煤炭和生物质的链自由基过程，从而发生了化学相互作用。为了评估氢转移反应，前人提出了两个量化指标——生物质的氢供体能力（HDA）和煤的氢接收能力（HAA）。

（2）热传递 一些研究者证实了协同行为也与共热解过程热传递有关。煤热分解过程通常为吸热的，而生物质热分解过程为放热过程。生物质主导了混合物共热解反应过程，混合物的热量数据与生物质接近（尤其当温度范围为 250~450℃时），这意味着这个温度区间内存在煤和生物质的协同行为。来自生物质热解过程所释放热量可以促进煤中芳香结构的裂解[99]。

（3）内在矿物质的催化作用 生物质中碱金属和碱土金属所具有的催化作用是煤和生物质共气化的关键因素。煤灰中具有较高含量的 SiO_2，这是促进重烃类分子裂解的高效催化剂[102]。与煤相比，生物质挥发分含量高，从而导致其热解过程的焦油产率较高。煤中 SiO_2 可以促进这类重烃类物质热分解成乙烯和甲烷等轻质烃类，这会导致热解产品气热值的提高。

对于煤气化具有催化效应的无机组分可以归为三类：碱金属、碱土金属和过渡金属。基于煤和生物质共气化过程而言，生物质中所富含的碱金属和碱土金属是相关催化组分[103,104]。研究者们探讨了不同碱金属碳酸盐类对石墨和煤焦气化的催化活性[105-107]。对于匹兹堡煤焦而言，碳酸钾对于 CO_2 气化和水蒸气气化均显示了最显著的催化作用。钾催化剂的活性也依赖于阴离子形态。McKee 等[108]指出碳酸钾、硫酸钾和硝酸钾的催化活性高于相应硅酸盐类和卤化物。KOH 也显示了与 K_2CO_3 相近的催化活性，这是由于催化剂阴离子中 O 的存在有助于实现有效的催化作用。

2.4　煤气化过程的热力学平衡模型

在讨论任何简单或复杂的化学反应系统时，都会涉及热力学和动力学两方面的问题，煤气化过程亦不例外。随气化技术不同，煤气化过程的平均反应温度在 800~1800℃之间，在这一温度范围内，气化反应的速率是比较高的，特别是对温度大于 1200℃的气流床气化过程，气化反应速率更快，气相组分的化学反应在气化炉内局部是瞬间达到平衡的[109]，用热力学平衡模型确定气化炉出口的组成是一种非常简捷的方法，而且对于一些气化过程，用热力学平衡模型计算的气化炉出口气体组成，与工业气化炉的实际工况还是比较接近的。因此，探讨煤气化过程的热力学问题十分必要。

平衡模型有化学计量的和非化学计量两种，前者就是通常所说的平衡常数法，而后者是受质量守恒和非负限制约束的 Gibbs 自由能最小化方法。从本质上说，两者是等价的[110]。

本节将从气化过程独立化学反应数的确定、平衡常数的计算、平衡常数的影响因素等几方面讨论煤气化过程涉及的热力学问题，介绍平衡常数法和 Gibbs 自由能最小化法两种热力学平衡模型，并以气流床气化过程为例，探讨压力、煤种、原料配比等工艺条件对气化过程的影响。

2.4.1 煤气化过程的独立反应的确定

2.4.1.1 基本反应

为了分析问题的方便，我们将煤气化过程的反应分为三类，即燃烧反应、气化反应、微量组分的形成反应。

(1) 燃烧反应　不论何种气化工艺，气化过程总离不开氧气的参与，从反应动力学的速度看，燃烧反应是最快的，特别是气相组分的燃烧反应，瞬间就能完成，其时间尺度是毫秒级的，残炭和焦的燃烧反应与气相的燃烧反应相比较慢，但在高温下，该类反应也可以认为瞬间达到平衡。气化过程中的燃烧反应主要包括挥发分中可燃组分的燃烧反应、残碳的燃烧反应。

$$2CO + O_2 == 2CO_2 \tag{2-78}$$
$$2H_2 + O_2 == 2H_2O \tag{2-79}$$
$$CH_4 + 2O_2 == CO_2 + 2H_2O \tag{2-80}$$
$$CH_4 + O_2 == 2CO + 2H_2 \tag{2-81}$$
$$C_nH_m + \left(n + \frac{m}{4}\right)O_2 == nCO_2 + \frac{m}{2}H_2O \tag{2-82}$$
$$C_nH_m + \frac{n}{2}O_2 == nCO + \frac{m}{2}H_2 \tag{2-83}$$
$$2C + O_2 == 2CO \tag{2-84}$$
$$2CO + O_2 == 2CO_2 \tag{2-85}$$
$$C + O_2 == CO_2 \tag{2-86}$$

......

(2) 气化反应　气化反应主要是指未燃烧完的残炭（焦）与进料气化剂中的 H_2O，以及挥发分和燃烧产物中的 H_2O、CO_2、CH_4 等进行的反应，包括

$$C + H_2O == CO + H_2 \tag{2-87}$$
$$C + 2H_2O == CO_2 + 2H_2 \tag{2-88}$$
$$C + CO_2 == 2CO \tag{2-89}$$
$$CH_4 + H_2O == CO + 3H_2 \tag{2-90}$$
$$CH_4 + 2H_2O == CO_2 + 4H_2 \tag{2-91}$$
$$CH_4 + CO_2 == 2CO + 2H_2 \tag{2-92}$$
$$CH_4 + 2CO_2 == 3CO + H_2 + H_2O \tag{2-93}$$
$$CH_4 == C + 2H_2 \tag{2-94}$$
$$CO + H_2O == CO_2 + H_2 \tag{2-95}$$

......

可以排列组合出很多反应，问题在于这些反应并不一定都能代表实际的反应历程或者它们都是基元反应。对此，下节将予以讨论。

(3) 微量组分的形成反应（煤中 N 和 S 的转化反应）　气化过程对下游工段产生严重影响的微量组分主要是 H_2S、COS、NH_3、HCN 和 $HCOOH$。工业实践表明，H_2S 和 COS 基本上按下式达到平衡

$$COS+H_2 = H_2S+CO \tag{2-96}$$

气化过程中 NH_3 的生成起初是一个不被注意的问题。后来，由于在实际气化炉中，NH_3 对后续工段产生了影响，比如变换系统堵塞等。这才引起人们的关注，并作了大量的研究工作[111-114]。一般出口气体中的氨含量远高于按平衡反应的计算值［式(2-97)］，两者相差数十倍之多

$$\frac{1}{2}N_2 + \frac{3}{2}H_2 = NH_3 \tag{2-97}$$

按照 Smoot 等的研究结果，煤中的氮大多以 H—N 或 C—N 键的形式存在于杂环类有机化合物中，它的活性远高于氧气中 N 的活性，其可能的反应过程如下

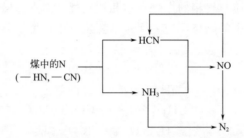

即 NH_3 和 HCN 是挥发分裂解的中间产物，由于停留时间分布的影响，一部分 NH_3 和 HCN 来不及分解，达到平衡就逸出炉外，因此，上述反应不会向相反的方向进行。

$$NH_3 = \frac{1}{2}N_2 + \frac{3}{2}H_2 \tag{2-98}$$

$$HCN+3H_2 = NH_3+CH_4 \tag{2-99}$$

$$HCN+H_2O = NH_3+CO \tag{2-100}$$

NO 是中间产物，已经证明，在气化炉的还原氛围中，气化炉出口 NO 量是微乎其微的。

王辅臣等曾将这一观点应用于渣油气化过程中 NH_3 形成与分布的分析与模拟，取得了非常好的效果[115,116]。同样应用这一观点模拟得到的 NH_3 的生产量也得到了气流床水煤浆气化过程工业生产实践的验证。炉内的甲酸生成量极少，实际过程中，系统中甲酸的产生可能与激冷有关。普遍认为，激冷室中 CO 与 H_2O 接触是产生甲酸的主要途径。

2.4.1.2 关键组分与独立反应

（1）关键组分　以水煤浆气化过程为例，离开气化炉的气体组成包括 H_2、CO、CO_2、CH_4、N_2、Ar、H_2S、COS、NH_3、HCN、H_2O 11 个主要组分和灰渣中的残炭（焦），其中 Ar 为惰性组分，本身不参加化学反应。上述的气化反应式可能是真实气化反应历程的描述，也可能并不代表真实的基元反应，仅仅体现了反应前后的元素守恒，表达了反应的总结果。其实在对煤气化过程进行热力学研究时，我们并不需要追寻反应的历程，目标只是考察气化过程的平衡组成。

前已述及，气化过程中的燃烧反应是极快的，可以不考虑热力学平衡的因素，我们仅考虑气化反应和微量组分的形成反应。考察上述反应不难发现，有些反应可以通过其他反应的线性组合得到，例如反应（2-87）、反应（2-88）和反应（2-89）三个反应中，任何一个反应都可以由其余两个线性组合得到，或者说这三个反应中有一个不是独立的反应。在对系统进行热力学计算时，如果将不独立的方程认为是独立方程，将无法得到平衡组成。

因此要计算 H_2、CO、CO_2、CH_4、N_2、Ar、H_2S、COS、NH_3、HCN、H_2O 11 个气体组分和灰渣中的残炭（焦）1 个固体组分组成的复杂系统的平衡组成，首先要确定其独立反应数和独立反应方程，以便唯一地确定该系统达到化学平衡时的各组分平衡含量。反之，如果不能确定独立反应数和相应的独立反应方程，就无法确定平衡组成。

（2）独立反应数的求取　求取独立反应数有两种方法，即矩阵求秩法和经验法。

①矩阵求秩法。该法要求首先写出系统组分可能进行的化学反应方程，由于复杂系统可能的反应方程众多，不可能全部列出，该法要求方程式个数大于独立反应数即可。然后将化学方程式转化为代数方程，求代数方程系数矩阵的秩，即确定矩阵行向量组（或列向量组）的极大线性无关部分组，亦即独立反应方程式的数目。具体的求法可参阅文献[117]。

②经验法。J. M. Smith 概括出如下的经验法则，以确定复杂反应系统的独立反应数。复杂反应系统中的独立反应数，通常等于系统中组分由其元素生成的反应数，减去不单独存在于系统中的元素数。这一经验法则的优点是简便，特别是对于系统中反应数比较多的情况，矩阵求秩工作量大。

以煤气化过程为例，即 H_2、CO、CO_2、CH_4、N_2、H_2S、COS、NH_3、HCN、H_2O、C 11 个组分系统为例（氩为惰性组分，可由元素平衡计算，不需要考虑其反应）。组分由其组成元素生成的反应有

$$C + \frac{1}{2}O_2 \longrightarrow CO$$

$$C + O_2 \longrightarrow CO_2$$

$$C + 2H_2 \longrightarrow CH_4$$

$$S + H_2 \longrightarrow H_2S$$

$$H_2 + \frac{1}{2}O_2 \longrightarrow H_2O$$

$$S + C + \frac{1}{2}O_2 \longrightarrow COS$$

$$\frac{1}{2}N_2 + \frac{3}{2}H_2 \longrightarrow NH_3$$

$$C + \frac{1}{2}N_2 + \frac{1}{2}H_2 \longrightarrow HCN$$

列举上述反应仅为分析问题的方便，可能并不代表气化过程中实际的反应历程。以上共 8 个反应，不单独存在于系统中的元素为氧和硫，因此系统的独立反应数为 8－2＝6。即从热力学平衡的角度讲，煤气化过程存在 6 个独立的化学反应，加上 C、H、N、O、S 5 个元素平衡方程，就很容易确定某一温度下的平衡组成。

（3）气化过程的独立反应　既然煤气化气化过程的独立反应数为 6，那么到底应该确定哪些反应为热力学平衡计算中的独立反应方为适当？从影响气体出口组成的角度而言，甲烷转化反应和变换反应无疑是最重要的，从残炭气化反应的角度讲，C 与水蒸气的反应无疑比其与 CO_2 的反应重要，一般确定以下 6 个反应为煤气化过程中的独立反应。

$$CO + H_2O \longrightarrow CO_2 + H_2 \tag{2-101}$$

$$CH_4 + H_2O \longrightarrow CO + 3H_2 \tag{2-102}$$

$$C + H_2O \longrightarrow CO + H_2 \tag{2-103}$$

$$H_2S + CO \longrightarrow COS + H_2 \tag{2-104}$$

$$NH_3 \Longrightarrow \frac{1}{2}N_2 + \frac{3}{2}H_2 \tag{2-105}$$

$$HCN + 3H_2 \Longrightarrow NH_3 + CH_4 \tag{2-106}$$

2.4.2　气化过程的热力学平衡

2.4.2.1　平衡常数计算

（1）化学反应平衡常数的定义　以变换反应为例来讨论平衡常数的定义，在气化过程中，变换反应是可逆反应

$$CO + H_2O \rightleftharpoons CO_2 + H_2 \tag{2-107}$$

正反应的化学反应速率用下式表达

$$r_f = k_f[CO][H_2O] \tag{2-108}$$

式中　k_f——为正反应速率常数，与温度有关；

　　$[CO]$——为组分中 CO 的物质的量浓度；

　　$[H_2O]$——为组分中 H_2O 的物质的量浓度。

同样逆反应的反应速率表达为

$$r_r = k_r[CO_2][H_2] \tag{2-109}$$

式中　k_r——逆反应速率常数，亦与温度有关。

当系统达到热力学平衡时，正反应和逆反应的速率相等，从而可得到

$$K_p = \frac{k_f}{k_r} = \frac{[CO_2][H_2]}{[CO][H_2O]} \tag{2-110}$$

式中　K_p—— 一定温度下变换反应的标准平衡常数。

假定气相组分为可压缩理想气体，则上式可表达为

$$K_p = \frac{p_{CO_2} p_{H_2}}{p_{CO} p_{H_2O}} = \frac{y_{CO_2} y_{H_2}}{y_{CO} y_{H_2O}} \tag{2-111}$$

式中　p_i——i 组分的分压；

　　y_i——i 组分的体积分数，可用 $\dfrac{p_i}{P}$ 表示，P 为系统压力。

同样可以得到其他独立反应的平衡常数表达式

甲烷转化反应的平衡常数为

$$K_p = \frac{p_{CO} p_{H_2}^3}{p_{CH_4} p_{H_2O}} = \frac{y_{CO} y_{H_2}^3}{y_{CH_4} y_{H_2O}} P^2 \tag{2-112}$$

碳与水蒸气气化反应的平衡常数为

$$K_p = \frac{p_{CO} p_{H_2}}{p_{H_2O}} = \frac{y_{CO} y_{H_2}}{y_{H_2O}} P \tag{2-113}$$

硫平衡反应的平衡常数为

$$K_p = \frac{p_{H_2S} p_{CO}}{p_{COS} p_{H_2}} = \frac{y_{H_2S} y_{CO}}{y_{COS} y_{H_2}} \tag{2-114}$$

氨分解反应的平衡常数为

$$K_p = \frac{p_{H_2}^{1.5} p_{N_2}^{0.5}}{p_{NH_3}} = \frac{y_{H_2}^{1.5} y_{N_2}^{0.5}}{y_{NH_3}} P \qquad (2-115)$$

HCN 分解反应的平衡常数为

$$K_p = \frac{p_{NH_3} p_{CH_4}}{p_{HCN} p_{H_2}^3} = \frac{y_{NH_3} y_{CH_4}}{y_{HCN} y_{H_2}^3} \times \frac{1}{P^2} \qquad (2-116)$$

（2）平衡常数表达式　化学反应达到平衡时，所有组分处于相同的温度、压力之下，此时自由焓变化为零，即化学反应平衡的条件是[118]

$$(dG')_{T,P} = 0 \qquad (2-117)$$

由此可得到

$$-RT \ln K_f = \Delta G^0 \qquad (2-118)$$

式中　ΔG^0——反应物、产物均处于标准态下的自由焓变化，kJ/mol；

$\quad\quad R$——气体常数，8.3145kJ/(kmol·K)；

$\quad\quad T$——温度，K；

$\quad\quad K_f$——以逸度表示的标准平衡常数。

根据热力学参数的有关定义，可导出了反应平衡常数与温度的关系式[67]

$$\frac{d \ln K_p}{dT} = \frac{\Delta H^0}{RT^2} \qquad (2-119)$$

式中　ΔH^0——标准状态下反应的热效应，亦即标准焓变。

对式（2-119）进行积分得到

$$\ln K_p = \frac{1}{R} \int \frac{\Delta H^0}{T^2} dT + I \qquad (2-120)$$

式中，I 为积分常数，由于

$$\left(\frac{\partial H}{\partial T} \right)_p = C_p \qquad (2-121)$$

式（2-121）积分得到

$$\Delta H_i^0 = \int \Delta C_{p,i}^0 dT + \Delta H_{0,i} \qquad (2-122)$$

式中，$\Delta H_{0,i}$ 为积分常数。

对于某一反应系统，标准自由焓焓变为

$$\Delta G^0 = \sum \nu_i \Delta G_i^0 \qquad (2-123)$$

$$\Delta H^0 = \sum \nu_i \Delta H_i^0 \qquad (2-124)$$

式中，ν_i 为化学方程式中组分 i 的化学计量系数，为了计算的方便，将反应物 ν_i 定义为负，生成物 ν_i 定义为正。

理想气体组分的热容可用下面的多项式表示[119]

$$C_{p,i}^0 = A_i + B_i T + C_i T^2 + D_i T^3 \qquad (2-125)$$

将式（2-120）代入式（2-117）积分得到

$$\Delta H_i^0 = \Delta H_{0,I} + A_i T + \frac{B_i T^2}{2} + \frac{C_i T^3}{3} + \frac{D_i T^4}{4} \qquad (2-126)$$

将式（2-123）、式（2-124）、式（2-125）、式（2-126）代入式（2-120）积分，并通过298.15K 时的组分标准自由焓和标准生成焓，分别确定积分常数 I 和 $\Delta H_{0,i}$，可得到反应的

平衡常数多项式为

$$\ln K_f = -\frac{A_0}{T} + A_1 \ln T + A_2 T + \frac{A_3 T^2}{2} + \frac{A_4 T^3}{3} + F_0 \qquad (2\text{-}127)$$

其系数分别与 298.15K 时的标准自由焓变化、标准生成焓变化和反应组分的热容系数之差有关，为了热力学平衡计算的方便，于遵宏等曾计算了式（2-101）～式（2-106）六个独立反应的平衡常数计算式的系数[120,121]，列于表 2-2。

表 2-2　主要反应平衡常数计算式系数

反应式	A_0	A_1	$10^3 A_2$	$10^7 A_3$	$10^9 A_4$	F_0
(2-101)	−22625.0	−8.76860	5.3130	−12.0740	−0.0127	29.8670
(2-102)	5039.8	0.15862	−1.8318	9.7695	−0.1799	4.9978
(2-103)	−7097.8	5.3235	−2.0636	−1.5442	0.0794	24.6851
(2-104)	44995.3	3.48250	−0.1886	−9.7484	0.3251	−11.1850
(2-105)	−28211.0	−6.81800	−7.5055	48.0660	−1.9313	19.7330
(2-106)	−1975.0	−6.17750	8.8164	−49.0930	1.9062	20.1540

2.4.2.2　影响平衡常数的因素

上述的平衡常数表达式是假定气体组分为理想气体的前提下得到的，实际气化过程是在高温高压下进行的，有关气体的热力学性质按实际气体来处理。于遵宏曾用维里方程对实际气体的热容和逸度系数进行了校正[121]。

尽管实际的气化压力在 3.0～8.5MPa，但由于气化反应温度比较高，远高于反应组分的临界温度，因此在进行煤气化过程的热力学计算时，按理想气体来处理也能获得令人满意的结果。

(1) 实际气体的热容　记 C_p^0 为理想气体热容，A、B、C、D 为其温度多项式系数，则其表达式为

$$C_p^0 = A + BT + CT^2 + DT^3 \qquad (2\text{-}128)$$

而实际气体的热容

$$C_p = C_p^0 + \Delta C_p \qquad (2\text{-}129)$$

式中，ΔC_p 为剩余热容，若用维里（Virial）方程表示气体状态，则有

$$\Delta C_p = 2P \frac{dB}{dT} + TP \frac{d^2 B}{dT^2} \qquad (2\text{-}130)$$

式中，P 为压力；B 为第二维里系数，可由偏心因子 ω、临界温度 T_c、临界压力 P_c 来计算，其表达式为[118]

$$B = \frac{RT_c}{P_c}(B^0 + \omega B^1) \qquad (2\text{-}131)$$

式中

$$B^0 = 0.038 - 0.42 \left(\frac{T_c}{T}\right)^{1.6} \qquad (2\text{-}132)$$

$$B^1 = 0.139 - 0.172 \left(\frac{T_c}{T}\right)^{4.2} \qquad (2\text{-}133)$$

(2) 气体混合物中组分的逸度系数　气体混合物中 i 组分的逸度系数为 ϕ_i，沿用仅包含第二维里系数的状态方程，则表达式如下[118]

$$\ln\phi_i = \frac{B_m P}{RT} \tag{2-134}$$

式中，B_m 为混合物的维里系数，由下式计算

$$B_m = B_{ii} + 0.5 \sum_j \sum_k \left[y_i y_k (2D_{ji} - D_{jk}) \right] \tag{2-135}$$

式中

$$D_{jk} = 2B_{jk} - B_{jj} - B_{kk} \tag{2-136}$$

$$D_{ji} = 2B_{ji} - B_{jj} - B_{ii} \tag{2-137}$$

而

$$B_{ij} = \frac{RT_{c,ii}}{P_{c,ij}} (B_{ij}^0 + \omega_{ij} B_{ij}^1) \tag{2-138}$$

$$\omega_{ij} = 0.5(\omega_i + \omega_j) \tag{2-139}$$

$$T_{c,ij} = (T_{c,i} T_{c,j})^{0.5} \tag{2-140}$$

$$P_{c,ij} = \frac{Z_{c,ij} RT_{c,ij}}{V_{c,ij}} \tag{2-141}$$

$$Z_{c,ij} = 0.5(Z_{c,i} + Z_{c,j}) \tag{2-142}$$

$$V_{c,ij} = \left(\frac{V_{c,i}^{1/3} + V_{c,j}^{1/3}}{2} \right)^3 \tag{2-143}$$

式中，$T_{c,i}$、$V_{c,i}$、$Z_{c,i}$、ω_i 分别为纯组分 i 的临界压力、临界温度、临界体积、临界压缩因子和偏心因子。

2.4.3 热力学平衡模型的基本方程

前已述及，建立气化过程的热力学平衡模型，可以有两种基本方法：一种是平衡常数法，另一种是最小 Gibbs 自由能法。

2.4.3.1 平衡常数法

(1) 基本方程　王辅臣曾建立了针对渣油气化炉的热力学模型，并成功应用于渣油气化系统的数学模拟和水煤浆气化系统的数学模拟[122,123]。由于渣油与煤从元素组成的角度讲，有相似性，该模型同样可应用于煤气化过程。模型主要包括以下方程。

① 元素平衡方程。以 1kg 煤为基准，以 N_i 表示 1kg 煤产生的 i 组分（H_2、CO、CO_2、CH_4、N_2、Ar、H_2S、COS、NH_3、HCN、H_2O）的物质的量（mol），则有

碳平衡

$$\frac{X_C}{12} = N_{CO} + N_{CO_2} + N_{CH_4} + N_{COS} + N_{HCN} + (1 - \frac{y_C}{100})/12 \tag{2-144}$$

氢平衡

$$X_H + \frac{2R_{H_2O}}{18} = 2N_{H_2} + 4N_{CH_4} + 2N_{H_2S} + N_{HCN} + 3N_{NH_3} + 2N_{H_2O} \tag{2-145}$$

氧平衡

$$\frac{X_O}{16} + \frac{2R_{O_2} y_{O_2,i}}{22.4} + \frac{R_{H_2O}}{18} = N_{CO} + 2N_{CO_4} + N_{COS} + N_{H_2O} \tag{2-146}$$

氮平衡

$$\frac{X_N}{14} + \frac{2R_{O_2} y_{N_2,i}}{22.4} = 2N_{N_2} + N_{HCN} + N_{NH_3} \tag{2-147}$$

硫平衡

$$\frac{X_S}{32} = N_{H_2S} + N_{COS} \tag{2-148}$$

氩平衡

$$\frac{R_{O_2}(1 - y_{O_2,i} - y_{N_2,i})}{22.4} = N_{Ar} \tag{2-149}$$

式中　N_i——气相 i 组分的物质的量，mol；

$\quad\quad X_i$——原料（煤）中 i 元素的质量分数，%；

$\quad\quad y_C$——碳转化率，%；

$\quad\quad y_{O_2,i}$——氧气中氧的体积分数，%；

$\quad\quad y_{N_2,i}$——氧气中氮气的体积分数，%；

$\quad\quad R_{O_2}$——进料中的氧煤比，m^3/kg；

$\quad\quad R_{H_2O}$——进料中的蒸汽煤比，m^3/kg，对水煤浆进料，如煤浆质量分数为 C_s（%），
则有

$$R_{H_2O} = \frac{100 - C_s}{C_s}$$

② 化学平衡方程。如果按实际气体来处理，则需要用逸度来表示化学平衡方程，气化过程中独立反应用逸度表示的平衡常数如下。

变换反应的平衡方程为

$$K_p = \frac{N_{CO_2}\phi_{CO_2} N_{H_2}\phi_{H_2}}{N_{CO}\phi_{CO} N_{H_2O}\phi_{H_2O}} \tag{2-150}$$

甲烷转化反应的平衡方程为

$$K_p = \frac{N_{CO}\phi_{CO}(N_{H_2}\phi_{H_2})^3}{N_{CH_4}\phi_{CH_4} N_{H_2O}\phi_{H_2O}}\left(\frac{P}{\sum N_i}\right)^2 \tag{2-151}$$

碳与水蒸气气化反应的平衡方程为

$$K_p = \frac{N_{CO}\phi_{CO} N_{H_2}\phi_{H_2}}{N_{H_2O}\phi_{H_2O}}\left(\frac{\sum N_i}{P}\right) \tag{2-152}$$

硫平衡反应的平衡方程为

$$K_p = \frac{N_{H_2S}\phi_{H_2S} N_{CO}\phi_{CO}}{N_{COS}\phi_{COS} N_{H_2}\phi_{H_2}} \tag{2-153}$$

氨分解反应的平衡方程为

$$K_p = \frac{(N_{H_2}\phi_{H_2})^{1.5}(N_{N_2}\phi_{N_2})^{0.5}}{N_{NH_3}\phi_{NH_3}}\left(\frac{P}{\sum N_i}\right) \tag{2-154}$$

HCN 分解反应的平衡方程为

$$K_p = \frac{N_{NH_3}\phi_{NH_3} N_{CH_4}\phi_{CH_4}}{N_{HCN}\phi_{HCN}(N_{H_2}\phi_{H_2})^3}\left(\frac{\sum N_i}{P}\right)^2 \tag{2-155}$$

值得注意的是，碳与水蒸气的反应为气-固相反应，尽管给出了该反应的平衡常数，但通过该反应并不能够确定残炭的量，因此对煤气化过程进行热力学平衡计算时，为了计算的

方便，一般并不采用方程（2-152），而是用一个假定的碳转化率以替代该方程。

③ 热量平衡方程。以 298.15K 为基准，热量平衡方程为

$$H_{C,i} + Q_C + H_{O_2,i} + H_{S,i} = \sum N_i H_{i,o} + Q_L \qquad (2\text{-}156)$$

式中　$H_{C,i}$——煤的进口焓值，kJ/kg；

　　　Q_C——煤的燃烧热，kJ/kg；

　　$H_{O_2,i}$——氧气的进口焓值，kJ/mol；

　　$H_{S,i}$——蒸汽的进口焓值，kJ/mol（如为水煤浆原料，则为煤浆中水的焓值）；

　　　$H_{i,o}$——i 组分的出口焓值，kJ/mol；

　　　Q_L——气化炉热损失，kJ/kg 原料。

（2）主要参数的确定　当工艺条件（气化炉形式、氧煤比、蒸汽煤比或煤浆浓度、气化压力）一定时，将各个独立反应的平衡常数表达式（2-126）代入以上的用逸度表达的平衡常数式，联立求解，即可得到气化炉出口的气体组成和平衡温度；同样，也可以由上述方程去求一定温度下的平衡组成和氧气消耗。但要求解以上方程，一些基本的参数必须加以确定，主要有以下几项。

① 原料种类。用于气化炉气化（或转化）的原料从气态烃（天然气、煤层气、焦炉气等）、液态烃（轻油、渣油、沥青）、石油焦、煤（块煤、粉煤、水煤浆）甚至固体废弃物等。进行平衡计算前必须掌握不同原料的元素组成、热值、比热容等基本数据。

② 煤。对于煤气化过程，煤的工业分析、元素分析、热值、灰熔点等基本数据是平衡计算时必需的基本物性数据。

③ 原料与气化剂的配比。不同原料的气化过程，氧（空气）与原料的配比、蒸汽（或水）与原料的配比不尽相同。不同的平衡计算结果总是对应于一定的原料配比才有意义。当然也可以将原料配比，特别是氧气与原料的比作为未知参数，而求一定温度下的氧气消耗。

在煤气化过程中，CO_2 与碳的气化反应也是非常重要的，因此也可以用 CO_2 作为气化剂，这在工艺原理上是没有任何问题的。这方面的文献报道还不多，只有 Lath 等报道了石油焦气化过程中用 CO_2 作为气化剂时气化炉的操作情况[124]。

④ 气化压力。从热力学平衡的角度讲，压力对变换反应没有影响，但对甲烷转化反应和焦炭的气化反应有影响，压力升高，不利于甲烷的转化，也不利于焦炭的气化反应。总体而言，气化过程是体积膨胀的过程，单独从平衡的角度讲，高压是不利于气化反应进行的。但气化压力的选择还要考虑到合成气的不同用途（如发电、化工合成就有不同的压力要求）。

2.4.3.2　Gibbs 自由能最小化法

平衡常数法的缺点是首先要确定复杂系统的独立反应数并列出独立的化学反应方程式，然后要得到每个反应的平衡常数表达式，再求解复杂的非线性方程组，这要求建模者必须对过程要有深刻的认识。Gibbs 自由能最小化法就是为了避免以上的复杂问题而提出的。Gibbs 自由能最小化法已被大多数的商业计算软件（如 ASPEN、FLUENT 等）所采用，作为求解反应过程平衡组成的重要方法[110]。代正华等[125]曾利用 Gibbs 自由能最小化法对粉煤气化过程进行了分析。下面介绍其基本方法。

（1）计算模型　应用 Gibbs 自由能最小化方法对煤气化过程进行热力学分析的计算流程如图 2-23 所示，其中包含煤裂解和 Gibbs 反应器两个单元。整个流程采用 Wegstein 法[126]求解。

（2）煤裂解单元　煤裂解单元是一个仅计算收率的简单反应器，其主要功能是将粉煤分

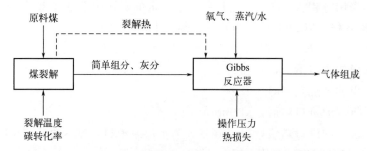

图 2-23　Gibbs 自由能最小化法煤气化过程计算模型

解转化成简单组分和灰，并将裂解热传递给 Gibbs 反应器单元。此单元需给定粉煤裂解温度和碳转化率两个参数，裂解温度具体的数值大小对整个流程的模拟结果没有影响；在进行物料衡算时，根据给定的碳转化率将未反应完的碳加到灰中以便于 Gibbs 反应器单元的计算。公式 (2-157) 为该单元的焓平衡方程，其中的 Q_p 即为裂解热。

$$m_{coal}\Delta H_{f,coal,298}^0 + m_{coal} H_{coal} T_{feed} = \sum_{i=1}^{NP} n_i \Delta H_{f,prod,298,i}^0 + \sum_{i=1}^{NP} n_i H_i T_{prod} + Q_p \qquad (2\text{-}157)$$

（3）Gibbs 反应器单元　Gibbs 反应器单元是一个基于 Gibbs 自由能最小化原理的反应器。对煤气化系统，考虑其中包含的元素为 C、H、O、N、S，包含的组分为 H_2O、N_2、O_2、S、H_2、C（固体）、CO、CO_2、H_2S、COS、CH_4、NH_3、HCN，共 13 个。体系达到化学反应热平衡的判据是体系的 Gibbs 自由能达到极小值，以此建立反应器的数学模型为公式 (2-158)、公式 (2-159) 描述的非线性数学规划问题。公式 (2-158) 为目标函数，其中 S 代表仅仅单独存在的相，如固体颗粒；P 为系统中相的个数；C 代表组分数。公式 (2-159a) 为质量守恒约束条件，亦即满足式 (2-144)～式 (2-149)；E 为系统考虑的元素数目；m_{jk} 为组分的原子矩阵；b_k 为元素的物质的量（mol）。公式 (2-159b) 为焓平衡约束条件，Q_L 为热损失。n_i 为非负约束条件，$n_i \geqslant 0$。

文献[127]和[128]综述了求解以上非线性规划问题的算法，主要包括 RAND 算法、NASA 算法、Powell's 算法、二次规划算法等，其中以 RAND 算法的应用最为广泛。RAND 算法首先通过 Lagrange 乘子法将有约束最优化问题转化为无约束最优化问题，然后通过 Newton-Raphson 算法求解。

$$G = \sum_{j=1}^{S} G_j^0 n_j + \sum_{j=S+1}^{C} \sum_{l=1}^{P} G_{jl} n_{jl} \qquad (2\text{-}158)$$

$$b_k = \sum_{j=1}^{S} m_{jk} n_j + \sum_{j=S+1}^{C} \sum_{l=1}^{P} m_{jk} n_{jl} \qquad k=1,\cdots,E \qquad (2\text{-}159a)$$

$$\sum_{i=1}^{C} n_i \Delta H_{f,feed,298,i}^0 + \sum_{i=1}^{C} n_i H_i (T_{feed,i}) + Q_P =$$
$$\sum_{i=1}^{C} n_i \Delta H_{f,prod,298,i}^0 + \sum_{i=1}^{C} n_i H_i (T_{prod,i}) + Q_L \qquad (2\text{-}159b)$$

2.5　气化过程的平衡计算与讨论

通过热力学平衡模型，对气化过程进行计算，无论是对于气化炉的设计还是气化炉的操作分析，都有重要意义。其目的在于：①对气化炉进行物料热量衡算；②计算气化炉出口气体组成；③计算主要的工艺指标（煤耗、氧耗、蒸汽耗、产气率等）；④计算一定压力下气化炉的平衡温度；⑤对气化系统进行优化分析；⑥对气化过程的操作、控制提供指导。

本节以气流床气化过程为例，对气化过程的平衡计算结果进行讨论。

2.5.1　平衡计算结果与实际值的比较

表 2-3 给出了采用气流床气化炉，不同气化技术用天然气[129,130]、渣油[131]、水煤浆[132]为原料时气化炉出口气体组成实际值与平衡计算值的比较。

表 2-3　不同原料气流床气化炉出口气体组成实际值与平衡计算值比较

气体组成（干基）/%	天然气原料				渣油原料				煤浆			
	A 厂		B 厂		Shell		Texaco		Texaco		多喷嘴	
	平衡值	操作值	平衡值	操作值	平衡值	操作值	平衡值	操作值	平衡值	操作值	平衡值	操作值
H_2	61.51	62.98	59.31	61.08	45.46	46.30	47.41	45.04		31.80		36.33
CO	33.94	33.02	36.12	33.29	49.48	47.41	47.23	46.88		48.60		48.46
CO_2	2.85	2.75	3.69	4.36	4.03	5.10	3.53	6.28		18.90		14.21
H_2S	1.23×10^{-6}	—	2×10^{-6}		0.33	0.37	0.19	0.15				0.71
COS	—		—		0.01	0.01	0.01	—				
CH_4	0.77	0.85	0.25	0.50	0.07	0.36	0.34	0.86		0.007		0.05
$N_2 + Ar$	0.89	0.40	0.63	0.77	0.43	0.44	1.23	1.18				0.24
NH_3	0.02	—	27×10^{-6}	—	0.18	—	0.06	—				
HCN	0.01		10×10^{-6}		0.01		0.002	5				

从表 2-3 中可以看出，天然气原料实际值与平衡值非常接近，而渣油气化和煤气化的实际值与平衡值相差稍大。但对于以物料热量计算为目的的一些设计和操作过程，这样的差别在工程上是可以被接受的。

更为重要的一点在于，实际气流床气化炉二氧化碳值总是高于平衡计算的二氧化碳值，于遵宏[131-133]等曾经指出在实际的气流床气化过程中，CO_2 是一次反应（燃烧）产物，在二次反应（气化）区进行逆变换反应，即

$$CO_2 + H_2 \Longrightarrow CO + H_2O$$

这一点已得到工业实践的证明。

2.5.2　平衡条件下工艺条件对水煤浆气化过程的影响

采用北宿精煤、神府煤、华亭煤，应用热力学平衡模型，讨论了氧碳（煤）比、煤浆浓度、气化压力对气化炉出口温度、有效气产量、合成气产出率、冷煤气效率、比氧耗等的影响。表 2-4 为计算所用北宿精煤、神府煤、华亭煤的煤质分析。

表 2-4　北宿精煤、神府煤、华亭煤的煤质分析

项目	北宿精煤	神府煤	华亭煤
工业分析(质量分数)/%			
M_d	2.18	6.98	4.41
A_d	7.32	4.56	13.97
F_d	45.44	30.58	33.15
C_d	49.46	64.87	52.65
总硫	2.89	0.46	0.46
元素分析(质量分数)/%			
C	76.996	71.23	66.28
H	5.286	6.08	4.62
N	1.218	1.00	1.06
S	2.990	0.46	0.46
O	4.935	14.76	13.60
A_{sh}	8.576	4.90	13.97
热值(HHV)/(kJ/kg)	31396	30179	26803

2.5.2.1　氧碳比对气化结果的影响

由于不同煤种元素分析中碳含量不尽相同,为了比较的方便,在以下计算中采用氧碳比代替氧煤比,氧碳比等于氧煤比除以煤种碳元素的质量分数。

图 2-24～图 2-29 分别给出了气化压力为 4.0MPa、煤浆浓度(质量分数,65%)不变时,气化炉出口温度、有效气产量、合成气产出率、冷煤气效率、比氧耗和气化炉出口气体成分随氧碳比的变化。

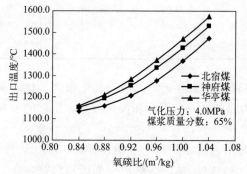

图 2-24　气化炉出口温度随氧碳比的变化

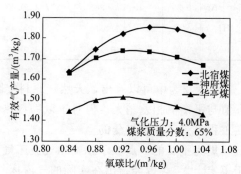

图 2-25　有效气产量随氧碳比的变化

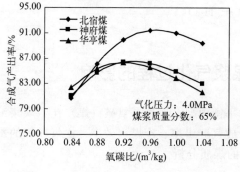

图 2-26　合成气产出率随氧碳比的变化

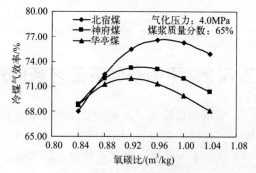

图 2-27　冷煤气效率随氧碳比的变化

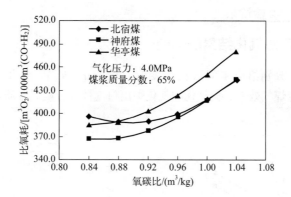

图 2-28　比氧耗随氧碳比的变化

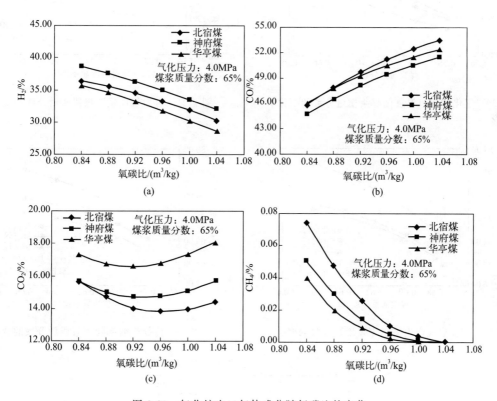

图 2-29　气化炉出口气体成分随氧碳比的变化

　　氧碳比是氧气与煤中碳含量的比值（单位为 m^3/kg，为方便表述，下文提到氧碳比时均不再标注单位），有效气产量是每千克煤（$CO+H_2$）的产量（m^3/kg），比氧耗是 $1000m^3$（$CO+H_2$）的氧耗量（m^3/m^3）。合成气产出率、冷煤气效率的计算式分别见式（1-31）和式（1-15）。

　　由图可见，氧碳比每升高 0.01，气化炉出口温度升高约 20℃；有效气产量随氧碳比的变化有一最佳值，随煤种不同，对应的氧碳比在 0.92～0.96 之间，但实际操作中氧碳比的选择还要考虑到煤的灰熔点。气化炉出口气体中 H_2 含量随氧碳比的增加而减少，CO 含量随氧碳比的增加而增加，CO_2 含量随氧碳比的增加先下降，后上升，其最小值与合成气产量最大值对应的氧碳比基本一致。氧碳比超过 0.96 时，CH_4 含量基本趋于不变，这是反应在高温下受混合影响的必然结果。

2.5.2.2 煤浆浓度对气化结果的影响

图 2-30～图 2-35 分别给出了氧碳比不变时（0.94m³/kg），气化炉出口温度、有效气产量、合成气产出率、冷煤气效率、比氧耗和气化炉出口气体成分随煤浆质量分数的变化。

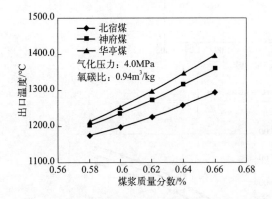

图 2-30　气化炉出口温度随煤浆质量分数的变化

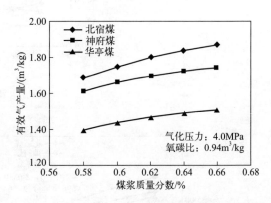

图 2-31　有效气产量随煤浆质量分数的变化

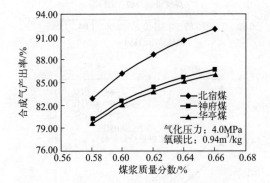

图 2-32　合成气产出率随煤浆质量分数的变化

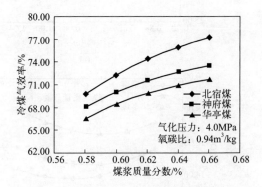

图 2-33　冷煤气效率随煤浆质量分数的变化

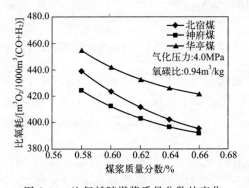

图 2-34　比氧耗随煤浆质量分数的变化

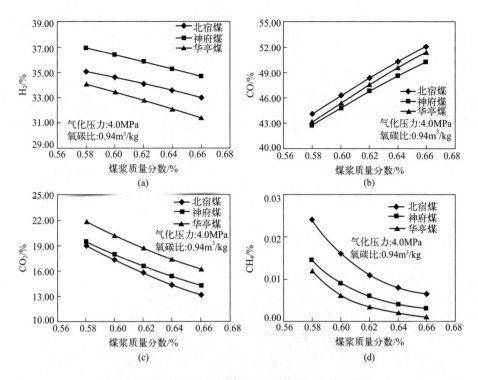

图 2-35 气化炉出口气体成分随煤浆质量分数的变化

由图可见，煤浆质量分数每升高 1%，气化炉出口温度升高约 20℃，有效气产量随煤浆质量分数的增加而增加，比氧耗随煤浆质量分数的增加而降低。气化炉出口气体中 H_2 含量随煤浆质量分数的增加而减少，CO 含量随煤浆质量分数的增加而增加，CO_2 含量随煤浆质量分数的增加而减少，CH_4 含量随煤浆质量分数的增加而减少。

2.5.2.3　压力对气化结果的影响

图 2-36～图 2-41 分别给出了氧碳比（0.94m³/kg）和煤浆质量分数（65%）不变时，气化炉出口温度、有效气产量、合成气产出率、冷煤气效率、比氧耗和气化炉出口气体成分随气化炉操作压力的变化。

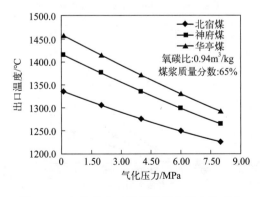

图 2-36　气化炉出口温度随气化压力的变化

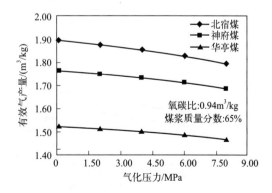

图 2-37　有效气产量随气化压力的变化

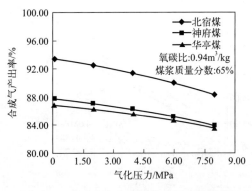

图 2-38　合成气产出率随气化压力的变化

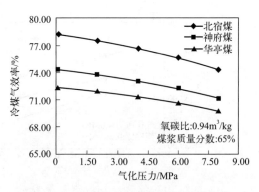

图 2-39　冷煤气效率随气化压力的变化

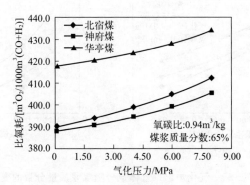

图 2-40　比氧耗随气化压力的变化

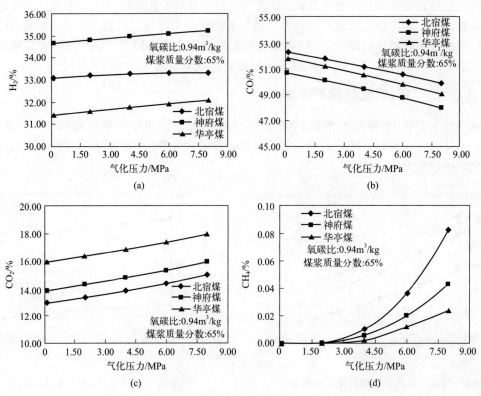

(a)　　　　　　　　　　　　(b)

(c)　　　　　　　　　　　　(d)

图 2-41　气化炉出口气体成分随气化压力的变化

由图可见，在同样的氧碳比和煤浆质量分数下，气化炉操作压力增加，气化炉出口温度降低；有效气产量随气化炉操作压力的增加略有降低，比氧耗随气化炉操作压力的增加而略有增加。气化炉出口气体中 H_2 含量基本不随气化炉操作压力变化，CO 含量随气化炉操作压力增加而减少，CO_2 含量随气化炉操作压力的增加而增加，CH_4 含量随气化炉操作压力的增加而增加。

2.5.3　平衡条件下工艺条件对干煤粉气化过程的影响

采用神府煤、贵州煤、安徽（淮南）煤，应用热力学平衡模型，讨论了氧碳（煤）比、蒸汽煤比对气化炉出口温度、有效气产量、合成气产出率、冷煤气效率、比氧耗等的影响。表 2-5 为计算所用神府煤、贵州煤、安徽（淮南）煤的煤质分析。

表 2-5　神府煤、贵州煤、安徽煤的煤质分析

项目	神府煤	贵州煤	安徽煤
工业分析(质量分数)/%			
M_d	6.98	2.00	4.41
A_d	4.56	27.27	19.59
V_d	30.58	6.57	9.42
F_d	64.87	66.17	70.99
总硫	0.46	0.90	0.65
元素分析(质量分数)/%			
C	71.23	65.11	74.59
H	6.08	2.58	3.32
N	1.00	3.21	1.06
S	0.46	0.90	0.65
O	14.76	0.92	0.87
A_{sh}	4.90	27.27	19.59
热值(HHV)/(kJ/kg)	30179		26803
灰熔点(FT)/℃	1280.0	1420.0	1494.0

2.5.3.1　氧碳比对气化结果的影响

图 2-42～图 2-47 分别给出了气化压力为 4.0MPa、蒸汽煤比不变时（0.3kg/kg），气化炉出口温度、有效气产量、合成气产出率、冷煤气效率、比氧耗和气化炉出口气体成分随氧碳比的变化。

其中，氧碳比是氧气与煤中碳含量的比值，有效气产量是每千克煤（CO+H_2）的产量，比氧耗是 1000m³（CO+H_2）的氧耗量。合成气产出率、冷煤气效率的计算式分别见式（1-31）和式（1-15）。

由图可见，氧碳比每升高 0.01，气化炉出口温度升高约 50℃；有效气产量随氧碳比的变化有一最佳值，在蒸汽煤比相同时，随煤种不同，对应的氧碳比在 0.85～0.90 之间，但

实际操作中氧碳比的选择还要考虑到煤的灰熔点。气化炉出口气体中 H_2 含量随氧碳比的变化有一最高值，CO 含量随氧碳比的变化有一最低值，CO_2 含量随氧碳比的升高而升高。氧碳比超过 0.90 时，CH_4 含量基本趋于不变，这是反应在高温下受混合影响的必然结果。

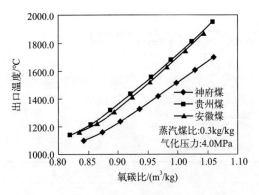

图 2-42　气化炉出口温度随氧碳比的变化

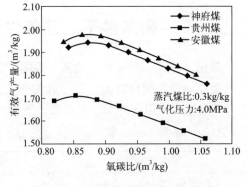

图 2-43　有效气产量随氧碳比的变化

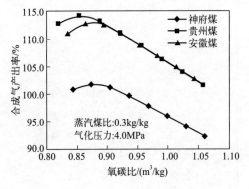

图 2-44　合成气产出率随氧碳比的变化

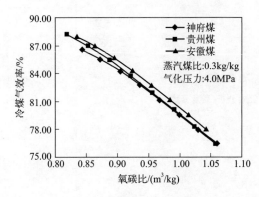

图 2-45　冷煤气效率随氧碳比的变化

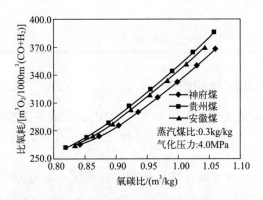

图 2-46　比氧耗随氧碳比的变化

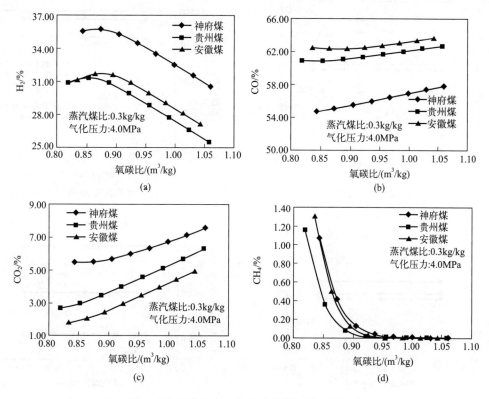

图 2-47　气化炉出口气体成分随氧碳比的变化

2.5.3.2　蒸汽煤比对气化结果的影响

图 2-48～图 2-53 分别给出了氧碳比不变时，气化炉出口温度、有效气产量、合成气产出率、冷煤气效率、比氧耗和气化炉出口气体成分随蒸汽煤比的变化。

由图可见，蒸汽煤比每升高 0.1，气化炉出口温度降低约 30℃；在计算的工艺条件下，有效气产量基本不随蒸汽煤比的变化而变化，其实这与理论分析是相符的，煤粉加压气化过程，水蒸气的加入主要起到温度调节剂的作用。气化炉出口气体中 H_2 和 CO_2 含量随蒸汽煤比的增加而增加，CO 和 CH_4 含量随蒸汽煤比的增加而减少。

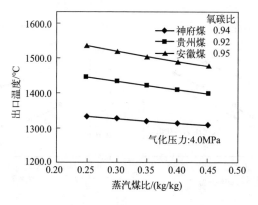

图 2-48　气化炉出口温度随蒸汽煤比的变化

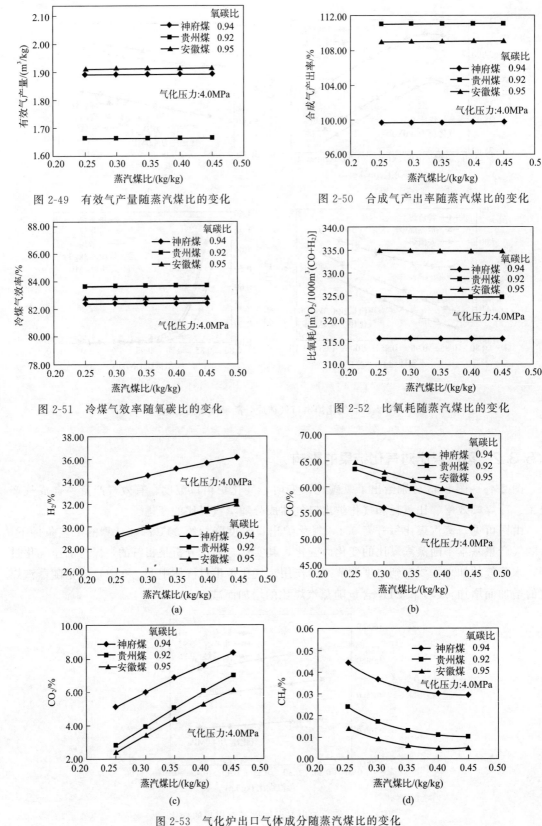

图 2-49　有效气产量随蒸汽煤比的变化

图 2-50　合成气产出率随蒸汽煤比的变化

图 2-51　冷煤气效率随氧碳比的变化

图 2-52　比氧耗随蒸汽煤比的变化

图 2-53　气化炉出口气体成分随蒸汽煤比的变化

2.5.4 气化过程中工艺条件的选择

就具体的水煤浆气化炉而言，工艺条件首先应该考虑的是气化炉的操作温度和压力，而气化炉温度又与煤种、氧煤比、煤浆浓度等密切相关，下面分别讨论。

(1) 操作温度 操作温度的选择与煤种有关，由于气流床气化一般采用熔融态排渣，因此气化炉出口温度必须高于灰渣的流动温度（T_4），一般工程上选择高于 T_4 温度50℃即可。

(2) 操作压力 由于煤气化过程是体积增加的反应，单独从气化炉的角度，高压无疑不利于气化反应的进行。但气化炉操作负荷与压力有关，压力增加，同样体积的气化炉负荷也相应呈线性增加；另一方面，气化配套的化工合成过程一般在高压下进行，从节省整个系统能耗的角度讲，高压气化无疑是有利的。总之，从气化炉大型化和节省系统能耗的角度，压力应尽可能高。

(3) 氧煤比 上述的计算已经表明，在所有因素中，氧碳比对气化温度的影响最为直接。不同煤种，元素分析中碳的含量是不同的，为了分析问题的方便，用氧碳比取代氧煤比，对于特定的煤种，二者之间有如下关系

$$R_{O_2,coal} = \frac{X_C}{100} R_{O_2,carbon}$$

式中，$R_{O_2,coal}$ 为氧煤比，m^3/kg；$R_{O_2,carbon}$ 为氧碳比，m^3/kg；X_C 为煤元素分析中碳含量，%（质量分数）。

气化过程是部分氧化过程，因此理论氧碳比应该满足

$$R_{O_2,carbon} = 11.2 \times \frac{0.01 X_C}{12}$$

对于水煤浆气化过程，一方面由于气化炉有热损失，另一方面由于气化过程中大量的水分需要蒸发，因此实际的氧碳比的选择要高于理论值，以上述计算中的北宿煤为例，其理论氧碳比为 0.72（m^3/kg），在煤浆质量分数为65%时，气化炉出口温度要达到1300℃左右，则实际的氧碳比要取 0.92（m^3/kg）左右。从合成气产量的角度看，氧碳比有一最佳值，随煤种的不同在 0.90～0.96 之间，但实际操作中氧碳比的选择还要考虑到煤的灰熔点。

对于粉煤气化过程，很多煤种在理论氧碳比下，其对应的绝热温度远远高于正常操作（满足熔融态排渣）温度，这时需要加入部分水蒸气作为温度调节剂，以降低操作温度，当然，水蒸气作为一种气化剂，会通过与焦炭的气化反应和变换反应调整合成气中的 H_2/CO 比例。

(4) 煤浆浓度 合成气产量随煤浆浓度增加而增加，氧耗随其增加而降低，因此煤浆浓度无疑越高越好。但是，煤浆浓度往往与煤种密切相关，在工程实际中并没有多少选择的余地。一般而言，只要煤浆质量分数高于59%，基本上就能在经济上可行；反之，煤浆浓度太低，氧耗增加，煤耗增加，这样的气化虽然可以进行，但没有多少经济性可言。

(5) 蒸汽煤比 前述的计算表明，蒸汽煤比增加气化炉温度相应降低，但蒸汽煤比对粉煤气化过程中合成气产量、比氧耗等几乎没有大的影响。

参考文献

[1] 陈鹏. 中国煤质的分类 [M]. 2版. 北京：化学工业出版社，2007.

[2] 谢克昌. 煤的结构与反应性 [M]. 北京：科学出版社，2002.

[3] Hendrickson T A. Synthetic Fuel Data Handbook [M]. Denvier, Cameron Engineers, Inc. 1975.

[4] Schuyer J，Dijkstra H，Van Krecelen D W. Chemical structure and properties of coal（Ⅺ）elastic constants [J]. Fuel，1954，33：403-409.

[5] 虞继舜. 煤化学 [M]. 北京：冶金工业出版社，2000.

[6] van Krevelen D W. Coal [M]. Amsterdam：Elsevier，1981.

[7] Walker P L，Kini K A. Measurement of the ultrafine surface area of coals [J]. Fuel，1965，44：453-459.

[8] Francis W. Coal [M]. London：Edward Arnold LTD，1981.

[9] Gan H，Nandi S P，Walker P L. Natural of the porosity in American coals [J]. Fuel，1972，51：272-277.

[10] 朱之培，高晋生. 煤化学 [M]. 上海：上海科学技术出版社，1984.

[11] Li F，Zhang Y F，Xie K C. Characterization of macromolecular structure of pingshuo coal macerals using ^{13}C-NMR，XPS, FTIR and XRD techniques [J]. Fuel Science and Technology International，1993，11（8）：1113-1131.

[12] Given P H. The distribution of hydrogen in coals and its relation to coal structure [J]. Fuel，1960，39：147.

[13] Wiser W H. Conference Proceedings DOE Symposium Series [C]. W. Virginia University，1977.

[14] Shinn J H. From coal to single-stage and two-stage productions：a reactive model of coal structure [J]. Fuel，1984，63：1187-1196.

[15] Radovic L R，Walker P L，Jenkins R G. Importance of carbon active sites in the gasification of coal chars [J]. Fuel，1983，62：849-856.

[16] van Heek K H，Mühlen H J. Aspects of coal properties and constitution important for gasification [J]. Fuel，1985，64：1405-1414.

[17] Takarada T，Tamai Y，Tomita A. Reactivities of 34 coal under steam gasification [J]. Fuel，1985，64：1438-1442.

[18] Franciszek C，Kidawa H. Reactivity and susceptibility to porosity development of coal maceral chars on steam and carbon dioxide gasification [J]. Fuel Process Technology，1991，29：57-73.

[19] 李文英，谢克昌. 平朔气煤的煤岩显微组分结构研究 [J]. 燃料化学学报，1992，20（4）：376-383.

[20] Matsumoto S，Walker P L. Char gasification in steam at 1123K catalyzed by K，Na，Ca and Fe-effect of H_2，H_2S and COS [J]. Carbon，1986，24：277-285.

[21] Mühlen H J，van Heek K H，Jüntgen H. Kinetic studies of steam gasification of char in the presence of H_2，CO_2 and CO [J]. Fuel，1985，64：944.

[22] Martin A Elliott. Chemistry of Coal Utilization：Second Supplementary Volume [M]. New York：John Wiley & Sons Inc，1981.

[23] Kobayashi H，Howard J B，Sarofim A F. Coal devolatilization at high temperatures [C]. 18th Symposium (International) on Combustion，The Combustion Institute. Pittsburgh：PA，1977.

[24] Anthony D B，Howard J B. Coal devolatilization and hydrogasification [J]. J AIChE，1976，22（4）：625-656.

[25] Howard J B. Chemistry of Coal Uti Lization：Second Supplementary Volume [M]. New York：John Wiley & Sons Inc，1981：665.

[26] Smoot L D. Fossil Fuel Combustion：A Source Book [M]. New York：John Wiley & Sons Inc，1991：653.

[27] Li Chun Zhu. Some recent advances in the understanding of the pyrolysis and gasification behaviour of Victorian brown coal [J]. Fuel，2007，86：1664-1683.

[28] Badzioch S，Hawksley P G W，Peter C W. Kinetic of thermal decomposition of pulverized coal particles [J]. Ind. Eng. Chem. Process Design and Develop，1970，9：521-528.

[29] Anthony D B，Howard J B，Hottel H C，et al. Rapid devolatilization of pulverized coal [C]. 15th Symposium (International) on Combustion，The Combustion Institute. Pittsburgh：PA，1975.

[30] Solomon P R. Charaterization of coal and coal thermal decomposition：Chapter Ⅲ Report [R]. Advanced Fuel Research. Inc. ，East Hartford：CN，1980.

[31] Solomon P R，Hamblen D G，Carangelo R M，et al. General model of coal devolatilization [J]. Energy & Fuel，1988，2（4）：405-422.

[32] 傅维镳. 煤燃烧理论及宏观通用规律 [M]. 北京：清华大学出版社，2003：13.

[33] Zelkowski J. 煤的燃烧理论与技术 [M]. 袁钧卢，张佩芳，译. 高晋生，校译. 上海：华东化工学院出版社，1990：47.

[34] Annamalai K，Durbetaki P. A theory on transition of ignition phase of coal particles [J]. Combustion and Flame，

1977，29：193-198.

［35］ Essenhigh R H，Misra M K，Shaw D W. Ignition of coal particles：A review ［J］. Combustion and Flame，1989，177 （3）：30-38.

［36］ Gururajan V S，Wall T F. Mechanism for the ignition of pulverized coal particles ［J］. Combustion and Flame，1990，81：119-132.

［37］ Laurendeau N M. Heterogeneous kinetics of coal char gasification and combustion prog ［J］. Energy Combust Sci，1978，4：221-270.

［38］ Walker P L，Rusinko F，Austin L G. Gas reactions of carbon ［J］. Advances in Catalysis，1959，11：133-221.

［39］ Hurt R H，Calo J M. Semi-global intrinsic kinetics for char combustion modeling ［J］. Combustion and Flame，2001，125：1138-1149.

［40］ 高晋生. 高温高压下不同煤种气化反应特性的研究 ［R］. 国家 973 计划项目课题结题验收报告（2004CB217704），2009.

［41］ Lahaye J，Ehrburger P. Fundamental Issues in Control of Carbon Gasification Reactivity. Vol. 192 NATO ASE series，Serie E：Applied Science ［M］. Dordrecht：Kluwer Academic Publishers，1991.

［42］ Dutta S，Wen C Y，Belt R J. Reactivity of coal and char ［J］. Industrial & Engineering Chemistry：Process Design and Development，1977，16 （1）：20-30.

［43］ Miura K，Aimi M，Naito J，Hashimoto K. Steam gasification of carbon-effect of several metals on the rate of gasification and the rates of CO and CO_2 formation ［J］. Fuel，1986，65 （3）：407-411.

［44］ 林荣英，张济宇. 高变质程度无烟煤热天平水蒸气催化气化动力学（Ⅰ）碳酸钠催化剂 ［J］. 化工学报，2006，57 （10）：2309-2318.

［45］ Wen C Y. Noncatalytic heterogeneous solid fluid reaction models ［J］. Ind Eng Chem，1968，60 （7）：34-54.

［46］ Schmal M，Monteiro J L F，Castllan J L. Kinetics of coal gasification. Industrial & engineering chmistry ［J］. Process Design and Development，1982，21：256-266.

［47］ Kazuteru O，Harry M. Gasification kinetics of coal chars in carbon dioxide ［J］. Fuel，1988，67 （3）：384-388.

［48］ 李淑芬，刘厚斌. 未反应芯收缩模型用于煤焦与 CO_2 加压气化反应的研究 ［J］. 煤气与热力，1993，13 （5）：3-9.

［49］ 李淑芬，肖新颜，柳作良. 三种煤焦水蒸气加压气化活性的研究 ［J］. 煤化工，1990，51 （2）：10-17.

［50］ 肖新颜，万彩霞，李淑芬，柳作良. 煤焦与水蒸气气化反应的动力学模型 ［J］. 煤炭转化，1998，21 （4）：75-78.

［51］ Bhatia S K，Perlmutter D D. A random pore model for fluid-solid reactions：I. isothermal，kinetic control ［J］. AIChE J，1980，26 （3）：335-379.

［52］ Struis R P W J，von Scala C，Stucki S，et al. Gasification reactivity of charcoal with CO_2. Part Ⅰ：Conversion and structural phenomena ［J］. Chemical Engineering Science，2002，57 （17）：3581-3592.

［53］ Liu G S，Rezaei H R，Lucas J A，et al. Modelling of a pressurized entrained flow coal gasfier：the effect of reaction kinetics and char structure ［J］. Fuel，2000，79：1767-1779.

［54］ Blackwood J D，McGrory F. The carbon-steam reaction at high pressure ［J］. Australian Journal of Chemistry，1958，11 （1）：16-33.

［55］ Umemoto S，Kajitani S，Hara S. Modeling of coal char gasification in coexistence of CO_2 and H_2O considering sharing of active sites ［J］. Fuel，2013，103：14-21.

［56］ Liu X，Wei J，Huo W，Yu G. Gasification under CO_2-steam mixture：kinetic model study based on shared active sites ［J］. Energies，2017，10 （11）：1890.

［57］ Lee W J，Kim S D. Catalytic activity of alkali and transition metal salt mixtures for steam-char gasification ［J］. Fuel，1995，74 （9）：1387-1393.

［58］ Gomez A，Mahinpey N. A new method to calculate kinetic parameters independent of the kinetic model：Insights on CO_2 and steam gasification ［J］. Chemical Engineering Research and Design，2015，95：346-357.

［59］ 高晋生. 高温高压下不同煤种气化反应特性的研究 ［R］. 国家 973 计划项目课题结题验收报告（2004CB217704），2009.

［60］ Wu S Y，Gu J，Zhang X，et al. Variation of carbon crystalline structures and CO_2 gasification reactivity of Shenfu coal chars at elevated temperatures ［J］. Energy Fuels，2008，22 （1）：199-206.

［61］ Gu J，Wu S Y，Wu Y Q，et al. Differences in gasification behaviors and related properties between entrained gasifier fly ash and coal char ［J］. Energy Fuels，2008，22 （6）：4029-4033.

［62］ Krishnamoorthy V，Tchapda，A H，Pisupati S V. A study on fragmentation behavior，inorganic melt phase formation，and carbon loss during high temperature gasification of mineral matter rich fraction of Pittsburgh No. 8 coal ［J］. Fuel，2017，208：247-259.

［63］ Ding L，Zhou Z J，Guo Q H，et al. In situ analysis and mechanism study of char-ash/slag transition in pulverized coal gasification ［J］. Energy Fuels，2015，29（6）：3532-3544.

［64］ Liu M，Shen Z J，Liang Q F，et al. New slag-bchar interaction mode in the later stage of high ash content coal char gasification ［J］. Energy Fuels，2018，32：11335-11343.

［65］ Liu M，Shen Z J，Liang Q F，et al. Morphological evolution of a single char particle with a low ash fusion temperature during the whole gasification process ［J］. Energy Fuels，2018，32：1550-1557.

［66］ Liu M，Shen Z J，Liang Q F，et al. In situ experimental study of CO_2 gasification of petcoke particles on molten slag surface at high temperature ［J］. Fuel，2021，285：119158.

［67］ Shen Z J，Liang Q F，Xu J L，et al. In situ experimental study on the combustion characteristics of captured chars on the molten slag surface ［J］. Combustion and Flame，2016，166：333-342.

［68］ Liu M，Zhou Z H，Shen Z J，et al. Comparison of HTSM and TGA Experiments of Gasification Characteristics of Different Coal Chars and Petcoke ［J］. Energy Fuels，2019，33（4）：3057-3067.

［69］ Shen Z J，Liang Q F，Xu J L，et al. Study on the combustion characteristics of a two-dimensional particle group for coal char and petroleum coke particles ［J］. Fuel，2019，253：501-511.

［70］ Liu M，Shen Z J，Liang Q F，Liu H F. Particle fluctuating motions induced by gas-solid phase reaction ［J］. Chem Eng J，2020，388：124348.

［71］ Xu J L，Liang Q F，Dai Z H，Liu H F. Comprehensive model with time limited wall reaction for entrained flow gasifier ［J］. Fuel，2016，184：118-127.

［72］ Shen Z J，Liang Q F，Xu J L，et al. In-situ experimental study of CO_2 gasification of char particles on molten slag surface ［J］. Fuel，2015，160：560-567.

［73］ Shen Z J，Liang Q F，Xu J L，et al. Study on the fragmentation behaviors of deposited particles on the molten slag surface and their effects on gasification for different coal ranks and petroleum coke ［J］. Energy Fuels，2018，32：9243-9254.

［74］ Shen Z J，Liang Q F，Xu J L，Liu H F. In situ study on the formation mechanism of bubbles during the reaction of captured chars on molten slag surface ［J］. Int J Heat Mass Trans，2016，95：517-524.

［75］ Jeong H J，Park S S，Hwang J. Co-gasification of coal-biomass blended char with CO_2 at temperatures of 900-1100℃ ［J］. Fuel，2014，116：465-470.

［76］ Rizkiana J，Guan G，Widayatno W B，et al. Effect of biomass type on the performance of cogasification of low rank coal with biomass at relatively low temperatures ［J］. Fuel，2014，134：414-419.

［77］ Ding L，Zhang Y，Wang Z，et al. Interaction and its induced inhibiting or synergistic effects during co-gasification of coal char and biomass char ［J］. Bioresource Technology，2014，173：11-20.

［78］ Haykiri-Acma H，Yaman S. Interaction between biomass and different rank coals during co-pyrolysis ［J］. Renewable Energy，2010，35（1）：288-292.

［79］ Park D K，Kim S D，Lee S H，et al. Co-pyrolysis characteristics of sawdust and coal blend in TGA and a fixed bed reactor ［J］. Bioresource Technology，2010，101（15）：6151-6156.

［80］ Wang M，Tian J，Roberts D G，et al. Interactions between corncob and lignite during temperature-programmed copyrolysis ［J］. Fuel，2015，142：102-108.

［81］ Sonobe T，Worasuwannarak N，Pipatmanomai S. Synergies in co-pyrolysis of Thai lignite and corncob ［J］. Fuel Processing Technology，2008，89（12）：1371-1378.

［82］ Vuthaluru H B. Thermal behaviour of coal/biomass blends during co-pyrolysis ［J］. Fuel Processing Technology，2004，85（2）：141-155.

［83］ Meesri C，Moghtaderi B. Lack of synergetic effects in the pyrolytic characteristics of woody biomass/coal blends under low and high heating rate regimes ［J］. Biomass and Bioenergy，2002，23（1）：55-66.

［84］ Moghtaderi B，Meesri C，Wall T F. Pyrolytic characteristics of blended coal and woody biomass ［J］. Fuel，2004，83（6）：745-750.

［85］ Soncini R M，Means N C，Weiland N T. Co-pyrolysis of low rank coals and biomass：Product distributions ［J］. Fuel，

2013，112：74-82.

[86] Zhang L，Xu S，Zhao W，et al. Co-pyrolysis of biomass and coal in a free fall reactor [J]. Fuel，2007，86（3）：353-359.

[87] Gao C，Vejahati F，Katalambula H，et al. Co-gasification of biomass with coal and oil sand coke in a drop tube furnace [J]. Energy & Fuels，2009，24（1）：232-240.

[88] 袁帅. 煤，生物质及其混合物的快速热解及过程中氮的迁移 [D]. 上海：华东理工大学，2012.

[89] Ellis N，Masnadi M S，Roberts D G，et al. Mineral matter interactions during co-pyrolysis of coal and biomass and their impact on intrinsic char co-gasification reactivity [J]. Chemical Engineering Journal，2015，279：402-408.

[90] Krerkkaiwan S，Fushimi C，Tsutsumi A，et al. Synergetic effect during co-pyrolysis/gasification of biomass and sub-bituminous coal [J]. Fuel Processing Technology，2013，115：11-18.

[91] Wang M，Tian J，Roberts D G，et al. Interactions between corncob and lignite during temperature-programmed co-pyrolysis [J]. Fuel，2015，142：102-108.

[92] Zhu W，Song W，Lin W. Catalytic gasification of char from co-pyrolysis of coal and biomass [J]. Fuel Processing Technology，2008，89（9）：890-896.

[93] 李克忠，张荣，毕继诚. 煤和生物质共气化协同效应的初步研究 [J]. 化学反应工程与工艺，2008，24（4）：312-317.

[94] Zhang Y，Zheng Y，Yang M，et al. Effect of fuel origin on synergy during co-gasification of biomass and coal in CO_2 [J]. Bioresource Technology，2016，200：789-794.

[95] Kajitani S，Zhang Y，Umemoto S，et al. Co-gasification reactivity of coal and woody biomass in high-temperature gasification [J]. Energy & Fuels，2009，24（1）：145-151.

[96] Xu C，Hu S，Xiang J，et al. Interaction and kinetic analysis for coal and biomass co-gasification by TG-FTIR [J]. Bioresource Technology，2014，154：313-321.

[97] Habibi R，Kopyscinski J，Masnadi M S，et al. Co-gasification of biomass and non-biomass feedstocks：synergistic and inhibition effects of switchgrass mixed with sub-bituminous coal and fluid coke during CO_2 gasification [J]. Energy & Fuels，2012，27（1）：494-500.

[98] 黄元波，郑志锋，蒋剑春，等. 核桃壳与煤共热解的热重分析及动力学研究 [J]. 林产化学与工业，2012，32（2）：30-36.

[99] Zhang L，Xu S，Zhao W，et al. Co-pyrolysis of biomass and coal in a free fall reactor [J]. Fuel，2007，86（3）：353-359.

[100] Kidena K，Matsumoto K，Katsuyama M，et al. Development of aromatic ring size in bituminous coals during heat treatment in the plastic temperature range [J]. Fuel Processing Technology，2004，85（8-10）：827-835.

[101] Sonobe T，Worasuwannarak N，Pipatmanomai S. Synergies in co-pyrolysis of Thai lignite and corncob [J]. Fuel Processing Technology，2008，89（12）：1371-1378.

[102] 马帅，胡笑颖，董长青，等. 生物质焦油模型化合物脱除研究进展 [J]. 林产化学与工业，2019，39（4）：1-8.

[103] 郭庆华，卫俊涛，龚岩，等. 烟煤-稻草混合焦样共气化过程协同行为机理研究 [J]. 燃料化学学报，2018，46（04）：399-405.

[104] 何清，卫俊涛，龚岩，等. 神府烟煤焦与城市固体废弃物水热炭焦共气化反应特性的实验研究 [J]. 燃料化学学报，2017，45（10）：1191-1199.

[105] McKee DW. Mechanisms of the alkali metal catalyzed gasification of carbon [J]. Fuel，1983，62：170-175.

[106] 卫俊涛，丁路，周志杰，等. 负载碳酸钾煤焦-CO_2 催化气化反应特性的原位研究 [J]. 燃料化学学报，2015，43（11）：1311-1319.

[107] McKee DW，Chatterji D. The catalytic behavior of alkali metal carbonates and oxides in graphite oxidation reactions [J]. Carbon，1975，13：381-390.

[108] McKee D W. Gasification of graphite in carbon dioxide and water vapor—the catalytic effects of alkali metal salts [J]. Carbon，1982，20：59-66.

[109] 王辅臣. 气流床气化过程研究 [D]. 上海：华东理工大学，1995.

[110] Smith W R，Missen R W. Chemical Reaction Equilibrium Analysis：Theory and Algorithms [M]. New York：Wiley，1982.

[111] Takeharu Hasegawa，Mikio Sato. Study of ammonia removal from coal-gasified fuel [J]. Combustion and Flame，

1998，114：246-258.

[112] Jukka Leppalahti. Formation of NH$_3$ and HCN in slow-heating-rate inert pyrolysis of peat, coal and bark [J]. Fuel，1995，74（9）：1363-1368.

[113] Lee D Hansen, Lee R Phillips, et al. Analytical study of the effluents from a high-temperature entrained flow gasifier [J]. Fuel，1980，59（5）：323-330.

[114] John R Highsmith, Nicholas R Soelberg, et al. Entrained flow gasification of coal Ⅱ. Fate of nitrogen and sulphur pollutants as assessed from local measurements [J]. Fuel，1985，64（7）：782-788.

[115] 王辅臣，于遵宏，沈才大，等. 渣油气化系统微量组分生成过程剖析 [J]. 大氮肥，1992，4：292-298.

[116] 王辅臣，于遵宏，沈才大，等. 30 万吨合成氨厂渣油气化系统数学模拟 [J]. 华东化工学院学报，1993，19（4）：393-401.

[117] 于遵宏，朱丙辰，沈才大，等. 大型合成氨厂工艺过程分析 [J]. 北京：中国石化出版社，1993：105.

[118] Smith J M, van Ness H C. 化工热力学导论 [M]. 3 版. 北京：化学工业出版社，1982.

[119] Reid R C, Pranusnitz J M, Sherwood T K. The Properties of Gases and Liquids [M]. 4rd Edition. New York：The Kingsport Press，1987.

[120] 王辅臣，吴韬，于建国，等. 射流携带床气化炉内宏观混合过程研究（Ⅲ）过程分析与模拟 [J]. 化工学报，1997，48（3）：337-346.

[121] 于遵宏. 烃类蒸汽转化工程 [M]. 北京：中国石化出版社，1989.

[122] 王辅臣. 大型合成氨厂渣油气化与炭黑回收系统数学模拟 [D]. 上海：华东化工学院，1991.

[123] 王辅臣，刘海峰，龚欣，等. 水煤浆气化系统数学模拟 [J]. 燃料化学学报，2001，29（1）：33-38.

[124] Lath E, Herbert P. Make CO from coke, CO$_2$ and O$_2$ [J]. Hydrocarbon Processing，1986，65（8）：55.

[125] 代正华，龚欣，王辅臣，等. 气流床粉煤气化的 Gibbs 自由能最小化模拟 [J]. 燃料化学学报，2005，33（2）：129-133.

[126] 张瑞生，王弘轼，宋宏宇. 过程系统工程概论. 北京：科学出版社，2001.

[127] Gautam R, Seider W D. Computation of phase and chemical equilibrium, Parts Ⅰ，Ⅱ，and Ⅲ [J]. AIChE J，1979，25（6）：991-1015.

[128] White C W, Seider W D. Computation of phase and chemical equilibrium：Approach to chemical equilibrium [J]. AIChE J，1981，27（3）：466-471.

[129] 王建忠. 天然气部分氧化制合成气的工业应用 [J]. 石油与天然气化工，2002，31（3）：114-115.

[130] 王辅臣，李伟锋，代正华，等. 天然气非催化部分氧化制合成气过程分析 [J]. 石油化工，2006，35（1）：47-51.

[131] 王辅臣，龚欣，于遵宏，等. 渣油气化炉工艺分析 [J]. 大氮肥，1996，19（5）：321-328.

[132] Wang Fuchen, Zhou Zhijie, Dai Zhenghua, et al. Development and demonstration plant operation of opposed multi-burner coal-water slurry gasification technology [J]. Frontiers of Energy and Power Engineering in China，2007，1（3）：251-258.

[133] 于遵宏，于建国，王辅臣，等. 双通道喷嘴渣油气化过程（Ⅱ）区域模型 [J]. 化工学报，1994，45（2）：135-140.

3

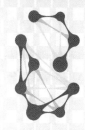

炉内射流与湍流多相流动

　　气化过程涉及热力学、化学反应工程和流体力学等许多学科，是复杂的物理与化学过程相互作用的结果。其中物理过程，特别是质量、动量和热量的传递起着关键作用，而它们又与炉内的流体流动特征密切相关。从 20 世纪 50 年代开始，有关工业炉内流体流动过程以及相关问题的研究，逐渐形成一门新兴学科。

　　在气流床气化过程中，从喷嘴流出的燃料和氧化剂（或气化剂）都是以射流的形式出现的，通常用燃料和氧化剂（或气化剂）的喷射动量来决定火焰的形状和炉内的混合特性，以达到特定的气化结果。当然，炉内流型和混合状况不仅与射流动量有关，也与喷嘴结构密切相关。因此，射流是气流床内流体流动的共同特征。

　　大量的研究表明，射流对周围流体具有强烈的卷吸作用，这是它不同于管流和绕流的最基本的特征，也是射流在热能、化工等领域得以广泛应用的基础。Winant 等[1]以及 List[2]曾对射流的卷吸机理进行了较为详尽的理论和实验研究，他们认为，流体自喷嘴射出后，在紧靠喷嘴的一个相当短的过渡区域内，高速射流造成剪切层，由于剪切层自然不稳定性的迅速增长，形成涡旋，涡旋导致射流对周围流体的卷吸。由于卷吸作用，射流宽度沿长度方向不断增加，当射流扩张受到壁面限制（即受限射流），且周围流体量小于射流所能卷吸的量时，由于反向压力梯度的存在，将产生回流。回流对稳定火焰、改善炉内的混合状况具有十分重要的作用。

　　作为研究射流携带床气化过程的基础，本章前两节将在实验基础上分别阐述简单射流及复杂射流的基本现象以及物理量之间的关联，后三节讲述炉内多相湍流的计算方法和研究进展。

3.1　自由射流

　　射流是指一流体在一定条件下，从某一通道射入一速度和密度均匀的流体中（简称环境流体），是流体运动的一种重要类型，它在许多工程技术领域中都有着广泛的应用价值。如射流切割、喷射燃烧、液压传动、水力开采等。根据不同的情况可以对其进行分类：根据流体的运动状态（雷诺数的大小）可分为层流射流和湍射流，工程上所遇到的射流，多数处于湍流状态，为此以下几节着重讨论的是湍流射流。根据射流环境空间的限制可分为自由射流和受限射流；根据喷嘴的结构可分为同轴射流、环形射流、旋转射流等。在不同条件下形成的射流，各有不同的特点，但作为射流又有许多共同点，下面通过讨论自由射流，阐述这些特征[3]。

3.1.1　卷吸机理

自由射流的基本过程都是一股快速流动的流体射入到相对速度较小的环境中去，这种主流与环境速度差别在射流边界将产生剪切层，由于剪切层自然不稳定性的迅速增长，形成旋涡。正是由于旋涡导致射流对周围流体的卷吸。关于剪切层不稳定形成涡旋的过程，可以通过图 3-1 作进一步说明。

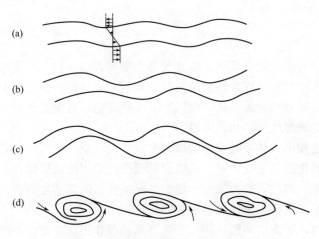

图 3-1　剪切层起始不稳定性涡旋形成

如图 3-1 所示，射流边界层的形成主要有以下几个过程：①首先是由于扰动使含有涡量的区域边界变形，并进一步周期性地增厚和减薄；②涡旋区域即将出现；③最后形成单个涡旋；④由于流体黏性的作用，每个涡旋影响其他涡旋，使相邻的涡旋配对。由于两个涡旋接近并不断地相互绕着旋转，以致产生合并和缠绕，最后形成新的更大的涡旋。这些涡旋运动的同时将湍流射流流体带至周围无旋流体，使周围无旋流体卷入射流中。以上过程的不断发生，使射流宽度不断增加。

对于平面射流，任意截面单位长度上的流量 $Q = 2\int_0^\infty u_x \mathrm{d}y$，若 Q_0 是离开喷嘴时的流量，由于射流卷吸周围流体，于是 $\dfrac{Q}{Q_0} > 1$，流量沿流动方向的变化可以写为

$$\frac{\mathrm{d}Q}{\mathrm{d}x} = 2\frac{\mathrm{d}}{\mathrm{d}x}\int_0^\infty u_x \mathrm{d}y = 2u_e \tag{3-1}$$

式中，u_e 为卷吸速度。

在射流边缘上的轴向速度 u_x 为零，横向速度即为 u_e，即 $y \to \infty$，$u_y = u_e$，其值与射流卷吸能力有关。u_e 和轴线上轴向速度的比值称为卷吸系数

$$a_e = \frac{u_e}{u_{max}} \tag{3-2}$$

若已知速度分布，可以求得卷吸速度 a_e。平面射流时 $a_e = 0.053$，圆射流时 $a_e = 0.026$。

3.1.2　自由射流的发展

假定气流沿 x 轴的正方向自直径为 d 的喷嘴流出，初速度为 u_0，且周围是静止的相同流体（密度、黏度及温度相同）。只要流体自喷嘴流出的速度不是很低，则射流经过很短的距离，即变成完全的湍流。由于湍流脉动作用引起射流与周围静止流体相混，流体则被射流卷吸而向下游流动，使得射流的质量增加、宽度变大，但射流的速度却逐渐衰减，直到消失在射流的中心轴线上。在这段距离内，经历了从发展到消失的过程。根据图 3-2 的射流发展过程，可发现自由射流有如下几个主要特性。

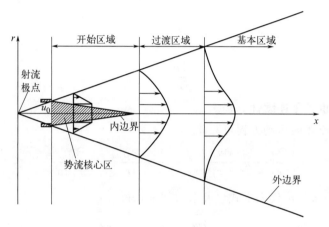

图 3-2　自由射流的发展过程

（1）开始区域　射流刚离开喷嘴在出口截面处，未经扰动保持初速度 u_0。随后沿着 x 轴方向流动，由于射流的卷吸作用，射流的宽度变大。但在中心部分有一个保持从喷嘴流出时速度 u_0 的区域，这一区域称为势流核心区。在该区域中，流体速度保持不变，区域的宽度随 x 轴增长而减小，直至为零，这就是射流发展过程中的开始区域。势流核心区的外围是混合区，混合区内有速度梯度，流动速度沿径向逐渐减小，至外边界速度为零。开始区域的长度约为 $(0 \sim 6.4)d$。

（2）过渡区域　从这个区域开始，射流轴线上的速度开始降低，不再保持为起始速度。在过渡区域内，速度分布趋于完成，整个区域均属混合区。这个区域的长度很短，其长度在 x 轴上约为 $(6.4 \sim 8)d$。在工程上，常可忽略该区域。

（3）基本区域　在这个区域内，射流已充分发展。沿 x 轴方向，轴向时均速度的横向分布在不同截面上具有相似的几何形状，即有相似的速度分布。基本区域的长度有 $100d$ 甚至更长。当射流中心速度为零时，射流能量完全消失，射流终结。

（4）射流极点　射流外边界的交点称为射流极点。

3.1.3　湍流自由射流计算

3.1.3.1　运动方程

（1）湍流运动基本方程　由于湍流运动极其复杂，不可能也没必要求解瞬时流动的全部过程。湍流是一种随机过程，最简单的统计特征是平均值。下面就从雷诺平均概念出发，建立湍流运动的基本方程，其方法是把黏性流体的连续性方程和运动方程中的各个变量看作随机变量，由时均值和脉动值组成，然后取时间平均，即可得到湍流时均流动的基本方程。

不可压缩黏性流体的连续性方程

$$\frac{\partial u_i}{\partial x_i} = 0 \tag{3-3}$$

将 $u_i = \overline{u_i} + u_i'$ 代入上式，并取时间平均得

$$\frac{\partial \overline{u_i}}{\partial x_i} = 0 \tag{3-4}$$

因 $\dfrac{\partial u_i}{\partial x_i} = \dfrac{\partial \overline{u_i}}{\partial x_i} + \dfrac{\partial u_i'}{\partial x_i} = 0$，代入式(3-4) 中，则

$$\frac{\partial u_i'}{\partial x_i} = 0 \tag{3-5}$$

上式表明脉动速度也满足连续性方程。

不可压缩黏性流体的运动方程可写作

$$\frac{\partial u_i}{\partial t} + u_j \frac{\partial u_i}{\partial x_j} = f_i - \frac{1}{\rho} \times \frac{\partial p}{\partial x_i} + v \frac{\partial^2 u_i}{\partial x_j \partial x_j} \tag{3-6}$$

将 $u_i = \overline{u_i} + u_i'$，$p = \bar{p} + p'$ 代入上式，并取时间平均得

$$\frac{\partial \overline{u_i}}{\partial t} + \overline{u_j} \frac{\partial \overline{u_i}}{\partial x_j} + \overline{u_j' \frac{\partial u_i'}{\partial x_j}} = f_i - \frac{1}{\rho} \times \frac{\partial \bar{p}}{\partial x_i} + v \frac{\partial^2 \overline{u_i}}{\partial x_j \partial x_j} \tag{3-7}$$

式中左边第三项可改写如下

$$\overline{u_j' \frac{\partial u_i'}{\partial x_j}} = \frac{\partial}{\partial x_j}(\overline{u_i' u_j'}) - \overline{u_i' \frac{\partial u_j'}{\partial x_j}} \tag{3-8}$$

将式(3-5) 代入式(3-8)，得

$$\overline{u_j' \frac{\partial u_i'}{\partial x_j}} = \frac{\partial}{\partial x_j}(\overline{u_i' u_j'}) \tag{3-9}$$

将式(3-9) 代入式(3-7)，得

$$\frac{\partial \overline{u_i}}{\partial t} + \overline{u_j} \frac{\partial \overline{u_i}}{\partial x_j} = f_i - \frac{1}{\rho} \times \frac{\partial \bar{p}}{\partial x_i} + \frac{1}{\rho} \times \frac{\partial}{\partial x_j}\left(\mu \frac{\partial \overline{u_i}}{\partial x_j} - \rho \overline{u_i' u_j'} \right) \tag{3-10}$$

此式即为湍流时均运动方程，常称为雷诺方程。式(3-10) 中的 $-\rho \overline{u_i' u_j'}$ 称为雷诺应力，它表示脉动对时均流动的影响，这是雷诺方程不同于 N-S 方程而特有的一项。

（2）恒定湍流边界层方程　不可压缩流体的湍流边界层方程可由雷诺方程简化得到。按照边界层厚度 δ 远小于其长度 l 的特性，用量级比较的方法，忽略方程中量级较小的项，可导出不可压缩恒定流动的边界层方程。现给出两种常用的形式，对于恒定二维边界层有

$$\frac{\partial \bar{u}}{\partial x} + \frac{\partial \bar{v}}{\partial y} = 0 \tag{3-11}$$

$$\bar{u} \frac{\partial \bar{u}}{\partial x} + \bar{v} \frac{\partial \bar{u}}{\partial y} = f - \frac{1}{\rho} \times \frac{\partial \bar{p}}{\partial x} + \frac{1}{\rho} \times \frac{\partial}{\partial y}\left(\mu \frac{\partial \bar{u}}{\partial y} - \rho \overline{u' v'} \right) \tag{3-12}$$

$$\frac{\partial \bar{p}}{\partial y}=0 \qquad (3\text{-}13)$$

对于恒定轴对称边界层方程，有

$$\frac{\partial \bar{u}}{\partial x}+\frac{1}{r}\times\frac{\partial(r\bar{v})}{\partial r}=0 \qquad (3\text{-}14)$$

$$\bar{u}\,\frac{\partial \bar{u}}{\partial x}+\bar{v}\,\frac{\partial \bar{u}}{\partial r}=f-\frac{1}{\rho}\times\frac{\partial \bar{p}}{\partial x}+\frac{1}{\rho r}\times\frac{\partial}{\partial r}\Big[\,r\left(\,\mu\,\frac{\partial \bar{u}}{\partial r}-\rho\,\overline{u'v'}\,\right)\Big] \qquad (3\text{-}15)$$

$$\frac{\partial \bar{p}}{\partial r}=0 \qquad (3\text{-}16)$$

在湍流射流中，黏性切应力项 $\mu\,\dfrac{\partial \bar{u}}{\partial x_j}$ 远小于雷诺应力项 $-\rho\,\overline{u_i'u_j'}$，可以忽略不计。对于自由射流，压力梯度近似为零，即 $\dfrac{\partial \bar{p}}{\partial x}\approx 0$，因此方程可进一步简化。

3.1.3.2　自由射流速度分布

（1）势流核心区的长度　势流核心区的最大长度大约为 $6.4d$，与这一数值相当的孔口雷诺数为 $10000\sim100000$。在不同的雷诺数范围，这一长度不同。喷嘴出口处的速度分布对势流核心区的长度也有一定的影响。假定分布均匀，实际是喷嘴壁面上存在着边界层。如果射流经过一段长管，则出口处将具有管流时的速度分布。此外，势流核心区的长度在更大程度上将取决于出口处流体的湍流脉动速度，湍流的出现将使势流核心区的长度急剧减小。

（2）射流宽度　射流宽度和边界层厚度一样，它的定义有任意性。一般取 $u_x=0.01u_{\max}$ 处的 y 值为 b（中心轴线处 y 值为零）。根据需要，通常规定 $u_x=\dfrac{1}{2}u_{\max}$ 的 y 值为 $b_{1/2}$。但需要注意的是，这里 b 不一定是 $b_{1/2}$ 的 2 倍。对于平面射流 $b=b_{1/2}$，对于圆射流 $b\approx 2.5b_{1/2}$。

射流宽度沿轴向的增长，对于平面射流

$$b\approx 0.23x \qquad (3\text{-}17)$$

对于圆射流

$$b\approx 0.212x \qquad (3\text{-}18)$$

（3）速度分布　在势流核心区速度保持为起始速度 U_0；在势流核心区以外（$x>x_1$），中心速度减小；横向速度远比轴向速度低，工程上常采用轴向速度 u_x 表征整个射流的速度特征，但边界上除外。

在射流充分发展的区域，平面射流不同截面上 x 方向的速度分布如图 3-3(a) 所示，$\bar{x}$ 为离开喷嘴的距离。在每一截面上，u_x 从中心的最大值 $u_{\max}$ 不断降低，直至离中心一定距离处变为零。将上述分布曲线无量纲化，整理为 $\dfrac{u_x}{u_{\max}}-\dfrac{y}{b_{1/2}}$ 进行标绘，会发现不同截面上的速度分布，将在同一曲线上重叠，如图 3-3(b) 所示，即速度分布是相似的。$u_{\max}$ 和 $b_{1/2}$ 作为使速度和距离无量纲化的特征速度和特征长度，均随 x 变化而变化。由于在不同截面使用了不同的比例尺进行度量，使速度分布具有相似性，因此又称 $u_{\max}$ 和 $b_{1/2}$ 为速度比尺和长度比尺。

射流中的速度分布具有高斯分布的形式。平面射流的速度分布大致为

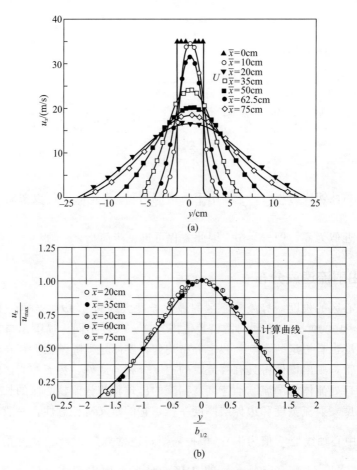

图 3-3　平面射流的速度分布图

$$\frac{u_x}{u_{max}} = \exp\left[-0.69\,\frac{y^2}{(b_{1/2})^2}\right] \qquad (3\text{-}19)$$

圆射流的速度分布大致为

$$\frac{u_x}{u_{max}} = \exp\left[-0.69\,\frac{r^2}{(b_{1/2})^2}\right] \qquad (3\text{-}20)$$

（4）速度比尺和长度比尺　从射流速度分布的相似性可知，不同截面上相同的$\dfrac{y}{b_{1/2}}$处无量纲速度值$\dfrac{u_x}{u_{max}}$也相同。为求得各截面上指定y处的速度u_x，必须知道不同截面上的速度比尺和长度比尺。不同研究者给出的速度比尺与x的关系，用同样类型的方程式表达时，数值略有出入，为满足实用，平面射流时，可取为

$$\frac{u_{max}}{U_0} = 3.5 \times \sqrt{\frac{b_0}{\bar{x}}} \qquad (3\text{-}21)$$

式中，$\bar{x}$为离开喷嘴的距离；b_0为狭缝的半高。圆射流时

$$\frac{u_{max}}{U_0} = 6.2 \times \frac{d_0}{\bar{x}} \qquad (3\text{-}22)$$

为确定距离 $\bar{x}$，必须确定坐标原点。几何上所确定的原点，和运动学上由速度考虑所确定的原点（即射流外边界在 x 轴上的交点），往往是不一致的。通常认为虚拟原点在喷嘴出口几何中心点的后面，也有些实验确定在它的前面，其距离大小颇难准确确定，大致是 $(0.6\sim2.2)d$。从实用考虑，轴向距离从喷嘴出口算起，并在以后省略 x 上面的短横。长度比尺 $b_{1/2}=Cx$，平面射流时 $C\approx0.114$，圆射流时 $C\approx0.0848$。应用中长度比尺可以统一取 $b_{1/2}\approx0.1x$。

3.2 复杂射流

3.2.1 同轴射流

在环形射流中心线处再加一股圆截面射流就形成了同轴射流，由于两股同心的自由射流相互作用，使得问题更为复杂。均相同轴射流的流场结构如图 3-4 所示，按流动的发展可分为初始混合区、过渡混合区和充分混合区。射流区在初始区和过渡区内存在着内射流核心区、外射流核心区、内混合区和外混合区[4]。均相同轴射流的流场中的涡结构如图 3-5(a)所示，从图中可以看出在内外两个混合区内存在两股涡结构，而且在初始混合区内，两股涡基本互相独立运动。图 3-5(b) 为时均状态下的流场结构，从图中可以直观地看出同轴射流流场中的内射流核心区、外射流核心区、内混合区和外混合区。在均相同轴射流中，中心通道和环形通道的面积比、内外两股流体的速度比、出口流体的湍流强度都是影响其流场的重要参数[5]。

同轴射流在其充分发展区内显示出与圆形射流类似的流型，但在计算速度与浓度分布以及引射量的有关经验式中，须用 $(x+a)$ 代替轴向距离 x。其中 a 为常数，与环隙射流和中心射流的速度比 λ 及喷嘴几何结构有关。Chigier 和 Beer[6]在广泛的范围内，实验确定了 a 随 λ 和喷嘴当量直径 d_e 的变化关系，定义当量喷嘴直径 d_e 为

$$d_e = \frac{2(m_i+m_a)}{\sqrt{\pi\rho(G_i+G_a)}} \tag{3-23}$$

式中，m_i 和 m_a 分别为中心和环隙射流的质量流量；G_i 和 G_a 分别为相应的动量通量。

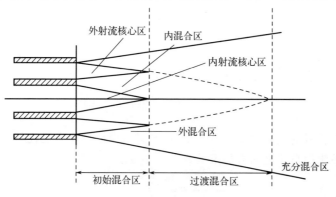

图 3-4　均相同轴射流流场结构

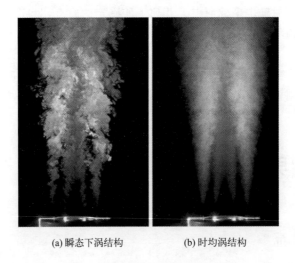

(a) 瞬态下涡结构   (b) 时均涡结构

图 3-5　均相同轴射流流场涡结构

3.2.2　受限射流

在工程上，大多数射流喷入尺寸有限的设备中形成受限射流。受限射流的特点是周围有一定的壁面边界。和自由射流不同，受限射流喷出后要卷吸周围介质，而周围介质因受壁面限制又不能无限供应被卷吸的流量，所以在射流喷出后的周围空间内形成一回流区。此外，当喷出射流沿射程膨胀至与壁相撞时，就形成了一个封闭的射流。另外，受限射流各截面流量 q_m 的变化规律和自由射流也不同。在射流的前一段射程中，流量是增加的，其后便减少。待射流外边界与固体壁面相撞后，流量保持不变。显然，前段流量的增加是因为射流的卷吸，后段流量的减少则是因为部分气流回流离开了射流[7,8]。

3.2.2.1　受限射流的计算

受限射流在工程计算上，目前有两种方法被广泛采用。

（1）Thring-Newby 方法　　Thring 和 Newby[9] 假定卷吸量不受限制壁面的影响，射流发展取决于它的动量通量，提出了对受限射流过程作简化处理的方法，并给出了一个相似准数

$$\theta = \frac{m_a + m_o}{m_o} \times \frac{r_o}{r_w} \tag{3-24}$$

式中，r_o 为喷嘴半径；r_w 为炉子半径。

对于非定常密度系统，改进的 Thring-Newby 数为

$$\theta' = \frac{m_a + m_o}{m_o} \times \frac{r_o}{r_w} \left(\frac{\rho_a}{\rho_o} \right)^{0.5} \tag{3-25}$$

对于双股同轴受限射流，只要用式（3-23）定义的当量喷嘴半径代替式（3-24）中的 r_o 即可。研究表明，回流量与 θ 之间有如下关系

$$\frac{m_r}{m_o + m_a} = \frac{0.47}{\theta} - 0.5 \tag{3-26}$$

式中，m_r 为回流量。

（2）Craya-Curtet 方法　Craya 与 Curtet 根据雷诺方程和连续方程推广了 Thring 和 Newby 的处理方法，使其更加普遍适用，并给出了一个相似准数（m）

$$m + \frac{1}{2} = \frac{1}{U^2 S} \iint_S \left(\frac{p}{\rho} + U^2 \right) \mathrm{d}S \tag{3-27}$$

式中，U 为射流速度；S 为受限射流通道与其任意两个横截面构成的表面。当 $r_o \ll r_w$ 时，宏观混合过程只与 m 有关。

Becker 和 Hottel 等对 Craya 和 Curtet 的理论作了进一步推广，对于双股同轴受限射流，得到了如下的相似特征数，用 C_t 表示

$$C_t = \frac{u_k}{\sqrt{(u_s^2 - u_{f,o}^2)(r_o/r_w)^2 + 0.5 u_{f,o}^2 - 0.5 u_k^2}} \tag{3-28}$$

式中，r_o 为喷口半径；r_w 为炉体半径；u_s 为喷口速度；$u_{f,o}$ 为自由流的速度；u_k 为运动学平均速度，可用下式计算

$$u_k = (u_s - u_{f,o}) \left(\frac{r_o}{r_w} \right)^2 + u_{f,o} \tag{3-29}$$

Thring-Newby 理论认为，所有的湍流射流都是动力学相似的，他们认为模型与原型炉应保持混合相似。即必须保持 $C_\infty (r_w/r_o)$ 相等，其中 C_∞ 为达到充分混合时射流流体的浓度

$$C_\infty = \frac{m_o}{m_o + m_a} \tag{3-30}$$

从工程设计的角度来看，Thring-Newby 理论优于 Craya-Curtet 理论，因为 θ 数可以简单地由进口参数来确定。但是从理论上讲，Craya-Curtet 理论更严格，因此也更普遍适用，其缺点是计算很复杂。

3.2.2.2　受限射流过程的相似准则

（1）受限射流过程的相似准则[10]　对于受限射流，人们普遍感兴趣的往往是当周围的二次流比射流能够引射的量少，或者无二次流存在的情况。这时有回流产生，受限通道中完全混合后喷管流体的质量浓度由式（3-31）表示。Thring 等[9]认为，要保证相似，模型和原型中 $C_\infty (r_w/r_o)$ 必须相等。当受限射流发生气化时，射流流体与被引射流的温度不等，引入当量喷嘴半径

$$r_e = \frac{m_o}{\sqrt{G_o \pi \rho_F}} \tag{3-31}$$

式中，m_o 为射流流体的质量流量；G_o 为相应的动量通量；ρ_F 为射流火焰中产物的密度。

这时结合相似准则，模型和原型间的相似应满足下式

$$\left(\frac{m_s + m_o}{m_o} \times \frac{r_o}{r_w} \right)_M = \left(\frac{m_s + m_o}{\sqrt{G_o \pi \rho}} \times \frac{1}{r_w} \right)_F \tag{3-32}$$

式中，下标 M 表示模型；F 表示原型。回流参数为

$$\theta = \frac{m_s + m_o}{m_o} \times \frac{r_e}{r_w} \tag{3-33}$$

这样就可以通过冷模实验来预测实际受限射流中沿流动方向回流的质量流量、回流涡中心的位置等。

（2）双股同轴受限射流过程的相似准则　双股同轴射流在工业炉中应用最为广泛，通常它以燃料作为中心射流，而周围被环状氧化剂射流（空气、富氧空气或纯氧）所包围。但也有以氧化剂为中心射流，而燃料作为环状射流的情形。双股同轴射流中，中心射流和环隙射流均具有相当大的动量，且环隙喷口的直径与炉子直径相比并不大，即 $r_2 \ll r_w$。研究表明，距喷口下游某处，一次射流和二次射流合并，此处的速度分布可以描述为较为简单的高斯型分布曲线。在这些条件下，前述的 Thring-Newby 回流准数中，$m_s = 0$，从而有

$$\theta = \frac{r_e}{r_w} \tag{3-34}$$

式中，r_e 为双股同轴射流的当量喷嘴半径，由下式计算

$$r_e = \frac{m_i + m_a}{\sqrt{(G_i + G_a)\pi\rho}} \tag{3-35}$$

在靠近喷口的区域内，两股射流尚未完全合并为一股流，为了保持模型和原型之间的相似，除了 θ 数相等外，还应保证一次射流和二次射流的质量比保持不变，即

$$\left(\frac{m_i}{m_a}\right)_M = \left(\frac{m_i}{m_a}\right)_F \tag{3-36}$$

这时模型和原型的中心射流喷口直径有如下关系

$$(d_i)_M = \left(\frac{r_{w,M}}{r_{w,F}}\right)(d_p)_F \left(\frac{\rho_i}{\rho_f}\right)^{0.5} \tag{3-37}$$

式中，下标 M 表示模型；F 表示原型；r_w 为炉体半径；ρ_i 为中心射流密度；ρ_f 为火焰产物的密度。

而模型喷嘴环隙射流通道的截面积为

$$(A_a)_M = \left(\frac{r_{w,M}}{r_{w,F}}\right)^2 (A_a)_F \left(\frac{\rho_i}{\rho_f}\right) \tag{3-38}$$

式中，下标 M 表示模型；F 表示原型。

通过上述的这些相似准则，我们可以计算冷模实验中喷嘴与炉体的几何尺寸。反之，满足上述准则时，冷模实验的结果即可直接推广到热态条件。

（3）同轴交叉射流过程的相似准则　工业实际中所采用的喷嘴往往是同轴交叉射流喷嘴，如渣油气化喷嘴、水煤浆气化喷嘴、天然气非催化部分氧化喷嘴，它们既不同于一般的同轴平行射流，也不同于一般的交叉射流，而是兼有两者的特点。因此，为了保证模型与原型的相似，不仅要遵循同轴受限射流过程的相似准则，也要考虑喷嘴环隙、中心射流动量比和射流交叉角等因素对交叉射流过程的显著影响。

3.2.3　撞击流

撞击流按照喷嘴出口的雷诺数大小来分，可以分为层流撞击流和湍流撞击流；从喷嘴的数目来分，可分为撞壁流与对置撞击流，对置撞击流又可以分为两股对置撞击流和多股对置撞击流（三股、四股及以上）；从喷嘴的形状来分，又可以分为平面撞击流和圆射流撞击流；

从两股对置射流的出口初始速度是否相等来分，还可以分为对称对置撞击流和不对称对置撞击流。

撞击流的概念由 Elperin 首先提出，其基本构思是使两股流体离开喷嘴后相向流动撞击，撞击后在喷嘴中间造成一个高度湍动的撞击区，流体在撞击区轴向速度趋于零，并转为径向流动。撞击过程如图 3-6 所示，撞击流流场一般可以分为三个区域：一是流体离开喷嘴后到撞击前，如同单喷嘴的自由射流称为射流区；二是相向运动的流体靠近后撞击形成撞击区，也称滞止区；三是撞击后流体改变方向形成的区域称为折射流区[11]。

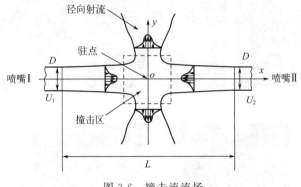

图 3-6　撞击流流场

3.2.3.1　对称撞击流

由于在撞击流中，流体流动呈现出强烈的各向异性、流线弯曲的特点，撞击流的理论研究一直是学者们十分感兴趣的研究课题。但是到目前为止，相对于自由射流而言，其相关的理论尚不完善。值得一提的是 Champion 和 Libby[12] 从高雷诺数的雷诺应力方程出发得出的小喷嘴间距下（$L \leqslant 2D$）撞击流流场的近似解析式，被证实和实验结果较吻合。这也是目前已知关于对置撞击流流场的唯一的近似解析式，其中轴线速度表述为

$$
\begin{aligned}
u &= -\frac{4u_0 x}{L}\left(1+\frac{x}{L}\right) \quad x<0 \\
u &= -\frac{4u_0 x}{L}\left(1-\frac{x}{L}\right) \quad x>0
\end{aligned}
\tag{3-39}
$$

式中，u_0 为两喷嘴出口气速；L 为喷嘴间距。

李伟锋等[13] 利用热线风速仪对小间距两喷嘴对置撞击流场进行了实验研究与数值模拟，他们认为该解析式仅适用于小喷嘴间距、出口为均匀分布的情况；当考虑喷嘴的射流边界层厚度时，该解析式不适用。笔者所在课题组还利用烟线法流场显示对中等喷嘴间距范围内湍流撞击流进行了研究，两喷嘴气速相等时烟线照片如图 3-7 所示，其中 $L=4D$ 时撞击面出现了不稳定。

3.2.3.2　不对称撞击流

撞击面的稳定性和驻点的偏移规律的研究对撞击流的工程应用是至关重要的，它关系到装置的长周期、稳定运行。李伟锋等[14] 利用热线风速仪测量和烟线法流场显示对不对称撞击流撞击面驻点的偏移规律进行了大量的实验研究，当两喷嘴的气速比为 0.97 时撞击流烟线照片如图 3-8 所示。

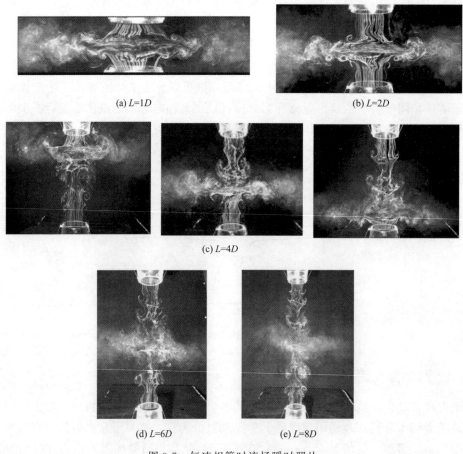

(a) L=1D   (b) L=2D

(c) L=4D

(d) L=6D   (e) L=8D

图 3-7　气速相等时流场瞬时照片

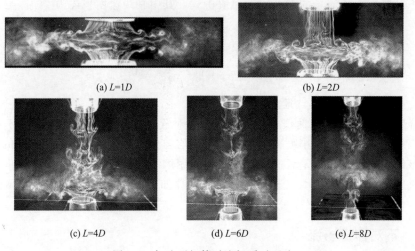

(a) L=1D   (b) L=2D

(c) L=4D   (d) L=6D   (e) L=8D

图 3-8　气速不相等时流场瞬时照片

　　许建良等[15]以空气为介质，研究了大喷嘴间距范围内湍流撞击流撞击面驻点的偏移规律，分析了气速比、喷嘴直径和喷嘴间距对轴线上撞击面驻点偏移量的影响。实验采用DANTEC 公司的恒温热线风速仪（CTA）对两喷嘴之间的流场进行测量，系统的采样频率为 20kHz，采样时间为 5s。图 3-9 为对称撞击流（$u_1 = 94\text{m/s}$，$u_2 = 94\text{m/s}$，$D = 10\text{mm}$，$L = 100\text{mm}$）轴向速度（U_{mean}）沿轴线分布图。从图 3-9 中可以看出，对称撞击流的撞击区域集中在大约 $3D$ 范围内，其他位置均符合圆射流的速度分布规律，这与文献的结论相符合。

图 3-10 为不对称撞击流（$u_1 = 94\text{m/s}$，$u_2 = 71\text{m/s}$，$D = 10\text{mm}$，$L = 100\text{mm}$）轴向速度（U_{mean}）沿轴线的分布图，与图 3-9 相比，该工况下轴线上撞击面驻点无量纲偏移量 $\Delta x = 0.09D$；除了撞击区之外，两股流体在轴线同样呈现出圆射流的速度分布特征。

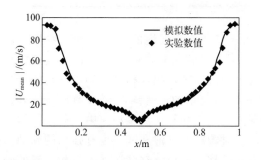 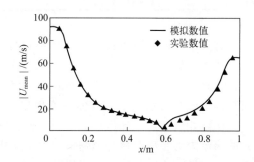

图 3-9　对称撞击流轴向速度沿轴线分布图　　图 3-10　不对称撞击流轴向速度沿轴线分布图

不同喷嘴间距下驻点偏移量随气速比的变化见图 3-11，两图中绝对偏移量分别用喷嘴直径 D 和喷嘴间距 L 进行了无量纲化，分别用来刻画驻点的偏移量和偏移的程度[16]。从图 3-11 中可以看出，数值模拟预报的驻点偏移值和实验测量结果吻合很好，并且随着喷嘴间距增大，偏移量 $\Delta x/D$ 增大，而各种喷嘴间距下 $\Delta x/L$ 却基本相同，这说明对于大喷嘴间距撞击流，喷嘴间距 L 可作为长度比尺。和 $2D < L < 8D$ 范围内的撞击流驻点偏移相比较，大喷嘴间距下驻点偏移程度要小得多，说明离开了敏感区域后，撞击流驻点对气速比变得越来越不敏感，流场逐渐趋于稳定。目前工业上运行和设计的四喷嘴气化炉无量纲喷嘴间距为大喷嘴间距范围，在这个范围内撞击流驻点位置对两喷嘴流量波动不敏感，加之四喷嘴对驻点偏移的约束作用，驻点不会发生大幅偏移。这也就从理论上说明了为什么在四喷嘴气化炉的运行过程中，从未发生过由于流量不对称而导致撞击区高温火焰烧蚀壁面耐火砖的情形。

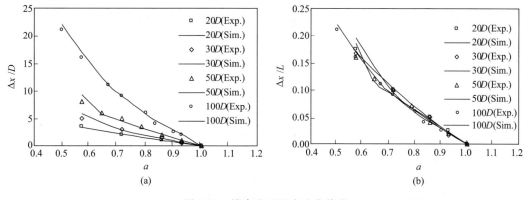

图 3-11　撞击流无因次驻点偏移
Exp. —实验值；Sim. —模拟值

经过实验研究和理论分析，得到了预测不同喷嘴间距下撞击流驻点偏移量 $\Delta x/D$ 的半经验公式：

$$\frac{\Delta x}{D}=\frac{L}{2}-x_2=\frac{1-a}{1+a}\times\frac{L}{2D} \tag{3-40}$$

上式说明 $\Delta x/D$ 由无量纲的喷嘴直径 L/D 和气速比 a 决定，与喷嘴出口直径和气速的绝对值无关。

3.3 多相湍流

含有大量固体或液体颗粒的气体或液体流动，或者含有气泡的液体流动，称为"两相流"或"多相流"。多相流研究的一个十分重要的问题是相与相之间的质量、动量和能量的相互作用规律。对工程中常遇到的湍流两相流或多相流而言，相与相之间湍流脉动的相互作用又是其中核心问题之一。流体湍流现象本身是相当复杂的，有离散相（颗粒、液雾、气泡）和连续相（液体、气体）共存的多相流的湍流现象更加复杂。多相流中流体（气体或液体）的湍流因为受离散相的影响，产生了变化，同时颗粒、气泡和液雾也有强烈的脉动和由此引起的弥散。连续相和离散相的脉动之间有强烈的相互作用，这就增加了多相湍流的研究难度。

3.3.1 多相流的基本概念

3.3.1.1 颗粒/液滴尺寸及分布律

颗粒/液滴尺寸及分布律常常用 Rosin-Rammler 公式表示[17]

$$R(d_i)=\exp[-(d_i/\bar{d})^n] \tag{3-41}$$

式中，$R(d_i)$ 为尺寸大于 d_i 的颗粒的质量分数；n 为非均匀性指数，$\bar{d}$ 为特征尺寸。n 与 $\bar{d}$ 均由实验确定，$R(d_i)$ 导数为

$$\frac{dR}{d(d_i)}=-n(d_i)^{n-1}(\bar{d})^{-n}\exp[-(d_i/\bar{d})^n] \tag{3-42}$$

式(3-42)称为颗粒尺寸的微分分布律，而 $R(d_i)$ 称为积分尺寸分布律。

平均颗粒尺寸按如下定义

$$\begin{cases} d_{10}=\sum n_i d_i/\sum n_i \\ d_{20}=(\sum n_i d_i^2/\sum n_i)^{1/2} \\ d_{30}=(\sum n_i d_i^3/\sum n_i)^{1/3} \\ d_{32}=\sum n_i d_i^3/\sum n_i d_i^2 \end{cases} \tag{3-43}$$

式中，d_{10}、d_{20}、d_{30}、d_{32} 分别为半径、面积粒径、体积平均粒径、Sauter 平均粒径，其中 Sauter 平均粒径在工程中使用最为广泛。典型的颗粒尺寸是：油烟 $0.01\sim1\mu m$，粉煤 $1\sim100\mu m$，喷雾的液滴 $6\sim600\mu m$，飞灰 $1\sim200\mu m$，烟粒 $1\sim5\mu m$。

3.3.1.2 表观密度和体积分数

在气-粒或气-雾两相流中有几种定义不同的密度，这些密度间的相应表达式为

$$\rho_m = \rho + \rho_p = \rho + \sum \rho_i = \rho + (\sum n_i \pi d_i^3 / 6) \bar{\rho}_p \tag{3-44}$$

式中，ρ_m、ρ、ρ_p、ρ_i、$\bar{\rho}_p$分别为混合物密度、流体/气体的表观密度、颗粒总的表观密度、i组颗粒表观密度和颗粒材料密度。颗粒及流体/气体的体积分数定义为

$$\alpha_p = \rho_p / \bar{\rho}_p \tag{3-45}$$

$$\alpha_f = 1 - \alpha_p = 1 - \rho_p / \bar{\rho}_p \tag{3-46}$$

对于稀疏两相流动可有

$$\rho = \bar{\rho}(1 - \rho_p / \bar{\rho}_p) \approx \bar{\rho} \tag{3-47}$$

显然，在稀疏两相流动中，流体/气体的表观密度及其材料密度几乎相等。通常所谓质量载荷或质量流比，即颗粒/液雾质量流与流体/气体质量流之比，定义为$\rho_{p_0} u_{p_0} / (\rho_0 u_0)$。在流体/气体与颗粒/液雾初始速度相等的情况下，质量载荷等于表观密度之比。

在实际工程中，气-固两相流是很多的。属于稀相流动的，例如发电厂用压缩空气向锅炉输送粉煤、锅炉烟道中排出的含尘烟气流、许多颗粒物料的稀相气粒输送等；属于密相流动的，例如层燃炉、沸腾燃烧炉内的气-固两相流，磁流体发电装置中的空气-粉煤两相流，化工反应釜内的气-固两相流，许多颗粒物料的密相气粒输送等。

3.3.2 多相湍流动力学特征

3.3.2.1 作用颗粒上的力

气化炉中的多相湍流主要为气-固两相湍流，下面就介绍作用在固体颗粒上的各种力[18,19]。

（1）重力 由于在重力场中研究气-固两相流，重力 W 始终作用在颗粒上，其计算式为

$$W = m_p g = \rho_p V_p g \tag{3-48}$$

（2）浮力 由于颗粒处在气体中或被气体携带着运动，浮力 F_B 始终作用在颗粒上，其计算式为

$$F_B = \rho_g V_p g \tag{3-49}$$

对于常压下气-固两相流来说，浮力与重力之比的数量级为 10^{-3}，通常可以忽略浮力的影响；但对于液-固颗粒两相流，浮力与重力属同一数量级，必须考虑浮力的影响。

（3）气动阻力 只要固体颗粒与气体有相对运动，便有气动阻力作用在颗粒上。如果颗粒是球形的，且流动是定常的，可得气动阻力为

$$F_D = C_D \frac{\rho_g |v_g - v_p| (v_g - v_p)}{2} \times \frac{\pi d_p^2}{4} \tag{3-50}$$

气动阻力的方向与气体相对于颗粒的速度方向一致，其中 C_D 为阻力系数。

（4）压强梯度力 颗粒在有压力梯度的流场中运动时，其表面除了流体绕流引起的不均匀分布压力外，还存在一个由于流场压力梯度而引起附加非均匀分布的压力。如果沿流动方向的压强梯度用 $\partial p / \partial x$ 来表示，则作用在球形颗粒上的压强梯度力为

$$F_p = -\frac{\pi d_p^3}{6} \times \frac{\partial p}{\partial x} \tag{3-51}$$

可见，F_p 的数值等于颗粒体积与压力梯度的乘积，方向与压强梯度相反。

（5）附加质量力　当直径 d_p 的球形颗粒在理想不可压缩无界静止流体中以等加速度 a_p 作直线运动时，它必将带动周围的流体也加速运动。周围被带动的按加速度 a_p 折算的流体质量称为附加质量，推动周围流体加速的力称为附加质量力。在颗粒推动周围流体加速运动的同时，流体将以同样大小的力反作用在颗粒上，该力应当是作用在颗粒上分布不对称的压强的合力。按压强分布计算的附加质量力为

$$F_m = \frac{1}{2} \times \frac{\pi d_p^3}{6} \rho_g a_p \tag{3-52}$$

可见，附加质量等于与颗粒同体积的流体的质量的一半；附加质量力数值上等于与颗粒同体积的流体以 a_p 加速运动时的惯性力的一半。附加质量力虽然是按理想流体计算的，但对黏性流体同样适用。推动颗粒及其带动的流体加速运动的力为

$$F = \frac{\pi d_p^3}{6} \rho_p \left(1 + \frac{1}{2} \times \frac{\rho_g}{\rho_p} \right) a_p \tag{3-53}$$

一般化的计算式为

$$F = m_p (1 + C \rho_g / \rho_p) a_p \tag{3-54}$$

式中，括号内的量为考虑附加质量时颗粒质量需要乘的因子。球形颗粒，$C = 1/2$；椭圆形颗粒，长短轴之比为 $1:2$ 时，$C = 1/5$，长短轴之比为 $1:6$ 时，$C = 0.045$。对于固体颗粒群中的颗粒，由于受周围颗粒的影响，附加质量与容积含固率有关；对于球形颗粒，考虑附加质量时颗粒质量需要乘的因子为 $(3/\eta) - 2$。

实验证明，实测的附加质量大于上面的理论计算值。对于气-固颗粒两相流，由于 ρ_g / ρ_p 为 10^{-3}，当加速度不是很大时，通常都不考虑附加质量力。

（6）巴赛特（Basset）力　如果上述流场的流体是有黏性的，颗粒在流场内作任意变速直线运动，作用在该颗粒上除有附加质量力外，必定还有因颗粒在黏性流体中作变速运动而增加的阻力，这种力就是巴赛特力。如果 t_0 为起始时刻，t' 为积分变量，巴赛特力的计算式为

$$F_{Ba} = \frac{3}{2} d_p^2 (\pi \rho_g \mu_g)^{1/2} \int_{t_0}^{t} (t - t')^{-1/2} \frac{d}{dt} (v_g - v_p) dt' \tag{3-55}$$

如果在起始时刻，视相对加速度为常数，则上式易于积分。这时巴赛特力与斯托克斯阻力的比值为

$$\frac{F_{Ba}}{F_{Ds}} = \frac{3 d_p^2 (\pi \rho_g \mu_g)^{1/2} t^{1/2} (v_g - v_p) / t}{3 \pi d_p \mu_g (v_g - v_p)} = \left(\frac{18}{\pi} \times \frac{\rho_g}{\rho_p} \times \frac{t_r}{t} \right)^{1/2} \tag{3-56}$$

式中引用了速度松弛时间的定义式 $t_r = \rho_p d_p^2 / 18 \mu_g$。对于气-固颗粒两相流，式(3-56)中密度比的数量级为 10^{-3}，当 $t > t_r / 2$ 时，巴赛特力约为斯托克斯阻力的十分之一，可以忽略不计；对于液-固颗粒两相流，密度比为同一数量级，必须考虑此力。

（7）萨夫曼（Saffman）升力　当固体颗粒在有速度梯度的流场中运动时，由于颗粒两侧的流速不一样，会产生一由低速指向高速方向的升力，称为萨夫曼升力。最常见的是边界层，在边界层的高切向应力区，萨夫曼升力是必须考虑的。在以气体和固体颗粒相对速度计算的雷诺数 $Re < 1$ 情况下，萨夫曼升力的计算式为

$$F_S = 1.61 d_p^2 (\rho_g \mu_g)^{1/2} (v_g - v_p) \left| dv_g/dy \right|^{1/2} \tag{3-57}$$

在高雷诺区，尚无合适的萨夫曼升力计算式。

（8）马格努斯（Magnus）效应 当固体颗粒在流场中自身旋转时，会产生一与流场的流动方向相垂直的由逆流侧指向顺流侧方向的力，称为马格努斯效应。如果颗粒的旋转角速度为 ω，该力的计算式为

$$F_M = \pi \rho_g d_p^3 (v_g - v_p) \omega / 8 \tag{3-58}$$

可以用高速摄影等手段测定颗粒的旋转角速度。

除了上述作用力外，还可能有颗粒与颗粒、颗粒与管壁的碰撞力，但这些作用力很难计算。同时作用在颗粒上的是哪几种力，要根据具体情况而定。

3.3.2.2　颗粒运动方程

忽略颗粒存在对流体流动的影响，研究已知简单流场中单颗粒的运动，这就是颗粒动力学。对湍流气-粒两相流动而言，颗粒动力学可以看作是实际气-粒两相流动的基本现象。

（1）单颗粒运动方程 设只有阻力和重力作用于颗粒，单颗粒运动方程为

$$\frac{dv_p}{dt_p} = (v - v_p)/\tau_r + g \tag{3-59}$$

式中，τ_r 为颗粒弛豫时间，定义为 $\tau_r = d_p^2 \bar{\rho}_p/(18\mu)$，其含义为惯性力与阻力之比。

（2）单颗粒在均匀流场中的运动 初速度不为 0 的颗粒在均匀流场中运动，颗粒阻力遵循 Stokes 定律。如果忽略重力，x 方向颗粒动量方程为

$$\frac{du_p}{dt} = (u_c - u_p)/\tau_r \tag{3-60}$$

在 $t=0$ 时，$u_p = u_{p_0}$，在初始条件下对方程(3-60)取积分，得到颗粒 x 方向速度为

$$u_p = u_c - (u_c - u_{p_0})\exp(-t/\tau_r) \tag{3-61}$$

与此类似，由 $t=0$ 时，$v_p = v_{p_0}$，可得出颗粒 y 方向速度为

$$v_p = v_{p_0}\exp(-t/\tau_r) \tag{3-62}$$

将上述两方程积分可得出颗粒轨道方程为

$$\left. \begin{array}{l} x_p = u_c t - (u_c - u_{p_0})\tau_r(1 - e^{-t/\tau_r}) \\ y_p = v_{p_0}\tau_r(1 - e^{-t/\tau_r}) \end{array} \right\} \tag{3-63}$$

式(3-61)～式(3-63)指出，当 $t \to \infty$ 时，颗粒 x 方向速度趋近于流体速度；颗粒 y 方向速度趋近于零，颗粒轨道趋近于 $y_p = v_{p_0}\tau_r$。当 $t = \tau_r$ 时，$v_p = v_{p_0}/e$。因此，弛豫时间的物理意义是颗粒与流体间速度滑移减至其初始值的 $1/e$ 所需的时间，此时间越小，颗粒追随流体越容易。

（3）颗粒的重力沉降 假设初始静止的、遵循 Stokes 阻力定律的颗粒仅受重力和阻力的作用，则其运动方程为

$$\frac{dv_p}{dt} + \frac{v_p}{\tau_r} - g = 0 \tag{3-64}$$

初始条件 $t=0$ 时 $v_{p_0} = 0$，其解为

$$v_p = \tau_r g (1 - e^{-t/\tau_r}) \tag{3-65}$$

当 $t \to \infty$ 时，v_p 趋近于 $\tau_r g = v_{pr}$，颗粒加速度是零，且重力与阻力相平衡，此时的颗粒

速度称为终端速度。

（4）一般形式的颗粒运动方程　　Tchen[20]曾使用各种可能的力直观叠加的方法，得出一个一般形式的 Stokes 阻力的颗粒运动方程，其一般形式为

$$m_p \frac{dv_p}{dt_p} = F_D + F_m + F_p + F_{Ba} + F_M + F_s + \cdots$$

$$= C_D \frac{\rho_g |v_g - v_p| (v_g - v_p)}{2} \times \frac{\pi d_p^2}{4} + \frac{1}{2} \times \frac{\pi d_p^3}{6} \rho_g a_p + \frac{\pi d_p^3}{6} \times \frac{\partial p}{\partial x} +$$

$$\frac{3}{2} d_p^2 (\pi \rho_g \mu_g)^{1/2} \int_{t_0}^{t} (t - t')^{-1/2} \cdot \frac{d}{dt} (v_g - v_p) dt' + F_M + F_s + \cdots \qquad (3\text{-}66)$$

式中，右端第一、二、三、四项分别是阻力、虚拟质量力、压力梯度力和 Basset 力。应当注意，大多数情况下阻力以外的各种力都不重要，因而要具体情况具体对待。

3.3.3　多相湍流的实验研究进展

3.3.3.1　多相湍流的测量手段和原理

气-粒两相流动的测量包括气体和颗粒的时均速度、湍流强度、颗粒浓度和颗粒尺寸分布等特性的测量。按测量方式可分为接触式测量和激光测量。最常见的接触式测量是热线风速仪、三孔探针等。接触式测量比较简单，缺点是干扰待测流场。目前使用最为普遍的是激光多普勒测速仪（LDA）和相位激光多普勒测速仪（PDPA）。激光多普勒测速仪是测量通过激光探头的示踪粒子的多普勒信号，再根据速度与多普勒频率的关系得到速度。由于是激光测量，对于流场没有干扰，测速范围宽，而且由于多普勒频率与速度是线性关系，和该点的温度、压力无关，所以是目前世界上速度测量精度最高的仪器。相位多普勒测速仪（PDPA）是以激光多普勒测速仪为基础的。它除了具备激光多普勒测速仪（LDA）的测速功能外，还通过测量颗粒散射光多普勒信号的相位差来测出颗粒的尺寸和颗粒浓度分布。

LDA/PDPA 测速工作原理可以用干涉条纹来说明。当聚焦透镜把两束入射光以一定角度会聚后，由于激光束良好的相干性，在会聚点上形成明暗相间的干涉条纹，条纹间隔正比于光波波长，反比于半交角的正弦值。当流体中的粒子从条纹区的方向经过时，会依次散射出光强随时间变化的一列散射光波，称为多普勒信号。这列光波强度变化的频率称为多普勒频移。经过条纹区粒子的速度愈高，多普勒频移就愈高。将垂直于条纹方向上的粒子速度，除以条纹间隔，考虑到流体的折射率就能得到多普勒频移与流体速度之间的线性关系。LDA/PDPA 系统就是利用速度与多普勒频移的线性关系来确定速度的。各个方向上的多普勒频率的相位差和粒子的直径成正比，利用监测到的相位差可以来确定粒径。

近年来，颗粒图像测速仪（PIV）和颗粒追踪测速仪（PTV）开始用于测量单相和两相流动。PIV 是 20 世纪 90 年代后期成熟起来的流动显示技术，它能够同时测量一个面上几万个点的速度，是激光技术、数字信号处理技术、芯片技术、计算机技术、图像处理技术等高新技术发展的综合结果。其原理如下：由脉冲激光器发出的激光通过由球面镜和柱面镜形成的片光源镜头组，照亮流场中一个很薄的（1~2mm）面；再用激光面垂直方向的 PIV 专用跨帧 CCD 相机摄下流场层片中的流动粒子的图像，然后把图像数字化送入计算机，利用自相关或互相关原理处理，可以得到流场中的速度场分布。

3.3.3.2　多相湍流射流的实验研究进展

　　湍流气-固两相射流在化工、能源及环境等领域广泛应用。例如，电站燃烧系统煤粉的喷射及炉体尾气的排放、电站引风机排放的含尘废气、化工中用泵输送含颗粒催化剂的反应气体和环境工程中的排放含粉尘气体等。气流中固体颗粒的输运及沉积对装置的生产效率、安全运行及污染物排放有重要影响。因此，国内外都很重视气-固两相射流的研究，以得到固体颗粒与气流的相互作用规律，进而对两相射流场进行人工控制，使其向工程需要的方向发展。具有边界层剧烈分离的气-固两相流动是两相流体动力学中的前沿研究课题，它涉及湍流旋涡运动、气-固双向耦合、颗粒碰撞以及流动的非定常性、不稳定性等一系列复杂问题。

　　早在 20 世纪 80 年代中期，周力行[21]就在实验中发现，闭式湍流两相射流中，165μm 的颗粒比 26μm 的颗粒扩散得更快。后来，Durst[22]及其同事们的 LDA 测量结果表明：在一定的进口条件下，闭式湍流两相射流的各个截面处的颗粒脉动速度比气体的大。这个重要实验现象就是周力行在 20 世纪 80 年代末提出颗粒湍动能输送方程理论模型的基础。之所以在某些条件下或在流场的某些地点，颗粒脉动速度超过气体，或大颗粒脉动比小颗粒强，是由于颗粒脉动不取决于当地气体的脉动，而是取决于颗粒湍流动能守恒定律，受其本身的对流和扩散的影响，产生和气体脉动的作用，但绝不是单纯地取决于当地气体脉动值。黄晓清[23]的实验表明，大颗粒的粒子比小颗粒的粒子在射流场中扩散得更快，这和颗粒湍流跟随理论关于小颗粒总是扩散更快的预示相矛盾，而且 Hedman[24]也曾有相似的结果。实验还发现对于大气固流量比的湍流射流，气体的射流边界和固相的射流边界并不重合。

　　随着剪切湍流中拟序结构的发现，人们注意到，颗粒在平面混合层中的运动可能由大尺度的拟序结构控制。Crowe 等[25]以此为基础建立起拟序结构中颗粒扩散的基本概念：颗粒被卷入旋转的速度场（大尺度涡）中，然后又在离心力的作用下，离开拟序结构，建议用Stokes 数（简称为 St 数）来界定剪切流动中的两相相互作用。对于以大尺度的拟序结构为显著特征的剪切湍流流动，两相流动的研究必须考虑固体颗粒在具有拟序结构的射流场中的运动。有许多学者通过激光多普勒测速仪（laser Doppler anemometer，LDA）或改进的LDA 等非接触测量手段来直接或间接地研究两相剪切流动中 Stokes 数对固粒行为的影响，并试图给出 Stokes 数的影响范围。Maeda[26]用 LDA 测量了闭式射流中两相时均速度和脉动速度分布，从不同工况下轴向时均速度分布看出，除了进口外，颗粒的阻力对气相起加速作用，两相流的气相速度大于单相流的气相速度，而颗粒速度又大于气相速度。颗粒径向脉动比轴向脉动小得多，即颗粒脉动的各向异性比气相的更强。

3.4　气化炉内多相湍流射流研究

3.4.1　炉内湍流流动数值模拟方法

3.4.1.1　基本方程

　　自然界的流体运动基本遵循着质量与动量守恒定律，即 N-S 方程：

$$\frac{\partial \rho}{\partial t} + \frac{\partial}{\partial x_i}(\rho u_i) = m_s \tag{3-67}$$

$$\frac{\partial}{\partial t}(\rho u_i) + \frac{\partial}{\partial x_j}(\rho u_i u_j) = -\frac{\partial \sigma_{ij}}{\partial x_j} + \rho g_i + S_{vi} \tag{3-68}$$

式中，m_s 为外部质量源相；ρg_i 和 S_{vi} 分别为 i 方向上的重力体积力和外部体积力；σ_{ij} 为应力张量，表达式如下

$$\sigma_{ij} = p\delta_{ij} - \mu\left(\frac{\partial v_i}{\partial x_j} + \frac{\partial v_j}{\partial x_i}\right) + \frac{2}{3}\mu\frac{\partial v_i}{\partial x_j}\delta_{ij} \qquad \delta_{ij} = \begin{cases} 0, i \neq j \\ 1, i \neq j \end{cases} \tag{3-69}$$

在雷诺平均中，瞬态 N-S 方程中要求的变量已经分解为时均常量和变量。以速度为例

$$u_i = \bar{u} + u_i' \tag{3-70}$$

把式(3-70)代入到连续性方程和动量方程并且取平均时间，湍流控制方程可以写成如下的形式

$$\frac{\partial \rho}{\partial t} + \frac{\partial}{\partial x_i}(\rho \bar{u}_i) = m_s \tag{3-71}$$

$$\frac{\partial}{\partial t}(\rho \bar{u}_i) + \frac{\partial}{\partial x_j}(\rho \bar{u}_i \bar{u}_j) = -\frac{\partial p}{\partial x_i} + \frac{\partial}{\partial x_j}\left[\mu\left(\frac{\partial u_i}{\partial x_j} + \frac{\partial u_j}{\partial x_i} - \frac{2}{3}\delta_{ij}\frac{\partial v_k}{\partial x_k}\right)\right]$$
$$+ \frac{\partial}{\partial x_j}(-\rho \overline{u_i' u_j'}) + \rho g_i + S_{vi} \tag{3-72}$$

式中，p 为静压；$\rho \overline{u_i' u_j'}$ 为雷诺应力。为了封闭动量方程，必须对雷诺应力项进行模型化。

3.4.1.2 湍流模型

湍流模式理论或简称湍流模型，是以雷诺平均运动方程与脉动运动方程为基础，将理论与经验相结合，引进一系列模型假设建立起的一组描写湍流平均量的封闭方程组。湍流模型可根据微分方程的个数分为零方程模型、一方程模型、二方程模型和多方程模型。

近年来，随着计算流体力学（computational fluid dynamics，CFD）的迅速发展，数值模拟被越来越多地应用于解决此类复杂的工程技术问题。CFD 在化学工业中的应用越来越广泛，如 Fluent、CFX、Phoenics 等一些公司成功地开发了一批计算流体力学商用软件，作为一种设计工具，它能够提供其他方法无法得到的各种设备内流动场的详尽信息，使流动过程的数值模拟变得更加方便、快捷。

目前湍流的数值模拟主要有三种方法：直接数值模拟（DNS）、大涡模拟（LES）和基于雷诺平均的模式理论（RANS）。直接数值模拟是湍流研究的根本方法，因为它在 Kolmogorov 尺度的网格中求解瞬态三维 N-S 方程，而不使用任何湍流模型。但是 DNS 方法占据非常庞大的计算机容量，因而在其发展阶段还不能解决实际工程问题。LES 模拟是亚网格尺度模拟，也是由 N-S 方程出发，其网格尺度比 Kolmogorov 湍流尺度要大，可以模拟湍流发展过程中的一些细节，但由于计算量仍然很大，只能模拟一些简单情况。目前，一些适用的工程预报方法，是基于求解 Reynolds 时均方程及关联量输运方程的湍流模拟方法，即湍流的统观模拟方法。

（1）$k\text{-}\varepsilon$ 模型 为了封闭 N-S 方程，常利用 Boussinesq 假设把雷诺应力和平均速度梯度联系起来

$$-\rho\,\overline{u_i'u_j'}=\mu_\mathrm{t}\left(\frac{\partial u_i}{\partial x_j}+\frac{\partial u_j}{\partial x_i}\right)-\frac{2}{3}\left(\rho k+\mu_\mathrm{t}\,\frac{\partial u_i}{\partial x_i}\right)\delta_{ij} \tag{3-73}$$

其中

$$k=\frac{1}{2}\overline{u_i'u_i'} \tag{3-74}$$

μ_t 为湍流黏性系数，定义为

$$\mu_\mathrm{t}=\rho C_\mu\,\frac{k^2}{\varepsilon} \tag{3-75}$$

$$\varepsilon=v\,\overline{\frac{\partial u'}{\partial x_k}\frac{\partial u'}{\partial x_k}} \tag{3-76}$$

k-ε 湍流模型是基于湍动能及其耗散率输运过程的半经验模型。常见的 k-ε 湍流模型主要有标准 k-ε 模型、RNG k-ε 模型、Realizable k-ε 模型。

① 标准模型。Standard k-ε 模型是最简单的两方程模型，具有适用范围广、经济合理的特点，其中的 k 方程和 ε 分别为

$$\frac{\partial}{\partial t}(\rho k)+\frac{\partial}{\partial x_i}(\rho u_i k)=\frac{\partial}{\partial x_j}\left[\left(\mu+\frac{\mu_\mathrm{t}}{\sigma_k}\right)\frac{\partial k}{\partial x_j}\right]+G_k+G_\mathrm{b}-\rho\varepsilon-Y_\mathrm{M}+S_k \tag{3-77}$$

$$\frac{\partial}{\partial t}(\rho\varepsilon)+\frac{\partial}{\partial x_i}(\rho v_i\varepsilon)=\frac{\partial}{\partial x_j}\left[\left(\mu+\frac{\mu_\mathrm{t}}{\sigma_\varepsilon}\right)\frac{\partial\varepsilon}{\partial x_j}\right]+C_{1\varepsilon}\,\frac{\varepsilon}{k}(G_k+C_{3\varepsilon}G_\mathrm{b})-C_{2\varepsilon}\rho\,\frac{\varepsilon^2}{k}+S_\varepsilon \tag{3-78}$$

式中，$G_k=-\rho\,\overline{u_i'u_j'}\dfrac{\partial u_j}{\partial x_i}$；$G_\mathrm{b}=-\dfrac{1}{\rho}\left(\dfrac{\partial\rho}{\partial T}\right)_\mathrm{p}g_i\,\dfrac{\mu_\mathrm{t}}{Pr_\mathrm{t}}\times\dfrac{\partial T}{\partial x_i}$；$Y_\mathrm{M}=2\,\rho\varepsilon\,\dfrac{k}{\gamma RT}$；$\mu_\mathrm{t}=\rho C_\mu\,\dfrac{k^2}{\varepsilon}$；$C_{1\varepsilon}=1.44$；$C_{2\varepsilon}=1.92$；$C_\mu=0.09$；$\sigma_k=1.0$；$\sigma_\varepsilon=1.3$。

② RNG k-ε 模型。由于标准 k-ε 模型基于各向同性假设，对于存在强烈各向异性的复杂流场模拟具有一定的偏差，因此对其进行修改和改进后，发展了 RNG k-ε 模型。RNG k-ε 模型与标准 k-ε 模型基本相同，只是在 ε 方程后加上一个源项

$$\frac{\partial}{\partial t}(\rho\varepsilon)+\frac{\partial}{\partial x_i}(\rho\varepsilon u_i)=\frac{\partial}{\partial x_i}\left(\alpha_\varepsilon\mu_\mathrm{eff}\,\frac{\partial\varepsilon}{\partial x_i}\right)+C_{1\varepsilon}\,\frac{\varepsilon}{k}(G_k+C_{3\varepsilon}G_\mathrm{b})-C_{2\varepsilon}\rho\,\frac{\varepsilon^2}{k}-R_\varepsilon+S_\varepsilon \tag{3-79}$$

式中，$R_\varepsilon=\dfrac{C_\mu\rho\eta^3(1-\eta/\eta_0)\varepsilon^2}{1+\beta\eta^3}\times\dfrac{\varepsilon^2}{k}$；$\eta=S_k/\varepsilon$；$\eta_0=4.38$；$\beta=0.012$。

③ Realizable k-ε 模型。Realizable k-ε 模型是一种湍流模型，与前两种模型不同的是，该模型对湍流黏性进行了重新定义，对 k 和 ε 方程考虑了漩涡的作用。

$$\frac{\partial}{\partial t}(\rho k)+\frac{\partial}{\partial x_i}(\rho u_i k)=\frac{\partial}{\partial x_j}\left[\left(\mu+\frac{\mu_\mathrm{t}}{\sigma_k}\right)\frac{\partial k}{\partial x_j}\right]+G_k+G_\mathrm{b}-\rho\varepsilon-Y_\mathrm{M}+S_k \tag{3-77}$$

$$\frac{\partial}{\partial t}(\rho\varepsilon)+\frac{\partial}{\partial x_i}(\rho v_i\varepsilon)=\frac{\partial}{\partial x_j}\left[\left(\mu+\frac{\mu_\mathrm{t}}{\sigma_\varepsilon}\right)\frac{\partial\varepsilon}{\partial x_j}\right]+\rho C_1 S\varepsilon-\rho C_2\,\frac{\varepsilon^2}{k+\sqrt{v\varepsilon}}+C_{1\varepsilon}\,\frac{\varepsilon}{k}C_{3\varepsilon}G_\mathrm{b}+S_\varepsilon$$
$$\tag{3-80}$$

式中，$G_k=-\rho\,\overline{u_i'u_j'}\dfrac{\partial u_j}{\partial x_i}$；$G_\mathrm{b}=-\dfrac{1}{\rho}\left(\dfrac{\partial\rho}{\partial T}\right)_\mathrm{p}g_i\,\dfrac{\mu_\mathrm{t}}{Pr_\mathrm{t}}\times\dfrac{\partial T}{\partial x_i}$；$Y_\mathrm{M}=2\,\rho\varepsilon\,\dfrac{k}{\gamma RT}$；

$$C_1 = \max\left(0.43, \frac{\eta}{\eta+5}\right); \quad \eta = S\frac{k}{\varepsilon}; \quad S = \sqrt{2S_{ij}S_{ij}}; \quad S_{ij} = \frac{1}{2}\left(\frac{\partial u_i}{\partial x_j} + \frac{\partial u_j}{\partial x_i}\right);$$

$$C_\mu = \frac{1}{4.04 + \sqrt{6}\,kU^*\cos\phi/\varepsilon}; \quad U^* = \sqrt{S_{ij}S_{ij} + \tilde{\Omega}_{ij}\tilde{\Omega}_{ij}}; \quad \tilde{\Omega}_{ij} = \bar{\Omega}_{ij} - \varepsilon_{ijk}\omega_k;$$

$$\phi = \frac{1}{3}\cos^{-1}\left[\sqrt{6}\frac{S_{ij}S_{jk}S_{ki}}{(S_{ij}S_{ij})^{3/2}}\right]; \quad \mu_t = \rho C_\mu \frac{k^2}{\varepsilon}; \quad C_{1\varepsilon} = 1.44; \quad C_2 = 1.92; \quad \sigma_k = 1.0;$$

$\sigma_\varepsilon = 1.2$；$Sc_t = 0.7$；ω_k 为角速度。

（2）RSM 模型　RSM 模型放弃 Boussinesq 假设，采用直接模化湍流雷诺应力输运微分方程来封闭雷诺平均后的 N-S 方程。RSM 模型主要运用于有回流、大曲率流线等复杂的强旋流流场。

$$\frac{\partial}{\partial t}(\rho \overline{u_i'u_j'}) + \frac{\partial}{\partial x_k}(\rho u_k \overline{u_i'u_j'}) = D_{ij} + P_{ij} + \Pi_{ij} - \varepsilon_{ij} + F_{ij} \tag{3-81}$$

其中，$D_{ij} = -C_\mu \rho \frac{k}{\varepsilon}\overline{u_i'u_j'}^{3*2/3}\frac{\partial}{\partial x_k}(\overline{u_i'u_j'})$；$P_{ij} = -\left(\rho\overline{u_i'u_j'}\frac{\partial U_j}{\partial x_i} + \overline{u_i'u_j'}\frac{\partial U_i}{\partial x_j}\right)$；

$G_j = -2\rho\overline{u_i'u_j'}\frac{\partial U_j}{\partial x_i}$；$k = \frac{1}{2}\overline{u_i'u_j'}$；$\varepsilon_{ij} = \frac{2}{3}\delta_{ij}\rho\varepsilon$；$\Pi_{ij} = \Pi_{ij1} + \Pi_{ij2}$；

$\Pi_{ij1} = -C_1\rho\frac{k}{\varepsilon}\left(\overline{u_i'u_j'} - \frac{2}{3}\delta_{ij}k\right)$；$\Pi_{ij2} = -C_2\left(P_{ij} - \frac{2}{3}\delta_{ij}G_k\right)$。

k-ε 输运方程为

$$\frac{\partial}{\partial t}(\rho k) + \frac{\partial}{\partial x_i}(\rho u_i k) = \frac{\partial}{\partial x_j}\left[\left(\mu + \frac{\mu_t}{\sigma_k}\right)\frac{\partial k}{\partial x_j}\right] + G_j - \rho\varepsilon \tag{3-82}$$

$$\frac{\partial}{\partial t}(\rho\varepsilon) + \frac{\partial}{\partial x_i}(\rho v_i \varepsilon) = \frac{\partial}{\partial x_j}\left[\left(\mu + \frac{\mu_t}{\sigma_\varepsilon}\right)\frac{\partial\varepsilon}{\partial x_j}\right] + \frac{\varepsilon}{k}(C_{1\varepsilon}G_j + C_{2\varepsilon}\rho\varepsilon) \tag{3-83}$$

式中，$\mu_t = \rho C_\mu \frac{k^2}{\varepsilon}$；$C_\mu = 0.09$；$C_1 = 1.8$；$C_2 = 1.8$；$\sigma_k = 1.0$；$\sigma_\varepsilon = 1.3$；$C_{1\varepsilon} = 1.3$；$C_{2\varepsilon} = 1.44$。

（3）大涡模拟　在湍流的数值模拟中，大涡模拟是一种十分有效的方法。一方面比采用雷诺平均模型模拟方法得出更为详细的湍流流场结构；另一方面，对计算资源的要求比直接数值模拟低得多。大涡模拟的基本思路是对大尺度涡结构运动直接计算，而对数值分辨率以下的小尺度涡结构采用亚格子模型进行模拟。常用的亚格子模型有 Smagorinsky 模型、动态模型、相似性模型和混合模型等，其中以 Smagorinsky 模型应用最为广泛。

在大涡模拟中，对大的能量输运尺度直接计算，只对较小的亚格子尺度量采用 Smagorinsky-lilly 亚格子模型进行模拟。大尺度量可以通过滤波函数来定义

$$\overline{\phi(x)} = \int_v \phi(x')G(x,x')\mathrm{d}x' \tag{3-84}$$

其中，$G(x,x')$ 为滤波函数，经过滤波后的控制方程为

$$\frac{\partial\rho}{\partial t} + \frac{\partial}{\partial x_i}(\rho\bar{u}_i) = 0 \tag{3-85}$$

$$\frac{\partial}{\partial t}(\rho\bar{u}_i) + \frac{\partial}{\partial x_j}(\rho\overline{u_i u_j}) = \frac{\partial}{\partial x_j}\left[\mu\left(\frac{\partial\bar{u}_i}{\partial x_j} + \frac{\partial\bar{u}_j}{\partial x_i}\right)\right] - \frac{\partial\bar{p}}{\partial x_i} - \frac{\partial\tau_{ij}}{\partial x_j} \tag{3-86}$$

式中，$\tau_{ij} = \rho\overline{u_i'u_j'} - \rho\overline{u_i}\,\overline{u_j}$；上标"—"表示大尺度分量；$\tau_{ij}$ 为亚格子应力。对于亚格

子应力常采用涡黏性假设确定，其定义为

$$\tau_{ij} = \mu_t \left(\frac{\partial \overline{u_i}}{\partial x_j} + \frac{\partial \overline{u_j}}{\partial x_i} \right) \tag{3-87}$$

式中，$\mu_t = \rho L_s^2 |\overline{S}| = \rho \left[C_s (\Delta x \Delta y \Delta z)^{1/3} \right]^2 \sqrt{2 \overline{S}_{ij} \overline{S}_{ij}}$；$\overline{S}_{ij} = \frac{1}{2} \left(\frac{\partial \overline{u_i}}{\partial x_j} + \frac{\partial \overline{u_j}}{\partial x_i} \right)$；$C_s$ 为模型常数，对于基准模式一般取 0.18。

3.4.1.3 多相流的数值模拟

由于气-固两相流流场包含许多复杂的现象和机理，所以国内外研究者引入各种简化模型进行数值模拟。目前对气-固两相流的数值计算方法有两种：欧拉-欧拉方法（欧拉双流体模型）和欧拉-拉格朗日方法（离散相模型）。

（1）双流体模型　双流体模型主要运用于颗粒相体积分数较大的气-固两相流的模拟研究中。该模型的出发点是把颗粒群和气体都作为连续介质，两者相互渗透组成双流体或多流体系统，在欧拉坐标系下考察气-粒两相流动，即欧拉-欧拉模型。对于颗粒相，基于颗粒动力学理论，其核心是引入颗粒温度来反映颗粒相的速度脉动，引入径向分布函数来表示颗粒间的碰撞概率。

对于不含化学反应的系统，其连续性方程和动量方程为

$$\frac{\partial}{\partial t}(\varepsilon_k \rho_k) + \nabla (\varepsilon_k \rho_k v_k) = 0 \tag{3-88}$$

$$\frac{\partial}{\partial t}(\varepsilon_k \rho_k v_k) + \nabla (\varepsilon_k \rho_k v_k v_k) = -\varepsilon_k \nabla p + \varepsilon_k \rho_k g + \nabla \tau_k - \beta(v_k - v_k) \quad (k = g, s) \tag{3-89}$$

式中，$\tau_g = \varepsilon_g \xi_g \nabla v_g I + 2\varepsilon_g \mu_g S_g$；$S_g = \frac{1}{2} \left[\nabla v_g + (\nabla v_g)^T \right] - \frac{1}{3} \nabla v_g I$；$\tau_s = \varepsilon_s \xi_s \nabla v_s I + 2\varepsilon_s \mu_s S_s$；$S_s = \frac{1}{2} \left[\nabla v_s + (\nabla v_s)^T \right] - \frac{1}{3} \nabla v_s I$。

对相间动量交换系数 β 有各种不同的模型，如 Syamlal-O′Brien 模型、Wen-Yu 模型和 Gidaspow 模型，这里主要介绍 Gidaspow 模型。

$$\beta = \frac{3}{4} C_d \frac{\varepsilon_g \varepsilon_s \rho_g |v_g - v_s|}{d_s} \varepsilon_s^{-2.65} \quad (\varepsilon_g \geqslant 0.8) \tag{3-90}$$

$$C_d = \frac{24}{\varepsilon_g Re} \left[1 + 0.15 (\varepsilon_s Re_s)^{0.687} \right] \quad Re < 1000 \tag{3-91}$$

$$Re = \frac{\rho d_p |u_p - u|}{\mu} \tag{3-92}$$

$$C_d = 0.04 \qquad Re \geqslant 1000 \tag{3-93}$$

$$\beta = 150 \frac{\varepsilon_s (1 - \varepsilon_g) \mu_g}{\varepsilon_g d_s^2} + 1.75 \frac{\rho_g \varepsilon_s |v_g - v_s|}{d_s} \quad (\varepsilon_g < 0.8) \tag{3-94}$$

颗粒径向分布函数为

$$g_0 = \left[1 - (\varepsilon_s / \varepsilon_{s,\max})^{1/3} \right]^{-1} \tag{3-95}$$

颗粒压力定义

$$p_s = \varepsilon_s \rho_s \left[1 + 2(1 + e) \varepsilon_s g_0 \right] \tag{3-96}$$

颗粒相体积黏度为

$$\xi_s = \frac{4}{3}\varepsilon_s^2\rho_s d_s g_0(1+e)\left(\frac{\Theta_s}{\pi}\right)^{1/2} \tag{3-97}$$

颗粒相黏性系数为

$$\mu_s = \frac{4}{5}\varepsilon_s\rho_s d_s g_0(1+e)\left(\frac{\Theta_s}{\pi}\right)^{1/2} + \frac{10\rho_s d_s\sqrt{\Theta_s\pi}}{96\varepsilon_s(1+e)g_0}\left[1+\frac{4}{5}g_0\varepsilon_s(1+e)\right]^2 \tag{3-98}$$

颗粒温度方程为

$$\frac{3}{2}\left[\frac{\partial}{\partial t}(\rho_s\varepsilon_s\Theta_s) + \nabla(\rho_s\varepsilon_s v_s\Theta_s)\right] = (-p_s I + \tau_s):\nabla v_s - \nabla(k_{\Theta_s}\nabla\Theta_s) - \gamma_{\Theta_s} + \Phi_{gs} \tag{3-99}$$

以上式中，d_s 为颗粒粒径；ρ_s 表示颗粒相密度；ε_s 表示颗粒相体积分数；Θ_s 为颗粒温度；g_0 为径向分布函数；$(-p_s I + \tau_s):\nabla v_s$ 为颗粒相应力张量产生的能量项；I 为单位二阶张量；τ_s 为颗粒相应力；$k_{\theta_s}\nabla\Theta_s$ 为能量扩散项；k_{θ_s} 为扩散系数；γ_{θ_s} 为能量碰撞耗散项；Φ_{gs} 为气相与颗粒相的能量交换相。

（2）离散相模型　该模型中，把气相作为连续介质，颗粒相作为离散相，它可以计算颗粒的轨道以及由颗粒运动引起的相间动量、热量和质量的传递。

离散相模型要求分散相浓度很低，因而颗粒之间的相互作用和颗粒体积分数对连续相的影响均未考虑，分散相体积分数一般要小于 10%。

在离散相模型中，通过积分拉氏坐标系下的颗粒作用力微分方程来求解离散相颗粒的轨道。颗粒运动微分方程为

$$\frac{du_p}{dt} = F_D(u-u_p) + \frac{g_x(\rho_p-\rho)}{\rho_p} + F_x \tag{3-100}$$

式中，$F_D = \frac{18\mu}{\rho_p d_p^2}\times\frac{C_D Re}{24}$；$Re = \frac{\rho d_p |u_p-u|}{\mu}$；$C_D = a_1 + \frac{a_2}{Re} + \frac{a_3}{Re^2}$；$F_D(u-u_p)$ 为颗粒的单位质量拽力；g_x 为重力加速度；F_x 为其他作用力，这里主要是指 Saffman 升力；C_D 为曳力系数；对于球形颗粒，式中 a_1、a_2、a_3 为常数[27]。

3.4.2　单喷嘴受限多相射流的实验研究与数值模拟

喷嘴设置在气化炉顶部的气流床气化炉内流场结构为一典型的受限射流流场，已广泛应用于渣油、煤气化等领域。气化原料可以是液态燃料，也可以是固态粉料。于遵宏等[28-40]对这种单喷嘴受限射流气化炉流场进行了详尽的研究，提出了单喷嘴受限射流气化炉的三区模型，即回流区、射流区和管流区。如图 3-12 所示。

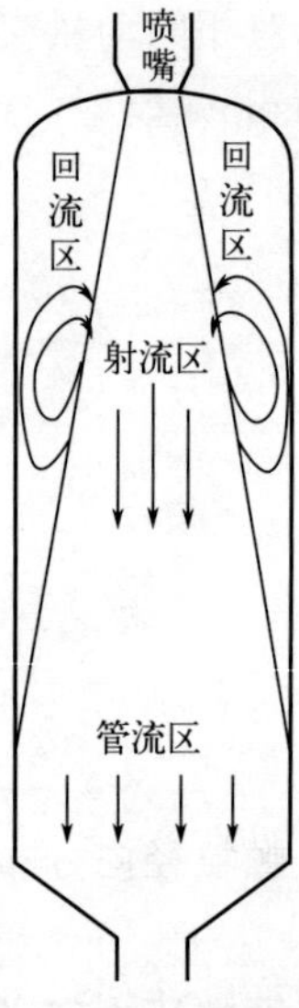

3.4.2.1　Texaco 气化炉冷态流场

工业实际中，渣油和水煤浆气化炉采用双通道或三通道喷嘴，外环隙喷口有一个收缩角度，因此气化炉内的流场实际上是一个双股或三股同轴交叉射流流场。我们在 $\phi300\text{cm}\times1000\text{cm}$ 和 $\phi400\text{cm}\times$

图 3-12　单喷嘴受限射流气化炉的三区模型

1500cm 的有机玻璃模型炉上，用激光多普勒测速仪（LDA）测定了双股同轴交叉射流流场，所用喷嘴的结构与工业原型一致，其几何尺寸由上述的模化方法计算，测试条件可参阅文献［10］。

图 3-13 给出了不同轴向截面速度沿径向的分布，图 3-14 给出了回流量沿轴向位置的变化。

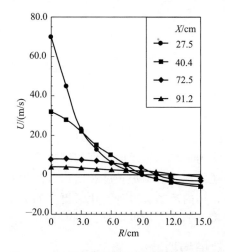

图 3-13　不同轴向截面速度沿径向的分布

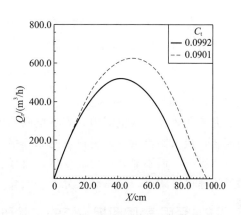

图 3-14　回流量沿轴向位置的变化

图 3-15（a）为 C_t 数相同时，不同环隙和中心射流动量比下，中心最大轴向速度沿轴向的衰减；图 3-15（b）则为动量比 R_m 相同时，不同 C_t 数下中心最大速度沿轴向的衰减。从图 3-15 中可见，C_t 数减小，速度衰减加快；喷嘴环隙和中心射流动量比增加，速度衰减亦加快，这是交叉射流的重要特征。

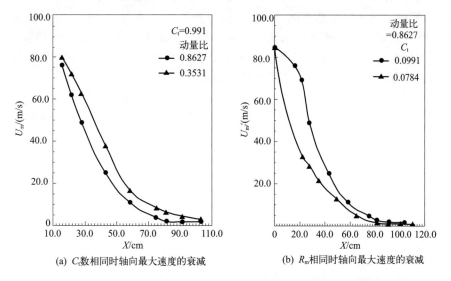

(a) C_t 数相同时轴向最大速度的衰减　　　　(b) R_m 相同时轴向最大速度的衰减

图 3-15　不同 C_t 数和喷嘴动量比 R_m 下轴向最大速度的衰减

研究表明，在距喷口一定距离处，中心射流和环隙射流合并，这时的速度分布具有相似性。王辅臣及其合作者对这些实验结果作了数学处理，其方法是：将几何尺寸和速度无量纲化后，与射流相似特征数 C_t 数和喷嘴环隙与中心射流的动量比 R_m 相关联。

无量纲速度沿径向的变化为

$$\ln\left[-\ln\left(\frac{w}{w_m}\right)\right] = -0.3944 + 1.4692\ln\left(\frac{R}{R_{0.5}}\right) \tag{3-101}$$

式中，w 为无量纲速度；w_m 为中心无量纲最大速度；而 $R_{0.5}$ 为无量纲速度半径，其表达式为

$$R_{0.5} = 0.0474X\left[1+\left(\frac{X}{X_r}\right)^{0.0974}\right] \tag{3-102}$$

式中，$X_r = 0.0930\exp(0.3337C_t - 0.2926R_m)$。

无量纲最大速度沿轴向的衰减为

$$\frac{1}{w_m} = 0.0842X\left[1+\left(\frac{X}{X_w}\right)^{6.3566}\right] \tag{3-103}$$

式中，$X_w = 2.5825\exp(2.3004C_t - 0.1994R_m)$。

研究表明，在实验范围内，容器空间速度极不均匀，轴向和径向速度梯度显著；炉内存在回流区，最大回流量约为射流量的 3.5 倍。实验还发现，模型炉长度和出口截面积对速度分布有所影响，但不显著；而当模型炉直径变化时，炉内流场有显著变化。更多的关于同轴受限射流速度、浓度、停留时间分布及气化炉过程模拟的研究参见文献 [28~40]。

3.4.2.2 受限气-固两相射流的实验研究与数值模拟

本书作者团队曾采用热线风速仪、PV4a 等仪器对气化炉内气-固两相流场和颗粒浓度场进行了测量，并采用 Fluent 对气化炉中受限气-固两相射流进行了模拟研究[41,42]。图 3-16 是气相和颗粒相（$d_p = 43\mu m$）轴向速度的模拟值沿轴线的分布。从图中可以看出，紧靠喷嘴处气体速度远大于颗粒速度，离开喷嘴以后，气体速度急剧衰减，而颗粒速度先增加达到一个峰值后缓慢衰减；在大约 2 倍喷嘴距离以后气体速度衰减变缓并且开始小于颗粒速度，直到大约 60 倍喷嘴距离后两相速度达到平衡。这说明气-固两相射流流场中相间的动量传递是一个动态过程，开始时气体速度的急剧减小为颗粒扩散提供了动量，这时气相对颗粒相起加速作用；但当颗粒速度达到峰值以后，气相速度开始小于颗粒速度并对颗粒扩散起阻碍作用，直到射流充分发展后相间动量交换才达到稳态平衡。

图 3-17 是不同颗粒粒径（$d_p = 43\mu m$ 和 $d_p = 82\mu m$）轴向速度沿轴线的分布。从图中可以看出，相对于大粒径颗粒，小粒径颗粒速度峰值更靠近喷嘴，峰值过后轴线速度衰减更快，这是因为小粒径颗粒惯性小，对气流的跟随性好，弛豫时间短。

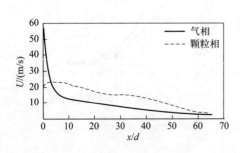

图 3-16　气相和颗粒相轴向速度比较

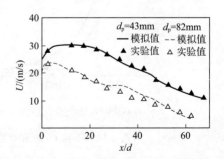

图 3-17　颗粒轴向速度沿轴线分布

图 3-18 是粒径为 $82\mu m$ 的颗粒在不同截面上浓度沿径向的无量纲分布，其中 C_r/C_x 表示颗粒相对于它的截面轴心处的相对浓度。从图中可看出，在 $x/d=12.5$ 的截面，由于颗粒没有充分扩散，所以呈现中心浓度较高，同时由于近壁回流区的卷吸作用使颗粒在壁面富集致使壁面浓度也较高。在 $x/d=37.5$ 的截面，颗粒完全扩散后，近壁回流区的卷吸作用使壁面浓度比中心大，越是向下，颗粒在壁面的浓度富集现象越明显。

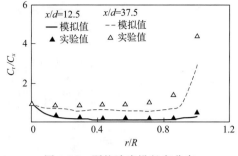

图 3-18 颗粒浓度沿径向分布

3.4.3 多喷嘴对置式气化炉流场实验研究和数值模拟

3.4.3.1 四喷嘴气化炉流场结构

于遵宏等[35]认为，提高碳转化率的主要途径是通过强化相间传递过程、延长反应时间、改善停留时间分布来提高颗粒的二次反应程度。鉴于气流床气化过程为传递过程控制的特点，基于撞击流理论[11]，于遵宏等提出通过四股流体相向撞击来提高气化炉内气-固两相间的传质速度、强化反应物料间的混合、提高化学反应速率的设想，并在大量实验与计算基础上[43-45]，发明了多喷嘴对置式水煤浆气化技术[46,47]。

龚欣等[48]在气流床气化炉大型冷模实验装置上，利用 Dual PDA 开展了四喷嘴对置式气化炉流场测试研究。

在详尽测试、研究炉内不同位置、不同区域的速度及湍流程度的基础上，根据流动特征的差异，四喷嘴对置炉流场结构可划分为六个区域：射流区、撞击区、撞击流股、回流区、折射流区、管流区。新型四喷嘴气化炉内流场结构如图 3-19 所示。

射流区（Ⅰ）：流体从喷嘴以较高速度喷出后，将其周围的流体卷吸带向下游流动，射流宽度随之不断扩展，其速度也逐渐减弱，直至与相邻射流边界相交。此后为撞击区。

撞击区（Ⅱ）：当射流边界交汇后，在中心部位形成相向射流的剧烈碰撞运动，该区域静压较高，且在撞击区中心达到最高。此点即为驻点，射流轴线速度为零。由于流体撞击的作用，射流速度沿径向发生偏转，径向速度（即沿设备轴向速度）逐渐增大。撞击区内速度脉动剧烈，湍流强度大，混合作用好。

撞击流股（Ⅲ）：四股流体撞击后，流体沿反应器轴向运动，分别在撞击区外的上方和下方形成了流动方向相反、特征基本相同的两个流股。在这个区域中，撞击流股具有与射流相同的性质，即流股对周边流体也有卷吸作用，使该区域宽度沿轴向逐渐增大，轴向速度沿径向逐渐衰减，轴线处最大。中心轴向速度沿轴向达到一最大值后也逐渐衰减，直至轴向速度沿径向分布平缓。

回流区（Ⅳ）：由于射流和撞击流股都具有卷吸周边流体的作用，故在射流区边界和撞击流股边界出现回流区。

折射流区（Ⅴ）：沿反应器轴向向上运动的流股，对拱顶形成撞击流，近炉壁沿着轴向折返朝下运动。

管流区（Ⅵ）：在炉膛下部，射流、射流撞击、撞击流股、射流撞击壁面特征消失，轴

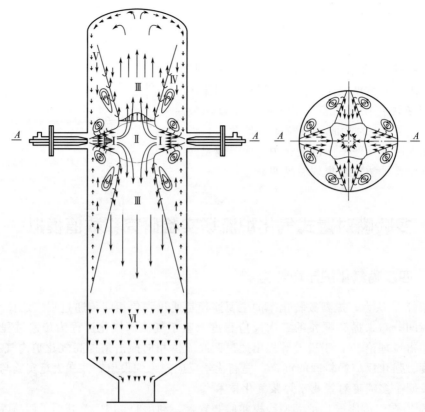

图 3-19　新型四喷嘴气化炉内流场结构

向速度沿径向分布基本保持不变，形成管流区。

　　将撞击流方法用于燃烧、气化等高温反应过程时，为防止流体撞击后形成的径向速度较大的高温气体对反应器壁的烧蚀，一般均采用较大的喷嘴间距，此时流体撞击前已处于射流充分发展区。刘海峰等[49]研究大喷嘴间距（$x/d > 24$）撞击流的流场特性，发现大喷嘴间距撞击流的撞击主要导致离撞击面很近（约 3 倍喷嘴直径 d）的区域内有较大的速度与压力梯度，而除此之外的区域基本保持原自由射流的规律。在撞击面区域，速度沿径向先单调递增到最大值，再单调递减，而且撞击面最大值速度的位置与喷嘴直径及射流速度变化无关。另外该作者还发现与小喷嘴间距不同的是当分别选用 $u_0 \dfrac{d}{L}$ 和 L 作为速度比尺和长度比尺时，速度分布具有相似性。该文中还给出了两流股撞击流在整个射流的区域内速度分布为

$$\frac{u}{u_0} = \frac{6.2d}{z} \exp\left[-139.0\left(\frac{r}{z}\right)^2\right] \tag{3-104}$$

撞击面径向速度分布为

$$\frac{u_{rc}}{u_{rc,m}} = \left[11.85\left(\frac{r}{L}\right) - 21.56\left(\frac{r}{L}\right)^2\right] \exp\left[-9.25\left(\frac{r}{L}\right)^2\right] \tag{3-105}$$

最大径向速度位置为

$$\frac{r_{r,max}}{L} = 0.20 \tag{3-106}$$

两流股撞击时最大径向速度与喷嘴直径、初始气速、喷嘴间距的关系为

$$\frac{u_{r,max}}{u_0 \dfrac{d}{L}} = 2.5 \qquad\qquad (3-107)$$

另外，代正华等[50]通过实验测量（Dual PDA 测速仪）和数值模拟（Realizable k-ε 湍流模型）相结合的方法研究了四喷嘴对置式撞击流的流场，得到两者相吻合的结果。实验和模拟工况见表 3-1，表中 H 为气化炉喷嘴平面以上高度，u_0 为喷嘴出口气速。模拟结果再现了装置内的分区流动情况。通过对模拟数据分析，计算出了回流比沿装置轴向的分布，发现喷嘴顶部高度和喷口速度的大小对顶部空间的回流比分布影响明显；而喷嘴顶部高度和喷口速度对喷嘴以下空间的回流比分布影响甚微，大约距喷嘴 2 倍装置直径距离后喷嘴以下空间回流消失。

表 3-1　实验和模拟工况

工 况	H/mm	u_0/(m/s)	工 况	H/mm	u_0/(m/s)
I	500	50	III	1000	50
II	500	100	IV	1000	100

图 3-20 和图 3-21 分别给出了表 3-1 中工况 I、II 及工况 III、IV 的喷嘴上部空间轴线速度分布的实验测量结果和模拟结果。可以看出，Realizable k-ε 模型能准确地模拟四喷嘴对置式撞击流的流场。

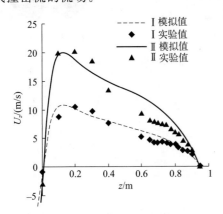

图 3-20　工况 I、II 的轴线速度分布

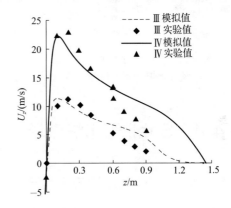

图 3-21　工况 III、IV 的轴线速度分布

3.4.3.2　气化炉流场数值模拟

为了认识多喷嘴对置式气化炉内的流体混合和流动规律，对工业示范气化炉内的多相流动进行了数值模拟研究[27]。计算区域取 1/4 的几何模型。计算区域与网格如图 3-22 所示，其中在喷嘴平面附近进行局部加密。通过计算分析网格数目对模拟结果的影响，最终取计算网格约 160000，喷嘴入口均采用质量入口，气化炉出口采用压力出口，切面采用对称性边界条件。

图 3-23 给出了四喷嘴水煤浆气化炉内的速度矢量图和湍流强度分布，从图中可以看出，炉内存在射流区、撞击区、回流区、折射流区和管流区。在撞击区内由于流体撞击的阻滞作用，导致撞击区内的湍流强度很大，流体间的混合程度得到提高。

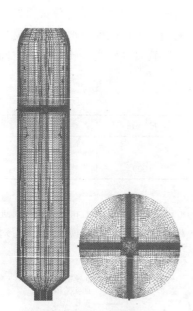

图 3-22　多喷嘴对置式水煤
浆气化炉计算网格

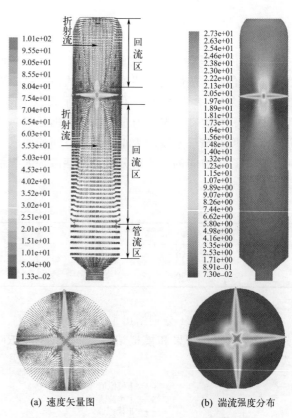

(a) 速度矢量图　　　　(b) 湍流强度分布

图 3-23　气化炉内速度矢量图和湍流强度分布

3.4.4　Shell 气化炉流场

3.4.4.1　Shell 气化炉流场实验研究

　　本书作者团队曾经在直径 1000mm、高 4200mm 的 Shell 大型冷模气化炉装置上对其流场结构进行了系统的实验研究。在测量时热线风速仪的探针位置位于相邻两喷嘴 45° 夹角位置，如图 3-24 所示。实验中以喷嘴平面为基准面，测量了不同高度下气化炉内气流的切向与轴向速度。

　　图 3-25 给出了不同工况下气化炉炉膛内的流场特征。从图中得出，工况 Ⅰ 条件下，四股流体因错位剪切而在炉膛中心有一个对称的强旋涡结构，与壁面没有直接的撞击作用；当一个喷嘴关闭时，由于流场失去对称性，在喷嘴平面附近的强旋流场减弱，三股流体在炉膛中心附近撞击后，折射流直接冲刷炉壁；当开启两个相对的喷嘴时，两股流体在中心处错位剪切，然后直接冲刷对面的炉壁；当开启两个相邻的喷嘴时，两股流体在中心处相撞，产生的折射流直接冲刷对面炉壁。

　　以空气为介质，采用热线风速仪研究了不同工况下 Shell 气化炉内气相流场结构。实验采用一维探头，分别测量了切向平均速度及其脉动速度（u_{mean}、u_{rms}）和轴向速度及其脉动

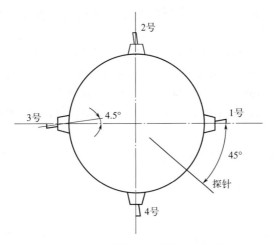

图 3-24　热线风速仪探针测量位置

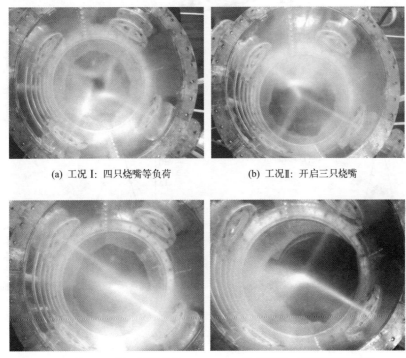

(a) 工况 I: 四只烧嘴等负荷　　　　　(b) 工况 II: 开启三只烧嘴

(c) 工况 III: 开启相对两只烧嘴　　　　(d) 工况 IV: 开启相邻两只烧嘴

图 3-25　不同工况下炉膛中心的流场显示照片

速度（v_{mean}、v_{rms}）。当四个喷嘴全部开启（$u=70m/s$）时，测量了不同高度（以喷嘴平面为基准面，向上为正方向，向下为负方向）沿径向各处的速度值和脉动速度大小。

实验测量结果表明，Shell 气化炉内的流体呈三维运动，即切向旋转速度、轴线上升或下降的速度和法向向外的运动速度共存，但切向旋转速度是轴向速度的 2 倍左右，而法向速度相对切向速度和轴向速度来说要低一个数量级，可以忽略不计。从实验测量结果来看，Shell 气化炉内具有较强的旋转流场特征：旋转在喷嘴平面附近最强，正常工况下此区域最大切向旋转速度可达 20～30m/s，如图 3-26 所示；往下旋转逐渐减弱，在渣口通道内最大切向旋转速度约为 3~5m/s；往上旋转亦逐渐减弱，在气化炉上升通道内最大切向旋转速度约为 4~7m/s。

当喷嘴入口气速 $u_0=100m/s$ 不变时，我们使用喷嘴直径 $D=20mm$、$40mm$ 这两种不同直径的喷嘴在喷嘴平面上 45°角方向上对流体切向旋转速度进行测量，所得结果见图 3-27。当喷嘴直径 $D=20mm$ 不变，喷嘴入口气速 u_0 分别为 $50m/s$、$100m/s$ 时，在喷嘴平面上 45°角方向上所得不同的流体切向速度结果见图 3-28。从图中还可以看出，相同入口气速下不同直径喷嘴在喷嘴平面上形成的旋涡直径大小几乎相同；而对同一直径的喷嘴，较大入口气速对应的喷嘴平面上旋涡直径较大。

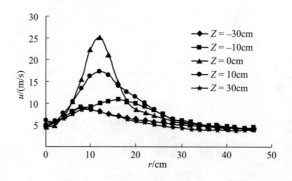

图 3-26　喷嘴平面附近实验测量切向速度分布

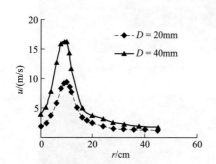

图 3-27　喷嘴直径对喷嘴平面
上流体切向速度的影响

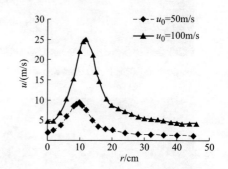

图 3-28　喷嘴入口气速对喷嘴平面
上流体切向速度的影响

3.4.4.2　Shell 气化炉流场数值模拟

由于 Shell 的四个喷嘴与烧嘴室轴线有一夹角，因此炉体内的流体应错位剪切而形成一个强旋流场。图 3-29 给出了气化炉内速度矢量分布，从图中可以看出，实验与模拟得到的流场结构基本一致。流体在强旋流运动的同时，射流剪切和旋转产生很强的卷吸。在高速射流的作用下，炉膛内的气体被卷吸进烧嘴室。从图 3-29(a) 中可以看出，流体错位剪切后，旋流上升或下降运动，在距离喷嘴平面约 $0.5D$ 附近与壁面接触；由于旋流使气化炉中心形成负压，且旋流强度越大，负压越大，因此气化炉中心流体向喷嘴平面附近运动 [图 3-29(b)]。图 3-29(c) 给出了下渣口处的速度矢量分布图。由于下渣口与渣池相通，因此气流在旋转的作用下，从下渣口壁面附近进入到渣池，而渣池内的气体在旋流负压的作用下从下渣口的中心被吸入到气化炉内。

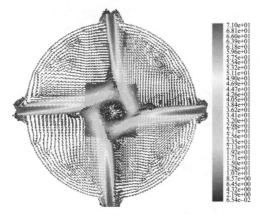

(a) 喷嘴平面上速度分布

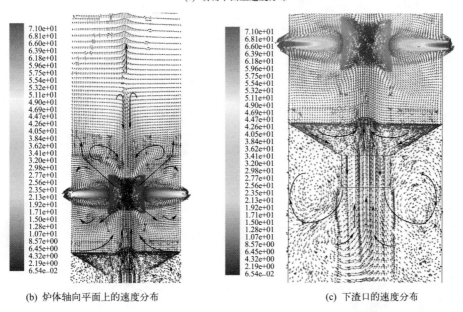

(b) 炉体轴向平面上的速度分布　　　　　　(c) 下渣口的速度分布

图 3-29　气化炉内速度矢量分布

　　图 3-30 给出了气化炉内颗粒浓度分布的冷态模拟计算结果。从图中可以看出，Shell 气化炉内的颗粒浓度分布与速度场的分布具有一定相似之处，由于气相流场是一强旋流场，在旋流的作用下，颗粒旋流在中心和壁面附近富集，然后随气流一起在气化炉内旋转上升或下降。在烧嘴室内由于卷吸作用，颗粒的浓度较高；在上下两个锥体部分，由于壁面收缩作用，壁面附近的浓度较高。

　　图 3-31 给出了气化炉内颗粒的运动轨迹。从图中可以看出，由于颗粒在气流曳力作用下，螺旋上升和下降。从该图也可以说明 Shell 气化炉内流场的旋转特性。

　　图 3-32 和图 3-33 给出了 Shell 气化炉轴线上和径向上颗粒浓度分布的冷态模拟结果。从图中可以看出，由于气化炉内强旋流的特征，在气化炉中心区域浓度非常低，颗粒在壁面的浓度远大于气化炉中心区域。气化炉轴线上颗粒浓度在 $0.001\sim0.004\text{kg/m}^3$ 之间，壁面上浓度约为 $0.1\sim0.65\text{kg/m}^3$，大约为轴线上颗粒浓度的 100 倍。

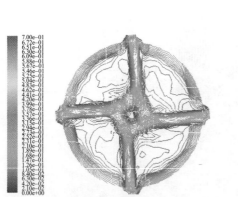
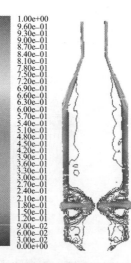

(a) 炉体喷嘴平面上的颗粒浓度分布　　　　　(b) 炉体轴向平面上的颗粒浓度分布

图 3-30　气化炉内颗粒浓度分布与气相速度分布

图 3-31　气化炉内颗粒运动轨迹

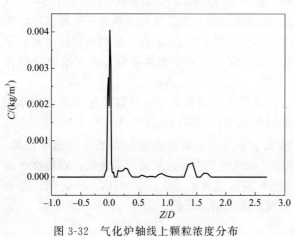

图 3-32　气化炉轴线上颗粒浓度分布

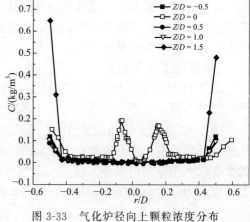

图 3-33　气化炉径向上颗粒浓度分布

3.5 流化床气化炉内的流体流动

温克勒于1921年发现流化现象，并开发出第一台流化床气化炉。80多年来，流态化技术在工业过程中已有了广泛的应用。其应用范围已从传统的化学工业、石油化工，拓展到煤的燃烧、冶金、环境和能源工业以及需要固体处理的多个领域。

3.5.1 流化床的基本概念

当气体向上通过较细颗粒的床层时，会发生以下现象。

① 当气体以低速通过床层时，固体颗粒保持接触，床层处于静止状态，床层高度也不变，气体在颗粒之间的空隙中通过，这种床层称为固定床［图3-34(a)］。

② 当气体流速增大到一定值时，固体颗粒的位置会稍有调整，但仍处于接触状态，只是床层变松，略有增高。从理论上讲，气流速度最终达到某一特定值时，恰好使颗粒悬浮于向上流动的气体中，床层中任何一部分的压降几乎就等于该部分颗粒的重量。这时床层被认为处于初始或临界流化状态中［图3-34(b)］。定义此时的气体表观流速（假定床层不存在颗粒）为最小流化速度（V_{mf}），又称临界流化速度。假设床层中空隙间的平均气流速度为V_t，则

$$V_t = \frac{V_{mf}}{\varepsilon_{mf}} \tag{3-108}$$

式中，ε_{mf}为临界流化状态下床层的平均孔隙率。

③ 当气速高于一定的流速时，气体以鼓泡方式通过床层，随着气速的增加，固体颗粒在床层中的运动也愈激烈，即进入流化状态。这时气-固系统具有类似于液体的流动性，它是无定形的，随设备形状而改变，床层也随着气速的增大而膨胀，但有明显的上界面［图3-34(c)］。气泡在床层中上升，到达床层表面时破裂。床层中激烈的气-固运动很像沸腾的液体，因此流化床又称为沸腾床。

④ 在更高的速度下，一部分固体颗粒被气流带出，随着气速增大，颗粒夹带也增多，上界面也随着消失，这时，因颗粒随气流从容器中一起被吹送出去，密度又较小，故称为稀相输送床［图3-34(d)］。通常，工业上应用的流化床，允许气流带走少量较小的颗粒，因为带走的这一部分颗粒还可以通过旋风分离器或过滤器回收后不断返回到床层中，这就仍然能够保证操作正常进行[51]。

在实际的流化床中，为了保证气流在床层内初始分布的均匀，流化床下部设有气体分布板（图3-35）。为了防止停工时颗粒从小孔中漏下或堵塞小孔，并使气体从小孔顺利通过进入床层中，在每一筛孔中都安设了风帽。

在气体流化床中，当气速略大于初始流化速度时，固体颗粒由于流化而产生的混合现象是非常缓慢的。当气速超过初始流化速度的1.3倍时，固体混合已经很快了，气速越大，混合也越激烈。固体颗粒的运动大体上是从床层的中心部分上升而沿气速逐渐降低的壁面下降，形成轴向混合。在颗粒下降过程中，又有一部分颗粒不断地横向床层的中心部分运动，形成径向混合（图3-36）。如此循环，这就是固体返混现象[52]。

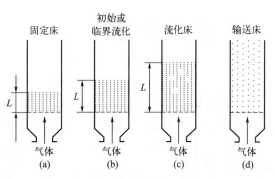

图 3-34 不同流速时床层的变化

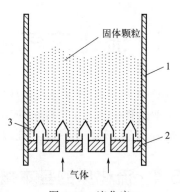

图 3-35 流化床
1—筒体；2—气体分布板；3—风帽

气体在流化床中的流型如图 3-37 所示。主气流沿着床层的中央上升，大部分气体经过中央核心部分离开床层，当气体接近于床面时，其中一部分气体折转方向，并在沿壁的环隙内向下流动，而在接近床层底部时流动方向倒转，与由筛板进入的新气流汇合而上升。比较图 3-36 和图 3-37 可见，气体的返混流型与固体的返混流型非常相似。这是因为固体返混是在流化气体中产生的，因此固体返混又会引起流体的二次返混现象。也就是说固体返混时夹带了包围着颗粒的气体（有时夹带着小气泡）一起流动。

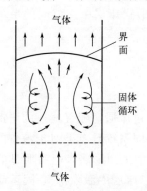

图 3-36 气体流化床中的固体返混状态

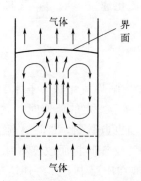

图 3-37 流化床中气体简化流型

固体颗粒和气体的返混现象使床层的温度分布趋向均匀，这对于保持某一恒定温度进行化学反应是有利的。但是另一方面，对于催化反应，固体颗粒是催化剂，气体反应后应该排出去，才能获得较高的转化率，由于气体返混，使反应后的生成物稀释了参加反应的气体，从而降低了转化率，有时甚至产生不需要的副反应。

3.5.2　流化床简化模型

早期描述流化床中气-固相接触机理的模型，没有涉及气泡的存在及其影响。这些模型均假定系统是等温的，气体和固体完全返混或呈平推流。其后，研究者又提出了改进的模型，这些模型可分为两类，即简单的两相模型和鼓泡床模型[53]。

（1）简单两相模型　简单两相模型把流化床看成是由两个平行的单相区域组成（图 3-38），即一个浓相区和一个稀相区。这两相中每一相都有各自的气流通过，且两相间有气体的错流。稀相区中的气流流型通常假定为平推流，而浓相区中的气流流型则假定为全混流，并伴有有限返混，返混可用轴向扩散或多釜串联模型加以描述。

该模型可解释气泡相中有固相存在，但没有考虑固体混合形式或停留时间分布。简单的两相模型为流化床的设计和放大提供了一种非常实用的工程计算方法。

（2）鼓泡床模型　在鼓泡流化床中，有两个主要的固体密度区，通常称为乳化相（高固体密度区）和气泡相（低固体密度区）（图 3-39）。该模型以单个上升气泡的性质为基础，通过对气泡上升速度、气泡云的形成、气泡中气体的穿流和尾涡等问题的研究和描述，形成对流化床内颗粒和气泡的基本流体力学特征进行描述的简化模型。

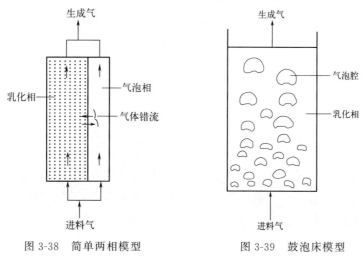

图 3-38　简单两相模型　　　　图 3-39　鼓泡床模型

3.5.3　流化床反应器设计的重要参数

为了对流化床进行尽可能准确的设计和放大，对影响流化床特性的一些重要参数进行了大量研究，得到了一些重要的经验关联式，有些研究工作至今还在进行[51-54]。

（1）颗粒形状系数　在对流化床进行描述时，多种非球形颗粒的形状系数是不可或缺的。所谓形状系数，就是相同体积的球形颗粒的表面积与实际颗粒表面积之比，用 ϕ 表示。显然，球形颗粒的形状系数 $\phi=1$，而其他任何非球形颗粒的形状系数满足 $0<\phi<1$。大量的研究表明，不同煤种颗粒的形状系数大体在 0.60～0.83 之间，Austin 等[55]研究发现，当颗粒直径在 40～120μm 时，形状系数与颗粒尺寸无关。研究还发现，形状系数随煤挥发分含量有规律地变化，当挥发分含量在 17%（无灰无水基）左右时，颗粒的球形度最大。

（2）临界流化状态下的床层空隙率　临界流化速度下的床层空隙率 ε_{mf} 也是设计流化床时的主要参数。研究发现，随着煤颗粒尺寸的增加，有的 ε_{mf} 值减小，有的 ε_{mf} 值增大。床层空隙率与形状系数、颗粒密度、颗粒粒度分布等重要参数的关系式，现在尚未得到。Kunii 和 Levenspiel[56]提出，由于 ε_{mf} 仅比填充床的空隙率略大，所以 ε_{mf} 值可以用不规则填充数据来估算，也可通过实验进行测定。

（3）临界流化速度　流化床的操作速度必须大于临界流化速度，并且常以操作速度是临界流化速度的若干倍来表示操作条件，因此确定临界流化速度的大小就显得极为重要。Leva[57]、Wen[58] 及 Frantz[59] 等人曾对各种计算临界流化速度的关联式进行了评述。多数的关联式都以一个基本概念为出发点，即当贯穿床层的总拖拽力（压降×床层界面积）等于床层中固体的重量时，床层处于临界流化状态。Wen[58]采用这一概念，参照固定床压降关联

式，提出了如下的经验关联式

$$\frac{1.75}{\phi\varepsilon_{mf}^3}\left(\frac{d_pV_{mf}\rho_g}{\mu}\right)^2+\frac{150(1-\varepsilon_{mf})}{\phi^2\varepsilon_{mf}^3}\left(\frac{d_pV_{mf}\rho_g}{\mu}\right)=\frac{d_p^3\rho_g(\rho_s-\rho_g)g}{\mu^2} \tag{3-109}$$

式中，d_p 为颗粒平均直径；ρ_s 为颗粒密度；ρ_g 为气体密度；μ 为气体黏度。颗粒平均直径按下式计算

$$\frac{1}{d_p}=\sum_i\frac{X_i}{d_{p_i}} \tag{3-110}$$

式中，X_i 为颗粒质量分数；d_{p_i} 为各质量分数的颗粒平均尺寸。

Wen 等[58]还发现，对于很多系统，ϕ 和 ε_{mf} 满足如下关系

$$\frac{1}{\phi\varepsilon_{mf}^3}\approx14,\quad\frac{1-\varepsilon_{mf}}{\phi_2\varepsilon_{mf}^3}\approx11 \tag{3-111}$$

代入式(3-109) 得到

$$V_{mf}=\frac{\mu}{d_p\rho_g}\left\{\left[33.7^2+0.0408\frac{d_p^3\rho_g(\rho_s-\rho_g)g}{\mu^2}\right]^{1/2}-33.7\right\} \tag{3-112}$$

式(3-112) 的计算值和很多实验数据吻合，尤其在低压条件下，计算值与实验值一致。但对于煤颗粒系统，该式的预测值在高压下与实验值有较大的误差，对于煤颗粒或与其类似的系统，ϕ 和 ε_{mf} 可做如下校正

$$\frac{1}{\phi\varepsilon_{mf}^3}\approx8.81,\quad\frac{1-\varepsilon_{mf}}{\phi_2\varepsilon_{mf}^3}\approx5.19 \tag{3-113}$$

此时，临界流化速度表达式如下

$$V_{mf}=\frac{\mu}{d_p\rho_g}\left\{\left[25.25^2+0.0651\frac{d_p^3\rho_g(\rho_s-\rho_g)g}{\mu^2}\right]^{1/2}-25.25\right\} \tag{3-114}$$

计算临界流化速度的经验公式很多，下面再介绍一种较为简便且在工程上可以适用的公式。

对细颗粒，或 $Re<20$ 时

$$V_{mf}=\frac{d_p^2(\rho_s-\rho_g)}{1650\mu} \tag{3-115}$$

对粗颗粒，或 $Re>1000$ 时

$$V_{mf}=0.633\sqrt{\frac{d_p(\rho_s-\rho_g)}{\rho_g}} \tag{3-116}$$

在流化床中，大而均匀的颗粒在流化时流动性差，容易发生腾涌现象，容易堵塞立管，磨损颗粒、设备和管线。操作气速的范围也狭窄，只能适用于浅床层。因此，含有适量的细粉有利于改善流化质量，使操作更为平稳。

（4）床层膨胀　当床层内气体速度大于临界流化速度时，床层处于流化状态，气体会形成穿过床层的气泡，床层发生膨胀。如何确定流化状态下颗粒床层的实际高度也是流化床设计的重要参数。由于从流化床表面喷出的气泡会将一些固体颗粒抛到床层上方，其中一部分被带出反应器，一部分又落回床层。这就使得流化床顶部和床层上部的稀相区之间缺少清晰的界限，因而给实验测定带来了困难。很多研究者发现，床层膨胀随反应器直径的增加而减

弱[60]，并给出了有关流化床床层膨胀的关联式。

当 $D_T \leqslant 6.35\mathrm{cm}$ 时，有

$$\frac{L_f}{L_{mf}} = 1 + \frac{0.437(V - V_{mf})^{0.570}\rho_g^{0.088}}{\rho_s^{0.166}V_{mf}^{0.063}D_T^{0.445}} \tag{3-117}$$

当 $D_T > 6.35\mathrm{cm}$ 时，有

$$\frac{L_f}{L_{mf}} = 1 + \frac{1.95(V - V_{mf})^{0.738}d_p^{1.006}\rho_g^{0.376}}{\rho_s^{0.937}V_{mf}^{0.125}} \tag{3-118}$$

式中，L_{mf} 为最小流化状态下床层高度，cm；L_f 为床层高度，cm；D_T 为反应器直径，cm；V 为按空塔计算的气体表观速度，cm/s。

(5) 固体循环 在流化床中，整个固体由上升气体的尾涡携带向上运动，再由乳化相中的补偿气流携带向下运动而形成循环。Talmor 等[61]采用示踪技术研究了鼓泡-空气流化床中固体的运动，在其实验范围内得到了计算固体循环量的近似关联式

$$J = 0.785(V - V_{mf})\exp(-66.3d_p) \tag{3-119}$$

式中，J 为流化床横截面上的固体循环量，g/($\mathrm{cm}^2 \cdot \mathrm{s}$)。

3.5.4　流化床中的传质传热

3.5.4.1　流化床中颗粒-流体之间的传质

传质过程可看作流化流体与固体之间组分的扩散、吸附或解吸的过程。流化床中颗粒-流体传质系数的实验测定，一般采用干燥、升华以及吸附传质方法等。

Chu[62]等的实验关联式为

$$\begin{aligned} Sh &= 5.7Re^{0.22}(1-\varepsilon)Sc^{1/3} && 1 < Re(1-\varepsilon) < 30 \\ Sh &= 1.77Re^{0.56}(1-\varepsilon)Sc^{1/3} && 30 < Re(1-\varepsilon) < 10000 \end{aligned} \tag{3-120}$$

该式的实验范围为：$0.7\mathrm{mm} < d_p < 2\mathrm{mm}$，$0.3 < \varepsilon < 0.7$。

Richardson 和 Szekely[63]根据他们的实验结果，得到下述传质系数计算式

$$\begin{aligned} Sh &= 0.374Re^{1.18} && 0.1 < Re < 15 \\ Sh &= 2.01Re^{0.5} && 15 < Re < 250 \end{aligned} \tag{3-121}$$

研究发现，床层空隙率对传质有显著的影响，传质 j_d 因数会随空隙率的增加而减少。流化气速过高，会造成床层气含量偏高，空隙率增大，从而传质系数比经典流化床要低。Kumar[64]测定的高空隙率、快速流化条件下的传质结果为

$$\varepsilon j_d = 0.455Re^{0.407} && 500 < Re < 10000 \tag{3-122}$$

考虑床层空隙度的影响，还可以采用 Thoenes[65,66]提出的关联式计算传质系数

$$\frac{k_d}{u}\varepsilon Sc^{2/3} = f(\varepsilon)\left(\frac{ud_p}{\nu}\right)^{-0.5} \tag{3-123}$$

当低 ε 值时，$f(\varepsilon) = (1-\varepsilon)^{0.5}$；高 ε 值时，$f(\varepsilon) = 0.66\varepsilon^{0.5}$。

3.5.4.2　流化床中颗粒-流体之间的传热机理

由于流化床中颗粒-流体传热实验的结果差异甚大，缺乏一致性，而且传热系数远远低

于单颗粒的传热系数值，许多研究者试图从传热机理上寻求解释。Zabrodsky[67,68]提出的微隙模型认为，超出临界流化需要量以外的剩余气体，短路通过一排或数排固体颗粒，然后再与渗过床层的气体完全混合，在气体通过床层时，此过程反复循环。由于流化床内颗粒的不稳定团聚（分子力或静电力所致），减弱了连续相和非连续相之间气体交换的强度，使气体在通过颗粒后达不到完全的径向混合，气体温压也大为降低，从而导致很小的 Nu。森滋腾等[69]研究了以多孔介质板为分布板的流化床颗粒-流体传热，提出了基于气泡物理行为的传热模型。他们把床层分为气泡生成区和鼓泡区，在气泡生成区，颗粒均匀分散，气体为活塞流；而在自由鼓泡区，颗粒完全混合、温度均一，传热主要由气泡周围的循环气体和颗粒的运动所致。当 u/u_{mf} 的数值较小时，鼓泡区传热影响大；而当 u/u_{mf} 数值较大时，气泡生成区内的传热过程起支配作用。

3.5.4.3　流化床中颗粒-流体之间的传热与传质的关联

颗粒-流体间的传热与传质在许多方面具有相似性，例如颗粒内部的导热和扩散均可忽略；传热阻力集中在颗粒表面的温度边界层，而传质阻力集中在颗粒表面的浓度边界层；与传热传质密切相关的流动模型，也多采用气体活塞流、颗粒全混的假定等。因此，根据传递过程相似的概念，可将颗粒-流体传热和传质进行统一关联。Gunn[70]作过类似的尝试，导出了下述热质传递的统一关联式

$$N_T = (7 - 10\varepsilon + 5\varepsilon^2)(1 + 0.7Re^{0.2}M_T^{1/3}) + (1.33 - 2.4\varepsilon + 1.2\varepsilon^2)Re^{0.7}M_T^{1/3} \qquad (3-124)$$

式中，N_T 在传质时为 Sh，传热时为 Nu；M_T 在传质时为 Sc，传热时为 Pr。

由于流态化系统的复杂性，对其流动规律难以做统一的准确描述，气-固系统和液-固系统又有聚式和散式流化之区别，导致传递过程流动模型的假定与实际流动状况不尽相同，加之流化系统中颗粒、流体的急剧混合以及颗粒、流体极易达到平衡等，使得温度、浓度的测量困难，有效传递面积的计算无从下手，传递推动力在流化床内的变化规律尚不能确切描述。因此，在目前的情况下，在考察和计算流态化系统的传热、传质计算时，只能按照不同情况，根据相近的实验或操作条件，选择前述各关联式及相关的机理分析进行近似处理[54]。

3.5.5　典型流化床气化炉流动过程模拟

国内已经开发成功并在工业上应用到的流化床气化炉主要是中科院山西煤炭化学研究所开发的灰熔聚气化炉和中科院工程热物理研究所开发的循环流化床气化炉。有关循环流化床内的流动与传递过程，已经有大量的文献介绍，下面不再赘述，只简要介绍灰熔聚流化床内的流动与混合过程。

（1）灰熔聚流化床底部结构特征　流化床气化炉的混合特性有利于传热、传质的进行，从而促进煤颗粒的反应，但气固强烈混合也造成传统流化床气化炉排灰过程中的碳损失较高。为解决此问题，在灰熔聚流化床底部设置了灰熔聚分离装置，包括三部分结构：中心管、锥形分布板和环管。部分空气或富氧气体和水蒸气由分布板进入气化炉流化煤颗粒，大部分氧气经中心管喷入床内，在炉内形成一个局部高温区，促使灰团聚成球，在环管内一定气速下利用质量差异实现灰渣和煤粒的有效分离，从而提高了床内碳浓度和气化温度，拓宽了煤种适用范围，同时降低了排灰碳的质量分数，提高碳转化率[71]。

（2）灰熔聚流化床内的床层空隙率模拟　高鹍等分别采用标准 k-ε 方程和 RNG k-ε 方程模拟流化床内的床层空隙率，并与实验值进行了对比[72]，图 3-40 为不同方程模拟的床层轴

向空隙率分布与实验值的比较，图 3-41 为不同方程模拟的床层径向空隙率分布与实验值的比较。

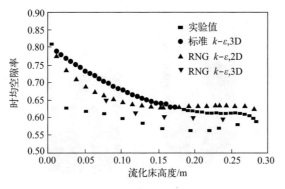

图 3-40　流化床轴向空隙率分布

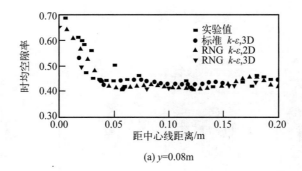

(a) y=0.08m

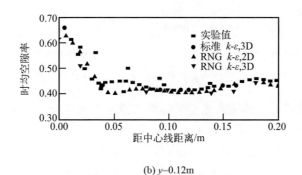

(b) y–0.12m

图 3-41　流化床轴向空隙率分布

（3）分布器对灰熔聚流化床流动过程影响　高鹍等通过 CFD 双欧拉模型模拟了灰熔聚流化床气化炉内气体、固体颗粒在不同气体分布器、灰分离器结构下的流动行为[73]，阐明了不同中心射流气速下的气体、固体流动循环状况，环管内气流分布与扩管张角的关系以及对颗粒运动的影响。

图 3-42 比较了采用锥形和平板分布板时床层空隙率的差异，图 3-43（a）和（b）则给出了不同分布器结构下流化床内气相和固相的速度矢量图。从图 3-42 可见，喷嘴出来的高速气体在平板分布板流化床中形成较长的射流，且射流分离出的气泡较均匀地分布在周围床层。而锥形分布板流化床中的射流进入锥形区域后形成气泡串，且气泡串主要沿着床体中心区域向上运动。

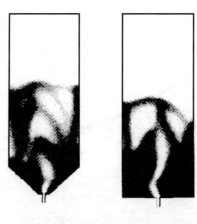

(a) 锥形分布板   (b) 平板分布板

图 3-42   两种分布器结构下流化床空隙率

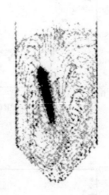

(a) 气相速度矢量   (b) 固相速度矢量

图 3-43   两种分布器结构下流化床气相与固相速度矢量

从图 3-43（a）可见，气体进入流化床时总是沿着垂直于分布板的方向，因此，锥形分布板除了使气体向上运动以外还会有向床中心区域汇聚运动的速度分量，从而在床中心区域形成高速区，大量气体以气泡串形式通过床层；相对而言，床边壁附近气体速度变得较低，甚至发生小程度的返混。平板流化床中从平分布板进入的气体会保持垂直向上的速度，达到一定的高度后才会由于射流、气泡等的干扰而发生偏离，气体的速度分布直接影响颗粒运动特性。从图 3-43（b）可见，锥板流化床中颗粒流从中心区域上升，沿边壁区域下降，并且可以沿锥形分布板下降至床的底部，这样就形成了遍及整床的颗粒循环流动。而平板流化床中主要的颗粒循环运动只发生于一定高度以上的床层（由于气泡或射流的作用）；分布板上方附近的区域颗粒速度普遍很小，只存在一些很小规模的颗粒循环流动，死区现象容易发生在这个区域。

总之，锥形分布板比之平板分布板更易于将气体导入中心区域，促使中心射流发展为气泡串；而气泡串的运动是造成颗粒混合和循环运动的主因，因而锥形分布板较平板分布板更有利于床内颗粒混合和循环。同时锥形结构下颗粒的循环流动可以发展至床层底部，明显减少了流化床底部死区，降低了煤灰烧结的概率，而煤焦颗粒的混合和循环有利于碳转化率的提高。

（4）中心管流速对灰熔聚流化床流动过程影响　图 3-44 给出了不同中心管射流速度（中心管气速分别在 8.5m/s、17.7m/s、28.3m/s）下冷态流化床中的空隙率分布。由图 3-44 可见，当中心管气速较小时，流化床中气泡的尺寸较小、颗粒含量较高，且主要分布在床层两侧。当中心管气速提高至 17.7m/s 时，气泡平均尺寸明显增大，并随着其上升会发生膨胀。床层中心线出现了气泡串。但是床层两侧也会有气泡活动。中心管气速继续提高至 28.3m/s 后，中心管处的射流变得十分显著，形成的气泡直径更大，床层两侧的零星气泡直径变得更小，且颗粒含率也有所升高。中心线附近成为气泡活动的主要区域。

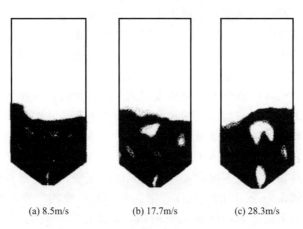

(a) 8.5m/s　　　　　(b) 17.7m/s　　　　　(c) 28.3m/s

图 3-44　不同中心管射流速度对床层空隙率的影响

图 3-45 给出了不同中心管气速下气相速度分布。由图 3-45 可见，虽然气体均垂直于分布板进入床层，但不同大小的中心管气速导致分布板进入的气体流向也有所差异。当中心管气速为 8.5m/s 时，气体通过分布板后偏向床两侧流动、上升；而当气速为 17.7m/s 时，通过分布板的气体垂直上升并开始稍偏向床中心线流动；当气速增至 28.3m/s 时，分布板气体先向中心线方向汇聚后转为沿轴向上升，同时边壁会出现少量向下运动的气流。

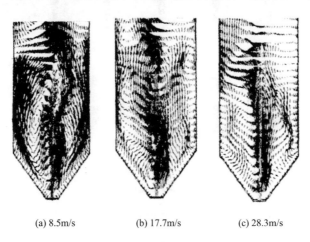

(a) 8.5m/s　　　　　(b) 17.7m/s　　　　　(c) 28.3m/s

图 3-45　不同中心管气速下流化床内气相速度分布

从上述结果可以推断，中心管射流气速高低是造成分布板气体发生转向的原因。从 Kunii 等的气泡模型可知，射流或气泡会引起压力场的变化，其上部压力要略高于周围压力而其下部情况则相反,从而在射流底部或气泡尾部就会造成气流的卷入以至颗粒的扰动和卷吸,并且射流或气泡尺寸越大,该作用越强。对于灰熔聚流化床气化炉来说,只有当中心管气流达到一定气速以上,中心射流才可以和锥形分布板相互配合达到整床颗粒循环流动的形成。此时中心射流引起大量颗粒的循环运动,有利于消除死区和煤灰熔聚。

(5) 环管扩张结构对灰熔聚流化床流动过程影响 灰熔聚流化床气化炉的环管分的主要作用是在一定操作气速下在环形区域形成适宜的流场,实现灰和半焦的选择性分离和灰的排出。研究发现,采用上下直径相同的无扩张环管时,分布板下沿与环管接口的区域容易形成颗粒滞留,导致结渣,最终影响排灰。解决途径是在环管上部设计扩张结构。

图 3-46 为不同环管扩张角下流化床内的空隙率分布及气泡运动特征。由图 3-46 可见,由于张角的存在,环管上部横截面积变大,降低了出口气速,能够使分布板下沿堆积的颗粒部分下落进入扩管结构区域。但是扩管结构区中气速依然比较高,下落的颗粒被狭长的射流穿过并且被挤到扩管结构区的边壁上。射流发展到一定程度时,在扩管结构区的下端分离形成一个狭长的气泡而上升,气泡会导致颗粒沿着其周边下落,这时扩管结构的下端会发生短暂的颗粒堆积,很快新的射流又在这里开始形成。另一方面狭长的气泡进入分布板区域后会转变为略呈长圆形,它又会引起主体床层的颗粒循环。

扩张结构只有张角在一定范围内时才可以达到改善流场、利于排灰的作用,并不是角度越大效果越好。扩管张角小于 10° 的流化床将射流和最初形成的气泡转移到了扩管结构的底部,从而抑制了分布板下沿区域的堆积结渣问题。为了比较,高鹍等[73] 又模拟了一个扩管张角为 15° 的工况,结果见图 3-46。由图 3-46 (b) 可见,增加环管扩张角并不能狭长射流,显著减弱的气速反而造成气体向周围扩散,颗粒很难沿边壁绕过射流下落,气泡依然是在分布板底部形成。

(a) 环管扩张角9°

(b) 环管扩张角15°

图 3-46　不同环管扩张角下流化床内的空隙率分布及气泡运动特征

值得指出的是,扩管结构将原有的一个整床颗粒循环转变为两个循环流动[74](如图 3-47所示),一个是主体床层的颗粒循环流动,另一个是位于扩管结构区的颗粒循环,后者非常有利于煤灰熔聚过程。

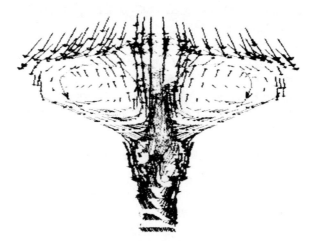

图 3-47 流化床内固相速度矢量分布

参考文献

[1] Winant C D, Browand F K. Vortex pairing: the mechanism of turbulent mixing-layer growth at moderate reynolds number [J]. Journal of Fluid Mechanics, 1974, 63 (2): 237-255.

[2] List E J. Turbulent Jets and Plumes [J]. Ann Rev J Fluid Mech, 1982, 14: 189.

[3] 戴干策, 陈敏恒. 化工流体力学 [M]. 北京: 化学工业出版社, 2005.

[4] Ko N W M, Kwan A S H. The initial region of subsonic coaxial jet [J]. Journal of Fluid Mechanics, 1976, 73 (2): 305-332.

[5] Bitting J W, Nikitopoulos D E, et al. Visualization and two-color DPIV measurements of flow in circular and square coaxial nozzles [J]. Experiments in Fluids, 2001, 31: 1-12.

[6] Beer J M, Chigier N A. Combustion Aerodynamics [M]. London: Applied Science Publishers Ltd, 1972.

[7] 于遵宏, 等. 化工过程开发 [M]. 上海: 华东理工大学出版社, 1996.

[8] Becker H A, Hottel H C, Williams G C. Ninth Symposium (International) on Combustion [M]. New York: Academic Press, 1963.

[9] Thring M W, Newby M P. Fourth Symposium (International) on Combustion [M]. New York: Academic Press, 1953.

[10] 王辅臣. 射流携带床气化过程研究 [D]. 上海: 华东理工大学, 1995.

[11] (以色列) Tamir A. 撞击流反应器——原理和应用 [M]. 伍沅, 译. 北京: 化学工业出版社, 1996.

[12] Champion M, Libby P A. Reynolds stress description of opposed and impinging turbulent jets [J]. Physics of Fluids, 1993, 5: 203-215.

[13] 李伟锋, 孙志刚, 刘海峰, 王辅臣, 于遵宏. 小间距两喷嘴对置撞击流场的数值模拟与实验研究 [J]. 化工学报, 2007, 58 (6): 1386-1390.

[14] 李伟锋, 孙志刚, 刘海峰, 王辅臣, 于遵宏. 两喷嘴对置撞击流驻点偏移规律的实验研究 [J]. 化工学报, 2008, 59 (1): 46-52.

[15] 许建良, 李伟锋, 曹显奎, 代正华, 刘海峰, 王辅臣, 龚欣, 于遵宏. 不对称撞击流的实验研究与数值模拟 [J]. 化工学报, 2006, 57 (2): 288-291.

[16] 李伟锋. 撞击流流动特征的应用基础研究 [D]. 上海: 华东理工大学, 2008.

[17] Soo S L. Multiphase Fluid Dynamics. Gower Technical [M]. Beijing: Science Press and Hong Kong, 1990.

[18] 连桂森. 多相流动基础 [M]. 杭州: 浙江大学出版社, 1989.

[19] 孔珑. 两相流动基础 [M]. 北京: 高等教育出版社, 2004.

[20] Tchen C M. Mean value and correlation problems connected with the motion of small particles in a turbulent field [D]. Hague, Martinus Nijhoff: Delft University, 1947.

[21] Zhou L X, Huang X Q. Numerical and experiments studies on a gas-particle two-phase flow jet [C]. 3th Asian Congress of Fluid Mechanism. Japan, 1986.

[22] Borner Th, Durst F, Manero E. LDV measurements of gas-particle confined jet flow and digital data processing, LSTM Report, LSTM 153/E/86 [R]. University of Erlangen-Nurnberg, 1986.

[23] 黄晓清.湍流气-固两相射流和三维湍回流气-固两相流动的研究 [D]. 北京：清华大学，1988.

[24] Hedman P O, Smoot L D. Particle-gas, diffusion effects in confined coaxial jet [J]. AIChE J, 1975, 21 (2)：372.

[25] Crowe C T, Chung J N, Troutt. T R. Particle mixing in free shear flows [J]. Progress in Energy and Combustion Science, 1988, 14 (3)：171-194.

[26] Maeda M, Morikita H, Prassas I, et al. Shadow doppler velocimetry for simultaneous size and velocity measurements of irregular particles in confined reacting flows [J]. Part Syst Charact, 1997, 14：79-87.

[27] 许建良.气流床气化炉内多相湍流反应流动的实验研究与数值模拟 [D]. 上海：华东理工大学，2008.

[28] 肖克俭，于遵宏，沈才大.德士古气化炉冷态流场数学模拟 [J]. 石油学报：石油加工，1992，8 (2)：94-102.

[29] 龚欣，于建国，肖克俭，王辅臣，沈才大，于遵宏.德士古气化炉冷态流场测试 [J]. 华东化工学院学报，1993，19 (2)：128-133.

[30] 于遵宏，沈才大，龚欣，王辅臣，肖克俭.渣油气化炉冷态流场研究（Ⅰ）[J]. 石油学报（石油加工），1993，9 (2)：87-94.

[31] 于遵宏，龚欣，沈才大，王辅臣，于建国.渣油气化炉冷态流场研究（Ⅱ）[J]. 石油学报（石油加工），1993，9 (2)：95-101.

[32] 龚欣，于建国，王辅臣，何元，于遵宏，沈才大.冷态德士古气化炉流场与停留时间分布的研究 [J]. 燃料化学学报，1994，22 (2)：189-195.

[33] 于遵宏，孙建辉，于建国，沈才大，龚欣.德士古气化炉气化过程剖析（Ⅱ）：冷态速度分布测试 [J]. 大氮肥 1994 (1)：46-49.

[34] 于遵宏，孙建辉，于建国，沈才大，龚欣，王辅臣.德士古气化炉气化过程剖析（Ⅴ）：区域模型 [J]. 大氮肥，1994 (5)：352-356.

[35] 傅淑芳，龚欣，沈才大，肖克俭，于建国，于遵宏.德士古气化炉冷态停留时间分布测试Ⅰ [J]. 华东化工学院学报，1993，19 (2)：133-138.

[36] 于遵宏，沈才大，王辅臣，龚欣，于建国，肖克俭.水煤浆气化炉的数学模拟 [J]. 燃料化学学报，1993，21 (2)：191-198.

[37] 于遵宏，沈才大，王辅臣，肖克俭，于建国，龚欣.水煤浆气化炉气化过程的三区模型 [J]. 燃料化学学报，1993，21 (1)：90-95.

[38] 王辅臣，于广锁，龚欣，吴韬，于遵宏.射流携带床气化炉内宏观混合过程研究（Ⅰ）：冷态浓度分布 [J]. 化工学报，1997，48 (2)：193-199.

[39] 王辅臣，龚欣，吴韬，于广锁，于遵宏.射流携带床气化炉内宏观混合过程研究（Ⅱ）：停留时间分布 [J]. 化工学报，1997，48 (2)：200-207.

[40] 王辅臣，吴韬，于建国，龚欣，于遵宏.射流携带床气化炉内宏观混合过程研究（Ⅲ）：过程分析与模拟 [J]. 化工学报，1997，48 (3)：336-346.

[41] 秦军.气流床气化炉内流场实验研究及数值模拟 [D]. 上海：华东理工大学，2005.

[42] 李伟锋.气固两相射流的实验研究和离散涡模拟 [D]. 上海：华东理工大学，2004.

[43] 叶正才，吴韬，王辅臣，龚欣，于遵宏.射流携带床气化炉内混合过程的研究 [J]. 华东理工大学学报，1998，24 (4)：385-388.

[44] 叶正才，吴韬，王辅臣，龚欣，于遵宏.射流携带床气化炉内混合过程的数值模拟 [J]. 华东理工大学学报，1998，24 (6)：627-631.

[45] 刘海峰，王辅臣，吴韬，龚欣，于遵宏.撞击流反应器内微观混合过程的研究 [J]. 华东理工大学学报，1999，25 (3)：228-232.

[46] 于遵宏，龚欣，吴韬，王辅臣，谭群钊.多喷嘴对置水煤浆（或粉煤）气化炉及其应用：中国，98110616. 1 [P]. 1998-07-08.

[47] 谭可荣，韩文，赵东志，于广锁，刘海峰，新型水煤浆气化技术的开发及其应用，煤炭转化，2001，24 (1)：36-39.

[48] 龚欣，刘海峰，王辅臣，于广锁，于遵宏.新型（多喷嘴对置式）水煤浆气化炉 [J]. 节能与环保，2001 (6)：15-17.

[49] 刘海峰，刘辉，龚欣，王辅臣，于遵宏.大喷嘴间距对置撞击流径向速度分布 [J]. 华东理工大学学报，2000，26 (2)：168-172.

[50] 代正华，刘海峰，于广锁，龚欣，于遵宏.四喷嘴对置式撞击流的数值模拟 [J]. 华东理工大学学报，2004，30 (1)：65-68.

[51] 郭宜沽，王喜忠.流化床基本原理及其工业应用 [M]. 北京：化学工业出版社，1980.

[52] Divid J F，Harrison D. Fluidized Particles [M]. New York：Cambridge University Press，1963：155.

[53] Eliiott M A. 煤利用化学 [M]. 徐晓，吴奇虎，等译.北京：化学工业出版社，1991.

[54] 郭慕孙，李洪钟.流态化手册 [M]. 北京：化学工业出版社，2008.

[55] Austin L G，Gandner R P，Walker P L. The shape factors of coals ground in a standard hardgrove mill [J]. Fuel，1963，42：319-323.

[56] Kunii D，Levenspiel O. Fluidization Engineering [M]. New York：John Wiley and Sons，1969，534.

[57] Leva M. Fluidization [M]. New York：McGraw-Hill Book Company，1959：327.

[58] Wen C Y，Yu Y H. Mechanics of Fluidization [J]. Am Inst Chem Eng，1966，12：610-612.

[59] Frantz J F. Design for fluidization [J]. Chem Eng，1962，69 (19)：161-178.

[60] Bakker P J，Heertjes P M. Porosity distributions in a fluidized bed [J]. Chem Eng Sci，1960，12：260-271.

[61] Talmor E，Benenati R F. Solids mixing and circulation in gas. fluidised beds [J]. Am Inst Chem Eng J，1963，9 (4)：536-540.

[62] Chu J C，Kalil J，Wetteroth W A. Mass transfer in a fluidized bed [J]. Chem Eng Prog，1953，49：141-149.

[63] Richardson J F，Szekely J. Mass transfer in a fluidised bed [J]. Trans Inst Chem Eng，1961，39：212-222.

[64] Kumar H B，Sublette K L，Shah Y T. Effect of high voidage on mass transfer coefficient in a fluidized bed [J]. Chem Eng Comn，1993，121：157-163.

[65] Davidson J F，Harrison D，et al. 流态化 [M]. 中国科学院化工冶金研究所，等译.北京：科学出版社，1981：376.

[66] Thoenes D，Kramers H. Mass transfer from spheres in various regular packings to a flowing fluid [J]. Chem Eng Sci，1958，8：271.

[67] Zabrodsky S S. Heat transfer between solid particles and a gas in a non-uniformly aggregated fluidized bed [J]. Intern J Heart & Mass Transfer，1963，6 (1)：23-27.

[68] Zabrodsky S S. A note on heat transfer between spherical particles and a fluid in a bed [J]. Intern J Heart & Mass Transfer，1963，6 (11)：991-992.

[69] 森滋腾，等.流化床内颗粒与气体间传热系数 [J]. 化学工程（日），1972，36 (10)：1130-1136.

[70] Gunn D J. Transfer of heat or mass to particles in fixed and fluidized beds [J]. Int J Heat Mass Transfer，1978，21：467-476.

[71] 王洋.加压灰熔聚流化床粉煤气化技术的研究与开发 [J]. 山西化工，2002，22 (3)：4-7.

[72] 高鸥，赵俦，吴晋沪，王洋.简单射流流化床的数值模拟 [J]. 燃烧科学与技术，2004，10 (5)：444-450.

[73] 高鸥，吴晋沪，王洋.灰熔聚流化床气化炉分布分离结构的模拟研究 [J]. 燃料化学学报，2006，34 (4)：487-491.

[74] Kunii D，Levenspiel O. Fluidization engineering [M]. 2nd ed. Boston：Butterworth・Heinemann，1991.

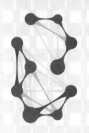

4

湍流混合及其对复杂气化反应的影响

化学反应是以分子接触为前提的，煤气化过程也不例外。要使两股或两股以上不同组成（或温度）的物料达到分子级别的均匀接触，就必须通过混合来完成。混合的实现可利用射流卷吸现象或桨叶的搅拌作用等。本章的目的不在于讨论混合装置的具体结构，而着重阐明混合的机理，以及特定装置中混合的描述与度量，进而阐明混合对气流床气化过程的影响。

从机理上讲，导致物料混合的因素不外乎主体扩散、湍流扩散和分子扩散，在物料密切接触的过程中，它们各自起着不同的作用。从结果上讲，混合导致物料微团或分子在特定的设备中形成特定的时间与空间分布，前者即停留时间分布，后者则为浓度分布。特定的设备与工艺条件，决定了设备内的流场（速度分布、回流、卷吸等），混合过程则形成了停留时间分布、浓度分布与温度分布，进而影响化学反应结果。鉴于水煤浆气化过程中煤浆通过喷嘴先进行雾化，而粉煤气化过程中颗粒与氧气的混合通过喷嘴的湍流弥散来实现，雾化与颗粒弥散直接影响微观与宏观混合过程，因此，本章将雾化和弥散作为混合的一部分来讨论，将分别介绍混合的机理、高黏度流体（水煤浆）的雾化机理、粉煤的湍流弥散、气化炉中的停留时间分布与浓度分布以及它们对气化过程的影响。

4.1　湍流与混合

4.1.1　混合机理

在对混合机理的研究中，一般都认为混合过程包括宏观混合和微观混合两个方面，微观混合是单个物质微元上的均匀化过程，而宏观混合则是微元群体的行为。从机理上讲，微观混合包含了微元变形与分子扩散两种小尺度因素作用，而宏观混合则包括了主体扩散（大尺度的流动与循环）和湍流扩散两个较大尺度上的过程。物料的混合即通过主体扩散、湍流扩散、微元变形和分子扩散达到分子尺度的均匀[1,2]。化学反应应当从微元变形阶段开始予以考虑，而快速反应仅仅受微观混合控制。

进一步的研究表明[3]，当考虑微观混合与宏观混合之间的相互作用时，根据控制步骤不同，一个无限的湍流混合场可以划分为物料分散区、微观混合控制区与宏观混合控制区，三个区域的物料分别处于完全分隔（complete segregation）、部分分隔（partial segregation）和最大混合（maximum mixedness）的状态。一般情况下，化学反应发生在所有三个区域之中，宏观混合亦可能成为过程的控制步骤。

4.1.1.1 主体扩散

主体扩散是一种大尺度的流动与循环，它与反应器内流体的流动特性有关。通过主体扩散，反应微元被输送到具有不同混合条件的空间区域，通过湍流的非均匀性质对反应过程产生影响，这一影响可以通过雷诺数来表征。

$$Re = \frac{Ud}{\nu} \tag{4-1}$$

式中，U 为湍流的平均速度，m/s；d 为特征尺寸；ν 为流体的运动学黏度。

例如对于气流床气化炉，炉内射流的扩张和射流受壁面约束而引起的大范围的回流就是一种大尺度的流动与循环。

4.1.1.2 湍流扩散

湍流扩散介于主体扩散与微观混合之间。当不同的物料在湍流场中混合时，一方面通过微观混合达到局部分子尺度的均匀，另一方面又通过主体扩散将因湍流而破碎的流体微团散布到较大的空间区域，以达到宏观上的均匀。由于湍流的宏观性质，微团尺寸不可能接近分子大小。减小微团尺寸需要能量，因此极限尺寸只能和最小含能涡旋相仿，但这种尺寸和分子尺度相比，仍然是很大的。最小的微团也可能包括几百万个分子，微团的最小湍流尺度又称 Kolmogorov 尺度，可用下式表示[4]

$$\lambda_k = \left(\frac{\nu^3}{\varepsilon}\right)^{1/4} \tag{4-2}$$

式中，ε 是单位质量能量耗散速率，m^2/s^3。

4.1.1.3 微观混合

微观混合是物料从湍流分散后的最小微团（Kolmogorov 尺度）到分子尺度上的均匀化过程。其中流体微元（大小为 Kolmogorov 尺度）的微观变形在微观混合中起着十分重要的作用，变形促进了物质间接触表面的增长和微元尺度的进一步减小，从而加速了分子扩散。基于这一认识，Ottino 等[1]、Baldyga 与 Bourne[2]、李希与陈甘棠等[3]分别提出了层状结构模型、涡旋卷吸模型和片状结构模型。这三个模型之间的主要区别在于对物质微元的微观分布形态的认识不同。Ottino 和 Baldyga 等认为，由于混合中物质接触表面的增长以及涡旋卷吸作用，必将形成局部的、不同物质层交替排列的层状结构。

4.1.2 混合特性

以上分析不难看出，湍流在混合过程中起着重要的作用，但是湍流只能将流体分散成一定大小的微团，达到极限后，湍流就难以进一步发挥作用；最终达到分子尺度上的均匀，只有依靠分子扩散。为了表示混合过程，需要考虑两个方面：即湍流作用使物料分散的程度以及分子扩散作用使物料接近均匀的程度。前者指分隔尺度，后者指分隔强度。分隔尺度用来衡量纯组分未混合微团的大小，随着这些微团被分散，混合尺度减小。分隔强度表示分子扩散对混合过程的影响，用来衡量相邻流体微团间浓度的差异。

4.1.2.1 分隔尺度

在连续流动系统中，当浓度不均匀时，流体的湍流运动将使浓度场具有随机性。任意点处，瞬时浓度是时间的函数。由于浓度与流场密切相关，故可以仿照湍流统计特性的定义方法，给出描述浓度场统计特性的参数。

时均浓度 $\overline{C_A}$ 是瞬时浓度（C_A）对时间的平均值，即

$$\overline{C_A} = \frac{1}{t} \int_0^t C_A(t) \, dt \tag{4-3}$$

脉动浓度（C'_A）是瞬时浓度和时均浓度之间的偏差值

$$C'_A = C_A - \overline{C_A} \tag{4-4}$$

$$\tilde{C}_A = \sqrt{\overline{C_A'^2}}$$

式中，$\tilde{C}_A$ 是脉动浓度的均方值。

分隔尺度 L_s 和湍流尺度相类似，可用相关式表示

$$L_s = \int_0^\infty g_s(r) \, dr \tag{4-5}$$

式中，$g_s(r)$ 为欧拉浓度相关，定义为

$$g_s(r) = \frac{\overline{C'_A(x) C'_A(x+r)}}{\tilde{C}_A^2} \tag{4-6}$$

浓度谱函数 $E_s(k)$ 则定义为

$$\tilde{C}_A^2 = \int_0^\infty E_s(k) \, dk \tag{4-7}$$

式中，k 为频率。

分隔尺度是相当大 r 值上的平均，所以适合于表征大尺度过程（涡旋的破裂），而不是小尺度的扩散过程。例如，在分子扩散很慢的液体系统中，在分子扩散的显著进展造成微分尺度的混合之前，分隔尺度可能会减小到某一极限值（取决于湍流场所造成的微团分布），然后，随着分子扩散使混合完成的过程（由于向外扩散，表观涡旋尺寸增大），分隔尺度缓慢增大，其值将随 r 增至无限，因为在均匀介质中 $g_s(r)$ 到处为 1。在气体中，分子扩散迅速，分隔尺度不可能在扩散影响变成控制因素之前显著减小。对于快速扩散的气体系统以及液体扩散的后期，当分隔尺度小时，用分隔强度较适于描述混合过程。

4.1.2.2 分隔强度

分隔强度定义为

$$I_s = \frac{\overline{C_A'^2}}{C_{A_0}(1 - \overline{C_{A_0}})} = \frac{\overline{C'_A C'_B}}{C_{A_0} C_{B_0}} \tag{4-8}$$

式中，下标 0 指起始值。

用 C_A'、C_B' 表示的 I_s，是指被混合的两股流体分别包括 A、B 组分时的分隔强度。如为完全分隔，即无混合，则分隔强度为 1；反之，如混合物均匀，则分隔强度为 0，均方脉动值亦为 0。

分隔强度与谱函数的关系为

$$I_s = \frac{\widetilde{C}_A^2}{\widetilde{C}_{A_0}^2} = \frac{1}{\widetilde{C}_{A_0}^2} \int_0^\infty E_s(k) \mathrm{d}k \tag{4-9}$$

如果无扩散而只是存在最小的含能涡旋，I_s 值仍为 1，因而分隔强度很好地衡量了扩散过程的作用。

4.1.2.3　混合时间

假定流场各向同性，从物质守恒方程可以导出浓度相关所服从的方程[5]。通过简化，可得到

$$\frac{1}{\widetilde{C}_A^2} \times \frac{\mathrm{d}\widetilde{C}_A^2}{\mathrm{d}t} = \frac{1}{I_s} \times \frac{\mathrm{d}I_s}{\mathrm{d}t} = -\frac{12D}{\lambda_s^2} \tag{4-10}$$

式中，D 为扩散系数。

积分上式可得到

$$I_s = \mathrm{e}^{-\frac{t}{\frac{\lambda_s^2}{12D}}} \tag{4-11}$$

$\dfrac{\lambda_s^2}{12D}$ 即为混合的时间常数，可表示为

$$\tau_m = \frac{\lambda_s^2}{12D}$$

则

$$I_s = \mathrm{e}^{-\frac{t}{\tau_m}} \tag{4-12}$$

λ_s 为湍流的微分尺度，可表示为

$$\lambda_s^2 = \frac{6\int_0^\infty E_s(k)\mathrm{d}k}{\int_0^\infty k^2 E_s(k)\mathrm{d}k} \tag{4-13}$$

根据上式，可由谱函数决定 λ_s，从而可计算 τ_m。下面分低施密特数和高施密特数进行讨论。

（1）低施密特数　Corrsin 曾得到了低施密特数条件下均匀各向同性湍流场中浓度衰减时间常数的表达式

$$\tau_m = \frac{2}{3 - Sc^2} \times \frac{1}{(\varepsilon k_{0,s}^2)^{1/3}} = \left(\frac{5}{\pi}\right)^{2/3} \frac{2}{3 - Sc^2} \left(\frac{L_s^2}{\varepsilon}\right)^{1/3} \tag{4-14}$$

式中，ε 为能量耗散率；$k_{0,s}$ 是大尺度"浓度微团"所代表的波数，它与 L_s 有如下近似关系

$$k_{0,s} = \left(\frac{\pi}{5}\right)\frac{1}{L_s} \tag{4-15}$$

（2）高施密特数　对高施密特数，浓度衰减的时间常数为

$$\tau_m = \frac{1}{2}\left[\frac{3}{(\epsilon k_{0,s}^2)^{1/3}} + \left(\frac{\nu}{\epsilon}\right)^{1/2}\ln Sc\right]$$

$$= \frac{1}{2}\left[3\left(\frac{5}{\pi}\right)^{2/3}\left(\frac{L_s^2}{\epsilon}\right)^{1/3} + \left(\frac{\nu}{\epsilon}\right)^{1/2}\ln Sc\right] \tag{4-16}$$

当 $Sc \to \infty$ 时，上式满足不发生混合的条件，即所有时刻 $\tau = \infty$，$L_s = 1$。

4.1.3　湍流、混合与化学反应

研究混合的一个重要目的，就是探讨混合对化学反应的影响。从适用观点看，描述混合对化学反应作用的一个最有用的简单参数是反应特征时间 τ_k 与混合特征时间 τ_m 的比值 τ_k/τ_m。对简单不可逆反应，反应特征时间可由反应速率常数的倒数来表征。湍流场中，浓度脉动衰减时间可用来代表混合时间。根据 τ_k/τ_m 的大小，有三种情况：①$\tau_k/\tau_m \gg 1$，慢反应；②$\tau_k/\tau_m \approx 0$，中等反应速率；③$\tau_k/\tau_m \ll 1$，快反应。对于慢反应，在化学反应显著发生前，湍流将导致系统在化学上的均匀，任何浓度波动对反应速率的影响相对于平均浓度对反应速率的影响都可忽略；对于中等反应速率，湍流与反应之间存在复杂的相互关系；对于快反应，系统的混合行为对反应有很大关系。特别是当反应物浓度在空间分布不均匀，而反应又是在几种物质间发生时，反应进展将受扩散控制，反应速率取决于扩散速率。此时，湍流能提供大的接触面积，有助于分子扩散，从而显著影响化学反应。

当化学反应结果仅生成一种产物时，混合仅仅影响反应速率。但当反应物不止一种时，混合就可能影响产物分布。这是一个不仅在理论上，而且在工业实践上具有重大意义的问题，目前已受到广泛重视。

4.2　宏观混合与微观混合

4.2.1　宏观混合与微观混合的相互作用

宏观混合与微观混合分别对应于设备尺度和分子尺度上的均匀化过程。在反应过程中，它们是同时发生的，共同影响着混合与化学反应结果。因而在描述反应器内的混合过程时，除了分别考虑宏观与微观混合之外，还应考虑两者之间的相互作用及其在炉内混合中的不同地位。

反应过程中，宏观混合不断地将物料分散成微团，并将这些微团输送到更大尺度的外部区域，微观混合则通过黏性变形使分子扩散的区域迅速增长，最后众多微小的分子扩散区生长合并成一个整体，充满宏观混合区域，达到分子尺度的均匀。根据宏观混合与微观混合的不同地位，可将反应器内流场划分为以下三个区域。

（1）物料分散区（$0 \leqslant X \leqslant U_{l_s}$）　物料从其进入气化炉后的初始尺度 $\lambda = \lambda_0$ 减小到 $\lambda = 10\lambda_B$（λ_B 称为 Batchelor 微尺度）的区域。在这个区域内仅发生物料尺度的减小，分子扩散作用可以忽略。因此该区域的物料处于完全分隔（complete segregation）的状态。物料尺度的减小，按其机制的不同，又可分为两个阶段。

① 湍流分散阶段。物料从初始尺度 λ_0 到湍流最小尺度 λ_k，此时，施密特数（Sc）很小，由式（4-14）可简化得到这一阶段的时间尺度

$$t_{s_1} = 2.3 L_s^{2/3} \varepsilon^{1/3} \tag{4-17}$$

② 黏性变形阶段。物料微团尺度从 λ_k 减小到 $10\lambda_B$，其变形时间为

$$t_{s_2} = 10(\nu/\varepsilon)^{1/2} \ln\left(\frac{Sc^{1/2}}{10}\right) \tag{4-18}$$

式中，Sc 为施密特数。

因此分散区总的时间尺度为

$$t_s = 2.3 L_s^{2/3} \varepsilon^{1/3} + 10(\nu/\varepsilon)^{1/2} \ln(Sc^{1/2}/10) \tag{4-19}$$

（2）微观混合控制区（$U_{t_s} \leqslant X \leqslant U_{t_c}$）　该区域中分子扩散开始发挥重要作用。但是由于宏观区域的增长大于微观体积的增长，物料微元及其局部分子扩散区仍以孤立的片状散布于宏观混合区域内部。每一片状微元都被体积大得多的湍流流体所包围。物料处于部分分隔（partial segregation）状态。微观混合在这一区域中占据主导地位。

（3）宏观混合控制区（$U_{t_c} \leqslant X < \infty$）　该区域中的微观体积增长超过了宏观区域增长。各分散的分子扩散斑片合并成一个整体，内部均匀化过程大大加快，在 $t > t_c$ 的整个宏观区域内达到分子尺度的均匀。物料处于最大混合状态（maximum mixiness）。此时可忽略微观混合的作用，过程由宏观混合所控制。

从以上的区域划分中可以看出，分子扩散作用仅仅在微观混合控制区内需要给予考虑，而宏观混合则是贯穿过程始终的活跃因素。在混合初期（$t < t_s$），宏观混合使物料分散尺度减小；在混合中期（$t_s < t < t_c$），它将物料微元输送到不同的湍流区域，这一作用在非均匀湍流场中将显著地影响微观混合过程，因为微元位置的变化总伴随着微观混合参数 ε 和环境的改变；在混合后期（$t > t_c$），宏观混合单独成为过程的控制步骤。

4.2.2　停留时间分布

连续流动系统中，由于实际流动过程的复杂性，同一时间进入系统的流元，不可能同时离开，亦即不同的流元在系统中具有不同的停留时间，存在停留时间分布。停留时间分布与反应器内的流型密切相关，是微观的混合过程在宏观上的表现。研究停留时间分布不仅可以判别系统内的流型，而且对预测反应器性能有着重要意义。

4.2.2.1　停留时间分布的数学特征

Danckwerts[6]最早指出，流元在连续流动中系统的停留时间分布（RTD）实际上是一个随机过程。按照概率论，可用两个概念来定量描述流元在系统中的停留时间分布，即停留时间分布密度和停留时间分布函数[7-11]。停留时间分布密度 $E(t)$ 定义为：同时进入反应器的 N 个流体微元中，停留时间介于 t 与 $t+dt$ 间的流元所占的分数。由物料守恒，有

$$\int_0^{\infty} E(t) = 1 \tag{4-20}$$

而停留时间分布函数的定义为：流过系统的流元中，停留时间小于 t 的流元的分数，即

$$F(t) = \int_0^t E(t) \tag{4-21}$$

因此，$F(t)$ 亦可看作是时刻 t 前流出系统的物料分数。显然

$$E(t) = \frac{\mathrm{d}F(t)}{\mathrm{d}t} \tag{4-22}$$

4.2.2.2 停留时间分布的测试技术

停留时间分布的测定，通常用响应技术，即用一定的方法将示踪剂加到系统进口，然后在其出口物料中检测示踪剂的信号，以获取示踪剂在系统中的停留时间分布规律的实验数据。不同的系统可用不同的示踪剂，检测方法则因示踪剂不同而异。Wen 和 Fan 曾对此作过详细总结[10]。示踪剂加入的方法最常用的当属阶跃法和脉冲法。阶跃法测定的停留时间分布曲线代表了流元在系统中的停留时间分布函数，而脉冲法测定的停留时间分布曲线则代表了流元在系统中的停留时间分布密度。

（1）脉冲法　脉冲法是当系统中的流体达到定态流动后，在某个极短的时间内，将示踪物脉冲注入进口物料中，然后分析出口物料中示踪物浓度随时间的变化。

设在短时间 Δt_0 内示踪剂的加入量为 M，则

$$M = VC_0 \Delta t_0 \tag{4-23}$$

式中，C_0 为示踪剂初始浓度；t_0 为初始时间。

因此 $ME(t)\mathrm{d}t$ 就是出口物料中停留时间为 t 与 $t+\mathrm{d}t$ 之间的示踪剂的量，从而

$$ME(t)\mathrm{d}t = VC_t\mathrm{d}t \tag{4-24}$$

式中，C_t 为 t 时刻的浓度。

若已知物料流量 V 及示踪剂的加入量 M，则易得到流元的停留时间分布密度。对系统作物料衡算，有

$$M = V\int_0^\infty C_t\mathrm{d}t \tag{4-25}$$

从而

$$E(t) = \frac{C_t}{\int_0^\infty C_t\mathrm{d}t} \tag{4-26}$$

将式（4-21）代入上式有

$$F(t) = \frac{\int_0^t C_t\mathrm{d}t}{\int_0^\infty C_t\mathrm{d}t} \tag{4-27}$$

定义无量纲停留时间为

$$\theta = \frac{t}{\bar{t}} \tag{4-28}$$

式中，$\bar{t}$ 为平均停留时间，代入式（4-26），有

$$E(\theta) = \bar{t}E(t) = \frac{\bar{t}C_t}{\int_0^\infty C_t\mathrm{d}t} \tag{4-29}$$

因此，当实验得到系统出口示踪剂的浓度曲线，亦即示踪剂浓度随时间的变化后，就可由式（4-26）和式（4-27）分别得到停留时间分布密度与停留时间分布函数。

（2）阶跃法　阶跃法是当系统内流体达到定态流动后，自某一瞬间起连续加入某种示踪

物质，然后分析出口流体中示踪物流的浓度随时间的变化。

在停留时间为 t 时，出口物料中示踪物的浓度为 C，混合物流量为 V，所以示踪物流出量为 VC；又因为在停留时间 t 时流出的示踪物，也就是系统内停留时间小于 t 的示踪物，根据定义，物料中小于停留时间 t 的流元所占的分数为 $F(t)$，因此当示踪物入口流量为 VC_0 时，示踪物出口流量为 $VC_0F(t)$，即

$$VC_0F(t)=VC \tag{4-30}$$

从而

$$F(t)=\left(\frac{C}{C_0}\right)_s \tag{4-31}$$

式中，下标 s 表示输入是阶跃函数。

4.2.2.3 理想流动系统的停留时间分布

（1）理想混合反应器　理想混合（或称完全混合）是指系统内浓度处处均匀，亦即离开系统的物流的浓度与系统任一点的浓度相同，此时，停留时间分布函数为

$$F(t)=1-\mathrm{e}^{-\frac{t}{\bar{t}}} \tag{4-32}$$

停留时间分布密度则为

$$E(t)=\frac{1}{\bar{t}}\mathrm{e}^{-\frac{t}{\bar{t}}} \tag{4-33}$$

（2）平推流反应器　平推流是指进入系统的所有流元在系统中的停留时间相同，因此停留时间分布函数为

$$F(t)=\begin{cases}0 & (t<\bar{t})\\ 1 & (t>\bar{t})\end{cases} \tag{4-34}$$

密度函数为

$$E(t)=\delta(t-\bar{t}) \tag{4-35}$$

式中，δ 为阶跃函数，除 $t=0$ 时外，它在任意处均为 0。

4.2.2.4 复杂流动系统的停留时间分布

任何复杂系统都可看成是理想流动系统（理想混合和理想置换）的某种组合。因此可以从理想流型出发，构筑复杂的实际系统的停留时间分布模型。其基础是回路理论和网络合成技术。

（1）网络合成　对于连续流动系统中的流元，其进口浓度 $C_i(\theta)$ 与出口浓度 $C_0(\theta)$ 之间有如下关系[6]

$$C_0(\theta)=\int_0^\theta C_i(\theta')E(\theta-\theta')\mathrm{d}\theta' \tag{4-36}$$

式(4-36)中右边的积分称为 $C_i(\theta)$ 和 $E(\theta)$ 的卷积[12]，记为

$$C_0(\theta)=C_i(\theta)E(\theta) \tag{4-37}$$

根据 Laplace 变换的性质，卷积的 Laplace 变换为卷积中各项 Laplace 的乘积，从而有

$$\bar{E}(\theta)=\frac{\bar{C}_0(s)}{\bar{C}_i(s)} \tag{4-38}$$

$\bar{C}_0(s)/\bar{C}_i(s)$ 称为停留时间分布密度的 Laplace 变换函数。

对于任何复杂系统，其 Laplace 变换函数都是唯一的。据此，我们可以把复杂的流动系统分解为一些分布函数已知的子系统，或者说，可以由一些分布函数已知的子系统来合成复杂的网络系统，通过 Laplace 变换的有关性质，得到复杂系统分布函数的数学模型。

（2）网络合成示例　下面分别以串联与并联流动系统为例，讨论网络合成与回路理论在求取复杂系统停留时间分布方面的应用。

① 串联系统。假定某一复杂的连续流动系统系统由如图 4-1 所示的串联子系统组成。对于子系统 1，其 Laplace 变换函数为

$$\frac{\overline{C}_1(s)}{\overline{C}_i(s)} = \overline{E}_1(s) \tag{4-39}$$

子系统 1 的出口响应即为子系统 2 的进口脉动，因此子系统 2 的 Laplace 变换函数为

$$\frac{\overline{C}_0(s)}{\overline{C}_1(s)} = \overline{E}_2(s) \tag{4-40}$$

系统的 Laplace 变换函数为

$$\frac{\overline{C}_0(s)}{\overline{C}_i(s)} = \frac{\overline{C}_0(s)}{\overline{C}_1(s)} \frac{\overline{C}_1(s)}{\overline{C}_i(s)} \tag{4-41}$$

即

$$\frac{\overline{C}_0(s)}{\overline{C}_i(s)} = \overline{E}_1(s)\overline{E}_2(s) \tag{4-42}$$

亦即

$$\overline{E}(s) = \overline{E}_1(s)\overline{E}_2(s) \tag{4-43}$$

上式可推广到具有 N 个子系统的情况，有

$$\overline{E}(s) = \overline{E}_1(s)\overline{E}_2(s)\cdots\overline{E}_N(s) \tag{4-44}$$

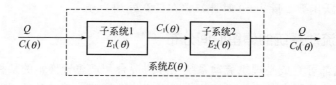

图 4-1　串联系统的组成

② 并联系统。假定某一复杂的连续流动系统由如图 4-2 所示的并联子系统组成。对系统作物料衡算有

$$QC_0 = wQC_1 + (1-w)QC_2 \tag{4-45}$$

亦即

$$\frac{\overline{C}_0(s)}{\overline{C}_i(s)} = w\frac{\overline{C}_1(s)}{\overline{C}_i(s)} + (1-w)\frac{\overline{C}_2(s)}{\overline{C}_i(s)} \tag{4-46}$$

从而有

$$\overline{E}(s) = w\overline{E}_1(s) + (1-w)\overline{E}_2(s) \tag{4-47}$$

式中，w 为子系统 1 的物料占总物料的分数。

推广到 N 个并联子系统则有

$$\overline{E}(s) = w_1 \overline{E}_1(s) + w_2 \overline{E}_2(s) + \cdots + w_N E_N(s) \tag{4-48}$$

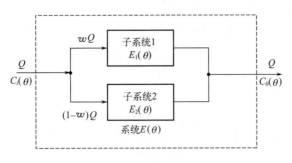

图 4-2 并联系统的组成

4.2.2.5 停留时间分布的随机模型

物料在气化炉内的停留时间分布，实际上是一个随机过程。用随机过程的方法和理论来阐明这些过程中随机现象演变的概率规律的特性，并建立一个能表达它们性质的随机性数学模型，更能准确地反映过程的本质。戎顺熙等[12]提出了一个具有吸收态的马尔可夫链模型，这种模型方法是假设连续流动系统内各个区域流动模型为全混釜或平推流，或两种流动模式的某种组合，再利用状态离散、时间离散的马尔可夫过程模拟连续流动系统内的停留时间分布。Tamir 等[13]利用马尔可夫链模型计算单级四流撞击流反应器中固体颗粒的停留时间分布。

（1）基本概念[14]　设 $\{X_n, n=1, 2, \cdots\}$ 是一随机序列，它的状态空间 E 是整数集的某一子集（E 通常取为非负整数集合），当给定了 X_n 的值时，X_{n+1} 的概率分布只依赖于 X_n 的值，而与 $X_1, \cdots, X_{n-1}$ 的取值无关，这称为马尔可夫过程的"无后效性"，即

$$P\{X_{n+1}=j/X_0=i_0,\cdots,X_{n-1}=i_{n-1},X_n=i\}=P(X_{n+1}=j/X_n=i) \tag{4-49}$$

其中 n 为任意非负整数，$i_0, \cdots, i_{n-1}, i$ 和 $j \in E$，则 $\{X_n, n \geqslant 0\}$ 是一离散时间马尔可夫链，如果上述条件概率与 n 无关，即

$$P\{X_{n+1}=j/X_n=i\}=\cdots=P\{X=j/X_0=i\}=P_{ij} \quad (n=1,2,\cdots) \tag{4-50}$$

这称为马尔可夫过程的"平稳性"，具有平稳转移概率的马氏链称为齐次（或时齐）马尔可夫过程。反之，若式(4-50)表示的转移概率随 n 改变，则对应的马尔可夫过程称为非齐次的（或非时齐）的马尔可夫过程。

马尔可夫过程有如下特点：

① 状态空间，指某一体系可以占据的所有可能的状态，但一个体系不能同时占有两个状态，马尔可夫链适用于包含有限个或无限个状态的体系；

② 单步转变或转移概率矩阵 P，其元素 p_{ij} 表示体系在一步中由状态 i 变为状态 j 的概率，p_{ij} 与时间无关；

③ 体系在 k 时刻的状态仅与在 $k-1$ 时刻观察到的状态有关；

④ 一旦确定了单步转变概率矩阵 P 和初始概率向量 $S(0)$，马尔可夫链模型就被确定。

利用单步转变概率矩阵 P 和初始概率向量 $S(0)$，就可以由下列公式计算体系经过 $m+1$ 步转变后处于状态 j 的概率

$$s_j(m+1) = \sum_{i=1}^{N} s_i(m) p_{ij} \qquad (m = 1,2,3,\cdots) \tag{4-51}$$

其中矩阵和向量的元素应满足下列条件

$$\sum_{i=1}^{n} s_i(m) = 1 \qquad \sum_{j=1}^{n} p_{ij} = 1 \tag{4-52}$$

以矩阵表示，式(4-51) 变为

$$s(m+1) = s(m) P \tag{4-53}$$

获得下列递归公式

$$s(m) = s(0) P^m \tag{4-54}$$

以上方程中出现的各个量定义如下：p_{ij} 为体系由状态 i 单步转变为状态 j 的概率；p_{ii} 为体系保持在状态 i 的概率；P 为由所有可能的转变 p_{ij} 组成的转变概率矩阵，以下式表示

$$P = \begin{bmatrix} p_{11} & p_{12} & \cdots & p_{1n} \\ p_{21} & p_{22} & \cdots & p_{2n} \\ \vdots & \vdots & \vdots & \vdots \\ p_{n1} & p_{n2} & \cdots & p_{nn} \end{bmatrix} \tag{4-55}$$

$$s(m) = [s_1(m), s_2(m), s_3(m), \cdots, s_n(m)] \tag{4-56}$$

$S(0)$ 为初始状态概率向量；m 为转变数或时间间隔数；n 为体系可能占有的状态数。

（2）模型理论分析与计算　应用该模型时需要对时间和状态进行离散化[15,16]。

① 时间离散化。在建立马尔可夫链模型时，假定在每个整数时间间隔 Δt，$2\Delta t$，$3\Delta t$，$\cdots$，$m\Delta t$，$\cdots$ 的瞬间，状态立刻发生转移，在选定时间间隔 Δt 时，必须使利用 Δt 进行数学模拟得到的结果与实验值充分吻合，这样选定的 Δt 才能使模型充分逼近真实过程。

② 状态离散化。根据气化炉内流场的特点，可将气化炉划分成若干区域，这些区域可以用理想全混釜（CSTR）模式或平推流模式表示，把系统出口流看成一个状态 n，流体一旦离开系统不再流回系统，即 $p_{nn} = 1$。

将理想全混釜（CSTR）模式当作一个过渡态，对于 CSTR 区，选择一个小的时间间隔或步长 Δt，假定流体的状态只在时间间隔为 $m\Delta t$（$m=1$，2，$\cdots$）的瞬间才能从一个状态转到另一个状态，则有

$$p_{ii} = e^{-\Delta t / t_m} \qquad (i = 1, 2, \cdots, n) \tag{4-57}$$

$$p_{ij} = \frac{F_{ij}}{\sum_{i \neq j} F_{ij}} (1 - p_{ii}) \qquad (i, j = 1, 2, \cdots, n) \tag{4-58}$$

其中，p_{ii} 表示流体停留在状态 i 的概率；p_{ij} 表示流体从状态 i 到状态 j 的一步转移概率；F_{ij} 表示流体从状态 i 到状态 j 的体积流量。

对于平推流区，按照平推流的定义，它的一步转移概率 p_{ij} 可表达为

$$p_{ij} = \begin{cases} 1 & (j = i+1) \\ 0 & (j \neq i+1) \end{cases} \tag{4-59}$$

令 β_{ij} 是在初始时刻 $t=0$ 时处于状态 i 的流体第一次转移到状态 j 所需的转移次数，即流体从初始状态第一次通过状态 j 所需的时间，$f_{ij}(n)$ 为 β_{ij} 取值 n 的概率。

$$f_{ij} = p_r[\theta_{ij} = n] = p_r[X_n = j, X_m \neq j (m = 1, 2, \cdots, n-1) / X_0 = i] \qquad (n = 1, 2, \cdots) \tag{4-60}$$

初始状态 i 的流体不会在其他任何状态出现，即 $f_{ij}(0) = 0$。考虑一般情况，处于状态 i

的流体在 n 次转移过程中，在第 m 次（$m \leqslant n$）时可能已首先到达状态 j，而在其余（$n-m$）次转移下又一次到达状态 j，对于不同的 m，这样的事件是相互排斥的

$$p_{ij}^{(n)} = \sum_{m=1}^{n} f_{ij}(m) p_{ij}^{(n-m)} \qquad (n=1,2,\cdots) \qquad (4\text{-}61)$$

即

$$p_{ij}^{(n)} = \sum_{m=1}^{n-1} f_{ij}(m) p_{ij}^{n-m} + f_{ij}(n) \qquad (n=1,2,\cdots) \qquad (4\text{-}62)$$

$$f_{ij}(n) = \begin{cases} 0 & (n=0) \\ p_{ij} & (n=1) \\ p_{ij}^{(n)} - \sum_{m=1}^{n-1} f_{ij}(m) p_{ij}^{(n-m)} & (n=2,3,\cdots) \end{cases} \qquad (4\text{-}63)$$

把系统出口流体归结于唯一的状态（吸收态）d，即在 $t=0$ 时进入系统的所有状态的流体最终必定从状态 d（出口流）流出系统。于是 $\beta_{i,d}(n)$ 就是该流体在离开系统以前在系统内平均停留的时间，这就是一般停留时间的定义。出口流中流元年龄介于 $n\Delta t$ 和（$n+1$）Δt 之间的分数

$$E_i(n\Delta t)\Delta t = p_r \qquad (4\text{-}64)$$

在 $t=0$ 时进入系统状态的流元，在时间 $n\Delta t$ 和（$n+1$）Δt 间流出系统。

按定义

$$E_i(n\Delta t) = f_{i,d}(n)/\Delta t \qquad (4\text{-}65)$$

即得到停留时间分布的数学表达式

$$E_i(n\Delta t) = \begin{cases} 0 & (n=0) \\ \dfrac{p_{i,d}}{\Delta t} & (n=1) \\ \dfrac{p_{i,d}^{(n)} - \sum\limits_{m=1}^{n-1} f_{i,d}(m)}{\Delta t} & (n=2,3,\cdots) \end{cases} \qquad (4\text{-}66)$$

4.2.2.6 单喷嘴气化炉的停留时间分布及其模型

在气流床气化技术中，Texaco（GE）和 GSP 气化炉采用单喷嘴形式，尽管二者气化炉和喷嘴结构尺寸不同，在物理模型上可将其看作是一个具有单喷嘴的受限射流反应器，有一定的共性，其停留时间分布特征具有相似性。

（1）单喷嘴气化炉停留时间分布　于遵宏团队在国内最早建立了单喷嘴气化炉大型冷模装置，测定并研究了单喷嘴气化炉的物流停留时间分布特征[17-19]。采用脉冲法测定的气流床气化炉有代表性的无量纲停留时间分布密度如图 4-3 所示，无量纲停留时间分布函数如图 4-4 所示。研究表明，单喷嘴气化炉内的流型并非平推流，而是接近全混流。射流速度、气化炉出口通道面积、气化炉高径比等都会不同程度地影响物流停留时间分布。

在此基础上，笔者又研究了同轴双通道喷嘴中心与环隙射流速度对气化炉停留时间分布的影响[20,21]，结果表明，当环隙射流速度一定，增加中心射流速度，平均停留时间前流出气化炉的物料增加；而当中心射流速度一定，增加环隙与中心射流的动量比时，平均停留时间前流出气化炉的物料减少。

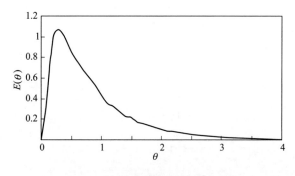

图 4-3　无量纲停留时间分布密度

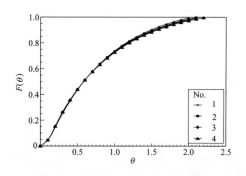

图 4-4　无量纲停留时间分布函数

（2）单喷嘴气化炉停留时间分布解析模型

①模型的构筑。气化炉为气流床反应器，炉内存在回流，射流区和回流区中的流体因卷吸而剧烈混合，因而炉内流型接近全混流；同时，由于靠近气化炉出口的速度分布接近管流，这时其流型又具有平推流的特征。基于此，应用 Wen 等[10] 提出的如图 4-5（a）所示的前短路 Γ 混合模型，张学刚、于遵宏等[22-27] 结合单喷嘴气化炉停留时间分布实验测试数据，获得了模型参数，并对其物理意义进行了研究。考虑到工业气化炉出口有微量氧存在，可以断定气化炉内的流体因混合不良而存在短路，结合气化炉流场，笔者[20,21] 又提出了如图 4-5（b）所示的网络来描述气化炉内的流动过程，并由此推导气化炉的停留时间分布模型，后者称为后短路 Γ 混合模型。

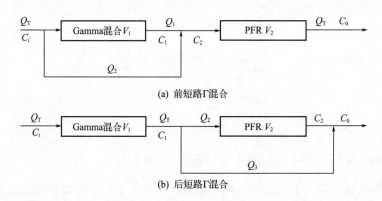

(a) 前短路Γ混合

(b) 后短路Γ混合

图 4-5　气化炉停留时间分布模型

② 数学模型。下面以后短路 Γ 混合模型为例，推导停留时间分布的数学模型。前短路 Γ 混合模型与此相类似。

Γ 混合单元相当于 α 个 CSTR 串联，但这时 α 可以为所有的非负实数，Γ 混合单元的停留时间分布密度为

$$E(t)_\Gamma = \frac{1}{\nu^\alpha \Gamma(\alpha)} t^{\alpha-1} e^{-(t/\nu)} \tag{4-67}$$

其平均停留时间为

$$\bar{t}_\Gamma = \nu\alpha \tag{4-68}$$

令 $\beta = Q_1/Q_T$，则平推流部分的无量纲停留时间为

$$\tau = \frac{V_2/(\beta Q_T)}{V_T/Q_T} = \frac{V_2}{\beta V_T} = \left(1 - \frac{V_1}{V_T}\right)\frac{1}{\beta} \tag{4-69}$$

系统的平均停留时间为

$$\bar{t} = \frac{V_T}{Q_T} \tag{4-70}$$

将式(4-69)和式(4-70)代入式(4-68)有

$$\bar{t}_\Gamma = \bar{t}(1 - \beta\tau) \tag{4-71}$$

因此有

$$\nu = \frac{\bar{t}(1 - \beta\tau)}{\alpha} \tag{4-72}$$

从而 Γ 混合单元的无量纲停留时间分布密度为

$$E(\theta)_\Gamma = \bar{t}_\Gamma E(t)_\Gamma = \frac{\alpha^\alpha}{(1 - \beta\tau)^\alpha}\theta^{\alpha-1}e^{\frac{-\alpha}{1-\beta\tau}\theta} \tag{4-73}$$

对上式求 Laplace 变换，根据 Laplace 变换的定义，有

$$\overline{E}(s)_\Gamma = \int_0^{+\infty} E(\theta)_\Gamma e^{-s\theta}\,d\theta \tag{4-74}$$

将式(4-73)代入，有

$$\overline{E}(s)_\Gamma = \frac{\alpha^\alpha}{(1-\beta\tau)^\alpha}\int_0^{+\infty}\theta^{\alpha-1}e^{-\left[\frac{\alpha+s(1-\beta\tau)}{1-\beta\tau}\right]}\,d\theta \tag{4-75}$$

令

$$x = \frac{[\alpha + s(1-\beta\tau)]}{1-\beta\tau}\theta \tag{4-76}$$

则

$$dx = \frac{[\alpha + s(1-\beta\tau)]}{1-\beta\tau}d\theta$$

代入式(4-76)，有

$$\overline{E}(\theta) = \frac{\beta\alpha^\alpha}{(1-\beta\tau)\Gamma(\alpha)}\int_0^\infty\left[\frac{\alpha}{\alpha+s(1-\beta\tau)}\right]^\alpha x^{\alpha-1}e^{-x}\,dx \tag{4-77}$$

由于

$$\int_0^{+\infty} x^{\alpha-1}e^{-x}\,dx = \Gamma(\alpha)$$

代入式(4-77)，得到

$$\overline{E}(s)_\Gamma = \left[\frac{\alpha}{\alpha+s(1-\beta\tau)}\right]^\alpha \tag{4-78}$$

即

$$\frac{\overline{C}_1(s)}{\overline{C}_0(s)} = \left[\frac{\alpha}{\alpha+s(1-\beta\tau)}\right]^\alpha \tag{4-79}$$

平推流部分的 Laplace 变换为

$$\overline{E}(s)_p = e^{-s} \tag{4-80}$$

即

$$\frac{\overline{C}_2(s)}{\overline{C}_1(s)} = \mathrm{e}^{-s} \tag{4-81}$$

对系统作物料衡算，有

$$C_3 Q_T = C_1 Q_2 + C_2 Q_1$$

两边同除以 Q_T 得到

$$C_3 = \beta C_2 + (1-\beta) C_1$$

从而有

$$\frac{\overline{C}_3(s)}{\overline{C}_0(s)} = \beta \frac{\overline{C}_2(s)}{\overline{C}_0(s)} + (1-\beta)\frac{\overline{C}_1(s)}{\overline{C}_0(s)} \tag{4-82}$$

将式(4-79)和式(4-81)代入式(4-82)，得到系统停留时间分布密度的 Laplace 变换为

$$\overline{E}(s) = \beta \left[\frac{\alpha}{\alpha + s(1-\beta\tau)} \right]^{\alpha} \mathrm{e}^{-s} + (1-\beta)\left[\frac{\alpha}{\alpha + s(1-\beta\tau)} \right]^{\alpha} \tag{4-83}$$

对上式求 Laplace 逆变换则可得到系统的停留时间分布密度的数学模型。

式(4-83)右边第一项的 Laplace 变换为

$$E_1(\theta) = \frac{\beta\alpha^{\alpha}}{(1-\beta\tau)\Gamma(\alpha)}(\theta-\tau)^{\alpha-1}\mathrm{e}^{-\alpha\left(\frac{\theta-\tau}{1-\beta\tau}\right)}$$

第二项的 Laplace 逆变换为

$$E_2(\theta) = \frac{\beta\alpha^{\alpha}}{(1-\beta\tau)\Gamma(\alpha)}\theta^{\alpha-1}\mathrm{e}^{-\frac{\alpha\theta}{1-\beta\tau}}(1-\beta)$$

从而可得到气化炉停留时间分布密度的数学模型为

$$E(\theta) = \frac{\beta\alpha^{\alpha}}{(1-\beta\tau)\Gamma(\alpha)}\left[\beta(\theta-\tau)^{\alpha-1}\mathrm{e}^{-\alpha\left(\frac{\theta-\tau}{1-\beta\tau}\right)} + (1-\beta)\theta^{\alpha-1}\mathrm{e}^{-\frac{\alpha\theta}{1-\beta\tau}}(1-\beta)\right] \tag{4-84}$$

对前短路 Γ 混合模型，同样可得到停留时间分布密度的数学模型为

$$E(\theta) = \frac{\beta(\alpha\beta)^{\alpha}}{(1-\beta\tau)\Gamma(\alpha)}\beta(\theta-\tau)^{\alpha-1}\mathrm{e}^{-\alpha\left(\frac{\theta-\tau}{1-\beta\tau}\right)} + (1-\beta)\delta(\theta-\tau) \tag{4-85}$$

尽管前短路 Γ 混合和后短路 Γ 混合得到的停留时间分布密度的数学表达式均能很好关联实验数据，但相比较而言，后者与工程实际更为相符，在气化炉数学模拟中有重要价值。下面对其进行具体讨论。

③ 模型讨论。式(4-84)和式(4-85)中 α、β、τ 为模型参数，由实验来确定。尽管如此，仍可以赋予其明确的物理意义。

a. 当 $\alpha=1$、$\beta=1$、$\tau=0$ 时，有

$$E(\theta) = \mathrm{e}^{-\theta}$$

此即理想混合时系统的无量纲停留时间分布密度。

b. 当 $\tau=0$ 时，有

$$E(\theta) = \frac{\alpha^{\alpha}}{\Gamma(\alpha)}\theta^{\alpha-1}\mathrm{e}^{-\alpha\theta}$$

此即 Γ 混合时系统的无量纲停留时间分布密度。

由于 α 是 Γ 混合单元中 CSTR 的个数，因此 α 越趋近于 1，则 Γ 混合单元越接近于理想混合，即炉内混合过程改善；τ 越大，表明平推流部分影响增大，而 β 的大小则反映了短路物料的多少。

④ 模型参数的关联。前已述及，停留时间分布是炉内混合过程的宏观量度，而炉内混合又与炉体和喷嘴的几何尺寸以及射流条件密切相关。我们选择当量喷嘴半径为双通道交叉射流喷嘴的特征尺寸；本书第 3 章中对气化炉流体流动特征的研究结果表明，在炉体的半径和长度中，炉体半径对流场的影响最为显著，可以推论，其对炉内混合过程的影响也必然较炉体长度的影响显著，因此选取炉体半径为气化炉的特征尺寸。对受限射流过程，由于 $u_{f,o}=0$，由第 3 章定义的射流相似特征数 C_t [见式（3-28）] 简化为

$$C_t = \frac{r_e/r_w}{\sqrt{1-0.5(r_e/r_w)^2}}$$

即 C_t 数由喷嘴当量半径和炉体半径唯一确定。

再考虑到喷嘴环隙和中心射流比对混合过程的影响，由它们可组成另一个无量纲特征数 R_m。

研究表明，停留时间分布模型中的参数 α、β、τ 与 C_t 数和 R_m 的关系可由下列各式表示

$$\alpha = C_t^{0.03125} R_m^{-0.08502} \tag{4-86}$$

$$\beta = C_t^{0.03034} R_m^{0.00894} \tag{4-87}$$

$$\tau = C_t^{0.70696} R_m^{0.02895} \tag{4-88}$$

只要已知喷嘴和炉体的几何尺寸以及射流条件，由式（4-84）以及式（4-86）～式（4-88）即可得到气化炉的停留时间分布密度。

模拟值和实验值的比较见图 4-6，由图可见，实验值和模拟值吻合良好。

（3）单喷嘴气化炉停留时间分布随机模型　于广锁等[28,29]根据状态离散、时间离散的马尔可夫链模型模拟了 Texaco（GE）气化炉气体停留时间分布。流场研究已经表明，单喷嘴气化炉内存在流动特征各异的三个区域，即射流区、回流区和管流区，其状态转移图见图 4-7。

结果表明，用马尔可夫链描述气化炉内的停留时间分布是可行的，模拟值与实验值比较吻合。

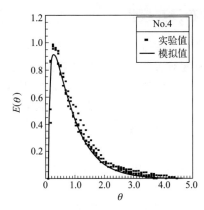

图 4-6　模拟值与实验值比较

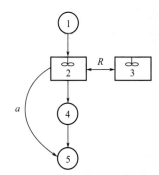

图 4-7　单喷嘴气化炉马尔可夫
链状态转移图

1—入口；2—射流区；3—回流区；4—平推
流区；5—出口；R—回流比；
a—短路物料百分比

（4）旋流对单喷嘴气化炉停留时间分布的影响　王辅臣及其合作者[30]研究了旋流对单喷嘴气流床气化炉停留时间分布的影响。图 4-8 为中心射流速度、环隙射流速度一定时，不同旋流数时的停留时间分布函数。从图 4-8 中可见，旋流数增加，平均停留时间前流出物料的质量分数减少，证明炉内混合过程改善。结果显示，旋流数增加，同样时间前流出物料的质量分数减小。

式(4-77) 同样适用于描述旋流情况下气化炉内的停留时间分布，所不同的是，这时模型参数 α、β、τ 不仅与无量纲相似准数 C_t（C_t 与炉体和喷嘴的特征几何尺寸相关）和喷嘴环隙与中心射流动量比 G_r 有关，而且与旋流数 S 有关[17]。在本文实验范围内模型参数与 C_t、G_r 和 S 的关系如下

$$\alpha = C_t^{0.03135} G_r^{-0.0850} (1 - 0.0298S) \tag{4-89}$$

$$\beta = C_t^{0.0303} G_r^{0.0089} (1 + 0.0245S) \tag{4-90}$$

$$\tau = C_t^{0.7069} G_r^{0.0289} (1 - 0.3382S) \tag{4-91}$$

可见旋流强度加大，即旋流数增加时，α 减少，τ 亦减少，流型趋向于全混流。同样，旋流数增加时，β 增加，即短路物料减少，炉内宏观混合得到改善。

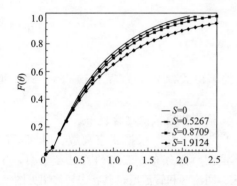 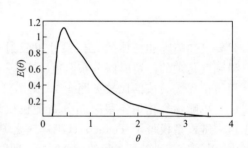

图 4-8　停留时间分布函数　　　　　图 4-9　多喷嘴气化炉停留时间分布

4.2.2.7　多喷嘴对置式气化炉的停留时间分布及其模型

撞击流广泛应用于燃烧、化工等过程，以强化混合，促进热质传递。赵铁钧[31]测定了四喷嘴撞击气流床气化炉的停留时间分布，发现多喷嘴对置式气化炉内的流动过程接近于平推流反应器（PFR）与全混流反应器（CSTR）的串联，由于撞击流的存在，使得气化炉内的短路行为较单喷嘴气化炉大为减少，有利于气化反应的进行。万翠萍等[32]采用 Fluent 软件获得了多喷嘴对置式气化炉内的湍流流动情况，运用标量输运方程得到了气化炉内气体停留时间分布函数（图 4-9）。

许寿泽等[33]采用连续马尔可夫链模拟了多喷嘴对置式气化炉中气体停留时间分布，模拟结果与实验值吻合良好。

通过状态离散化，确定状态空间，并根据待优化的模型参数（如回流量、短路量及射流区、回流区、管流区的体积比等）给出单步转移概率矩阵。由于初始概率向量已知，停留时间分布即可模拟计算。多喷嘴对置式气化炉的状态转移图如图 4-10 所示。从模拟结果图 4-11 可以看出，该模型的计算结果与实验值吻合良好。

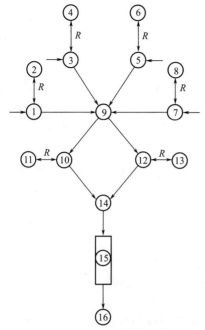

图 4-10　多喷嘴对置式气化炉马尔可夫链状态转移图
1,3,5,7—射流区；2,4,6,8—射流回流区；9—撞击区；
10,12—下降流股；11,13—下降流股回流区；14—折返流区；
15—平推流区；16—出口；R—回流比

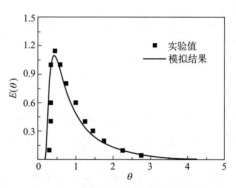

图 4-11　模拟结果与实验值的比较

4.2.2.8　单喷嘴气化炉与多喷嘴对置式气化炉的停留时间的比较

图 4-12 为不同结构型式气化炉〔Shell、Texaco(GE)、GSP、多喷嘴对置气化炉(OMB)〕的停留时间密度函数曲线。从图中可看出，返混程度排序：GSP＞Shell＞Texaco(GE)＞多喷嘴对置式，亦即二次反应的时间多喷嘴最长，有利于气化反应的进行。采用水煤浆的多喷嘴对置式气化炉和 Texaco(GE) 气化炉停留时间分布比较见表 4-1，显然，Texaco(GE) 存在明显的短路，不利于碳转化率的提高[34]。

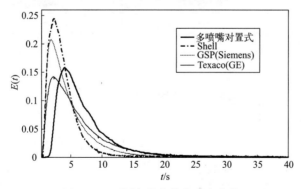

图 4-12　不同气化炉停留分布曲线

表 4-1　停留时间分布比较

类　型	1.5s 前离开气化炉物料比例	平均停留时间前离开气化炉物料比例
Texaco(GE)气化炉	4%	62%
多喷嘴对置式气化炉	0.9%	58%

4.2.2.9 气化炉颗粒停留时间分布

气流床气化炉内，雾化后的煤浆液滴或弥散后的粉煤颗粒在气流的拽力作用下弥散到整个床层内，反应后的渣或未反应的部分残炭颗粒被夹带离开床层。目前对气固两相流停留时间的研究主要集中于循环流化床和固定床内颗粒停留时间分布。如 Harris 等[35-37]采用磷光示踪法系统研究了循环流化床内颗粒停留时间分布，Baryshev 等[38]采用光学法研究了固定床内颗粒运动轨迹和停留时间。对气流床内气固两相停留时间研究主要集中于气相系统。炉内流体属气固多相流体系，气相的停留时间分布和混合行为不能反映颗粒在气化炉内的停留时间分布及其混合行为，为此，许建良和代正华等[39-41]采用非接触式颗粒停留时间测量方法和数值模拟方法对多喷嘴气化炉、Texaco(GE) 气化炉和 Shell 气化炉内（底部出口）的颗粒停留时间分布进行了初步研究。

在气流床气化炉开发与设计中，颗粒停留时间分布方差和最短停留时间是两个重要的参数，其中方差表示炉内颗粒的返混程度，方差越小，停留时间分布越窄，越趋于其平均停留时间，此时的流体越接近于活塞流；为了研究问题的方便，将颗粒从进入气化炉炉内到开始有颗粒出气化炉的时间定义为最短停留时间，显然最短停留时间的长短是炉内气固两相混合在宏观上最直观的表现，是影响碳转化率的重要参数。

图 4-13 给出了三种气化炉内颗粒停留时间分布的实验与模拟结果[40,41]。从图中可以看出，由于气化炉结构不同，颗粒在炉内的停留时间分布也有很大的差异。从图中可以看出，在 0.8 倍平均停留时间前，流出 Texaco(GE) 气化炉的颗粒质量分数最大，而流出多喷嘴对置式气化炉的颗粒质量分数最小。表 4-2 给出了不同喷嘴出口气速下炉内颗粒无量纲方差和最短停留时间[41]，分别用 σ 和 τ 表示。从数据中可以看出，Texaco(GE) 气化炉内无量纲

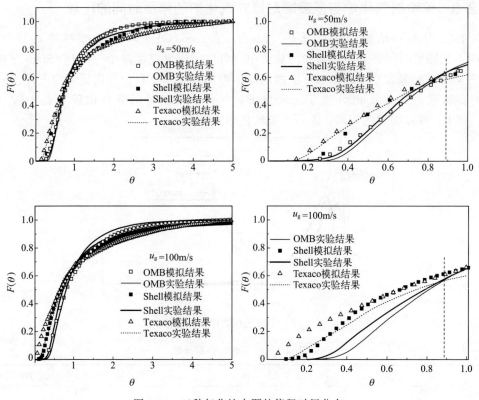

图 4-13　三种气化炉内颗粒停留时间分布

方差最大,最短停留时间最小;多喷嘴对置式气化炉的无量纲方差最小,最短停留时间最大。因此从颗粒停留时间分布可以得出,多喷嘴对置式气化炉在停留时间分布上最合理,Shell 气化炉次之,这与工程实践结果相吻合。

表 4-2　三种气化炉内颗粒无量纲方差和最短停留时间

气化炉	$u_g/(m/s)$	实验数据		模拟数据	
		σ	τ	σ	τ
多喷嘴对置式气化炉	50	0.62	0.24	0.60	0.23
	100	0.64	0.19	0.78	0.14
Texaco 气化炉	50	0.86	0.10	0.96	0.10
	100	0.82	0.06	0.98	0.06
Shell 气化炉	50	0.70	0.21	0.78	0.17
	100	0.74	0.13	0.79	0.10

造成以上差别的原因是在 Texaco(GE) 气化炉内,属受限射流的流场,部分流体和颗粒因短路而直接出气化炉,造成颗粒的最短停留时间较小,而 0.8 倍停留时间前流出气化炉的颗粒质量较大;同时射流流股因卷吸和壁面的束缚作用而形成一个大的回流区,颗粒在气化炉内的返混增大,导致颗粒停留时间具有较大方差。在多喷嘴对置式气化炉内,由于四个喷嘴的轴线与气化炉轴线垂直,出喷嘴后的颗粒在惯性和相向运动的气流作用下来回振荡运动,最后在径向加速和重力作用下离开撞击流股和撞击区。撞击的作用导致颗粒在撞击区内的停留时间延迟,避免了 Texaco(GE) 气化炉中的短路现象。另外由于四股流体的撞击阻滞作用使得离开撞击区的流体和颗粒速度减小,气化炉内流场分布和两相混合更为均匀,因此多喷嘴对置式气化炉内颗粒的返混和死区比 Texaco(GE) 气化炉要小。在 Shell 气化炉内,由于炉内为一强旋流流场,颗粒在炉内做旋转运动,同样避免了 Texaco(GE) 气化炉中出现的颗粒短路现象,但由于炉内旋流强度较大,喷嘴离底部渣口的距离较短,因此其 0.8 倍停留时间前流出气化炉的颗粒质量分数要比多喷嘴气化炉大,无量纲最短停留时间要小。

4.2.3　浓度分布

气流床气化炉内流体流动一般是高度湍流的。湍流时由于炉内空间给定点上瞬时速度随时间不断变化,浓度分布也随之波动。通常选择一定的时间间隔,计算浓度的平均值,称之为时均浓度,用 $\overline{C}$ 表示,于是空间点处的瞬时浓度就可表示为时均浓度与脉动浓度之和,即

$$\overline{C} = C + C' \tag{4-92}$$

时均浓度性质反映主体运动的特征,在定常流动时,$\overline{C}$ 不随时间变化,因此时均浓度是微观混合过程的宏观量度。而脉动浓度的大小,则反映了空间点处任意时刻浓度对时均值的偏离,反映了湍流程度。

4.2.3.1　浓度分布的测定

炉内浓度分布的测试方法通常有两种,即直接取样分析法[42]和光学法[43],对于模型炉,

这两种方法均需加入示踪剂。

（1）直接取样法　1964 年，Chigier 和 Beer[44] 在研究同轴射流近喷嘴区的混合状况时，首先提出在环隙射流流体中加入 CO_2 作为示踪剂，同时预热中心射流流体，通过测定炉内 CO_2 浓度及流体温度的变化，得到炉内流体的浓度分布规律。随后，Chedaille 及其合作者[45] 又用该法研究了同轴受限射流时的浓度分布。这一方法也被后来许多研究者所应用[46-48]。

直接样法测定浓度分布的关键是取样探针，探头应尽可能小，以减小对上游流场的破坏。对用于热态试验炉中的取样探针，其结构必须经过特殊设计，以便使样品迅速冷却，防止其在探头内进一步反应。

（2）光学法　1961 年，Roseneweing 及其合作者[49] 首先提出了用光散射（light scatter）原理测量湍流场中的时均浓度和脉动浓度的方法，Becker 和 Hottel[50,51] 用该法先后测定了自由射流和受限射流流场内的浓度分布。Birch 等[52] 则用该技术测定了甲烷射流火焰中组分的浓度分布。

由于光学法对流场无干扰，精度高，近二十年来飞速发展，尤其是三维激光多普勒测速仪（LDA）的问世，使同时测定速度与浓度分布成为可能，给这一领域的研究带来了极大的方便[53,54]。光学技术往往对环境有较高的要求，有关大型装置上测量结果的报道还比较少见。但是，随着光纤传输技术的发展，光源发射装置可以远离实验装置，从而为 LDA 等光学技术的应用带来了广阔的前景。

4.2.3.2　气流床气化炉冷态浓度分布

（1）浓度分布　作者提出了采用 H_2 为示踪介质，测定气化炉内冷态浓度分布的方法[20,55]。其原理是，在同样的射流条件下，先后在喷嘴中心和环隙射流流体中加入 H_2，分别测定炉内不同轴向和径向位置的 H_2 浓度。保证中心和环隙 H_2 的量相等，则炉内任意位置中心和环隙流体的浓度分别为

$$C_i = \frac{C_{H_2,i} V_i}{C_{H_2,i} V_i + C_{H_2,o} V_o} \tag{4-93}$$

$$C_o = \frac{C_{H_2,o} V_o}{C_{H_2,i} V_i + C_{H_2,o} V_o} \tag{4-94}$$

式中，V_i 和 V_o 分别为喷嘴中心和环隙流体的体积流量，m^3/h；$C_{H_2,i}$ 和 $C_{H_2,o}$ 分别为中心和环隙流体中加入 H_2 时炉内同一位置的 H_2 浓度。

由于 H_2 响应灵敏，本实验方法既克服了一般的直接取样法中，CO_2 量过大，难以在大型冷模装置上应用的缺点，又避免了流体预热带来的麻烦，具有简单实用的优点。

工业实际生产中氧气走喷嘴的中心通道，渣油和蒸汽走喷嘴的环隙通道。因此，冷模实验中中心通道流体浓度的变化就反映了实际生产中炉内氧气浓度的变化。定义无量纲浓度为

$$\eta_i = \frac{C_i - C_{f,o}}{C_{f,o}} \tag{4-95}$$

式中，C_i 为炉内任意位置中心物料的浓度；而 $C_{f,o}$ 是以喷嘴中心流道流体为基准计算

的完全混合时的浓度，即

$$C_{f,o} = \frac{V_i}{V_i + V_o}$$ (4-96)

式中，V_i 和 V_o 分别为喷嘴中心通道和环隙通道的流量，m^3/h。

显然，当 $\eta_i > 0$ 时，表示炉内该区域为富氧区；$\eta_i < 0$ 时，表示炉内该区域为贫氧区；当 $\eta_i = 0$ 时，表示达到了进口配比下的充分混合。

图 4-14 给出了无量纲浓度 η 在不同轴向位置沿径向的变化。从图中可见，径向和轴向浓度梯度显著，中心物料和环隙物料混合极不均匀。与工业实际相对应，当气化炉内部分区域 $\eta_i > 0$，即为富氧区；另一部分 $\eta_i < 0$，即为贫氧区；当轴向距离大于 150cm 左右时，才逐渐趋向于均匀混合。在富氧区内，雾化后的渣油进行完全燃烧，反应温度极高（约为 2000℃），CO_2 生成量增加，前者为耐火砖燃烧和结渣创造了客观条件，后者则使有效气含量降低；在贫氧区内，由于渣油的蒸发和裂解，炭黑生成量增加，同样使有效气成分降低。可见，气化炉内混合不均匀是结渣、耐火砖寿命短和有效气含量低的主要原因之一。

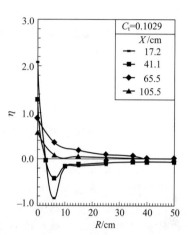

图 4-14 气化炉浓度分布图

同样也可以以环隙物料为基准，定义无量纲浓度 η_o，η_o 与 η_i 之间有如下关系

$$\eta_o = \frac{c_{fo}}{c_{fo} - 1} \eta_i$$ (4-97)

分析 η_o 的变化可得出与上述结论完全一致的结果。

（2）混合分数　混合分数的定义为

$$f = \frac{1}{1 + m_o/m_i}$$ (4-98)

式中，m_i 为炉内某点中心物料的质量流量；m_o 为相应点上环隙物料的质量流量。显然，混合分数是炉内混合程度的宏观量度。达到充分混合时，有

$$f = f_0 = \frac{1}{1 + m_{o,o}/m_{i,o}}$$ (4-99)

式中，$m_{i,o}$ 和 $m_{o,o}$ 分别为喷嘴中心和环隙通道内物料的质量流量。

当 $f = 1$ 时，表示炉内该位置只有中心物料；当 $f = 0$ 时，表示炉内该位置只有环隙物料；两者均表示混合程度为零。当 $f = f_0$ 时，则表示两股物料达到完全混合。

图 4-15 给出了不同的轴向位置混合分数沿径向分布。从图中可见，某些区域 $f > f_0$，此即为富氧区；另外一些区域 $f < f_0$，即为贫氧区。这表明，气化炉内远未达到理想情况下的均匀混合。

（3）动量比对宏观混合过程的影响　图 4-16 给出了不同环隙与中心射流动量比下中心混合分数沿轴向的衰减。混合分数衰减越快，表明达到完全混合点的距离离喷嘴越近，亦即混合改善。从图中可见，环隙与中心动量比增加，混合分数沿轴向衰减加快，亦即增加环隙射流的动量，有利于改善炉内的混合过程。但值得注意的是，实际动量比还应考虑到雾化

效果[56]。

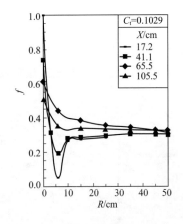
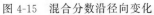

图 4-15 混合分数沿径向变化

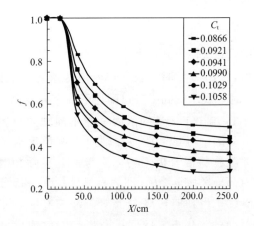

图 4-16 射流动量比对宏观混合的影响

（4）数据关联 Becker 等人的研究表明，双股同轴受限射流过程浓度分布与速度分布具有相似性[42]、无量纲径向浓度分布、无量纲最大浓度、中心混合分数及无量纲浓度半径的变化与射流相似特征数 C_t 有关。前已述及，对于同轴交叉射流，在射流交叉角一定时，这些特征量还与喷嘴环隙与中心流体的动量比 R_m 有关。因此，将几何尺寸、浓度和混合分数无量纲以后，可与 C_t 和 R_m 相关联。C_t 定义式见本书第 3 章式 (3-28)。对于受限射流，$U_{f,o}=0$，得到

$$C_t = \frac{r/r_w}{\sqrt{1-0.5(r/r_w)^2}} \tag{4-100}$$

与一般的圆射流不同，本实验采用双通道交叉射流喷嘴，取中心喷口的质量流量与动量分别为 m_i、G_i；环隙喷口的对应值为 m_o、G_o，实验介质的密度为 ρ，由质量守恒定义双通道的当量半径为

$$r_e = \frac{m_i + m_o}{\sqrt{(G_i + G_o)\pi\rho}} \tag{4-101}$$

由此可将式(4-100) 推广到双受限射流过程，此时

$$C_t = \frac{r_e/r_w}{\sqrt{1-0.5(r_e/r_w)^2}} \tag{4-102}$$

设轴间距为 X，径向距离为 r，如果该处的浓度值满足

$$\eta_i = \frac{1}{2}\eta_{im} \tag{4-103}$$

则称此时的 r 为浓度半径，用 $r_{0.5}$ 表示；η_{im} 为对应轴向位置上的最大无量纲浓度。从而定义无量纲轴向距离 X、无量纲半径 R 与无量纲浓度半径 $R_{0.5}$ 分别为

$$X = \frac{x}{r_w} \tag{4-104}$$

$$R = \frac{r}{r_w} \tag{4-105}$$

$$R_{0.5} = \frac{r_{0.5}}{r_w} \tag{4-106}$$

根据上述定义，得到径向浓度分布符合下式

$$\ln\left[-\ln\left(\frac{\eta_i}{\eta_{im}}\right)\right] = -0.4051 + 1.0663\ln\left(\frac{R}{R_{0.5}}\right) \tag{4-107}$$

式中

$$R_{0.5} = 0.0334X\left[1 + \left(\frac{X}{X_r}\right)^{0.8854}\right] \tag{4-108}$$

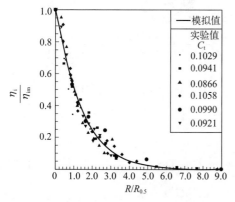

图 4-17 浓度分布模拟值与实验值比较

而

$$X_r = 2.0500\exp(5.4900C_t - 0.7985R_m)$$

实验值与模拟值的比较见图 4-17。从中可见，模拟值与实验值吻合较好。

无量纲最大浓度沿轴向的衰减符合下式

$$\frac{1}{\eta_{im}} = 1.2796X\left[1 + \left(\frac{X}{X_r}\right)^{1.1935}\right] \tag{4-109}$$

式中

$$X_c = 3.0000\exp(3.7600C_t - 0.1246R_m)$$

中心混合分数沿轴向衰减符合下式

$$\frac{1}{f_m} = 0.5599X\left[1 + \left(\frac{X}{X_f}\right)^{0.4109}\right] \tag{4-110}$$

4.2.3.3 旋流对气流床气化炉冷态浓度分布的影响

文献[57]研究了在双通道喷嘴中心通道引入旋流后，气流床气化炉内的冷态浓度分布。图 4-18 是喷嘴中心射流速度为 90m/s、环隙射流速度为 37m/s 时，不同旋流数下中心混合分数沿轴向的衰减。结果表明，在同样的射流速度下，旋流数增加，中心混合分数沿轴向衰减加快，即达到完全混合时的轴向位置距喷嘴的距离缩短，混合过程改善。不难预见，如果在环隙射流中引入旋流，同样可改善炉内混合过程。但工业喷嘴中到底用单一旋流，还是双旋流，应由实际情况来确定。

对实验数据关联得到旋流条件下无量纲浓度的径向分布符合下式

$$\ln\left[-\ln\left(\frac{\eta_i}{\eta_{im}}\right)\right] = -0.4051 + 1.0663\ln\left(\frac{R}{R_{0.5}}\right) \tag{4-111}$$

式中，$R_{0.5}$ 为无量纲浓度半径（设轴间距离为 x，径向距离为 r，如果该处的浓度值满足 $\eta_i = \frac{1}{2}\eta_{im}$，则称此时的 r 为浓度半径，用 $r_{0.5}$ 表示；η_{im} 为对应轴向位置上的最大无量纲浓度；$r_{0.5}$ 无量纲化，即可得到 $R_{0.5}$），可用下式表示

$$R_{0.5} = 0.0334X\left[1 + \left(\frac{X}{X_r}\right)^{0.8854}\right](1 + 0.5503S) \tag{4-112}$$

$$X_r = 2.0496\exp(5.4870C_t - 0.7960G_r)$$

实验值与模拟值的比较示于图 4-19。从中可见，模拟值与实验值吻合较好，其平均相对误差小于 20%。

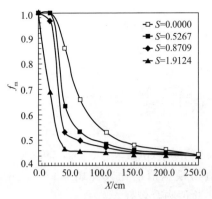
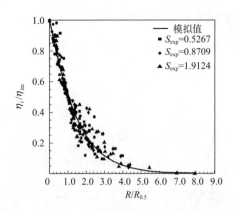

图 4-18　最大混合分数　　　　　图 4-19　无量纲浓度的径向分布
　　　　　沿轴向衰减

无量纲最大浓度沿轴向的衰减符合下式

$$\frac{1}{\eta_{im}} = 1.2796X\left[1+\left(\frac{X}{X_c}\right)^{1.1935}\right](1+2.1931S) \tag{4-113}$$

$$X_c = 3.0000\exp(3.7600C_t - 0.1246G_r)$$

中心混合分数沿轴向衰减符合下式

$$\frac{1}{f_i} = 0.5599X\left[1+\left(\frac{X}{X_f}\right)^{0.4109}\right](1+0.1418S) \tag{4-114}$$

4.3　高黏度液体的雾化

4.3.1　液体雾化的概念

　　液体燃料（包括燃料油、水煤浆、油煤浆等）气化装置中，良好的雾化是高效气化的关键。液体的雾化是指将大体积的液体在气体环境中变成液雾或其他更小液滴的物理过程，其目的是增加液体的比表面积。液体雾化的类型很多，依据参与相态及能量来源可分为单相流和两相流雾化；依据气液两相的接触方式可分为交叉流雾化和非交叉流雾化；依据气体的状态可分为低压鼓风雾化和气体辅助雾化；依据液体的状态可分为预膜式雾化和液柱式雾化；依据喷嘴的结构特点可分为无混合室喷嘴雾化和有混合室喷嘴雾化等。

　　在液体雾化技术的发展过程中，人们逐渐认识到充分利用气液两相的能量来实现雾化是非常有利的，这类雾化的过程基本相似，分为初次破碎（primary breakup）和二次破碎（secondary breakup）两个阶段[58]。初次破碎过程是指液体刚开始破碎的阶段，发生在气液交界面上，主要由气液交界面不稳定波增长和破碎引起，标志是沿着连续相液体表面出现了滴状、丝状和膜状等小的液体单元，液体颗粒的尺寸通常在毫米或厘米量级，取决于喷嘴结构、气流状态和外界条件等。它控制液体块的延伸范围，并提供进一步二次破碎的初始条件。二次破碎是初次破碎产生的液滴在气动力作用下减速、变形和破碎的过程，发生在气液掺混区，由气动力和液滴表面张力相互作用引起，标志是液滴在气体中进一步破碎和相互聚合，液体颗粒的尺寸通常在几微米到几百微米，取决于相对流动状态、初次破碎碎片的尺寸和形状等。它直接影响到最终雾化液滴的尺寸分布。

在上述决定性的二次破碎过程中，喷嘴前后的压力差或液体射流的初始速度（严格地说是液体射流与周围气体间的相对速度）是影响雾化过程的重要工作参数。相对速度越大，雾化过程进行得越快，雾化液滴尺寸也越细。工业上常见的气流式雾化喷嘴正是根据这个规律而发展起来的高效雾化装置。

4.3.1.1 初次破碎

喷嘴雾化的过程是十分复杂的，涉及一系列的物理过程，而且雾化过程也是瞬间、不均质、变流阻的喷射过程，研究者们认为液体的雾化过程涉及若干种不同的机理，最初都是开始于射流液体的失稳[59]。液体经过喷嘴后形成射流，由于存在各种扰动以及气动力、惯性力、表面张力和黏性力等作用，射流是极不稳定的，将分裂破碎形成各种形状、大小的液块。普遍认为是由于液体和气体相互作用引起液体表面不稳定波的增长而导致射流的初次破碎。

（1）初次破碎的模式　由于液体射流本身的初始湍流以及周围气体对射流的作用（脉动、摩擦等），液体表面产生波动、褶皱，并最终分离出液体碎片或细丝（图4-20）。液体射流的初次破碎有三种基本模式：滴状破碎、丝状破碎、膜状破碎。

① 滴状破碎（drop formation）。在液体射流速度较小时，由于气流作用小，液体易形成细流状，在离喷嘴出口一定距离处，开始破碎成液滴。这是因为表面张力的作用使射流形成不稳定的圆柱状，由于某处射流的直径小于平均值，并在此形成较薄的液膜，其所受的表面张力作用较液膜厚的部分大得多，因此薄的部分所含的液体就转移到了厚的部分，然后这部分延长成线，并破碎成为大小不同的液滴。

② 丝状破碎（ligament formation）。当气、液相对速度较大时，气、液间摩擦力很大，表面张力和外力的作用使液体沿着水平与垂直方向振动，变成螺旋状振动的液丝，在其末端或较细处很快断裂为许多小雾滴，随着相对速度增大，液丝变细，且存在的时间越短，形成的雾滴越细。

③ 膜状破碎（sheet formation）。当气体以相当高的速度从气流式喷嘴或从预膜式喷嘴喷出时，在近喷口处迅速将液体形成一个绕空气心旋转的空心锥薄膜，薄膜不断地膨胀扩大，在其边缘处破碎成极细的液丝或液滴。

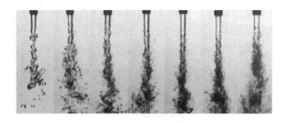

图 4-20　射流初次破碎[60]

（2）初次破碎的机理　对射流流场研究表明，射流出喷口区域存在连续的没有空气卷入的液核区，该区中流体喷射速度不变。此区域为气流式雾化过程的第一步，即连续的液体在喷嘴内和喷口外沿小扰动、液体射流自身湍流流动及高速气流的空气动力（aerodynamic force）共同作用下，液体射流表面产生波动，如图4-21所示。

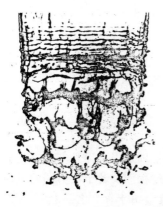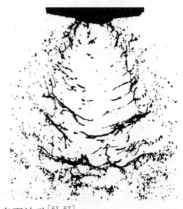

图 4-21　液体射流表面波动[61,62]

喷嘴内和喷口外沿的扰动导致射流不稳定，从喷口产生的扰动在向下游传播的过程中会增强，当小扰动波的波长 λ 小于某一临界值 λ_c 时，扰动波增长率 w_r 为负，波幅迅速衰减，而当 $\lambda > \lambda_c$ 时，ω_r 为正，波幅迅速增加，当波幅增加到一定值时，液体会因空气的剪切作用而被撕裂为液滴。

液体自身湍流运动效应体现为产生了径向速度分量，引起喷口处射流的迅速扩散，而且在湍流中拥有了能量足够大的涡，使液滴能在运动中摆脱表面张力的影响，脱离连续的液体相。

气流雾化过程中，高速气流的存在对液体射流表面波的发展起着决定性的作用，当气流速度足够高时，由于液体黏性的影响，在连续扰动作用下气流对波动的影响使表面波呈指数型增长，导致液体射流表面波的波长及波幅急剧增大，此时液体射流表面由于表面张力建立起来的界面稳定性开始趋向失稳。同时通过动量交换气体对液体做功，如果气体做功等于黏性运动的能量耗散 E_d，则液体表面波将维持原有状态（气流速度不变为前提），如气体做功大于 E_d，则液体表面波将呈现指数型增长，最终导致液相的破碎。

当表面波的波长与频率达到临界值时，液体射流表面局部（波峰）流体的径向速度足够大，其动量足以克服液体表面张力产生的约束，与此同时，由于气流对液体的作用，气体在流过波峰后发生边界层分离，促使液体在波谷附近破碎。KH-RT 等多种不稳定性耦合是初次破碎机理的主要研究方向之一[63-65]。

水煤浆是一种流变性复杂的液固混合物，与高黏纯液体相比，水煤浆的雾化过程有着自己的特点。水煤浆的初次破裂模式一般包括：雷利破裂模式、拉丝破裂模式和雾化模式[66,67]。实验结果表明，与水等液体相比，水煤浆雾化缺少了膜状破裂这一模式，这是由于水煤浆主要是由水与煤粉混合而成，当水煤浆在气流作用下变形为膜状结构，其厚度接近煤粉颗粒的直径时，煤粉颗粒的存在就会使得膜状结构快速破裂，无法形成明显的膜状结构（图 4-22）。当水煤浆黏度很大时，拉丝破裂模式也很不明显，所以高黏度水煤浆的破裂模式基本上是以雷利破裂模式为主。当水煤浆黏度较小时，低气速下为雷利破裂模式，高气速下就会出现明显的丝状结构，即拉丝破裂模式。

高黏度水煤浆在气流作用下，会产生振荡现象（图 4-23）。通过以复摆模型为基础，其斯特劳哈尔数（表示射流振荡特性）与气液动量比的关系为 $St \propto \sqrt{M}$。斯特劳哈尔数是表征流动周期性的相似准则，定义为 $St = fD_0/u_1$，式中 f 为振荡频率，D_0 为煤浆射流直径，u_1 为煤浆速度。

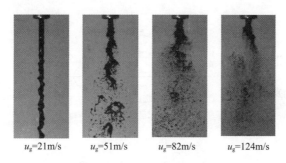

| u_g=21m/s | u_g=51m/s | u_g=82m/s | u_g=124m/s |

图 4-22　水煤浆的初次破裂

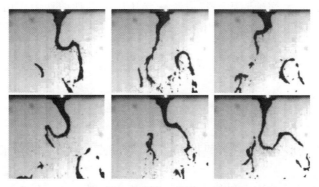

图 4-23　水煤浆射流振荡（图片时间间隔为 2ms）

4.3.1.2　二次破碎

初次破碎时从液体射流主体上破碎出来的各种形式的、较大的流体在表面张力的作用下收缩成球形液滴。研究表明，液滴加速过程中，在高度湍流的气流作用下将发生变形，此时主要靠表面张力的作用维持其形状的相对稳定，当外力作用超过表面张力，二次破碎继续进行，产生大量较小的液滴，直至液滴表面张力与外力的比较处于优势时二次破碎停止。如果射流初期的能量足够大，液体在初次破碎产生的液滴一方面在气动力作用下进行二次破碎，另一方面也在气动阻力作用下降低运动速度，使得液滴的 We 数逐渐减小，随着 We 数在运动过程中的不断变化，液滴的破碎也经历多种破碎模式。

（1）二次破碎的模式　初次破碎向二次破碎转化的过程，即在初次破碎后期阶段，是一个比较复杂的过程。在这个阶段，一方面从初次破碎中产生的大块液体在气动力作用下失稳和变形，并分裂成小的液滴；另一方面一些直接从初次破碎初期产生的小液滴进一步进行二次破碎，产生云雾状的雾滴。这个阶段之所以属于初次破碎，是因为在机理上由初次破碎的不稳定性导致的破碎是破碎主流，使得大块液体破碎成小的液体珠；这个阶段虽然同时伴随有二次破碎，但以袋状和剥落形破碎为代表的二次破碎并不是破碎的主要形式。对这一交叉阶段的观察和研究结果表明，初次破碎产生的液体块在气动力作用下，变形成树枝状，进而变细变长，最后由于细长条状液体的不稳定性导致其断裂成更小的液体珠串。

人们借助高速摄影技术发现，液滴的破碎可以分为两个过程，即变形过程和破碎过程。液滴是靠表面张力保持自己形状的，当在气流作用下液滴驻点气动压强超过表面张力产生的内外压差时，平衡将被破坏，引起液滴的变形。在气动力作用下液滴有很多变形形式。

Hinze[68] 给出了三种最基本的变形形式，如图 4-24 所示。

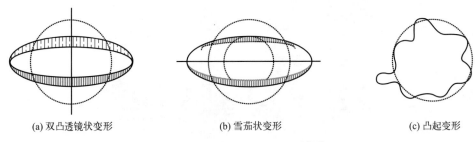

| (a) 双凸透镜状变形 | (b) 雪茄状变形 | (c) 凸起变形 |

图 4-24   液滴变形的基本形式[68]

① 双凸透镜状变形：当液滴受平行或旋转气流以及黏性剪切力作用时，液滴先被压成扁椭球形，紧接着的变形由内力的大小决定。人们推测扁椭球变形成椭圆环，然后再拉伸破碎成小液滴。

② 雪茄状变形：当液滴受 Couette 气流的作用时，被拉成长圆柱形或扁带状液线，然后再破碎成小液滴。

③ 凸起变形：当液滴受到不规则流动的气流作用时，液滴表面先形成局部凸起，凸起部分脱离原液滴后形成小液滴。

液滴以何种方式变形主要由气液两相的物性，即密度、黏度、表面张力和液滴周围气体的流动状态决定。

Lane[69]研究给出球状液滴在气体作用下破碎的示意图 4-25。位于高速气流中的液滴受气体压力作用将由球形逐渐压扁为椭球形、杯形及半水泡形，当液滴与高速气流的相对速度大于临界速度时，半水泡形液滴的上部首先爆裂，形成边缘厚度不等的环状，它包含了球形大液滴 70%的质量，气流吹在环状液滴上使边缘撕裂成片状、中心形成大量的小水泡，最终破裂成各种尺寸的细小液滴及小水泡。

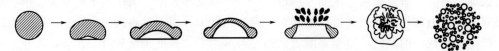

图 4-25   球状液滴在气体作用下的破碎

Pilch 和 Erdman[70]假定在稳定流场内单个液滴突然暴露在低密度的高速气流中，按照初始 We 数的大小将液滴的破碎模式分为图 4-26 所示的六种：

① 振动破碎：发生在 $We \leqslant 12$，振动以液滴的固有频率发展，流场与液滴相互作用增强了振动的振幅，使液滴破碎成小的碎片。当以这种方式破碎时产生的碎片数量少、粒径大，破碎时间长。

② 袋状破碎：发生在 $12 \leqslant We \leqslant 50$，在气流作用下液滴在垂直于流动方向上形成环向厚、中间薄的形状，在液体的中部产生一个相对较大的压力作用，于是上述形状结构的液体碎片在中间部分气流动压头和液体表面张力的共同作用下向后隆起，逐渐形成一个袋状结构，在其中部压力最高，因而在气流的进一步作用下或者在其他扰动作用下袋状结构首先在中部破裂形成若干非常小的碎片，造成袋状结构力平衡的破坏，进而引发剩余环状部分流体的破碎，产生相对较大的液滴，此时破碎出的大液滴在气流作用下仍可能继续发生破碎，这主要取决于液滴所处区域气液相对运动速度是否仍满足 $We \geqslant We_c$。

③ 袋状-雄蕊型破碎：发生在 $50 \leqslant We \leqslant 100$，这是一种过渡型破碎模式，与袋状破碎有很多相似之处。不同的是沿着液滴轴线形成一条与周围流体平行的雄蕊型圆柱状液体。袋状

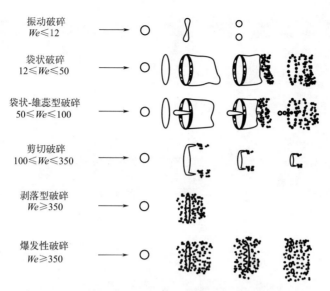

振动破碎
$We \leqslant 12$

袋状破碎
$12 \leqslant We \leqslant 50$

袋状-雄蕊型破碎
$50 \leqslant We \leqslant 100$

剪切破碎
$100 \leqslant We \leqslant 350$

剥落型破碎
$We \geqslant 350$

爆发性破碎
$We \geqslant 350$

图 4-26　依据 We 数划分的液滴破碎模式

结构先破碎，边缘和中间液柱随之破碎。这种破碎模式有时也被称为"伞状破碎""袋状-射流型破碎""无序破碎"或"多模式破碎"等。

④ 剪切破碎：发生在 $100 \leqslant We \leqslant 350$，随着射流速度的继续增大，在袋状破碎尚未发生之前，高速气流掠过液滴时液滴的周边由于高速气流的强大拽力作用不断变薄，由于惯性较小，其在气流方向上向后运动，于是液滴在气流方向形成一个凸起的系带。高速气流经过的周边气液相对速度大，与初次破碎类似，在液体表面存在波动，在波动作用下液体系带开始产生小的液滴。

⑤ 剥落型破碎：发生在 $We \geqslant 350$，在液滴迎风面上形成了振幅大、波长小的振动波，由于液滴表面气流的作用，波峰被不断侵蚀剥落形成大量小液滴。

⑥ 爆发性破碎：发生在 $We \geqslant 350$，随着气流速度的进一步增大，在液滴迎风面上形成了振幅大、波长大的表面波，并迅速增长，最终穿透液滴使其先破碎成丝状而后迅速破碎成细小的雾滴。这一过程引发了液体碎片及碎片产物不断发生进一步破碎的多级过程，直到所有液体碎片满足 $We \leqslant We_c$。

Hsiang 等[71]研究了在激波管中 $Oh < 0.1$ 时液体的变形和破碎方式，提出的破碎方式转变的 We 数与 Pilch 等的结论很相似。从这些结果中可以看出，当液滴的黏性作用很小，且液滴颗粒所受的动力学阻力和其表面张力相当的情况下，变形和破碎就会发生。在判断液滴二次破碎是否发生时，临界韦伯数 We_c 被用来表示液滴破碎开始的 We 的大小，We_c 通常是指袋状破碎开始的韦伯数。

Dai[72]在激波管中研究了二次破碎的多种模式过程，随着 We 的增大实验中依次观察到了袋状破碎、袋状和雄蕊型破碎、剪切破碎的过程，照片如图 4-27～图 4-29 所示。破碎时间、液滴变形特性和阻力系数、液滴分布、不同模式破碎的最终粒径以及液滴速度都可以用 We 的相关函数表达。

（2）二次破碎的机理　液滴在气流中运动时主要受到两种力的作用：气动力和表面张力。前者压缩液滴表面使其变形破碎，后者反抗变形使液滴保持球状。从液体射流分离出来的液滴是否进一步破碎取决于气动力与表面张力两者的相对值。韦伯数 We 表征气动力与表

图 4-27　袋状破碎

图 4-28　袋状和雄蕊型破碎

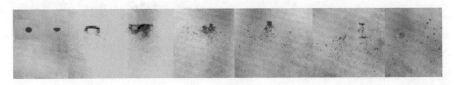

图 4-29　剪切破碎

面张力在液滴表面产生的无量纲压强比

$$We = \frac{\rho_L u_R^2 d}{\sigma_L} \tag{4-115}$$

韦伯效应就是液滴在运动过程中，如果它的惯性力超过表面张力一定的倍数后，该液滴将不断被分裂成更细的液滴。

黏性对液体破碎的影响以昂色格数 Oh 表征，Oh 数是流体性质及几何参数的函数

$$Oh = \frac{\mu_L}{\sqrt{\rho_L d\sigma_L}} \tag{4-116}$$

当 Oh 数增大时发生破碎就需要大的 We 数，因为在大的 Oh 数下液体的黏性趋向于阻碍液滴变形。液滴在运动过程中不断被撕裂和破碎的最低韦伯数称为临界韦伯数 We_c。研究表明，We_c 可由 Oh 确定[73]

$$We_c = 12(1 + 1.077 Oh^{1.6}) \tag{4-117}$$

对特定情况下的液体介质存在特定的 We_c，当 $We > We_c$，液体将发生破碎，被撕裂、破碎和雾化细化直到 $We < We_c$，韦伯数越大，破碎时间越短，破碎越细。

对高速气流中的液滴进行受力分析如图 4-30 所示，此时的液滴具有一定的轴径向速度，但与气体射流的速度相比仍然较小，在高速气流的作用下液滴发生变形。低速运动的液滴与高速运动气流相比有一较大的速度差，这一速度差的存在必然产生高速气体绕过液体的运动，由 Bernoulli 方程可知，在球形液滴迎着气流方向的正面产生一个临界点，在背面则产生脱体。液滴的前后产生压差使球形液滴与气流方向垂直的方向上的压强增大，液滴发生变形，中心变薄，这是液滴发生二次破碎的原因之一。

在高速湍流气流作用下，液滴后部的涡流通常是不对称和不稳定的，液滴表面产生持续的压力脉动，导致液滴的振动，这种振动在气流作用下产生非线性增长，成为液滴继续破碎的又一主要作用力。

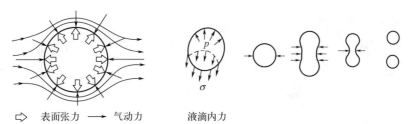

⇨ 表面张力 ⟶ 气动力 液滴内力

图 4-30 高速气流作用下的液滴受力图[74]

此外在高速气流与液滴的相互作用下，外力的影响引起液滴内部流体的运动，在气流作用下液滴内部流体的内循环流动加剧，于是流体自里向外对液体界面产生一个动压头的作用，只要此动压头超过液体表面某一点的毛细压强即可导致液滴的二次破碎。

液滴二次破碎中最主要有袋状破碎和剥落型破碎两种形式，它们的破碎机理大为不同。Hsiang 等[75]研究袋状破碎过程认为液滴在变形过程中迎风面的表面压力高于背风面，这样的压力分布促使球形液滴变形成袋状结构。他们认为在袋状破碎前的液滴变形中，液滴的表面张力和气动阻力的相互作用是导致破碎的主要因素。

Engel[76]研究剥落型破碎认为液滴变形是从其背风面开始的，球形液滴的背风面由于气动作用变平，形成穹顶形液体块。Wierzba[77]对剥落型破碎进行了实验研究，研究显示，液滴剥落型破碎的原因是气动作用使变形后的液滴表面破坏，在液滴表面形成薄的液体层，随后小的雾滴从液体层向后开始剥落，最后剥落剩下的液体颗粒破碎成不规则的液体单元。

关于液滴表面破坏并形成液体层的原因有两种说法，一种认为液体颗粒在流场中加速运动时受气动作用力的影响，液滴表面产生表面波并发展、破碎、脱落而造成，另一种认为液滴在运动中受气动力的作用在液滴表面形成黏性边界层，边界层内流体向后运动，致使边界层与液滴分离并形成剥落，后一种观点近年来在科研文献中占主导地位。

Joseph 等[78]认为当液滴直径小于 RT 不稳定性的临界波长时，液滴将不会因为 RT 不稳定性而破裂。Theofanous 等[79,80]进一步研究了液滴最大尺度和 RT 不稳定性波长的比值与液滴破裂的关系，认为二次雾化中的袋状破裂模式是由 RT 不稳定性引发的。赵辉等进一步揭示 RT 不稳定性在广义袋状破裂模式（袋状，袋状-雄蕊，双重袋状破裂模式等）中的重要作用。在气流的作用下气液界面上产生了 RT 不稳定性，液滴尺度内袋状结构的个数也和 RT 不稳定波的数量有关。据此提出以理论波数（N_{RT}）来对液滴破裂模式进行划分[81-83]。

水煤浆滴的二次雾化模式有：变形模式，多模式破裂（可以分为穿环破裂模式和拉伸破裂模式两个子模式）和剪切破裂模式等[84,85]。其中，变形模式和剪切破裂模式与牛顿流体二次雾化中对应的破裂模式很相似。当水煤浆屈服应力较小时会出现穿环破裂模式（图4-31），穿环破裂模式与牛顿流体的袋状破裂模式比较接近，都是液滴的中心部分首先发生破裂，然后是边缘部分发生破裂，其破裂机理都是由于 RT 不稳定性的作用。不同的是，袋状破裂模式会出现很薄的膜状结构，而穿环破裂模式则没有膜状结构出现。这是由于水煤浆中存在着大量的煤颗粒，导致浆膜迅速破裂，所以不会有明显的膜状结构出现。当水煤浆屈服应力很大时，穿环破裂模式就会被拉伸破裂模式取代。在拉伸破裂模式中，由于剪切变稀的特点，水煤浆液滴在变形过程中内部会出现黏度差异，导致浆体内低黏度的部分首先发生破裂。

在宏观上，浆体呈现出均质流体的特性，在建立模型和数值计算时可以将其近似简化考虑。但是在浆体破裂后期的微观尺度上，液固混合物会表现出强烈的非均质特性[86-88]。水煤

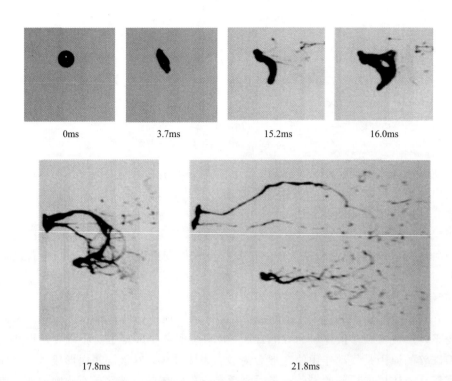

| 0ms | 3.7ms | 15.2ms | 16.0ms |

17.8ms   21.8ms

图 4-31　水煤浆滴的破裂

浆破裂时会依次经历浆体区、过渡区和液体区（图 4-32）。在特征尺度为 0.5～2 倍颗粒直径的过渡区，颗粒尺度已经与浆体最小直径接近，破裂特性由浆体向液体突变。这些发现表明在浆体破裂中后期，传统上采用的连续介质模型不成立。

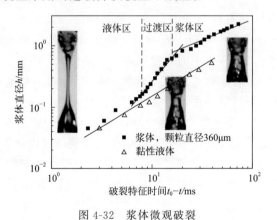

图 4-32　浆体微观破裂

4.3.2　雾化过程的破裂模型

数值模拟是研究雾化过程的有力工具，不仅可以缩短开发周期，节约研究经费，还可以获得由于实验条件或测试技术限制在实验中无法得到的信息。雾化过程模拟同时发生的流动、混合、传热与燃烧过程，气体与喷雾强烈的混合与高度的不稳定性，跨越几个数量级的时间和空间尺度，都需要详细理解其机理，选择合适的模型进行描述，同时还要考虑到计算所需要的时间和代价。

对于气流式雾化过程，从射流液柱失稳，到初始液滴从射流液柱上分裂出来的过程，称为初次雾化过程。初始液滴的失稳、变形、分裂，到最终雾化液滴大小与分布的确定过程，称为二次雾化过程。以下介绍液柱分裂与液滴分裂的几个模型。

4.3.2.1 液柱分裂模型

近年来，随着高速摄像技术的发展，许多学者[89-91]对液柱分裂过程进行了更深入的观察，并提出了新的雾化模型。Marmottant 等[89]根据高速摄像观察及实验结果，针对同轴气流式雾化喷嘴提出了液柱分裂模型。Marmottant 选用同轴双通道气流式喷嘴为研究对象。内通道进液体，液速 U_L，外通道进气体，气速 U_A，外通道出口缝隙宽 h，内通道直径 D_1。随着外通道气速的增加，分裂经历了以下几个过程。

在较小气速时，由于 K-H 不稳定性的影响，射流液柱表面出现轴对称的不稳定扰动波，见图 4-33。

图 4-33　射流液柱表面轴对称不稳定波的生长

随着气速的不断增大，到一定临界值后，这种轴对称扰动波不再增长，取而代之的是发生在各个凸起处断面方位上的扰动失稳，见图 4-34。随着扰动的加强，最终在断面上拉伸出大小不一的液丝。

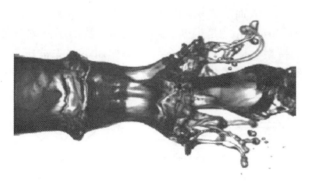

图 4-34　射流液柱表面凸起处的断面失稳与拉丝

这里用 $\lambda_\perp$ 描述断面上不稳定波的波长。经过不稳定性分析，可以确定 $\lambda_\perp$ 的值

$$\lambda_\perp \approx 2.8\delta We_\delta^{-1/3} \left(\frac{\rho_A}{\rho_L}\right)^{-1/3} \tag{4-118}$$

式中，δ 为气液边界层厚度，$\delta/h \approx 5.6Re^{-0.5}$，$Re$ 为气流出喷口雷诺数，$Re = hU_A/\upsilon_A$，υ_A 为气体运动黏度；ρ_A 为气体密度；ρ_L 为液体密度；We_δ 为以 δ 为基准的韦伯数，$We_\delta = \rho_g(u_g - u_1)^2\delta/\sigma$，$\sigma$ 为液体表面张力。

液丝的体积如果用球形当量直径 d_p 表示，则根据实验结果有：$\langle d_p \rangle \approx 0.23\lambda_\perp$。进而，在液柱表面凸起处拉伸出来的液丝被进一步拉长，并最终断裂。图 4-35 为高速摄像拍到的连续两帧照片，从图中可以清楚地看到液丝的断裂。

由液丝断裂生成的液滴大小不一，满足一定的分布。设生成液滴的粒径为 d，则有 $\langle d \rangle = 0.4 \langle d_p \rangle$，$d$ 的分布密度为 $p(d) \approx \exp(-nd/\langle d_p \rangle)$，$n$ 为分布参数，约为 3.5。

图 4-35　射流液柱表面凸起处液丝的断裂

Villermaux 等[92]在研究初次雾化中结合理论分析发现了液体丝状结构破裂后产生的液滴分布为单参数伽马分布。在研究均一厚度的液膜破裂时，Bremond 等[93]认为液膜首先破裂产生丝状结构，然后丝状结构再破裂成为液滴，其分布也符合单参数伽马分布。当液膜厚度并不相同时，Villermaux 和 Bossa[94]认为其破裂后的液滴尺寸分布满足 Marshall-Palmer 指数分布。该分布在液体雾化过程中应用广泛[95]。

4.3.2.2　液滴分裂模型

液滴分裂过程发生在初始液滴生成之后，主要指的是初始液滴的变形、分裂、碰撞、聚并等过程。相关文献已经提出了几个数学模型[96,97]。

（1）DSB & DCB 模型　表面边界层剥离破碎模式（drop shear breakup）和爆发式破碎模式（drop catastrophic breakup）是根据破碎阶段 We 数的不同划分的。图 4-36 是以表面剥离破碎为基础建立的模型，椭球形液滴在气动力作用下首先被压扁，然后被剥离成 n 条圆柱状液线，每条液线经过棱锥体变形过程，破碎为 m 个当量直径等于平均直径 SMD 的球状液滴。

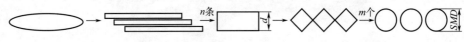

图 4-36　液滴破碎的 DSB 模型

图 4-37 是以爆发式破碎为基础建立的模型，由于在此模式下液滴在喷出后的瞬间就已经完成破碎，因此假设液体单元先由一个椭球大液滴分裂成四个小液滴，然后再分裂成八个，依次类推，直到成为一个平均直径为 SMD 的液滴群。如图 4-37 所示（仅示出柱坐标的 r-z 轴），在保持体积不变的条件下以圆柱代替椭球形，然后变形并分裂成两个锥体，再变形至与原来相似的柱体。循环重复上述一轮过程，直到当量直径达到要求的 SMD 值。

（2）链式破碎模型　该模型描述液滴破碎后形成小液滴的数目、大小和速度。链式破碎法就是一个液滴破碎时形成大小和速度相同的液滴，并由液滴开始破碎变形时的速度 Δu 和从变形到破碎所经历的时间 t 计算出破碎时刻的速度 Δu_b。

$$t = 0.45(1 + 1.2 Oh^{1.64}) d \frac{\sqrt{\rho_L / \rho_A}}{\Delta u} \tag{4-119}$$

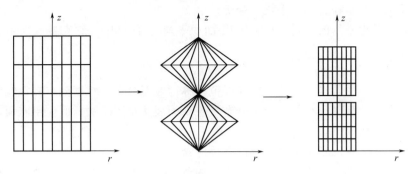

图 4-37 液滴破碎的 DCB 模型

$$\Delta u_{b}=\left(\frac{1}{\sqrt{\Delta u}}+9.375\frac{\rho_{A}}{\rho_{L}d}\sqrt{\frac{\nu_{A}}{d}}\right)^{-2} \qquad (4\text{-}120)$$

至于破碎后形成的液滴是否继续破碎需由此时的 We 和 We_{c} 来决定。若 $We>We_{c}$ 则继续破碎，同样是一个变两个并计算出破碎后的速度。这一判断与计算过程一直要进行到液滴不再破碎为止。

（3）随机分裂模型　周炜星等[98]研究发现，喷嘴的雾化与植物树木的构型相似，都存在分叉结构。也就是说，液滴分裂过程是一自相似的过程，如图 4-38 所示。在周炜星等的液滴随机分裂模型的基础上，刘海峰等[99]提出了液滴有限随机分裂模型的基本假定：①液滴的密度不随滴径变化而变化；②不考虑液滴的聚并，或者考察液滴分裂和聚并的动态过程的合效应；③每个液滴生长一代后最多可以分裂成

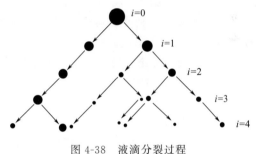

图 4-38 液滴分裂过程

两个，分裂的概率则与具体的喷嘴类型、操作条件有关；④当液滴直径大于最大稳定不分裂滴径时，每个液滴生长一代后分裂成两个，否则不分裂；⑤每个液滴分裂时，生成液滴的质量比满足（a，$1-a$）上的均匀概率分布。

喷雾过程的模拟计算实际上就是对破裂过程模型的发展和应用，在雾化模拟中还有很多机理性的问题仍不清楚，制约着喷雾模型的发展，进一步发展喷雾过程模拟模型有着重要而深远的意义。

4.3.3　雾化性能的表征

雾化过程产生的颗粒大小不可能十分均匀，通常气流式雾化喷嘴产生的液滴直径小到几个微米、大到几百上千个微米。雾化后形成一定形状的液滴群称为雾矩，雾矩的特征由雾矩空间形状、雾矩横截面上的液体分布、液滴尺寸、液滴尺寸的均匀性等构成，相应的对喷嘴雾化性能的表征有以下参数。

（1）平均直径　用单一数值表示雾滴整体分布情况，即设想一个液滴尺寸均匀的雾矩，它在某些方面的特性可以代表实际的尺寸不均匀的雾矩。平均直径有几种表示方式：中间直径 D_{M}、算术平均直径 D_{AM}、体积-面积平均直径 D_{VS}（sauter mean diameter）。此外，还有

常用直径、面积平均直径、体积平均直径等。

对工业喷雾过程常用的平均直径为体积-面积平均直径 SMD，它直接反映了液体单位质量（或单位体积）表面积的大小，$SMD = \dfrac{\sum D_j^3 N_j}{\sum D_j^2 N_j}$。

（2）粒径分布　通常将雾滴包括的粒度范围称为粒度分布。粒度分布有颗粒数分布、面积分布、体积分布、重量分布等。粒径分布最直观的表达是图示法，但应用麻烦，常用的经验表达式有 Rosin-Rammler 分布、Nukiyama-Tanasawa 分布和对数正态分布等。

（3）雾化角　雾矩的张角是表征雾滴在反应器中空间分布的重要参数。

（4）流量密度　单位时间内流过垂直于雾滴速度方向的单位面积上的液体体积。

4.3.3.1　雾化性能的影响因素

对气液两相雾化，特别是气流式雾化过程，一般认为影响雾化液滴直径和分布的主要因素有以下几项。

（1）气液相对速度　气液相对速度主要影响液体外部作用力与其自身惯性力的力平衡系统。对初次破碎，较高的相对运动使气体动能转化为扰动动能，克服液体表面张力的约束，从而导致射流的失稳、破碎。较大的相对速度有利于液体射流表面波的产生和发展，起到加速射流初次破碎过程的作用。对二次破碎，相对速度的大小决定了液滴 We 数的大小，进而决定了液滴能否继续破碎。

（2）气液质量比　气液质量比主要影响由气体为雾化提供的动能，雾化过程中能量利用效率较低，因而在特定的液体流率下要将液体雾化成细小的液滴，新增表面积需要做的功一定，即在雾化过程中要求气体提供的动能一定，此时在较大的气液质量比下较容易满足动能需要，在较小的气液质量比下则需气体速度提高才能满足，而通常气体流速的增加使流动阻力呈平方关系增加，导致流动过程能量损耗增大。因此对特定的液体介质存在一个较佳的气液质量比操作范围，其区间随液体表面张力和黏度的增加而向大气液质量比方向移动，对高黏、大表面张力物系，以大气液质量比操作为好。

（3）液体性质　表面张力的大小及其与周围环境力量的相对关系决定了液体射流能否雾化，表面张力较大的物料雾化所需创造的条件比较苛刻，即需要有更大的速度差以提供足够的气动力来破坏液体稳定性，打破表面张力的约束，产生良好的雾化效果。黏性的存在首先是决定了在气动力的作用下能否在液体表面形成非线性增长的表面波，这在很大程度上影响着气流作用下的射流初次破碎能否进行及射流完全破碎所经历的时间长短及空间距离的长短，对高黏物系黏性的存在可能导致气动力在液体表面形成的表面波因黏性运动而衰减，从而导致在气动力的作用下液体射流难以破碎。

（4）喷嘴结构尺寸　喷嘴结构尺寸首先影响液体射流，特定的气动力对液体射流产生的扰动影响深度是有限的，即特定的气动力只能使一定直径的液体束或一定厚度的液体膜发生破碎，因此通过喷嘴几何结构的改变尽可能地减小液体束直径或液膜厚度是改善雾化效果的主要手段之一。喷嘴结构尺寸还影响气体射流，通常的工业操作过程中气体与液体的质量比在某一范围内，通过喷嘴结构调整可以实现在气液配比较小的条件下增大气流速度或射入角度，进一步提高雾化质量。喷嘴几何结构同样影响二次破碎过程，二次破碎主要取决于气液间的相对速度，相对速度的大小在气液物性一定时取决于反应器内的流场，喷嘴几何结构及其与反应器的匹配决定了流场结构，对二次破碎进行的深度起着重要作用，从而在一定程度上影响着雾化性能。

（5）环境压力　在工业应用过程中，雾化过程通常都在一定环境压力的条件下发生。因此，对一定环境压力下的雾化行为的研究，具有很好的实际应用价值。

Rizkalla 等[100]在研究预膜喷嘴气流式雾化过程中气流密度对 SMD 的影响时，通过改变系统压力并保持气速和液体流量不变，得出如下关系

$$SMD \propto P^{-1} \tag{4-121}$$

式中，P 表示环境压力。Jasuja[101] 和 El-Shanawany 等[102]也分别研究了环境压力对 SMD 的影响，在同样的操作条件下得出式（4-121）的压力指数在 −0.4 和 −1 之间。Zheng 等[103]在研究高压下逆向旋流预膜喷嘴气流式雾化射流的结构时，认为环境压力的改变对雾化角有显著的影响而对整体平均粒径的影响不大，并得出

$$SMD = 48P^{-0.05}(1 + ALR^{-1})^{0.5} \tag{4-122}$$

式中，ALR 表示气液质量比。Zheng 认为，由于喷嘴结构的差异，气流式雾化可能存在不同的雾化机理，如果雾化液体和介质同向平行流动，则按传统的液膜破碎理论，液膜分裂成液滴的过程相对较慢，环境压力对 SMD 有显著的影响；如果雾化液体和介质非同向平行流动，比如雾化液体和两股逆向旋流气体的流动，由于逆向气流的高剪切作用，液膜破碎瞬间完成，则 SMD 几乎不受环境压力的影响。

三通道预膜喷嘴中，液膜破裂受到内外两侧气流作用的影响，研究结果表明：并非气速越高雾化效果一定越好。在一些特定区间，存在着预膜喷嘴雾化粒径随气速的增加而增加的反常现象[104]。这种特殊情况在喷嘴设计和操作中需要注意。

4.3.3.2　雾化粒径及其分布预测方法

由于雾化过程的复杂性，雾化的机理还不是很清楚，而且受诸如气液速度、液体和气体的物性、破碎所产生液块的形状、雾化装置的设计等因素影响较大，大多数的研究都旨在给出可供实际应用的经验模型，近年来建立在理论基础上的预测才有所发展。

（1）经验法　对雾化过程进行模型化预测经典的途径是经验法，国内外研究者针对不同形式喷嘴的雾化性能进行了较系统研究，得到了经验的雾化粒径预测表达式。这类方法是采集一系列宽范围的实验数据拟合曲线，频繁出现的曲线就作为标准实验分布的基础，给定这种分布的大量范例（如 Rosin-Rammler 分布、Nukiyama-Tanasawa 分布、正态分布和对数正态分布等）就可以对实验数据用某一分布模型进行处理。经验法存在的不足是将数据外推到实验范围以外的情况时可能有困难，如果没有进行实验验证就不能确认外推的结果是否正确，然而有些实验验证受各种原因的限制是没有办法进行的。

（2）最大熵法（maximum entropy）　利用能量方法进行理论分析的方法，Jaynes 发展了信息熵的概念，提出了最大熵能原理，即用统计的手段预测在加了足够多的与分布相关的限制后具有最小偏差的概率分布函数，最大可能（或最小偏差）的颗粒粒径分布（drop size distribution，DSD）使系统熵最大[105]。这种方法可以不必考虑液滴破碎的中间过程，而是利用普通的物理学质量、动量和能量守恒原理，直接处理破碎前后两个不同时刻的物理参数变化。概率密度函数（probability density function，PDF）被引入来描述液滴的尺寸和分布。最大熵法解决液体雾化问题最初是由 Sellens 和 Brzustowski[106]研究表面波增长引起的平薄液膜的破碎、Li 和 Tankini[107]研究雾化射流时建立的。经过众多研究者的改进，最大熵法进行雾化性能的预测得到广泛应用，已经发展到考虑液滴的尺寸-速度联合分布，尤其处理破碎机理具有随机性的二次破碎有优势。从本质上说，这是一种完全非确定性的方法，只关注了系统的始、终状态和雾化后的粒径分布，对雾化过程没有研究，从而忽略了雾化的机理。

（3）离散概率函数法（discrete probability function，DPF） Sivathanu 和 Gore[108]发展了 DPF 方法，Sovani[109]等应用其模拟牛顿流体喷雾过程。他们详细描述了破碎过程并引入概率处理过程的随机性，把喷雾形成过程分为确定性和非确定性两部分，假设喷雾过程包含一系列初始流体结构（平面射流、圆射流及圆锥射流等）的破碎阶段，确定性部分描述了整个流体的破碎，非确定性部分描述了初始条件的波动对最终雾化尺寸分布的影响。给定一系列初始条件（液体物性、喷嘴参数等）和一种破碎的机理，最终的液滴直径就是确定的，产生液滴尺寸分布是因为各种不确定因素（如湍流、表面粗糙、旋涡脱落等）会使初始条件产生波动。DPF 方法利用经典的流体非稳定性分析来描述相关的破碎过程，但不是只与某一特定的非稳定性分析相结合，任何线性、非线性的分析都可以利用。DPF 方法引入概率密度函数（PDF）来描述初始条件的波动。DPF 方法目前还限于模拟初次破碎过程，二次破碎需要引入多维 PDF。DPF 方法要求确定波动特性参数的 PDF 来得到 DSD，喷嘴的结构形式及操作条件对其影响较大，而且无法通过实验测量得到相关的 PDF，因此无法将理论预测与实验测量结果进行对照，研究者是采用参数逼近的方法来考察参数波动对 DSD 的影响。

4.4 湍流弥散

4.4.1 颗粒弥散基本方程

当忽略附加质量力、升力、Basset 力和压力梯度力以后，气相作用于颗粒上的力只有曳力和重力。那么，质量为 m 的颗粒的运动方程可以表达如下[110]

$$m \frac{\mathrm{d}u_\mathrm{p}}{\mathrm{d}t} = f_\mathrm{D} + mg \tag{4-123}$$

式中，曳力 f_D 按照以上假设可表达为

$$f_\mathrm{D} = (\pi d^2 \rho_\mathrm{g}/8) C_\mathrm{D} |u_\mathrm{g} - u_\mathrm{p}| (u_\mathrm{g} - u_\mathrm{p}) \tag{4-124}$$

式中，曳力系数 C_D 为

$$C_\mathrm{D} = (24/Re_\mathrm{p})(1 + 1/6 Re_\mathrm{p}^{2/3}) \tag{4-125}$$

式中，$Re_\mathrm{p} = d|u_\mathrm{g} - u_\mathrm{p}|/v$，方程（4-125）在 $Re_\mathrm{p} \leqslant 1000$ 范围内有效。

Stokes 数定义为颗粒动力响应时间与流动特征时间尺度之比。Crowe 等[111]和许多其他学者已经指出：Stokes 数在决定湍流对颗粒运动影响中有很重要的作用。对于一个雷诺数比气相小得多的颗粒在气相中运动，它的颗粒时间常数为

$$\tau_\mathrm{p} = \frac{(2\rho_\mathrm{p} + \rho_\mathrm{f}) d_\mathrm{p}^2}{36\mu} \tag{4-126}$$

对于颗粒相密度比气相大得多的情况下该式可以化简为

$$\tau_\mathrm{p} = \frac{\rho_\mathrm{p} d_\mathrm{p}^2}{18\mu} \tag{4-127}$$

因此，Stokes 数定义为

$$St = \frac{\tau_\mathrm{p}}{\tau_\mathrm{f}} \tag{4-128}$$

4.4.2 颗粒弥散过程研究与模拟

随着剪切湍流中拟序结构的发现，颗粒在剪切流中的运动由大尺度的拟序结构控制。Crowe 等以此为基础建立了拟序结构中颗粒弥散行为的基本概念[111,112]，如图 4-39 所示。大量的实验和模拟研究都验证了这一概念。

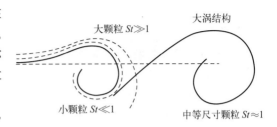

图 4-39　St 数对颗粒弥散行为的影响

颗粒 St 数的不同（由于粒径变化所致），颗粒在流场中的弥散呈现显著差异。当固体颗粒的 St 数远小于 1 时，固体颗粒对流体的跟随性强；当 St 数远大于 1 时，固体颗粒的运动几乎不受流体运动的影响；当 St 数为 1 这样的量级时，固粒的运动受到流场涡运动的控制。数值模拟和试验的结果都表明，St 数是描述固粒在涡流中扩散的重要参数。

王兵等[113]为了揭示颗粒在湍流分离流动中的弥散机制，采用大涡模拟方法和颗粒轨道模型，对二维后台阶分离流动中颗粒弥散进行了数值模拟研究。研究给出了不同 St 数的颗粒在流场中的分布以及瞬时大涡与颗粒相互作用规律，表明大尺度涡对颗粒弥散的影响依赖于颗粒的尺寸等参数。不同 St 数的颗粒瞬时弥散机制不同，共有三种模式：随着颗粒 St 数的增大顺序，依次表现为大涡作用模式、大涡与离心力作用模式、惯性力作用模式。进一步分析得到了颗粒进入回流区是大涡与颗粒的相互作用以及壁面的存在共同导致的结果。

李伟锋等[114]利用离散涡方法（DVM）研究平面混合层、平面射流和同轴射流中的拟序结构，计算出流场的速度分布，进而研究平面混合层、平面射流模型中颗粒和拟序结构的相互作用机制，模拟不同 St 数的颗粒在气流场中的弥散行为，如图 4-40 所示。

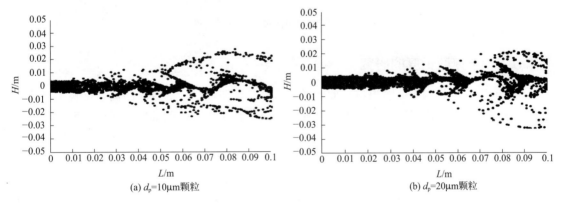

(a) d_p=10μm颗粒　　　　　　　　(b) d_p=20μm颗粒

图 4-40　平面射流中颗粒扩散

采用均匀分布的随机位置加颗粒，引入分散系数 $D(N, t)$ 和 St 数研究平面射流中颗粒的扩散，发现对 d_p＝40μm、80μm（$St \gg 1$）的玻璃微珠颗粒较少受到拟序结构的影响；对于 d_p＝1μm、2μm（$St \ll 1$）这样很小的粒子则较快地跟随流体粒子运动，具有良好的跟随性，更大程度上是受到流场的影响；对于 d_p＝4μm、10μm（$St \approx 1$）这样中等大小的粒子则受到自身惯性和大尺度涡结构的双重作用，颗粒聚集于大尺度涡的外缘，具有最大的扩散，结论和大涡模拟所得结论是一致的。

4.4.3　气包粉型稠密气固两相同轴射流

4.4.3.1　弥散特性

气包粉型颗粒弥散，即喷嘴外侧通道为气流，中心为颗粒。周华辉等[115]研究了稠密气固两相同轴射流颗粒弥散特性，图 4-41 给出了稠密气固两相同轴射流颗粒群分布，从图中可以看出，颗粒流在离开喷嘴的一段距离内并没有弥散开来，还是保持颗粒流柱的形状；随着运动的发展，颗粒流柱产生不稳定波，在产生波的同时，固体颗粒开始弥散。定义喷嘴出口平面到颗粒流柱产生明显扰动的这段距离为未弥散长度 L，颗粒流柱中产生两个扰动波间的距离为不稳定波长 λ，不稳定波距喷嘴出口距离为 x。为了研究不同操作条件下颗粒弥散特性，采用图像处理软件 Image J 对高速摄像仪拍摄得到的大量图片进行处理，每隔 20 幅照片选取一张进行测量，将测量得到的 L、λ、A 进行平均化处理。

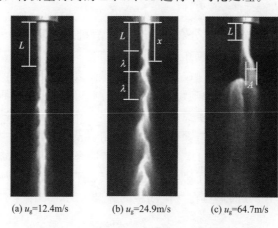

(a) u_g=12.4m/s　　　(b) u_g=24.9m/s　　　(c) u_g=64.7m/s

图 4-41　气固两相同轴射流弥散特性

4.4.3.2　未弥散长度的研究

颗粒流未弥散长度指喷嘴出口平面到颗粒流柱产生明显扰动的这段距离，反映了颗粒受外通道气体扰动的强度。因此研究不同外通道气速下颗粒流未弥散长度对指导喷嘴设计有重要意义。为了更好地说明未弥散长度 L 的存在，将不同气速下拍摄得到的所有图片进行叠加，如图 4-42 所示，从图中可以看出，颗粒流柱离开喷嘴一段距离后，颗粒流保持圆柱状，验证了颗粒流未弥散长度的存在。

图 4-43 给出了未弥散长度随气体射流速度的变化关系，从图中可以看出，随外通道气速的增大，颗粒流与外通道气流界面附近的速度梯度增大，气相扰动增强，未弥散长度减小。当气速小于 45m/s 时，未弥散长度随气速的增大而迅速减小；随着气速再增大，未弥散长度减小较为平稳，这与气液两相同轴射流中的结论一致。未弥散长度随气体射流速度（雷诺数）的关系式为

$$\frac{L}{d}=828.9Re^{-0.5798} \tag{4-129}$$

式（4-129）相关系数为 0.9886，式中 Re 为气体雷诺数（$6958 \leqslant Re \leqslant 55878$），$d$ 为喷嘴

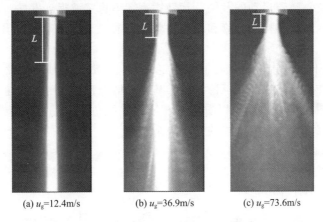

(a) u_g=12.4m/s   (b) u_g=36.9m/s   (c) u_g=73.6m/s

图 4-42　不同气体射流速度下拍摄图片叠加

内通道直径。图 4-39 中连续曲线为式(4-129) 的计算值。

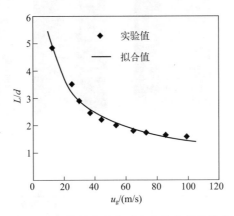

图 4-43　气体射流速度对未弥散长度的影响

4.4.3.3　不同弥散方式下颗粒弥散特性研究

通过对不同气体射流速度下颗粒的弥散进行实验观察和研究发现，随气流速度的增加，颗粒流存在三种弥散模式：剪切弥散、波状弥散和振荡弥散。

（1）剪切弥散　当外通道气体速度较低时，颗粒流离开未弥散长度后，气固两相界面附近的颗粒在气流的拽力作用下均匀地弥散开，而颗粒流主体基本保持圆柱形运动，如图4-44(a) 所示。随着外通道气体速度的增大，气体的剪切作用加强，颗粒弥散的角度增大，同时，气固两相界面附近的扰动增大，颗粒流发生失稳，如图4-44(b) 所示。在气速较低时（u_g 小于 24.9m/s 时），颗粒流表现出剪切弥散的特性。

（2）波状弥散　随着外通道气体速度的增大（u_g 大于 24.9m/s 时），气固两相界面附近的扰动增大，颗粒流发生

(a) u_g=4.87m/s   (b) u_g=12.4m/s

图 4-44　剪切弥散

失稳，产生不稳定波；随着运动的发展，扰动增大，不稳定波得到发展，最终形成非轴对称的波状结构，在这些波状结构的波峰和波谷，颗粒流在气流强剪切的作用下逐渐脱落弥散，如图 4-45 所示。

图 4-46 给出了不同气体射流速度下不稳定波长及其沿射流轴线的发展情况。从图 4-46（a）可以看出，随着射流的发展，不稳定波长基本呈增长趋势；随着气速的增大，不稳定波的波长减小。而从图 4-46(b) 中可以看出，相同的轴线位置不稳定波长大致相等，不同气体射流速度下不稳定波长沿射流轴线的发展关系式为

$$\lambda/d = 0.2606(x/d) + 0.6938 \qquad (24.9\text{m/s} \leqslant u_g < 48.7\text{m/s}) \qquad (4\text{-}130)$$

式(4-130) 的相关系数为 0.9726，其中 x 为不稳定波距喷嘴出口的距离。图 4-46(b) 中直线为式(4-130) 的计算值。

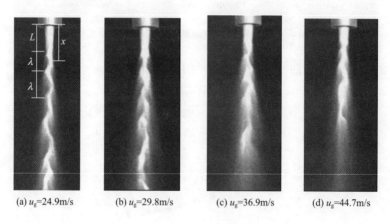

(a) u_g=24.9m/s   (b) u_g=29.8m/s   (c) u_g=36.9m/s   (d) u_g=44.7m/s

图 4-45　波状弥散

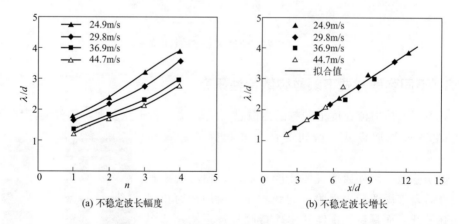

(a) 不稳定波长幅度

(b) 不稳定波长增长

图 4-46　气体射流速度对不稳定波长的影响

（3）振荡弥散　颗粒流离开未弥散长度后，当气体射流速度足够大时（约大于 45m/s），颗粒流主体在外通道气流的作用下不再表现波状弥散的特性。通过对拍摄得到的大量图片进行处理，发现颗粒流振幅发生周期性的变化，表现出振荡弥散的特性，如图 4-47 所示。

不同外通道气速下颗粒流振荡的频率如图 4-48 所示。从图中可以看出，随着外通道气速的增大，颗粒流振荡的频率先减小后增大，在气体速度约 65m/s 时振荡频率最小。

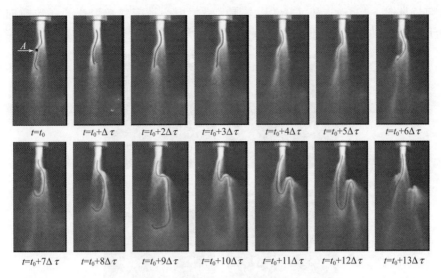

图 4-47 振荡弥散（$u_g = 64.7\text{m/s}$）

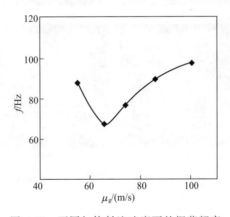

图 4-48 不同气体射流速度下的振荡频率

4.4.3.4 颗粒卷吸与间壁效应

在气流床粉煤气化生产运行中，喷嘴端部会发生严重的磨蚀而显著降低喷嘴使用寿命。为此，方晨辰等研究发现了由喷嘴间壁厚度导致的间壁效应：因气体射流卷吸在端部出现颗粒局域强回流，继而通过研究阐明了喷嘴出口端面磨蚀机制[116,117]。

图 4-49 展示了在不同环隙气速下同轴平行射流中的颗粒逆向卷吸现象。从图 4-49（a）可以发现，当环隙气速很小时，中心颗粒射流几乎不受同轴气流逆向卷吸作用的影响，保持原有的流动形态。而当环隙气流达到 10m/s 左右时，如图 4-49（b）所示，颗粒流表面的颗粒开始受到环隙回流气体影响而发生逆向运动，即为临界环隙气速 u_{gc}。临界环隙气速是区分间壁效应下的中心颗粒射流是否出现逆向卷吸现象的标准。由此可以将颗粒射流随环隙气速变化分为无逆向卷吸区域和逆向卷吸区域。环隙气速的增加促进了气体回流对颗粒的卷吸作用。值得注意的是，随着环隙气速的增加，由于间壁效应而被携带进回流区的颗粒数目也不断增加，以致整个喷嘴壁面基本被覆盖，如图 4-49（c）和（d）所示。当环隙气速进一步增加至 $u_g = 68\text{m/s}$ 时，喷嘴间壁被颗粒完全覆盖，颗粒逆向卷吸特性趋于稳定，不受环隙

气速的影响，见图 4-49（e）和（f）。从本质上讲，中心稠密颗粒射流的颗粒逆向卷吸现象主要取决于颗粒与回流气体之间的动量传递，因此环隙气速是最根本和最重要的影响因素。

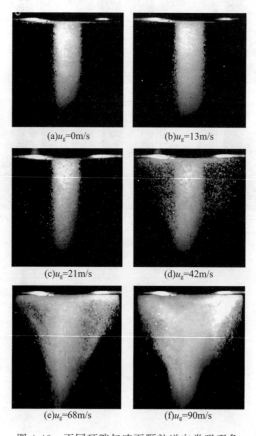

(a)u_g=0m/s　　　　　　(b)u_g=13m/s

(c)u_g=21m/s　　　　　　(d)u_g=42m/s

(e)u_g=68m/s　　　　　　(f)u_g=90m/s

图 4-49　不同环隙气速下颗粒逆向卷吸现象

4.4.4　粉包气型稠密气固两相同轴射流

4.4.4.1　弥散特性

粉包气型颗粒弥散，即喷嘴外侧通道为颗粒，中心为气流。吕慧等研究了稠密气固两相同轴射流粉包气型颗粒弥散，发现颗粒弥散时常常出现近似液泡的周期性鼓泡结构。进一步研究表明该现象源于稠密颗粒流的拟液体性质和两相相互作用引起中心气相压力波动[118,119]。

图 4-50（a）~（d）给出了无旋情况下环形颗粒射流的流动形态随表观气速的演变历程。当 $u_{g0}<4.42$m/s 时，颗粒流竖直下落［见图 4-50(a)］。这种情况下，气动力不足以改变颗粒的流动形态。当 $u_{g0}=4.42$m/s 时，颗粒射流在近喷嘴处就表现出了显著的周期性，即形成了一连串的"颗粒泡"［见图 4-50(b)］。可见，其中初始鼓泡的形状较为规则，但还是会随着颗粒射流向下游发展而逐渐破裂。当表观气速进一步增大（$u_{g0}>4.42$m/s），成串的鼓泡结构逐渐消失，但是初始鼓泡仍然可以识别［见图 4-50(c)和(d)］。显然，当表观气速越大时，颗粒的径向弥散越显著，同时，鼓泡的形状变得越不规则而且更容易破裂。

类似地，图 4-50（e）～（h）给出了中心气流有旋的情况下环形颗粒射流的流动形态随表观气速的演变历程。与图 4-50（a）中的流型相比，颗粒在表观气速较低的情况下沿螺旋轨迹下落［见图 4-50(e)］。随着表观气速的增加，同样观察到了具有显著周期性的成串鼓泡结构［见图 4-50(f)］，但是与图 4-50（b）中的鼓泡结构相比，它的形状并不规则。而且在气动力的剪切作用下，鼓泡也会在向下游发展的过程中逐渐破裂开来。而随着表观气速进一步增加，成串的鼓泡结构消失，但是初始鼓泡仍可辨别［见图 4-50(g)和(h)］。另外，发现鼓泡结构的轴向尺寸逐渐缩短，而径向尺寸逐渐伸长。与中心气流无旋的情况相比，有旋情况下的颗粒弥散更为均匀，这可能与旋转射流中的离心效应以及颗粒射流与旋转气流之间的强相互作用有关。

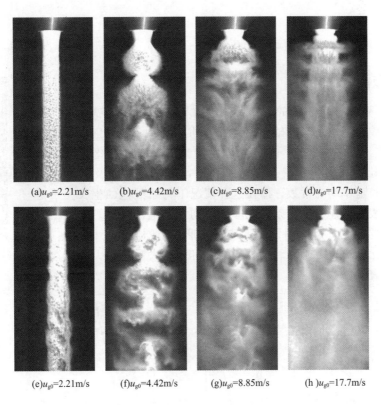

(a)u_{g0}=2.21m/s (b)u_{g0}=4.42m/s (c)u_{g0}=8.85m/s (d)u_{g0}=17.7m/s

(e)u_{g0}=2.21m/s (f)u_{g0}=4.42m/s (g)u_{g0}=8.85m/s (h)u_{g0}=17.7m/s

图 4-50　颗粒射流的流动形态随表观气速的演变过程

4.4.4.2　鼓泡频率

鼓泡频率是鼓泡形成过程中的一个重要特征量，气固两相的径向速度差是导致鼓泡结构形成的内因。图 4-51 给出了不同旋流数下的鼓泡频率随表观气速的变化趋势。显然，鼓泡频率会随着表观气速的增加而迅速提高，这也说明表观气速对鼓泡频率的影响较大。当旋流数 S 保持不变时，鼓泡频率随着表观气速的增大几乎呈线性规律增长。另外，鼓泡频率也会随着旋流数的增大而增加。由以上结果可知，强旋条件和较高的表观气速均能够促进鼓泡的形成。

图 4-52 给出了不同颗粒粒径下的鼓泡频率随表观气速的变化趋势。可见，鼓泡频率随着颗粒粒径的增大仅稍有提高，这表明相比于表观气速，颗粒粒径对于鼓泡频率的影响较小。

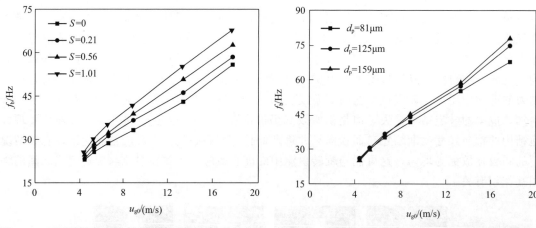

图 4-51　不同旋流数下的鼓泡频率随表观气速的变化　图 4-52　不同粒径下的鼓泡频率随表观气速的变化

4.4.4.3　鼓泡尺寸

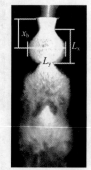

图 4-53　鼓泡特征尺寸的定义

如图 4-53 所示，x_b 表示的是初始鼓泡位置，其定义为喷嘴出口平面与第一个泡的中心平面之间的轴向距离；另外，L_x 和 L_y 分别表示鼓泡的轴、径向尺寸。典型 x_b、L_x 和 L_y 均随时间呈周期线性变化（图 4-54）。当旋流数、颗粒粒径和表观气速保持不变时，鼓泡速度以及初始鼓泡沿轴、径向的生长速率均为常数，即在这种情况下初始鼓泡的生长几乎是匀速的。较高的表观气速、强旋条件能够强化初始鼓泡的变形。鼓泡结构会在强旋和较高的表观气速作用下发生严重变形。当颗粒较小时鼓泡沿轴、径向的膨胀要比颗粒较大时显著。这一结果可能与大颗粒较大的惯性以及较差的跟随性有关。

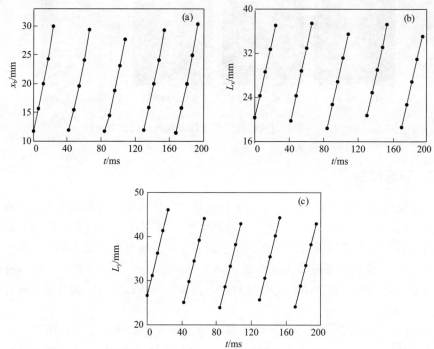

图 4-54　鼓泡特征尺寸随时间的演化过程

4.4.5　稠密颗粒撞击流

两股稠密颗粒射流撞击存在穿透模式、散射模式和类液体颗粒膜三种介尺度流动模式。随着颗粒射流直径与颗粒粒径之比和固含率的增大，穿透模式、散射模式和颗粒膜依次转变。颗粒射流速度和撞击角影响颗粒膜的形状和尺寸以及散射模式的颗粒弹射程度。颗粒膜时，两股射流的颗粒撞击后基本不发生混合，颗粒聚集在垂直于两股射流的撞击面；散射模式时颗粒混合较好，且含固率较低时颗粒浓度分布较均匀[120-122]。

4.4.5.1　类液体颗粒膜

在类液体颗粒膜模式下，稠密颗粒射流撞击后会形成一个薄且竖直、与射流所在平面垂直的颗粒膜，见图 4-55（a）和（b），与液体射流撞击形成的液膜相似，见图 4-55（c）和（d）。x_p 为颗粒射流出口固含率，u_0 为颗粒射流出口速度。这种类液体颗粒膜流动模式明显与两股稀疏气固射流撞击形成的颗粒穿透和散射模式不同。从图 4-55 还可以观察到：液膜呈"月桂叶"形状，这是由于液膜边缘的惯性力与表面张力之间平衡；而颗粒膜向下传播过程中一直扩大，这是由于颗粒间内聚力几乎为 0[123]。此外，撞击角 2θ 为 120° 时，颗粒膜边缘也形成与液膜边缘类似的环状结构。

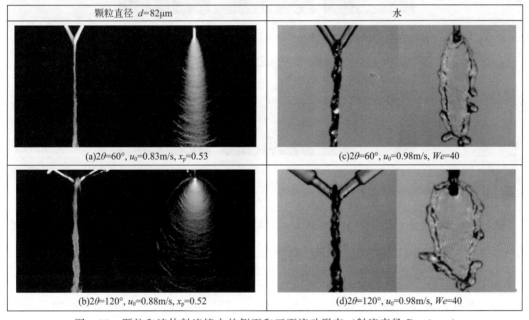

图 4-55　颗粒和液体射流撞击的侧面和正面流动形态（射流直径 $D=3$mm）

4.4.5.2　撞击角和射流速度的影响

颗粒撞击角和射流速度会对流动形态产生显著影响。图 4-56 和图 4-57 分别为 $d=82\mu$m、$D=3$mm 时颗粒射流撞击的正面和侧面形态。结果显示，不同撞击角和颗粒射流速度下均形成颗粒膜，但颗粒膜形状会发生变化。如图 4-56（a）～（c）所示，对于 $2\theta=60°$，颗粒膜呈"三角形"状。当撞击角增加到 90°，$u_0 \geq 1.2$m/s 时，两股颗粒射流撞击后一部分颗粒沿撞击点上方运动，并形成"拱形"状颗粒膜，见图 4-56（e）、（f）。对于撞击角为

120°时，随着颗粒射流速度增大，"拱形"状颗粒膜的尺度明显增大，且颗粒膜边缘存在与液膜边缘类似的环状结构，见图 4-56（g）～（i）。结果还显示，颗粒膜表面是不光滑的，且在颗粒射流速度较大时呈现"褶皱"状形态。从侧面形态图中可以观察到，颗粒膜边缘和底部附近的颗粒变得分散，且当撞击角和颗粒射流速度较大时，大尺寸的颗粒膜难以保持理想竖直平面状，而变得弯曲，见图 4-56（h）和（i）。

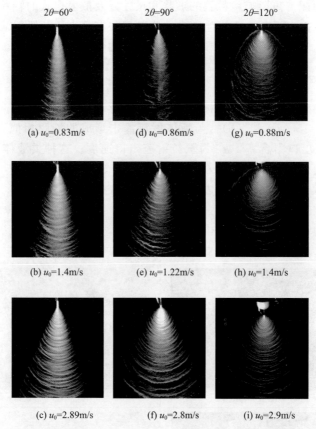

图 4-56　不同撞击角和射流速度时颗粒射流撞击的正面流动形态
（$d=82\mu m$, $D=3mm$, $0.51 \leqslant x_p \leqslant 0.54$）

4.4.5.3　稠密颗粒射流撞击不稳定性

随着颗粒射流速度增大和固含率降低，稠密颗粒射流撞击（壁）的颗粒膜变得不稳定，呈现"S"形振荡以及表面类液体波纹结构。颗粒膜振荡和表面波纹的频率及振幅均随颗粒射流速度的增大而增大，促进撞击弥散。实验结果揭示了通过增加气体推动压力或喷嘴出口段长度或喷嘴内嵌入筛网时，喷嘴内增强的气固相互作用使得颗粒射流出口速度增大和含固率降低，并引起颗粒射流不稳定，进而撞击形成振荡和波纹结构，实现不稳定性以及颗粒浓度分布的调控。

图 4-58 为不同颗粒射流速度下颗粒膜侧面形态。可以看出，当颗粒射流速度较小为 0.8m/s 时，颗粒膜呈现为稳定的竖直状。随着颗粒射流速度增大至 4.0m/s 或更大时，观察到颗粒膜发生十分微小的摆动，呈现不稳定的"树枝状"形态。当颗粒射流速度增大时，颗粒射流可能发生扰动，引导颗粒膜不稳定性。

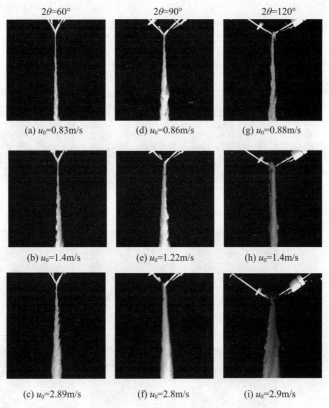

$2\theta=60°$ $2\theta=90°$ $2\theta=120°$

(a) $u_0=0.83$m/s   (d) $u_0=0.86$m/s   (g) $u_0=0.88$m/s

(b) $u_0=1.4$m/s   (e) $u_0=1.22$m/s   (h) $u_0=1.4$m/s

(c) $u_0=2.89$m/s   (f) $u_0=2.8$m/s   (i) $u_0=2.9$m/s

图 4-57   不同撞击角和射流速度时颗粒射流撞击的侧面流动形态
（$d=82\mu$m，$D=3$mm，$0.51\leqslant x_p\leqslant 0.54$）

(a)$u_0=0.8$m/s, $x_p=0.53$ (b)$u_0=4.0$m/s, $x_p=0.52$ (c)$u_0=6.0$m/s, $x_p=0.51$

图 4-58   不同颗粒射流速度下颗粒膜侧面形态（$2\theta=60°$，$D=3$mm，$d=82\mu$m）

    为了进一步研究颗粒射流扰动与颗粒膜不稳定性的关系，采用两种方式对颗粒射流固含率进行调控，从而引起颗粒射流不稳定。第一种方式，对于无量纲喷嘴出口段长度 $l_e/D=6.7$，分别在两个喷嘴内嵌入相同的 40 目金属筛网，两股颗粒射流撞击后的形态见图 4-59（a）～（c）。结果显示，随着颗粒射流速度增大和固含率降低，颗粒膜从稳定的竖直形态逐渐演变为大幅振荡的"S"形形态。第二种方式，增加喷嘴出口段长度至 $l_e/D=40$，不同撞击角下的颗粒膜形态见图 4-59（d）～（l）。对于 $2\theta=60°$、$90°$ 和 $120°$，当颗粒射流速度较小和固含率较大时，颗粒膜均呈现为较稳定的竖直状；而当颗粒射流速度增大至 7.5m/s 以及固含率降低至 0.24 左右时，颗粒膜发生剧烈的"S"形振荡。通过在喷嘴内嵌入筛网或增加喷嘴出口段长度，当下料罐内气体推动压力较小、颗粒射流速度较小和固含率较大时，颗粒射流稳定，则颗粒膜也较稳定；当增大气体推动压力，颗粒射流速度增大和固含率降低时，颗粒射流变得不稳定，且颗粒膜发生振荡。

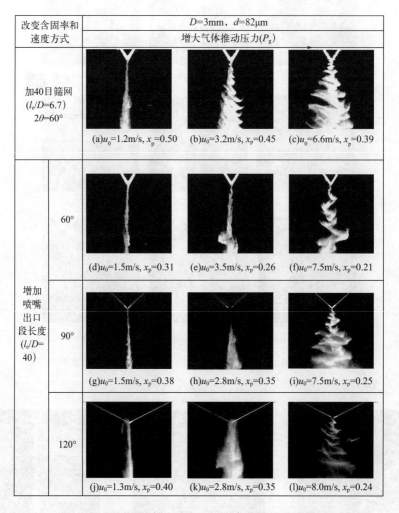

图 4-59　不同颗粒射流速度和固含率下颗粒膜振荡形态

4.5　混合对气流床气化过程的影响

4.5.1　气化过程分析

对于气流床气化过程，国内外普遍认为可用两段模型描述[124-128]。该模型认为，燃料的气化分两步进行。第一阶段，燃料与氧进行完全燃烧反应，其产物为 CO_2 和 H_2O；第二阶段为 CO_2、H_2O 及工艺蒸汽与剩余燃料的转化反应。并认为气化炉出口的气体组成主要由下列反应的平衡趋近度决定，其中变换反应的速率极快，基本上达到平衡。

$$CO+H_2O \Longrightarrow CO_2+H_2 \tag{4-131}$$

$$CH_4+H_2O \Longrightarrow CO+3H_2 \tag{4-132}$$

由于两段模型未计及与炉内流体流动密切相关的混合过程这一至关重要的因素，并不能反映气流床气化过程的实质，也无法对诸多的工程现象作出合理的解释。例如，气化室出口通道堵渣（流通面积减少）时，有效气（$CO+H_2$）成分增加，一旦清渣，又回落，即反应结果与反应器出口通道面积有关；又例如，在其他条件相同时，两种规格喷嘴（日产氨量分别为 500t 和 700t）在处理相同原料量时，所得气体成分不同，即喷嘴流通面积（亦即射流速度）影响气化结果。国内工程界曾经试图用以上反应式的平衡温距关联不同炉型工艺条件与出口气体成分之间的关系，也因无规律可循而告终。

气流床气化炉内的平均温度高达 1350～1450℃[129,130]，火焰温度更高，气化过程中某些区域的反应无疑属于快反应，这时化学反应的时间尺度远小于混合的时间尺度，在混合还未达到分子尺度的均匀时，化学反应已经完成，因而气化过程中某些区域的反应实际上是在物料局部聚集的非均相状态下进行的，这种状态严重影响着气化结果（如有效气成分和碳转化率）。而要减少或消除物料的局部聚集，则必须改善炉内的混合状况。因此混合对气化过程具有举足轻重的作用。要深入认识气化机理，就必须研究混合对气化过程的影响。

4.5.2　流动模型与反应特征

不同结构的气化炉，炉内的湍流流动特征与炉内宏观的流动模型（气化炉流动区域的划分）亦不相同。不同的流动区域内，气化反应根据其特征又可分为两类，一是可燃组分（燃料挥发分、回流气体中的 CO 与 H_2 以及残炭）的燃烧反应，我们称其为一次反应；二是燃烧产物与残炭及燃料挥发分的气化反应，称为二次反应。由于宏观混合的影响（卷吸、湍流扩散），富含 CO 和 H_2 的回流气体将进入射流区中，因此燃烧区中的燃烧反应是以燃料的挥发分和残炭的燃烧为主，还是以回流气体与射流区混合后的 CO 和 H_2 的燃烧为主，将视宏观混合与燃料挥发的时间尺度而定。

4.5.3　气化炉内微观与宏观混合时间

在气化炉内由于受炉子特征尺寸 r_w 的限制，混合区域难以充分发展。设当宏观混合区的尺寸等于气化炉特征尺寸 r_w 时，物料达到宏观尺度上的均匀。已有研究结果表明[131]，对于尺寸一定的反应器，宏观混合满足以下条件

$$R=\sqrt{(s\ln10)D_e t} \tag{4-133}$$

从而可得到气化炉内的宏观混合时间

$$t_M=\frac{r_w^2}{18D_e} \tag{4-134}$$

式中，D_e 为湍流扩散系数，当 D_e 的确定比较困难时，对射流混合过程，其混合时间可用下式表示[132]

$$t_m=K\frac{r_w^2}{Ur_i} \tag{4-135}$$

式中，r_w 为气化炉半径；r_i 为喷嘴半径；U 为射流速度；K 为常数，其取值范围在

6.4~7.8 之间。

对气化炉停留时间的研究表明，炉内流动接近于全混流，因此可以借助于釜式搅拌反应器中微观混合时间的计算方法，来估算气化炉内的微观混合时间。其表达式为[131]

$$t_c = t_s + 10 \left(\frac{v}{\varepsilon}\right)^{1/2} \ln \left[1 + \frac{\tau - t_s}{10 \left(\frac{v}{\varepsilon}\right)^{1/2}}\right] \tag{4-136}$$

式中，τ 为气化炉的停留时间。

从 t_M 和 t_c 的相对大小不难推测，气化炉内的混合可能会存在三种类型：

① $t_M \ll t_c$：此时宏观混合快于微观混合，混合区域未得到充分发展，相当于在微观混合控制区某处截断。物料以部分分隔状态散布于气化炉内，均匀化过程由整体向局部深入。

② $t_M \gg t_c$：此时宏观混合慢于微观混合，气化炉内包含了所有三个区域，相当于在宏观混合控制区某处截断，均匀化过程由局部向整体扩展。

③ $t_M \approx t_c$：此时宏观混合与微观混合的速率相当，宏观混合区和微观混合区同时发展，物料以部分分隔状态散布于气化炉内，均匀化过程由整体和局部两个方向同时进行。

4.5.4 宏观混合与燃料挥发的时间尺度估算

宏观混合时间尺度估算可用式(4-134)计算，而湍流扩散系数 D_e 可用下式估算

$$D_e \approx u' L_f \tag{4-137}$$

式中，u' 为湍流脉动速度；L_f 为湍流积分尺度。Wygnanski 等[133]曾在空气射流速度为 51~72m/s 的范围内测定了湍流参数（湍流强度、湍流积分尺度和湍流微分尺度等）。在估算 D_e 时可采用他们的实验结果。由此得到气化炉内宏观混合的时间尺度为 $t_M = 0.15 \sim 0.50$s。

Sprouse 等[134]的研究表明，在 1000~1400℃下，煤脱挥发分的时间尺度约为 0.1s。液滴的蒸发速率与其滴径有关，而 Nuruzzaman 等[135]对滴径在 100~200μm 的一组液滴的蒸发燃烧过程研究表明，其时间尺度在 0.05~0.1s 之间。如果考虑到液滴蒸发的产物与煤中的挥发分以 CH_4 等多分子碳氢化合物为主，在与 O_2 的反应中，它们的燃烧速率要低于 H_2 和 CO，因此可认为渣油液滴蒸发和煤脱挥发分的时间尺度与炉内宏观混合的时间尺度相当。

4.5.5 气化炉内微观混合时间尺度的估算

由式(4-136)可估算气化炉内微观混合的时间尺度，该式中 t_s 可由式(4-134)估算。

(1) 湍流的能量耗散 湍流能量耗散可用下式计算[131]

$$\varepsilon = 15v \frac{\tilde{u}^2}{\lambda_g^2} \tag{4-138}$$

式中，$\tilde{u}$ 为湍流强度；λ_g 为湍流的微分尺度。文献[132]对射流过程的研究表明

$$\frac{\tilde{u}}{u_{max}} = 0.2 \sim 0.3$$

而 u_{max} 的变化规律可参阅本书第 3 章。

（2）炉内分子扩散系数　双组分气体的分子扩散系数可用下式估算[136]

$$D_{AB}=\frac{0.001T^{1.75}(1/M_A+1/M_B)^{0.5}}{P[(\sum V)_A^{1/3}+(\sum V)_B^{1/3}]^2}\qquad(4\text{-}139)$$

式中，D_{AB} 为分子扩散系数，cm^2/s；M 为分子量；P 为压力，atm（1atm＝101.325kPa）；$(\sum V)_A$ 和 $(\sum V)_B$ 分别为组分 A 及 B 的分子扩散体积，其计算方法见文献[137]。

由双组分气体的分子扩散系数可计算多组分气体混合物中的分子扩散系数，其表达式为

$$D_{Am}=\Big[\sum_{j\neq A}^{n}\frac{Y_j-Y_A N_j/N_A}{D_{Aj}}\Big]^{-1}\qquad(4\text{-}140)$$

式中，N_j 为除 A 组分外其余组分的扩通量；N_A 为组分 A 的扩散通量。当扩散组分中发生化学反应时，N 与各组分的化学计量系数有关[137]。

表4-3 给出了气化炉出口主要气体的组成。其中，渣油气化炉的气化压力为 8.53MPa，炉内平均温度约为 1350℃；水煤浆气化炉气化压力为 40MPa，炉内平均温度约为 1450℃。

表 4-3　气化炉典型组成

组　分	渣油气化炉	水煤浆气化炉	组　分	渣油气化炉	水煤浆气化炉
H_2	40.01	27.63	CO_2	5.67	13.85
CO	38.95	37.25	H_2O	14.50	20.23

假定回流组分与气化炉出口组分基本一致，由气化炉工艺条件和式(4-139)、式(4-140)可估算炉内各组分的分子扩散系数，如表4-4 所示。

表 4-4　组分分子扩散系数

组　分	$D/(cm^2/s)$		组　分	$D/(cm^2/s)$	
	渣油气化炉	水煤浆气化炉		渣油气化炉	水煤浆气化炉
H_2	0.1719	0.2178	H_2O	0.0967	0.1044
CO	0.0514	0.0571	O_2	0.0540	0.0551
CO_2	0.0507	0.0602			

（3）气体混合物黏度的计算　高温高压下混合气体的黏度可用下式估算

$$\mu_{rm}=\mu_r\mu_{cm}\qquad(4\text{-}141)$$

式中，μ_{cm} 为临界黏度；μ_r 为对比黏度，可用下式估算[138]

$$\mu_r=AT_r^B+CT_r^D Pr\qquad(0\leqslant Pr\leqslant1)\qquad(4\text{-}142)$$

$$\mu_r=AT_r^B+CT_r^D Pr+ET_r^F(Pr-1)\qquad(Pr>1)\qquad(4\text{-}143)$$

式中，A、B、C、D、E、F 及气体临界性质可见文献[139]。

$$\mu_{cm}=\sum y_i\mu_{c,i}\qquad(4\text{-}144)$$

$$v=\rho_m\mu_m\qquad(4\text{-}145)$$

根据气化炉操作条件及回流量大小可算出炉内的混合气体运动黏度为

渣油气化　　　　　$v=0.984\times10^{-5}$ （m^2/s）

水煤浆气化　　　　$v=1.775\times10^{-5}$ （m^2/s）

（4）气化炉内微观混合时间尺度的估算　前述的计算表明，黏度与扩散系数量级相当，

Sc 数较小，在计算物料分散时间时可忽略粒度变形时间，从而可得到气化炉内微观混合的时间尺度为

渣油气化炉 $t_c = 0.60s$

水煤浆气化炉 $t_c = 0.66s$

4.5.6 气化炉中各反应区的特征

由前述的计算可知，气化炉内微观混合的时间尺度约为 0.6s，而宏观混合的时间尺度为 0.1~0.6s，即宏观混合速率与微观混合速率接近，此时，宏观控制区与微观控制区同时发展，物料以部分分隔状态散布于气化炉内，均匀化过程由整体和局部同时进行。

（1）一次反应区 燃料（渣油或水煤浆）进入气化炉后，首先与高速射流的工艺氧气相互作用，进行一次雾化、成膜、膜成丝、丝成滴；继之进行二次雾化，大滴破碎为小滴[58]。研究表明，滴径大小与燃料性质（表面张力、黏度、密度等）及燃料与氧气的相对射流速度有关，渣油雾化后液滴的平均直径（SMD）约为 $20\mu m$。可以推论，因黏度的作用，水煤浆雾化后的滴径要大于渣油雾化后的滴径。同时燃料接受来自火焰、炉壁、高温气体、炭黑等的辐射热。液滴蒸发并脱挥发分。由于宏观混合与液滴蒸发（或脱挥发分）的时间尺度相当，因此在一次反应区中既有燃料蒸发后气相产物或挥发分与氧气的燃烧反应，又有与射流卷吸的回流气体中 CO 和 H_2 的燃烧反应。同时，挥发分、H_2 和 CO 的燃烧速率极快，其时间尺度在 2~4ms[128]，远小于炉内微观混合的时间尺度（0.6s），在混合过程中，气相燃料将发生裂解，并形成游离炭黑，而蒸发或脱挥发分后的液滴将形成残炭；因此在燃烧区中亦有游离炭黑或残炭的燃烧反应。Mosdim 和 Thring[139] 的研究表明，残碳的燃烧速率约为挥发分燃烧速率的 1/10 左右，因此，残炭在一次反应区中的燃烧与挥发分的燃烧相比是次要的。概括地讲，一次反应区中的反应可用下面的一系列过程表示

$$\left.\begin{array}{c}\text{液滴蒸发的气相产物}\\[6pt]\text{煤中的挥发分}\end{array}\right\}\xrightarrow{O_2} CO_2 + H_2O \tag{4-146}$$

$$2CO + O_2 =\!=\!= 2CO_2 \tag{4-147}$$

$$2H_2 + O_2 =\!=\!= 2H_2O \tag{4-148}$$

$$CH_4 + 2O_2 =\!=\!= CO_2 + 2H_2O \tag{4-149}$$

$$2C + O_2 =\!=\!= 2CO \tag{4-150}$$

一次反应区结束的标志应是氧消耗殆尽。

（2）二次反应区 一次反应区的产物将进行二次反应，其主要组分有残炭、游离碳、CO_2、CH_4、H_2O 以及 CO 和 H_2，残炭与游离碳在二次反应区中继续气化是有效气成分的主要来源

$$C + CO_2 =\!=\!= 2CO \tag{4-151}$$

$$C + H_2O =\!=\!= CO + H_2 \tag{4-152}$$

CH_4 将发生下列转化反应

$$CH_4 + H_2O =\!=\!= CO + 3H_2 \tag{4-153}$$

$$CH_4 + CO_2 =\!=\!= 2H_2 + 2CO \tag{4-154}$$

前已述及，一次反应区中以 CO 和 H_2 的燃烧反应为主，其产物为 CO_2 和 H_2O，即一次反应产物富含 CO_2 和 H_2O，在二次反应区中将进行下列逆变换反应

$$CO_2 + H_2 \rule[0.5ex]{2em}{0.1ex} CO + H_2O \tag{4-155}$$

文献[5]认为，可用反应速率常数的倒数 $1/k$ 表征反应时间尺度，由文献[140]提供的有关反应速率数据，可算出反应(4-152)的时间尺度为 10s 左右；已有研究表明[127]，反应(4-152)的速率快于反应(4-151)；而反应(4-153)～反应(4-155)这三个反应为均相反应，在高温下其速率高于反应(4-152)和反应(4-153)。碳与 H_2O 和 CO_2 反应的时间尺度均大于微观混合的时间尺度，即化学反应是残炭气化反应的控制步骤。

（3）一次与二次反应共存区 冷态实验表明，在气化炉内存在大范围的回流，射流区下部的介质卷入回流区，轴距为 1.5 倍的炉体直径处回流量最大，因射流的卷吸作用和湍流扩散，回流区与射流区将进行质量交换，其中以卷吸为主，但因湍流的随机性，也将有个别氧气微团经湍流扩散作用而进入回流区中。因此在回流区中既有一次反应，亦有二次反应，但以二次反应为主。同样，该区中的反应除碳与 H_2O 和 CO_2 的气化反应外，均受微观混合过程的控制。

4.5.7 停留时间分布对气化过程的影响

前已述及，宏观混合描述气化炉内物料的整体分散程度，而微观混合则描述从宏观混合后的最小尺度到分子尺度的均匀化过程。宏观混合程度的大小反映了物料参与反应的可能性，而微观混合程度则反映了物料参与反应程度。因此，可用宏观混合时间尺度作为物料是否充分参与反应的判据。

参考文献

[1] Ottino J M, Range W E, Macosko C W. A lamellar model for analysis of liquid mixing [J]. Chem Eng Sci, 1979, 34 (6): 877-890.

[2] Baldyga J, Bourne J R. Fluid mechanical approach to turbulent mixing and chemical reaction. Part Ⅱ: Micromixing in the light of turbulence theory [J]. Chem Eng Commun, 1984, 28: 243.

[3] 李希, 陈甘棠, 戎顺熙. 微观混合问题的研究（Ⅲ）: 物质的细观分布形态与变形规律 [J]. 化学反应工程与工艺, 1990, 6 (4): 15-22.

[4] Smoot L D. Fundamtals of Coal Combustion [M]. New York: Elsevier Science Publisher, 1993.

[5] 戴干策, 陈敏恒. 化工流体力学 [M]. 北京: 化学工业出版社, 1988: 254.

[6] Danckwerts P V. Continuous flow systems: distribution of residence times [J]. Chem Eng Sci, 1953, 2: 1.

[7] Smith J M. Chemical Engineering Kinetics [M]. 3rd. London: Magraw-Hill Book Company, 1981.

[8] Levespiel O. Chemical Reaction Engineering [M]. 3rd. New York: John Wiley & Sons Inc, 1974.

[9] 朱炳辰. 化学反应工程 [M]. 北京: 化学工业出版社, 1993.

[10] Wen C Y, Fan L T. Models for Flow Systems and Chemical Reactors [M]. New York: Marcel Dekker Inc, 1975.

[11] Nauman H A, Buffham B A. Mixing in Continuous Flow Systems [M]. New York: John Wiley&Sons Inc, 1983.

[12] 戎顺熙, 范良政. 连续流动系统停留时间分布的随机模型和模拟 [J]. 化工学报, 1986, 37 (3): 259-268.

[13] Tamir A, Kitron Y. Vertical impinging-stream and spouted-bed dryers: Comparison and performance characteristic [J]. Drying Technology, 1989, 7: 183-204.

[14] 邓永录. 随机过程概论 [M]. 北京: 高等教育出版社, 1986.

[15] (以) Tamir A. 撞击流反应器-原理和应用 [M]. 伍沅, 译. 北京: 化学工业出版社, 1996.

[16] 天津大学数学教研组编. 应用数学基础 [M]. 天津: 天津大学出版社, 1990.

[17] 于遵宏, 龚欣, 沈才大, 等. 渣油气化炉停留时间分布测试与研究（Ⅰ）[J]. 石油学报（石油加工）, 1993, 9 (1): 91-96.

[18] 傅淑芳, 龚欣, 沈才大, 等. 德士古气化炉冷态停留时间分布测试（Ⅰ）. 华东化工学院学报: 社会科学版,

1993，19（2）：133-138.

[19] 于遵宏，孙建辉，傅淑芳，等. 德士古气化炉气化过程剖析（Ⅲ）—停留时间分布测试 [J]. 大氮肥，1994（2）：115-118.

[20] 王辅臣. 气流床气化过程研究 [D]. 上海：华东理工大学，1995.

[21] 王辅臣，龚欣，于广锁，等. 射流携带床气化炉内宏观混合过程研究（Ⅱ）停留时间分布 [J]. 化工学报，1997，48（2）：200-207.

[22] 张学刚. 德士古气化炉冷态模拟研究 [D]. 上海：华东化工学院，1991.

[23] 于遵宏，沈才大，龚欣，等. 渣油气化炉停留时间分布测试与研究（Ⅱ）[J]. 石油学报（石油加工），1993，9（1）：99-105.

[24] 于遵宏，龚欣，沈才大，等. 气化炉停留时间分布的数学模型 [J]. 高校化学工程学报，1993，7（4）：322-329.

[25] 龚欣，于建国，王辅臣，等. 冷态德士古气化炉流场与停留时间分布的研究 [J]. 燃料化学学报，1994，22（2）：189-195.

[26] 沈才大，龚欣，于建国，等. 德士古气化炉冷态停留时间分布测试（Ⅱ）[J]. 华东理工大学学报：社会科学版，1994，20（5）：595-599.

[27] 于遵宏，孙建辉，张学刚，等. 德士古气化炉气化过程剖析（Ⅳ）——停留时间分布模型 [J]. 大氮肥，1994（3）：234-237.

[28] 于广锁，王辅臣，代正华，于遵宏. 气流床气化炉停留时间分布的随机模型 [J]. 化学工程，2002，30（2）：24-27.

[29] Yu Guangsuo, Zhou Zhijie, Qu Qiang, Yu Zunhong. Experimental studying and stochastic modeling of residence time distribution in jet-entrained gasifier [J]. Chemical Engineering and Processing，2002，41（7）：595-600.

[30] 王辅臣，于广锁，龚欣，等. 旋流对射流携带床气化炉内宏观混合过程研究（Ⅱ）冷态停留时间分布 [J]. 华东理工大学学报，2000，26（4）：381-384.

[31] 赵铁钧. 撞击流反应器中的射流行为与宏观混合行为研究 [D]. 上海：华东理工大学，2000.

[32] 万翠萍，代正华，龚欣，等. 多喷嘴对置气化炉气体停留时间分布 [J]. 化学反应工程与工艺，2008，24（3）：285-288.

[33] 许寿泽，于广锁，梁钦锋，等. 四喷嘴对置式气化炉停留时间分布的随机模型 [J]. 燃料化学学报，2006，34（1）：30-35.

[34] 于遵宏. 中国科学技术前沿（第11卷）：多喷嘴对置式水煤浆气化技术 [M]. 北京：高等教育出版社，2008：271-272.

[35] Harris A T, Davidson J F. Thorpe R B. Particle residence time distributions in circulating fluidised beds [J]. Chemical Engineering Science，2003，58：181-202.

[36] Harris A T, Davidson J F, Thorpe R B. The influence of the riser exit on the particle residence time distribution in a circulating fluidised bed riser [J]. Chemical Engineering Science，2003，58：3669-3680.

[37] Harris A T, Davidson J F, Thorpe R B. A novel method for measuring the residence time distribution in short time scale particulate systems [J]. Chemical Engineering Journal，2002，89：127-142.

[38] Baryshev L V, Borisova E S. Motion of particles through the fixed bed in gas-solid-solid downflow reactor [J]. Chemical Engineering Journal，2003，91：219-225.

[39] 代正华. 气流床气化炉内多相反应流动及煤气化系统的研究 [D]. 上海：华东理工大学，2008.

[40] 许建良，代正华，李巧红，等. 气流床气化炉内颗粒停留时间分布 [J]. 化工学报，2008，59（1）：53-57.

[41] 许建良. 气流床气化炉内多相湍流反应流动的实验研究与数值模拟 [D]. 上海：华东理工大学，2008.

[42] Beer J M. The significabce of modeling [J]. J Inst of Fuel，1966，11：466-473.

[43] Merzkrich W. Flow Visualization [M]. New York：Academic Press，1974.

[44] Chigier N A, Beer J M. The flow region near the nozzle in double concentric jets [J]. J of Basic Eng，1964，12：797.

[45] Chedaille J, Leuckel W, Chesters A K. Aerodynamic studies carried out on turbulent jets by the international flame research foundation [J]. J Inst of Fuel，1966，12：506-521.

[46] Khalil K H. Flow, Mixing and Heat Transferin Furnaces [M]. New York：Pergamon Press，1978.

[47] Hedley A B, Jackson E W. Recirculation and Its Effects in Combustion System [J]. J Inst of Fuel，1965，7：290-297.

[48] Wingfield G J. Mixing and recirculation patterns from double concentric jet burners using an isothermal model [J]. J Inst of Fuel，1967，10：456-464.

[49] Roseneweing R E, Hottel H C, Williams G C. Smoke-scattered light measurement of turbulent concentration

fluctuations [J]. Chem Eng Sci, 1961, 15 (2): 111.

[50] Becker H A, Hottel H C, Williams G C. The nozzle-fluid concentration field of the round, turbulent, free jet [J]. J Fluid Mech, 1967, 30 (2): 285-303.

[51] Becker H A, Hottel H C, Williams G C. Tenth Symposium (International) on Combustion [M]. New York: Academic Press, 1965: 1253.

[52] Birch A O, Brown D R, Dodson M G. The turbulent concentration field of methane jet [J]. J Fluid Mech, 1978, 88 (3): 431.

[53] 朱德忠. 热物理测量技术 [M]. 北京: 清华大学出版社, 1990.

[54] 徐明厚, 胡平凡, 韩才元. 利用三维 PDA 测量交叉射流尾迹紊流场 [J]. 工程热物理学报, 1992, 13 (1): 49.

[55] 王辅臣, 龚欣, 于广锁, 等. 射流携带床气化炉内宏观混合过程研究（Ⅰ）冷态浓度分布 [J]. 化工学报, 1997, 48 (2): 193-199.

[56] 侯丽英. 德士古双通道喷嘴雾化性能研究 [D]. 上海: 华东理工大学, 1993.

[57] 王辅臣, 于广锁, 龚欣, 等. 旋流对射流携带床气化炉内宏观混合过程研究（Ⅰ）: 冷态停留时间分布 [J]. 华东理工大学学报, 2000, 26 (4): 376-380.

[58] Arthur H L, Vincent G M. Atomization and Sprays [M]. 2nd Ed. Boca Raton : CRC Press, 2017.

[59] McCarthy M J, Malloy N A. Review of stability of liquid jets and the influence of nozzle design [J]. Chem Eng, 1974, 7: 1-20.

[60] Kerst A W, Judat B, Schlünder E U. Flow regimes of free jets and falling films at high ambient pressure [J]. Chem Eng Sci, 2000, 55: 4189-4208.

[61] Adel M, Norman C. Disintegration of liquid sheets [J]. Phys Fluids A, 1990, 2 (5): 706-719.

[62] Ellis M C B, Tuck C R, Miller P C H. How surface tension of surfactant solutions influences the characteristics of sprays produced by hydraulic nozzles used for pesticide application [J]. Colloids & Surfaces A: Physicochemical & Engineering Aspects, 2001, 180: 267-276.

[63] Nasser Ashgriz. Handbook of Atomization and Sprays [M]. New York: Springer, 2011.

[64] Eggers Jens, Villermaux Emmanuel. Physics of liquid jets [J]. Reports on Progress in Physics, 2008, 71 (3): 036601.

[65] Theofanous, T G. Aerobreakup of newtonian and viscoelastic liquids [J]. Annual Review of Fluid Mechanics, 2011, 43 (1): 661-690.

[66] Hui Zhao, Hai-Feng Liu, Jian-Liang Xu, et al. Breakup and atomization of a round coal water slurry jet by an annular air jet [J]. Chemical Engineering Science, 2012, 78: 63-74.

[67] Zhao Hui, Hou Yan-Bing, Liu Hai-Feng, et al. Influence of rheological properties on air-blast atomization of coal water slurry [J]. Journal of Non-Newtonian Fluid Mechanics, 2014, 211: 1-15.

[68] Hinze J O. Fundamentals of the hydrodynamic mechanism of splitting in dispersion processes [J]. AIChE J, 1955, 1 (3): 289-295.

[69] Lane W R. Shatter of drops in stream of air [J]. Ind Eng Chem, 1951, 43 (6): 1312-1317.

[70] Pilch M, Erdman C A. Use of breakup time data and velocity history data to pr-edict the maximum size of stable fragments for acceleration-induced breakup of liquid drop [J]. Int J Multiphase Flow, 1987, 13: 741-757.

[71] Hsiang L P, Faeth G M. Near-limit drop deformation and secondary breakup [J]. Int J Multiphase Flow, 1992, 19: 635-652.

[72] Dai Z, Faeth G M. Temporal properties of secondary drop breakup in the multimode breakup regime [J]. Int J Multiphase Flow, 2001, 27: 217-236.

[73] Brodkey R A. The Phenomena of Fluid Motions [M]. Boston: Addison-Wesley Reading Mass, 1969.

[74] 庄逢辰. 液体火箭发动机喷雾燃烧的理论、模型及应用 [M]. 长沙: 国防科技大学出版社, 1995.

[75] Hsiang L P, Faeth G M. Drop deformation and breakup due to shock wave and steady disturbances [J]. Int J Multiphase Flow, 1995, 21: 545-560.

[76] Engel O G. Fragmentation of water drops in the zone behind an air shock [J]. J Research National Bureau of Standards, 1958, 60: 2747-2755.

[77] Wierzba A, Takayama K. Experimental investigation of the aerodynamic breakup of liquid drops [J]. AIAA J, 1988, 26 (11): 1329-1335.

[78] Joseph D D, Belanger J, Beavers G S. Breakup of a liquid drop suddenly exposed to a high-speed airstream [J]. Int J Multiphase Flow, 1999, 25: 1263-1303.

[79] Theofanous T G, Li G J, Dinh T N. Aerobreakup in rarefied supersonic gas flows [J]. Journal of Fluids Engineering, 2004, 126: 516-527.

[80] Theofanous T G, Li G J. On the physics of aerobreakup [J]. Phys Fluids, 2008, 20: 052103.

[81] Zhao H, Liu H F, Li W F, et al. Morphological classification of low viscosity drop bag breakup in a continuous air jet stream [J]. Physics of Fluids, 2010, 22 (11): 114103.

[82] Hui Zhao, Hai-Feng Liu, Xian-Kui Cao, et al. Breakup characteristics of liquid drops in bag regime by a continuous and uniform air jet flow [J]. International Journal of Multiphase Flow, 2011, 37 (5): 530-534.

[83] A. K. Flock, D. R. Guildenbecher, J. Chen, et al. Experimental statistics of droplet trajectory and air flow during aerodynamic fragmentation of liquid drops [J]. International Journal of Multiphase Flow, 2012, 47: 37-49.

[84] Zhao H, Liu H F, Xu J L, et al. Secondary breakup of coal water slurry drops [J]. Physics of Fluids, 2011, 23 (11): 13101.

[85] Tavangar, Saeed, Hashemabadi, Seyed Hassan, Saberimoghadam, Ali. CFD simulation for secondary breakup of coal-water slurry drops using OpenFOAM [J]. Fuel Processing Technology, 2015, 132: 153-163.

[86] Zhao Hui, Liu Hai-Feng, Xu Jian-Liang, et al. Inhomogeneity in breakup of suspensions [J]. Physics of Fluids, 2015, 27 (6): 063303.

[87] Mathues, Wouter, McIlroy, Claire, Harlen, Oliver G, et al. Capillary breakup of suspensions near pinch-off [J]. Physics of Fluids, 2015, 27 (9): 093301.

[88] Zou, Jun, Lin, Fangye, Ji, Chen. Capillary breakup of armored liquid filaments [J]. Physics of Fluids, 2017, 29 (6): 062103.

[89] Marmottant P, Villermaux E. On Spray Formation [J]. J Fluid Mech, 2004, 498: 73-111.

[90] Lasheras J C, Hopfinger E J. Liquid Jet Instability and Atomization in a Coaxial Gas Stream [J]. Annu Rev Fluid Mech, 2000, 32: 275-308.

[91] Varga C M, Lasheras J C, Hopfinger E J. Initial Breakup of a Small-diameter Liquid Jet by a High-speed Gas Stream [J]. J Fluid Mech, 2003, 497: 405-434.

[92] Villermaux E, Marmottant P, Duplat J. Ligament-mediated spray formation [J]. Phys Rev Lett, 2004, 92: 074501.

[93] Bremond N, Clanet C, Villermaux E. Atomization of undulating liquid sheets [J]. J Fluid Mech, 2007, 585: 421-456.

[94] Villermaux E, Bossa B. Single-drop fragmentation determines size distribution of raindrops [J]. Nature Physics, 2009, 5: 697-702.

[95] Zhao, Hui, Liu, Hai Feng, Xu, Jian Liang, et al. Experimental Study of Drop Size Distribution in the Bag Breakup Regime [J]. Industrial & Engineering Chemistry Research, 2011, 50 (16): 9767-9773.

[96] Ibrahim E A. Modeling of Spray Droplets Deformation and Breakup [J]. Propulsion, 1993, 9 (4): 651-654.

[97] 吴晋湘, 刘联胜. 雾化过程粘性耗散功分析 [J]. 燃烧科学与技术, 2000, 6 (2): 166-169.

[98] 周炜星, 刘辉, 吴韬, 于遵宏. 气流式喷嘴雾化过程的分形特征及液滴分裂模型 [J]. 非线性动力学学报, 2000, 7: 90-96.

[99] 龚欣, 刘海峰, 李伟锋, 等. 气流式雾化过程的有限随机分裂模型 [J]. 化工学报, 2005, 56 (5): 786-790.

[100] Rizkalla A A, Lefebvre A H. The influence of air and liquid properties on airblast atomization [J]. Journal of Fluids Engineering, 1975, 21: 316-320.

[101] Jasuja A K. Airblast Atomization of Alternative Liquid Petroleum Fuels under High Ambient Air Pressure Conditions [J]. ASME Journal of Engineering for Power, 1984, 103: 514-518.

[102] El-Shanawany M S M R, Lefebvre A H. Airblast atomization of the effects of linear scale on mean drop size [J]. J Energy, 1980, 4 (4): 184-189.

[103] Zheng Q P, Jasuja A K, Lefebvre A H. Structure of airblast sprays under high ambient pressure conditions [J]. Journal of Engineer for Gas Turbines and Power, 1997, 119: 512-518.

[104] Zhao H, Wu Z W, Li W F, et al. Nonmonotonic effects of aerodynamic force on droplet size of prefilming air-blast atomization [J]. Industrial & Engineering Chemistry Research, 2018, 57 (5): 1726-1732.

[105] Rosenkrantz R D. Papers on probability, statistics and statistical physics [M]. Dordrecht: Kluwer Academic Publishers, 1983.

[106] Sellens R W，Brzustowski T A. A prediction of the drop size distribution in a spray from first principles [J]. Atom Spray Technol，1985，1：89-102.

[107] Li X，Tankini R S. Droplet size distribution：a derivation of a nukiyama-tanasawa type distribution function [J]. Combust Sci Tech，1987，56：65-76.

[108] Sivathanu Y R，Gore J P. A discrete probability function method for the equation of radiative transfer [J]. J. Quant Spectrose Radiat Transfer，1993，49（3）：269-280.

[109] Sovani S D，Sojka P E，Sivathanu Y R. Prediction of drop size distribution from first principles：the influence of fluctuations in relative velocity and liquid physical properties [J]. Atom Sprays，1999，9：113-152.

[110] Uchiyama T，Naruse M. Vortex simulation of slit nozzle gasparticle two-phase jet [J]. Power Technology，2003，131：156-165.

[111] Crowe C T，Chung J N，Troutt T R. Particle dispersion by coherent structures in free flows [J]. Particle Science and Technology，1985，31：149-158.

[112] Crowe C T，Chung J N，Troutt T R. Particle mixing in free shear flows [J]. Progress in Energy and Combustion Science，1988，14（3）：171-194.

[113] 王兵，张会强，王希麟，等. 湍流分离流动中的颗粒弥散机制 [J]. 清华大学学报，2003，43（11）：1507-1510.

[114] 李伟锋. 气固两相射流的实验研究和离散涡模拟 [D]. 上海：华东理工大学，2004.

[115] 周华辉，许建臣，李伟锋，刘海峰. 稠密气固两相同轴射流颗粒弥散特性 [J]. 化工学报，2009（2）：10.

[116] Fang Chenchen，Xu Jianliang，Zhao Hui，et al. Influences of the wall thickness on the granular dispersion in a dense gas-solid coaxial jet [J]. International Journal of Multiphase Flow，2016，81：20-26.

[117] Fang Chenchen，Xu Jianliang，Zhao Hui，et al. Experimental investigation on particle entrainment behaviors near a nozzle in gas-particle coaxial jets [J]. Powder Technology，2015，286：55-63.

[118] Hui Lu，Hai-Feng Liu，Wei-Feng Li，et al. Bubble formation in an annular granular jet dispersed by a central air round jet [J]. AIChE Journal，2013，59（6）：1882-1893.

[119] Hui Lu，Hai-Feng Liu，Wei-Feng Li，et al. Factors influencing the characterization of bubbles produced by coaxial gas-particle jet flow [J]. Fuel，2013，108：723-730.

[120] Zhe-Hang Shi，Wei-feng Li，Hai-Feng Liu，Fu-Chen Wang. Liquid-like wave structure on granular film from granular jet impact [J]. AIChE J. 2017，63（8）：3276-3285.

[121] Zhe-Hang Shi，Wei-Feng Li，Yue Wang，et al. DEM study of liquid-like granular film from granular jet impact [J]. Powder Technology，2018，336：199-209.

[122] Zhe-Hang Shi，Wei-feng Li，Yue Wang，et al. Study on liquid-like behaviors of dense granular impinging jets [J]. AIChE J，2019，65（1）：49-63.

[123] Cheng X，Varas G，Citron D，et al. Collective behavior in a granular jet：emergence of a liquid with zero surface tension [J]. Physical Review L，2007，99（18）：188001.

[124] Slack A V，James G R. Ammonia. Part I [M]. New York：Marcel Dekker Inc，1973.

[125] Eastman D. Synthesis Gas by Partial Oxidation [J]. Ind Eng Chem，1950，48（7）：1118-1122.

[126] 姜圣阶，等. 合成氨工学：第一卷 [M]. 北京：化学工业出版社，1978.

[127] Smoot L D，Smith P J. Coal Combustion and Gasification [J]. New York：Plenum Press，1985.

[128] 于遵宏，沈才大，王辅臣，等. 渣油气化过程分析与三区模型 [J]. 石油学报（石油加工），1993，9（3）：61-68.

[129] 于遵宏，沈才大，王辅臣，等. 水煤浆气化炉气化过程的三区模型 [J]. 燃料化学学报，1993，21（1）：90-95.

[130] Harnby N，Edwards M F，Nierow A W. Mixing in the Process Industries [J]. London：Butterworths Press，1985.

[131] 李希，陈甘棠，戎顺熙. 微观混合问题的研究（IV）混合区域的划分 [J]. 化学反应工程与工艺，1990，6（4）：23-29.

[132] 列维齐. 物理化学流体力学 [M]. 戴干策，陈敏恒，译. 上海：上海科技出版社，1965.

[133] Wygnanski I，Fiedler H. Some Measurements in the Self-preserving jet [J]. J Fluid Mech，1969，38：577.

[134] Sprouse K M，Schuman M D. Redicting lignite devolatilization with multiple and two-competing reaction models [J]. Combustion and Flame，1981，43：265.

[135] Nuruzzaman A S M，Hedley A B，Beer J M. Thirteenth Symposium（international）on Combustion [C]. Pittsburgh，1971：787.

[136] 朱炳辰. 无机化工反应工程 [M]. 北京：化学工业出版社，1981.

[137] 朱炳辰. 化学反应工程 [M]. 北京：化学工业出版社，1993.

[138] Reid R C，Prausnitz J M，Sherwood T K. The Properties of Gases and Liquids [M]. 3rd Edition. New York：The Kingsport Press，1972.

[139] Mosdim E G，Thring M W. Combustion of single droplets of liquid fuel [J]. J Inst Fuel，1962，35：251.

[140] 孙学信，陈建原. 煤粉燃烧物理化学基础 [M]. 武汉：华中理工大学出版社，1991.

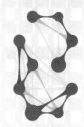

5

水煤浆制备与输送

自 20 世纪 50 年代开始，科技界和工业界一直在努力开展一项研发工作，其目的在于使煤炭能像石油和天然气一样，可以通过管道长距离输送，这是人们最初研究制备水煤浆技术的思想萌芽。但是由于 20 世纪 50 年代大量廉价的石油和天然气的开采，水煤浆制备和输送技术始终没有取得大的突破和应用。20 世纪 70 年代的石油危机给水煤浆的制备和输送技术的开发和应用带来了前所未有的机遇，人们把注意力再次转向物理加工的煤浆燃料技术。

水煤浆加压气化工艺的开发成功[1]，大大拓展了水煤浆技术的应用领域。水煤浆气化技术成为目前运转和在建的大型煤气化装置采用最多的技术。以我国为例，截至 2024 年 9 月，我国运行和在建的水煤浆加压气化炉超过 500 台，日处理煤量约 70 万吨。

鉴于水煤浆气化技术在大型煤气化技术中的重要地位，本章将专门介绍煤的成浆特性、制备及输送。

5.1 概况

5.1.1 水煤浆的基本特性

最早研制出的煤浆是一种煤油混合物（coal oil mixture，COM）——油煤浆。美国、日本、中国、韩国等先后进行过 COM 的研制和技术开发。油煤浆由大约 49% 的固体煤（<200 目的占 85%）与油混合而成，其中包含有 2%～4% 的煤中水分与 0.15%～0.2% 的化学添加剂，在 70℃ 温度时，其黏度为 1.7～2.2Pa•s。显然，油煤浆热值取决于煤炭与油的质量比，一般其 65% 左右的燃烧热值来自油。由于油煤浆中的煤含量最高只能达 50%，按热值计算，使用油煤浆代替油只能用煤取代油耗的大约 35%。1961 年，Jersey 电站中心和 Light 公司在 Werner 电站进行了一次比较全面的水煤浆燃烧工业试验，试验期间，先用油煤浆作为第一阶段的燃料，之后燃烧煤水混合物（coal water mixture，CWM）——水煤浆，其中固体（煤）浓度大约为 67%～68%。水煤浆燃烧试验持续了 443h，试验非常成功，但是水煤浆技术的发展并没有继续下去[2]。

随着技术的进步，1979～1981 年瑞典的胶体碳（Carbogel）公司、美国的大西洋公司

（ARC）、煤浆技术集团及西方石油公司（ORC）率先研制成功一种比较稳定的水煤浆。水煤浆浓度约70%，添加剂约1%，其余为水，在常温下黏度为1.0～1.5Pa·s，可以像油一样泵送、雾化、储运和稳定着火燃烧，其热值相当于燃料油的一半。水煤浆制备工艺并不复杂，但技术含量高，当时只有美国和瑞典两个国家掌握，它给问世不久尚未推广的油煤浆技术以沉重打击，随后，世界各国纷纷摒弃油煤浆技术，转向研究水煤浆的制备与燃烧技术。

水煤浆有以下基本特性。

（1）水煤浆中煤的粒度　从有利于燃烧或气化的角度出发，要求其中煤炭的粒度上限（通过率≥98%的粒度）不大于300μm，最好小于200目（74μm）。这种细度要求与煤粉电站锅炉燃烧用的煤粉细度相当。

（2）水煤浆中的煤含量——浓度　作为锅炉燃料或者气化原料，应尽可能减少其中的水含量。通常要求其中含煤的质量分数（即水煤浆的浓度）大于58%。水煤浆产品的实际浓度与煤炭的质量、制浆技术及用户的需求有关。

水煤浆允许含有高达30%～40%的水分，这里水分是指水煤浆中的全水分，包括隐含在煤中的内在水分。通常使用的煤炭也不是完全干燥的，一般已经含有5%～8%甚至更多的水分，因此制备水煤浆时加入的水分实际不到30%～40%。从气化和燃烧效率的角度讲，煤浆浓度无疑越高越好。开发稳定的高浓度水煤浆一直是努力的方向。

当然，30%～40%的水分在燃烧时造成的热量损失并不算太大。例如，假定煤浆浓度65%，1kg水煤浆中含有约0.65kg的煤炭，煤炭的高热值按7000kcal/kg（1kcal＝4.1840kJ）计算，则水煤浆的高热值为4550kcal/kg。1kg水煤浆中含有约0.35kg的水，水的汽化潜热约580kcal/kg，因此，燃烧1kg水煤浆因其中的水汽化造成的热损失为200kcal，不到水煤浆热值的5%。而且在水煤浆气化过程中，汽化的水会参加化学反应，工程实践表明，水煤浆中水分约有30%参加了气化反应。

（3）水煤浆的流变特性　流变性是指流体的流动特性。对于牛顿流体，流动时其黏度在温度恒定时为常数，不随速度梯度而变；水煤浆是一种非牛顿流体，它的黏度随流动时速度梯度（剪切速率）的大小而变，所以它的黏度称为"表观黏度"，不同剪切速率条件下可表现为不同值。为了便于使用，水煤浆应有良好的流动性，以利于泵送、雾化、燃烧或气化。作为普通燃料，要求水煤浆在常温及100s^{-1}剪切速率下的表观黏度不高于1.0Pa·s。此外，还要求水煤浆具有"剪切变稀"的流变特性。也就是说，在它处于流动状态时，表现出具有较低的黏度，便于使用；当它停止流动处于静置状态时，又可表现出高黏度，便于存放。

（4）水煤浆在储运中的稳定性　水煤浆是一种固、液两相混合物，不容易保持均态，很容易发生固、液分离现象，通常要求在储运过程中不产生"硬沉淀"，所谓"硬沉淀"，是指无法通过搅拌使水煤浆重新恢复原态的沉淀物。水煤浆不产生硬沉淀的性能，称为水煤浆的稳定性。所需要的存放稳定期根据用户要求及具体的用途而定，对长距离输送或运输的水煤浆，一般为三个月；而对作为气化原料的水煤浆，24h的稳定期就能满足生产的需要。

5.1.2　水煤浆制备的技术基础

制备的水煤浆要满足上述某些单项性能指标要求并不难，但要同时满足上述各项性能指标往往有一定的难度，因为其中的一些性能指标是相互制约的。例如，水煤浆的浓度高就会导致黏度大，流动性差；黏度低有利于泵送、雾化，而好的雾化效果有利于燃烧或气化反应的进行，但黏度低会使稳定性变差。为了使所制水煤浆的性能同时满足以上各项要求，就必须深入研究煤浆制备的技术基础。

（1）煤的成浆性规律　性质不同的煤，制浆的难易程度各不相同。有的煤在常规条件下很容易制成高浓度水煤浆；另外一些煤，例如褐煤就很难制备高浓度的水煤浆，或者需要采用较复杂的制备工艺和以较高的成本才能制出高浓度水煤浆。掌握了煤炭成浆性的规律，就可以根据实际需要，按照技术可行、经济合理的原则优选制浆用煤。

（2）级配　水煤浆中煤的粒度不但要求达到规定的细度，还要求具有良好的粒度分布，即能使其中不同大小的颗粒能够相互填充，尽可能地减少煤粒间的空隙，达到较高的堆积效率。煤颗粒间的空隙少可以减少水的消耗，容易制备高浓度煤浆。研究不同煤种水煤浆制备过程中最佳粒度分布，称为级配。

（3）制浆工艺与设备　在给定原料煤及其可磨性条件下，如何使水煤浆最终产品的粒度分布能达到较高的“堆积效率”就取决于所选用的磨煤设备、磨煤设备的运行工况及制浆工艺流程。

（4）添加剂　要使所制水煤浆能达到高浓度、低黏度并有很好的稳定性，还必须使用一些化学药剂，又称添加剂。添加剂分子作用于煤粒与水的界面，可减少水煤浆流动时的内摩擦，降低黏度，改善煤颗粒在水中的分散，提高水煤浆的稳定性。添加剂的用量通常为不大于煤量的1%。添加剂的品种很多，它的有效性与所用煤种以及水的性质密切相关，配方不是一成不变的，必须通过实验研究才能确定最佳的添加剂及其用量。

5.1.3　水煤浆的应用

（1）替代重油或燃气，作为锅炉燃料　水煤浆燃烧方式为喷燃，适应原燃油、燃气的绝大多数工业炉窑、工业锅炉和电站锅炉。如轧钢加热炉、锻造加热炉、热处理炉、隧道式陶瓷烧成窑、耐火砖倒焰窑、陶瓷喷雾干燥塔热风炉、水泥回转窑、铁矿石烧结机点火器等均可应用，且燃烧技术容易掌握[3-10]。

（2）作为气化原料　最早将水煤浆用作气化原料的是美国 Texaco 公司，20 世纪 80 年代开始大规模的工业应用，同期美国 Destec 公司也开发了其两段式水煤浆气化技术。将水煤浆用作气化原料，在煤气化技术领域可以说是一次划时代的技术创新。

（3）通过制备水煤浆，处理废水与有机废液[11-13]　造纸、化工等产生废液的企业，可用废液制浆就地使用，既解决废液污染，改善厂区环境，又可以替代其他燃料，实现化工废液资源化，达到节能的目的。尽管废液水煤浆的有机成分中一般含有大量的硝基物，但是由于燃料中的碱性氧化物具有自身抑制氮氧化物生成的功能，再加上燃料中含有 35% 左右的水分，使得废液水煤浆火焰温度较低，导致 NO_x 的排放量很低。因此以消耗废液为目的，直接用废液制备废液水煤浆在厂内锅炉上燃烧应用已经成为一种最佳选择。

5.2　水煤浆的成浆性及其影响因素

对于水煤浆，狭义的成浆性能只考虑成浆浓度，广义的成浆性能还包括浆体的流变性、稳定性、触变性、黏弹性等。对于燃烧用水煤浆，因为可能需要长距离输送，所以不单要考虑煤种的成浆浓度，还需要考虑浆体的稳定性和流变性等特性。对于气化用水煤浆，因为多数是炉前制浆，所以对稳定性的要求不高，但由于需要经喷嘴雾化，所以对浆体的流变性、触变性和黏弹性等均有一定的要求。

5.2.1 煤质对成浆性的影响

研究表明，煤的成浆性能受煤质影响很大。煤种不同，制浆的难易程度会有很大差别。研究者一致认为：煤阶越低，内在水分越高，煤中 O 和 C 比值越高，亲水官能团越多，孔隙越发达，可磨性指数 HGI 值越小，煤中所含可溶性高价金属离子越多，煤的制浆难度越大[14]。影响成浆性的煤的理化指标很多，如煤的变质程度、孔隙结构、分析基水分（特别是内水含量）、灰分、挥发分、哈氏可磨性指数 HGI 以及煤的元素组成等，这些因素之间密切相关。孤立研究其中某个因素的影响，很难对煤的成浆性作出综合评价。

煤的变质程度、灰分、含水量等因素对颗粒表面的亲水性的影响显著，从而影响颗粒与分散剂、水之间的作用，导致浆体的黏度和稳定性大为不同。文献[15]对几种典型中国煤种的成浆性能进行了实验研究，实验煤种有神府煤（如补连塔煤矿、乌沙山煤、上湾煤矿）、兖州煤、淮南煤、贵州煤（如大会战煤矿、窑子湾煤矿、桃坪水井煤矿）。

（1）内在水分　水煤浆浓度中的水分含量是指水煤浆中的全水分，包括原煤的内在水分和外在水分。内在水分分布在煤粒的内表面上，其分子和煤表面的极性官能团有较强的结合力，内在水分高低有时会有几倍至几十倍之差，因此当煤浆的质量浓度相同时，内在水分高，势必要减少流动介质作用的水量，造成水煤浆的黏度高或难以获得高浓度的水煤浆。

起流动介质作用的水量，即自由水含量 W，可用下列公式求出

$$W = 100 - C\left(1 + \frac{M_{\max}}{100}\right) \tag{5-1}$$

式中　　W——自由水含量，%；

C——水煤浆（在常温下剪切速率为 $100s^{-1}$ 表观黏度不超过 $1.2Pa\cdot s$ 时）的浓度，%；

$M_{\max}$——制浆用煤分析基最高内在水分，%。

图 5-1 为不同煤种内在水分对成浆浓度的影响，随着内在水分增大，煤成浆浓度基本上呈现逐渐降低的趋势。

（2）孔隙率及比表面积　煤的孔隙率发达，则煤的比表面积大。在潮湿的环境下，煤发达的孔隙是造成其内在水分高的重要原因。同时高比表面积又会导致添加剂的高消耗。另外，发达的孔隙会储存大量的气体。成浆后水要慢慢渗入其中，出现煤浆"鼓包""发干"等现象，加剧煤浆的"老化"，给水煤浆的制备、储存、运输等带来困难。

（3）含氧极性官能团　水是典型的极性物质。煤表面的极性官能团越多，煤的亲水性就越强，就会在煤表面吸附大量的水分子，增加煤的内在水分含量。煤的内在水会在煤炭表面

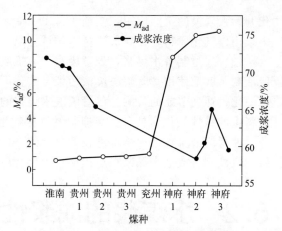

图 5-1　内在水分对成浆浓度的影响

贵州 1—大会战煤矿；贵州 2—窑子湾煤矿；
贵州 3—桃坪水井煤矿；
神府 1—补连塔煤矿；神府 2—乌沙山煤；
神府 3—上湾煤矿

形成坚固的水化膜，减少了自由流动水量。另外，极性官能团还导致表面活性剂分子在煤表面的反吸附。因为分散剂都是一些两亲的表面活性剂，一端是非极性的亲油基，一端是极性的亲水基，煤表面（主体是非极性的）吸附亲油基，将另一端亲水基朝外引入水中，亲水基吸附水可在煤表面形成一层水化膜而起到均匀分散、降黏等作用。若煤表面极性官能团含量多，则分散剂的亲水基与煤粒表面吸附，而将亲油基朝外引入水中，起到反作用，从而降低添加剂的药效和增大用量。

图 5-2 给出了煤中 O/C 比对成浆浓度的影响，随着氧碳比增大，煤成浆浓度逐渐降低。

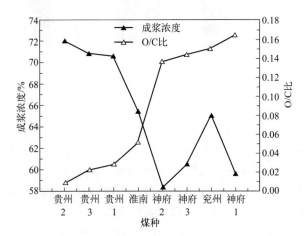

图 5-2　煤中 O/C 比对成浆浓度的影响
贵州 1—大会战煤矿；贵州 2—窑子湾煤矿；贵州 3—桃坪水井煤矿；
神府 1—补连塔煤矿；神府 2—乌沙山煤；神府 3—上湾煤矿

（4）灰分和可溶性矿物质　大量试验表明，相同浓度时，灰分越高，煤浆黏度越低，稳定性越好。从物理角度看，灰分高意味着制浆用煤的密度大。质量分数一定时，固体密度越大，煤浆中固体的体积分数越低，于是，浆的流动性越好。如灰分＜4％时，煤的密度可能只有 1200kg/m³，若质量分数为 70％，其体积分数为 66％；若灰分为 25％，其密度大约为 1500kg/m³，则相同质量分数时，煤的体积分数须达到 61％，两者相差 5％。对同体积煤浆，后者多 5％体积的水，在高浓度范围内，即使多 1％的水，煤浆的流动性都会有明显的改观。所以，灰分越高，浆的表观黏度越低。

实验证明，不溶或难溶矿物质对水煤浆的流动性并无不良影响，而可溶性矿物质则不同，特别是高价金属阳离子，很少量就足以使煤浆失去流动性。这是因为金属阳离子会使颗粒表面的阴离子的电位降低，减少了固体颗粒间的斥力作用，导致水煤浆的黏度升高。

灰分高会造成对泵、阀、管道及喷嘴的磨损，另外，灰分每升高 1％可燃物质则相应降低 1％，降低锅炉出率或气化效率。一般固态排渣的水煤浆锅炉，要求炉膛出口温度要低于煤灰的初始变形温度 100～150℃，以保证锅炉安全运行；而熔融排渣的水煤浆气化炉则要求气化炉平均温度要高于灰渣的流动温度（FT）50℃左右，为了提高气化效率，降低单位合成气、氧气和煤炭的消耗，对气化而言，灰分越少越好。所以灰分的大小主要由用户对水煤浆的要求及其用途来选择。

图 5-3 给出了矿物质对水煤浆黏度的影响，从图中可见，在煤中添加高岭土、氧化铝和碳酸钙对降低煤浆黏度都有显著效果。

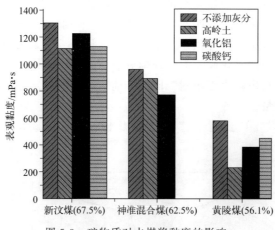

图 5-3 矿物质对水煤浆黏度的影响

（5）哈氏可磨性指数（HGI） 煤的可磨性直接反映磨煤的难易程度，较为普遍的是采用哈特格罗夫法测定（简称哈氏法 HGI）。该法具有操作简单、再现性好等优点。按照该方法，将事先制备好的粒度 16～30 目的煤样，在一台可磨性测试机上按规定破碎回转一定次数，然后将过 200 目筛网的筛下物称重。测试机必须经过校正，校正时采用 ASTM 的已知可磨性指数的一组标准煤样，得到一个线性方程。可磨性指数越高，表示煤越易磨碎，换言之，煤越软。可磨性好的煤实际上可以得到更多的微细颗粒，因而提高了堆积效率，易制得高浓度的水煤浆。当可磨性指数低于 50 时，煤浆浓度急剧下降。另外，哈氏可磨性指数是决定磨煤过程中能耗高低的重要指标，对磨机的选择、工况条件的确定有重要意义。

图 5-4 给出了煤的可磨性指数 HGI 对成浆浓度的影响，可见随着可磨性指数 HGI 增大，煤成浆浓度基本上逐渐增大，即煤的成浆性能变好。

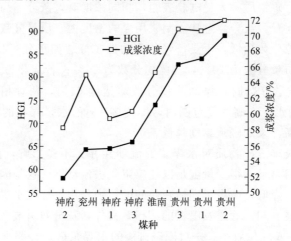

图 5-4 煤的可磨性指数 HGI 对成浆浓度的影响

贵州 1—大会战煤矿；贵州 2—窑子湾煤矿；贵州 3—桃坪水井煤矿；

神府 1—补连塔煤矿；神府 2—乌沙山煤；神府 3—上湾煤矿

（6）煤的岩相显微组分对成浆性的影响 文献［16］通过对 24 种中国典型煤种的研究，发现煤的岩相显微组分对水煤浆性质的影响较大。在相近的灰分条件下，对于烟煤，较高的镜质组和较低的丝质组含量有利于煤的成浆性、稳定性和流变性。最大镜质组反射率与煤变质程度密切相关（图5-5），可以用煤的平均最大镜质组反射率来判断煤的成浆性（图5-6）。

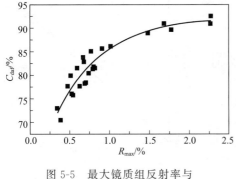

图5-5　最大镜质组反射率与
煤变质程度的关系

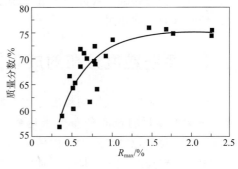

图5-6　最大镜质组反射率与
煤浆浓度关系

除了受煤质特性影响外，煤炭的成浆性还与制浆过程中添加剂的种类及用量、制备方法、级配工艺等有关系。

5.2.2　煤的成浆浓度经验公式

5.2.2.1　线性回归模型

大量成浆性的实验表明，影响煤炭成浆性最显著的因素是M_{ad}、HGI和煤中含氧量，而煤中含氧量与煤中内水含量密切相关。其实，影响成浆性的煤质因素是多方面的，并且它们之间有密切的联系。除此之外，水煤浆的粒度分布、添加剂的类型和用量、水质、制备条件、温度等对其都有影响，但主要还是受煤质的影响。

文献[14]采用多元线性回归分析方法对其筛选，逐步剔除其中不显著的因素，建立了制浆浓度C(%)与煤的M_{ad}、HGI、含氧量（有含氧量数据时）的最佳回归方程，综合提出了评定煤炭成浆性能判别指标，即煤的可制浆浓度

$$C = 67.848 + 0.061366\text{HGI} - 0.267763M_{ad} - 0.030864n_O \qquad (5\text{-}2)$$

当没有含氧量数据时，可近似用下式

$$C = 68 + 0.06\text{HGI} - 0.6M_{ad} \qquad (5\text{-}3)$$

式中，C为可制浆浓度估计值（质量分数），%；HGI为哈氏可磨指数；M_{ad}为空气干燥基水含量（质量分数），%；n_O为含氧量（质量分数），%。

5.2.2.2　人工神经网络预测煤的成浆性

周俊虎等[17]将人工神经网络理论引入煤炭成浆性预测研究，使煤炭成浆浓度的预测精度明显提高。考虑煤炭的多种理化特性，建立了成浆浓度的神经网络预测模型，对其数据预处理方法、学习率和中间层节点数等进行了深入讨论。见图5-7。

对多个三因子组合模型比较结果表明：考虑了水分、可磨性指数和O/C比的三因子模型对于煤炭成浆浓度的预测结果最好，其次是考虑了水分、可磨性指数和含氧量的三因子模型，二者预测的煤浆浓度的平均绝对误差分别为0.40%和0.60%。五因子、七因子和八因子神经网络模型对煤炭成浆浓度的预测的平均绝对误差分别为：0.53%、0.50%和0.74%，而现有回归分析方程预测的煤浆浓度的平均绝对误差为1.15%，故神经网络模型比回归分

析方程有更好的预测能力，尤以七因子模型为佳。水分、挥发分、分析基碳、灰分和氧五个因子对于煤炭成浆性的预测起到主导作用。

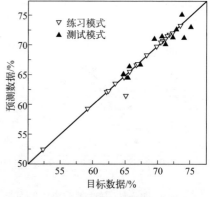

图 5-7　神经网络模型预测煤成浆浓度

5.2.3　煤粉粒度分布对成浆性的影响

掌握好水煤浆中煤颗粒的粒度分布是制备水煤浆的关键之一。水煤浆的粒度分布要求达到较高的堆积效率，即要求颗粒堆积时空隙少，固体体积的浓度高。制备时使用单一粒径的煤颗粒是不合适的，通过控制煤的粒径和粒度分布不仅能降低水煤浆的黏度，还能增强其稳定性。煤浆的粒度分析通常都是将粗、细两部分分别进行：大于 200 目者用湿法筛分，小于 200 目者用沉积分析或激光粒度分析方法，然后将两者综合为完整的粒度分布。

提高水煤浆浓度的技术关键之一，是要求水煤浆的粒度分布能达到较高的堆积效率，亦即要求煤粒堆积时空隙少，固体体积浓度高。堆积效率与粒度分布的关系，是水煤浆制备技术的基础理论之一。

5.2.3.1　等径颗粒堆积

等径球体的堆积是分析实际颗粒堆积的基础，它们在空间的堆积可能取不同的形态，因而堆积的紧密度也会不同。通常采用固体物料在堆积空间中占有的体积分数表示堆积的紧密度，称堆积效率，以符号 λ 表示；也可直接用体积分数表示堆积的紧密度，此时用符号 ϕ 表示。其中空隙所占有的体积比例称空隙率，以符号 ε 表示，显然 $\lambda + \varepsilon = 1$。对于等径球体紧密接触的堆积，有两种典型状态，即呈最松散的空间正六面体堆积和呈最紧密的空间正四面体堆积（图 5-8）。

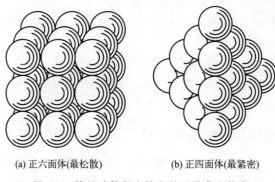

(a) 正六面体(最松散)　　　　(b) 正四面体(最紧密)

图 5-8　等径球体紧密堆积的两种典型状态

正六面体堆积时的堆积效率为

$$\lambda = \frac{\pi}{6} = 0.5236$$

颗粒的直径与孔隙的当量直径之比（以下称"粒孔比"）为 $B = 2.44$。

正四面体堆积时堆积效率为

$$\lambda = \sqrt{2}\frac{\pi}{6} = 0.74$$

粒孔比为 $B = 6.46$。

Scott 与 Ridgway 等研究表明，等径球体随机堆积时的堆积效率为 $0.64 \sim 0.56$，其平均值为 0.6，比上述两种典型状态的平均值 0.632 略低[18]。

实际颗粒为不规则的非球体，它们的堆积效率比球体低。Brown 研究了堆积效率与颗粒形状间的关系[19]，结果如图 5-9 所示。

其中颗粒的形状以形状系数（球形度）表示，它是体积与颗粒相同的球体表面积与颗粒表面积之比。Brown 的研究结果表明，当自然堆积时，颗粒堆积效率为 $0.56 \sim 0.60$。实际颗粒自然堆积时，更接近上述等径球体呈正六面体堆积状态时的堆积效率。

邹建辉[20] 对四种窄级别煤粒随机堆积状态在实验室进行了研究，实验结果列于表 5-1。通过测定煤粒的视密度 ρ_a 及堆密度 ρ_b，便可求出堆积效率 λ

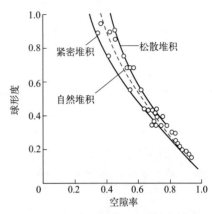

图 5-9　孔隙率与球形度间的关系

$$\lambda = \frac{\rho_b}{\rho_a}$$

从表 5-1 中的数据可以看出，堆积效率在 $0.48 \sim 0.53$ 之间，这一结果与 Brown 的研究结果接近，也就是说，实际煤粒自然堆积时，也接近等径球体呈正六面体堆积状态时的堆积效率。

表 5-1　四种窄级别煤粒紧密接触随机堆积时的堆积效率

项　　目	煤炭粒级/μm			
	450～280	280～180	180～125	110～98
视密度 ρ_a/(g/mL)	1.362	1.362	1.362	1.362
堆密度 ρ_b/(g/mL)	0.7157	0.7047	0.6665	0.6905
堆积效率 λ	0.5255	0.5174	0.4894	0.5070

5.2.3.2　多粒径颗粒体系的堆积

煤浆中煤炭的粒度不但要求达到规定的细度，还要求具有良好的粒度分布，属于典型的多粒径颗粒体系。良好的粒度分布，可使大小不同的煤粒能够相互填充，尽可能地减少煤粒间的孔隙，达到较高的堆积效率。但是小颗粒也有可能在钻入大颗粒中时将本来呈紧密堆积的大颗粒间的间隙撑开，使颗粒间的空隙加大，从而堆积效率降低。小颗粒粒径小于大颗粒间的空隙，或者说大颗粒与小颗粒的粒径比大于粒空比的时候，不会导致大颗粒间的空隙被撑开。当然，最终的影响不仅取决于粒空比，还和颗粒形状以及每一种粒级的相对数量有关。对于多粒径颗粒体系，当最大颗粒的空隙恰能为次大的第二粒级所充满，第二粒级的空隙又恰能为第三粒级所充满，并以此类推，便可获得理论上最高的堆积效率。

为了提高煤粒粒子的堆积效率，可以分别磨制一部分较粗的粒子和一部分较细的粒子，再将它们混合。这样的煤粉制成浆后，细粒子可以填充在粗粒子的空隙中，提高煤粉的堆积效率。因此绝大多数高浓度水煤浆都是具有双峰或多峰分布特征的煤粉制成的。李淑琴[21] 给出了理想的单峰分布和双峰分布的模型图，证明了粒子采用双峰分布要比单峰分布堆积效率高。

在连续分布颗粒体系的堆积特性研究中，颗粒分布主要采用 Gaudin-Schuhmann 模型[22]、Alfred 模型[23]、Rosin-Rammler 模型和对数正态分布模型[24]等。

Gaudin-Schuhmann 模型为

$$y = \left(\frac{d}{d_L}\right)^n \tag{5-4}$$

Alfred 模型是在 Gaudin-Schuhmann 模型基础上的改进

$$y = \frac{d^n - d_x^n}{d_L^n - d_x^n} \tag{5-5}$$

式中，d 为粒度；y 为小于粒度 d 的粒级含量；d_L 为颗粒体系中的最大粒度；d_x 为颗粒体系中的最小粒度；n 为模型参数。按此模型计算得出的最佳粒度分布为 60～100 目占 14%，100～200 目占 16%，200 目以下占 70%。

在实际的磨煤过程中，Alfred 分布难以实现。浆体中煤颗粒粒度分布实际更符合 Rosin-Rammler 分布，其分布模型为

$$R = 100\exp\left(-\frac{d}{d_M}\right)^n \tag{5-6}$$

式中，d 为粒度；R 为大于粒度 d 的粒级含量；d_M 为与 $R = 0.368$ 相对应的粒度；n 为模型参数。

张荣曾[25]在此模型基础上提出了"隔层堆积理论"，推导出 Bennet 公式并加以修正得到

$$R = 100\exp\left[\frac{-(d_n - d_x)}{d_m}\right] \tag{5-7}$$

式中，d_x 和 d_m 分别是最小和 $R = 36.7\%$ 时的颗粒直径。令 $R = 0.1\%$，可算出最大粒径。

Toda 等[26]的研究发现，粗细颗粒按 6:4（双峰）和 7:3（三峰）的质量比混合体，煤浆表观黏度最低，流动性最好，并且对每一组合，粒度差别较大时，降黏作用更显著。

研究多种粒径颗粒混合堆积问题的学者很多，如 Furnas[27]、Andreasen 和 Andersen[28]、Ouchiyama 和 Tanaka[29]、Seki[30]等。其中 Furnas 的研究最早，也最有影响。

（1）Furnas 堆积理论 Furnas 从球形颗粒的二元粒级混合物出发，其直径具有如下特征

$$\frac{D_S}{D_L} \gg 1 \tag{5-8}$$

先假设等粒径球体的随机堆积，其最大堆积效率为 $\phi_{max} = \phi_0$，对应的剩余空隙为 $1 - \phi_0$。当小一级颗粒的直径远小于大一级颗粒的直径时，即满足式(5-8)时

$$D_L = D_1 \gg D_2 \gg \cdots \gg D_n = D_S \tag{5-9}$$

在混合物的组成为 $1:(1-\phi_0):(1-\phi_0)^2:\cdots:(1-\phi_0)^{n-1}$ 的时候，可获得最大固体体积分数

$$\phi_{max} = 1 - (1 - \phi_0)^n \tag{5-10}$$

对于非球形颗粒，只需考虑球形度对等径球体随机堆积时的最大堆积效率 ϕ_0 的影响即可。

下面考虑颗粒的粒径差距不是很大的情况，即

$$D_L = D_1 > D_2 > \cdots > D_n = D_S \tag{5-11}$$

Furnas 提出，当粒径以对数级等间距时，得到最大堆积效率，即

$$\frac{D_2}{D_1}=\frac{D_3}{D_2}=\cdots=\frac{D_n}{D_{n-1}}=x=K^{1/(n-1)} \tag{5-12}$$

式中，$K=\dfrac{D_n}{D_1}$。

若仍采用式(5-10)计算最大固体体积分数，从式(5-10)可以看出其中唯一的自由参数是 n，或者也可以说是 x。简单地看，把 n 尽可能取大，则最大固体体积分数 $\phi_{\max}=1-(1-\phi_0)^n$ 趋近于 1。

但 n 增大意味着 x 减小，即粒度分布越来越窄，当 n 趋近于无穷大时，则变为等径球体，此时 $\phi_{\max}$ 应该等于 ϕ_0，与用式(5-11)计算的不符。产生这一矛盾的原因是 n 增大，D_i 相差很小，违背了前面 $D_i \gg D_{i+1}$ 的假设，因此 $\phi_{\max}$ 不能用 $\phi_{\max}=1-(1-\phi_0)^n$ 计算。

从以上分析可以看出 Furnas 理论的优点和缺点。它能很好地描述多粒径颗粒体系的堆积，但要求颗粒之间粒径相差较大，即疏粒度分布。对于紧密粒径分布，该模型不能前后一致。

(2) 改进的 Furnas 堆积理论　Furnas 理论缺陷的存在是因为从疏粒径分布出发，Veytsman B[31] 从其反面——具有紧密粒径分布的颗粒堆积出发，建立了紧密粒径分布的多粒径颗粒的堆积模型。改进后的 Furnas 模型可用于紧密粒级的堆积，而且最重要的是它能预测任意组成的最大固体体积分数。

先讨论二元粒级混合物 D_L 和 D_S（$D_L > D_S$）的堆积情况。假设空间 V 先被大颗粒填充，则固体体积为 $V_1=\phi_0 V$，剩余空隙的体积为 $(1-\phi_0)V$，其中 ϕ_0 为等粒径球体的最大堆积效率。假设大小颗粒按双层结构堆积：第一层为所有大颗粒和能填充进大颗粒间隙的小颗粒，第二层为剩余的小颗粒，它们按最大堆积效率 ϕ_0 堆积。假设小颗粒的总体积小于某一值 $V_{\max}$ 的时候，它们能填进大颗粒间的空隙。需要注意的是，小颗粒的总体积 $V_{\max}$ 并不等于 $\phi_0(1-\phi_0)V$，而是与 $\phi_0(1-\phi_0)V$ 成一定比例，这个比例是 $x=D_S/D_L$（对二元粒径混合物，$x=K$）的某种函数。这种关系可以用式（5-13）表示

$$V_{\max}=\phi_0(1-\phi_0)VY(x) \tag{5-13}$$

式中，$Y(x)$ 是一未知函数。$Y(x)$ 的物理意义是混合时实际增大的体积与"理想"增大的体积之比

$$Y(x)=\frac{\Delta V}{\Delta V_{\text{idea}}} \tag{5-14}$$

当容器的体积大到可以忽略表面影响，$Y(x)$ 将不受 V 影响。这时 $Y(x)$ 随粒径比例 x 的取值在 0~1 之间。当 $x=0$ 时，$Y(x)=1$，即为具有无限大粒径间隔的理想情况，其 $V_{\max}=\phi_0(1-\phi_0)V$；当 $x=1$ 时，$Y(x)=0$，此时无法再填充具有同样粒径的颗粒。

下面计算二元粒级混合物的最大固体体积分数 $\phi_{\max}$。设大小颗粒的体积分数分别为 f_L，$f_S=1-f_L$，大颗粒的总体积为 $V_1=\phi_0 V$，小颗粒的体积为 $V_2=V_1 f_S/f_L=\phi_0 V f_S/f_L$。因此，固体的总体积为

$$V_{\text{solid}}=\frac{1}{f_L}\phi_0 V \tag{5-15}$$

如果小颗粒的总体积 V_2 小于 $V_{\max}$，则所有小颗粒能填充进大颗粒间的空隙。因此，最大固体分数为

$$\phi_{\max} = \frac{V_{\text{solid}}}{V} = \frac{1}{f_L}\phi_0, \qquad V_2 \leqslant V_{\max} \tag{5-16}$$

如果小颗粒的总体积 V_2 大于 $V_{\max}$，则无法将所有小颗粒填充进大颗粒间的空隙。因此，混合物的总体积 V_{total} 将大于 V。预测 V_{total} 是很困难的，然而可以先估计一个值。显然，V_{total} 要小于上面假设的双层结构的体积。由此得到以下不等式

$$V_{\text{total}} \leqslant V + (V_2 - V_{\max})/\phi_0 = V + \frac{f_S}{f_L}V - \frac{1}{\phi_0}V_{\max} \tag{5-17}$$

粗略估算时可认为上式左右相等。则

$$\phi_{\max} = \frac{V_{\text{solid}}}{V_{\text{total}}} = \frac{\phi_0}{1 - \dfrac{f_L}{\phi_0} \times \dfrac{V_{\max}}{V}}, \qquad V_2 \geqslant V_{\max} \tag{5-18}$$

由此可以得到

$$\phi_{\max} = \begin{cases} \dfrac{\phi_0}{1-f_S} & f_S \leqslant \dfrac{(1-\phi_0)Y(x)}{1+(1-\phi_0)Y(x)} \\[4mm] \dfrac{\phi_0}{1-(1-f_S)(1-\phi_0)Y(x)} & f_S \geqslant \dfrac{(1-\phi_0)Y(x)}{1+(1-\phi_0)Y(x)} \end{cases} \tag{5-19}$$

对于 $Y(x)$ 必须给出一个关联式。根据大量实验数据，Veytsman 等[31]得到

$$Y(x) = \frac{1-x}{1+2.68x+3.98x^2} \tag{5-20}$$

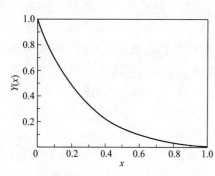

图 5-10　$Y(x)$ 与 x 的关系图

式(5-20) 在 $x=0$ 和 $x=1$ 时都有正确的取值，而且在 $0 \leqslant x \leqslant 1$ 之间是单调的，符合 $Y(x)$ 的物理意义，其关联曲线如图 5-10 所示。严格地说，式(5-20) 是由球形颗粒的实验数据得到的，应该只适用于球形颗粒，但对于紧密粒径分布一般可以忽略非一致性的影响，可认为式（5-20）具有通用性。

下面考虑实际中遇到的多粒级颗粒的堆积。假设有 n 个粒级，每个粒级的颗粒体积分别为 v_1，v_2，$\cdots$，v_n，对应的体积分数为 f_1，f_2，$\cdots$，f_n，满足

$$f_i = \frac{v_i}{\sum\limits_{k=1}^{n} v_k} \tag{5-21}$$

采用迭代加入的方法计算多粒级颗粒的最大固体体积分数。假设在完成第 i 步后混合物的最大固体体积分数为 ϕ_i。当已经混合了 1，2，$\cdots$，i 的粒级，准备加入第 $i+1$ 个粒级时，固体的体积、混合物的总体积、空隙的体积分别为

$$V_i^{\text{solid}} = \sum_{k=1}^{i} v_k \tag{5-22}$$

$$V_i^{\text{total}} = \frac{1}{\phi_i}\sum_{k=1}^{i} v_k \tag{5-23}$$

$$V_i^{\text{void}} = \left(\frac{1}{\phi_i}-1\right)\sum_{k=1}^{i} v_k \tag{5-24}$$

定义 D_i^{eff} 为混合物的有效最小直径，其意义为在不改变混合物总体积的前提下，不能再

加入任何粒径为 D_i^{eff} 或大于 D_i^{eff} 的颗粒到混合物中。模型的基本假设为：能加入到任何混合物中，而不增加混合物总体积的颗粒的量只与 3 个因素有关：空隙体积、加入颗粒的直径和混合物的有效最小直径。这个假设意味着所有关于多粒级颗粒混合物的信息都可用两个数表示：空隙的体积分数和混合物的有效最小直径。这样，在完成第 i 步后，第 $i+1$ 级颗粒能加入的最大体积为

$$V_{i+1}^{\max} = \phi_0 (V_i^{\text{total}} - \sum_{k=1}^{i} v_k) Y \left(\frac{D_{i+1}}{D_i^{\text{eff}}} \right) \tag{5-25}$$

第 $i+1$ 步后，混合物的总体积为

$$V_{i+1}^{\text{total}} = \begin{cases} V_i^{\text{total}} & v_{i+1} \leqslant V_{i+1}^{\max} \\ V_i^{\text{total}} + \dfrac{1}{\phi_0}(V_{i+1} - V_{i+1}^{\max}) & v_{i+1} \geqslant V_{i+1}^{\max} \end{cases} \tag{5-26}$$

$$D_{i+1}^{\text{eff}} = \begin{cases} \dfrac{D_{i+1}}{x(y_{i+1})} & v_{i+1} \leqslant V_{i+1}^{\max} \\ D_{i+1} & v_{i+1} \geqslant V_{i+1}^{\max} \end{cases} \tag{5-27}$$

其中

$$y_{i+1} = \frac{V_{i+1}^{\max} - v_{i+1}}{\phi_0 \left(V_i^{\text{total}} - \sum_{k=1}^{i+1} v_k \right)} \tag{5-28}$$

函数 $x(y)$ 是 $Y(x)$ 的反函数。只要知道 D_1^{eff} 和 V_1^{total} 就可以根据式(5-25)至式(5-28)计算最大堆积体积分数。初始条件为

$$V_1^{\text{total}} = \frac{v_1}{\phi_0} \qquad D_1^{\text{eff}} = D_1 \tag{5-29}$$

最大堆积体积分数的计算公式为

$$\phi_{\max} = \frac{\sum_{k=1}^{n} v_k}{V_n^{\text{total}}} \tag{5-30}$$

5.2.4　添加剂对成浆性的影响

为了使水煤浆在正常使用中有较低的黏度、较好的流动性，静置时不易产生沉淀，在制浆过程中添加少量的化学添加剂是必不可少的。

煤粉颗粒表面是疏水性的，未完全润湿的煤粉会互相聚团、会使煤浆的黏度增加。因而未加添加剂的煤粉制备的水煤浆的浓度不高。添加剂的作用在于提高煤粒表面的亲水性、调整颗粒表面的电荷密度，从而调整煤浆性能。高的表面电荷在水煤浆中建立了防止沉淀的三维结构，或者导入弱的絮凝倾向以减少平均粒径和最大的固体浓度。

添加剂的种类有非离子型、阴离子型和阳离子型三种。非离子型添加剂主要通过表面活性剂来降低煤浆液体的表面张力，使煤浆中煤粒表面润湿，控制表面的电荷来改变煤浆的性能；离子型的添加剂通过含极性基添加剂的静电吸附在煤浆颗粒上、降低颗粒表面的疏水性、控制煤粒表面的电荷来改变煤浆的性能。而稳定剂能阻止高电荷的颗粒沉淀。

5.3 水煤浆添加剂

制浆时所用添加剂，按其功能不同，有分散剂、稳定剂及其他的一些辅助化学药剂，如消泡剂、pH 调整剂、防霉剂、表面改性剂及促进剂等多种。在这些添加剂中，最重要的、也是不可缺少的是分散剂与稳定剂。

添加剂的作用发生在煤水界面，因此它的效能与煤炭性质特别是煤炭的表面性质及水的性质都有密切的关系。所以制浆用化学添加剂配方不可能是一成不变的。合理的添加剂配方必须根据制浆用煤的性质和用户对水煤浆产品质量的需求，经过试验研究后方可确定。

添加剂费用在制浆成本中是仅次于煤炭费用的主要成分，所以添加剂的配方对水煤浆的成本有重要的影响。为此，工程上一般不主张盲目追求药剂性能的高效，而要求经济合理，在能满足用户对煤浆质量要求的前提下，使所选择的添加剂配方在性能价格比方面为最优。此外，为了降低添加剂费用，可选择成浆性好的制浆用煤，并通过磨机的选型产生较好的粒度分布，这样既可减少添加剂用量，也能制出符合质量要求的水煤浆。

5.3.1 分散剂及其作用机理[14]

分散剂是一种可促进分散相（如水煤浆中的煤粒）在分散介质（如水煤浆中的水）中均匀分散的化学药剂。要使分散相能在分散介质中均匀分散，先必须使分散相的粒度达到足够的细度，分散相粒度越小，分散相与分散介质间相界面越大。以常规的水煤浆为例，平均粒径多在 $50\mu m$ 以下，1g 煤粒的表面积可高达 $0.7m^2$，这样巨大的相界面，含有很高的界面自由能，是热力学中的不稳定体系，有自发聚结力图减少相界面的趋势。如不采取相应的措施，煤颗粒很难在水中保持一定时间的分散状态。

分散相聚结后，形成更大的团粒，会加速沉淀。通常在胶体化学领域内，分散作用的主要功用和目的是防止分散相沉淀，提高胶体体系的稳定性。但是在实际的水煤浆制备过程中，仅仅依靠胶体化学中的分散作用，不可能有效地改进水煤浆的稳定性，还必须添加一定的分散剂，以促进煤颗粒在水中的分散。

5.3.1.1 分散剂的作用机理

水煤浆中分散剂的作用机理可以从三个方面得到阐释，即润湿分散作用、静电斥力分散作用及空间位阻与熵斥力分散作用。这三种作用并不相互排斥，而是相互补充。

（1）润湿分散作用　润湿是指固体表面上的气体被液体取代的过程，对于水煤浆体系，润湿是指煤颗粒表面为水所润湿。水煤浆是一种煤水混合物，使煤粒表面能充分为水所润湿是必备的先决条件。

水是一种极性物质，具有较高的表面张力（即表面能）。煤炭的主体是非极性的碳氢化合物，具有较低的表面能。一般而言，煤的表面不容易为极性的水分所润湿。但是由于煤是一种结构十分复杂的物质，虽然其主体具有疏水性，但也存在容易为水所润湿的亲水部分。煤的主体部分是稠环芳烃结构，并通过烷烃链或杂原子彼此相连成为大分子结构。芳烃与烷烃属疏水性物质，而杂原子或杂原子团属亲水性物质。杂原子主要是氧、氮和硫等，其中含氧官能团主要有羟基（—OH）、羰基（ C=O ）、羧基（—COOH）及甲氧基（—O—CH₃）和醚基（—O—）等。羧基和羟基在含氧官能团中的亲水性最强，但羧基随煤化程度加深显著减少，所以制浆时煤颗粒表面对水的亲疏程度与煤中芳烃和烷烃与羟基的含量比有关。

衡量表面润湿性的一个常用指标是润湿接触角，当液滴置于固体表面，液滴在表面附着稳定后，接触角定义为在三相交界处形成的、自固液界面经过液体内部到液气界面间的夹角。对于煤炭这样的表面疏水性物质，要降低固液间的界面张力途径有两种，一是要增加其表面的亲水性，即提高固体的界面张力 γ_S（因为固体的润湿性只与表面层原子或原子团的性质和排列有关，而与物质内部结构无关，所以这是可能的），二是要降低水的表面张力 γ_L。

分散剂分子的疏水基通过范德华力吸附在煤表面，以亲水基朝水的定向排列方式把水分子吸附到煤粒表面，变疏水性为亲水性，大大提高了煤粒表面的润湿性，降低了煤-水界面张力，对煤粒起到了很好的分散作用。

（2）静电斥力分散作用　颗粒间的吸引力来源于分子间的范德华力，它是由相互作用粒子内部偶极矩产生的，属电磁力。这种电磁力引起的吸力效应通常用吸引位能 V_A 表示，吸引力随颗粒直径增大而加大，随间距增加而减少。

颗粒间还存在静电的斥力。固体颗粒在水中分散或悬浮时，由于表面物质的电离、晶格取代或从溶液中吸附离子而表面带电，因此颗粒间还存在静电的斥（或吸）力。煤粒通常带荷负电。带电粒子总是要从周围溶液中吸引极性与它相反的离子，构成所谓的"双电层"。内层紧靠颗粒的表面，反离子的浓度最高，随后反离子逐渐向外扩散，浓度渐减，电位也逐渐降落。到达一定距离后，电位实际上已接近于零。图 5-11 中颗粒外围的虚线表示颗粒表面电荷电场的实际作用范围，在这个范围内，反离子的浓度高于溶液内部。紧靠颗粒表面有一层溶液和反离子与颗粒实际上似连成一体，可随颗粒一起运动。此处为滑动面，滑动面与溶液内部间的电位差 ζ，称为电动电位。对颗粒运动起作用的只是这个 ζ 电位。滑动面至虚线之间称扩散层。两个带电相同的颗粒相距超过扩散层时，电场斥力不起作用，只有它们的扩散层彼此重合时才表现出斥力。

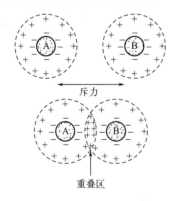

图 5-11　离子氛围

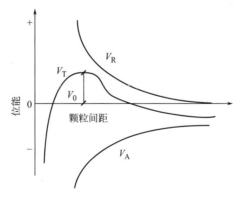

图 5-12　颗粒间作用能与间距间的关系

两个颗粒最终是相互吸引还是相互排斥，取决于范德华吸力与静电排斥力两者的综合效应 V_T。这种综合效应与颗粒间的距离有关，如图 5-12 所示。图中"＋"表示相斥能量，"－"表示相吸能量。在相距较远时，吸引力占优势，总位能为负，曲线在横轴以下。随着颗粒相互靠拢，达到彼此的扩散层重合后，静电斥力开始起作用，总位能转为正值，并逐渐加大，且在某处达到最大值，此处出现一个能峰 V_0。由于吸引位能随距离减小，吸引位能增长比斥力位能快，所以越过能峰后，总位能□□成负值，进入净吸引区。由此可知，在有足够的静电斥力作用下，如果颗粒所获外加能□□足以克服能峰，就不会产生聚结。这就是依靠静电斥力的分散原理。

（3）空间位阻与熵斥力分散作用　所谓空间位阻分散作用，是指使煤粒表面吸附一层物质（如添加剂分子等），这样就在颗粒间增加了一层障碍，当颗粒相互接近时，可机械地阻挡聚结。制浆用分散剂都是一些表面活性剂，表面活性剂是既具有亲油性又具有亲水性的分子，一端是由碳氢化合物构成的非极性的亲油基，另一端是亲水的极性基，如图 5-13 所示。非极性的疏水端极易与由碳氢化合物构成的煤炭表面结合，吸附在煤粒表面上，将另一端亲水基朝外伸入水中，如图 5-13（c）所示。极性基的强亲水性使煤粒的疏水表面转化为亲水，形成一层水化膜。如果是离子型分散剂，同时还可提高表面的电性，使周围可聚集更多的离子，这些离子和水分子结合也形成水化膜。水化膜中的水与体系中的"自由水"不同，它因受到表面电场的吸引而定向排列。当颗粒相互靠近时，水化膜受挤压变形，引力则力图恢复原来的定向，这样就使水化膜表现出有一定弹性，所以水化膜也是一种空间位阻。

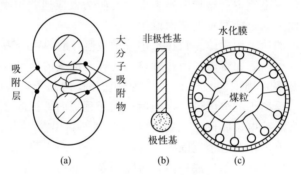

图 5-13　颗粒表面吸附添加剂

颗粒表面的吸附层具有一定的厚度，当两个带吸附层的颗粒相互接近时，若尚未重叠，相互间不发生作用。当彼此重合时，由于吸附层中的高分子物质运动的自由度受到妨碍，吸附分子的熵减少；因为体系的熵总是自发地向增加方向发展，所以颗粒有再次分开的倾向，这就是熵斥力的作用结果。

5.3.1.2　几种常用的分散剂的结构及其分散机理

常用的分散剂有离子型和非离子型两类，离子型分散剂有阳离子型和阴离子型两类。阳离子型分散剂，因其成本高且煤表面呈负电性，少量阳离子分散剂并不足以改善煤表面的润湿性，故不常用；阴离子分散剂主要包括磺酸盐类、羧酸盐类、磷酸酯类等，其中萘磺酸盐甲醛缩合物、磺化木质素、聚苯乙烯磺酸盐、聚丙烯酸系共聚物是普遍采用的水煤浆添加剂。非离子分散剂自 20 世纪 80 年代面世以来发展很快，它的特点是在水中并不电离，亲水基主要由分子结构中的含氧官能团提供，水煤浆制备中所用的非离子型添加剂多为聚合度不同的环氧乙烷聚合物。

目前，国外水煤浆添加剂主要的种类有：①较高缩合度的萘磺酸盐[32]；②丙烯酸与其他丙烯酸单体共聚物[33]；③聚烯烃系列[22]；④木质素磺酸盐[34]；⑤羧酸及磷酸盐系列；⑥腐殖酸及磺化腐殖酸系列[35]；⑦非离子分散剂[36,37]。其中，萘磺酸盐缩合物与聚苯乙烯磺酸盐是应用最为广泛的两类水煤浆分散剂[38]。

（1）聚羧酸盐及其分散机理　聚羧酸系列的典型分子是（甲基）丙烯酸盐与（甲基）丙

烯酸酯的共聚物，由其红外谱图可见其有羧基、酯基、醚键，它们的波数分别是 3433cm^{-1}、1721cm^{-1}、1110cm^{-1}。由于分子中同时具有羧基和酯基，使其既有亲水性，又具有一定的疏水性。通过调节酸和酯的比例，可以调节分子的亲水亲油值（HLB）。由于聚羧酸系列具有羧基，同萘系一样，羧基负离子的静电斥力贡献于煤粒子的分散。同样，分子量的大小与羧基的含量对煤粒子的分散效果有很大的影响。

图 5-14 是聚羧酸的分子结构式，由于主链分子的疏水性和侧链的亲水性以及侧基$\leftarrow$OCH$_2$CH$_2\rightarrow$的存在，还提供了一定的立体稳定作用，即煤粒子的表面被一种嵌段或接枝共聚物分散剂所稳定，以防发生无规凝聚[39,40]，从而有助于煤粒子的分散。其稳定机理是所谓的立体稳定机理（steric stabilization），是指由聚合物（减水剂）分子之间因占有空间或构象所引起的相互作用而产生的稳定能力，这种稳定作用同一般

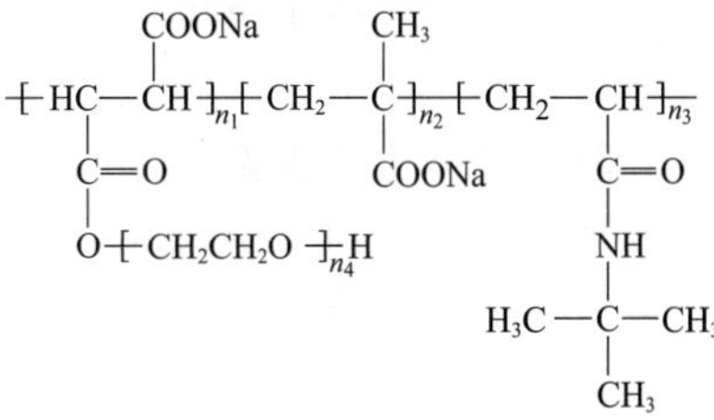

图 5-14　聚羧酸的分子结构式

的静电稳定作用的差别在于：它不存在长程的排斥作用，只有当聚合物构成的保护层外缘发生物理接触时，粒子之间才产生排斥力，导致粒子自动弹开，文献给出了两种不同厚度保护层的热能。同时，$\leftarrow$OCH$_2$CH$_2\rightarrow$中的氧原子可以和水分子形成强的氢键，形成立体保护膜，据估计也具有高分散性和分散稳定性。

聚合物在介质中的溶解热通常大于零，因此，从熵的角度看，由粒子相互靠近造成的局部分散剂浓度上升是有利的。但是，这同时又引起了熵的减小，而体系中后者往往是占主要地位的，立体稳定作用主要取决于体系的熵变，因而也称之为熵稳定作用[41,42]。

（2）木质素磺酸盐及其作用机理　木质素磺酸盐的基本组分是苯甲基丙烷衍生物，典型的针叶木木质素磺酸盐可用下列化学式 C$_9$H$_{8.5}$O$_{2.5}$(OCH$_3$)$_{0.55}$(SO$_3$H)$_{0.4}$ 表示。图 5-15 为木质素磺酸钠分子结构式的一部分。

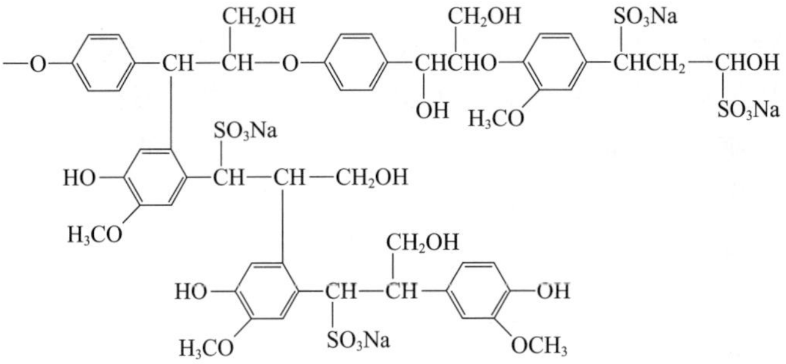

图 5-15　木质素磺酸钠的分子结构式（部分）

木质素磺酸盐分子中含有磺酸根，决定其有较好的水溶性，木质素磺酸盐分子中同时具有 C$_3$～C$_6$ 疏水骨架与磺酸根、羟基等亲水性基团，是一种典型的阴离子表面活性剂，木质素磺酸盐能够降低溶液表面张力，但对表面张力的抑制作用不大，也不会形成胶束[43,44]。

木质素磺酸钠的分子结构特征与分散作用有如下关系：

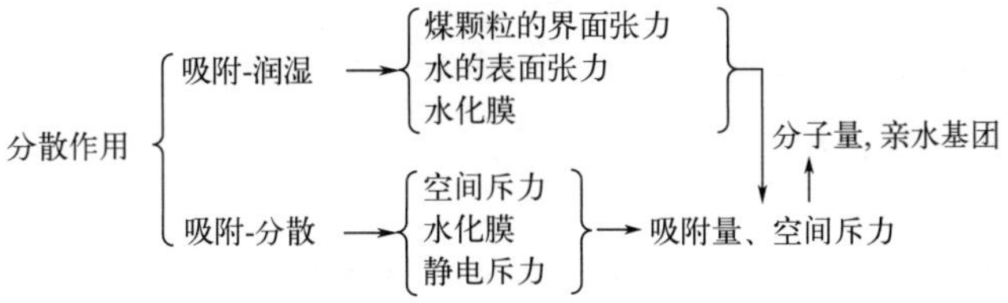

煤颗粒表面主要成分是稠环芳烃，呈疏水性，在水中具有热力学不稳定性，极易团聚，煤颗粒能否被分散的关键是分散剂分子能否吸附在煤颗粒表面，使煤颗粒表面由疏水性变为亲水性。木质素磺酸钠分子主要是通过其疏水基团与稠环芳烃间的分子力作用，定向吸附在煤颗粒表面上。而分子力的大小与木质素磺酸钠分子的疏水基团和分子量有关，对于疏水基团一定的木质素磺酸钠分子，分子量是影响吸附的直接因素，分子量越大，木质素磺酸钠分子越容易被吸附，吸附量也就越高，同时产生的静电斥力和空间位阻效应越大，煤颗粒越容易分散。

煤粒子在水中受范德华力的作用，则发生凝聚，加入木质素磺酸盐后，粒子则会吸收木质素磺酸盐分子。由于木质素磺酸盐分子表面亲水基带有电荷，使吸附木质素磺酸盐分子的粒子间产生静电反应产生相互排斥，即会起到分散作用。木质素磺酸钠分子中亲水基团的含量也对其分散作用影响很大。亲水基团含量太低，不易提高煤颗粒表面的亲水性，形成水化膜，降低黏度；亲水基团含量太高，会使木质素磺酸钠分子亲水性增加，不利于吸附在煤颗粒表面上。它的分散性与分子量有很大关系。如分子量过低分散能力下降，而分子量过高反而起凝聚作用。图 5-16 表示木质素磺酸盐分子量对分散作用的影响。

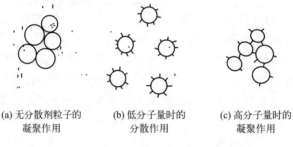

(a) 无分散剂粒子的　　　(b) 低分子量时的　　　(c) 高分子量时的
凝聚作用　　　　　　　　分散作用　　　　　　　凝聚作用

图 5-16　木质素磺酸盐的分散作用

当煤与水搅拌时，由于煤粒子的凝聚力大于固体粒子的表面润湿力，故煤的粒子很容易凝结成团，在煤中加入木质素磺酸盐后，木质素磺酸盐即吸附煤粒子表面，由于静电作用而使粒子互相分散，并使原凝结成团中的水析出，改善了水煤浆的性能，增加其流动性[45]。

（3）腐殖酸及其作用机理　腐殖酸是分子量和结构不同的大分子多取代芳香酚羧酸混合物。一般认为影响腐殖酸分散性能的关键因素是腐殖酸在煤粒表面的吸附量。吸附量大，分散性能就好；吸附量小，分散性能就差。在水煤浆体系中，腐殖酸和煤粒表面存在着两种性质不同且方向相反的力，即腐殖酸分子和煤粒分子之间的范德华力及腐殖酸分子所带负电荷和煤粒所带负电荷之间的静电斥力。它们的力量对比决定着腐殖酸分散剂在煤粒表面的吸附量。若静电斥力小于范德华力，则腐殖酸分子易于吸附在煤粒表面，并且吸附量随着两种力差值的增大而增大，分散性能随着吸附量的增大而增强；若静电斥力大于范德华力，则腐殖酸分子不易于吸附在煤粒表面，并且吸附量随两种力差值的增大而减小，分散性能随着吸附量的减小而减弱。腐殖酸含量通过影响煤浆中腐殖酸的浓度而影响级分的分散性能。当分散剂用量相同时，腐殖酸含量越高，煤浆中腐殖酸药剂浓度就越大，腐殖酸分子与煤粒之间形成氢键及空间网状结构的作用概率就越大。氢键、空间网状结构的形成，使范德华力增大，静电斥力减小，故吸附量增大。灰分高，腐殖酸含量就低；灰分低，腐殖酸含量就高。因此，灰分通过影响腐殖酸含量间接影响着吸附量；另一方面，灰分里矿物质中的金属离子与腐殖酸易形成络合物，相对减少了腐殖酸的极性部分与水形成氢键的数量，从而减少了范德华力，使吸附量降低[46]。

腐殖酸类分散剂通过化学改性，使分散剂中的亲水基团包含—COO⁻、—NO₃⁻、—NO₂⁻及—SO₃H⁻等，根据分散剂的作用机理，分散剂中的亲水基团易溶于水中，疏水基团和煤粒表面结合，然后以定向方式把水分子吸附在煤粒表面，变疏水性为亲水性，借水化膜将煤粒隔开，从而降低了水煤浆的黏度；腐殖酸类分散剂经磺化和磺甲基化后，引入的磺酸基和磺甲基是离子化强亲水基团，一方面降低了水的表面张力，使水更好地润湿固体形成水化层及微细胶粒，增加了水煤浆的流动性；另一方面，强离子化基团使煤粒表面带负电荷，增加了煤粒的静电斥力，使煤粒间凝聚作用减弱而被分散，使稀释作用增强；同时，分散剂吸附在煤粒表面，形成空间位阻，使稳定性增强；另外，经过改性，腐殖酸类分散剂中亲水、疏水基团的比例和分布发生了变化，引起其表面物理化学性能的变化，影响其成浆性[47]。

（4）萘系减水剂及其作用机理 萘系高效减水剂分子属于少支链线型结构，萘系添加剂为2个苯环的高分子阴离子化合物，呈链状。磺酸基对煤颗粒吸附是一种短棒式吸附形态，空间立体排斥力较小，分散力主要由静电斥力决定，特点为吸附量较多但吸附力较弱；减水剂分子易随水化的进行、布朗运动、重力及机械搅拌等各种因素作用而脱离煤颗粒表面，造成粒子间凝聚加速[48]。图5-17为聚萘甲醛磺酸钠盐的分子结构式。

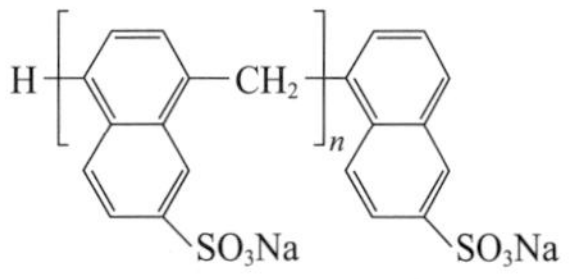

图5-17 聚萘甲醛磺酸钠盐的分子结构式

煤结构中的亲水基团（—OH）与添加剂的亲水部分（—SO₃⁻）作用，疏水基团（侧链）与添加剂的亲油部分（—CH₂—）作用，就可使添加剂整个或部分缠绕于煤粒表面，形成表面膜。这层膜增加了煤粒之间的滑动，从而降低了水煤浆的黏度，并且由于—SO₃⁻具有极强的亲水性，这样煤粒通过添加剂膜的作用与水的作用增强。

由于煤的岩相组成、矿物组成的不同，煤粒表面的极性、非极性部分变化不一，分散剂在与煤的分子结构相互作用时，还在煤粒表面发生相互作用，其与煤的微小粒子形成相互影响、相互制约的空间网状结构，从而使煤粒聚集而沉淀的可能性减小，提高了水煤浆的稳定性[49]。

5.3.2　稳定剂及其作用机理

水煤浆的稳定性是指煤浆在储存与输送期间保持性态均匀的特性。水煤浆之所以难以保持性态均匀，根本的原因是它本身就不是一种均质流体，而是固液两相混合物。影响水煤浆稳定性的因素很多[50,51]，稳定性的破坏最主要来源于其中固体颗粒的沉淀。

水煤浆稳定性的含义与胶体的稳定性类似，胶体的稳定性历来是胶体化学中关注的热点，并已取得许多重要研究成果。但是水煤浆是一种高浓度固液两相粗分散体系，无论是DLVO理论中涉及的来自分子热运动的布朗运动作用力、颗粒间的范德华引力，还是颗粒间的静电吸引力，都不足以阻止水煤浆中颗粒的沉淀。真正能起到阻止颗粒沉淀、提高水煤浆稳定性的，是由稳定剂作用形成的空间结构对颗粒沉淀产生的机械阻力。所以，与运用DLVO理论来研究和改善胶体稳定性所得的结论不会完全相同，有时甚至相反。例如，按照DLVO理论，使用电解质降低颗粒表面的ζ电位，或者使用高分子絮凝剂，都可以加速颗粒的沉淀，破坏稳定性。但是对高浓度水煤浆，这种方法反而可以提高水煤浆的稳定性，因为它使水煤浆中的颗粒相互交联，形成空间结构，从而有效地阻止颗粒沉淀，防止固液间的分离。所以，水煤浆的稳定剂应具有使煤浆中已分散的颗粒能与周围其他颗粒及水结合成为一种较弱但又有一定强度的三维空间结构的作用。能起这种作用的稳定剂有无机盐、高分子有机化合物，如常见的聚丙烯酰胺絮凝剂、羧甲基纤维素（CMC）以及一些微细胶体粒子（如有机膨润土）等。用量视煤炭性质及所需稳定期长短而定，一般为煤量的万分之几至千分之几。

5.3.2.1 聚丙烯酰胺及其作用机理

聚丙烯酰胺是一种线型的水溶性聚合物，水溶性聚合物分子中含有一定的极性基团，这些基团能吸附水中悬浮的固体粒子，使粒子间架桥而形成大的凝聚体。聚丙烯酰胺由丙烯酰胺聚合而得，因此在其分子的主链上带有大量侧基——酰胺基，酰胺基的主要特点是它能与多种可形成氢键的化合物形成很强的氢键。阴离子型聚丙烯酰胺的结构分子式如图 5-18 所示。

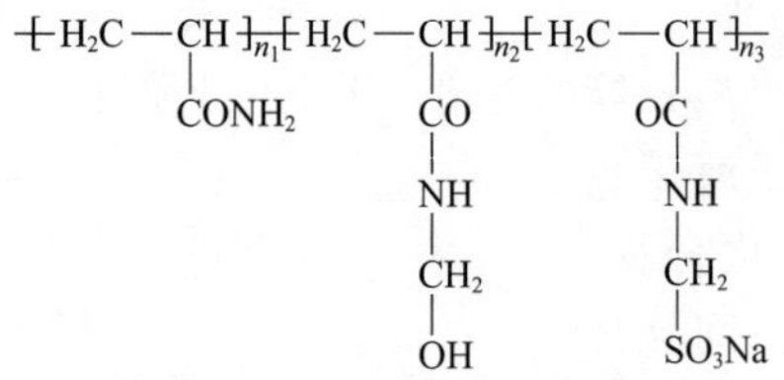

图 5-18　阴离子型聚丙烯酰胺的结构分子

聚合物絮凝作用既有化学因素，也有物理因素。化学因素使悬浮粒子的电荷丧失，成为不稳定粒子，随后不稳定的粒子聚集。而物理因素则通过架桥、吸附，使小粒子聚集体变成絮团。有人把中和电荷的这个过程叫絮聚，而把架桥、吸附作用而成絮团叫絮凝[52]。悬浮粒子的自然沉降速度为

$$u_d = \frac{g(\rho_s - \rho_l)d^2}{18\mu}$$

上式表明悬浮粒子的自然沉降速度与粒子的直径的平方成正比。因此，为了加速其沉降，就要设法破坏粒子在体系中的稳定性，促使其碰撞以达到增大粒子的直径，这就是絮凝作用的基本原理。

在胶体分散体系中，若投入一定量具有反离子的电解质时，两个带有相同电荷的胶粒就会因电荷中和作用使得其扩散层受到明显的压缩，降低了 ζ 电位以至于两胶粒出现相互碰撞而凝聚，图 5-19 表示了吸附架桥的絮凝形式。在稳定的胶体分散体系中，若加入合适的高分子絮凝剂，由于一个长链大分子可同时吸附两个或几个胶粒，或是一个胶粒可同时吸附两个高分子链，因而形成"架桥"的形式把胶粒聚集起来。

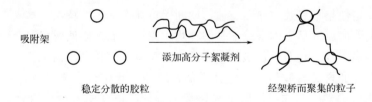

吸附架

稳定分散的胶粒　　　添加高分子絮凝剂　　　经架桥而聚集的粒子

图 5-19　絮凝作用的模型

这样的絮凝作用会使煤浆中已分散的颗粒能与周围其他颗粒及水结合成为一种较弱但又有一定强度的三维空间结构，从而起到阻滞煤浆中颗粒聚并沉降的目的。

某些凝聚剂，尽管用量很少，也很快地形成巨大的絮体，而且带有不同极性基团的凝聚剂其凝聚行为也不同，所生成絮体的强度也不一样。对于这种情况，电荷中和与吸附架桥的凝聚机理难以解释。于是有人提出了极性基团在胶体表面上进行无规则吸附的絮凝方式[53]。

5.3.2.2 羧甲基纤维素及其作用机理

羧甲基纤维素（CMC）是重要的纤维素醚之一，因其具有生物降解、无毒等性能，越来越受到国内外研究者的重视[54,55]。

羧甲基纤维素是一种水溶性纤维素醚，通常具有实用价值的是它的钠盐。通常 CMC 就是指羧甲基纤维素钠，它的基本水分子结构见图 5-20。

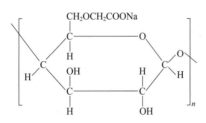

图 5-20　羧甲基纤维素钠的水分子结构

CMC 通常是由天然纤维素与苛性碱及一氯醋酸反应后制得的一种阴离子型高分子化合物，分子量为 $6400(\pm 1000)$[56]。对于有羧基亲水性基团的褐煤，CMC 的效果不是很明显，但是在疏水性较强的煤种表面的效果很明显。

5.3.3 其他辅助剂

5.3.3.1 消泡剂

消泡剂通常在两种情况下使用，一是采用非离子型分散剂时，因其同时有很好的起泡性能，水煤浆中含过多气泡，特别是微泡对煤浆的流动性影响很大。另一种情况是制浆用煤为浮选精煤，当其表面残留起泡剂较多时，经搅拌充气也会产生大量气泡。

许多阴离子型分散剂，如萘磺酸盐类，同时有很好的消泡作用。和非离子型分散剂联合使用，不仅能消泡，而且可降低价格昂贵的分散剂的用量。

消泡剂用量大约是分散剂的十分之一，两者可同时加入。制浆时常用的消泡剂有醇类及磷酸酯类。

5.3.3.2 调整剂

添加剂的作用还与溶液的酸碱度有关，制浆时以弱碱性的溶液环境较好，所以在制浆时往往要加入 pH 调整剂以调整煤浆的 pH 值。

5.3.3.3 防霉剂

添加剂都是一些有机物质，有的在长期储存中易受细菌的分散而失效，这时往往要使用防霉剂进行杀菌。不过这种情况较少见。

5.3.3.4 表面改性剂

表面改性剂是改变煤粒表面特性以增强其成浆性，特别是对难制浆煤种。通过比较加入表面改性剂前后水煤浆的黏度和接触角的变化，发现表面改性剂对难制浆煤种的成浆性作用明显，而对易制浆煤种作用不大或没有作用。

5.3.3.5 促进剂

促进剂在改善水煤浆性能方面具有降低黏度、提高稳定性、改善流变特性、增强抗剪切能力等作用。

5.4 水焦浆的特性

石油焦是重要的含碳固体燃料，是炼油工业中延迟焦化的副产物，石油焦热值高，但反应活性差，如果采用固定床、流化床或干法进料的气流床，为了降低气化炉出口的残碳量，均需要加大量蒸汽，从能耗的角度而言，并不合适，因此，将石油焦制成浆料，采用水煤浆原料的气流床气化技术，有其明显的优势。本节将对石油焦的成浆特性加以介绍和讨论。

5.4.1 石油焦的成浆浓度[57]

石油焦的成浆浓度曲线见图 5-21。从图中可以看出，石油焦 1 和石油焦 2 的成浆浓度相近，均在 69% 左右，其中石油焦 1 与分散剂 D1、D4，石油焦 2 与分散剂 D4 的成黏浓度稍高，可以达到 70%。石油焦 3 的成浆浓度相对较低，与 4 种分散剂的成浆浓度都只有 67%~68%。

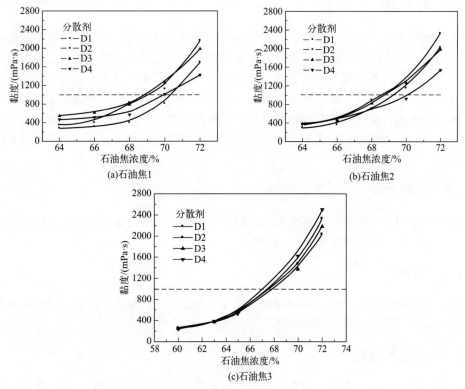

图 5-21 石油焦的成浆浓度曲线

分析上述成浆浓度曲线，可以看出：物料本身的性质对其成浆浓度起主导作用，石油焦的成浆浓度远高于褐煤的成浆浓度；水煤/焦浆的黏度都随着固体颗粒浓度的增大而增大，而且固体浓度越高增长速率越快；分散剂对成浆浓度的影响较小。

5.4.2 影响石油焦成浆特性的因素

（1）表面官能团影响 研究表明，不同工厂得到的石油焦含有的基团非常接近，羟基、醚氧键等亲水基团的吸收峰相对较弱，芳环内—C—H键和—C≡C—键等疏水基团的吸收峰相对较强[58]。因此，石油焦颗粒表面一定具有很强的疏水性，因此，3种石油焦都具有很高的成浆浓度。

（2）分散剂用量影响 作者及合作者考察了分散剂用量与水焦浆黏度之间的变化规律[58]，结果如图5-22所示。水焦浆采用干磨制浆的方法制备，石油焦浓度为64%。从图中可以看出，水焦浆黏度随着分散剂浓度的增大先下降后上升；当分散剂D1、D2用量为1.0%，分散剂D4用量为1.5%时，制得浆体的黏度最小；而且，分散剂D4用量对黏度的影响小于另外两种分散剂。

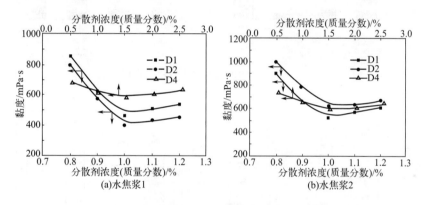

图5-22 分散剂用量对水焦浆黏度的影响

分散剂用量应该适当，并非越多越好。当分散剂用量过多时，反而容易使浆体的黏度增大。原因在三个方面：其一，分散剂大多是高聚物，用量过多时必然导致分散介质的黏度增高；其二，分散剂用量过多时易产生多层吸附，导致空间位阻增大，堆积效率减小，黏度增大；其三，分散剂溶于水时产生的水化作用会使相当数量的水分子固定在分散剂的溶剂化层之内，所以分散剂用量越大，能作为分散介质的自由水越少，黏度增大。综上所述，无论从经济因素还是浆体的性质看，分散剂的用量过多都是不利的。

（3）粒度影响 研究表明[58]，通过将具有不同粒级的浆体混配，可以大大降低浆体的黏度，提高浆体的稳定性，而且在合适的混配比例下黏度存在最小值。这是由于混配得到的浆体具有了很高的颗粒堆积效率。

由此推断，水焦浆制备过程可以采用一种先磨后配的制浆工艺，即用两台磨机同时进行磨粉制浆，调整两台磨机的工艺条件，使两台磨机出口的水焦浆具有不同的粒度分布，然后将两股水煤浆以一定比例混配，从而制得具有更高固体浓度的浆体。

5.4.3 水焦浆的稳定性

未加稳定剂时水焦浆的稳定性如图 5-23（a）、（b）中黑色条形所示，出现硬沉淀的时间均不到 24h。加入 0.5％的污泥作为稳定剂后，浆体的稳定性如图 5-23（a）、（b）中灰色条形所示，出现硬沉淀的时间提高为原来的 4.5～12 倍，尤其是石油焦 1 与分散剂 D1、D2，石油焦 2 与分散剂 D2、D4，稳定性均大幅提高。稳定性提高主要是由于聚丙烯酰胺的絮凝作用：聚丙烯酰胺的分子链很长，能在多个粒子之间产生架桥而形成复杂的空间网络结构，提高浆体的静态稳定性。

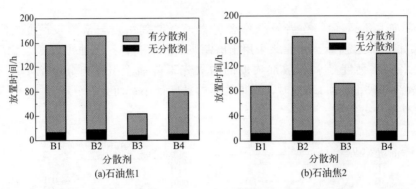

图 5-23　稳定剂的加入对水焦浆稳定性的影响

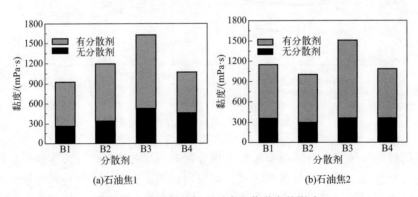

图 5-24　稳定剂的加入对水焦浆黏度的影响

但是，稳定剂的加入也带了一些副作用。图 5-24 如（a）、（b）所示，加入稳定剂后浆体的黏度升高为原来的 1.3～3.0 倍。其中，石油焦 1 和石油焦 2 与 D4 制得的水焦浆黏度升高较少，分别为原来的 1.3 和 1.9 倍。黏度上升主要有两方面原因：一方面是聚丙烯酰胺溶液本身就具有一定的黏度，它的加入当然会提高水相的黏度；另一方面，阳离子型的聚丙烯酰胺会与 4 种阴离子型分散剂发生化学反应，破坏双电子层结构，静电作用减弱，黏度上升。

综合上述两种因素，加入稳定剂后，分散剂 D3 制得的水焦浆黏度上升较大，稳定性提高较小，表明与稳定剂的协同作用不佳；另外 3 种分散剂制得的水焦浆黏度都在 1000mPa·s 左右，出现硬沉淀的时间超过 72h，采用分散剂 D2 时出现硬沉淀的时间甚至超过 160h。

图 5-25 和图 5-26 分别为稳定剂用量对水焦浆稳定性和黏度的影响。从图中可以看出，

稳定剂用量的增大对水焦浆稳定性的提高具有显著作用，稳定剂的用量与水焦浆稳定性的对数约成线性关系。同时，稳定剂用量的增大也导致黏度的上升，水焦浆的黏度与稳定剂用量成线性关系。

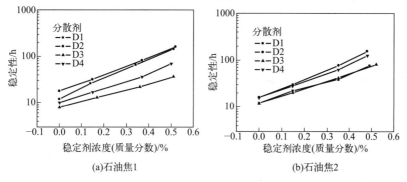

图 5-25　稳定剂用量对水焦浆稳定性的影响

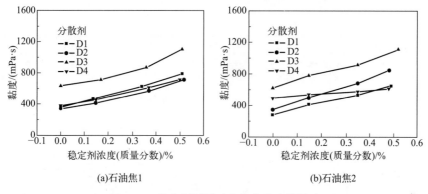

图 5-26　稳定剂用量对水焦浆黏度的影响

5.5　高浓度有机废液制水煤浆

利用废水制浆，再经高温气化，使利用煤气化技术协同处置高浓度有机废液，将废水中的含碳氢有机质转化为 $CO+H_2$ 的有效途径，具有清洁、成本低、资源化的显著优势，能够变废为宝，国内在这方面作了大量探索。

5.5.1　废水对水煤浆成浆性的影响

刘建中等研究了不同废水对制浆过程的影响，分别用水煤浆制合成氨厂的工艺废水（洗气水、氨化水、硫黄水等）、农药厂废水、氨厂周边化工厂废水，以及这些废水按一定比例掺混的废水制备水煤浆，考察了不同废液对煤浆黏度的影响[59-62]（见图 5-27）。同时又采用 Lurgi 固定床煤气化工艺产生的废水和焦化废水制浆制备水煤浆，考察它们对煤浆黏度的影响[63,64]（见图 5-25）。制浆采用的煤种为神府煤，表 5-2 为废水的主要成分。

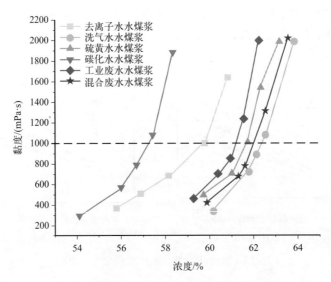

图 5-27 煤化工不同废水制备水煤浆成浆特性

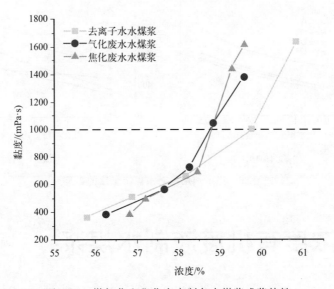

图 5-28 煤气化和焦化废水制备水煤浆成浆特性

表 5-2 废水主要成分

样品	pH	氨氮 /(mg/L)	COD /(mg/L)	BOD5 /(mg/L)	钠 /(mg/L)	硫酸盐 /(mg/L)	总氮 /(mg/L)
洗气水	8.30	285	2.12×10^3	777	7.66×10^3	288	329
碳化水	8.47	2.91×10^4	496	174	35.9	4.48	3.78×10^4
硫黄水	9.60	187	5.36×10^4	1.8×10^4	1.83×10^5	5.66×10^3	284
工业废水	8.84	8.88×10^3	2.87×10^5	3.1×10^4	4.87×10^3	351	1.05×10^4
混合废水	8.62	4.87×10^3	6.92×10^4	1.02×10^4	4.14×10^4	1.35×10^3	6.1×10^3
气化废水	8.98	5.26×10^3	1.44×10^4	5.1×10^3	10.7	2.51×10^3	7.83×10^3
焦化废水	9.37	212	1.11×10^4	2.48×10^3	9.10×10^3	<2.00	628

由图 5-27 可见，成浆浓度由高到低分别为：洗气水＞混合废水＞硫磺水＞工业废水＞去离子水＞碳化水。碳化水对水煤浆的成浆性影响最大，成浆浓度最低，洗气水、硫黄水及工业废水等对成浆性均有促进作用且以洗气水促进效果最好。图 5-28 的结果表明，固定床气化炉和煤焦化工艺产生的废水均不利于成浆，使成浆浓度约下降 1 个百分点。造成这种差异的主要原因是各种废水中所含的成分差异较大，其中特别是氨氮和 COD 组分差异。

废水中氨氮和 COD 对水煤浆成浆性能的影响，由于废水组分复杂而呈现较大差异。研究表明 COD 中的乙醇成分在一定程度上是不利于成浆的，这可能与乙醇加入后吸附在煤表面，改善了煤粒的亲水性有关；废水中的氨基甲酸乙酯有利于成浆，且氨基甲酸乙酯的浓度越大，水煤浆的成浆浓度越高；而较低浓度的苯酚类物质对成浆浓度影响较小，较高浓度的苯酚类物质可对成浆性产生较大影响，酚类物质可增强煤粒表面的润湿性[65-67]。氨氮中不同含 NH_4^+ 物质对成浆的影响也有差异，随着呈中性或酸性的铵盐浓度的提高，水煤浆的黏度变大，成浆浓度下降；呈碱性的铵盐含量的增大对水煤浆的黏度有先降低后升高的趋势[65-67]。因此，煤化工废水对水煤浆成浆性能的影响不能一概而论，应通过成浆性实验确定废水对制备水煤浆的影响。

5.5.2 煤种对废水制备水煤浆的影响

废水制备的煤浆性质不仅与废水的种类及成分有关，也与煤种有一定的关系，表 5-3 列出了废水制浆所用煤种的煤质数据。图 5-29 为采用洗气水与几种不同煤阶的煤种制备水煤浆的浓度/黏度特性变化情况，由图可见，不同煤种的成浆浓度由低到高依次为内蒙古褐煤、神华煤、神华混煤 2 号、神华混煤 1 号、义马烟煤、大同烟煤、保德烟煤、无烟煤。内蒙古褐煤成浆浓度最低，神华煤和神华混煤成浆浓度接近，义马烟煤和大同烟煤成浆浓度接近，保德烟煤和无烟煤成浆浓度最高。即随着煤阶的提高，成浆浓度增大，这与普通水煤浆的成浆规律是一致的，也就是说，影响废水水煤浆性质的主要还是煤质本身。各煤种煤与废水所制煤浆黏度均随水煤浆浓度的提高而上升，这是由于当水煤浆的浓度提高后，浆体中起流动介质作用的水即自由水含量就会减少，使水煤浆的表观黏度增高。

表 5-3 煤质特性

样品	工业分析/%				$Q_{b,ad}$ / (MJ/kg)	元素分析/%				
	M_{ad}	A_{ad}	V_{ad}	FC_{ad}		C_{ad}	H_{ad}	N_{ad}	$S_{t,ad}$	O_{ad}
内蒙古褐煤	13.78	24.80	27.79	33.63	17.66	42.26	2.61	0.43	1.23	14.89
神华煤	11.04	5.09	29.67	54.20	26.21	68.82	3.86	0.79	0.44	9.96
神华混煤 2	8.74	7.57	29.94	53.75	26.80	67.20	3.74	0.80	0.47	11.48
神华混煤 1	8.26	13.47	26.95	51.32	25.08	64.79	3.77	1.47	0.40	7.84
义马烟煤	6.98	13.00	30.35	49.67	25.15	63.75	3.60	0.52	0.86	11.29
大同烟煤	4.37	41.59	25.0	29.04	15.56	40.37	2.53	0.65	2.11	8.38
保德烟煤	3.97	13.62	27.75	54.66	27.71	66.26	6.29	3.61	1.47	10.54
无烟煤	3.80	19.07	9.13	68.0	26.96	71.13	2.71	1.07	0.46	1.76

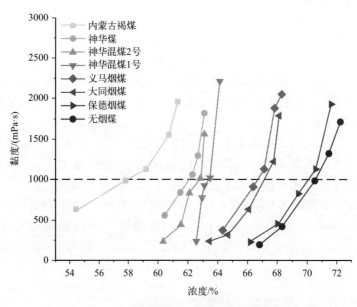

图 5-29　不同煤种制备的废水煤浆的成浆特性

5.5.3　分散剂对废水制备水煤浆的影响

废水制备水煤浆选用的分散剂的难点在于，高浓度有机废水组分十分复杂，有可能造成传统的分散剂中毒失效。由于分散剂的种类繁多，且不同的分散剂在制备水煤浆的过程中，相互之间可能会因为自身结构的不同导致分散剂的分散效果也会产生差异。因此，对有机废水制备水煤浆需要进行分散剂匹配性研究。有关分散剂的介绍见本章 5.3 节。

分别采用阴离子型分散剂［包括甲基萘磺酸盐甲醛缩合物（MF）、亚甲基双萘磺酸钠（NNO）、萘系分散剂（FDN）、木质素磺酸钠（LS）、腐殖酸钠（HS）］、非离子型分散剂［聚乙二醇-聚丙二醇-聚乙二醇三嵌段共聚物（PEG-PPG-PEG）］及阳离子型分散剂［十六烷基三甲基溴化铵（CTAB）］作为添加剂，考察了神府煤和洗气水制成的煤浆的性质（见图 5-30），分散剂添加量为干煤的 0.6%[68,69]。

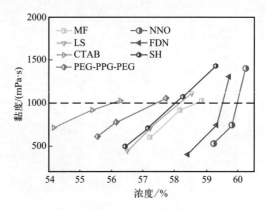

图 5-30　不同分散剂下废水煤浆的成浆特性

由图 5-30 可见，同样黏度下阴离子型分散剂制得的浆体浓度要比非离子型分散剂和阳离子型分散剂高，这表明阴离子型分散剂所起到的分散效果比非离子型和阳离子型分散剂的分散效果比较好。在阴离子型分散剂中，分散效果较好的是 MF、FDN、LS 和 NNO，列于表 5-4。

表 5-4　各废水水煤浆在不同分散剂下的成浆浓度

分散剂	成浆浓度/%				
	水	洗气水	碳化水	硫黄水	工业废水
MF	58.68	61.15	57.16	61.73	60.76
NNO	59.97	61.06	56.60	62.33	60.92
FDN	59.49	61.39	57.33	62.44	61.07
LS	58.17	60.89	56.51	61.52	60.48

5.5.4　复配分散剂对废水制备水煤浆的影响

使用单一的分散剂难以保持煤浆性态均匀，当两种或几种分散剂复配使用时，不论是一种分散剂的分子置换另一种分散剂的分子，还是一种分散剂的分子浸入另一种分散剂分子的空隙中，它们都对分散剂的吸附产生影响，从而影响煤粒在浆体中的性质。这些物理的和化学的不均匀性，构成了分散剂复配选用的重要基础。复配的分散剂不仅具有了一般分散剂的特性，即提高煤表面的亲水性，增强颗粒间的静电斥力，产生较强的空间位阻效应，从而有利于改善水煤浆的流动性和稳定性；它还具有特有的协同增效特性，从而起到了取长补短和协同增效的作用。

但是并非任一分散剂复配后均可产生明显的加乘效果，有的可能会变差，这与煤颗粒表面性质及废水成分的差异有关，如颗粒表面疏水基团和亲水基团的性质及其分布、煤的微孔结构、废水的复杂组分等。疏水基团的差异导致它与分散剂的吸附能力就会不同，适用的分散剂也应不同，分散剂与疏水基团的吸附力太弱，就起不到分散剂的作用。

为了进一步探索分散剂对废水煤浆的成浆性影响，对三组阴阳离子分散剂复配进行实验：十二烷基硫酸钠-十二烷基三甲基氯化铵，脂肪醇聚氧乙烯醚硫酸钠-十二烷基三甲基溴化铵，木质素磺酸钠-十二烷基三甲基溴化铵。结果发现阴阳离子复配在废水水煤浆中的成浆作用并不理想，复配之后的成浆浓度甚至比单独的阴离子添加剂要低。再对四组阴阴离子分散剂复配进行实验，结果列于表 5-5，四组复配分散剂成浆浓度基本上在 62% 以上，都大于表 5-4 中的单种分散剂效果，且 NNO+MF 复配效果最好，其原因可能是分散剂 NNO 与MF 的分子结构式都属于多核芳烃，为缩聚单体的磺酸盐类，由废水成分得知，洗气水等废水中均含有一定量的小分子苯环类有机物，说明以多核芳烃为缩聚单体的磺酸盐类分散剂中苯环的引入有利于提高废水水煤浆的成浆性。

表 5-5　阴阴离子复配分散剂下的成浆浓度

项目	NNO+MF	NNO+LS	MF+LS	NNO+FDN
成浆浓度/%	62.38	61.98	62.25	62.22

5.6 水煤浆制备工艺

5.6.1 制浆工艺的分类及基本过程

5.6.1.1 制浆工艺的分类

水煤浆的制浆工艺主要包括干法、湿法、干-湿法联合制浆，中浓度磨煤制浆、高-中浓度磨煤制浆以及结合选煤的制浆工艺等。制浆工艺的选择取决于原料煤的性质与用户对水煤浆质量的要求。

5.6.1.2 制浆工艺基本过程

完整的水煤浆制备工艺通常包括选煤（脱灰、脱硫）、破碎、磨煤、加入添加剂、捏混、搅拌与剪切，以及为剔除最终产品中的超粒与杂物的滤浆等环节。但对于气化用的水煤浆，因为是炉前制浆，通常在水煤浆气化工厂不设选煤（脱灰、脱硫）工段。

（1）选煤 当原料煤的质量满足不了用户对水煤浆灰分、硫分与热值的要求时，制浆工艺中应设有选煤环节。除制备超低灰（灰分小于1%）精细水煤浆外，制浆用煤的洗选均采用常规的选煤方法。大多数情况下选煤应设在磨煤前，只有当煤中矿物杂质嵌布很细，需经磨细方可解离杂质选出合格制浆用煤时，才考虑采用磨煤后再选煤的工艺。

（2）破碎与磨煤 在制浆工艺中，破碎与磨煤是为了将煤炭磨碎至水煤浆产品所要求的细度，并使粒度分布具有较高的堆积效率。它是制浆厂中能耗最高的环节。为了减少磨煤功耗，除特殊情况外（如利用粉煤或煤泥制浆），磨煤前必须先经破碎。磨煤可用干法，亦可用湿法。磨煤回路可以是一段磨煤，也可以是由多台磨机构成的多段磨煤。原则上各种类型的磨机（例如雷蒙磨、中速磨、风扇磨、球磨、棒磨、振动磨与搅拌磨）都可用于制浆，应视具体情况通过技术经济比较后确定。

（3）捏混与搅拌 捏混只是在干磨与中浓度湿磨工艺中才采用。它的作用是：使干磨所产生的煤粉或中浓度湿磨产品经过滤机脱水所得滤饼能与水和分散剂均匀混合，并初步形成有一定流动性的浆体，以便于在下一步搅拌工序中进一步混匀。这种物料如不先经捏混，直接进入搅拌机就无法把浆体混匀。

搅拌在制浆厂中有多种用途。它不仅仅是为了使煤浆混匀，还具有在搅拌过程中使煤浆经受强力剪切、加强药剂与煤粒表面间作用、改善浆体流变性能的功能。在制浆工艺的不同环节，搅拌所起的作用也不完全相同。所以，虽然同样都称之为搅拌，但不同环节上所使用的搅拌设备应选择不同的结构和运行参数。

（4）滤浆 制浆过程中必然会产生一部分粗颗粒和混入某些杂物，它将给储运、燃烧或气化带来困难，所以产品在装入储罐或进入煤浆泵前应有杂物剔除环节，一般用可连续工作的筛网（条）滤浆器。水煤浆气化工艺中常用振动筛和滚动筛对煤浆进行过滤。

为了保证产品质量稳定，制浆过程中还应有煤量、水量、各种添加剂量、煤浆流量、料位与液位的在线检测装置以及煤量、水量与添加剂加入量的定量加入与闭路控制系统。

5.6.2 典型制浆工艺

5.6.2.1 干法制浆工艺

典型的干法制浆工艺流程如图 5-31 所示。原煤经破碎、干磨达到所要求的产品细度与粒度分布后，加入水和分散剂进行捏混，并进一步在搅拌机中调浆。如果需要进一步提高水煤浆的稳定性，还需要加入适量的稳定剂，再经搅拌混匀、剪切，使浆体进一步熟化。进入储罐前还必须经过滤浆，去除杂质，得到产品。

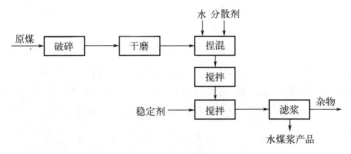

图 5-31　干法制浆工艺

干法制浆工艺的主要缺点如下。

① 常规干法磨煤，如果在磨机前或磨机中没有热力干燥措施，则要求入料的水分不大于 5%，否则磨机不能正常工作。发电厂因有热风干燥，所以干法磨煤粉没有困难，但这点在制浆工厂事实上很难满足。特别是当原煤需要洗选后制浆时，由于煤炭的洗选差不多都用湿法，采用湿法磨煤更为方便。

② 干法磨煤的能耗比湿法的高。据美国 KVS（Kennedy Van-Saun）公司的资料报道，在产品细度相同的条件下，干法球磨机的能耗大约比湿法球磨机高 30%，而且干法磨煤的安全与环境条件不及湿法磨煤。

③ 在一般情况下，干法磨煤制浆的效果不及湿法，这是因为根据几种干法磨煤粉的粒度分布资料，其堆积效率远不及湿磨产品高，而且干法磨煤时新生表面积很快被氧化，从而降低了它的成浆性。

5.6.2.2 湿法制浆工艺

典型的湿法制浆工艺流程如图 5-32 所示。它的特点是煤炭、分散剂和水一起加入磨机。磨煤的直接产品就是水煤浆，也称高浓度水煤浆。如果需要进一步提高水煤浆的稳定性，需要加入适量的稳定剂。加入稳定剂后还需要经搅拌混匀、剪切，使浆体进一步熟化。进入储罐前还必须经过滤浆，去除杂物。

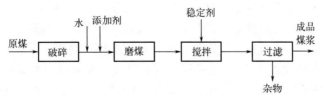

图 5-32　典型湿法制浆工艺

国外采用这种制浆工艺的公司很多，英国的大西洋（ARC）公司、KVS公司，日本的日立公司与COM公司都采用该工艺。我国自己建设的制浆厂也都采用这种工艺。其优点在于：工艺流程简单，在高浓度下磨介表面可黏附较多的煤浆，有利于研磨作用产生较多的细粒，改善粒度分布，添加剂直接加入磨机可在磨煤过程中很好地及时与煤粒新生表面接触，从而提高制浆效果，可省去捏混与强力搅拌工序。其缺点是只有一台磨机，对水煤浆产品粒度分布的调整有局限性。但是只要在良好的工况下运行，该工艺的煤浆粒度分布可以获得72%左右的堆积效率，已能满足大多数煤炭制浆的需要，所以是用途最广的一种制浆工艺。

5.6.2.3 高-中浓度磨煤级配制浆工艺

根据高-中浓度磨煤形式以及磨煤磨机的不同，文献报道的高-中浓度磨煤级配制浆工艺有三种。

采用的高-中浓度磨煤级配制浆工艺的基本流程如图5-33所示。它的特点是将原来的二段中浓度磨煤级配工艺中的细粒产品改为高浓度磨煤。与此同时，高浓度磨煤磨机的给料不是从中浓度磨煤产品中分流而来，而是直接来自破碎产品，这就使粗磨与细磨两个系统独立工作，避免了相互干扰。中浓度粗磨产品经过滤脱水后与高浓度产品一起捏混调浆。

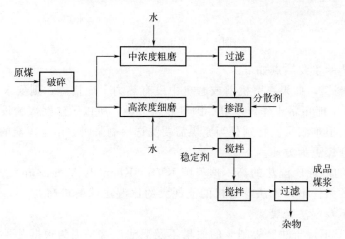

图 5-33　高-中浓度磨煤级配制浆工艺之一

实践证明，这种制浆工艺所制备的水煤浆产品的粒度分布达到了比较高的堆积效率（约74%），有利于制造出质量较好的水煤浆。但它还是没有摆脱中浓度磨煤后产品要进一步过滤脱水的环节。

图5-34是另一种高-中浓度磨煤级配制浆工艺。它与前一种工艺相反，粗磨是高浓度磨煤，细磨则是中浓度磨煤。此外，细磨的原料是由粗磨产品中分流而来，粗磨产品即是最终的水煤浆产品，这样就可以除去后续的过滤、脱水及捏混环节，简化了生产工艺。细磨原料不直接来自破碎后的产品而改用粗磨产品，可大大减小细磨中的破碎比，有利于提高细磨的效率。细磨产品返回入粗磨磨机中的目的并不是指望能对它作进一步磨碎，而是可以改善高浓度磨煤的粗磨机中煤浆的粒度分布，从而降低煤浆的黏度，提高磨煤效率。

根据工艺的要求，粗磨最好是选用棒磨机，细磨选用球磨机。

图5-35是俄罗斯建设的Belovo至新西伯利亚管道输浆系统中制浆厂采用的工艺。该厂共有七条生产线，每条生产线的制浆能力为每年50万吨。粗磨采用4.5m×5.5m、1100kW（或3.5m×8.5m、1500kW）的棒磨机。细磨采用4.0m×13.5m、3500kW（或4.5m×

16.5m、4000kW）的球磨机。在这种制浆工艺中，中浓度细磨的原料直接来自破碎后产品，这可能与该厂磨机的给料很细（3～0mm）有关。所以它的性能基本上与前一种工艺相同。

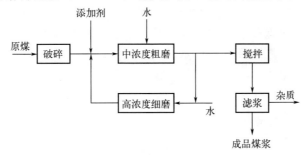

图 5-34　高-中浓度磨煤级配制浆工艺之二

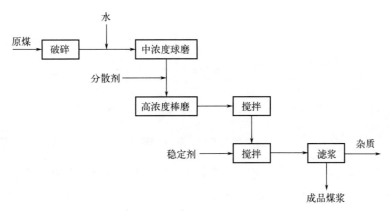

图 5-35　高-中浓度磨煤级配制浆工艺之三

5.6.2.4　结合选煤的制浆工艺

结合选煤厂建制浆厂是我国在发展水煤浆工业中总结的一项宝贵经验，至今在其他国家中尚未见采用，独具特点。选煤厂是煤炭加工的基地，它可以根据不同用户的需要将煤炭加工成多种质量（热值、灰分、水分、硫分、粒度等）不同的产品，不但便于用户使用，而且可综合有效地充分利用煤炭资源。水煤浆是煤炭加工中的一个新产品，它不但对制浆原料的质量有一定的要求，而且要求供应的原料质量稳定，否则就很难保证生产出质量稳定的水煤浆。这一点无论对制浆厂本身或燃烧水煤浆的用户都是十分重要的。

结合选煤建制浆厂，制浆原料的质量就有了比较可靠的保证，选煤厂还可以根据本身煤炭资源的特点，合理规划产品结构，从中确定为制浆提供原料的最佳方案。此外，结合选煤厂建制浆厂还可以与选煤厂共用受煤、储煤、铁路专用线及水、电等许多公用设施，从而减少基建投资。

为了合理利用煤炭资源，减少制浆中磨煤的能耗，结合选煤建制浆厂时应尽可能利用其中的细粒煤炭。如果用粒度小于13mm 或 6mm 的末煤（包括原煤与精煤）制浆，它的制浆工艺与独立的制浆厂并没有两样。最有前景的是利用选煤厂或矿区粒度为 0.5～1mm 的浮选精煤或煤泥制浆，因为这部分煤泥粒度细、水分高（接近高浓度水煤浆中的含水量），不管是作为单独的产品或掺入其他产品，装、储、运都有困难，而且不受用户欢迎，有不少选煤厂往往因为这些煤泥甚至是小粒度浮选精煤无法处理而制约了生产，但是如果用它来制浆，则因其粒度细、水分适中而恰到好处。

这种含水量在 30% 左右的煤泥，既不可能干燥后再用干法去制浆，也不应该稀释至中浓度去制浆，只能采用高浓度（湿磨）制浆工艺。是否还要经过磨煤，则应视煤泥的细度与粒度分布而定。在大多数情况下，这种煤泥（包括浮选精煤）的粒度上限都超过常规水煤浆要求的 300μm，而且很难保证它的粒度分布都会达到较高的堆积效率，所以对这种煤泥或浮选精煤，合理的制浆工艺为图 5-36 所示。

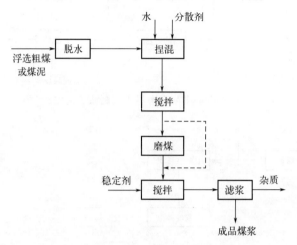

图 5-36　煤泥或浮选精煤的制浆工艺

利用矿区煤泥制备供本矿就地使用的煤浆时，由于对煤浆质量没有严格的要求，只要能满足当地燃烧的需要，为降低成本往往不使用磨煤环节，甚至不用添加剂。该项技术已在若干矿区应用，并取得良好的效果。它既可提高煤炭资源的利用率，增加煤炭企业的经济效益，又可改善矿区环境，减少煤泥的污染。据初步统计，我国现有这类煤泥 1000 万吨以上，推广应用将会得到较好的社会经济效益。

5.6.2.5　气化用水煤浆的制备工艺与流程

气化用水煤浆属于炉前制浆，对煤浆的稳定性要求要低于用于长距离输送的水煤浆，但基本原理是一样的。气化用煤浆的制备通常选用湿磨工艺，其工艺流程如图 5-37 所示。

其核心是磨机和高压煤浆泵。磨煤的粒度分布如表 5-6 所示。

5.6.3　制浆主要设备

水煤浆制备工艺通常包括选煤（脱灰、脱硫）、破碎、磨煤、加入添加剂、捏混、搅拌与剪切，以及为剔除最终产品中的超粒与杂物的滤浆等环节。各个环节的主要设备包括破碎装置、磨煤装置（磨机）、搅拌装置、滤浆装置以及水煤浆的泵送装置。

5.6.3.1　煤的破碎装置

在制浆工艺中，破碎与磨煤是为将煤炭磨碎至水煤浆产品所要求的细度，并使粒度分布具有较高的堆积效率，它们是制浆厂中能耗最高的环节。为了减少磨煤功耗，除特殊情况外（如利用粉煤或煤泥制浆），磨煤前必须先经破碎。原煤的破碎过程是用机械力克服或破坏原煤内部结合力，使其进行分裂的过程。碎煤机是提供外部机械力的装置，在破碎过程中，煤粒会受到冲击、摩擦、剪切和挤压，从而使煤粒产生变形，当这一变形所吸收的能量足以克服煤粒原子间的结合力时便产生原子间的位移，在微观上称为晶格位移，在宏观上就表现为裂碎，达到破碎煤粒的目的[70]。

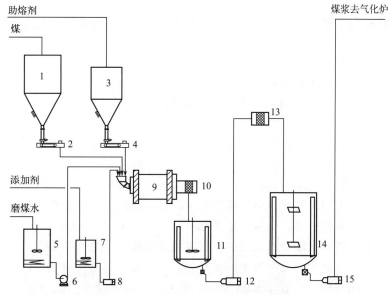

图 5-37　气化用水煤浆制备与输送流程

1—煤仓；2—煤称重进料机；3—助熔剂仓；4—助熔剂称重进料机；5—磨煤水槽；
6—磨煤水泵；7—添加剂槽；8—添加剂泵；9—磨煤机；10——级滚筒筛；
11—磨煤机出口槽；12—磨煤机出口槽泵（低压煤浆泵）；13—二级滚筒筛；
14—煤浆槽；15—煤浆给料泵（高压煤浆泵）

表 5-6　煤浆粒度分布

目数	质量通过率/%	目数	质量通过率/%
8	100	200	60～70
14	98～100	325	23～35
40	90～95		

根据不同的破碎方式，制浆所用的破碎机可为挤压式、冲击式、剪切式、研磨式以及组合式。在不同破碎方式的前提下，工程上研制了多种不同形式的破碎机，用以满足实际生产的需要。

颚式破碎机侧重于挤压的方式，通过偏心轴的旋转，使动颚周期地靠近、离开定颚，从而对物料有挤压、搓、碾等多重破碎，使物料由大变小，逐渐下落，直至从排料口排出，主要用于中等粒度的破碎。冲击式、反击式和锤击式碎煤机侧重于冲击方式，前两者采用高速回旋转盘，将物料从中间向四周甩出，利用物料自身离心力冲击四壁的物料槽或反击板，从而实施煤打煤或煤打铁的破碎，可用于一段式破碎；后者则利用高速转动的锤体与物料碰撞破碎物料。辊式碎煤机混合了挤压和研磨的方式，煤通过旋转的辊子与辊子或辊子与颚板之间的间隙进行破碎，常用于中碎和细碎，又可分为单辊、双辊和四辊。对于一般的水煤浆用煤而言，以上几种破碎装置都能有效地获得所需的制浆用煤，而在实际使用中，还应结合考虑装置成本、能耗等因素进行合理的选用。

5.6.3.2　磨机

在水煤浆制备过程中，磨煤是一个关键环节。水煤浆磨煤与其他工艺过程磨煤不同的地方主要是它不但要求产品要达到一定的细度，更重要的是要求产品有良好的粒度分布。良好的粒度分布不仅有利于制得高浓度浆体，也有利于控制浆体的黏度，以便稳定输送，并保持均匀的流速。

制浆工艺的磨煤可选用干法，也可用湿法。磨煤回路可以是一段磨煤，也可以是由多台磨机构成的多段磨煤。原则上各种类型的磨机，例如雷蒙磨、中速磨、风扇磨、球磨、棒磨等都可用于制浆。其中工程上通常使用的为球磨机、棒磨机，两者又可以分为振动式和搅拌式。

(1) 球磨机的工作状态　破碎介质在高速运动时，任何一层介质的运动轨迹都可以分为上升和下落，上升时，介质从落回点到脱离点是绕圆形轨迹运动，但从脱离点到落回点则按抛物线轨迹下落，以后又沿圆形轨迹运动，反复循环。在抛落式工作状态下，物料主要靠介质群落下时产生的冲击力而粉碎。由于球磨机主要靠钢球的冲击力和小部分研磨，因此，颗粒粒度分布较宽，大颗粒较多，负荷不易提高[71]。

制浆专用球磨机的生产能力因入磨的原料煤粒度组成、煤的可磨性指数、需要得到的产品细度、磨煤浓度及煤浆的流变性等不同而有相当大的差别。由江阴亚特机械制造有限公司制造的水煤浆专用球磨机，现有 $1.83m \times 8m$、$2.4m \times 8m$（或 $8.5m$、$9m$）及 $3.0m \times 11m$（或 $12m$、$13m$）等规格，已分别为枣庄八一水煤浆厂、大同汇海水煤浆厂、邢台东庞水煤浆厂、白杨河电厂、胜利油田、茂名热电厂等水煤浆厂所采用[72]，也在国内很多水煤浆气化工厂广泛应用。

(2) 棒磨机的工作状态　磨机在低速运转时，全部介质顺筒体旋转方向转一定的角度，自然形成的各层介质基本上按同心圆分布，并沿同心圆的轨迹升高，当介质超过自然休止角后，则像雪崩似的泻落下来，这样不断地反复循环。在泻落式工作状态下，物料主要因破碎介质相互滑动时产生压碎和研磨作用而粉碎。因棒磨机用棒的全长来压碎煤，因此在大块煤没有破碎前，细粒煤很少受到棒的冲压，这样减少了煤的过粉碎，煤的粒度分布较集中，大颗粒较少，负荷容易提高。

可见，虽然球磨机曾经被广泛地采用，但是棒磨机对于制浆工艺而言将更有发展价值。文献[73]对渭化棒磨制浆和上海焦化球磨制浆运行情况对比，得到的结论是用于制浆时，棒磨工艺更具优点：

① 棒磨选择性破磨的特点对入料粒度要求不严；

② 排料粒度均匀、稳定，随产量变化小；

③ 正常情况下，不会出现过磨；

④ 产量可大范围调节，使用证明，在不改变任何参数的条件下，可以在额定产量的 $80\% \sim 120\%$ 下运用，仍能满足产品粒度要求；

⑤ 节能，磨机安装功率小，运行费用低；

⑥ 运行噪声低，有利于改善工作环境。

棒磨工艺也有不足之处，一是成浆浓度低，一般要比同类的球磨工艺低 $1 \sim 2$ 个百分点，二是更换介质棒比更换球复杂、困难。

5.6.3.3 煤浆搅拌装置

搅拌是水煤浆制备过程中不可缺少的工艺环节，它用于使浆体分散、混合（混匀、调和）、悬浮（防止沉淀分层）、剪切，或者使添加剂与颗粒充分接触，以加速水煤浆的熟化。由于它在水煤浆制备过程不同环节中的操作目的不同，对搅拌过程的要求也不相同，因此水煤浆制备中各处所用的搅拌装置也不可能是一种通用结构的产品。

按照搅拌方式的不同，搅拌可分为射流搅拌、气流搅拌以及机械搅拌。机械搅拌方式在制浆工艺中使用最为广泛。

机械搅拌机构的叶轮类型也很多，最为常用的有五种：叶浆式、涡轮式、螺旋桨式或推进式、锚式和螺带式。各类机械搅拌机构的结构与主要尺寸均可见有关参考书[74,75]。

另一方面，无论是水煤浆制备厂还是水煤浆用户，都需要设置水煤浆储罐，用于储备一定量的水煤浆[76]。尽管在水煤浆中含有稳定剂，储存时间一长，储罐中的水煤浆上下浓度就会不一致，将会导致发生软沉淀。因此，根据煤浆的这一特征，所有水煤浆储罐都应装设搅拌装置。

射流搅拌与气流搅拌曾经被广泛用于水煤浆储罐中，这两种方式的结构简单，并且有很强的适应性，但是这两种方式的效率不高，能耗很大。而且高浓度水煤浆黏度高，具有屈服应力，这两种搅拌方式的作用范围很局限。目前大型水煤浆储罐均采用机械搅拌器，其搅拌器有立式、侧式两种[77]。

立式搅拌器的搅拌轴与储罐中心线重合的称为中心搅拌，多用于中小型储罐；大型储罐直径大，中心布置一个搅拌器时，由于叶片长度不宜过大，搅拌中存在死区，往往要多加装几个立式搅拌器。

如果储罐过高，还要将搅拌器分层布置，以保证搅拌效果。侧向搅拌是将搅拌器装于储罐下部罐壁上，搅拌轴成水平或倾斜安装，推动罐下部浓度较高浆体与上部浆体掺混，达到罐内浆体均化的目的。侧向搅拌器多用于较大储罐，由于多靠近储罐底部安装，当罐体高度过大时，搅拌效果不甚理想[78]。

国外有瑞典设计的 5000t 储罐，为平底平顶储罐，设有立式搅拌器，安装在罐顶中心，其叶轮直径为 3m，传动功率为 55kW；俄罗斯设计的 20000t 储罐，为平底拱顶罐，靠罐底部装有 4 台侧式搅拌器，每台功率为 17kW。我国最初引进国外技术，在经过一段时间的研究和消化吸收后，也制造了自己的煤浆搅拌装置。其中，有江苏张家港市伟业机械制造有限公司的大型立式中心搅拌机，北京煤炭设计研究院（集团）、上海交通大学等研制的MJJ18.5 型侧式搅拌器，先后被国内工厂采用，效果良好。

5.6.3.4 水煤浆滤浆装置

制浆过程中必然会产生一部分超粒，也会混入某些杂物，它将给储藏、运输、燃烧和气化带来一定的困难（如杂物堵塞泵、管道或喷嘴），所以产品在装入储罐或进入锅炉和气化炉反应前应有滤浆过程，以去除煤浆中的杂质。

水煤浆的滤浆过程可分为在线滤浆、线下滤浆。在水煤浆管道输送系统中采用的在线过滤器，其原理都是利用压差作用，如利用浆泵提供的压力或水煤浆自身的重力结合机械振动，使合格煤浆通过某种多孔过滤介质（即过滤筛）滤掉煤浆中的杂质及大颗粒煤，以达到过滤目的[79]。一般用可连续工作的筛网（条）滤浆器，适用于高浓度水煤浆的滤浆器，目前还没有通用产品。在水煤浆气化工厂，制浆过程中一般都采用振动筛或滚筒筛对煤浆进行过滤，为了保证后续系统的稳定，有时会设二级过滤（图 5-37）。

线下过滤装置主要应用于煤浆储备时，在煤浆装入储罐之前对其进行过滤处理。线下过滤器一般由罐体、梯形丝过滤柱、倾斜形刮刀及传动轴、驱动电机、电动排渣阀和延时控制装置构成。线下过滤器体积比较大，能耗也比较高。

5.7　煤浆的输送

水煤浆在管内流动时，壁面处存在滑移流动现象，形成浓度很低、黏度显著下降的滑移层。滑移层是控制管内压降损失的主要因素，而滑移层的性质随管径尺寸和管材的不同而变化。对于工程实际而言，常常会考虑以下三个问题：

① 水煤浆在管道内的临界速度，即煤浆中煤颗粒在一定工艺条件（温度、压力）下在管道内发生沉降的最小速度；

② 水煤浆呈均匀流动的最低速度；

③ 水煤浆在管道内流动时的阻力损失。

要回答上述问题，就必须研究输送特性与流变性之间的相互关系。

5.7.1　水煤浆的流变特性

5.7.1.1　典型的流变曲线与模型

流体的流变性是指受外力作用发生流动与变形的特性，描述流变性能的变量是剪切应力和剪切速率[80,81]。研究二者之间的关系是流变学的重要内容。把剪切应力和剪切速率的关系在二维坐标系中描绘就是流变曲线，图 5-38 是几种典型流体的流变曲线。

（1）牛顿流体　众所周知，凡符合牛顿黏性定律的流体称为牛顿流体，牛顿黏性定律的数学表达式为

$$\tau = \mu \frac{\mathrm{d}u}{\mathrm{d}y} \tag{5-31}$$

式中，τ 为剪切应力，Pa；$\frac{\mathrm{d}u}{\mathrm{d}y}$ 为剪切速率；μ 为黏度。其物理意义是，在一定的温度和压力条件下，牛顿流体的剪切应力与剪切速率的关系仅与流体的性质（黏度）有关，即剪切应力与剪切速率间保持恒定的比值，亦即黏度是个定值，不随时间的变化而变化。图 5-38 中直线 A 即表示牛顿流体的流变曲线，当剪切速率为零时，剪切应力也为零，即此时不存在剪切应力。对牛顿流体而言，其黏性能量的损耗是由于分子间的不规则相互作用的结果。

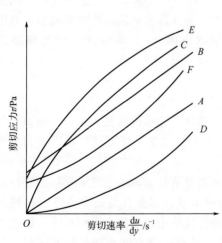

图 5-38　典型流体的流变曲线

（2）非牛顿流体　凡是剪切应力和剪切速率之间的关系不服从式(5-31)的一切流体统称为非牛顿

流体。非牛顿流体可分为三大类,即广义牛顿流体、黏弹性流体和触变流体。水煤浆属于广义牛顿流体。广义牛顿流体又包括宾汉流体、假塑性流体、胀塑性流体、屈服假塑性流体和屈服胀塑性流体。

① 宾汉流体。有一些流体,需要施加一定的剪切应力才可以开始流动,即在剪切速率为零的情况下,也存在一定的剪切应力,这个起始剪切应力称为屈服应力,以 τ_0 表示。超过起始剪切应力后,剪切应力与剪切速率之间仍呈线性关系,如图 5-38 直线 B 所示,这类流体称为宾汉流体。显然,宾汉流体的剪切应力和剪切速率满足以下公式

$$\tau = \tau_y + \eta \frac{\mathrm{d}u}{\mathrm{d}y} \tag{5-32}$$

式(5-32) 又称为宾汉塑性模型,式中 τ_y 即为屈服应力;η 称为刚性系数,与黏度具有相同的量纲。为了应用的方便,通常定义表观黏度 μ_a

$$\mu_a = \eta + \frac{\tau_y}{\left(\frac{\mathrm{d}u}{\mathrm{d}y}\right)} \tag{5-33}$$

显然,对于宾汉流体,表观黏度同样随剪切应力的增加而减小。

水煤浆往往会表现出一定的屈服应力,这是因为其中固体与流体往往连成一种空间结构,如絮团,在剪切应力不大时,结构不致破坏,只变形而不流动。当剪切应力超过某个极限值 τ_0 后,结构被破坏,才会产生流动。

② 假塑性流体和胀塑性流体。对某些流体,如图 5-38 中曲线 C、D 所示,在不同的剪切速率下,曲线有不同的斜率,即黏度随剪切应力变化而变化。对这样的流体只能定义一个表观黏度 μ_a,在应用表观黏度时,必须注明相应的剪切速率。

曲线 C、D 所表示的流体流变性,可用下式表达

$$\tau = K \left(\frac{\mathrm{d}u}{\mathrm{d}y}\right)^n \tag{5-34}$$

式中,τ 为剪切应力;K 为均匀性系数或稠度,K 值越大,表明黏度越大;n 为特性系数,其值大小表示水煤浆偏离牛顿流体的程度;$n=1$ 时属于牛顿流体,$n<1$ 时属假塑性流体,$n>1$ 时为胀塑性流体。

从图 5-38 中曲线 C 可以看出,随着剪切速率增大,假塑性流体的流变曲线斜率减小,即表观黏度变小。当剪切速率为零时,剪切应力亦为零。

相反,从曲线 D 可以看出,随着剪切速率增高,胀塑性流体的流变曲线斜率增加,即表观黏度变大。当剪切速率为零时,剪切应力亦为零,即此时不存在切应力。

③ 屈服假塑性流体和屈服胀塑性流体。对某些流体,如图 5-38 中曲线 E、F 所示,在不同的剪切速率下,曲线有也有不同的斜率,即黏度也随剪切应力变化而变化。但与假塑性流体和胀塑性流体不同,当剪切速率为零时,剪切应力并不为零。曲线 E、F 所表示的流体流变性,可用下式表达

$$\tau = \tau_y + K \left(\frac{\mathrm{d}u}{\mathrm{d}y}\right)^n \tag{5-35}$$

5.7.1.2 水煤浆的流变特性

浆体的流变特性十分复杂,一种浆体在低浓度时可能表现为牛顿流体或假塑性流体;在高浓度产生絮团后,又有可能表现为宾汉流体;在更高的浓度下还会表现为胀塑性流体。对

同一种浆体，在剪切速率不太高时，不出现胀流现象，在剪切速率高时，又有可能会转化为胀塑性流体。而一些非牛顿流体，在低剪切速率和高剪切速率下都可能呈现牛顿流体的现象，一般认为，在低剪切速率下，分子的无规则运动占优势，体现不出剪切速率对其中物料重新排列引起的表观黏度的变化；而当剪切速率增高到一定的程度后，剪切定向达到了最佳程度，因而也使表观黏度不随剪切速率而变化。

水煤浆究竟属于哪一种非牛顿流体，目前说法不一。从机理上讲，水煤浆的流变特性受煤颗粒之间的相互作用、煤颗粒与水及添加剂之间的相互作用、高固相浓度下煤颗粒形成的网络结构以及剪切速率等因素的影响[80]。但是由于煤的成分和物理化学性质千差万别，不同煤种制备的水煤浆流变特性也有显著不同。

在工程实践中，为了使问题简化，多数研究者往往把水煤浆看作宾汉流体来处理。可以肯定的是，高浓度水煤浆多半会表现出具有一定程度的屈服应力，也可能具有某些黏弹性。若水煤浆产生了结构变化，这些空间结构物具有一定强度的伸缩性，表现为弹性。开始流动后，特别是剪切强度较大时，空间结构被破坏，弹性现象逐渐减弱，而趋向纯黏性。所以在研究水煤浆流动状态的特性时，近似地按照宾汉流体来处理在工程上是可以接受的。

研究表明，当颗粒在静态时形成的三维空间结构在遭受剪切时很容易被破坏，则分布在三维空间结构空隙中的自由水将被释放，黏度降低，并且剪切应力越大黏度越小，即为假塑性流体。当颗粒在静态时形成的三维空间结构排列非常紧密，堆积效率很高，含有的自由水很少，则此时具有较低的黏度，这种浆体受到外力剪切后，释放的自由水少，而紧密堆积的颗粒将形成混乱松散的排列结构，反而导致黏度增大，则形成胀塑性流体[81]。

5.7.1.3　水煤浆流变特性影响因素

（1）煤质的影响　煤质是影响水煤浆流变性的重要因素，国内外的研究者做了大量的研究工作，取得了一些重要进展[82-90]。当然，由于煤的结构极为复杂，有关煤质与水煤浆流变性之间的定量关系还缺少统一的描述。Turian 等人研究了 4 种不同美国煤种制备的水煤浆的流变性，探讨了煤颗粒堆积体积分数对流变性的影响，随着堆积体积的增加，越来越呈现非牛顿流体的特性[82]。

朱书全[86]研究表明，低变质程度和高灰煤浆由于煤粒表面表现出较强的亲水润湿性，借助于水的润滑、分散作用，煤粒之间较易取向，并通过上述极性基团的偶极以及氢键等作用形成一定的立体结构。因此多呈屈服假塑性；而高变质程度和低灰煤浆则由于颗粒表面具有很强的疏水性，因而在高浓度的悬浮液中颗粒间的吸引力很强，空间结构非常紧密，易形成胀塑性流体。Boylu 等[91]则发现，如果其他因素不变，随着煤变质程度（煤阶）的提高，煤浆的表观黏度降低。

尉迟唯[87]考察了 24 种不同地区、不同变质程度煤制备水煤浆的流变性，试验煤种有内蒙古红庙（HM）、内蒙古霍林河（HLH）、河南义马常村（CCH）、河南义马耿村（YM）、河南鹤壁二矿（HB）、辽宁阜新五龙（WL）、陕西神华（SH）、内蒙古东胜（DSH）、甘肃靖远红会（HH）、河北下花园（XHY）、山西大同四台（DT）、山西大同煤峪口（MYK）、山西平朔（PSH）、山西潞安石圪节（SGJ）、山西阳泉（YQ）、山东兖州（YZH）、山东兖州北宿（BS）、山东新汶张庄（XW）、山东枣庄八一（BY）、山东淄博石（ZB）、河北开滦唐山（KL）、河北峰峰孙庄（FF）、安徽淮南潘一（HN）、安徽池州石台（ST）。结果表明，山西潞安石圪节、安徽淮南、池州石台等变质程度高的煤制备的水煤浆均呈胀塑性流体（图 5-39）。

邹建辉等[57,88]研究了褐煤水煤浆的流变特性，发现无论采用何种分散剂，褐煤水煤浆都呈假塑性流体（图 5-40），这与文献[86]的结论是一致的；研究还发现，对褐煤先进行干燥，然后进行制浆，制得的水煤浆依然呈假塑性流体。当采用石油焦为原料制浆时则发现，水焦浆则除了采用 D2 分散剂时呈假塑性流体，其他情况都呈胀塑性流体（图 5-41），这是因为石油焦主要由长链脂肪烃缩聚物、稠环芳烃、少量低分子有机物及微量无机化合物组成，而且灰分极少，可以看作是高变质程度且低灰煤。因而在一般情况下，水焦浆都呈胀塑性流体。

可见，无论是水煤浆，还是水焦浆，其流变性主要是受物料本身性质和分散剂结构及作用机理的影响两方面的影响，而物料性质起主导作用。

（2）浓度的影响　在本章 5.2 节中介绍了不同煤的成浆特性，特别是各种因素对水煤浆浓度的影响。大量的研究和实践均表明，对于气化过程，浓度越高，氧耗越低，气化效率越高。但是浓度高会导致黏度增加[92]，管道煤浆输送阻力也会随之增加，更为严重的是喷嘴雾化性能降低，最终影响气化过程的碳转化率。

浓度对细颗粒的流型特征影响较大。浓度低时，黏度低且呈牛顿流体。随着浓度的增加，水煤浆易变成假塑性或剪切变稀流体。浓度更高时，水煤浆呈现明显的黏弹性，即需要一定的屈服应力迫使浆体开始流动。可以观察到的流型的浆体是一种带有微米级颗粒的典型悬浮液，其胶体颗粒间的作用力是影响水煤浆流型的主要作用力。随着浓度的增加，粒子间的距离更近，相互间的作用力起主导作用，导致一种微粒的结构生成，生成的结构又被剪切力破坏，导致出现剪切变稀和屈服应力。生成这种结构的悬浮液的稳定相当好，很长一段时间也没有沉淀出现。

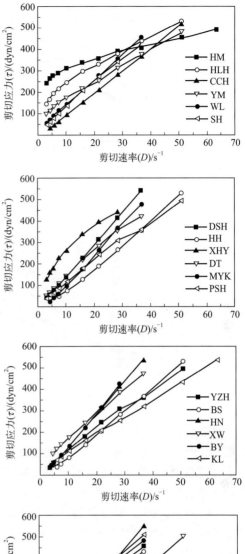

图 5-39　不同中国煤种的流变特性

（3）温度的影响　水煤浆温度是影响水煤浆流变特性的一个重要因素，研究表明，温度升高，煤浆的黏度降低，并且近似服从 Arrhenius 关系式[93]

$$\mu = A \exp\left(-\frac{B}{T}\right)$$

式中，T 为热力学温度；A 和 B 为与煤浆有关的参数。

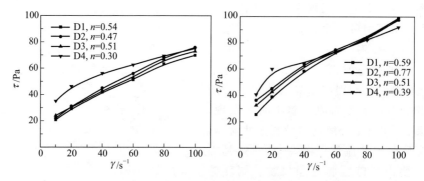

图 5-40　褐煤水煤浆的流变特性

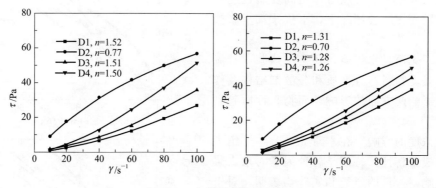

图 5-41　水焦浆的流变特性

文献[94]以兖州北宿煤制得的气化用工业水煤浆为对象，研究了温度对水煤浆流变特性的影响。图 5-42 为不同温度下，黏度随剪切速率的变化，图 5-43 为剪切应力随剪切速率的变化，图 5-44 为兖州北宿煤不同煤浆浓度下，黏度随温度的变化关系。研究结果发现，对于兖州北宿煤浆，随着温度升高，黏度降低，流动性增强。含量 62.24％和 64.60％的煤浆 n 值在 0.88～0.98 之间，是假塑性流体；而含量 66.69％的煤浆为胀塑性流体。可见，不同浓度下水煤浆流变特性的复杂性。文献[95]则提出了一种利用水的黏温关系校正温度对水煤浆黏度影响的方法。

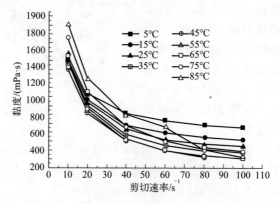

图 5-42　不同温度下黏度随剪切速率的变化

　　煤炭气化技术：理论与工程

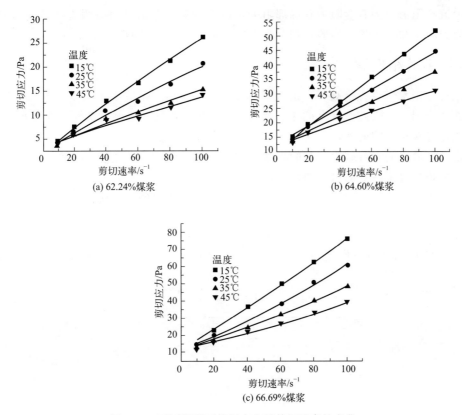

图 5-43　不同温度下剪切应力随剪切速率的变化

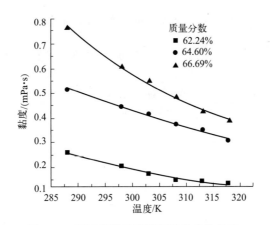

图 5-44　不同煤浆黏度随温度的变化关系

5.7.2　水煤浆输送过程

从长远看，水煤浆管道输送可以作为煤炭运输的一种形式；对于气化过程，一般采用炉前制浆，从制浆工序到气化工序，通过煤浆泵加压、管道输送，因此，研究水煤浆在管道中的流动特性，计算水煤浆在管道中的阻力损失及输送功耗具有重要工程价值，是水煤浆气化过程中煤浆制备设备、输送设备、管道、阀门选型的重要依据。

管道流动阻力分为直管阻力和局部阻力，目前有关煤浆流动直管阻力计算的研究较多，而局部阻力由于缺少大量的实验数据，尚无比较可靠的计算模型与方法。

5.7.2.1 拟均相模型

加压气化用水煤浆含量高（一般大于 60%），粒度小（一般小于 200μm），制备时均加入适量的稳定剂，煤浆储槽带有搅拌装置或循环装置，以防止煤浆的沉淀；亦即水煤浆在储槽内往往经过较长时间的剪切作用，在输送时已消除了触变性的影响，能保持微团尺度上的均匀混合，各微团间有着基本相同的物理性质，可假定认为流变性能与时间无关，可以用拟均相模型来描述煤浆在炉前管道内的流动。

（1）非牛顿流体管内流动压降基本方程[80,96]　对于流体的管内流动，有

$$\frac{\mathrm{d}v}{\mathrm{d}r}=f(\tau) \tag{5-36}$$

如图 5-45 所示，考虑作用在管内一个半径为 r、长为 L 的流体单元圆柱体上力的平衡，有

$$2\pi rL\tau=\pi r^2\Delta p \tag{5-37}$$

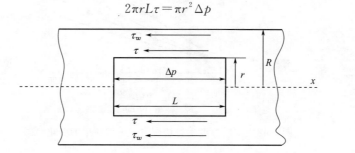

图 5-45　一维流体单元圆柱体上的力平衡

将管壁面处流体的剪切应力记为 τ_w。在稳定流动状态下，流体在管道内的受力方程可表达为

$$\pi R^2\Delta p=2\pi RL\tau_w$$

由此可以得到

$$\tau_w=\frac{R\times\Delta p}{2L} \tag{5-38}$$

即

$$\tau=\tau_w\frac{r}{R} \tag{5-39}$$

对式(5-36) 积分，从而有

$$v=\int_r^R f(\tau_w r/R)\mathrm{d}r \tag{5-40}$$

由于流体在管道中的流速沿径向分布不均匀，通过管道的流量可用积分方法求得。取任一半径 r 处流体的流动速度为 v，假定近壁面处无滑移，即 $v(R)=0$，则流体在管道中流量 Q 为

$$Q=\int_0^R 2\pi rv\mathrm{d}r \tag{5-41}$$

积分上式得到

$$Q = \pi \left[r^2 v - \int r^2 \frac{\mathrm{d}v}{\mathrm{d}r} \mathrm{d}r \right]_0^R \tag{5-42}$$

当 $r=0$ 时，有 $r^2 v=0$；$R=r$ 时，有 $v=0$，所以

$$Q = -\pi \int_0^R r^2 f(\tau) \mathrm{d}r \tag{5-43}$$

由式(5-39) 得到

$$r = \frac{R\tau}{\tau_w}$$

对式(5-43) 进行代换，得到

$$Q = \pi \int \frac{\tau^2 R^2}{\tau_w^2} \times \frac{R}{\tau_w} \times f(\tau) \mathrm{d}\tau = \frac{\pi R^3}{\tau_w^3} \int_0^w \tau^2 f(\tau) \mathrm{d}\tau \tag{5-44}$$

式(5-44) 表明，不管 $f(\tau)$ 怎样复杂，总可利用它的实验数据进行数值积分，从而得到压力降与流量之间的关系。如果 $f(\tau)$ 可以简单地表达，则可以通过数学分析得到解析解。下面就讨论宾汉流体和幂率流体的有关情况。

(2) 煤浆为宾汉流体时管道流动阻力的计算模型[97-99]　宾汉流体的流变模型符合式(5-32)，即

$$\tau = \tau_y + \eta \frac{\mathrm{d}v}{\mathrm{d}r}$$

式中，τ 为剪切应力；τ_y 为屈服应力。

对于宾汉流体的层流流动，只要将式(5-32) 代入式(5-41) 积分求解，就可得到解析解。前已述及，宾汉流体具有屈服应力 τ_y，当外力施加的切应力不足以克服屈服应力时，流体将不产生流动，这一点必须注意。由式(5-43) 可知，由外力产生的剪切应力 τ 在管道内沿半径的减小而降低。假定 τ 降至与屈服应力 τ_y 相等时的半径为 r_p，则半径 r_p 以内的流体各层之间将不会产生相对运动。即在管道中心将出现半径为 r_p 的柱塞流，如图 5-46 所示。

令 $\tau = \tau_y$，代入式(5-43) 即可求得柱塞流区域的半径 r_p

$$r_p = \frac{2L\tau_y}{\Delta P} \tag{5-45}$$

将式(5-32) 代入式(5-43) 并积分，可得到

$$v = \left(-\frac{\Delta P}{4\eta L} \right) r^2 + r \frac{\tau_y}{\eta} + C \tag{5-46}$$

当 $r=R$ 时，$v=0$，从而得到积分常数 C，代入上式有

$$v = \frac{\Delta P}{4\eta L}(R^2 - r^2) - \frac{\tau_y}{\eta}(R - r) \tag{5-47}$$

上式表示在半径 R 至 r_p 环形区间的速度分布。令 $r = r_p$，可得到柱塞流区域的速度分布为

$$v_p = \frac{\Delta P}{4\eta L}\left[R^2 - \left(\frac{2L\tau_y}{\Delta P}\right)^2 \right] - \frac{\tau_y}{\eta}\left(R - \frac{2L\tau_y}{\Delta P} \right) \tag{5-48}$$

宾汉流体在管道中层流运动时的总流量由两部分组成，即由环形剪切区 ($R > r > r_p$) 的流量与柱塞区 ($r < r_p$) 的流量加和

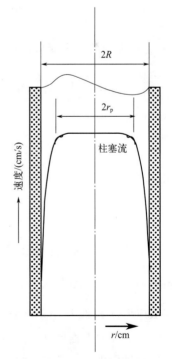

图 5-46　宾汉流体在管道内的速度分布

$$Q = \int_{r_p}^{R} 2\pi r v \, dr + \pi r_p v_p = -\pi \int_{r_p}^{R} r^2 \, dv \qquad (5\text{-}49)$$

因为

$$r = \frac{2\tau L}{\Delta P} - dv = \frac{1}{\eta} \ (\tau - \tau_y) \ dr = \frac{1}{\eta} \ (\tau - \tau_y) \ \frac{2L}{\Delta P} dr$$

代入式(5-49)得到

$$Q = \frac{\pi}{8} \times \frac{1}{\eta} \left(\frac{4L}{\Delta P} \right)^3 \int_{\tau_y}^{\tau_w} \tau^2 (\tau - \tau_y) \, dr$$

即

$$Q = \frac{\pi D^3}{32} \times \frac{\tau_y}{\eta} \left[1 - \frac{4}{3} \left(\frac{\tau_y}{\tau_w} \right) + \frac{1}{3} \left(\frac{\tau_y}{\tau_w} \right)^4 \right] \qquad (5\text{-}50)$$

由于 $Q = \frac{\pi D^2}{4} v$，代入上式得到

$$\frac{8v}{D} = \frac{\tau_y}{\eta} \left[1 - \frac{4}{3} \left(\frac{\tau_y}{\tau_w} \right) + \frac{1}{3} \left(\frac{\tau_y}{\tau_w} \right)^4 \right] \qquad (5\text{-}51)$$

在较大的剪切应力或压力降的情况下，由于比值 $\left(\frac{\tau_y}{\tau_w} \right)$ 比较小，$\left(\frac{\tau_y}{\tau_w} \right)^4$ 可以忽略不计，从而有

$$\frac{8v}{D} \approx \frac{\tau_w}{\eta} \left[1 - \frac{4}{3} \left(\frac{\tau_y}{\tau_w} \right) \right] \qquad (5\text{-}52)$$

从而

$$\tau_w \approx \eta \left(\frac{8v}{D} \right) + \frac{4}{3} \tau_y \qquad (5\text{-}53)$$

当 $\left(\frac{\tau_y}{\tau_w} \right) < 0.4$ 时，上述近似式的误差小于 2%。

为了方便起见，将 $\frac{8v}{D}$ 定义为虚拟剪切速率。根据范宁摩擦系数的定义，宾汉流体运动时的摩擦系数 λ 为

$$\lambda = \frac{8\tau_w}{\rho v^2}$$

代入式(5-53)得到

$$\lambda \approx \frac{64\eta}{D\rho v} \left(1 + \frac{\tau_y D}{6\eta v} \right) \qquad (5\text{-}54)$$

由式(5-53)可知，对于宾汉流体在管内的层流运动，可近似认为管壁剪切应力 τ_w 与虚拟剪切速率 $\frac{8v}{D}$ 成线性关系，如图 5-47 所示。直线在 τ_w 坐标轴上的截距相当于 $\frac{4\tau_y}{3}$，实际的屈服应力值 τ_y 应该小于该截距的值。

在实际的工程计算中，由于宾汉流体与牛顿流体相比，多一个屈服应力参数 τ_y，所以在实际过程中，为了描述的方便，还需要增加一个无量纲数 Y，称为屈服数。而宾汉流体雷诺数 Re 中的黏度亦应用刚度系数（亦称刚度屈服）系数 η，即

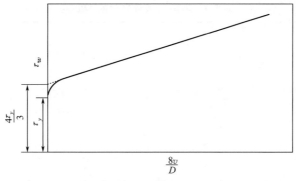

图 5-47 宾汉流体管壁切应力与虚拟剪切速率关系

$$Re = \frac{Dv\rho}{\eta}$$

$$Y = \frac{D\tau_y}{v\eta}$$

Hedstrom 取宾汉流体雷诺 Re 和屈服数 Y 的乘积代替屈服数[100]，称为 Hedstrom 数 He。这样做的好处是 He 不包含速度 v，即

$$He = \frac{D^2\tau_y\rho}{\eta^2} \qquad (5\text{-}55)$$

显然，宾汉流体摩擦系数不仅是雷诺数 Re 的函数，也是 Hedstrom 数 He 的函数。由于宾汉流体存在屈服应力 τ_y，所以即使在更高的雷诺数下，煤浆在管内的流动仍然可以保持层流状态。

图 5-48 所列为 Re 与 f 之间的关系。在层流范围内，Govier 等采用屈服数与雷诺数 Re 计算范宁摩擦系数 f，得到如下的无量纲数方程

$$f = \lambda / 4$$

$$\frac{1}{fRe} = \frac{1}{16} - \frac{Y}{6fRe} + \frac{Y^4}{6(fRe)^2} \qquad (5\text{-}56)$$

从上式可以看出，fRe 只是屈服数 Y 的单一函数，对于给定的特征数 Y，有固定的 fRe 值。Govier 等通过实验得到了不同 Y 值时 fRe 的值，列于表 5-7。

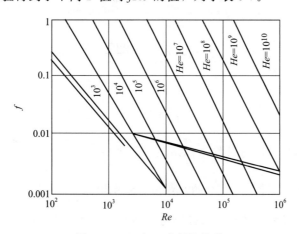

图 5-48　Re 与 f 之间的关系

表 5-7　不同屈服数 Y 时的 fRe 值

Y	fRe	Y	fRe
0	16.00	100	247.50
1	18.67	200	463.80
2	21.32	300	676.40
3	23.97	500	1096
5	29.20	1000	2133
10	41.94	2000	4286
20	66.42	3000	6226
30	90.09	5000	10290
50	136.10	10000	21410

利用该表查得 fRe 值，除以 Re 就能得到 f 值，从而可计算出压力降 Δp，即

$$\Delta p = \lambda \frac{L}{D} \times \frac{\rho v^2}{2} = 4f \times \frac{L}{D} \times \frac{\rho v^2}{2} \tag{5-57}$$

（3）煤浆为幂率流体时管道流动阻力的计算模型[101]　幂率流体即假塑性流体或胀塑性流体，其流变模型满足式（5-33），即

$$\tau = K \left(\frac{\mathrm{d}v}{\mathrm{d}r}\right)^n$$

将上式代入式（5-54）并积分，可得到幂率流体层流运动时的解析解，即

$$Q = \frac{n\pi R^3}{3n+1} \times \left(\frac{\tau_w}{K}\right)^{\frac{1}{n}} \tag{5-58}$$

将式（5-38）代入上式得到

$$Q = \frac{n\pi}{3n+1} \times \left(\frac{\Delta p}{2KL}\right)^{\frac{1}{n}} \times R^{\frac{3n+1}{n}} \tag{5-59}$$

即

$$\frac{2v}{D} = \frac{n}{3n+1} \times \left(\frac{\tau_w}{K}\right)^{\frac{1}{n}} \tag{5-60}$$

所以

$$\tau_w = K \left(\frac{8v}{D}\right)^n \left(\frac{3n+1}{4n}\right)^n \tag{5-61}$$

对上式求对数，可得到

$$\ln \tau_w = n \ln \frac{8v}{D} + \ln \left[K \left(\frac{3n+1}{4n}\right)^n \right] \tag{5-62}$$

从式（5-62）可以看出，在对数坐标系内，管壁剪切应力 τ_w 与 $\frac{8v}{D}$ 呈线性关系。直线在 τ_w 坐标轴上截距为 $\ln \left[K \left(\frac{3n+1}{4n}\right)^n \right]$ 的对数值，斜率恰为 n。

由式（5-61）可得幂率流体在管壁处的剪切速率 S_w 为

$$S_w = \left(\frac{8v}{D}\right)^n \left(\frac{3n+1}{4n}\right)^n \tag{5-63}$$

式(5-63)还可以表示为

$$\frac{2v}{D}=\frac{n}{3n+1}\left(\frac{D\Delta p}{4LK}\right)^{\frac{1}{n}}$$

所以

$$\frac{\Delta p}{L}=\frac{4Kv^n}{D^{n+1}}\left(\frac{2+6n}{n}\right)^n \tag{5-64}$$

把式(5-64)代入摩擦系数公式,可得到计算幂率流体层流运动时的摩擦阻力系数计算式,即

$$f=\frac{2v^{n-2}K}{D^n\rho}\left(\frac{2+6n}{n}\right)^n=\frac{1}{8}\left(\frac{2+6n}{n}\right)^n\left(\frac{16K}{D^nv^{2-n}\rho}\right) \tag{5-65}$$

$$f=\frac{1}{8}\left(\frac{2+6n}{n}\right)^n\left(\frac{16}{Re_{p_1}}\right) \tag{5-66}$$

$$f=\frac{16}{Re_{p_2}} \tag{5-67}$$

其中定义了两个新雷诺数 Re_{p_1} 和 Re_{p_2}

$$Re_{p_1}=\frac{Dv^{2-n}\rho}{K}$$

$$Re_{p_2}=8\times\frac{Dv^{2-n}\rho}{K}\left(\frac{n}{2+6n}\right)^n$$

显然,当 $n=1$ 时,这两个雷诺数 Re_{p_1} 和 Re_{p_2} 均还原为牛顿流体的雷诺数。若采用 Re_{p_2} 为幂率流体的雷诺数,则在层流运动时,它的摩擦阻力系数与雷诺数的关系与牛顿流体相同,层流时的临界雷诺数也与牛顿流体大致相同。图 5-49 所示为 Re_{p_2} 与 f 之间的关系。

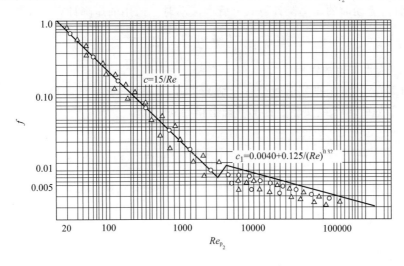

图 5-49 Re_{p_2} 与 f 之间的关系

5.7.2.2 非均相模型

水煤浆实际上是一种特殊的液固悬浮液,对液固悬浮液,其流速与单位管长的关系可用图 5-50 表示。

从图 5-50 中可以看出,当流速低于临界速度时,液固悬浮液呈柱塞流滑移流动,此时

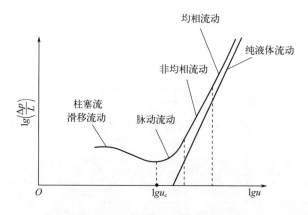

图 5-50 液固两相流 $\dfrac{\Delta p}{L}$ 与速度的关系

流体中的固体开始析出并沉积（对水煤浆而言，煤浆将出现沉淀，严重时将堵塞管道）；随着流速的增大，逐渐向脉动流动、非均相流动和拟均相流动逐渐过渡。液固两相流只有达到拟均相流动时，管道入口和出口处的物料含固浓度才能达到均一。在煤浆输送系统的工程设计及生产运行时，低于临界速度的运行要绝对避免，应在考虑压力降的情况下，选择经济、安全的流动速度。

对于液固两相流动管道压力降的计算，国外的研究者曾做了很好的开创性工作[93-103]，提出了液固两相流管道输送压力降的不同经验公式。针对水煤浆这种特殊的液固两相流体，推荐了不同情况下的经验公式。

（1）直管内流动时的压力降计算式　管内流动时，通用的压降计算公式为

$$\frac{\Delta p}{L} = 2f \frac{\rho_m v^2}{D} \tag{5-68}$$

式中，ρ_m 为水煤浆的密度。

Llurand 和 Turian 根据实验数据，分别关联出了摩擦因子 f 的不同经验表达式。其中，Turian 关联式是在 1511 组实验数据的基础上得到的[104]。

① Llurand 关联式

$$f = f_w + 84.9 f_w C \left[\frac{v^2}{gD} \sqrt{C_D} \right]^{-1.5} \tag{5-69}$$

式中，C 为水煤浆的浓度；C_D 为水煤浆中固体颗粒自由沉降的阻力系数；f_w 为无固体时液体的摩擦系数，对于层流有 $f_w = \dfrac{16}{Re}$（下同）。

② Turian 关联式

当 $\xi \geqslant 1$ 时

$$f = f_w + 0.3202\xi \tag{5-70}$$

当 $\xi < 1$ 时

$$f = f_w + 0.3202\xi^{1.356} \tag{5-71}$$

式（5-70）和式（5-71）中

$$\xi = C^{0.4925} f_w^{0.5586} C_D^{-0.1095} \left[\frac{v^2}{gD(S-1)} \right]^{-0.9002} \tag{5-72}$$

（2）弯管流动时的压力降计算式　对于弯管流动，Mishra[105]、White[106]、Singh 等[107]分别提出了不同的经验公式。

① Mishra 和 Gupta 关联式。对于层流流动，有

$$\frac{f_c}{f} = 1 + 0.33(\lg N_D)^{4.0} \tag{5-73}$$

式中，f_c 为弯管的摩擦系数；f 为直管的摩擦系数，而

$$N_D = Re\left(\frac{D_t}{2R}\right)$$

式中，N_D 称为迪安数；D_t 为弯管内径；R 为曲率半径。

② White 关联式。

$$\frac{f_c}{f} = \left\{ 1 - \left[1 - \left(\frac{11.6}{N_D}\right)^{0.45} \right]^{2.2} \right\}^{-1} \tag{5-74}$$

③ Singh 关联式。

$$\frac{f_c}{f} = 1 + 0.021 N_D^{0.7} \tag{5-75}$$

5.7.2.3　水煤浆管道流动的临界速度

在管道输送时，特别是在非均相和脉动流动区，水煤浆中的颗粒在重力作用下有沉积和沉降的趋势，一般需要在均相流动区域输送，这样可以避免颗粒沉积，均相流动速度的下限即为煤浆输送的临界速度[108]。这在工业煤浆管道设计中是一个非常重要的参数，它一般取决于流体的物理性质和管径等变量，主要的经验公式有 Sspell 关联式和 Turian 关联式。

① Sspell 关联式

$$v_c^{1.225} = 0.074gD(S-1)\left(\frac{1000D\rho_m}{\mu}\right)^{0.775} \tag{5-76}$$

式中，v_c 为临界速度。

② Turian 关联式

$$v_{min} = 0.286 \lg D(S-1)C^{1.0751} f_w^{-0.6692} C_D^{-0.9372} \tag{5-77}$$

5.7.2.4　水煤浆泵送设备

（1）煤浆输送泵的分类　在以长距离输送为目的的水煤浆生产厂，泵类设备往往占设备总数的 60% 左右，大量设备用于输送物料，特别是大粒度混合物的输送是保证正常制浆生产的关键设备。常用的泵类设备根据工作原理可分为体积式泵和叶片泵，前者又可分为往复式和回转式。

由于水煤浆的特殊性质以及各种泵适用场合的不同，并非所有类型的泵都适合用于水煤浆生产过程。相关文献表明[109,110]，在实际生产中的泵送设备一般常用叶片式中的离心式、回转式中的螺杆式、往复式中的隔膜式。在工厂实际操作中，低压煤浆泵（将煤浆从磨煤机出口槽输送到煤浆槽）一般采用离心泵，高压煤浆泵（将煤浆从煤浆槽输送到气化烧嘴）一般采用隔膜泵。

（2）离心泵　离心式泵主要是靠一个或数个叶轮旋转时产生的离心力而输送物料流体的。离心泵的结构类型很多，但其一般构造主要是由叶轮、系体、泵盖、密封环、轴封装置、托架和平衡装置等所组成。离心泵因其处理量大，能承受高温高压，使用方便而被某些工厂在特定

条件下采用。但是，它也存在着能耗大、密封性差等问题和泵体与物料直接接触等缺点。

（3）螺杆泵　螺杆泵是利用一根或数根螺杆的相互啮合空间体积变化来输送液体。螺杆泵的主要特点是液体沿轴向移动，流量连续均匀，脉动小，流量随压力变化很小。运转时比齿轮泵平稳，无振动和噪声。泵的转速较高，泵的吸入性能较好，允许输送黏度变化范围大。因此它广泛地应用在化学、石油、矿山、造船、食品和机床等工业部门用来输送各种流体。根据互相啮合同时工作的螺杆数目的不同，通常可分为单螺杆泵、双螺杆泵、三螺杆泵和五螺杆泵等。按螺杆轴向安装位置还可分为卧式和立式两种，立式结构一般为船用。但是螺杆泵螺杆的螺旋面加工工艺较复杂，所以目前世界各国螺杆泵的产量较其他类型泵都少得多。德国的耐驰公司生产的体积式单螺杆泵——奈莫（NEMO）泵，在欧洲的水煤浆生产线已成功应用多年。1995 年开始在我国水煤浆生产厂及发电厂生产线使用，经过多年的研究探索以及不断地改进，奈莫泵在水煤浆生产线的使用也日趋稳定、安全[111,112]。

（4）隔膜泵　隔膜泵属于技术难度最大、产品附加值最高的泵类产品之一。它采用隔膜将输送介质与驱动介质（油类）隔开，使输送介质不仅无外漏，更重要的是输送的颗粒性介质与泵活塞运动部件不接触，免除了固体颗粒对泵造成的严重磨损，从而使泵的稳定性及可靠性大幅度提高。正是因为这些特点，隔膜泵在水煤浆生产行业获得广泛的使用。目前国内水煤浆气化工厂的高压煤浆泵均采用隔膜泵，常见的是荷兰的 GEHO 泵和德国的 FELUWA 泵。

两种泵的工作原理基本相似，都是使输送介质与活塞不直接接触，而是由一个橡胶隔膜将其隔开，这样设计将泵的易损件数量降到最少。

GEHO 泵的电机带动减速机，减速机通过齿式联轴器推进齿轮副转动，齿轮副的大齿轮与曲轴连为一体，曲轴上的连杆与活塞杆相连的十字头相连，这样曲轴的旋转运动就可转化为活塞的往复运动，从而完成液力端的抽吸及排出煤浆的过程。推进液系统通过监测杆对隔膜行程的监测，然后把信号送给 PLC，由 PLC 控制补排油，保证泵正常运行。图 5-51 为 GEHO 泵隔膜行程控制方式。

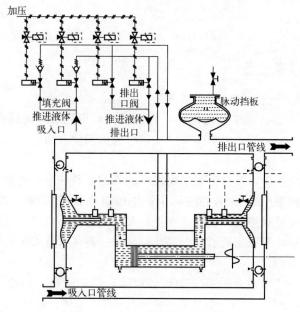

图 5-51　GEHO 泵隔膜行程控制方式

FELUWA泵通过减速箱的减速作用，使得电机转速降低到冲程齿轮箱的传动速度。冲程和减速组合箱将旋转运动转换为往复运动，然后将速度降低到活塞所需的冲程次数。活塞在汽缸内作往复运动，排出液压油，从而带动隔膜移动。随后通过活动的液体激活泵软管变形。活塞向前运动时，挤压泵软管，软管通过收缩排出泵软管内的煤浆。活塞向后运动时，泵头隔膜向内抽吸，而泵软管则恢复其原形，即圆柱形，这样该泵头就会产生真空，从而使煤浆从阀门底部（吸入口）流入泵软管。在活塞前向冲程期间，液压油将隔膜向前推动，传动液体以活塞排出的液体量挤压泵软管，从而迫使煤浆通过压力阀流入垂直总管，活塞每个冲程液压油都通过机械控制补排一次。图5-52为FELUWA泵隔膜行程控制方式示意图。

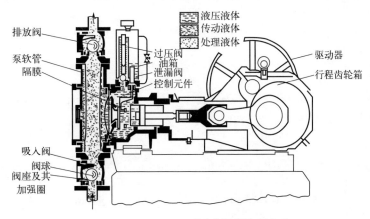

图 5-52 FELUWA泵隔膜行程控制方式

参考文献

[1] Manfred R K. Coal-water Slurry：Status Report [J]. Energy，1986，11 (11-12)：1157-1162.

[2] Davies G O，Highley J，Jones T L. History of Coal-water-mixtures Development [C]. First European Conference on Coal Liquid Mixtures. Cheltenham Eng，1983.

[3] 岑可法，姚强，曹欣玉，等. 煤浆燃烧、流动、传热和气化的理论与应用技术 [M]. 杭州：浙江大学出版社，1997.

[4] 张育兵，耿谦. 绿色燃料-水煤浆在陶瓷工业中的应用前景 [J]. 商场现代化，2007，501：183-184.

[5] Kosuke A，Ryo M，Shohei T. A pre-heating vaporization technology of coal-water-slurry for the gasification process [J]. Fuel Processing Technology，2007，88：325-331.

[6] Ding Zeliang，Deng Jianxin，Li Jianfeng. Wear surface studies on coal water slurry nozzles in industrial boilers [J]. Materials and Design，2007，28：1531-1538.

[7] Atesok G，Boylu F，Sirkeci A A，Dincer H. The effect of coal properties on the viscosity of coal-water slurries [J]. Fuel，2002，81：1855-1858.

[8] Seaki T，Tatsukawa T，Usui H. Study of additives for coal water mixtures (CWM) with upgraded low rank coals [J]. Nihon Enerugi Gakkaishi/Journal of the Japan Institute of Energy，1998，72 (6)：492-502.

[9] 冯武军，王恒，赵立合，等. 水煤浆的能源优势及应用前景 [J]. 煤炭科学技术，2004，32 (5)：70-73.

[10] 吴东垠，李吉武，许晖. 水煤浆燃烧技术在油田的应用 [J]. 石油和化工节能，2005，6：13-16.

[11] 陈春华，施承发，陈俊丽. 水煤浆在处理淮化废液上的应用及展望 [J]. 洁净煤技，2004，10 (3)：22-24.

[12] Shin Y J，Shen Y H. Preparation of coal slurry with organic solvents [J]. Chemosphere，2007，68：389-393.

[13] 孙粉梅，陈春华. 有机废液水煤浆的应用前景 [J]. 工业炉，2004，26 (5)：11-12.

[14] 张荣曾. 水煤浆制备技术 [M]. 北京：科学出版社，1996.

[15] 刘建忠，等. 大管径内浆态非牛顿流体流动及其雾化机理研究 [R]. 国家973计划课题中期研究报告 (内部资料)，2004CB217701，2006.

[16] 尉迟唯，李保庆，李文，等.煤的岩相组分对水煤浆性质的影响 [J]. 燃料化学学报，2003，31 (5)：415-419.

[17] 周俊虎，李艳昌，程军，等.人工神经网络预测煤炭成浆浓度的研究 [J]. 燃料化学学报，2005，33 (6)：666-670.

[18] Fayed M E，Otten L. 粉体工程手册. 卢寿慈，王佩云译.北京：化学工业出版社，1992：56.

[19] Brown. Unit Operations [M]. New York：John Wiley and Sons Inc，1950：75.

[20] 邹建辉.褐煤与石油焦共成浆与共气化特性研究 [D]. 上海：华东理工大学，2008.

[21] 李淑琴.木钠接枝丙烯酸制取水煤浆添加剂的研究 [D]. 北京：中国矿业大学（北京校区），2001：5.

[22] Shook A，Roco M C. Slurry flow principles and practice [J]. Butterworth Heinemann，1991，45 (8)：246-250.

[23] Funk J E，Dinger D R，Funk J E Sr. In：Proceedings of 4th International Symposium on Coal Slurry Combustion [C]. Olando，1982：50.

[24] Kelly，Spottiswood. Introduction to Mineral Processing [M]. NewYork：John Wiley & Sons，1982.

[25] Zhang R，Jiang S. Mathematical models of coal water fuel preparation process [C]. 23rd Annual Meeting of the Fine Particle Society，1992.

[26] Toda M，Kuriyamy M. The influence of partical size distribution of coal on the fluidity of coal-water mixtures [J]. Power Technology，1998，55 (4)：241-245.

[27] Furnas C C. Grading aggregates 1-mathematic relations for bed of broken solids of maximum density [J]. Ind Eng Chem，1931，23 (6)：1052-1058.

[28] Andreasen A H M，Andersen J. Relation between grainsize and interstitial space in products of unconsolidated granules [J]. Kolloid-Z，1929，50 (2)：217-228.

[29] Ouchiyama N，Tanaka T. Porosity of a mass of solid particles having a range of sizes [J]. Ind Eng Chem Fundam，1981，20 (1)：66.

[30] Seki M，Kiyama K. In：Proceedings of 7th International Symposium on Coal Slurry Preparation and Utilization [C]. New Orleans LA，1985：186.

[31] Veytsman B，Morrison J，Scaroni A，Painter P. Packing and viscosity of concentrated polydisperse coal-water slurries [J]. Energy & Fuel，1998，12 (7)：1031-1039.

[32] Dincer H，Boylu F. The effect of chemicals on the viscosity and stability of coal water slurries [J]. International Journal of Mineral Processing，2003，70 (4)：41-51.

[33] Staker D D，Kain W S. US045728，1987-04-30.

[34] Wrench E，Witton Chem Co. Ltd. Dispersing agent for coal slurries：US 4740329 [P]. 1988-04-26.

[35] Pawlik M，Laskowski S，Liu H. Effect of humic acids and coal surface properties on rheology of coal-water slurries [J]. Coal Preparation，1997，18 (4)：129-149.

[36] Zeki A E，Ted W. Effect of addition of surface agent on the viscosity of a high concentration slurry of a low-rank british coal in water [J]. Fuel Processing Technology，2000，62 (7)：1-15.

[37] Taylor P，Liang W，Boqnolo G，et al. Concentrated coal-water suspensions containing non-ionic surfactants and polyelectrolytes [J]. Colloids and Surfaces，1991，61 (12)：147-165.

[38] Yamauchi，Junnosuke，Terada，et al. Application of poly (vinyl alcohol) with an alkyl end group containing anionic groups to coal-water as a dispenrsant [J]. Journal of Applied Polymer Science，1995，55 (11)：1553-1561.

[39] 徐小军，胡建华，杨武利，等.丙烯酸酯类微凝胶的制备及其表征 [J]. 复旦学报：自然科学版，1998，37 (3)：265-270.

[40] 潘祖仁.高分子化学 [M]. 北京：化学工业出版社，1994：4.

[41] 胡建华，汪长春，杨武利，等.聚羧酸系高效减水剂的合成与分散机理研究 [J]. 复旦大学：自然科学版，2000，39 (4)：463-466.

[42] Marek Pawlik. Polymeric dispersants for coal-water slurries [J]. Colloids and Surfaces A：Physicochem. Eng，2005，266：82-90.

[43] 谢宝东.木质素磺酸盐水煤浆添加剂的性能与作用机理研究 [D]. 广州：华南理工大学，2004：6.

[44] Yang Dongjie，Qiu Xueqing，Zhou Mingsong，et al. Properties of sodium lignosulfonate as dispersant of coal water slurry [J]. Energy Conversion and Management，2007 (48)：2433-2438.

[45] Zhou Mingsong，Qiu Xueqing，Yang Dongjie，et al. High-performance dispersant of coal-water slurry synthesized from wheat straw alkali lignin [J]. Fuel Processing Technology，2007，88：375-382.

[46] 潘相卿，曾凡，鲁育新，等.腐殖酸类水煤浆添加剂的分散性能与级分的关系及机理 [J]. 煤炭科学技术，1998，26 (11)：4-6.

[47] 张佳丽，张如意，谌伦建.腐殖酸类水煤浆分散剂的化学改性研究 [J]. 河南化工，2005（22）：18-20.

[48] 张晓梅，邓成刚，唐军，等.萘系高效减水剂添加剂的合成及作用机理研究 [J]. 安徽理工大学学报：自然科学版. 2004，24（1）：67-70.

[49] 李寒旭，李军，李金平.萘、蒽油系列水煤浆添加剂及其作用机理的研究 [J]. 矿业科学技术，1993（2）：64-71.

[50] Huai H，Flint C D，Gaines A F，et al. The stabilization of aqueous suspension of coal particles [J]. Fuel，1998，77 （15）：1851-1860.

[51] Tudor P R，Atkinson D，Crawford R J，et al. The effect of adsorbed and non-adsorbed addictives on the stability of coal water suspensions [J]. Fuel，1996，75（4）：443-452.

[52] 严瑞瑄.水溶性高分子 [M]. 北京：化学工业出版社，1998：8-9.

[53] 严瑞瑄.水溶性聚合物 [M]. 北京：化学工业出版社，1988：66-77，294-297.

[54] 杨芳，黎钢，任凤霞，等.羧甲基纤维素与丙烯酰胺接枝共聚及共聚物的性能 [J]. 高分子材料科学与工程，2007，23（4）：78-85.

[55] Boylu F，Ates G，Dinc H. The effect of carboxymethyl cellulose（CMC）on the stability of coal-water slurries [J]. Fuel，2005（84）：315-319.

[56] 牛生洋，郝峰鸽.羧甲基纤维素钠的应用进展 [J]. 安徽农业科学，2006，34（15）：3574-3575.

[57] 邹建辉，杨波丽，龚凯峰，等.石油焦成浆性能研究 [J]. 化学工程，2008，36（3）：22-25.

[58] 邹建辉.褐煤与石油焦共成浆与共气化特性研究 [D]. 华东理工大学，博士学位论文，上海，2008.

[59] 宋子阳，刘建忠，王明霞，等.煤化工废水对水煤浆气化合成气影响模拟计算 [J]. 热力发电，2019，12，48（12）：82-86.

[60] LiD，Liu J，Wang S，et al. Study on coal water slurries prepared from coal chemical wastewater and their industrial application [J]. Applied Energy，2020，6：268.

[61] Li D，Liu J，Wang J，et al. Experimental studies on coal water slurries prepared from coal gasification wastewater [J]. Asia-Pacific Journal of Chemical Engineering，2018，13（1）：e2162.

[62] 刘建忠，王双妮，唐量华，等.煤转化废水制备水煤浆技术的研究 [J]. 煤化工，2018，46（5）：51-54.

[63] 陈聪，刘建忠，徐发锐.焦化废水制备水煤浆的成浆性能 [J]. 化工进展，2019，38（6）：2986-2991.

[64] 王金乾.煤转化废弃物制备水煤浆成浆特性及优化配比专家系统的研究 [D]. 杭州：浙江大学，2019.

[65] Wang J，Liu J，Wang S，et al. Slurrying property and mechanism of coal-coal gasification wastewater-slurry [J]. Energy & Fuels，2018，32（4）：4833-4840.

[66] Wang S，Wu J，Liu J，et al. Effect of ammonia nitrogen and low-molecular-weight organics on the adsorption of additives on coal surface：A combination of experiments and molecular dynamics simulations [J]. Chemical Engineering Science，2019，205：134-142.

[67] Liu J，Wang S，Li Ning，et al. Effects of metal ions in organic wastewater on coal water slurry and dispersant properties [J]. Energy & Fuels，2019，33（8）：7110-7117.

[68] 汪逸，刘建忠，李宁，等.煤气化废水成浆特性及添加剂的适配性 [J]. 化工进展，2018，37（8）：3206-3213.

[69] 汪逸.有机废水及其复杂组分对水煤浆添加剂性能影响的机理研究 [D]. 杭州：浙江大学，2019.

[70] 李永刚.环锤式碎煤机在电厂燃料系统中的应用 [J]. 水利电力机械，2007，29（3）：13-15.

[71] 石逢年，潘俊，顾劲飚.水煤浆制备中磨机的改型及运行结果 [J]. 煤化工，2005，33（5）：53-56.

[72] 曾鸣，徐志强，孙宗岳，张荣曾.大型水煤浆厂的球磨机选型设计 [J]. 煤炭工程，2006（11）：22-25.

[73] 李少春，张金平.棒磨机在水煤浆制备系统中的应用 [J]. 西部煤化工，2003（2）：31-32.

[74] 陈朝瑜，等.搅拌与混合 [M] 北京：化学工业出版社，1985.

[75] 永田进治.混合原理与应用 [M]. 马继舜，等译.北京：化学工业出版社，1984.

[76] 王红敏，李振山，等.大型储浆罐搅拌机构的设计及应用 [J]. 水力采煤与管道运输，2001（3）：18-20.

[77] 吴坤泰.大型水煤浆储罐罐防止水煤浆沉淀措施的探讨 [J]. 煤炭工程，2001（7）：57-58.

[78] 吕杰.水煤浆的储存 [J]. 水力采煤与管道运输，2004（4）：7-9.

[79] 刘建忠，赵翔，等.水煤浆过滤装置的系列化设计与运行 [J]. 煤矿机械，2001（3）：5-7.

[80] 江体乾.化工流变学 [M]. 上海：华东理工大学出版社，2004：1-5.

[81] 郝临山，彭建喜.水煤浆制备与应用技术 [M]. 北京：煤炭工业出版社，2003：167-178.

[82] Turian R M，Attal J F，Sung Dongjin，et al. Properties and rheology of coalwater mixture using different coals [J]. Fuel，2002，81：2019-2033.

[83] Turian R M, Sung Dongjin, Hsu F L. Thermal conductivity of granular coals. coalwater mixtures and multisolid/liquid suspensions [J]. Fuel, 1991, 71: 1157.

[84] Turian R M, Hsu F L, Avramidis K S, et al. Settling and rheology of suspensions of narrow-sized coal paticles [J]. AIChE J, 1992, 38: 969-987.

[85] Sung D J, Turian R M. Chemically enhanced filtration and dewatering of narrow sized coal particles [J]. Sep Technol, 1994, 4 (3): 130-143.

[86] 朱书全.煤的性质对其成浆性影响研究综述 [J]. 煤炭加工与综合利用, 1996, 2: 5-8.

[87] 尉迟唯, 李保庆, 李文, 等.中国不同变质程度煤制备水煤浆的性质研究 [J]. 燃料化学学报, 2005, 33 (2): 155-160.

[88] 杨波丽, 邹建辉, 龚凯峰, 等.褐煤与石油焦的共成浆性能 [J]. 燃料化学学报, 2008, 36 (4): 391-396.

[89] Liu J, Zhao W, Zhou J, et al. An investigation on rhelogical and sulfur retention characteristics of desulfurizing coal water slurry with calcium-based additives [J]. Fuel Processing Technology, 2008.

[90] Xu R, He Q, Cai J, et al. Effect of chemicals and blending petroleum coke on the properties of low-rank indonesian coal water mixture [J]. Fuel Processing Technology, 2008, 89: 249-253.

[91] Boylu F, Dincer H, Atesok G. Effect of coal particle size distribution, volume fraction and rank on rheology of coal water slurries [J]. Fuel Processing Technology, 2004, 85: 241-250.

[92] 费祥俊.高浓度与中浓度煤浆管道输送的比较分析 [J]. 煤炭学报, 1996, 21 (1): 81-84.

[93] 岑可法, 姚强, 曹欣玉, 等.煤浆燃烧、流动、传热和气化的理论与应用技术 [M]. 杭州: 浙江大学出版社, 1997.

[94] 赵国华, 王秋粉, 陈良勇, 段钰锋.温度对高浓度水煤浆流变性能的影响 [J]. 锅炉技术, 2007, 38 (6): 74-78.

[95] 朱书全, 杨巧文, 王祖讷.温度对水煤浆黏度的影响及其校正 [J]. 煤炭加工与综合利用, 1997, 4: 6-8.

[96] Wilkinson W L. Non-Newtonian Fluid: Fluid Mechanics, Mixing and Heat Transfer [M]. Oxford: Pergamon Press, 1960.

[97] Skelland. Non-Newtonian Flow and Heat Transfer [M]. New York: Wiley, 1967: 157-179.

[98] Galdwell, Babbitt. Flow of muds, sludges, and suspensions in circular pipe [J]. Industry and Engineering Chemistry, 1941, 33: 249-256.

[99] Perry R H. PERRY 化学工程手册 [M]. 6 版.北京: 化学工业出版社, 1992: 48-49.

[100] Hedstrom B C A. Flow of plastic materials in pipes [J]. Industry and Engineering Chemistry, 1952, 44 (2): 651.

[101] Matzner A B, Reed J C. Flow of non-newtonian fluids correlation of the laminar, transition, and turbulent-flow regions [J]. AIChE Journal, 1955, 1 (3): 434.

[102] Metzner A B. Non-newtonian fluid flow [J]. Industry and Engineering Chemistry, 1957, 49 (9): 1429-1432.

[103] Dodge D W, Metzner A B. Turbulent flow of non-newtonian systems [J]. AIChE Journal, 1959, 5 (2): 189-204.

[104] Turian R M, Yuan T, Mauri G. Pressure drop correlation for pipeline flow of solid-liquid suspensions [J]. AIChE Journal, 1971, 17 (4): 809-817.

[105] Mishra P, Gupta S N. Isothermal laminar flow of non-newtonian fluids through helical coils [J]. Indian J Technology, 1975, 13 (6): 245-250.

[106] White C W. The pressure drop of non-Newtonian fluid flow in curved pipes [J]. Application Science, 1964, 8: 1129.

[107] Singh R P, Mishra P. Friction factor for newtonian and non-newtonian fluid flow in curved pipes [J]. Journal of Chemical Engineering of Japan, 1980, 13 (4): 275-280.

[108] Kim H T, Han K S, Park C K, Lee C S. Minimum velocity for transport of a sand-water slurry through a pipeline [J]. International Chemical Engineering, 1986, 26 (4): 731-737.

[109] 魏建胜.奈莫 NEMO 泵在水煤浆生产线应用的探讨 [J]. 通用机械, 2005 (10): 47-50.

[110] 张生昌, 李强, 叶晓琰, 等.水煤浆输送用隔膜泵产品研究 [J]. 流体机械, 2003, 31 (4): 6-8.

[111] 王秋记, 李少章, 等.混合制浆工艺及浆体输送方式的改进 [J]. 选煤技术, 2001 (3): 32-33.

[112] 第一机械工业部合肥通用机械研究所编.泵 [M]. 北京: 机械工业出版社, 1980: 14-16.

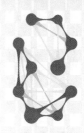

6

粉煤的流动特性及其密相气力输送

    气流床粉煤气化工艺的原料介质——煤粉，是由大量粒径较小的、分散的、相互接触的颗粒组成的集合体。对于其中单个颗粒来说，它是固体；对于它们的集合体而言，又显示出流体的形态。关于固体有较成熟的弹性力学和塑性力学理论，流体的运动也已形成较完善的流体力学理论，但目前还没一套成熟的理论能够完全描述煤粉这类离散态物质体系的流动行为。

    将煤粉稳定可控地送入到气化炉中是粉煤加压气化工艺的关键技术之一。工业实践表明，气力输送是加压条件下实现粉煤稳定输送的一种较好的方法。为满足气流床粉煤气化技术先进工艺指标的要求，必须用尽可能少的载气（N_2/CO_2）输送尽可能多的煤粉，一般粉煤浓度高达 $300\sim600kg/m^3$，是典型的密相输送。在密相气固两相流系统中，粉体性质如粒径、粒径分布、颗粒形状、颗粒密度、湿含量等是影响其粉体力学特性（休止角、摩擦角、压缩性）、颗粒群聚集特性和其料斗流型与管道流型的重要因素。

    本章将重点介绍粉煤的流动特性，探讨粉煤流动性的表征方法及影响因素，探索粉煤物性与流动性参数的关系；探究粉煤密相输送过程的典型流型、相图、阻力降计算以及密相气力输送的宏观规律。

6.1　粉煤的流动特性

    粉体研究主要集中在分析颗粒间相互作用及运动力学规律，旨在准确描述其在各种场合或环境下的宏观性能。粉体的流动性一直是粉体工程的基础，它是联系单一颗粒的材料性质与粉体技术中的单元操作，如粉体储存、给料、输送、混合等的纽带。已有研究表明，粉体的流动性与重力、空气阻力、颗粒间的相互作用（范德华力、毛细管力和静电力等）相关，主要决定于颗粒物质本身的特性，如粒径及分布、颗粒的形态、比表面积、空隙率与密度（松装密度、振实密度和真密度）、充填性、吸湿性等，其次也与环境的温度、压力、湿度等有关。

本节针对煤炭资源在我国能源结构中所处的重要地位，以广泛应用的气流床粉煤气化工艺为背景，以其原料介质煤粉为研究对象，从粉体的流动性表征方法和影响因素两个方面展开论述。

6.1.1 流动性表征方法

对于粉体流动性没有明确的定义，也没有统一的测试方法。传统的粉体流动性表征方法有休止角法、Hausner 指数法、Carr 流动指数法、流动函数法、流出时间法等；近年来，动力学表征的方法也越来越受到研究者们的关注。

6.1.1.1 休止角法

当粉体堆积在水平面时，粉体颗粒受到的重力和粒子间的摩擦力达到平衡，此时粉体形成静止的锥体形态，处于该状态下的粉体自由斜面与水平面所形成的夹角叫作休止角。通过休止角的大小来评价粉体流动性的方法即为休止角法。

休止角法是表征粉体流动性最简便的方法之一。休止角的测定方法较多，常用的测定方法有注入法、排出法、倾斜角法等，如图 6-1 所示。对于流动性越好的粉体颗粒，其摩擦力较弱，休止角较小。一般认为，休止角小于 30°时，粉体流动性较好；30°～45°之间则有一定黏聚性；45°～55°之间黏聚性较大；当休止角大于 55°，粉体几乎不流动。

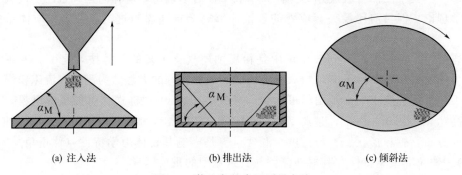

(a) 注入法   (b) 排出法   (c) 倾斜法

图 6-1　休止角的常用测量方法

休止角的测试结果十分依赖于测试仪器和测试过程，比如粉体下落的距离、堆积粉体的质量以及倾角的测量方法等。而且，该种方法在测定黏性粉体时会出现问题，黏聚性粉体会形成不规则的料堆，导致休止角测量的误差。总体而言，该方法较适合工业生产中的经验表征。

6.1.1.2 Hausner 指数法

Hausner 指数（HR）与压缩度 C 是反映粉体可压缩特性的两个重要参数，它们均由粉体的振实密度和松装密度计算得到，其表达式为

$$HR = \rho_t / \rho_b \tag{6-1}$$

$$C = (\rho_t - \rho_b) / \rho_b \tag{6-2}$$

式中，ρ_t 为振实密度；ρ_b 为松装密度。除能良好地描述粉体的可压缩特性之外，HR 指数及压缩度 C 还能对粉体的流动性进行描述：HR 与 C 越大，表明粉体的可压缩性越强，

流动性越差。

　　HR 指数的概念最早出自 Hausner 的研究。1967 年，Hausner 在研究三种粒径相近但具有不同形态的铜粉的松装密度和振实密度的过程中发现，具有相似粒径的颗粒，偏离球体形态越远，振实密度与松装密度的比值越大，之后作者通过继续研究发现振实密度与松装密度的比值随着颗粒粒径的增大而减小，他认为这是由于颗粒表面积变化引起的颗粒间摩擦特性发生了变化造成的[1]。Hedstrm[2]进一步指出，堆积密度的意义不仅仅局限于其绝对值，更深的意义在于其在工艺处理过程中颗粒特性发生细微变化而对应产生的堆积密度的相对变化，这种相对变化的实质是对稀松的颗粒粉体结构发生变化的敏感反应，影响着工艺处理过程中粉体的流动特性。

　　在之后的研究中，HR 指数被广泛地用来描述粉体流动性：在 HR 大于 1.4 时，粉体属于具有黏聚性的 Geldart C 类粉体，HR 在 1.25 以下属于流动性很好的 A 类粉体，1.25～1.4 之间则为 A/C 特性共有的过渡性粉体。

6.1.1.3　Carr 流动指数法

　　通过单独分析某个流动性相关参数很难得到该粉体流动性的全面认识，须对颗粒流动性进行明确定义，从粉体颗粒流动状态和过程出发，寻找能综合反映其流动性的参数，这也是 Carr 流动性指数法产生的主要原因。Carr 流动指数法是 Carr 教授通过大量实验，将 4 个单项粉体检测项目（休止角，压缩率，平板角和均齐度或凝集度）指数化后累加得到 Carr 流动性指数 FI，通过对照 Carr 流动性指数表（见表 6-1）来表征粉体流动特性的方法[3]。

表 6-1　Carr 流动性指数表[3]

休止角/(°)		压缩率/%		平板角/(°)		均齐度		FI	流动特性评价
测定值	指数	测定值	指数	测定值	指数	测定值	指数		
<25	25	<5	25	<25	25	1	25	90～100	非常好
26～29	24	6～9	24	26～30	24	2～4	23		
30	22.5	10	22.5	31	22.5	5	22.5		
31	22	11	22	32	22	6	22	80～89	良好
32～34	21	12～14	21	33～37	21	7	21		
35	20	15	20	38	20	8	20		
36	19.5	16	19.5	39	19.5	9	19	70～79	较好
37～39	18	17～19	18	40～44	18	10～11	18		
40	17.5	20	17.5	45	17.5	12	17.5		
41	17	21	17	46	17	13	17	60～69	一般
42～44	16	22～24	16	47～59	16	14～16	16		
45	15	25	15	60	15	17	15		
46	14.5	26	14.5	61	14.5	18	14.5	40～59	较差
47～54	12	27～30	12	62～74	12	19～21	12		
55	10	31	10	75	10	22	10		
56	9.5	32	9.5	76	9.5	23	9.5	20～39	很差
57～64	7	33～36	7	77～89	7	24～26	7		
65	5	37	5	90	5	27	5		

休止角/(°)		压缩率/%		平板角/(°)		均齐度		FI	流动特性评价
测定值	指数	测定值	指数	测定值	指数	测定值	指数		
66	4.5	38	4.5	91	4.5	28	4.5		
67~89	2	39~45	2	92~99	2	29~35	2	0~19	非常差
90	0	>45	0	>99	0	>35	0		

由表可见 Carr 流动指数（FI）越高，则粉体的流动性越好。Carr 指数法简单实用，不仅适用于流动性较好的粉末颗粒，而且适用于流动性差、附着性强、有团聚倾向的粉体，适用范围较广。

6.1.1.4 流动函数法

20 世纪 60 年代，Jenike 在研究粉体料仓重力下料过程中提出，剪切测试获得的粉体内摩擦角和内聚力等参数，可用于计算料仓的半锥角及锥部开口口径，指导粉体料仓的设计。随后发现，粉体内摩擦角、内聚力等参数以及结合莫尔圆进一步得到的 Jenike 流动函数（Flow Function，FF）更能进行粉体的流动性描述和评价，从而建立了粉体流动性的经典的 Jenike 理论[4]，见图 6-2。

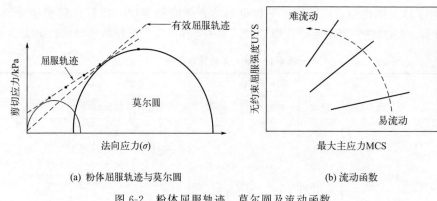

(a) 粉体屈服轨迹与莫尔圆　　　　　　　　(b) 流动函数

图 6-2　粉体屈服轨迹、莫尔圆及流动函数

FF 表示最大主应力（MCS）σ_1 与无约束屈服强度（UYS）f_c 的函数关系。为了定量化地对粉体流动性进行描述，Jenike 提出了流动指数 ff_c（Flow Index），定义为 $ff_c = \sigma_1/f_c$，该比值越大说明对应粉体的流动性越好，具体的区域划分如表 6-2 所示。

表 6-2　Jenike 流动指数 ff_c 与流动性关系

流动指数	$ff_c < 1$	$1 < ff_c < 2$	$2 < ff_c < 4$	$4 < ff_c < 10$	$ff_c > 10$
粉体流动性	难以流动	非常黏	黏	容易流动	自由流动

随着粉体研究应用得越来越广泛，Jenike 粉体流动性理论已经被作为经典理论沿用，在国内外都得到了广泛的认可和应用，Jenike 剪切试验也已经形成了标准的试验过程。虽然有学者对直剪实验过程，尤其是对剪切过程中剪切面积的变化质疑[5]，认为其存在一定的缺陷，但在粉体力学基础上发展起来的标准剪切测试方法由于其坚实的理论基础和定量化的实验结果表征还是得到了绝大多数学者与科研人员的信赖与支持。

6.1.1.5 流出时间法

通过测试一定质量的粉体从漏斗（或转筒）中流出的时间或计算粉体重力下料质量流率，根据时间的长短或下料流率的快慢来评判粉体流动性的方法叫作流出时间法，或者质量流率法。对于同种粉体，当加入漏斗或转筒的物料质量一定时，其下料时间越长、质量流率越小，流动性越差。

不难发现，与上述几种在静态条件对粉体流动性进行测试的方法有别，流出时间法最大的特点是能对粉体流动性进行动态描述，不仅加深了研究者的直观印象，还能使研究者更加清晰地进行粉体流动性好坏的判断与分析。

6.1.1.6 动力学表征

近年来随着粉体技术的发展，出现了许多新的流动性测试方法。特别是基于粉体流变仪，提出从动力学的角度出发，试图对粉体流动性进行更定量或更全面的表征。

FT4 粉体流变仪是由 Freeman Technology 公司设计开发的，能够对运动状态中粉体遭遇的流动阻力进行测量。桨叶在粉体中旋转并上下移动，形成一种精确的流动模式，使成千上万的颗粒发生交互作用或相对运动，桨叶受到的阻力则代表颗粒相对运动的难易度或整体流动性。颗粒运动的阻力越大，粉体流动越不顺畅，桨叶移动也就越困难。

当桨叶在样品中移动时，FT4 粉体流变仪通过计算扭矩和阻力，对旋转阻力和纵向阻力进行测量，并进一步获得粉体的"流动能"。在流动能测试过程中，前 7 次测试为稳定性测试，后 4 次为流动速率测试。由 11 次测试结果可以得到一系列数据，例如基本流动能 BFE、稳定指数 SI、流率指数 FRI，单位流动能 SE，以及处理后的堆积密度 CBD 等，从而可对粉体的流动特性进行较为全面的描述。

6.1.2 流动性影响因素

影响粉体流动性的因素很多，包括粉体的种类、粒径及分布、湿含量、颗粒形状、比表面积、密度、存储时间和颗粒间相互作用等。气化用煤种类繁多，不同煤种的粒径、湿含量、挥发分等物性对煤粉流动参数的影响各不相同，从而导致煤粉的流动规律更为复杂。在影响粉煤流动特性的诸多因素中，粉煤的粒度、湿含量是影响其流动性的两个重要因素。王川红等[6]考察了粒度和湿含量对流动特性参数的影响规律。实验研究物料为神府烟煤，将其筛分成 5 种不同粒度分布的煤样，粒度分布见图 6-3 和表 6-3。

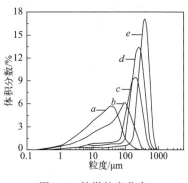

图 6-3 粉煤粒度分布

表 6-3 粉煤粒度分布数据

神府烟煤	粒度/μm				
	d (0.1)	d (0.5)	d (0.9)	体积平均粒度 d_v	表面积平均粒度 d_s
a	3	20	63	28	7
b	5	51	155	67	11

神府烟煤	粒度/μm				
	d (0.1)	d (0.5)	d (0.9)	体积平均粒度 d_v	表面积平均粒度 d_s
c	20	161	290	162	34
d	48	231	364	230	48
e	241	365	538	373	84

6.1.2.1 粒径及分布

粒径是指颗粒大小在空间范围所占据的线性尺寸，粒度分布是指若干个大小顺序排列的一定范围内颗粒量占颗粒群总量的百分数。粉体的平均粒径及粒径分布都对其流动性具有一定影响。气流床粉煤气化工艺为了保障气化炉内的碳转化率，一般要求90%以上的煤粉颗粒小于100μm。对于粒径较大的粉体，其流动一般不存在问题；但对于粒径较小的粉体，特别是黏附性粉体，流动的稳定性和可控性问题都较为突出。

王川红等[6]实验发现，相同湿含量下，随粒径减小，松动密度减小，Hausner 指数 HR增大，如图 6-4。说明粒径越小，粉煤的压缩性越大。因为随着粒径的减小，单位质量的颗粒表面积增加，使颗粒表面的附着力增加，颗粒相互团聚更容易形成拱桥而妨碍了颗粒相互运动，这种架桥作用使颗粒间的空隙率增大，自然堆积体积增大，所以，松动密度减小，Hausner 指数（HR）增大，压缩性增大。此外，随着粉煤粒度的减小，颗粒附着力与自重的比值增大，故越细的颗粒越容易团聚，其压缩性越大。

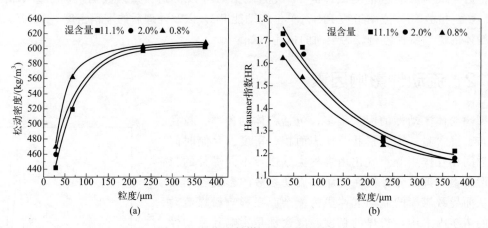

图 6-4　粒度对粉煤压缩性的影响

对于粒径较大的粉煤（体积平均粒度为 373μm 和 230μm），HR 在 1.2～1.4 之间，压缩指数在 15%～30% 之间，此范围内的粉体具有相对较好的流动性和轻微的团聚性，而对于粒度较小的粉煤（体积平均粒度为 67μm 和 28μm），HR 在 1.4～2.0 之间，压缩指数在30%～50% 之间，此范围内的粉体流动性较差，团聚性较高。

测量不同粒径粉煤的休止角发现，如图 6-5 所示，粉煤的休止角均大于 40°，流动性较差。并且，粉煤的休止角随粒度的减小而增大。粉体的休止角与空隙率存在一定关系，空隙率越大，则休止角越大。粉煤颗粒越细、它的架桥团聚作用越强，导致流动性降低，颗粒间的空隙率增大，因而休止角增大。此外，相同湿含量下，随着粉煤粒度的增大，休止角的变化率逐渐减小，说明粒度对细颗粒粉煤的休止角的影响更加明显；另外，随着粒度的减小，湿含量对休止角的影响增强。

从图 6-6 可知，相同湿含量下，粒径越小，流动函数 FF 越小，质量流量越低（通过小型有机玻璃料仓的粉煤重力下料流率）；相同粒径下，湿含量越大，流动函数 FF 越小，质量流量越低。

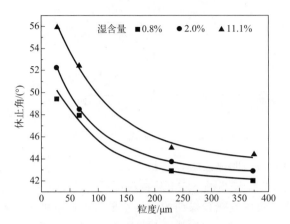

图 6-5　粒径、湿含量对粉煤休止角的影响

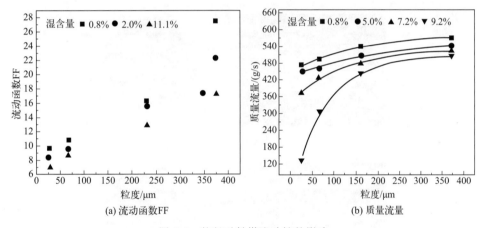

(a) 流动函数FF　　　　　　　　　　　(b) 质量流量

图 6-6　粒径对粉煤流动性的影响

气流床气化用煤一般具有一定的粒径分布。例如，工业界采用较多的 Shell 气化煤粉粒级标准为，小于 $5\mu m$ 和 $100\mu m$ 煤粉颗粒的质量分数分别在 5% 和 90% 以内。细颗粒含量及分布对煤粉堆积特性、摩擦特性、流动性等具有显著影响。有研究表明[7]，细粒粉料对煤粉颗粒的流动性起决定性作用，若没有细粒的黏结，粗颗粒是不会有较大的黏性的。对于具有一定粒径分布的煤粉，细颗粒容易填充在大煤粉颗粒形成的空隙中，使煤粉颗粒更密实，颗粒相互间咬合增强。同时，细颗粒的增多降低了粉体内的毛细孔径，增强了对水汽的毛细吸附，加大了颗粒间的液桥力，使颗粒间的黏结力增大。因此，在气化工艺过程中，需要严格控制细颗粒含量，从而保障煤粉的流动性能。

张正德等[8]研究了小于 $40\mu m$ 细颗粒含量对粉体体系的影响规律，如图 6-7 所示，细颗粒含量（X_f）越高，煤粉的压缩性越强、内聚力越强，相应的堆积密度较小；随着细颗粒含量的降低，煤粉的内聚力及摩擦特性减弱，下料过程中的颗粒流由间歇流动转变为连续流动，下料流率显著增大，瞬时下料流率波动程度减弱；当细颗粒含量约高于 40%，下料过程中将会结拱。

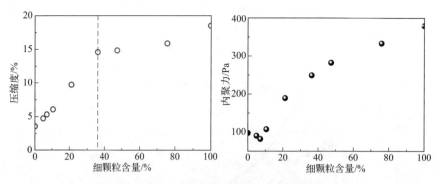

图 6-7 细颗粒含量对煤粉流动性的影响

粒径增大，煤粉的流动性明显改善，这是由粒径不同的大小颗粒表现出来的各项性质决定的。图 6-8 给出了不同粒径煤粉的 SEM 及颗粒间受力示意。由图可见，粒径大小不同的煤粉颗粒分散状态显著不同：粗颗粒煤粉的颗粒主要为不连续的分散状态，颗粒与颗粒之间界限明显，团聚作用较弱；而细颗粒煤粉的细粉分散广泛，团聚清晰，颗粒之间界限模糊，空隙更小。

(a) 粗颗粒

(b) 细颗粒

图 6-8 煤粉 SEM 及颗粒间受力示意图

对于粉体而言，颗粒之间的作用力分为体积力、范德华力、静电力、液桥力及固桥力等。当煤粉颗粒较大时，颗粒比表面积较小，接触点较少，接触面积不大，因此颗粒之间的范德华力、静电力和液桥力等力都非常小，颗粒之间相互作用力以体积力为主，此时粉体表现出良好的流动性。以重力下料为例进行分析，对图 6-8（a）中较大颗粒煤粉受力分析，颗粒在受到竖直向下的重力 G_1 作用和竖直向上的力 F_1 作用，F_1 为其他作用力的合力，很明显，$G_1 > F_1$，颗粒所受到的合力向下，因此，在重力作用下较大颗粒煤粉即能实现良好的重力下料。

当煤粉颗粒较小时，颗粒的比表面积较大，细粉黏附效果显著，这种黏附作用相当于在颗粒之间起连接作用，极大地增加了颗粒的接触面积，颗粒之间的范德华力、静电力、液桥力等显著增大，而体积力则相对较小，颗粒极易团聚，流动性很差。在重力下料过程中，如图 6-8（b）所示，此时 $F_2 > G_2$，F_2 表示颗粒之间范德华力、静电力、液桥力等力的合力，表示颗粒受到的重力小于细颗粒之间的黏聚性，因此在重力下料过程中易结拱堵塞，不易下料。

6.1.2.2 湿含量

湿含量是影响煤粉流动性的重要参数。与无孔或少孔粉体物料（如玻璃微珠、黄沙、硫酸铵颗粒等）相比，煤粉具有更加发达的孔隙结构，这在一定程度上决定了煤粉对水分较强的吸附及结合作用。根据存在状态的不同，煤中的水分可分为内在水分和外在水分。吸附或凝聚在煤粒内部毛细孔中的水称为内在水分，这种存在状态下的水分主要通过物理化学的方式与煤粉颗粒结合；附着在煤粉颗粒表面的水分称为外在水分，它主要通过机械的方式与煤粉结合。内在水分和外在水分之和即为煤的全水水分。

粉煤中的水分含量对粉煤高压供料与密相气力输送过程稳定性有重要影响。一般地，气流床粉煤气化工艺要求输送烟煤煤粉的水分含量低于 1%。对于高水分含量的褐煤，有研究表明，输送水分含量高达 11% 的羊场湾无烟煤时，密相气力输送系统依然稳定可控，且输送系统的操作规律及系统特性与干燥煤粉输送工况相比，基本不变[9]。这对褐煤粉煤气化提供了一种新的思路。

金庸等[10]探究了湿含量变化对煤粉流动性的影响规律。十种不同湿含量的褐煤体系制备过程如下：将煤粉颗粒与一定量的水倒入有盖的封闭容器中，用混合仪（Turbula T2F，Willy A. Bachofen GmbH）混合 5h 后，静置 24h，确保水分和颗粒充分混合。采用红外水分仪（Sartorius MA150）在 105℃下，干燥 5g 的褐煤样品，直到天平显示 1 分钟内质量变化小于 1mg，停止干燥。记录此时的质量，m。水分含量 $M_t = (5 - m)/m \times 100\%$。

通过粉体特性测试仪 PT-X 的 100mL 容器测得不同湿含量煤粉的休止角、振实密度和堆积密度。图 6-9 给出了湿含量与休止角的关系：随着湿含量增加，休止角值缓慢增加，当湿含量超过 20.3% 后，休止角值急剧增加。说明在 20.3% 的含水量下，水分对于休止角的影响并不敏感；当湿含量超过 20.3% 后，水分对于休止角的变化有显著的影响。在这两个区域内，湿含量与休止角分别呈线性相关。休止角的变化体现出粉体颗粒之间相互作用强弱的变化与湿含量变化之间的关系。

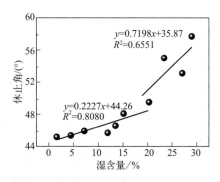

图 6-9　湿含量对煤粉休止角的影响

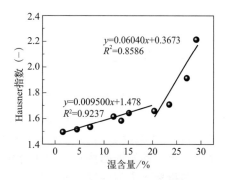

图 6-10　湿含量对煤粉 Hausner 指数的影响

由图 6-10 可知：随着湿含量的增加，Hausner 指数增大。但是湿含量超过 20.3% 后，

Hausner 指数急剧增加，该参数的变化与休止角的变化趋势一致。湿含量为 20.3% 的点是水分对粉体流动性影响变化的转捩点，湿含量低于或高于 20.3%，水分作用机理不同。

当实验物料一定时，堆积密度的变化可以直观地反映出外界条件（如水分的加入）对于粉体床层空隙率 ε 的影响程度。对于单分散颗粒，水分含量与堆积密度满足：

$$\rho_b = \rho_p (1-\varepsilon)\left(1+\frac{M_t}{100}\right) \tag{6-3}$$

则，空隙率与湿含量的关系为：

$$\varepsilon = \frac{\rho_p(100+M_t)-100\rho_b}{\rho_p(100+M_t)} \tag{6-4}$$

从而可计算出不同湿含量煤粉的空隙率，并与湿含量作图。由图 6-11 可见，随着湿含量的增加，褐煤颗粒间的空隙率增加。但由方程（6-4）可知，如果水分含量继续增加，空隙率将趋于定值。实现发现，当水分含量达到 45% 的时候，褐煤颗粒体系成浆态，难以通过剪切实验和休止角实验对粉体的黏附性进行表征。

研究表明[11]，褐煤颗粒具有发达的孔隙结构。当水分进入体系后，会优先扩散到颗粒孔隙内。当湿含量超过某一临界值后，颗粒中的水分饱和，水分开始在颗粒间富集。基于上述试验结果和讨论，提出以下假设：当水分进入颗粒系统内，产生液桥，水分填充颗粒表面。该过程由两个不同的机制控制，反映了水分含量和空隙率的关系：

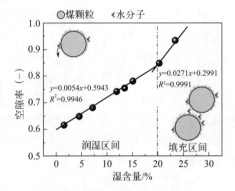

图 6-11　不同湿含量下的煤粉空隙率

（a）润湿颗粒表面区：水分进入颗粒表面孔隙，使得颗粒间距离和空隙率增加；

（b）填充颗粒间隙区：由于颗粒内水分饱和，水分内扩散受限，湿含量进一步增加，水分赋存于颗粒外表面与颗粒间隙内，颗粒间距增大。

在试验体系中，当湿含量超过 20.3% 时，水分增加，填充颗粒间隙，空隙率增大；湿含量小于 20.3%，水分处于颗粒表面孔隙，影响颗粒堆积密度，空隙率增大。综上所述，不同区域内，湿含量的作用机理不同，其对粉煤流动性影响的程度也不一样。

6.2　粉煤密相气力输送

气力输送定义为借助气体在管道内流动来输送干燥的颗粒物料或粉体物料。气体的流动直接给管道内物料粒子提供移动所需的能量，管道内空气的流动则是由管道两端压力差来推动[12]。

目前已知的干法进料方式有两种。一种是采用锁斗，间歇地将煤粉从常压料仓送入到高压的发料罐中，并通过发料罐将煤粉连续地送入气化炉中；另一种是采用机械装置，比如采用粉体泵。目前 Stamet 公司开发的粉体泵出口压力已达约 3.5MPa，但还处于开发阶段[13]。

从煤气化技术的发展趋势看，干法进料具有明显的优势，但也有一些不足之处：①受设备上以及工艺指标要求的限制，通常气化炉操作压力不超过 4MPa；②粉煤流量控制灵活性和计量精度不高，目前无法达到煤浆泵的精确控制性能，给气化炉稳定操作带来了难度；③制粉与输送单元的相关设备体积庞大，能耗较高。

气力输送应用于干法进料的气流床气化工艺，至少应该满足以下几个条件：①粉煤流量可控；②输送过程稳定；③尽可能高的输送浓度；④高压输送；⑤粉煤质量流量的在线与准确测量。

6.2.1 气力输送概述

气力输送问世之初，固体几乎以完全悬浮的形式进行输送，即稀相输送。管道中固体物料的体积浓度很低，一般小于 10%，气体的表观速度很高，使得消耗的能量较大，物料与物料之间、物料与管壁之间有较大的磨损。现在许多工业中使用气力输送颗粒物料已成为普通的方法，像制药、食品、塑料、水泥、化工、玻璃、采矿及金属工业部门等，一般用在物料的储存、运输、收料及计量等工序。

近 40 年，人们逐渐对密相气力输送有了兴趣，这是由于密相气力输送中气体表观速度较低，物料与物料之间、物料与管壁之间磨损较小，消耗的能量较少，并能用较少的气体携带较多的固体，输送中固气比较高。尽管气力输送系统的制造商和使用者已作了多年的研究和开发，但至今这种处理固体的方法仍没有形成一门完整的学科，有关气力输送的众多理论只能应用于特殊输送系统中少数有选择的物料输送。

气力输送系统与其他固体输送系统如带式输送机、振动及螺旋输送机等比较，具有以下优点[14]：

① 所有的固体输送设备与气力输送系统相比，气力输送系统可能是小颗粒固体物料连续输送的最适合的方法。

② 气力输送系统对充分利用空间有极好的灵活性。气力输送机可向上、向下或围绕建筑物、大的设备及其他障碍物输送物料，可以使输送管高出或避开其他操作装置所占用的空间。

③ 气力输送系统所采用的各种固体物料输送系统、流量分配器以及接收器非常类似于流体设备的操作，因此大多数气力输送机很容易实现自动化，由一个中心控制台操作，可以节省操作人员的费用。

④ 与其他固体物料输送方法比较，气力输送着火和爆炸的危险性小，比较安全。

⑤ 设计良好的气力输送系统比较清洁，对环境的污染小。在真空输送系统的情况下，任何空气的泄漏都是向内，真空和增压两种设备都是完全封闭和密封的单体，因此物料的污染就可限制到最小。

当然，气力输送系统也有其缺点和不足，主要表现在以下方面：

① 能耗较高。与其他散状固体物料输送设备相比，气力输送系统的动力消耗费较高。

② 使用受到限制。气力输送系统仅能用于输送必须是比较干燥、没有磨琢性的，有时还需是能自由流动的物料。一般，如果最终产品不允许破碎，则脆性的、易于碎裂的产品不适合采用气力输送机输送。除非是特殊设计的设备，否则易吸湿及易结块的物料也不适宜用气力输送系统输送。易氧化的物料不适宜用空气输送，但可采用带有气体循环返回的惰性气体来代替空气。

③ 输送距离受限制。至目前为止，气力输送系统只能用于比较短的输送距离，一般小于 3000m。设计长的输送线其主要障碍是在设计沿线加压站上遇到困难。

④ 物料特性的微小变化（像堆密度、颗粒大小分布、硬度、休止角、磨琢性、爆炸的潜在危险）都能引起操作上的困难。

在工业应用的推动下，气力输送技术已经从低压、稀相应用发展到了高压、密相的应用。虽然目前已有应用于气流床气化工艺中的粉煤输送工业化装置，如我国引进的多套Shell 气化装置，但工程实践中仍存在诸多问题，粉煤密相输送技术仍需不断完善和发展。

6.2.2 气力输送的流型与相图

密相气力输送过程所具有的典型的湍流流动性质，加之物料的多样性使得气固流动过程极其复杂，认识气固两相流动的流型是气力输送技术领域中的主要基础。在表观气速由小增大的过程中，单位管长压降相应变化，并出现不同的流型。

例如，对于水平气力输送而言，通常是气体速度越大时，颗粒在空间的分布越均匀。而输送气体速度越小时，颗粒浓度分布越明显。对垂直向上输送而言，输送气速太小，颗粒会产生逆向流动。

流型分类具有重要的意义，它是正确预测两相流流动特性及其传递规律的前提条件。对流型检测的方法可大致归纳为两种：一类是直接法，根据流动图像直接确定流型，如高速摄像法或电容层析成像（ECT）法；另一类是间接法或软测量法，即利用信号分析方法从气固两相流系统波动信号中提取与流型相关的特征值，利用这些特征值与流型之间的数学关系，通过数学计算和估算实现流型的测量。流型研究虽已有数十年的历史，但流型分类尚未统一，实质上同一名称的流型，在定义上也不一致。早期由于对流型的观察比较粗略，因而流型分类比较简单。以后，随着对两相流现象的认识以及研究工作的不断深入，流型的分类日益精细。但随后人们又发现，有些流型的存在区域很小，与其他流型的差别不明显，而且流型分类过细对分析两相流动及其相关的传递特性的研究并没有多大意义，因此，近年来流型的分类又有从细到粗的趋势[15]。

6.2.2.1 水平管流型

对于水平输送管道，物料在管道中的流动状态主要与气流速度、气流中所含物料浓度以及物料本身的特性有关，物料在管道中的流动状况可分为以下几种情况[16]：

① 当管道内气流速度很快而物料相对较少时，物料颗粒基本上接近均匀分布，并在气流中呈完全悬浮状态随气流前进。

② 随着气流速度逐渐降低或物料逐渐增加，气流作用于颗粒上的推力也随之减小，颗粒的运行速度也相应减慢，并伴有颗粒之间的相互碰撞，致使部分较大颗粒趋于下沉接近管底，物料分布变得上稀下密，但所有物料仍处于连续前进状态。

③ 气流速度进一步减小，颗粒呈层状沉积于管底，这时一部分颗粒在气流的带动下在上部空间通过，在沉积层的表面有些颗粒在气流作用下也会向前移动。

④ 当气流速度开始低于悬浮速度或进一步增大物料量时，大部分颗粒会失去悬浮能力而沉积于管底，在部分管段甚至有物料堆积成"沙丘"，气流通过"沙丘"上部的狭窄通道时速度加快，在此瞬间又将"沙丘"吹走，并交替出现时而停滞、时而吹走的现象，如果"沙丘"突然大到充满整个管道截面时，则物料在管道中就停止流动。

⑤ 如果物料在管道中形成短的料栓，也可以利用料栓前后气流的压力差推动料栓前进。料栓之间有一薄沉积层，当料栓前进时，其前端将沉积层颗粒铲起并随料栓一起前进，同时其尾端有颗粒不断与料栓分离而形成新的沉积层，料栓在前进过程中，其颗粒陆续被前端铲起的颗粒所置换，因此，物料的颗粒只是呈间歇前进状态。

上述物料流动状态中，前三种属于悬浮流，物料是在高速气流的推动下前进的，称为动压输送。后两种属于集团流，其中最后一种称为栓流，物料主要在气流的静压推动下前进。

图 6-12 为水平管道内气固两相流各种流型示意图[17]。完全悬浮流是传统的稀相输送，所有的颗粒被气体携带，形成完全均匀的悬浮流动。管底流在管道的横截面上有浓度梯度，大多数颗粒在管道的底部运动，一些颗粒沿着管道的底部跳动和滚动。在沙丘流输送中，固体形成两层，上层由颗粒与自由气组成，下层由运动慢的颗粒组成，这种流动状态一般认为是不稳定流动流型，代表了从稀相到密相的转变。沉积层流指颗粒全部从悬浮层沉降下来，在管道底部形成固体稳定层，沿管道底部向前运动。栓塞流指在管道中气体将固体分成不同程度的段塞向前流动的方式。对于无黏性的物料，固体以不连续的柱塞运动（移动填充床），柱塞以最大存储密度充满了管道的横截面积。柱塞之间，管道的最上部充满了移动空气，移动空气中带一些分散的颗粒，管道的下部充满了静止的颗粒。

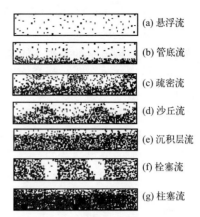

图 6-12　水平管道内物料的流动状态

事实上，两相流的流动形态几乎有无穷多，对其分类在很大程度上带有主观成分，对其划分和命名也没有完全统一。不同的文献对散状物料在管道中的流动状态有不同的分类，也有很多文献将其分为三大区域：①密相输送区；②不稳定输送区；③稀相输送区。

Pan 等[18]借助气力输送特性曲线介绍了不同的物料所可能出现的流型，介绍如下。

（1）从稀相输送平缓过渡到流态化密相输送　出现这种流动状态的物料通常为粉体物料（比如飞灰、水泥、粉煤），这些物料的气力输送特性曲线如图 6-13 所示。

固体质量流量（m_s）一定，随着气体质量流量（m_f）的逐渐降低，压降也逐渐降低，并达到一个最小值。压降最低点右边的区域通常被认为是稀相输送。随着气体质量流量的进一步降低，压降以比较快的速度增加。左边的区域通常被称为流态化密相输送区。PMC 曲线（压力最低点的连线）通常用来定义稀相输送所需的最低压降。

（2）稀相输送、不稳定输送和活塞流输送　出现这种流动状态的物料通常为比较轻的、能自由吹动的粒状物料（比如塑料粒、小麦、大米、燕麦），这些物料的气力输送特性曲线及其流型如图 6-14 所示。

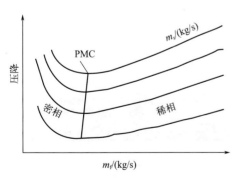

图 6-13　从稀相输送平缓过渡到
流态化密相输送的特性曲线

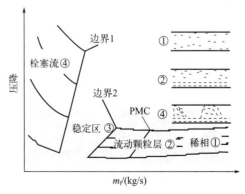

图 6-14　稀相输送、不稳定输送和
栓塞流输送的特性曲线

6　粉煤的流动特性及其密相气力输送　　279

稀相输送时，颗粒均匀的分布在管道中（见图 6-14 中①）。固体质量流量（m_s）一定，沿着气体质量流量（m_f）降低的方向，压降降低到最小值，此时有一层颗粒沿管底流动（见图 6-14 中②）。随着气体质量流量的继续降低，一些颗粒开始沿着管底滞留，而大部分颗粒以团块或沙丘的形式向前移动，这些团块或沙丘同时也带动管底滞留的颗粒向前移动。

随着气体质量流量的再进一步降低，气体已不足以推动颗粒运动，一些颗粒开始沿管底堆积，并形成柱塞。这些长的柱塞在管道中移动，导致了压力的波动。这一区域被认为是不稳定区域（见图 6-14 中③）。

假如气体质量流量再继续降低，就可以发现固体颗粒以活塞状向前缓慢移动（见图 6-14 中④）。在水平管道中，移动的活塞带动其前方滞留层的颗粒一起运动，并留下同样多的颗粒滞留在其后面。值得注意的是，一般活塞内部颗粒并无相对移动。

因此，从图 6-14 可以看到有两条分界线将稀相输送、不稳定输送和活塞流输送区分开来。

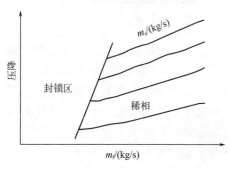

图 6-15　只能稀相输送的特性曲线

（3）只能稀相输送　出现这种流动状态的物料通常为比较重的粒状或碎状物料（比如碎煤、基本浓缩物、锆石沙）。此外，一些比较轻的、纤维状或海绵状的物料（比如木屑、谷物灰、锯屑、甘蔗渣、珠光体）也只能稀相输送。原因主要是，当这些物料挤在一起的时候，物料之间很容易互相连接，从而完全改变了物料的流动性。这些物料的气力输送特性曲线及其流型如图 6-15 所示。

固体质量流量（m_s）一定，随着气体质量流量（m_f）的逐渐降低，压降也降低。在达到压降最低点之前，物料开始跳跃并沿着管道底部沉积，迅速充满整个管道界面，即出现堵塞。

煤粉流型复杂多变，研究难度较大。肖为国[19]尝试了通过输送管道可视化方法观测粉煤密相流动形态。高速摄像拍摄结果表明，浓相输送时其流动形态以分层流为主。该流型的外观表象为：管内下层的粉煤浓度要远远高于上层的浓度，下层粉煤以密集沉积状态流动，上层粉煤以稀相悬浮态流动，虽然上、下层的分界面比较清晰，但由于管内湍流程度较大，该分界面在剧烈而快速变化之中。同时还可以观察到沿轴向运动的粉煤存在明显的不规则的径向脉动。

图 6-16 为固气比分别为 53kg/kg 和 136kg/kg 的条件下，通过高速摄像拍摄到的管内分层流照片。图中 D 为管径，区域 d 为粉煤悬浮相，管内悬浮相以外区域为粉煤沉积相。通过对拍摄影像的连续播放，可较为清楚地观察到粉煤的二维真实流动状态，在上层悬浮相中，被悬浮的粉煤量较少，同时一些较细的粉煤黏附在管壁上。其余部分为粉煤沉积相，沉积相内因粉煤浓度高，已完全不透光，只可见相界面的粉煤成波浪状的轴向运动。

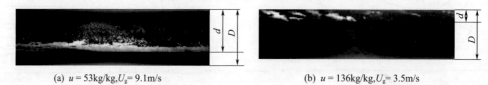

(a) $u = 53kg/kg, U_g = 9.1m/s$　　　　　　　　　　(b) $u = 136kg/kg, U_g = 3.5m/s$

图 6-16　高速摄像仪拍摄的粉煤在水平石英玻璃管内的流动图像[19]

图 6-16（a）为管内气流速度较大、固相浓度较低时分界面较为清晰的状况。可以见得其分界面并不平整，有沙丘一样小煤团在管底煤层表面流动，上层空间有稀相粉煤呈漂移状流动。图 6-16（b）为气流速度较小、固相浓度较高时的粉煤流动形态。总之，不同操作条件下的管内分界面高度有明显的起伏变化，有时局部会出现粉煤几乎充满管道的状态。

总之，在水平管粉煤密相气力输送过程中，在较低表观气速下通过高速摄像的方法可以观察到管道截面粉煤浓度明显不同的分层流动，但气固界面波动较大。

马胜等[20]基于电容层析成像技术（ECT），对粉煤密相气力输送系统的流型进行了检测。为了便于分析研究，根据 ECT 测得的煤粉相对浓度及图像特征，对检测到的流型进行了分类，包括满管流、高浓度沉积层流、中等浓度沉积层流、低浓度沉积层流、悬浮流和气栓六种流型，如图 6-17。典型满管流动形态如图 6-17（a）所示，其相对煤粉浓度为 0.5～0.6，煤粉浓度很高，管截面的浓度分布较均匀；图 6-17（b）～（d）分别是高浓度沉积层流、中浓度沉积层流、低浓度沉积层流，三者的相对煤粉浓度分别是 0.4～0.5、0.3～0.4、0.2～0.3。该流型下管道截面煤粉浓度分布不均匀，管道底部浓度较高，上方浓度较低；图 6-17（e）的相对煤粉浓度为 0.1～0.2，煤粉浓度很稀疏，分布也比较均匀，属悬浮流；图 6-17（f）为气栓，相对煤粉浓度为 0～0.1，煤粉浓度极稀，几乎只有气相。

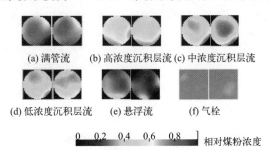

图 6-17　ECT 检测到的粉煤在水平管内的流动图像

对输送过程中 ECT 流型分析表明，在同一工况下，粉煤流型不单一，而是多种流型并存，并不断地发生转化，体现了粉煤密相输送流型的复杂性。流型的统计分析结果表明，这些流型的出现随表观气速不同而具有一定的概率分布，并存在占主导的流型。总体来说，在较低的表观气速下满管流和高浓度沉积层流出现的概率较大，增大表观气速使得中浓度和低浓度的沉积层流出现的概率增大，进一步增大表观气速，低浓度沉积层流出现的概率显著增大，表明表观气速是影响密相气力流型的重要因素。

6.2.2.2　水平管输送相图

对于某一特定的输送系统及流体的组合，用实验的方法可以确定其流型。把相关的实验数据加以归纳后，按照两个或多个主要的流动参数绘成曲线，这些曲线在坐标图中的分布则称为相图。相图是说明当物料和输送系统相同时，流动条件是影响流型的主要因素的有力证据。

一般来说，绘制相图时，首先决定输送的物料、管径以及是垂直流动还是水平流动，然后画出两个边界曲线：一个是气体通过静止填充床的流动，另一个是气体沿着空管子的流动。气固混合物的所有流动必定位于这两条线之间。相图对于我们认识固体在管道中的流动状态有很大的指导作用。

典型的相图见图 6-18，这张图表示了几种固体质量流量 m_s 下，气体表观速度与管道压降损失的关系。在 A 点，流动是稀相悬浮流。如果继续减小气体表观速度，将达到 B 点，此时流动仍是稀相流，但一部分颗粒开始从悬浮中沉降下来，在管道横截面上存在固体的浓度梯度，即形成分层流。继续减小气体表观速度，将达到 C 点，这一点对应的表观气速称为沉积速度（或跳跃速度），在此速度下，颗粒开始与气相分离，并沿管道底部滑动，形成移动床。曲线 CEF 表示压力损失最小的点的连线。继续减小气体表观速度，将到达 D 点，流动为密相流，颗粒与颗粒的相互作用，以及颗粒与管壁的相互作用占优。对粗颗粒而言，可以认为沉积速度与经济速度（相图中，压降最低点对应的气体表观速度称为经济速度）相一致；而对细颗粒而言，沉积速度大于经济速度[21,22]。

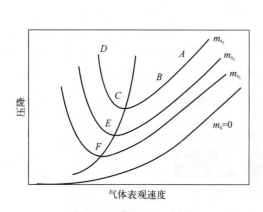

图 6-18 典型 Zenz 相图

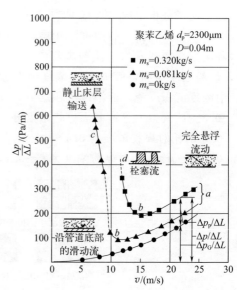

图 6-19 水平管道中的输送相图及其流型示意[23]

相图能用来确定在一组给定条件下管道中物料的流动形态，如图 6-19 所示，或对给定的流动形态确定压力梯度和气体流量范围以及相互关系。相图早在 1949 年由 Zenz 提出，逐渐加以扩展，目前已有大量图表发表，但也有一些差异或不同的表达形式，如有将横坐标改为 $\rho v^2 / 2$，以真实代表装置中的全部流动状态；以固气比对弗劳德数的无量纲相图；模拟热力学形式的相图等。这些相图适于理论分析和研究，因为往往不知其具体条件，在工程设计上难以应用[24]。

针对不同管道内径下的粉煤气力输送相图，封金花[25]在自行设计的粉煤密相气力输送装置中进行了系统的研究，其实验操作范围如表 6-4 所示。图 6-20 给出了表观气速在 2～12m/s 范围内的实验结果。需要指出的是，由于表观气速与单位管长压降的定量关系受输送系统和物料的特性影响，因此这些相图结果仅体现了密相输送的一般规律性，而难以直接应用于工业设计。另外，受系统操作限制，也难以给出全面详尽的定量关系。

表 6-4 不同管径下的气力输送操作范围

管径/mm	U_g/(m/s)		u_s/(m/s)		m_s/(kg/s)		μ/(kg/m³)	
	min	max	min	max	min	max	min	max
15	2.5	21.7	2.2	15.0	0.10	0.84	78	547
20	1.7	17.0	1.74	15.76	0.10	1.17	63	567
32	1.6	16.0	—	—	1.15	3.70	191	634

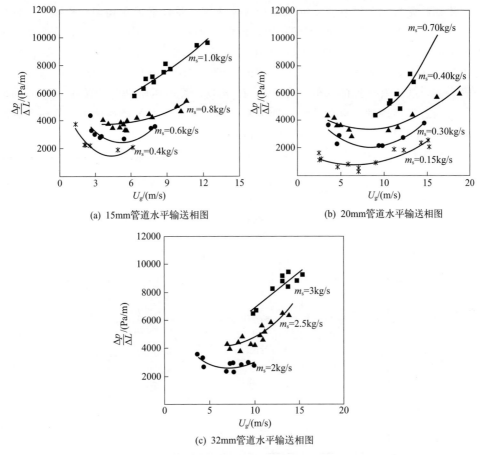

(a) 15mm管道水平输送相图

(b) 20mm管道水平输送相图

(c) 32mm管道水平输送相图

图 6-20　不同输送系统的水平输送相图

　　肖为国[19]在 39mm 内径的工业级不锈钢管道中进行了粉煤的密相气力输送实验，给出了水平管输送相图，并与 20mm 内径不锈钢管道的水平输送相图进行了比较，结果如图 6-21 所示。可见，较大管径和较小管径的输送特性有明显的差别。

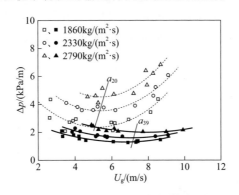

图 6-21　39mm 与 20mm 管径内粉煤输送相图比较

6.2.2.3　竖直管流型与相图

　　在垂直管向上输送过程中，随着气体速度的逐渐减小，观察到的流型如下：气体速度较大时，固体颗粒是均匀分散悬浮；如果减小气体速度，悬浮变得不均匀，有颗粒的聚集或颗粒束形成；进一步减小气体速度会导致噎塞和团流的形成[26]。图 6-22 给出了垂直气力输送相图及其不同流型在相图中的位置示意。在 C 至 D 区域，表观气速较高，固相浓度较低，属于稀相输送区域，随表观气速的降低，管道压降和空隙率降低，此阶段的管道压降主要以摩擦压降为主。随表观气速的降低，在 D 至 E 区域，管道压降和固相浓度快速增加，此阶段固相主要通过气体的静压进行输送，处于密相输送区域。在气体速度足够低而固相浓度足够高的 E 处，由于上升气体无法悬浮所有固相，固相从悬浮流动转为栓塞流动，此时对应的表观气速称为噎塞速度，其意义和水平管输送时的沉积速度类似。

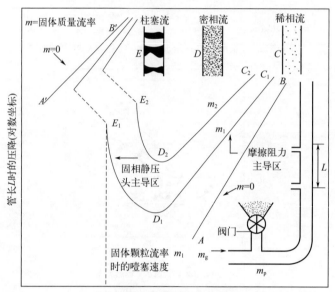

图 6-22　垂直气力输送相图及其流型示意[26]

（m 为固体质量流率）

蒲文灏等[27]在内径 10mm 不锈钢竖直上升管中给出了输送压力 2.6～3.6MPa 下粉煤输送相图，如图 6-23 所示。可以清楚地看出，单位管长压降随表观气速的增加呈先减少后增加的趋势。图 6-23（a）中，煤粉质量流量相近的情况下，表观气速相同，输送压力越高，

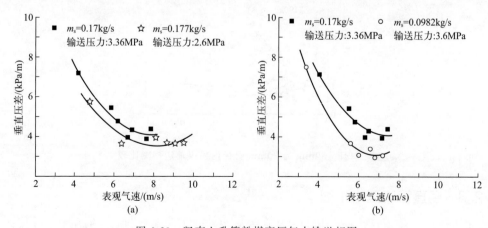

图 6-23　竖直上升管粉煤高压气力输送相图

单位压力损失越大。图 6-23（b）表明，输送压力相差不大，表观气速相同，煤粉质量流量越大，单位压力损失越大。当表观气速相同，煤粉质量流量越大，煤粉的体积浓度越高，由于煤粉引起的压力损失增加，单位压损越大。

郭晓镭等[28]给出了 20mm 竖直上升管中的粉煤密相气力输送相图，固相体积分数为 $0.1\sim0.3$，输送压力约 0.2MPa，如图 6-24 所示。与图 6-23 相比，虽然粉煤流量不同，管径不同，但总体规律是基本一致的。

丛星亮等[29]借助 ECT 测量技术对 20mm 竖直上升管中的粉煤密相气力输送流型进行了研究，发现主要存在四种典型流型，如图 6-25 所示。根据这四种流型在管中浓度分布差异，分别进行了如下定义。

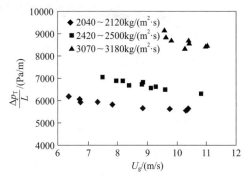

图 6-24　竖直上升管粉煤输送相图

（1）气栓流　在管路中周期性地出现多个气栓，气栓之间的颗粒浓度较高，向上运动的速度较小。这种流型的主要特点：竖直管路中出现了多个气栓，气栓之间可能是柱塞流也可能是环状流。这种流型出现的条件：表观气速较低和给料罐中粉煤流化状态不良。

（2）柱塞流　粉煤以较高浓度占据整个管道截面，粉煤在压差作用下呈柱塞状沿着竖直管路向上移动。这种流型的特点：粉煤以柱塞状沿着管路运动，颗粒浓度高，且随时间变化不大。这种流型出现的条件：表观气速较低和给料罐中粉煤流化状态良好。

（3）栓塞流　颗粒浓度较高的料栓之间为颗粒浓度较低的环状流，料栓在管路中以柱塞状向上运动。这种流型的特点：颗粒浓度较高的料栓和颗粒浓度较低环状流交替变化，流动不稳定。这种流型出现的条件：表观气速相对较低和具有黏附性的物料。

（4）环状流　管壁的颗粒浓度较高，管中心的颗粒浓度相对较低，颗粒浓度在管截面呈环状分布。这种流型的特点：颗粒浓度在管截面呈明显的环状分布。这种流型出现的条件：表观气速较高和具有黏附性的物料。

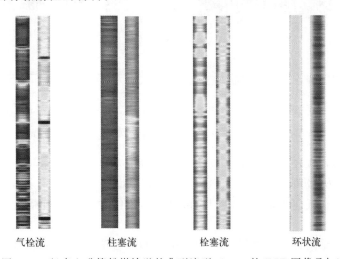

气栓流　　　　柱塞流　　　　栓塞流　　　　环状流

图 6-25　竖直上升管粉煤输送的典型流型（400s 的 ECT 图像叠加）

赵凯伟等[30]在工业级管径（内径 50mm）气力输送实验平台上，分别进行了晋城煤和羊场湾煤两种煤粉的密相气力输送实验，借助 ECT 测量技术检测了竖直上升管内的煤粉流

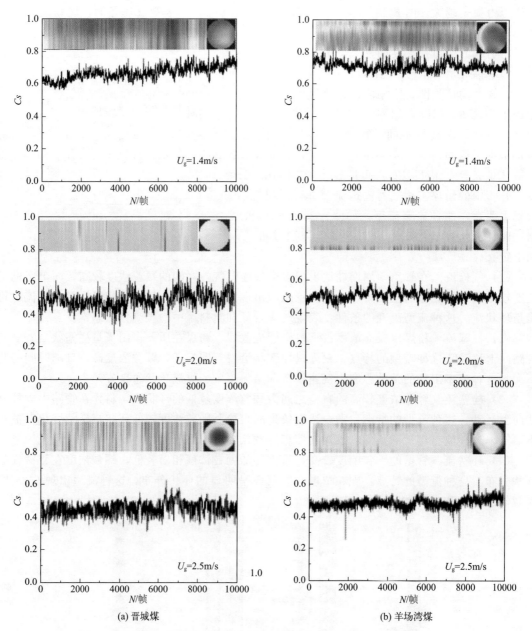

(a) 晋城煤   (b) 羊场湾煤

图 6-26　工业级管径竖直上升管粉煤输送 ECT 信号及流型图

型。如图 6-26 所示，在表观气速增大的过程中，粒径的差异使得两种煤粉产生不同的流型转变过。整体而言，两种煤粉都出现了密相流、环状流和中心流三种流型。上述流型的特征如下：

① 密相流。输送气速小，粉煤以较高浓度分布于绝大部分管道截面，似柱塞状沿管道竖直向上移动。

② 环状流。管壁附近的颗粒浓度大于管中心的颗粒浓度，颗粒聚集在壁面附近向上流动，呈明显环状分布。

③ 中心流。管道中心的颗粒浓度大于近壁面的颗粒浓度，颗粒聚集在管道中心部分向上流动。

进一步对比发现，表观气速较低、输送浓度较高时，两种煤粉呈现出相同的密相流流型。但是，随着表观气速的增大，粒径较大的晋城煤由密相流转变为环状流，而粒径较小的羊场湾煤却由满管流转变为了中心流，两种煤粉均出现了明显的流型转变。较小的表观气速下，煤粉的浓度较高，颗粒本身的运动空间较小，颗粒之间以及颗粒与壁面之间的作用不剧烈，气流场所受扰动较小，煤粉颗粒易达到平衡状态均匀地被气体稳定输送，且都是以密相流向上流动。随着表观气速的增大，煤粉颗粒之间作用更剧烈，气流场波动较大，颗粒间的碰撞及颗粒与壁面之间的作用使得气体与煤粉颗粒之间不易达到平衡状态。此时，由于晋城煤的大颗粒含量较高、均匀度较差，使得晋城煤煤粉在被气体输送过程中，气体更倾向于穿透煤粉颗粒向管道中聚集，而煤粉大颗粒撞壁后由于惯性和重力作用会沿管壁聚集，从而出现了中心浓度低、边壁浓度高的环状流；而细颗粒含量较高、黏附性较强的羊场湾煤煤粉在输送过程中，更倾向于向管中心聚集，气体则更容易沿着管壁向上穿过，出现中心流流型。

6.2.3　粉煤气力输送的管道压降

管道压降是气力输送设计计算的重要参数之一，由于密相气力输送中的固气比较高，运动状态复杂，流型之间相互叠加，因此密相气力输送中管道压损的研究也是一个难点，许多研究者对气力输送中的压降问题已经作了大量的研究。但到目前为止，高速、低固气比的气力输送压降研究结果报道较多，低速、高固气比气力输送压降研究则相对较少。总之，由于气固两相流动的复杂性，特别是输送系统和物料的多样性，密相粉体输送压降计算尚不成熟，而系统性的适用于气流床煤气化工艺的高浓度粉煤气力输送管道压降研究更少。

压降计算公式目前主要可分为三种，一种是建立在纯理论上的计算式，一种是完全的经验关系式，还有就是结合理论推导的半经验关系式，其中后两种公式的推导基础主要依靠实验。根据不同推导原理和实验条件，它们的适用范围和精度也有所差别。

6.2.3.1　有关压损计算的一般分析[31]

气固两相流中，气流和物料所消耗的各种能量，都是由气流的压力能量来补偿的。目前，对于气固两相悬浮输送压损，通常按以下原则处理：

① 将两相流中的颗粒群运动视为一种与一般流体一样的特殊流体在管道中运动，有摩擦阻力和局部阻力，服从传统意义上的一般公式；

② 在确定气流压力损失时，忽略物料所占的断面和容积，按单相气流的压力损失计算；

③ 两相流总压力损失是气流的各项压力损失与颗粒群运动附加的各项压力损失之和。

（1）气固两相流的加速压损 Δp_a　该压损产生于加速段，消耗于物料和气流的启动与加速。当料仓中的物料进入管道时初速度很小（按零处理），经过加速段后，气流和物料分别达到最大速度 v_g 和 v_s。假设使两者加速终了所需要的压差（压损）为 Δp_a，它提供了气体质量流量 G_a 和物料质量流量 G_s 所增加的动能，即

$$\Delta p_a A v_g = \frac{1}{2} G_g v_g^2 + \frac{1}{2} G_s v_s^2 \tag{6-5}$$

引入固气比 μ，则可转化为

$$\Delta p_a = \left[1 + \mu \left(\frac{v_s}{v_g}\right)^2\right] \rho_g \frac{v_g^2}{2} \tag{6-6}$$

（2）气固两相流的摩擦压损 Δp_f

① 纯气流的摩擦压损 Δp_{gf}

$$\Delta p_{gf} = \lambda_g \frac{L}{D} \rho_g \frac{v_g^2}{2} \tag{6-7}$$

② 颗粒群的附加摩擦压损 Δp_{sf}

$$\Delta p_{sf} = \lambda_s \frac{L}{D} \rho_n \frac{v_s^2}{2} = \mu \frac{v_s}{v_g} \lambda_s \frac{L}{D} \rho_a \frac{v_g^2}{2} \tag{6-8}$$

则两相流的摩擦压损 Δp_f 为

$$\Delta p_f = \left(1 + \mu \frac{\lambda_s v_s}{\lambda_g v_g}\right) \lambda_g \frac{L}{D} \rho_g \frac{v_g^2}{2} \tag{6-9}$$

令 $K = \dfrac{\lambda_s v_s}{\lambda_g v_g}$

$$则 \Delta p_f = (1 + \mu K) \lambda_g \frac{L}{D} \rho_g \frac{v_g^2}{2} = a \Delta p_{gf} \tag{6-10}$$

式（6-10）中 $a = 1 + \mu K$，称为压损比。

（3）颗粒群悬浮提升的重力压损 Δp_{st}

① 悬浮压损。$\mathrm{d}L$ 段物料的重量为 $G_s \mathrm{d}L / v_s$，其颗粒群悬浮速度为 v_n，设颗粒群悬浮所需的气流压力差为 Δp_{sxf}。根据功能原理，单位时间内气流供给的能量抵消于颗粒群的落下功，即

$$\Delta p_{sxf} A v_g = \frac{G_s g}{v_s} \mathrm{d}L v_n$$

$$\Delta p_{sxf} = \frac{G_s g}{A v_s} \mathrm{d}L \frac{v_n}{v_g} = \rho_g g \mu \mathrm{d}L \frac{v_n}{v_g} \tag{6-11}$$

② 提升压损。$\mathrm{d}L$ 段物料以 $v_s \sin\theta$ 速度运动，克服重力升高的提升功所需能量由气流供给。设提升物料所需的气流压差为 Δp_{sts}。则

$$\Delta p_{sts} A v_g = \frac{G_s g}{v_s} \mathrm{d}L v_s \sin\theta$$

$$\Delta p_{sts} = \frac{G_s g}{A v_g v_s} \mathrm{d}L v_s \sin\theta = \rho_g g \mu \mathrm{d}L \sin\theta \tag{6-12}$$

由此，由悬浮压损和提升压损所组成的重力压损

$$\Delta p_{st} = \rho_g g \mu \mathrm{d}L \frac{v_g}{v_s} \left(\frac{v_n + v_s \sin\theta}{v_g}\right) = \rho_g g \mu \mathrm{d}L \frac{v_g}{v_s} f_G \tag{6-13}$$

式（6-13）中重力阻力系数 f_G 如下所示

$$\left.\begin{array}{l} 水平管中 \ f_G = \dfrac{v_n}{v_g} \\[2mm] 竖直管中 \ f_G = \dfrac{v_n + v_s}{v_g} = \dfrac{v_g}{v_g} = 1 \\[2mm] 倾斜管中 \ f_G = \dfrac{v_n + v_s \sin\theta}{v_g} \end{array}\right\} \tag{6-14}$$

对于 L 段长度，重力压损可表示为

$$\Delta p_{st} = \left(\frac{2f_G}{v_s / v_g}\right) \left(\frac{gD}{v_n^2}\right) \mu \frac{L}{D} \rho_g \frac{v_g^2}{2} \tag{6-15}$$

（4）输送直管的总压损 Δp_t　综上，管路直管的总压损为气流和物料的加速压损、摩擦压损和重力压损之和。可见，各项压损计算式中基本上都含有固气速度比参数 $v_\mathrm{s}/v_\mathrm{g}$。精确地研究气固两相流中固气速度比参数具有重要意义。

$$
\Delta p_\mathrm{t} = \Delta p_\mathrm{a} + \Delta p_\mathrm{f} + \Delta p_\mathrm{st} = \left[1 + \mu \left(\frac{v_\mathrm{s}}{v_\mathrm{g}} \right)^2 \right] \rho_\mathrm{g} \frac{v_\mathrm{g}^2}{2} + \left(1 + \mu \frac{\lambda_\mathrm{s} v_\mathrm{s}}{\lambda_\mathrm{g} v_\mathrm{g}} \right) \lambda_\mathrm{g} \frac{L}{D} \rho_\mathrm{g} \frac{v_\mathrm{g}^2}{2} + \left(\frac{2 f_\mathrm{G}}{v_\mathrm{s}/v_\mathrm{g}} \right)
$$

$$
\left(\frac{g D}{v_\mathrm{n}^2} \right) \mu \frac{L}{D} \rho_\mathrm{g} \frac{v_\mathrm{g}^2}{2} = \left[1 + \mu \left(\frac{v_\mathrm{s}}{v_\mathrm{g}} \right)^2 \right] \rho_\mathrm{g} \frac{v_\mathrm{g}^2}{2} + \left(1 + \mu \frac{\lambda_\mathrm{s} v_\mathrm{s}}{\lambda_\mathrm{g} v_\mathrm{g}} \right) \lambda_\mathrm{g} \frac{L}{D} \rho_\mathrm{g} \frac{v_\mathrm{g}^2}{2}
$$

$$
+ \mu \frac{\rho_\mathrm{g} g L v_\mathrm{n}}{v_\mathrm{g}} \left(\frac{v_\mathrm{s}}{v_\mathrm{g}} \right)^{-1} + \mu \rho_\mathrm{g} g L \sin\theta \tag{6-16}
$$

由上式可以看出，两相流的加速压损和摩擦压损具有与气流速度平方成正比抛物线变化规律，颗粒群的悬浮压损具有与气流速度成反比的双曲线变化规律。两类曲线叠加，必存在一个压损最小的气流速度，该气流速度称为经济速度。文献[31]给出了水平输送直管的经济气速的计算方法。

（5）直管等速段的附加压损系数　通常，加速压损占整个系统压损的比例不大，特别当输送管道较长时更是如此。纯气流压损已很成熟，因此研究两相流压损主要就是研究附加压损。

当输送管道中气流密度变化不大，物料从加速运动状态达到等速运动时即进入等速段。等速段附加压损 Δp_z 是附加摩擦压损和颗粒群悬浮提升压损之和。即

$$
\Delta p_\mathrm{z} = \left(\lambda_\mathrm{s} \frac{v_\mathrm{s}}{v_\mathrm{g}} + \frac{2 f_\mathrm{G}}{v_\mathrm{s}/v_\mathrm{g}} \frac{g D}{v_\mathrm{g}^2} \right) \mu \frac{L}{D} \rho_\mathrm{g} \frac{v_\mathrm{g}^2}{2} = \lambda_\mathrm{z} \mu \frac{L}{D} \rho_\mathrm{g} \frac{v_\mathrm{g}^2}{2} \tag{6-17}
$$

可见

$$
\lambda_\mathrm{z} = \lambda_\mathrm{s} \frac{v_\mathrm{s}}{v_\mathrm{g}} + \frac{2 f_\mathrm{G}}{v_\mathrm{s}/v_\mathrm{g}} \frac{g D}{v_\mathrm{g}^2} = \lambda_\mathrm{s} \psi + \frac{2 f_\mathrm{G}}{\psi F r^2} \tag{6-18}
$$

式中，ψ 为固气速度比；气流的弗劳德数 $Fr = v_\mathrm{g}/\sqrt{g D}$。

以上推导都是针对颗粒群做悬浮均匀流动，系统的压力差较小，所以允许忽略气体介质的密度变化而视为定量。对于高压差系统，沿输送方向压降较大，气体膨胀引起气流速度越来越大，所以应按可压缩流体处理。文献[31]从附加压降方法的角度对此进行了分析。

6.2.3.2　气力输送压降的其他典型计算方法

对于高浓度的粉体流动，多为稳定性较差的集团式流动，从理论上进行分析目前还比较困难，且理论推导的关系式又难以在工程设计中应用。在气力输送压降计算的具体应用中，洪江等[32]将压降计算方法分为压降比法、经验公式法、附加压降法和力平衡法等，目前关于附加压降法的研究较多，其工程应用也较广。

（1）压降比法　应用理论推导得到的关系式进行计算时，计算式中存在大量的系数需要一一确定，非常麻烦，甚至有时难以确定；如果能利用一个包含所有要素的系数组成简洁的压降计算关系式就再好不过了，这就是压降比法。压降比 α 定义为气固两相混合物流经管道的总压降 Δp_t 与纯气流以气固混合物中气相相同的速度流经同根管道时产生的压降 Δp_g 之比，其关联式一般为

$$
\alpha = \frac{\Delta p_\mathrm{t}}{\Delta p_\mathrm{g}} = 1 + K \mu \tag{6-19}
$$

系数 K 由实验确定，它与实验条件和物性有关，μ 为固气比。因此，从一种实验装置或物料中测定拟合得到的 K 的表达式不宜推广应用于其他装置，其局限性较大，但该方法

简单易用，所以还广泛应用于低固气比和短距离的气力输送装置。

总之，物性与输送特征值 K 有很大关系，虽然压降比法计算压降较方便，一般可以通过实验测定 K 值或量纲分析得到便于放大的经验式，但由于局限性较大，目前仅用于计算低固气比和短距离的输送过程计算，对高固气比研究很少。黄标[12]对有关压降比法的一些计算公式进行了总结。

(2) 经验公式法　下面简要介绍一些有关粉煤气力输送压降计算的经验公式。

Albright[33]等在长约 15m，内径分别为 7.94mm、9.53mm 和 12.7mm 的水平钢管内输送粉煤（平均粒径 0.078mm），固气比达 $125\sim256$kg/kg。把气固两相混合物看作单相流体而不考虑相间作用后，由实验数据拟合得到以下经验关系式

$$G_{gs}\left(\frac{\Delta p_t}{L}\rho_{ds}\right)^{0.35}>25.77 \text{ 时}, \Delta p_t = 0.0152G_{gs}^{1.12}D^{-0.94}\rho_{ds}^{-1}L \qquad (6\text{-}20)$$

$$G_{gs}\left(\frac{\Delta p_t}{L}\rho_{ds}\right)^{0.35}<25.77 \text{ 时}, \Delta p_t = 0.555G_{gs}^{0.35}D^{-0.73}\rho_{ds}^{-1}L \qquad (6\text{-}21)$$

式中，G_{gs} 为固气混合物质量流量；ρ_{ds} 为固气混合物密度。

Wen 和 Simons[34]用不同内径的玻璃管和钢管输送不同粒度的煤粉和玻璃珠，固气比为 $80\sim780$，得到压降计算方程为

$$\frac{\Delta p_t}{L_T} = 41.82 m_s A^{-0.45}\left(\frac{d_s}{D}\right)^{0.25}\left(\frac{m_g}{2\rho_g}+\frac{m_s}{\rho_s}\right)^{-0.55} \qquad (6\text{-}22)$$

式中，m_s 为固体质量流量，kg/s；m_g 为气体质量流量，kg/s。

Klinzing 和 Mathurs[35]对 $Re=|u_s-(v_g/\varepsilon_g)|d_s/\eta_g<1$ 的低速流动借用多孔介质概念，得到

$$\Delta p_t = \eta_g\frac{v_g/\varepsilon_g-u_s}{\rho_g K_{pt}}L + \frac{f_w u_s^2\rho d_s}{D}L \qquad (6\text{-}23)$$

式中，K_{pt} 为气体穿过物料的渗透率，回归关于柱塞流输送的数据得到

$$K_{pt}=3.28\times10^{-4}\mu^{0.48}D^{-0.73}d_s^{0.43} \qquad (6\text{-}24)$$

据称，式 (6-23) 的计算精确度达±10%。而对较高气速输送，Klinzing 和 Mathurs 认为下式是合适的

$$\Delta p_t = A(u_g/\varepsilon_g-u_s)^2 L \qquad (6\text{-}25)$$

经验常数 A 由实验数据回归后给出

$$A=6.59\times10^{-4}\mu_s^{3.15}D^{0.36}d_s^{-0.84} \qquad (6\text{-}26)$$

式 (6-25) 的精度达±20%。

Geldart 和 Ling[36]在钢管中密相输送粉煤（长 105m，内径 6.25mm、9.19mm、12.5mm，压力高达 8.37MPa，空隙率为 $0.85\sim0.95$），稳定输送时固体产生的摩擦压降可表示为

$$\Delta p_s = A\left(\frac{G_s}{D}\right)^a\left(\frac{\mu_s}{\rho_g}\right)^{0.4}\frac{L}{U_g} \qquad (6\text{-}27)$$

经验常数 A 和 a 由以下关系确定

$$\begin{aligned}&\frac{G_s}{D}>4.7\times10^4 \text{ 时}, A=106, a=0.83\\&\frac{G_s}{D}<4.7\times10^4 \text{ 时}, A=0.838, a=1.28\end{aligned} \qquad (6\text{-}28)$$

Geldart 和 Ling 认为式（6-27）所表示的颗粒与管壁间的摩擦压降是高压密相输送压降的主要组成部分，但因其实验点较分散，使得式（6-27）的精度不高。

1980 年，陈维杻和曾耀先[37]假设气固两相流为单相流，利用 Wen 和 Simons[34] 的结论得到料栓密相水平输送管道压降的经验式

$$\Delta p_t = 5\mu_s u_g^{0.45}\left(\frac{d_s}{D}\right)^{0.25}\rho_g g \tag{6-29}$$

从以上经验公式看，绝大部分未对流型与压降间的关系进行探讨，也就无法从机理方面讨论公式的适用范围和可靠性。这从本质上限制了经验公式的可信度。为此，部分研究为提高经验公式的精度采取了分段表示压降的方法，这实际上是一种把管内某种流动特征与压降联系在一起的一种方式。总之，尽管经验公式普遍具有精度低、适用范围窄的缺点，但因计算简单而得到工程设计人员的偏爱。

（3）附加压降法　附加压降法是目前设计气力输送装置时常用的一种管道压降计算方法。Walter[38]认为，气固两相流动产生的总压降由一些具有一定物理意义的各种压降组成，可表示为

$$\Delta p_t = \Delta p_{ag} + \Delta p_{as} + \Delta p_g + \Delta p_s \tag{6-30}$$

Δp_{ag}、Δp_{as} 分别为加速段气体和固体造成的压降；Δp_g、Δp_s 分别为稳定段时气体和固体造成的压降；在一般输送条件下，Δp_{ag} 很小可忽略不计。对于中长距离输送，Δp_{as} 与 Δp_s 相比小得多，而且因流动不稳定而不能准确确定。

固体在稳定段造成的压降 Δp_s 主要有两种形式，一种为基于固体颗粒速度的表达式

$$\Delta p_s = \frac{f_p \rho_{ds} u_s^2 L}{2D} \tag{6-31}$$

或写成 Fanning 方程的形式

$$\Delta p_s = \frac{2f_s \rho_{ds} u_s^2 L}{D} \tag{6-32}$$

另一种为基于气体速度的表达式

$$\Delta p_s = \mu_s \lambda_z \frac{\rho_g u_g^2 L}{2D} \tag{6-33}$$

式中，λ_z 为附加压降系数。

气体摩擦压降一般表示为

$$\Delta p_g = \lambda_g \frac{\rho_g u_g^2 L}{2D} \tag{6-34}$$

式中，λ_g 为气体阻力系数，当 $2320 < Re < 10^5$ 时，$\lambda_g = 0.3164/Re^{0.25}$。

虽然附加压降法的形式有很多，但是从中可以看出要求的管道压降关键在于求出附加压降摩擦系数。对于密相输送来说，固体颗粒产生的附加压降尤为需要得到重视，而对于附加压降摩擦系数，许多学者提出了有关的计算方法，而且各自的计算方法也存在着较大的差异。表 6-5 对相关文献主要结果进行了汇总，其中一些结果未能找到原文，这里只能提供引述结果，以供读者参考。

表 6-5　附加摩擦系数主要结果汇总

研究者	附加压降公式	附加摩擦系数公式	备注
Stemerding[39]	$\dfrac{\Delta p_{sf}}{\Delta L} = \dfrac{2f_s \rho_s (1-\varepsilon) u_s^2}{D}$	0.003	

研究者	附加压降公式	附加摩擦系数公式	备注
Reddy&Pei[40]	$\dfrac{\Delta p_{sf}}{\Delta L}=\dfrac{2f_s\rho_s(1-\varepsilon)u_s^2}{D}$	$0.046u_s^{-1}$	式(6-35)
Capes&Nakamura[41]	$\dfrac{\Delta p_{sf}}{\Delta L}=\dfrac{2f_s\rho_s(1-\varepsilon)u_s^2}{D}$	$0.048u_s^{-1.22}$	式(6-36)
Konno&Saito[42]	$\dfrac{\Delta p_{sf}}{\Delta L}=\dfrac{2f_s\rho_s(1-\varepsilon)u_s^2}{D}$	$0.0285(gD)^{0.5}u_s^{-1}$	式(6-37)
Yang[43]	$\dfrac{\Delta p_{sf}}{\Delta L}=\dfrac{f_p\rho_s(1-\varepsilon)u_s^2}{2D}$	竖直上升管 $0.0206\dfrac{1-\varepsilon}{\varepsilon^3}\left[\dfrac{(1-\varepsilon)(Re)}{(Re)_p}\right]^{-0.869}$	式(6-38)
		水平管 $0.117\dfrac{1-\varepsilon}{\varepsilon^3}\left[\dfrac{(1-\varepsilon)(Re)_t}{(Re)_p}\dfrac{U_f}{\sqrt{gD}}\right]^{-1.15}$	式(6-39)
Mathur&Klinzing[44]	$\dfrac{\Delta p_{sf}}{\Delta L}=\dfrac{2f_s\rho_s(1-\varepsilon)u_s^2}{D}$	$\dfrac{55.5D^{1.1}}{U_g^{0.64}d_p^{0.26}\rho_s^{0.91}}$	式(6-40)
Stegmaier	$\dfrac{\Delta p_{sf}}{\Delta L}=\mu\lambda_z\dfrac{\rho_g U_g^2}{2D}$	$\lambda_z=2.1\mu_s^{-0.3}\sqrt{Fr_t}\,Fr^{-2}\left(\dfrac{D}{d_s}\right)^{-0.1}$	式(6-41), 引述自文献[29]
陈维杻等[45]	$\dfrac{\Delta p_{sf}}{\Delta L}=\mu\lambda_z\dfrac{\rho_g U_g^2}{2D}$	$\lambda_z=3.75Fr^{-1.6}$	式(6-42)
周建刚等[46]	$\dfrac{\Delta p_{sf}}{\Delta L}=\mu\lambda_z\dfrac{\rho_g U_g^2}{2D}$	水平管:$\lambda_z=0.23Fr^{-0.71}$ 竖直上升管:$\lambda_z=0.25Fr^{-0.82}$	式(6-43) 式(6-44)
沈颐身等[47]	$\dfrac{\Delta p_{sf}}{\Delta L}=\mu\lambda_z\dfrac{\rho_g U_g^2}{2D}$	$\lambda_z=3.9440Fr^{-1.2997}\mu^{-0.3637}$	式(6-45)

Plasynski 等[48] 在常压至 4238kPa 压力下分别以 $90\mu m$ 和 $500\mu m$ 的煤粉和玻璃微珠为物料在氮气载气下进行了竖直上升管压降研究。其实验条件为：表观气速 $0\sim12m/s$，输送量 $0\sim4t/h$，输送管道为内径 25.4mm、长 3.7m 的有机玻璃管。附加压降系数计算结果表明，小粒径、高压力下的摩擦系数 f_p 为负值，作者认为这与小粒径和低固气比有关。因此，对于压力 $\geqslant790kPa$、粒度 $\leqslant100\mu m$、固气比 $\mu\leqslant1$ 的条件，Plasynski 提出了竖直上升管道压降计算公式

$$\frac{\Delta p}{L}=\left[f_g(\mu)+f_s(\mu)\right]\frac{\rho_g U_g^2}{2D} \tag{6-46}$$

$$f_g(\mu)=\frac{0.0014+0.125/Re^{0.32}}{1/(1+\mu^{0.7})}$$

$$f_s(\mu)=0.7848\mu^{0.966}Fr^{-0.12}$$

Plasynski 还比较了公开发表的附加压降系数公式，发现对于小粒径、常压条件下以及大粒径、常压和高压条件下，Yang 提出的附加压降系数计算公式 [即式(6-38)]与实验结果相一致。Konno&Saito 的公式[即式(6-37)]结果也与实验结果较一致。因此，针对大粒度和低固气比条件，作者建议采用 Yang 的公式[式(6-38)]计算附加压降摩擦系数。

赵艳艳[49] 和陈峰[50] 是国内较早以气流床气化技术为应用背景的密相气力输送研究者，他们早期的研究工作，为深入研究粉煤密相气力输送特性奠定了基础。他们在自建的密相输

送装置上先后采用小米、芝麻、玻璃微珠和煤粉为研究对象，考察了各种物料在水平管中的密相流动特征和稳定输送时的表观气速，并对上述物料的水平管密相输送阻力特性进行了系统研究，对密相气力输送条件下水平管中附加摩擦阻力系数的影响因素进行了讨论。他们发现，对于芝麻和煤粉，附加阻力系数均随 Fr 数的增加而快速减小，随固气比的变化则不同。对于芝麻（固气比范围在 50～70kg/kg 之间），附加阻力系数随固气比的增加而增加。对于煤粉（固气比范围在 200～300kg/kg 之间），附加阻力系数随固气比的增加而减小。由此可以看出附加摩擦系数影响因素的复杂性。

熊源泉等[51,52]在水平管和竖直上升管中以氮气为输送介质进行了高压的粉煤密相输送实验，管路为内径 10mm 的不锈钢管。通过对受料罐压力为 3MPa、表观气速 4～7m/s、固气比 9～19kg/kg 范围的数据分析比较后，认为在水平管中使用 Stegmaier 提出的附加压力损失系数经验关系式计算的附加压力损失系数与实验结果吻合较好，相对偏差在 10% 以内。对于竖直上升管，引用周建刚[46]的经验关系式得到的附加压力损失系数计算值与实验值吻合很好，相对偏差不超过 5%。这说明附加压力损失理论能较好地预测高压密相粉煤气力输送管道压降。

郭晓镭等[28]在竖直上升 20mm 不锈钢管中以空气为输送介质考察了粉煤密相输送过程的压降特性，利用电容式固体速度计测量了粉煤流速，拟合了固相摩擦系数计算式，计算值与实验值吻合良好，相对偏差基本在 ±5% 以内。实验得到的固相摩擦系数 f_s 均在 0.0015～0.0022 之间，这一数值和诸多文献所报道的固相摩擦系数均在同一数量级内[41]。

陈金锋[53]在不同的管径（15mm、20mm、32mm）中对粉煤进行了水平管密相输送实验，得到如图 6-27 所示的附加阻力系数变化规律，并给出了式（6-47）用于计算不同管径的水平压降。

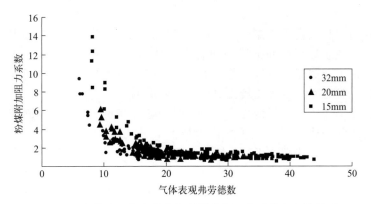

图 6-27　气体表观弗劳德数与粉煤附加阻力系数之间的关系

图 6-27 是水平管中粉煤附加阻力系数随气体表观弗劳德数的变化情况，并给出了相应的压降拟和关系式。可以看出，在气体表观弗劳德数小于 15 时，粉煤的附加阻力系数随弗劳德数的增加而急剧下降；当气体表观弗劳德数大于 15 时，粉煤的附加阻力系数基本维持在 1～2 之间。需要注意的是，该阻力系数值采用了如式（6-47）所示拟合公式推算得到。

$$\Delta p / \Delta L = (75 Fr^{-1.25} + \lambda_g) \frac{\rho_g \upsilon_g^2}{2D} \tag{6-47}$$

（4）力平衡法　为了避免主观因素对压降计算的影响，部分学者从分析输送机理出发，根据气固两相流动的力平衡方程求解压降。这种方法具有明确的物理意义和理论基础，相应的其计算结果精度也比较高。

20 世纪 80 年代以来，通过引入粉体力学理论，料栓输送机理研究取得显著进展。Aziz 和 Klinzing[54] 认为吸附性粉体料栓输送存在两种壁剪应力：一是经典壁摩擦力，为料栓重量与滑动摩擦系数之积；二是粉体力学壁摩擦力，可由吸附性强的 Mohr 应力圆决定。Aziz 和 Klinzing 得出全料栓流动总压降为

$$\frac{\Delta p_t}{L_p} = \frac{4C_w}{D} \pm \frac{4(K_w+1)C + \cos\theta_i \tan\theta_w \cos(\omega \pm \theta_w)}{D} + 2\rho_s(1-\varepsilon_g)g\tan\theta_w$$
$$+ 4\left(\frac{u_g}{u_p}\right)K_w \rho_s (1-\varepsilon_g)g\tan\theta_w \frac{u_p^2}{gD} \tag{6-48}$$

半料栓输送的压降公式为

$$\frac{\Delta p_t}{L_p} = \frac{2C_w}{D} \pm \frac{2(K_w+1)C\cos\theta_i \tan\theta_w \cos(\omega \pm \theta_w)}{D} + \frac{4C}{\pi D} \pm \frac{4(K_w+1)C\cos\theta_i \tan\theta_i \cos(\omega \pm \theta_i)}{D}$$
$$+ \rho_s(1-\varepsilon_g)gK_w\left(\frac{u_g}{u_p}-1\right)\left(2\tan\theta_w + \frac{4\tan\theta_i}{\pi}\right)\frac{u_p^2}{gD} \tag{6-49}$$

实验证明，式（6-48）和式（6-49）计算的精度较高，与实验值的偏差为±20%。

（5）其他方法 除上述在工程上应用的几种主要的压降计算法外，20 世纪 70 年代以来对气固两相紊流理论的深入研究使数值计算成为气力输送设计过程中一种新的可能方法。数值模型主要有两种方法：其一为 Euler 法（又称双流体模型法），它是将稀相悬浮体中气固两相作为两种共存于同一空间、时间的流体，利用气固两相质量、动量、能量守恒来分析气固流动及相间作用；其二为 Lagrange 法（又称轨迹法），它是通过先建立单颗粒运动方程确定其运动轨迹，再由颗粒群的运动方程求解整个颗粒群的运动，最终得到流场和压力场。数值模拟目前局限于稀相低混合比有关参数的计算，离实际应用还有一定的距离，需要进一步发展和改进[55]。

近年来，热力学相似也用于探讨气力输送机理，尤其是分层流动和稀相流动。1989 年，Myler 等[56] 将分层流上层稀相和下层密相看作两种相状态，运用 VanderWaals 方程在一定程度上较好地讨论了分层流动过程。总的来说，目前这种相似模拟方法还处于依赖实验数据和实验观察阶段，且与实际过程比较相似也是有限度的。

人们在对密相输送压降进行传统研究的同时，随着气固、气液、液固理论及计算技术的发展，气力输送压降的研究已出现了数值模拟[57]、热力学相似[58]、气液相似[59] 等新方法。对密相输送而言，这些方法都处于起步阶段，离工程设计计算还有一段距离，对它们的评价也有待于今后各自的发展进程。

综上所述，由于多数文献中的输送流型都无法确定，这就给比较和评价以上各种关联式计算压降的准确性带来困难。同时，输送装置、物性变化也使各研究者的实验结果相差较大。由此可见，密相输送相当复杂，只有在设计时选用与之相近的实验条件下所得的关联式才能使设计合理可靠。因此，到目前为止，对于粉煤密相气力输送这样的气固两相系统，其压降的精确计算和设计工作通常需要通过实验来完善和验证后才能保证设计的可靠性。

6.2.4　粉煤气力输送装置的操作特性

6.2.4.1　输送管径对粉煤输送的影响

龚欣等[60] 给出了三种不同输送管内径即 15mm、20mm 和 32mm 对输送过程的影响，

结果见图 6-28～图 6-31。

图 6-28 表明，在气体流量相同的情况下，输送管径越大，输送压力越低。原因在于管径大，则流体的流动速率就越小，由此产生的压力损失也就越小。换言之，在相同的输送压力下，较大直径的输送管将对应着较大的气体流量，同时也就能够携带更多的粉煤物料流动，如图 6-29 所示，在输送压力相同的条件下，随着输送管径的增大，粉煤质量流量有较大幅度的增加。

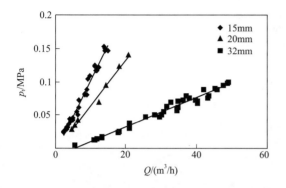

图 6-28　不同管径下输送压力与气量的关系

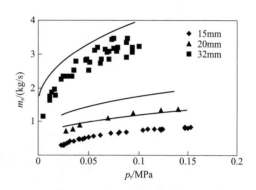

图 6-29　不同管径下输送压力与
粉煤质量流量的关系

图 6-30 给出了管径变化对固气比的影响，对其中两种较小管径的情况作比较可以看出，在相同的粉煤质量流量下，管径增大，固气比也随之升高。原因如图 6-31 所示，当气体流量相同时，管径越大，物料的流速越低，气体所携带粉煤质量流量则越大，获得的固气比就越高。

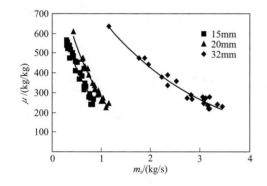

图 6-30　不同管径下固气比和粉煤质量流量的关系

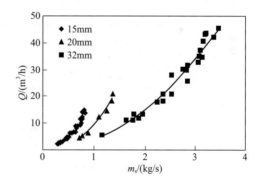

图 6-31　粉煤质量流量和输送载气流量的关系

综上所述，对于具有高固气比输送粉煤能力的输送系统，适当增加输送管直径，降低管内气体与粉体物料的流动速度，可以有效地降低气体消耗，提高输送固气比。

6.2.4.2　操作条件对输送影响

王川红[61]在粉煤高压密相气力输送实验系统中考察了粉煤气力输送操作特性。该系统主要由气源分配、输送料罐、输送管线、排气除尘、背压控制、数据采集等部分组成，如图 6-32 所示。整套系统的最高操作压力可达 4.0MPa。

输送载气分三路进入发料系统：一路进入发料罐顶部，用于维持系统压力，称为加压气；一路进入发料罐底部，用于流化罐内煤粉，称为流化气；一路进入粉煤输送管道入口，用于调节管道内粉煤流动状态，称为调节气。通过三路气体的协同作用可以很好地达到粉煤密相、稳定和可控的气力输送要求。

图 6-33 给出了一定的输送压差下，随流化气量增加，粉煤流速、固气比和质量流量的变化规律。流化气量的增加导致粉煤流速增加、输送固气比降低，而粉煤质量流量则变化不显著。

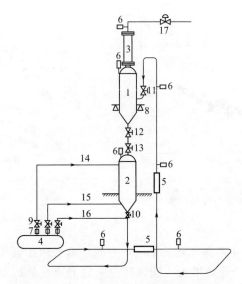

图 6-32　实验室粉煤高压密相输送系统

1—接料罐；2—发料罐；3—除尘器；4—氮气分配器；5—固体质量流量计；6—压力变送器；7—气体流量计；
8—称重传感器；9—针形阀；10～13—球阀；14～16—气体管路；17—压力调节阀

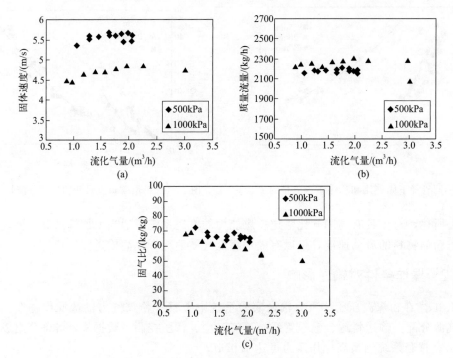

图 6-33　流化气对粉煤输送的影响（接料罐压力分别为 500kPa，1000kPa）

控制流化气与调节气一定，图 6-34 给出了维持接料罐压力一定，通过增加发料罐压力，即输送压差增加后的输送结果。在实验范围内，压差的增加会显著提高粉煤流速，相应地粉煤质量流量显著增加，但输送固气比却呈先增加后降低趋势，说明管路系统一定的情况下，存在一个最优的压差使固气比最高。

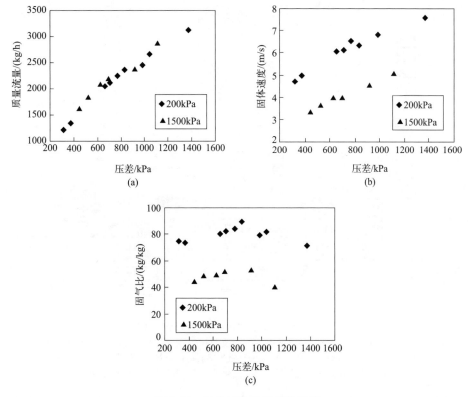

图 6-34　压差对输送结果的影响

当压差一定，系统整体压力增加时，其输送特征会明显变化，如图 6-34 所示。可以看出，相同的输送压差下，背压增加后的输送量、浓度明显高于常压输送结果，粉煤流速也小于常压输送。因此，相对于常压输送，高压输送是以低速浓相的形式进行的，其输送效率相对更高。

6.2.4.3　粉煤粒径对输送影响

粒径是影响粉体物料流动特性的重要参数。一般而言，粒径越小，粉体颗粒间相互作用力占据的比例增加，流动性减弱。另一方面，为了保障气化炉内的碳转化率，期望煤粉粒径尽可能小。因此，考察粒径对输送特性的影响，可为煤粉粒径的选择提供依据，并为输送过程的操作和优化提供指导。

梁财等[62]在实验室的上出料式发送罐密相气力输送系统上（如图 6-35），对不同粒径（52μm、115μm、300μm）的煤粉气力输送进行了研究。研究结果表明，煤粉粒径越大，输送量越小，输送压降越大。当颗粒粒径增大时，由于颗粒所受重力和空气阻力的差异增大，煤粉颗粒的跟随性变差，引起颗粒间明显的速度差，颗粒彼此之间碰撞和摩擦加剧；更多的煤粉颗粒沉积在输送管道的底部，以较慢的速度沿着管壁向前滑行，滑动所引起的摩擦加剧了输送气体的能量消耗；同时因大颗粒表面球形度较差，棱角突出，对管壁的磨损和撞击加剧，造成颗粒破碎，导致更多的动量损失，而因重力和纯气体引起的压损变化不大，所以在直管段中随着粒径的变大，压损升高。

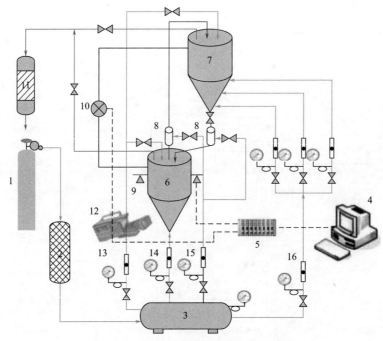

图 6-35　出料式发送罐密相气力输送实验系统
1—氮气瓶；2—除湿器；3—气体分配器；4—计算机；5—数据采集器；6—上出料式发送罐；
7—下出料式接收罐；8—补气器；9—称重传感器；10—差压变送器；11—布袋；
12—摄像机；13—充压风；14—流化风；15—补充风；16—松动风

赵凯伟等[30]在工业级管径（内径 50mm）的气力输送实验平台上，考察了晋城煤和羊场湾煤两种工业煤粉的气力输送特性。由于羊场湾煤的可磨性指数为 75，而晋城煤的可磨性指数为 35，所制备的煤粉在粒径及分布上存在较大差异。煤粉的粒径及粒径分布由马尔文激光粒度仪（Malvern 2000）测得，两种煤粉的粒径分布如图 6-36 所示。从图中可以看

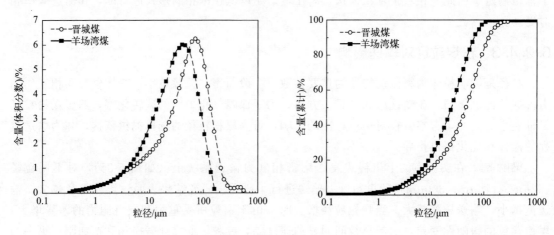

图 6-36　煤粉粒径分布图

出两种煤粉主要以正态形式集中分布在 $10\sim100\mu m$ 之间。其中，晋城煤的体积平均粒径较大，为 $66.36\mu m$，羊场湾煤为 $34.35\mu m$。对于粒径小于 $20\mu m$ 和 $40\mu m$ 的细颗粒，晋城煤的含量分别为 26.13% 和 44.99%，而羊场湾煤则分别为 38.39% 和 66.05%；对于粒径大于 $105\mu m$ 的大颗粒，晋城煤含量为 14.05%、羊场湾煤仅为 2.58%。综上，两种煤粉在平均粒度上的差异源于其粒度分布，即晋城煤的大颗粒含量较多，羊场湾煤的细小颗粒含量较多。

以输送量 $1.68\sim1.87kg/s$ 为固定参数，基于输送相图，对两种煤粉的竖直管单位管长压降进行了对比研究。图 6-37 给出了两种煤粉竖直管单位管长静压降、摩擦压降分别与表观气速的关系。由图可知：不同表观气速下，两种煤粉单位管长静压降基本相同，但单位管长摩擦压降及其变化趋势差异很大。晋城煤的单位管长摩擦压降总体大于羊场湾煤，且随着表观气速的增大，差异更加显著。

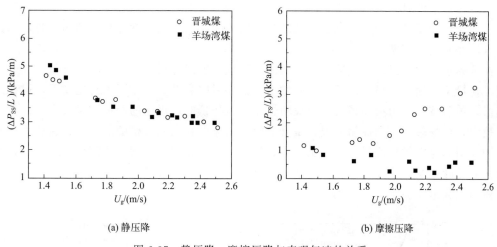

(a) 静压降　　　　　　　　　　　　(b) 摩擦压降

图 6-37　静压降、摩擦压降与表观气速的关系

输送量一定时，随着表观气速的增加，煤粉浓度逐渐减小，单位管长静压降随之减小，在相同的表观气速下两种煤粉具有相近的浓度，因此两种煤粉在竖直管输送过程中具有相等的静压降且具有相同的变化趋势。与此同时，由于两种煤粉粒径以及粒径分布均匀性的不同使摩擦压降具有较大的差异。晋城煤的单位管长摩擦压降随着表观气速的增加显著增大，而羊场湾煤的单位管长摩擦压降先减小而后变化不大。这是由于，在较小的表观气速下，两种煤粉均以低速度、高浓度跟随气体稳定输送，此时由煤粉和管壁的摩擦作用带来的压降损失相差不大。在较大的表观气速下，细颗粒含量较高、粒径分布更均匀的羊场湾煤更易于跟随气体稳定输送，颗粒间的碰撞强度相对较低，能量损失相对较小，摩擦压降较小。而大颗粒含量较多、均匀度较差的晋城煤在管道输送过程中气体、颗粒、壁面之间的相互作用更强，固相摩擦系数更大，摩擦压降也更大。同时粒径分布均匀性较差使不同晋城煤煤粉颗粒间受力具有较大的差异，造成颗粒之间的碰撞强度较大，从而引起较大的能量损失。除此之外，均匀性较差的煤粉易产生气栓扰动，以及大颗粒对壁面产生的摩擦，都会造成更多的能量损耗。而且，随着表观气速的增大，两种煤粉粒径、均匀度和形貌的差异使得摩擦压降的增加速度不同，大颗粒由于惯性作用与管壁的摩擦作用进一步加大，表现出两种煤粉的单位管长压降的差异更为显著。

由此可见，由于颗粒特性的差异，尽管表观输送条件和运行参数相近，但在气固两相作用、颗粒间作用以及颗粒与壁面作用机理方面的不同，会造成不同的能量损耗。

6.2.4.4 粉煤湿含量对输送影响

湿含量是影响物料流动特性的重要参数，对粉体的摩擦特性、流动性、分散性能等起着重要的作用。当煤粉中水分较高时，煤粉颗粒之间的自由水主要以黏附液、楔形液和毛细管上升液等方式存在。水的表面张力的收缩将引起颗粒之间的牵引力，形成液桥，造成颗粒的团聚，出现造粒现象，同时引起摩擦系数和黏度的增大。降低煤粉中的湿含量需消耗较多的能量，考察湿含量对输送特性的影响可以为工程操作和优化提供重要的指导。

梁财等[63]在实验室中考察了煤粉粒径和湿含量对输送通量的影响。输送压力为3.7MPa，煤粉质量流量与湿含量之间的关系如图 6-38 所示，随着煤粉湿含量的增大，煤粉的质量流量逐渐降低。

当湿含量较低时，水分的增大对煤粉质量流量的影响较大；随着煤粉湿含量的升高，水分的增加对煤粉质量流量的影响有所减缓。实验表明，当煤粉湿含量增加到 6% 时，输送非常困难，经常出现堵塞。

在试验过程中，保证其他输送参数相同，不同煤粉湿含量下的流动相图如图 6-39 所示，相同湿含量下，输送压损随表观速度的增大先减小后略有升高。相同表观速度下，煤粉湿含量越低，单位管长压力损失越大。当煤粉的湿含量较低时，煤粉的质量流量较大，两相流的浓度较大，压损较大；当煤粉的湿含量升高时，由于颗粒之间液桥的形成及其黏性力、摩擦力的增大引起煤粉质量流量降低，虽然输送管路中的两相流的黏度和摩擦系数也增大，但是湿含量的变化影响较小，而两相流的浓度变化对输送压损的影响更大，所以随着湿含量的升高，压力损失减小。

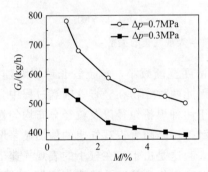

图 6-38 湿含量与粉煤质量流量的关系

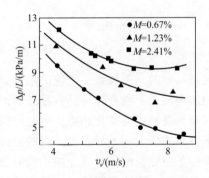

图 6-39 不同湿含量下相图关系

6.2.4.5 载气对输送的影响

在干煤粉气流床加压气化工艺中，CO_2 和 N_2 都可以作为粉煤输送的载气[64]。在气化工艺中，以 N_2 作为载气输送粉煤会增加合成气中 N_2 的含量，降低有效气体的成分，不利于合成气的后期加工合成化工产品（不包括合成氨）或作为燃气使用。以 CO_2 为输送载气时，部分 CO_2 还可以充当气化剂使用，与煤焦反应生成 CO。与 N_2 载气相比，CO_2 载气输送粉煤进行气化的主要作用在于降低合成气中的氮气含量[65]，回收气化过程产生的 CO_2，替代氮气输送粉煤，减少温室气体的排放。

丛星亮[66]系统研究了 CO_2 和 N_2 两种载气对粉煤输送的影响。图 6-40 示出了在管径

20mm 水平管装置上 CO_2 和 N_2 作为载气时粉煤输送量与输送气量的关系。由图可知在调节气量（Q_3）一定的条件下，当载气种类相同时，粉煤的输送量随着输送气量的增加而增大，并且呈较好的线性关系；当输送气量相同时，N_2 载气的粉煤输送量大于 CO_2 载气的粉煤输送量。

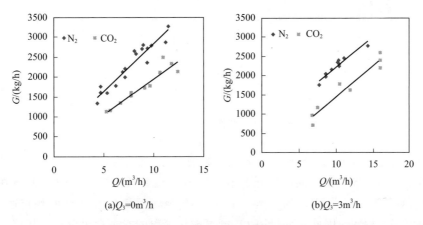

图 6-40　水平管（20mm）不同载气时输送气量与粉煤输送量的关系

图 6-41 示出了在管径 20mm 的竖直上升管装置上 CO_2 和 N_2 作为载气时粉煤输送量与输送气量的关系。由图可知在调节气量一定的条件下，当载气种类相同时，粉煤的输送量随着输送气量的增加而增加，并且呈较好的线性关系；当输送气量相同时，CO_2 载气的粉煤输送量小于 N_2 载气的粉煤输送量，但差异不显著。

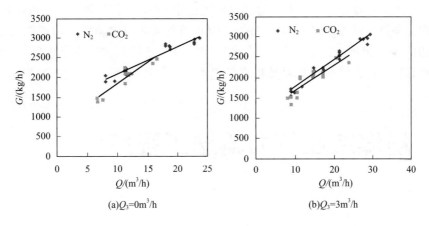

图 6-41　竖直上升管（20mm）不同载气的输送气量与粉煤输送量

图 6-42 示出了不同载气输送粉煤的水平管和竖直管的相图。由图可知，在水平管输送装置上，当输送量相同时，N_2 与 CO_2 载气输送煤粉的水平管单位管长压降的数值大小基本相同；水平管单位管长压降相同时，N_2 的表观气速明显低于 CO_2 的表观气速；CO_2 载气对应水平管的经济气速约为 N_2 载气的水平管的经济气速的 2 倍。在竖直上升管装置上，CO_2 和 N_2 载气输送粉煤的相图类似。相同的粉煤输送量，当表观气速相同时，CO_2 载气输送粉煤的竖直上升管单位管长压降略小于 N_2 载气的单位管长压降；CO_2 载气的竖直管经济气速与 N_2 载气竖直管经济气速相当。

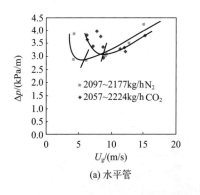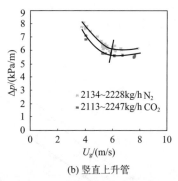

(a) 水平管　　　　　　　　　　　　(b) 竖直上升管

图 6-42　不同载气时水平管和竖直上升管（20mm）相图

在水平管输送装置上，给料罐压力较低，管线阻力较低，CO_2 比 N_2 更容易从给料罐中渗透到管路中。结果导致在相同的输送量和水平管单位管长压降下，CO_2 的表观气速显著大于 N_2 的表观气速。虽然 CO_2 的气速大于 N_2 的气速，但是 CO_2 载气的颗粒速度与 N_2 载气的颗粒速度基本相同。因此，N_2 与 CO_2 载气输送煤粉的水平管单位管长压降的数值大小基本相同。

在竖直上升管装置上，当给料罐压力较高时，CO_2 的渗透受到抑制。竖直上升管中 CO_2 气速与 N_2 气速相当，但是 CO_2 载气的颗粒速度略小于 N_2 载气的颗粒速度。因此相同输送量和表观气速时，CO_2 载气竖直上升管的压降略小于 N_2 载气竖直上升管的压降。

综上所述，在给料罐压力较低时，CO_2 载气与 N_2 载气对粉煤输送特性的影响差异明显，而在给料罐压力较高时差异不显著。这可能由于 CO_2 吸附在多孔介质粉煤颗粒上导致 CO_2 在低阻力条件下渗透性强于 N_2。另外，CO_2 载气的压力波动的平均幅度大于 N_2 载气的压力波动的平均幅度。压力信号的脉冲与气栓出现密切相关。由于 CO_2 渗透性较强，CO_2 载气输送粉煤时在管路中更容易形成气栓流，导致压力波动的平均幅度增大，流动稳定性变差。

6.3　粉煤加压气力输送工程应用

图 6-43 是常见的气流床粉煤气化工艺的干法供料系统，研磨干燥后的煤粉依次通过煤粉储仓、煤粉锁斗、煤粉发料罐，并通过密相气力输送技术进入气化炉。其中，煤粉锁斗用于将常压储仓中的煤粉输送到高压发料罐中，压力交替变化，依次经历常压受料、充压、加压下料和泄压四个操作单元。作为输送载气的高压 N_2 或 CO_2 从不同位置进入发料罐和输送管道，煤粉在气流携带作用下通过煤烧嘴进入气化炉。输送管路上布置了温度传感器、压力传感器和固体质量流量计，用于测量温度、压力、煤粉速度、浓度和流量等参数。

在进入煤烧嘴之前的管线上设有三通阀。在开车前的调试及预先建立煤粉流量阶段，煤粉被三通阀切换进入煤粉循环管线，将煤粉送入称重料仓以循环使用。该循环管线的设置，一是用于开车投料之前对煤粉管线上的煤粉计量系统进行标定或校核；二是用于煤粉投料之前预先建立起稳定的煤粉流量，通过三通阀可直接将煤粉切入气化炉内。

煤粉发料罐有两种基本形式，如图 6-44 所示。图 6-44（a）为上出料式流化发料罐，物

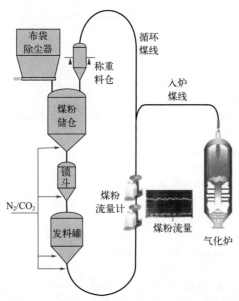

图 6-43　气流床粉煤气化工艺干法供料系统

料输送管道入口伸入发料罐多孔板上方附近，由发料罐上部伸出罐外。输送载气分三路进入发料罐，一路为加压气 Q_1 进入料罐上部，一路为流化气 Q_2 经多孔板进入，一路为调节气 Q_3 由发料罐物料出口管道端部进入。三路气体功能各不相同，加压气主要用于发料罐压力的控制，流化气使物料流态化，从而依靠料罐压力将物料压力输送管道内；调节气用以改变输送管道内物料速度和浓度，以便稳定输送。下出料式流化发料罐如图 6-44（b）所示。与上出料不同之处在于输送管道的伸出位置，因此多孔板结构也不同，通常采用锥形结构。与上出料式相同，也设有三路气体进入发料罐系统，但由于物料流动方向不同，它们的发料特性也有着明显差异。

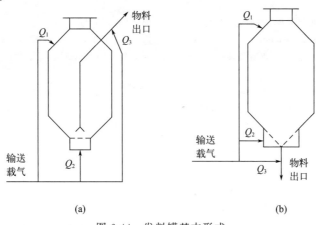

(a)　　　　　　　　　(b)

图 6-44　发料罐基本形式

参考文献

［1］Perry H. PERRY 化学工程手册［M］. 6 版. 北京：化学工业出版社，1992.

［2］Hedstrm O A B. Flow of plastic materials in pipes［J］. Industrial & Engineering Chemistry，1952，44（3）：651-656.

［3］Carr R. Evaluating flow properties of solids［J］. Chemical Engineering，1965，72：163-168.

［4］Jenike A W. Storage and Flow of Solids［J］. Bulletin of the University of Utah，1964，53（26）：1-207.

［5］Jaworski A J，Dyakowski T. Investigations of flow instabilities within the dense pneumatic conveying system［J］. Powder Technology，2002，125（2）：279-291.

［6］王川红，郭晓镭，龚欣，等. 粒度、湿含量对神府烟煤煤粉流动性参数的影响［J］. 华东理工大学学报（自然科学版），2008，34（3）：377-382.

［7］Liu Y，Lu H，Guo X，et al. The influence of fine particles on bulk and flow behavior of pulverized coal［J］. Powder Technology，2016，303：212-227.

［8］张正德，陆海峰，郭晓镭，等. 粒径对石油焦粉及煤粉的堆积与流动特性的影响［J］. 华东理工大学学报（自然科学版），2016，42（3）：321-328.

［9］刘万州，姚敏，黄斌，等. 煤粉密相气力输送过程的水分含量影响研究［J］. 宁夏工程技术，2011，10（2）：167-171.

［10］Jin Y，Lu H，Guo X，et al. Effect of water addition on flow properties of lignite particles［J］. Chemical Engineering Research and Design，2018，132：1020-1029.

［11］Evans D G. The brown-coal/water system：Part 4. Shrinkage on drying［J］. Fuel，1973，52（3）：186-190.

［12］黄标. 气力输送［M］. 上海：上海科学技术出版社，1984.

［13］Saunders T，Aldred D，Rutkowski M. Successful Continuous Injection of Coal into Gasification and PFBC System Operating Pressures Exceeding 500 psi-DOE Funded Program Results［C］. San Francisco：Gasification Technology Council Conference. 2005：9-12.

［14］张荣善. 散料输送与储存［M］. 北京：化学工业出版社，1994.

［15］李海青. 两相流参数检测及应用［M］. 杭州：浙江大学出版社，1991.

［16］高秉申. 固体物料的气力输送［J］. 流体机械，1999（10）：24-27.

［17］无锡轻工业学院. 通风除尘与气力输送［M］. 北京：中国商业出版社，1986.

［18］Pan R. Material properties and flow modes in pneumatic conveying［J］. Powder Technology，1999，104（2）：157-163.

［19］肖为国. 大管径高浓度粉煤气力输送特性研究［D］. 上海：华东理工大学，2007.

［20］马胜，郭晓镭，龚欣，等. 粉煤密相气力输送流型［J］. 化工学报，2010，61（6）：1415-1422.

［21］Wirth K E，Molerus O. Critical solids transport velocity with horizontal pneumatic conveying［J］. Powder Technology，1986，9：17-24.

［22］沈颐身，洪江，周建刚. 粉体高浓度输送相图［J］. 过程工程学报，1996，17（4）：353-356.

［23］Molerus O. Overview：Pneumatic transport of solids［J］. Powder Technology，1996，88：309-321.

［24］Hong J，Shen Y，Tomita Y. Phase diagrams in dense phase pneumatic transport［J］. Powder Technology，1995，84：213-219.

［25］封金花. 水平管高浓度气固两相流流动特征研究［D］. 上海：华东理工大学，2004.

［26］Konrad K. Dense-phase pneumatic conveying：A review［J］. Powder Technology，1986，49（1）：1-35.

［27］蒲文灏，熊源泉，赵长遂，等. 垂直管煤粉高压密相气力输送特性的模拟研究［J］. 中国电机工程学报，2008，28（17）：21-25.

［28］郭晓镭，龚欣，代正华，等. 竖直上升管中密相气力输送压降特性［J］. 化工学报，2007（3）：71-76.

［29］Cong X，Guo X，Lu H，et al. Flow pattern characteristics in vertical dense-phase pneumatic conveying of pulverized coal using electrical capacitance tomography［J］. Industrial & Engineering Chemistry Research，2012，51（46）：15268-15275.

［30］赵凯伟，陆海峰，郭晓镭，等. 具有不同粒度的两种工业煤粉竖直管气力输送特性［J］. 高校化学工程学报，2018（5）：994-1003.

［31］杨伦，谢一华. 气力输送工程［M］. 北京：机械工业出版社，2006.

［32］洪江，沈颐身. 水平管密相气力输送压降研究综述［J］. 过程工程学报，1993（4）：376-387.

［33］Albright C W，Holden J H，Simons H P，et al. Pressure drop in flow of dense coal-air mixtures［J］. Industrial & Engineering Chemistry，1951，43（8）：1837-1840.

［34］Wen C Y，Simons H P. Flow characteristics in horizontal fluidized solids transport［J］. AIChE Journal，1959，5（2）：263-267.

［35］Klinzing G E，Mathurs M P. The dense and extrusion flow regime in gas-solid transport［J］. Canadian Journal of Chemical Engineering，1981，59（5）：590-594.

［36］Geldart D，Ling S. Dense phase conveying of fine coal at high total pressures［J］. Powder Technology，1990，62（3）：243-252.

［37］陈维杻，曾耀先. 脉冲气力输送过程机理和主要参数的确定 ［J］. 化学工程，1980（3）：47-57.

［38］Walter B. Strömungsvorgänge beim transport von festteilchen und flüssigkeitsteilchen in gasen. mit besonderer berücksichtigung der vorgänge bei pneumatischer förderung ［J］. Chemie Ingenieur Technik，1958，30（3）：171-180.

［39］Stemerding S. The pneumatic transport of cracking catalyst in vertical risers ［J］. Chemical Engineering Science，1962，17（8）：599-608.

［40］Reddy K V S，Pei D C T. Particle dynamics in solids-gas flows in vertical pipe ［J］. Industrial & Engineering Chemistry Fundamentals，1969，8（3）：490-497.

［41］Capes C E，Nakamura K. Vertical pneumatic conveying：An experimental study with particles in the intermediate and turbulent flow regimes ［J］. The Canadian Journal of Chemical Engineering，1973，51（1）：31-38.

［42］Hirotaka K，Saito S. Pneumatic conveying of solids through straight pipes ［J］. Journal of Chemical Engineering of Japan，1969（2）：211-219.

［43］Yang W-C. Correlations for solid friction factors in vertical and horizontal pneumatic conveyings ［J］. AIChE Journal，1974，20（3）：605-607.

［44］Klinzing G E，Mathur M P. The dense and extrusion flow regime in gas-solid transport ［J］. Canadian Journal of Chemical Engineering，1981，59：590-594.

［45］陈维杻，曾耀先. 水平脉冲气力输送的压力降和料栓速度 ［J］. 浙江大学学报（工学版），1979（3）：85-91.

［46］周建刚，张述. 煤粉气力输送管道压力损失的实验研究（Ⅱ）［J］. 钢铁研究学报，1994，6（4）：1-7.

［47］沈颐身，洪江，刘述临. 水平管密相气力输送的附加摩擦阻力系数 ［J］. 钢铁研究学报，1992，4（1）：1-8.

［48］Plasynski S I，Klinzing G E，Mathur M P. High-pressure vertical pneumatic transport investigation ［J］. Powder Technology，1994，79（2）：95-109.

［49］赵艳艳. 密相气力输送研究 ［D］. 上海：华东理工大学，2002.

［50］陈峰. 密相输送及其混沌动力学行为 ［D］. 上海：华东理工大学，2002.

［51］熊源泉，赵兵，沈湘林. 高压煤粉密相气力输送水平管阻力特性 ［J］. 燃烧科学与技术，2004，10（5）：428-432.

［52］熊源泉，赵兵，沈湘林. 高压煤粉密相气力输送垂直管阻力特性研究 ［J］. 中国电机工程学报，2004（9）：252-255.

［53］陈金锋. 粉煤密相气力输送过程与压降研究 ［D］. 上海：华东理工大学，2004.

［54］Aziz Z B，Klinzing G E. Dense phase plug flow transfer：The 1-inch horizontal flow ［J］. Powder Technology，1990，62（1）：41-49.

［55］Huber N，Sommerfeld M. Modelling and numerical calculation of dilute-phase pneumatic conveying in pipe systems ［J］. Powder Technology，1998，99（1）：90-101.

［56］Klinzing G E，Myler C A，Zaltash A，et al. A simplified correlation for solids friction factor in horizontal conveying systems based on Yang's unified theory ［J］. Powder Technology，1989，58（3）：187-193.

［57］Lian G S，Chen Y-N. An improved numerical method for one-dimensional unsteady pneumatic transport in a turbulent horizontal flow at high loading ［J］. Particulate Science & Technology，1985，3（3-4）：191-204.

［58］Zaltash A，Myler C A，Dhodapkar S，et al. Application of thermodynamic approach to pneumatic transport at various pipe orientations ［I］. Powder Technology，1989，59（3）：199-207.

［59］Konrad K，Davidson J F. The gas—liquid analogy in horizontal dense-phase pneumatic conveying ［J］. Powder Technology，1984，39（2）：191-198.

［60］龚欣，郭晓镭，代正华，等. 高固气比状态下的粉煤气力输送 ［J］. 化工学报，2006，57（03）：174-178.

［61］王川红. 粉煤高压密相气力输送特性与流动性参数研究 ［D］. 上海：华东理工大学，2008.

［62］梁财，陈晓平，鹿鹏，等. 高压浓相变粒径煤粉气力输送阻力特性 ［J］. 东南大学学报（自然科学版），2009，36（3）：641-645.

［63］梁财，赵长遂，陈晓平，等. 高压浓相变水分煤粉输送特性及香农信息熵分析 ［J］. 中国电机工程学报，2007，27（26）：40-45.

［64］Lu H，Guo X，Gong X，et al. Study on the fluidization and discharge characteristics of cohesive coals from an aerated hopper ［J］. Powder Technology，2011，207（1-3）：199-207.

［65］Lu H，Guo X，Gong X，et al. Effect of gas type on the fluidization and discharge characteristics of the pulverized coal ［J］. Powder Technology，2012，217：347-355.

［66］Cong X，Guo X，Gong X，et al. Investigations of pulverized coal pneumatic conveying using CO_2 and air ［J］. Powder Technology，2012，219：135-142.

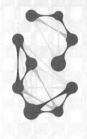

7

气化炉内熔渣流动与沉积

气流床气化炉不论采用何种形式的衬里，均涉及熔渣在气化炉内表面沉积的问题，因此研究熔渣在气化炉内的沉积规律对气流床气化炉，特别是水冷壁型气化炉的优化设计具有十分重要的意义。采用水冷壁技术的气化炉，仅在向火面有一层薄的耐火材料，正常操作时，依靠挂在水冷壁上的熔渣层保护水冷壁。水冷壁技术采用"以渣抗渣"的思想，在水冷壁内侧附煤灰熔渣形成的渣层，以抵御高温熔渣对水冷壁的腐蚀。水冷壁整体寿命约为 25 年，从长远考虑，水冷壁技术优于耐火砖，是今后的发展方向。本章主要介绍熔渣在气流床气化炉水冷壁上的沉积规律。

7.1 灰渣的熔融特性及其影响因素

7.1.1 灰渣熔融性

灰渣熔融性俗称煤灰熔点，它是气化用煤的重要指标。煤经高温灼烧后的残留物即灰的成分十分复杂，这些成分决定了煤灰的熔融特性。煤灰中成分以硅酸盐、硫酸盐以及各种金属氧化物的混合物存在，当加热到一定温度时，这些混合物开始部分熔化，随着温度升高，熔化的成分逐渐增多，而不是在某一固定温度时能够使固态全部转变成液态，其原因在于各种成分有着各自不同的熔点，因此，煤灰熔化时就只能有一个熔化的温度范围。

根据中华人民共和国国家标准煤灰熔融性的测定方法 GB/T 219—2008 中规定，将煤灰制成一定尺寸的三角锥，在一定的气体介质中，以一定的升温速度加热，观察灰锥在受热过程中的形态变化，观测并记录四个特征熔融温度：变形温度(DT)、软化温度(ST)、半球温度(HT)和流动温度(FT)。具体见图 7-1。

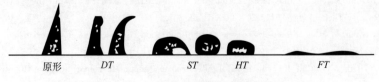

| 原形 | DT | ST | HT | FT |

图 7-1　灰锥熔融特征示意图

在气流床煤气化技术中，由于采用熔融态排渣，通常采用流动温度（FT）作为判据依据，判别某一煤种是否适用于气流床气化技术。对于采用耐火砖衬里（热壁式）的气流床气化炉一般要求煤灰渣的流动温度（FT）小于1350℃，气化炉如采用水冷壁衬里（冷壁式），煤灰渣的流动温度（FT）可大于1400℃。

7.1.2 灰渣成分对灰熔点的影响

煤灰渣是一种极为复杂的无机混合物，通常以氧化物的形式来表示煤灰的组成。化学分析结果表明，煤灰主要由 SiO_2、Al_2O_3、Fe_2O_3、CaO、MgO、Na_2O、K_2O、TiO_2 和 SO_2 等氧化物构成，其中 SiO_2、Al_2O_3 和 TiO_2 为酸性氧化物，而 Fe_2O_3、CaO、MgO、Na_2O 和 K_2O 为碱性氧化物。研究表明，酸性氧化物具有提高煤灰熔融温度的作用，其含量越多，熔融温度就越高；相反，碱性氧化物却有降低煤灰熔融温度的作用，通常情况下其含量越多，熔融温度就越低[1,2]。

Vassilev 等[3]对世界各地的43种高温灰样 [（815±10）℃，灰化1h] 进行了研究，指出在氧化气氛中，使灰熔点提高的氧化物排序为：$TiO_2 > Al_2O_3 \gg SiO_2 > K_2O$；使灰熔点降低的氧化物排序为：$SO_2 > CaO > MgO > Fe_2O_3 \geq Na_2O$。煤中主要结晶矿物 [含量（质量分数）$> 5\%$] 是石英、高岭石、伊利石、长石、方解石、黄铁矿和石膏；次要矿物 [含量（质量分数）为 $1\% \sim 5\%$] 是方石英、蒙脱石、赤铁矿、菱铁矿、白云石、氯化物和重晶石等。通常，富含石英、高岭石、伊利石的煤，其灰熔融温度较高；而蒙脱石、斜长石、方解石、菱铁矿和石膏含量高的煤，其灰熔融温度较低。为此，煤灰中的矿物可分为耐熔矿物（主要为石英、偏高岭石、莫来石和金红石）和助熔矿物（主要为石膏、酸性斜长石、硅酸钙和赤铁矿）两大类，其质量分数在 $20\% \sim 55\%$ 变化时对煤灰熔融温度呈线性（递增或递降）关系，而后迅速变缓。

Unuma 等[4]指出：煤灰熔融温度的显著差别取决于石英、高岭石和长石的相对含量，随着高岭石含量增加，煤灰熔融温度逐渐提高；对高岭石含量相同的煤灰而言，熔融温度随长石含量的增加而降低。

（1）SiO_2 的影响　煤灰渣中 SiO_2 的含量较多，随煤种的不同，约占 $30\% \sim 70\%$（质量分数）。主要来自煤中的石英、高岭石（$Al_2O_3 \cdot 2SiO_2 \cdot 2H_2O$）和伊利石（$K_2O \cdot 5Al_2O_3 \cdot 14SiO_2 \cdot 6H_2O$）等矿物。煤灰中 SiO_2 主要以非晶体的状态存在，有时能提高熔融温度，有时则起助熔作用。

（2）Al_2O_3 的影响　煤灰渣中 Al_2O_3 的质量分数变化较大，一般在 $3\% \sim 50\%$ 的范围，中国煤的煤灰中 Al_2O_3 平均为 28.2%。文献[4]指出，煤灰中 Al_2O_3 含量与灰熔融性温度密切相关，且呈正相关性。因为 Al_2O_3 具有牢固的晶体结构，熔点为2050℃，所以在煤灰熔化过程中起"骨架"作用，Al_2O_3 含量越高，"骨架"的成分越多，熔点就越高。煤的灰熔点总趋势是随灰中 Al_2O_3 含量的增加而逐渐增高。煤灰中 Al_2O_3 含量自 15% 开始，煤灰熔融性温度随着 Al_2O_3 含量的增加而有规律地升高；当煤灰中 Al_2O_3 含量超过 40% 时，不管其他煤灰成分含量如何变化，软化温度（ST）一般都大于1400℃。

此外，由于 Al_2O_3 晶体具有固定熔点，当温度达到相关铝酸盐类物质的熔点时，该晶体即开始熔化并很快呈流体状，因此，当煤灰中 Al_2O_3 含量高于 25% 时，流动温度（FT）和软化温度（ST）之间的温差随煤灰中 Al_2O_3 含量的增加而减小。

（3）CaO 的影响　中国煤的煤灰中 CaO 的质量分数大部分在 10% 以下，少部分在

10％～30％之间，只有极少部分大于 30％。CaO 本身是一种高熔点氧化物（熔点 2610℃），同时也是一种碱性氧化物，所以，它对煤灰熔融性的影响比较复杂，既能降低灰熔融性温度，也能升高灰熔融性温度，具体起哪种作用，与煤灰中 CaO 含量和其他组分有关。随着煤灰中 CaO 含量的增加，煤灰熔融性温度呈先降后升的趋势。一般而言，CaO 质量分数在 30％以下时，煤灰熔融性温度随 CaO 的增高而降低。原因是在高温下，CaO 易与煤灰中其他矿物质形成钙长石（$CaO \cdot Al_2O_3 \cdot 2SiO_2$）、钙黄长石（$2CaO \cdot Al_2O_3 \cdot 2SiO_2$，熔点 1553℃）、铝酸-钙（$CaO \cdot Al_2O_3$，熔点≤1370℃）及硅钙石（$3CaO \cdot SiO_2$，熔点 2130℃）等矿物质，这几种矿物质混合在一起能发生低温共熔现象，从而使煤灰熔融性温度下降。如钙长石和钙黄长石两种钙化合物就容易形成 1170℃和 1265℃的低温共熔化合物。其主要反应如下

$$3Al_2O_3 \cdot 2SiO_2 + CaO \longrightarrow CaO \cdot Al_2O_3 \cdot 2SiO_2 \tag{7-1}$$

$$CaO \cdot Al_2O_3 \cdot 2SiO_2 + CaO \longrightarrow 2CaO \cdot Al_2O_3 \cdot 2SiO_2 \tag{7-2}$$

$$SiO_2 + CaO \longrightarrow CaO \cdot SiO_2（假钙硅石） \tag{7-3}$$

$$CaO \cdot SiO_2 + CaO \longrightarrow 3CaO \cdot SiO_2 \tag{7-4}$$

煤灰中 CaO 质量分数大于 40％时，软化温度（ST）有显著升高的趋势。这是由于煤灰中 CaO 含量过高时，一方面 CaO 多以单体形态存在，会有熔点 2570℃的方钙石（CaO）产生，煤灰的软化温度（ST）自然升高；另一方面 CaO 作为氧化剂，在破坏硅聚合物的同时，又形成了高熔点的正硅酸钙（$CaSiO_3$，其纯物质在 2130℃熔融），致使煤灰熔融性温度上升。

（4）Fe_2O_3 的影响　煤灰中 Fe_2O_3 的质量分数一般在 5％～15％，个别煤灰中高达 50％以上。煤灰中 Fe_2O_3 易和其他化学成分反应生成易熔化合物，煤灰的软化温度（ST）随 Fe_2O_3 含量的增高而降低。Fe_2O_3 的助熔效果与煤灰所处的气氛有关，无论在氧化气氛或者弱还原气氛中，煤灰中的 Fe_2O_3 含量均起降低灰熔融性温度的作用，在弱还原性气氛下助熔效果更显著。这是由于在高温弱还原气氛下，部分 Fe^{3+} 被还原成为 Fe^{2+}，Fe^{2+} 易和熔体网络中未达到键饱和的 O^{2-} 相连接而破坏网络结构，降低煤灰熔融性温度。同时，FeO 极易和 CaO、SiO_2、Al_2O_3 等形成低温共熔体；相反，Fe^{3+} 的极性很高，是聚合物的构成者，能提高煤灰熔融性温度。

（5）MgO 的影响　煤灰中 MgO 含量较少，大部分质量分数在 3％以下。煤灰中 MgO 含量增加，灰熔融性温度逐渐降低，一般而言，MgO 每增加 1％，熔融性温度降低 2～31℃。至 MgO 质量分数为 13％～17％时，灰熔融性温度最低，超过这个含量时，温度开始升高。但因 MgO 在煤灰中含量很少，实际上可以认为它在煤灰中只起降低灰熔融性温度的作用。

（6）Na_2O 和 K_2O 的影响　煤灰中 Na_2O 和 K_2O 的含量一般较低，但若以游离形式存在于煤灰中时，由于 Na^+ 和 K^+ 的离子势较低，能破坏煤灰中的多聚物，可以显著降低煤灰熔融性温度。实际上，绝大多数煤灰中的 Na_2O 含量不超过 1.5％（质量分数），K_2O 含量不超过 2.5％（质量分数），这些煤灰中的 K_2O 一般不是以游离形式存在，而是作为黏土矿物伊利石的组成成分存在。研究发现[5]，伊利石受热直到熔化，仍无 K_2O 析出。因此，非游离状态的 K_2O 对降低煤灰熔融性温度的作用较少。Na_2O 和 K_2O 熔点低，容易与煤灰中的其他氧化物生成低熔点共熔体。如在煤灰中添加 K_2O，从 90℃左右开始，K_2O 与 Al_2O_3、石英形成白榴石（$K_2O \cdot Al_2O_3 \cdot 4SiO_2$）。纯白榴石在 1686℃熔融。白榴石与煤灰中碱性氧化

物可以进一步反应，生成低温钠长石和钾长石的固溶体。同样，在煤灰中添加 Na_2O，从 80℃开始，Na_2O 与 Al_2O_3、石英形成霞石（$Na_2O \cdot Al_2O_3 \cdot 2SiO_2$），霞石为典型的碱性矿物，具有比钾长石（$K_2O \cdot Al_2O_3 \cdot 6SiO_2$）更强的助熔性，在 1060℃开始烧结，随着碱含量增减，在 1150～1200℃范围内熔融。

（7）TiO_2 对煤灰熔融性温度的影响　TiO_2 的熔点为 1850℃。在煤灰中，TiO_2 始终起到提高灰熔融性温度的作用，其含量增减对灰熔融性温度影响非常大，一般而言，TiO_2 含量每增加 1%（质量分数），煤灰熔融性温度增加 36～46℃。

（8）SiO_2/Al_2O_3 对煤灰熔融温度的影响　SiO_2 和 Al_2O_3 作为煤灰中含量最高的酸性组分，其比值对煤灰熔融性具有主导作用，研究表明弱还原气氛下煤灰熔融温度随 SiO_2/Al_2O_3 增大而降低，但当 SiO_2/Al_2O_3 大于 2.0 时，灰熔融温度不再变化或略微上升[6,7]。这是由于随着 SiO_2/Al_2O_3 增大，煤灰高温主要矿物质由高熔点的刚玉转变为熔点较低的钙长石和钙黄长石，使熔点降低[6]。

（9）CaO/Fe_2O_3 对煤灰熔融温度的影响　CaO 和 Fe_2O_3 作为煤灰中含量最高的碱性组分，其比值对煤灰熔融性也有显著影响。Shi 等[8]系统考察了 CaO/Fe_2O_3 在弱还原性气氛下对不同化学组成煤灰熔融温度的影响，发现煤灰熔融温度总体随 CaO/Fe_2O_3 增大而增大，但其增加幅度随 $SiO_2 + Al_2O_3$ 和 SiO_2/Al_2O_3 增大而减小。矿物演化结果表明低 CaO/Fe_2O_3 样品中含铁矿物尖晶石、钙长石、石英和刚玉，易发生低温共熔反应，形成大量液相，使煤灰熔融温度降低，高 CaO/Fe_2O_3 样品的熔融主要由反应生成的大量钙长石的熔融决定[9]。

（10）CaO/MgO 对煤灰熔融温度的影响　段锦等[10]分别向长平煤中添加 CaO、MgO 及钙镁复合助熔剂，发现添加 6% 的钙镁复合助剂能够显著降低煤灰熔融温度，且助熔效果优于单一助剂。进一步研究发现半径较小的 Ca^{2+} 和 Mg^{2+} 容易进入空隙中，引起硅酸盐结构重组，分别形成架状硅酸盐钙长石、岛状硅酸盐镁橄榄石、镁堇青石等；而钙镁复合助熔剂能够显著降低煤灰熔融温度是由于钙长石与镁橄榄石等镁质矿物之间能够生成低温共熔体。

（11）K_2O/Na_2O 对煤灰熔融温度的影响　在玻璃的研究过程中，研究者发现玻璃中的碱金属氧化物逐渐被另一种碱金属氧化物取代时，其物理性质随取代量的变化往往呈非线性，该现象被称作"混碱效应"[11]。Li 等[12]在 K_2O/Na_2O 对煤灰熔融温度的研究中也发现了类似的现象，煤灰熔融温度随 K_2O/Na_2O 增大先降低后缓慢增大，在 K_2O/Na_2O 为 6/4 时出现最小值。

7.1.3　灰熔点的预测

煤灰熔融特性数据，以按国家标准方法测定的结果为最准确。但在缺乏试验测定数据时，也可根据煤灰成分按经验方法估算。国内外许多学者经过大量的研究，提出了许多基于灰成分预测灰熔点的方法[4,13,14]。

我国煤炭科学研究院总结的经验公式如下。

流动温度（FT）

$$FT = 24w_{Al_2O_3} + 11(w_{SiO_2} + w_{TiO_2}) + 7(w_{CaO} + w_{MgO}) + 8(w_{Fe_2O_3} + w_{KNaO}) \quad (7-5)$$

$$FT = 200 + 21w_{Al_2O_3} + 10w_{SiO_2} + 5(w_{CaO} + w_{MgO} + w_{Fe_2O_3} + w_{KNaO}) \quad (7-6)$$

利用式(7-6)计算（$Fe_2O_3 + CaO + MgO + K_2O + Na_2O$)<30% 的煤灰熔化温度，精度一般在 ±50℃范围内。

$$FT = 200 + (2.5b + 20w_{Al_2O_3}) + (3.3b + 10w_{SiO_2}) \tag{7-7}$$

式(7-7) 中，$b = w_{Fe_2O_3} + w_{CaO_2} + w_{MgO} + w_{KNaO}$。

当 $(2.5b + 20w_{Al_2O_3}) < 332$ 时，则该项改用

$$(2.5b + 20w_{Al_2O_3}) + 2[332 - (2.5b + 20w_{Al_2O_3})]$$

而当 $(3.3b + 10w_{SiO_2}) < 475$ 时，该项改用

$$(3.3b + 10w_{SiO_2}) + 2[475 - (3.3b + 10w_{SiO_2})]$$

最后当灰分中 $w_{SiO_2} > 60\%$ 时，式(7-7) 计算的流动温度（FT）值需加 50℃修正。上述式(7-5)和式(7-6)适用于以 SiO_2 和 Al_2O_3 含量为主（即 $b < 30\%$）的煤灰；式(7-7)适用于 Fe_2O_3、CaO、MgO、$KNaO$ 含量较高（即 $b > 30\%$）的煤灰。

美国 ASME 确定褐煤灰各氧化物成分对煤灰软化温度（ST）之间的回归方程为

$$ST = \frac{5}{9}(2782.67 - 6.9w_{SiO_2} + 0.1w_{Al_2O_3} - 4.3w_{Fe_2O_3} + 8.5w_{CaO} - 128w_{TiO_2}$$
$$+ 14.9w_{MgO} - 8.7w_{Na_2O} + 80w_{K_2O} - 5.1w_{SO_2}) \tag{7-8}$$

对烟煤灰的回归方程为

$$ST = \frac{5}{9}(1620.67 + 12.1w_{SiO_2} + 18.8w_{Al_2O_3} + 7.2w_{Fe_2O_3} + 2.0w_{CaO} + 83w_{TiO_2}$$
$$- 11.6w_{MgO} - 13.7w_{Na_2O} - 22.3w_{K_2O}) \tag{7-9}$$

这两个简单的直线形式方程表明，一般来说褐煤灰与烟煤灰相比，各元素成分对熔融温度会产生相反的影响。

Shi 等[15]利用分子动力学模拟了基于平均摩尔离子势（I_a）和势能、液相温度（T_{liq}）和势能之间的线性关系，建立了煤灰成分与 T_{liq} 的线性关系，为进一步预测煤灰熔点提供了新方法。

$$T_{liq} = (170.43 - 3.1457I_a)S/A + 15.725 \times I_a + 360.78 \tag{7-10}$$

其中 $I_a = (I_{Si^{4+}}X_{SiO_2} + 2I_{Al^{3+}}X_{Al_2O_3} + 2I_{Fe^{2+}}X_{Fe_2O_3} + I_{Ca^{2+}}X_{CaO})$，$I_i$ 和 X_i 分别是离子的离子势和摩尔分数。

7.1.4　气氛对灰熔融特性的影响

气氛对煤灰熔融特性的影响一般有两种原因：一是气氛影响煤灰中各组分之间的化学反应，产生低温共熔物；二是不同气氛下煤灰中固有主要成分的熔点不同。

对于不同气氛条件下的灰熔融特性，大多数研究者[16-18]普遍达成的共识是：煤灰在弱还原性气氛下测定的 DT、ST、HT、FT 均小于氧化性气氛下的测定值，且随煤灰化学成分不同，二种气氛之间的特征温度差值也不同，大约在 10～130℃。

不同气氛下煤灰熔融性差异与煤灰中铁的价态密切相关。煤灰中铁有 3 种价态，分别是 Fe_2O_3（熔点为 1560℃）、FeO（熔点为 1420℃）和 Fe（熔点为 1535℃）。在氧化性气氛中以 Fe_2O_3 形式存在，在弱还原气氛中，以 FeO 的形态存在，与其他价态的铁相比，FeO 具有最强的助熔效果。FeO 能与 SiO_2、Al_2O_3、$3Al_2O_3 \cdot 2SiO_2$（莫来石，熔点 1850℃）、$CaO \cdot Al_2O_3 \cdot 2SiO_2$（钙长石，熔点 1553℃）等结合形成铁橄榄石（$2FeO \cdot SiO_2$，熔点 1205℃）、铁尖晶石（$FeO$、$Al_2O_3$，熔点 1780℃）、铁铝榴石（$3FeO \cdot Al_2O_3 \cdot 3SiO_2$，熔点 1240～1300℃）和斜铁辉石（$FeO \cdot SiO_2$），这些矿物质之间会产

生低熔点的共熔物，因而使煤灰熔融性温度降低。当煤灰中 Fe_2O_3 含量较高时，会降低灰熔融性温度，且在弱还原性气氛下更为显著。

弱还原气氛下的反应包括

$$Fe_2O_3 \longrightarrow FeO \tag{7-11}$$
$$3Al_2O_3 \cdot 2SiO_2 + FeO \longrightarrow 2FeO \cdot SiO_2 + FeO \cdot Al_2O_3 \tag{7-12}$$
$$CaO \cdot Al_2O_3 \cdot 2SiO_2 + FeO \longrightarrow$$
$$3FeO \cdot Al_2O_3 \cdot 3SiO_2 + 2FeO \cdot SiO_2 + FeO \cdot Al_2O_3 \tag{7-13}$$
$$SiO_2 + FeO \longrightarrow FeO \cdot SiO_2 \tag{7-14}$$
$$FeO \cdot SiO_2 + FeO \longrightarrow 2FeO \cdot SiO_2 \tag{7-15}$$

在强还原气氛下，煤灰在熔融过程中的氧元素被大量还原，所剩绝大部分是金属或非金属单质，其单质的熔融温度要高出其氧化物许多，这些在强还原气氛下被还原出来的金属单质导致了煤灰熔融性温度的升高。因此，强还原气氛下的煤灰熔融性温度均比氧化气氛下高，差值在 50～200℃。

Huffman 等[19]研究发现：还原气氛下，某些煤灰的熔化速度相比于氧化气氛下明显加快，尤其在 900～1100℃范围内，增加最快，并在约 1200℃时接近完全熔化。氧化气氛下，在 1100～1200℃范围内，煤灰熔融速度与煤中钙钾矿石和伊利石的含量成正比；在 1200～1400℃范围内，灰熔融速度明显加快，1400～1500℃范围内接近完全熔融。

Cao 等[20,21]研究发现，水蒸气对不同组成煤灰灰熔融温度的影响不同。水蒸气的加入使低硅铝煤灰的灰熔融温度降低。水蒸气含量由 0%增加至 20%时，FT 由 1290℃降低至 1279℃，DT 由 1272℃降低至 1247℃；水蒸气使煤灰中非晶态矿物质（无定形物质）含量增加，晶体矿物质含量（黄长石）降低。然而，水蒸气的加入使高硅铝煤灰的灰熔融温度升高。水蒸气含量由 0%增加至 20%时，FT 由 1305℃升高至 1321℃，DT 由 1243℃升高至 1291℃，水蒸气含量的增加抑制了晶体矿物质的熔融，降低了煤灰熔融过程中生成液相的含量，是灰熔融温度升高的主要原因。

由于煤中有机质在气化过程中不能达到完全转化，导致气化灰渣中含有未反应的煤焦颗粒，作为气化灰渣中的重要组成，残炭的存在对煤灰熔融性具有重要影响[22]。陈冬霞等[23]通过向煤灰中添加高温煤焦，研究了氩气气氛下煤灰中残炭对熔融性的影响，发现随着煤灰中残焦含量的增加，煤灰熔融温度随之升高，当灰中残焦含量达到 20%后，焦与焦之间通过熔融煤灰的黏结作用形成了不熔骨架，导致灰锥高度不再随温度上升而变化。其原因为残炭与煤灰中的矿物质发生了碳热反应，生成 Fe、Fe_3C、FeSi 和 SiC 等难熔矿物质，大幅提高了煤灰的熔融温度（图 7-2）。

残炭的性质及煤灰的化学组成对含炭煤灰的熔融性也产生了重要影响。Wang 等[24-26]针对气化灰渣中残炭对煤灰熔融特性的影响，深入考察了残炭的石墨化程度、煤灰的 Si/Al 和 Fe_2O_3 含量对含残炭煤灰熔融特征温度的影响。研究表明：残炭的石墨化程度越高，含残炭煤灰的熔融温度越高，当残炭含量超过 5%时，残炭的石墨化程度差异对煤灰熔融温度造成的影响越明显，其主要原因为炭的石墨化程度较高，与矿物质之间反应性变差，煤灰中剩余未反应炭含量增加，残炭作为一种高温难熔物阻碍了煤灰的熔融。当煤灰的硅铝总含量相同时，残炭对于高硅铝比煤灰的熔融温度影响较大，这是由于低硅铝比煤灰在低温下生成了熔点较高的莫来石和大量的钙长石，且高温下存在大量未反应的氧化铝，导致残炭对其熔点的增加效果不明显；对于高硅铝煤灰，低温下生成熔点较低的硅灰石以及少量钙长石，因此高温下残炭及熔点较高的炭热反应产物对煤灰的熔融温度影响较大。残炭存在时，煤灰的

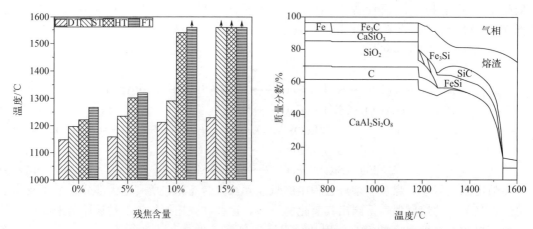

图 7-2　煤灰中焦的含量对熔融特征温度及矿物质演化的影响

Fe_2O_3 含量也是影响煤灰熔融性的重要原因。当煤灰 Fe_2O_3 含量不高于 8％时，随着残炭含量增加，煤灰熔融特征温度逐渐升高；当煤灰 Fe_2O_3 含量高于 12％，残炭含量低于 10％时，残炭含量增加，煤灰熔融特征温度升高，但残炭含量为 15％时，煤灰的流动温度降低。高温下，煤灰中的 Fe_2O_3 主要改变 FeSi、SiC 和 Fe 等难熔物的种类和含量，使得残炭对煤灰熔融性表现出不同影响。Fe_2O_3 含量低于 12％时，残炭含量增加造成 SiC 难熔物含量增加；Fe_2O_3 含量高于 12％时，残炭含量增加主要有利于 FeSi 相的生成。

7.1.5　冷却降温过程中熔渣结晶过程

沈中杰等[27-29]基于高温热台显微镜试验平台，开展连续降温过程析出晶体研究（图 7-3）发现：析出晶体数量、熔渣初始结晶温度和生长温度区间等参数主要受冷却速率和熔渣化学成分影响，如神府煤熔渣析出晶体主要呈正方体和长方体，而天冶煤熔渣主要析出雪花状晶体；熔融恒温过程中也能发生结晶现象，随恒温温度升高，初始结晶时间降低，晶体尺度减

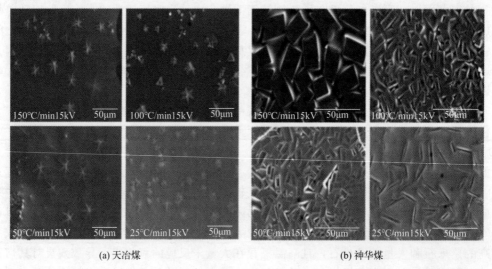

(a) 天冶煤　　　　　　　　　　　　　　(b) 神华煤

图 7-3　降温过程中析出晶体形态特性

小，晶体生长时间增大。在晶体生成过程中，构成晶体的主要元素（Al、Ca 和 Si）均匀分布于晶体表面和体相中，而碱金属和碱土金属表现出不同的富集特性：Na 主要富集于晶体表面，K 元素富存于非晶相中，而 Mg 元素富集在晶体的表面和体相，Fe 元素的富集随晶体种类的不同而不同。

7.2　灰渣黏温特性及其影响因素

灰渣的黏度是煤灰特性的一个重要指标。一般认为，液态排渣的气化炉正常排渣黏度为 5～10Pa•s，最高不能超过 25Pa•s，熔渣在重力作用下停止流动的黏度为 100Pa•s[14]。

7.2.1　灰渣黏度的主要特性

7.2.1.1　灰渣相态与临界特性

（1）熔渣的相态　一般情况下，灰渣均在比流动温度（FT）更高的温度下才能转化为纯粹的液相。真实液态熔渣流动过程中内部黏滞阻力变化符合牛顿定律。真实液态熔渣作为多种组分的复合熔体，在降温过程中，随着固相结晶的析出，将发生一系列液、固两相反应，形成复合晶体，同时沿降温进程还会逐渐生成玻璃相，整个过程机理是很复杂的。这种液、固两相熔体通常称为塑性流体，其黏度为熔体的塑性黏度。

（2）临界黏度和临界黏度温度　熔渣由真实液态过渡到塑性状态，往往在黏度曲线上产生明显的折变，这是由于在折变点的温度下，熔体突然有大量晶体析出的缘故，通常把这一折变点对应的黏度——绝对黏度区域和塑性黏度区域的准分界点叫作这种熔渣的临界黏度（μ_{cv}），而其对应的温度，叫作临界黏度温度或简称临界温度（T_{cv}）。孔令学等[30-32]获得了 T_{cv} 与活化能、最大结晶速率和初始结晶温度等的对应关系，揭示了结晶动力学影响 T_{cv} 的机理。

7.2.1.2　灰渣的类型

灰渣黏温特性通常分为四种类型[33]（图 7-4），即玻璃体渣、结晶型渣、近玻璃体渣和塑性渣。

（1）玻璃体渣　该类渣不存在真实液态区域和塑性区域的分界点，因而也没有临界黏度点。玻璃体渣的一个特点是升降温黏度曲线重合，属于这种类型的煤灰渣很少。玻璃渣中矿物成分（质量分数）为：$SiO_2 = 55\% \sim 60\%$、$Al_2O_3 \leqslant 22\%$、$CaO < 8\%$。

（2）结晶型渣　该类熔渣的特点是临界黏度点和准凝固点（黏度曲线变为陡然上升，即黏度梯度变为极大的起始部分）几乎重合，塑性区域消失。属于这一类型的熔渣，绝少玻璃体成分，结晶过程发展迅速。它与玻璃渣比较，显著的特点是 $Al_2O_3 \geqslant 29\%$（质量分数），而且 $SiO_2 = 50\% \sim 60\%$ 也

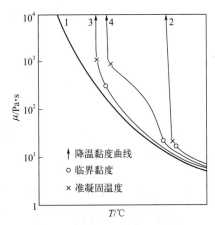

图 7-4　灰渣黏温特性的类型
1—玻璃体渣；2—结晶型熔渣；
3—近玻璃体渣；4—塑性渣

较高。

(3) 近玻璃体渣　这类渣仅在较低温度区域中才开始析出结晶，曲线在临界黏度点没有明显折变。

(4) 塑性渣　这类熔渣的特点是塑性区域长，在熔融阶段中析晶和转化过程复杂，结晶析出和消熔速度较慢。煤灰渣中属于这种黏度特性的居多。塑性渣成分中 $SiO_2 = 40\% \sim 50\%$（质量分数）比玻璃渣小，而 Al_2O_3 或 CaO 含量比玻璃渣大得多，$Al_2O_3 \geqslant 26\% \sim 30\%$，$CaO \geqslant 24\%$ 等。在有些书中还把黏度很低的塑性渣称为碱性渣，碱性渣中 SiO_2 和 Al_2O_3 含量很低，而 CaO 成为煤灰成分中含量首位。

各类型灰渣有其各自的结渣特性。

(1) 玻璃体渣　它的灰熔点一般较低变形温度（DT）= 1100～1250℃，软化温度（ST）= 1200～1400℃，流动温度（FT）= 1250～1450℃。在炉膛温度范围内，均可熔化成玻璃状渣滴。

(2) 结晶渣　它的灰熔点一般很高，流动温度（FT）$\geqslant$ 1500℃，有些煤甚至变形温度（DT）$\geqslant$ 1500℃。在炉膛温度范围内，灰渣只有少量组分熔融，大部分呈多孔玻璃体存在，黏结特性是较差的。

(3) 塑性渣　它的灰熔点一般也较低，在炉膛温度范围内，灰渣可处于真实液相或塑性状态。塑性渣具有一定的保持变形能力，灰渣滴和结渣层具有一定的液相湿表面。

7.2.2　几种阳离子对灰渣黏温特性影响

煤灰渣的主要成分包括 SiO_2、Al_2O_3、CaO、MgO、FeO、Fe_2O_3 等，灰渣的黏温特性主要受这些成分的影响[34,35]。

7.2.2.1　碱金属的影响

碱金属氧化物的引入将导致煤灰中硅和氧间的部分桥氧键转变成非桥氧键

$$\equiv Si-O-Si\equiv \ + M_2O \longrightarrow \ \equiv Si-O^- \ M^+ + M^+ \ O^- -Si\equiv \qquad (7\text{-}16)$$

使原来的四面体结构变得松散，部分导致分解，灰渣黏度大幅度降低。图 7-5 为灰黏度与温度和 Na_2O-SiO_2 组成的变化关系。

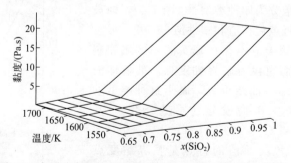

图 7-5　灰黏度与温度、组成关系（Na_2O-SiO_2 二元体系）

当碱金属的含量低于10%（质量分数）时，灰渣的黏度相对较高，而当碱金属的含量高于10%时，灰渣黏度大幅度降低。这是因为随着碱含量的增加，灰的网络结构可能由原来相对稳定的正四面体结构，变成含有较不稳定的 Si—O 环主体的结构。

7.2.2.2 碱土金属的影响

碱土金属加入到灰渣中，Si—O 键会通过下面两种机制的综合作用而断裂

$$\equiv Si-O-Si\equiv \ + MO \longrightarrow \ \equiv Si-O-M-O-Si\equiv \qquad (7-17)$$

$$\equiv Si-O-Si\equiv \ + MO \longrightarrow \ 2(\equiv Si-O^-) + M^{2+} \qquad (7-18)$$

碱土金属中 Ba 对降低黏度最为显著，接着是 Sr、Ca、Mg。在采用耐火砖衬里的气流床气化工艺中，为了使灰渣在 1350℃ 左右以液态形式排出，通常在高灰熔点煤中添加 CaO 等助熔剂以降低灰熔点，改善灰渣的流变性能。CaO 加入到 SiO_2 中，使得网状物中产生非桥氧键，但对黏度的影响在高温区和低温区情况不尽相同。高温下，CaO 的含量越大，灰渣的黏度就越低，而低温情况下，CaO 则发挥它高熔点特点，使得灰渣的黏度较大。

当 CaO 含量低于 20%（质量分数）时，随着 CaO 含量的增加灰渣的黏度逐渐降低，这是由于 CaO 和渣中某些成分容易形成低熔点共熔体。若继续增大 CaO 含量，黏度开始增加，接近网络模型离子配位理论，当 CaO 含量在 40%～58% 变化时，它对灰渣黏度以及开始固化温度的影响相当显著[36]。

7.2.2.3 铝（Al）的影响

在网状物模型中，Al 既能够作为构建主骨架的一份子，又能够作为结构修正者，其中电荷由碱来平衡。少量的铝加入到纯的 SiO_2 网状结构中，将会降低黏度，并增加体系的易脆性。在 1727～2227℃ 范围内，向纯 SiO_2 中加入 10%（质量分数）的 Al_2O_3，与纯 SiO_2 相比，样品黏度降低两个数量级，Al_2O_3 含量继续增大，黏度降低更明显[37]。

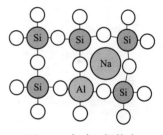

图 7-6　含碱、铝的硅熔体结构

Al_2O_3 加入到含碱或碱土金属氧化物的 SiO_2 熔体中时，当 $c_{Al_2O_3} < c_{M_2O} + c_{MO}$ 时（物质的量含量），对结构稳定起促进作用，因为铝是两性物质，此时它展现的是网状物形成者性质，使非桥氧消失，电荷由碱性阳离子协调，如图 7-6 所示[38,39]。

当 $c_{Al_2O_3} > c_{M_2O} + c_{MO}$ 时，Al_2O_3 缺乏用于电荷平衡的阳离子，多余的铝离子将形成高配位，发挥网状结构修正作用，降低灰渣结构的稳定性。但最稳定的结构并不是在 $c_{Al_2O_3} = c_{M_2O} + c_{MO}$ 的时候，Urbain 验证当温度高于 1750℃，对于三元组分，$x_{SiO_2} = 0.5$ 时，$c_{Al_2O_3}/c_{CaO} = 2/3$ 比 $c_{Al_2O_3}/c_{CaO} = 1/1$ 有着更高的黏度，有的学者认为，Al 离子通常以 AlO_2^- 的形式存在，同碱金属结合得相当完美。铝在硅熔体中的结构作用虽然很复杂，但肯定不可能形成 Al—O—Al 键。

7.2.2.4 铁（Fe）的影响

Fe 在灰渣中的作用相当复杂，受温度、浓度和气氛的影响。当铁以 Fe^{2+} 的形式存在时，它相当于碱性阳离子，结构中起着修正的作用；当以 Fe^{3+} 的形式存在时，相当于 Al^{3+}，具有两性的性质。铁离子的氧化状态分布跟硅熔体中的气氛密切相关，因此引入了 $Fe^{3+}/\Sigma Fe$ 的概念来定量描述铁离子的氧化状态，此参数是温度、压力、气氛的函数，当碱或碱土金属氧化物增加时，$Fe^{3+}/\Sigma Fe$ 比值相应增加，硅熔体的体积也会线性增加。

Seki 等[40]对 SiO_2-FeO_x-CaO 系统在空气气氛下作了研究，结果表明：

① 温度越高，$Fe^{3+}/\Sigma Fe$ 比值越低。

② $Fe^{3+}/\sum Fe$ 比值随 CaO/SiO_2 比值增高而增高。

③ 当 $CaO/SiO_2=1.5$ 时，提高整个铁的含量，$Fe^{3+}/\sum Fe$ 比值降低；当 $CaO/SiO_2=0.5$ 时，提高整个铁的含量，$Fe^{3+}/\sum Fe$ 比值升高。

Fe 在灰渣中以多种配合形态存在，如图 7-7 所示。

气化炉内为弱还原性气氛，Fe 多以 FeO 形式存在，容易和 SiO_2、Al_2O_3 形成低熔点共熔体，随着 Fe_2O_3 含量的增高，煤灰的熔融温度显著下降。煤灰中的 Fe_2O_3 含量低于 20%（质量分数）情况下，其含量每增高 1%（质量分数），则煤灰的软化温度相应降低约 18℃，流动温度降低约 12.7℃[41]。

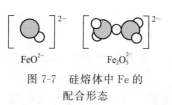

图 7-7　硅熔体中 Fe 的配合形态

7.2.3　气氛对黏温特性的影响

不同气氛下，煤灰渣表现出不同的流变特性。煤灰渣黏度 μ 随气氛变化的一般规律为：

$$\mu_{氧化性气氛} > \mu_{弱还原性气氛} > \mu_{还原性气氛}$$

研究表明[42]：当气氛由还原性转变为氧化性，煤灰渣黏度可能增倍。

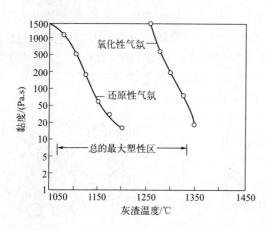

图 7-8　气氛对灰渣黏度的影响

在还原气氛下，煤灰的黏度较氧化气氛下低。这种黏度变化规律与渣中铁氧化物的价态变化一致，氧化气氛下的三价转化为还原气氛下的二价，煤灰黏度降低的大小与渣中铁元素含量成正比；在氧化气氛下，三价铁氧化物参加了灰渣四面体结构的连接，加强了煤灰熔体的三维立体连通性，从而使煤灰黏度增大。二价铁氧化态破坏了玻璃体网络连通性，因此降低了煤灰黏度。例如，在图 7-8 中标明的灰渣，在氧化气氛中具有适度的塑性区，它的黏度当温度在 1260℃ 时超过 1500Pa·s。但是，如果处于还原性气氛中，则黏度在相同温度时，下降到 10Pa·s，并当温度下降到 1040℃ 仍保持塑性。

He 等[43] 考察了气氛、结晶反应和熔渣黏度三者之间的关系（图 7-9）。对于全液相熔渣，气氛通过影响铁的价态分布进而影响熔渣黏度；弱还原气氛（$V_{CO}:V_{CO_2}=60:40$）下，熔渣中 80% 的铁为 Fe^{2+}，熔渣黏度最低，惰性气氛下 $Fe^{2+}/\sum Fe$ 含量降低至 30%，熔渣黏度升高，强还原气氛（纯 CO 气氛）下，金属铁析出导致液相中修饰组分含量降低，黏度升高。对于部分结晶渣，气氛通过影响铁价态和矿物质的结晶行为进而影响熔渣黏度；钙黄长石的结晶趋势强，气氛对其结晶特性影响较小，上述三种气氛下熔渣的临界黏度温度相差仅为 20℃[图 7-9(b)]；钙长石结晶趋势弱，熔渣中 Fe^{2+} 抑制钙长石结晶，熔渣临界黏度温度远低于钙长石的理论结晶温度；惰性气氛下，钙长石和铁尖晶石同时析出，临界黏度温度升高；强还原气氛下熔渣中的金属铁作为成核中心，促进钙长石结晶，临界黏度温度为钙长石的理论析出温度[图 7-9(a)]。

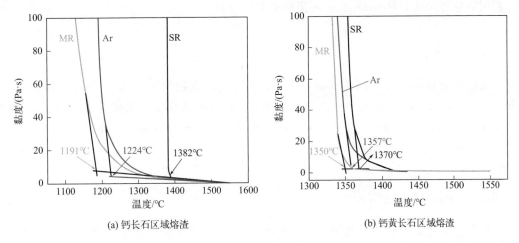

(a) 钙长石区域熔渣

(b) 钙黄长石区域熔渣

图 7-9　不同气氛下熔渣的黏温特性

7.2.4　黏度模型

许多研究者已经对灰渣黏度模型作了大量的研究，对含不同组分的熔渣，各种模型预测的结果各不相同，因此，要针对不同的熔渣选择合适的数学模型。

黏度理论几十年来，取得了很大的发展。大致可分为三类：统计力学理论、对应态理论以及半经验和经验模型理论。

7.2.4.1　统计力学理论

Born 等[44]提出液体黏度与分布函数及原子势的关系，表达式如下

$$\eta = \frac{2\pi}{15}\left(\frac{m}{kT}\right)^2 \rho_0^2 \int_0^\infty g(r)\left[\frac{\partial \phi(r)}{\partial r}\right] r^4 \mathrm{d}r \tag{7-19}$$

在布朗运动理论的基础上，Kirkwood[45]也提出类似的方法，得到二次非平衡分布函数，将黏度表示为

$$\eta = \frac{nmkT}{2\zeta} + \left(\frac{\pi\zeta}{15kT}\right)^2 \rho^2 \int r^3 \left[\frac{\mathrm{d}\phi(r)}{\mathrm{d}r}\right] g(r)\psi_2(r)\mathrm{d}r \tag{7-20}$$

在上面两个方程中，ρ_0 和 ρ 分别为平均密度和密度；m 为单个原子质量；k 为玻耳兹曼常数（下同）；T 为热力学温度（下同）；r 为原子间距；$\phi(r)$ 为原子势能；$g(r)$ 是平衡径向分布函数；$\psi_2(r)$ 是由不同方程的边界条件确定的函数；ζ 是与分子间作用力有关的摩擦系数。

7.2.4.2　对应态理论

传递性质的对应态理论起源于时间相关函数，Helfand[46]提出分子间作用势能可以表示为如下形式

$$u = f(r_{R_1}, r_{R_2}, \cdots, r_{R_N}) \tag{7-21}$$

$$r_{R_i} = \frac{r_i}{\sigma} \tag{7-22}$$

根据对应态理论，Pasternak[47]提出如下黏度方程

$$\eta = \eta^* (V^*) \frac{\frac{2}{3} \left(\frac{MR\varepsilon}{k} \right)^2}{N^{1/3}} - \frac{1}{V^{2/3}} \tag{7-23}$$

上述三个方程中，N 为阿佛伽德罗常数；R 为气体常数（下同）；V 为原子体积；f 为一般函数；r 为两个相互作用分子之间的距离；ε 是与距离程度有关的分子参数；$\eta^* (V^*)$ 是温度 T^* 的函数；T^* 定义为：$T^* = T\varepsilon/k$。能量项 k/ε 通过下面方程与熔点相关

$$\frac{\varepsilon}{k} = 5.2 T_m \tag{7-24}$$

7.2.4.3 半经验和经验模型

（1）基于活化态理论的半经验模型 Eyring 等[48,49]将反应速率理论和牛顿定律运用于黏性流体中，得到如下黏度方程

$$\eta = \frac{hNL}{\nu} \left(\frac{1}{\chi} \right) \frac{q}{q^*} \exp \left(-\frac{E_0}{kT} \right) \tag{7-25}$$

式中，h 为普朗特常数；NL 为洛施密特数；ν 为摩尔体积；q 和 q^* 分别为分子每单元体积在初始态和活化态下的分布函数；χ 为传递系数；在指数项中，E_0 为分子的活化能。

（2）基于空腔理论的半经验模型 基于空腔理论，Weymann 等[50]首先提出熔体的黏度方程

$$\eta = \left(\frac{RT}{\varepsilon_0} \right) \frac{2mkT}{v^{2/3}\chi} \exp \left(\frac{\varepsilon_0}{kT} \right) \tag{7-26}$$

式中，ε_0 是势阱的深度；m 是分子质量。此方程仅适用于分子和原子熔体，而不适用于离子熔体。

Bockris 等[51]将空腔理论运用于离子熔体，得到黏度方程

$$\eta = \frac{2}{3} N_h R_h (6.28mkT)^{1/2} \exp \left(\frac{E}{RT} \right) \tag{7-27}$$

式中，N_h 和 R_h 分别为每单位体积内的空腔数目和空腔的平均半径；m 为离子的质量；k 为玻耳兹曼常数；E 为活化能。通过对 N_h 和 R_h 的处理，对硅酸盐熔体可以得到如下表达式

$$\eta = 4.9 \times 10^{-9} N_{O^0} T^{1/2} \exp \left(\frac{E}{RT} \right) \tag{7-28}$$

式中，N_{O^0} 是硅酸盐熔体结构中桥氧 O^0 的数目。

此外，Mills 等[52]考虑到熔体的解聚作用后，提出硅酸盐熔体和物理性质之间的总关系，即 Mills 模型。

（3）经验模型 经验模型主要是在阿累尼乌斯方程的基础上建立，如 Riboud 经验模型、Urbain 经验模型和 Iida 经验模型等[53-55]。

（4）悬浮体黏度修正模型 周杰等[56,57]研究发现，熔渣中晶体的形态主要表现为针状，且在熔渣结晶过程中占有较大的体积分数，结晶对熔渣黏度有较大影响，因此基于常用黏度模型，引入固相体积分数修正系数，获得了悬浮体黏度修正模型：

$$\eta = \eta_0 (1 - \beta\varphi) \tag{7-29}$$

$$\beta = 0.9672Ce^{-0.0022d}e^{0.0126(\theta-1)} \qquad (7\text{-}30)$$

式中，η_0 是纯液相黏度；β 是修正因子；d 是粒径；θ 是颗粒长径比；C 是常数，与颗粒的形状有关，当颗粒为球形时，C 为 1，当颗粒为非球形时，C 为 1.235。

白进等[58]结合分子动力学、热力学计算与实验等结果，获得 Al_2O_3-SiO_2-CaO-FeO 四元体系灰渣黏度变化机理，通过四元体系的氧键为桥梁，建立了碱性组分含量与黏度的函数关系。

(5) 熔体结构黏度模型　与传统经验模型或半经验模型相比，Wu 等提出了一种基于熔体结构的黏度模型[59-63]，充分考虑了熔体结构对黏度的影响，以确保模型的广泛适用性以及预测结果的可靠性。由于绝大部分实验数据只包括黏度数值及对应的熔渣成分和温度，并没有相应的熔体结构信息，因此采用计算热化学通过成分、温度等条件来预测熔体结构。在该模型中，使用 GTOX 热力学数据库[64]并通过 Gibbs 自由能的最小化原理来计算熔渣相的络合物分布。因为每个络合物对应着熔渣相中的某一特定短程有序，也就是某一熔体结构单元，所以可以用络合物的分布来描述熔体结构。除了使用络合物作为熔体的基本结构单元，还引入了一些特定的较大结构单元来充分描述熔体结构对黏度的影响。以 SiO_2-Na_2O 二元渣系为例，采用了 5 个基本结构单位 Na_2O、Na_4SiO_4、Na_2SiO_3、$Na_2Si_2O_5$、SiO_2 以及 2 个较大结构单元 $(SiO_2)_6$ 和 $(SiO_2)_{109}$ 来描述熔体结构。这些结构单元对黏度的贡献都可以通过 Arrhenius 方程来描述，其中每一结构单元只对应一组恒定模型参数，并具有物理意义。该模型现在已涵盖 SiO_2-Al_2O_3-CaO-MgO-Na_2O-K_2O-FeO_x-P_2O_5-VO_x 多元渣系及其子系统，对调控及优化气流床气化过程中的炉渣流动有重要意义。

7.2.5　熔渣的临界黏度温度（T_{cv}）

T_{cv} 标志着熔渣中固相导致熔渣的表观黏度急剧上升，固相对熔渣黏度的影响已不可忽视。在硅酸盐临界黏度温度的早期研究中，Vargas 等[65]将 T_{cv} 定义为标志受晶体影响和不受影响的黏度之间划分的点。Nowok[66]发现，由于成核和旋节线分解，黏度的急剧增加归因于熔渣的相变。Groen 等[67]报道尖晶石的结晶温度与高铁渣的黏度急剧增加温度密切相关。近年来关于固相含量与 T_{cv} 关系的研究结论也说明了煤灰熔渣中固相含量与 T_{cv} 的相关性，Ilyushechkin 等[68]发现对于硅铝比较低（$SiO_2/Al_2O_3 < 2$）的炉渣，固相含量达到 15%（质量分数）以上或晶体尺寸显著增大时出现 T_{cv}。Yuan 等[69]的研究中 T_{cv} 出现于固相含量达到 $15.15\% \sim 33.82\%$。Kim 等[70]认为一般熔体中的固相体积占比达 $25\% \sim 55\%$ 才能引起黏度的急剧上升，但对于不规则形状的结晶颗粒，黏度在较低的固相含量下也可能急剧上升。由此可见，对于 T_{cv} 以下的熔渣黏度预测采用悬浮体模型而非纯熔渣模型是更合理的选择，矛盾在于获得准确的 T_{cv} 的方法是测量黏度-温度曲线，如何更准确地利用预测模型来获得 T_{cv} 是分段应用熔渣黏度预测模型和悬浮体修正模型的关键。

目前预测 T_{cv} 的经验方法分为三类：①基于灰熔融温度（AFTs）的模型；②基于灰/渣的化学成分的模型；③基于液相线温度或固相含量的模型。

如表 7-1 所示，利用 AFTs 预测 T_{cv} 的优势在于 AFTs 易于获得。煤灰/熔渣化学成分决定了熔渣中固相的类型和析出规律，但是目前化学组成与熔渣结晶规律之间的关系尚缺乏充足的理论依据，因此利用组成预测 T_{cv} 本质上仍是基于经验拟合。利用液相线温度或固相形成速率最大温度计算 T_{cv} 的方法基于一个潜在假设："熔渣在高温下的固液相共存状态与该体系热力学平衡态时的状态趋于接近。"此外临界黏度温度的获得受实验条件影响较大，因此这类模型的准确性虽具备热力学理论依据，但是适用范围和准确性仍有待考验。

表 7-1　临界黏度预测模型[71,72]

拟合参数	文献来源	预测模型	备注
AFTs（灰熔融温度）	Reid and Cohen	$T_{cv} = ST$	ST：软化温度
	Mcilroy and Sage	$T_{cv} = HT + 111$	HT：半球温度
	Marshak and Ryzhakov	$T_{cv} = 0.75ST + 548$ [K]	FT：流动温度
	Hsieh et al.	$T_{cv} = FT$	
煤灰/熔渣化学组成	Watt and Fereday	$T_{cv} = 3263 - 1470 \times SiO_2/Al_2O_3 + 360 \times (SiO_2/Al_2O_3)^2 - 14.7 \times (F + CaO + MgO) + 0.15 \times (F + CaO + MgO)^2$	$F = Fe_2O_3 + 1.11 \times FeO + 1.43 \times Fe$
T_{liq}	Song et al.	$T_{cv} = 300 + 0.768T_{liq}$	T_{liq}：液相线温度
T_{max}	Kong et al.	$T_{cv} = 0.98T_{max} + 17.33$	T_{max}：固相形成速率最大温度

注：表中用化合物分子式表示煤灰中各化合物的质量分数。

7.3　煤灰在炉内的沉积和结渣过程

7.3.1　表面结渣过程

熔渣在气流床气化炉水冷壁上的沉积过程与锅炉内煤灰沉积较为相似。煤颗粒在炉内燃烧时，煤灰中易熔性物质首先熔融液化，在表面张力作用下，收缩成球状，黏度约 $10 \sim 100Pa \cdot s$，熔融的灰粒由于呈球形、空气阻力小而密度较大，这些渣滴部分黏附在炉壁上，另一部分则进入渣池。

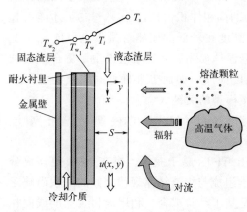

图 7-10　气流床气化炉水冷壁上典型挂渣过程

气化炉内煤颗粒在 $0.03 \sim 0.05s$ 内即被加热到 $1600℃$ 或更高的温度，升温速度极快，灰中矿物质的蒸发、分解、氧化、挥发乃至熔融形成结晶体几乎同时进行，约 10% 的灰在温度低于 $1575℃$ 的情况下液化（主要是黄铁矿残渣），大部分不规则灰渣在 $1575 \sim 1725℃$ 时熔化，仅 5% 的石英会在高于 $1725℃$ 才改变形状。当炉腔内温度较高时，煤中的灰已成熔融状态，如这部分灰在到达冷却面前，尚未能足够冷却成为凝固状态，渣滴仍具有较高的黏结能力，就容易黏附在气化炉耐火衬里（冷壁式）表面，具体见图 7-10。由于水冷壁的冷却作用，炉壁附近气流中的熔融态渣滴部分附着在耐火衬里表面,受冷却固化,形成初始渣层,随着初始渣层厚度的增加,渣层表面温度升高,当达到煤灰变形温度(DT)时,渣层将成为黏滞性很强的塑性渣膜,气流中熔融渣滴不断黏聚上去,热阻逐渐增加,冷却逐步恶化,当气化炉内的渣层达到动态平衡后,水冷壁衬里上的渣膜可分为三层:流动层、过渡层和固定层。且过渡层和流动层随着气化反应的进行逐渐更新,即运用了"以渣抗渣"原理,使水冷壁气化炉的寿命必然优于以耐火砖为炉衬的气化炉。

熔渣的凝固层、过渡层和流动层的厚度取决于炉内气化燃烧放热量、水冷壁吸热量及熔渣黏度特性等因素,即这三层的状态与气化炉内的流场结构和温度分布、水冷管结构和操作参数以及熔渣的传热和流动特性密切相关。

7.3.2　影响熔渣沉积的各种因素

(1) 流场影响　气流速度较大时,气流中挟带的液态熔渣惯性也较大,不利于熔渣在水冷壁表面的沉积。气流方向是另一个影响结渣的重要因素,气流床气化炉内不同区域存在不同的挂渣形态,一般来说如气化炉内存在旋流场,往往会有利于水冷壁表面挂渣,现采用水冷壁结构的 Shell、Simenz 和 Prenflo 气流床气化技术均在气化炉内引入了旋流场,以利于在水冷壁耐火材料层表面形成稳定的熔渣层。

(2) 操作温度影响　气化炉操作温度对水冷壁表面熔渣沉积也有重要影响。研究表明,当气化炉操作温度高于煤灰熔点时,水冷壁上熔渣较为光滑,孔隙率较低,覆盖面积更大;当气化炉操作温度接近或者是低于煤灰熔点时,水冷壁表面渣层较为粗糙,渣中孔隙率高,熔渣的覆盖面积小[73,74]。

(3) 水冷壁冷却介质影响　水冷壁冷却介质通常包括冷却水或汽水混合物,相对气化炉操作温度来说,水冷壁冷却工质对熔渣在水冷壁上的沉积影响较少,这主要是由于传热时渣层热阻较大所造成的。

(4) 煤粉粒度影响　不同粒度煤颗粒燃烧时具有不同的温度,温度的高低与粒径有关。锅炉燃烧中,0.5mm 粒径的颗粒温度最多可比烟温高 240℃左右,而 0.1mm 的颗粒比烟温高不到 100℃,颗粒温度直接影响煤灰颗粒熔融状态。此外,煤颗粒粒度对煤灰在耐火材料表面碰撞率的影响也很大。

(5) 气流熔渣浓度影响　气流中的熔渣浓度分布是影响气流床气化炉熔渣整体分布的另一个重要因素。以单喷嘴射流气化炉为例,回流区内气流中携带的颗粒浓度较射流主体低,此外回流区内炉膛温度较低,导致水冷壁耐火材料表面渣层较薄。

7.3.3　熔渣的类型

气流床气化炉采用液态排渣,操作温度一般高于所烧煤种的灰熔点。气化炉内熔渣附着在壁面的行为叫作"结渣",主要是指在受热面壁上熔化了的灰沉积物的积聚,这与因受各种力作用而迁移到壁面上的某些灰粒的成分、熔融温度、黏度及壁面温度有关。

根据渣型特征划分,按灰渣黏聚的紧密程度,由弱到强,可将渣型分为附着渣、微黏聚渣、弱黏聚渣、黏聚渣、强黏聚渣、黏熔渣和熔融渣七个等级。各种渣型特征如表 7-2 所示。

表 7-2　各种渣型的特征

渣形	灰　渣　特　征
附着渣	无黏聚特征，灰粒呈松散状堆积
微黏聚渣	外形上已有灰粒间黏聚的特征，容易切刮，切刮下的灰大部分呈疏松块状
弱黏聚渣	灰渣黏聚特征增强，切刮仍较容易，切下渣块具有一定的硬度
黏聚渣	灰渣黏聚在一起，较硬，切刮困难，但仍能从渣棒上切刮下来
强黏聚渣	黏聚灰渣更硬，无法从渣棒上完全刮下来，渣棒残留不规则的黏聚硬渣
黏熔渣	灰渣由熔融与半熔渣黏聚在一起，已无法切刮
熔融渣	灰渣呈全熔融状，渣棒为流渣所覆盖，并有渣泡形成

7.3.4　灰渣的沉积与传热模型

近年来，随着高速计算机和计算机技术的迅猛发展，借助计算流体力学（CFD）和燃烧学理论的数值模拟发挥了重要作用[75]。特别是在煤燃烧结渣方面的研究取得了令人瞩目的成果。

气化炉内结渣过程是一个相当复杂的过程，它不仅与煤种特性以及熔渣本身的沉积特性有关，还与炉内粉煤气化燃烧过程也有着密切关系。许多的研究机构开发了一些含有灰渣沉积模型的通用程序，如美国杨百翰大学（BYO）开发的 PCGC-2、PCGC-3 程序，以及国内樊建人[76]、徐明厚等[77]都采用灰渣沉积模型与粉煤燃烧模型进行耦合，对锅炉的灰渣沉积进行了数值计算。

近年来，有学者对熔渣沉积模型进行了专门研究。Wang 等[78]指出，预测灰熔渣的沉积必须考虑如下几个过程：①煤灰的形成；②灰颗粒在流场中的运动；③颗粒与壁面的碰撞；④颗粒在壁面的黏附；⑤熔渣层在燃烧室不同位置的沉积厚度；⑥熔渣层的特性及黏附强度的发展；⑦通过熔渣层的传热。

对液态排渣炉，汪小憨等[79]提出在模型中还应进一步假定：①当渣层表面温度高于灰渣临界温度时，即形成液态渣膜时，壁上的燃烧过程才能发生；②对临界黏度进行修正；③颗粒着膜后速度取决于渣膜流动速度；④假定着膜后剩余可燃成分是焦炭，挥发分在着膜前已挥发完全。

煤气化燃烧后熔渣颗粒在炉壁上沉积包括颗粒在流场中的运动、熔渣颗粒的碰撞率和黏附率等。

7.3.4.1　熔渣颗粒在气流中的运动

基于拉格朗日方法，颗粒在流场中的运动控制方程为[80]：

$$\rho_p V_p \frac{\mathrm{d}u_p}{\mathrm{d}t} = \frac{3}{4} \times \frac{V_p}{D_p} C_c C_d \rho_g |u_g - u_p|(u_g - u_p) - (\rho_g - \rho_p)g + F \tag{7-31}$$

式中，ρ_p，ρ_g 分别为颗粒和流体的密度；V_p，D_p 分别为颗粒的体积和直径；C_d 为阻力系数；C_c 为修正系数。

7.3.4.2　熔渣颗粒碰撞率

熔渣颗粒形成后，有一部分颗粒将穿过壁面附近的气相层而达到壁面，与壁面发生碰

撞，碰撞率定义为[81]

$$\eta_{imp} = \frac{J}{J_0} = \frac{N}{N_0} \tag{7-32}$$

式中，J 为颗粒向炉壁壁面的质量流量；J_0 为投入到气化室的颗粒质量流量；N、N_0 均为颗粒数。

在粉煤燃烧气化炉中，由于颗粒在壁面运动更复杂，所以要对此模型进行修正，Baxter 等[82]提出了一个半经验模型，即先定义斯托克斯数

$$S = \frac{\psi \rho_p D_p^2 U_p}{9 \mu_g D_c} \tag{7-33}$$

式中，ρ_p、D_p、U_p 分别为颗粒的密度、直径和速度；μ_g 为气体的黏度；D_c 为系统特征直径；ψ 为修正系数。对于 $S > 0.14$，就可以求出碰撞率

$$\eta_{imp} = \eta(S) = [1 + b(S-a)^{-1} + c(S-a)^{-1} + d(S-a)^{-3}]^{-1} \tag{7-34}$$

式中，a、b、c、d 为模型参数。

7.3.4.3 熔渣颗粒黏附率

到达炉壁的颗粒并不是所有的都会发生沉积，一部分颗粒将会反弹而重新回到气相流场中去，Walsh 等[81]提出，颗粒的黏附与颗粒黏度、速度、温度、直径、表面张力及沉积表面的物理化学性质有关，可以采用颗粒黏度来确定熔渣的黏附概率。

$$p_i(T_p) = \frac{\mu_{ref}}{\mu}(\mu > \mu_{ref}) \tag{7-35}$$

$$P_i(T_p) = 1(\mu \leqslant \mu_{ref}) \tag{7-36}$$

考虑颗粒及沉积表面的黏性，Walsh 给出了壁面灰颗粒的黏附率计算式

$$\eta_{stick} = p(T_p) + [1 - p(T_p)]p(T_s) \tag{7-37}$$

式中，$p(T_p)$ 代表颗粒在气相温度 T_p 下的黏度；$p(T_s)$ 为壁面温度 T_s 下的黏度。

7.3.4.4 熔渣传热模型

熔渣传热特性与熔渣的沉积密切相关，如沉积厚度、孔隙率、流动性等对熔渣的传热有极大的影响。Richards 等[83]提出了渣层的传热及成长模型。

熔渣沉积的孔隙率描述为

$$\phi = 1 - \left[(1-\phi_0) + \frac{V_1}{V_s}(1-\phi_0)\right] \tag{7-38}$$

式中，ϕ_0 为初始沉积面的孔隙率，取值为 0.6[84]；V_1 为液态渣所占体积；V_s 为固态渣所占体积。

其中，当熔渣黏度高于临界黏度时，可把熔渣看作是固态；当熔渣完全为液态时，熔渣孔隙率为 0。

熔渣沉积厚度描述为

$$l_i = \frac{m_i}{\rho_p(1-\phi_i)} \tag{7-39}$$

式中，m_i 为单位面积上的熔渣质量流量；ρ_p 为固态颗粒的密度；ϕ_i 为时间步长下的孔隙率。

热导率描述为

$$k = (1-F)k_s + Fk_g \tag{7-40}$$

式中，k_g 为熔渣沉积温度下的气相热导率；k_s 为熔渣沉积温度下的固相热导率；F 与气化炉炉内合成气相关的系数表示如下

$$F = \frac{2^n}{2^n - 1}\left[1 - \frac{1}{(1+\phi)^n}\right] \tag{7-41}$$

式中，n 为经验系数，其值为 6.5。

7.4　气流床气化炉内熔渣沉积特点

实践证明，工业上常用的耐火砖衬里难以长时间抵抗溶渣的腐蚀。Stickler 等[85] 通过研究发现：液态排渣气化炉里的耐火材料很容易受到溶渣的侵蚀，极易损坏；今后需要大力发展水冷壁型气化炉，以满足高灰熔点煤的气化问题。现今有关水冷壁上熔渣沉积规律研究集中在锅炉行业，对气流床气化炉，特别是熔渣在涂抹有耐火材料水冷壁上的沉积规律研究还很少。

7.4.1　渣层结构及内部温度分布

Murray 等[86] 研究了熔渣层内部结构及温度分布，图 7-11 为熔渣沉积后的渣层结构，其中固定层由小颗粒灰渣组成，随厚度增加，热阻增大，渣层表面温度升高，大部分煤灰颗粒处于变形温度以上并黏附在渣层上，渣层厚度逐渐增加直至渣层表面温度达到能使其液化时，渣层的厚度达到动态平衡。

图 7-12 中两根不同的曲线分别代表渣层表面温度和渣层内部温度，可以看到，渣层达到一定厚度时，熔渣的隔热效果非常明显。如熔渣厚度为 10mm 时，渣层表面的温度为 1800K，在距离气化炉内壁 1mm 的地方温度只有 800K，温度降低了 1000K 左右。

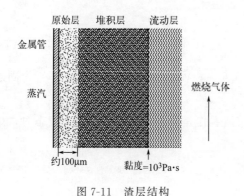

图 7-11　渣层结构 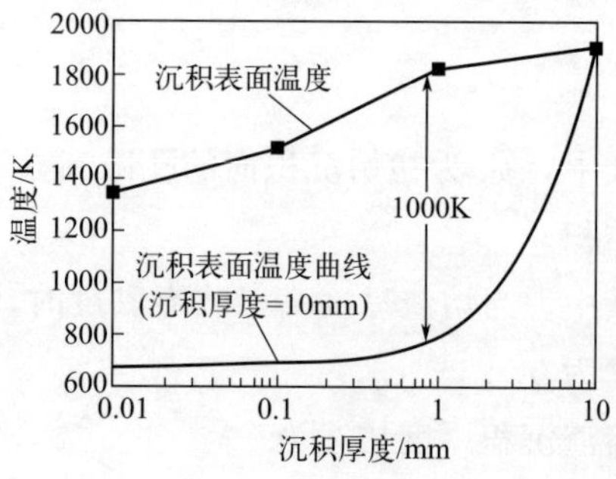　　　　　图 7-12　渣层内温度与到炉壁距离的关系

7.4.2　熔渣流动厚度变化模型

熔融态渣滴撞击并黏附在水冷壁上，形成一层渣膜，随着渣滴不断地沉积，形成一流动层。Goldman 等[87,88]建立了水冷壁气化炉渣层流动模型。

渣层流动的基本方程

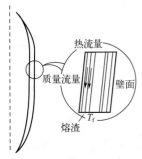

图 7-13　计算几何模型

$$\frac{\partial \boldsymbol{v}}{\partial t} + \boldsymbol{v} \nabla \boldsymbol{v} = -\frac{\nabla p}{p} + (\boldsymbol{v} \nabla \boldsymbol{v}) + \boldsymbol{g} \tag{7-42}$$

$$\nabla \boldsymbol{v} = 0 \tag{7-43}$$

$$\frac{\partial y_b}{\partial t} + u_b \frac{\partial y_b}{\partial x} = v_b + S_a \tag{7-44}$$

$$\frac{\partial T}{\partial t} + \boldsymbol{v} \nabla T = \frac{1}{\rho c_v} \nabla (k \nabla T) \tag{7-45}$$

通过以上方程，设定初始条件，建立的几何数学模型如图 7-13 所示。

通过计算可得出熔渣厚度随时间变化关系、熔渣厚度温度分布，确定熔渣流动及传热的关系。

7.4.3　气流床气化炉内熔渣分布模型

煤气化后大部分灰分以熔融态离开气化炉，部分形成飞灰随着合成气去后系统，部分附着在气化炉内壁上。为了更好地研究气流床气化炉内熔渣分布规律，Seggiani[89]将整个 Prenflo 气化炉自上而下分为 15 个单元，如图 7-14 所示。利用质量守恒和动量守恒建立了 Prenflo 气化炉内熔渣流动的模型，模拟西班牙 Puertollao 联合发电厂 Prenflo 气化炉在 25bar（$1bar=10^5Pa$）操作压力下熔渣沉积规律。

每个单元的熔渣沉积模型控制变量如图 7-15 所示，水冷管表面涂抹有耐火材料，渣层附着在耐火材料表面，分为固态层和液态层。控制变量包括进出单元的熔渣流量 $m_{ex,i-1}$、$m_{ex,i}$、$m_{in,i}$；进出单元的热流量 $q_{ex,i-1}$、$q_{ex,i}$、$q_{in,i}$、$q_{out,i}$、$q_{m,i}$ 等。

根据 Reidcohen 模型，建立模型时作了如下假设，对各区域进行质量、热量动量衡算：

① 液固两相之间的热量传递使渣层温度保持在临界温度[90]；

② 液态渣流为牛顿流，当温度小于临界温度时，流动状态可以忽略不计；

③ 炉内的气体与固体渣层之间的剪应力可以忽略不计；

④ 渣层内部的温度呈线性分布；

⑤ 热量从渣层的内部传向表面；

⑥ 由于煤渣的沉积厚度与气化炉的内径无关，所以模型可以按线性处理；

⑦ 煤渣的密度潜热、热导率与温度无关。

根据熔渣分布模型，获得了 Prenflo 气化炉内熔渣厚度（液态层和固态层）分布规律，具体见图 7-16。可以看到气流床气化炉水冷壁上附着的渣层分布并不均匀，存在一个厚度的分布，即在高温区渣层较薄，低温区渣层较厚。

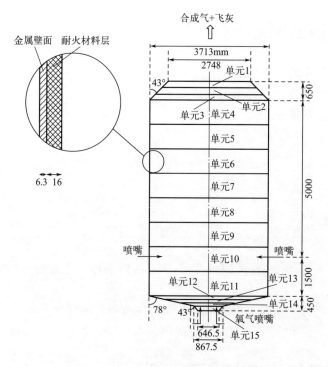

图 7-14　Prenflo 气化炉区域划分情况

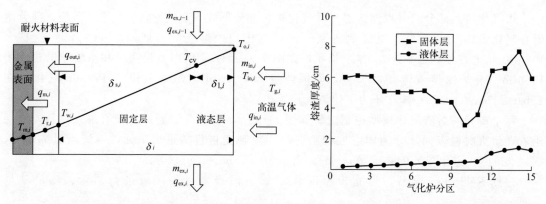

图 7-15　第 i 单元熔渣沉积模型控制变量　　　图 7-16　Prenflo 气化炉内熔渣厚度分布

张宾宾等[91-94]研究了气化炉壁面熔渣流动与传热特性，发现水冷壁表面液态熔渣平均停留时间约 100～500s；熔渣内存在气泡降低了熔渣有效黏度和热导率，使液态熔渣流速降低约 22％，液态熔渣厚度降低约 10％；对结晶型渣可采用临界黏度作为液-固渣界面黏度，对塑性渣或者玻璃体渣，可取绝对黏度 100 Pa·s 作为液-固渣界面黏度。

7.5　用模拟介质对气流床内沉积过程的研究

屈强等[95,96]利用气流携带石蜡替代煤熔渣作为模拟介质，将气化炉均匀分成 11 个单元，如图 7-17 所示，研究了气流床气化炉内石蜡沉积规律及其影响因素。结果表明，石蜡在炉内的沉积与炉内的流场和温度场密切相关，显著影响石蜡在壁面沉积的因素包括气流温度、石蜡温度、水冷壁冷却介质等。炉膛表观气速大、温度高的区域石蜡厚度相对较薄，相对于水冷管内采用水冷却和空气冷却，氨冷更有利于石蜡沉积。单元1~5处在射流回流区，炉膛温度较高，温度和速度分布比较均匀，石蜡相对较薄。单元6~11处于射流充分发展区，沿轴线方向炉膛存在温度分布且熔融石蜡向出口流动，石蜡层渐趋增厚。从图7-18可以看到，在低温操作时，石蜡在炉壁上的沉积呈羊毛状；高温操作时，石蜡层非常光滑。

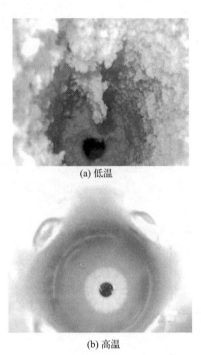

(a) 低温

(b) 高温

图 7-17　气化炉几何分区及热电偶排布　　　　图 7-18　温度对熔渣沉积状态的影响

7.6　中试装置试验研究

　　"十一五"期间，华东理工大学、兖矿鲁南化肥厂（水煤浆气化及煤化工国家工程研究中心）和中国天辰化学工程公司三家单位共同承担了国家"863"重点项目"高灰熔点煤加压气化技术开发与工业示范"。在实验室小试基础上，于2007年在原有的粉煤气化中试装置基础上新建一台日处理30t煤的单喷嘴水冷壁气化炉及其配套设施，从2007年7月至今，水冷壁气化炉中试装置已相继进行多次试验。在顺利打通工艺流程基础上，完成了气化炉点火与火焰检测器性能测试、水冷壁挂渣与高灰熔点煤试烧、水冷壁气化炉传热规律、水冷壁系统安全联锁与控制、水冷壁气化炉操作运行规律以及气化工艺参数优化等试验，基本掌握了水冷壁气化炉的设计方法、技术性能、操作运行特点和安全控制方法，为该技术的工程放大奠定了基础[97]。

　　气化炉内水冷壁表面挂渣形态与分布是中试研究的一个重要内容。

　　中试气化炉水冷壁挂渣典型分布见图7-19。

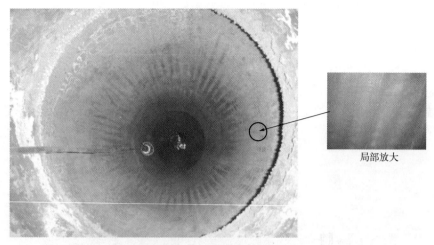

局部放大

图 7-19　水冷壁挂渣典型分布

　　水冷壁内自气化炉拱顶到渣口渣层存在一定厚度分布：气化炉拱顶渣层较薄；气化炉直段中上部渣层致密且较厚；气化炉直段下部渣层较薄且表面较为粗糙；下锥段渣层较厚且表面较为粗糙。

　　由中试装置运行情况看，水冷壁气化炉有以下特点：

　　① 附着在水冷壁耐火材料表面的熔渣形态与煤种、气化炉操作温度和流场结构密切相关，熔渣层能有效保护水冷壁；

　　② 气化炉开停车过程所需时间较短；

　　③ 水冷壁水温变化可作为气化炉操作温度的重要参考。

参考文献

[1] 王泉清，曾蒲君. 高岭石对神木煤灰熔融性的影响 [J]. 煤炭转化，1997，20（2）：32-37.

[2] 李宝霞，张济. 煤灰渣熔融特性的研究进展 [J]. 现代化工，2005，25（5）：22-26，28.

[3] Vassilev S V，Kunihiro K，Shohei T，et al. Influence of mineral and chemical composition of coal ashes on their fusibility [J]. Fuel Processing Technology，1995，45：27-51.

[4] Unuma H，Takeda S，Tsurue T，et al. Studies of the fusibility of coal ash [J]. Fuel，1986，65：1505-1510.

[5] Huffman G P，Huggins F E，Naresh S. Behavior of basic elements during coal combustion [J]. Progress in Energy and Combustion Science，1990，16：243-251.

[6] Liu B，He Q，Jiang Z，et al. Relationship between coal ash composition and ash fusion temperatures [J]. Fuel，2013，105：293-300.

[7] Yan T，Bai J，Kong L，et al. Effect of SiO_2/Al_2O_3 on fusion behavior of coal ash at high temperature [J]. Fuel，2017，193：275-283.

[8] Shi W，Bai J，Kong L，et al. Effect of CaO/Fe_2O_3 ratio on fusibility of coal ashes with high silica and alumina levels and prediction [J]. Fuel，2020，260：116369.

[9] Shi W，Kong L，Bai J，et al. Effect of CaO/Fe_2O_3 on fusion behaviors of coal ash at high temperatures [J]. Fuel Processing Technology，2018，181：18-24.

[10] 段锦，李寒旭，郝华东，等. 钙镁复合助熔剂对长平煤灰熔融特性影响研究 [J]. 硅酸盐通报，2016，35：3936-3941.

[11] Isard J O. The mixed alkali effect in glass [J]. Journal of Non-Crystalline Solids，1969，1：235-261.

[12] Li X，Zhi L，Shi W，et al. Effect of K_2O/Na_2O on fusion behavior of coal ash with high silicon and aluminum level [J]. Fuel，2020，265：116964.

[13] Gray V R. Prediction of ash fusion temperature from ash composition for some new zealand coals [J]. Fuel, 1987, 66: 1230-1239.

[14] 岑可法, 樊建人, 池作和, 等.锅炉和热交换器的积灰、结渣、磨损和腐蚀的防止原理与计算 [M]. 北京: 科学出版社, 1994.

[15] Shi W, Dai X, Bai J, et al. A new method of estimating the liquidus temperature of coal ash slag using ash composition [J]. Chemical Engineering Science, 2018, 175: 278-285.

[16] 贾明生, 张乾熙.影响煤灰熔融性温度的控制因素 [J]. 煤化工, 2007 (3): 1-5.

[17] 孙琴月.氧化和还原气氛下煤灰熔融特征温度的研究 [D]. 上海: 华东理工大学, 2004.

[18] 李帆, 邱建荣, 郑楚光.煤中矿物质对灰熔融温度影响的三元相图分析 [J]. 华中理工大学学报, 1996, 24 (10): 96-99.

[19] Huffman P, Huggins F E, Dunmyre G R. Investigation of the high temperature behavior of coal ash in reducing and oxidizing atmospheres [J]. Fuel, 1981, 60: 585-597.

[20] Cao X, Kong L X, Bai J, et al. Effect of water vapor on coal ash slag viscosity under gasification condition [J]. Fuel, 2019, 264: 18-27.

[21] Cao X, Kong L X, Bai J, et al. Effect of water vapor on viscosity behavior of coal slags with high silicon-aluminum level under gasification condition [J]. Fuel, 2020, 260: 116351.

[22] 王冀, 孔令学, 白进, 等.煤气化灰渣中残炭对灰渣流动性影响的研究进展 [J]. 洁净煤技术, 2021, 27 (1): 181-192.

[23] 陈冬霞, 唐黎华, 周亚明, 等.灰中焦对煤灰熔融特性的影响 [J]. 燃料化学学报, 2007, 35 (2): 136-140.

[24] Wang J, Kong L X, Bai J, et al. The role of residual char on ash flow behavior, Part 1: The effect of graphitization degree of residual char on ash fusibility [J]. Fuel, 2018, 234: 1173-1180.

[25] Wang J, Kong L X, Bai J, et al. The role of residual char on ash flow behavior, Part 2: Effect of SiO_2/Al_2O_3 on ash fusibility and carbothermal reaction [J]. Fuel, 2019, 255: 115846.

[26] Wang J, Kong L X, Bai J, et al, et al. The role of residual char on ash flow behavior, Part 3: Effect of Fe_2O_3 content on ash fusibility and carbothermal reaction [J]. Fuel, 2020, 280: 118705.

[27] Shen Z J, Hua Z, Liang Q F, et al. Reaction, crystallization and element migration in coal slag melt during isothermal molten process [J]. Fuel, 2017, 191: 221-229.

[28] Shen Z J, Li R X, Liang Q F, et al. Effect of cooling process on the generation and growth of crystals in coal slag [J]. Energy & Fuels, 2016, 30 (6): 5167-5173.

[29] Shen Z J, Liang Q F, Zhang B B, et al. Effect of continuous cooling on the crystallization process and crystal compositions of iron-rich coal slag [J]. Energy & Fuels, 2015, 29 (3): 3640-3648.

[30] 孔令学, 白进, 李文, 等.氧化钙含量对灰渣流体性质影响的研究 [J]. 燃料化学学报, 2011 (6): 407-412.

[31] Ge Z, Kong L X, Bai J, et al. Crystallization kinetics and T_{cv} prediction of coal ash slag under slag tapping conditions in an entrained flow gasifier [J]. Fuel, 2020, 272: 117723.

[32] Yan T, Bai J, Kong L, et al. Improved prediction of critical-viscosity temperature by fusion behavior of coal ash [J]. Fuel, 2019, 253: 1521-1530.

[33] 杨建国, 邓芙蓉, 赵虹, 等.煤灰熔融过程中的矿物演变及其对灰熔融点的影响 [J]. 中国电机工程学报, 2006, 26 (17): 122-126.

[34] Shartsis L, Spinner S, Capps W. Density, expansivity and viscosity of molten alkali silicates [J]. Journal of the American Ceramic Society, 1952, 35: 155-160.

[35] 撒应禄.锅炉受热面外部过程 [M]. 北京: 水利电力出版社, 1994.

[36] 曹芳贤, 郑宝祥.灰渣黏温特性对液态排渣气化炉运行的影响 [J]. 大氮肥, 2002, 25 (6): 369-372.

[37] Lakatos T, Johansson L G, Simmingskold B. Viscosity temperature relations in the glass system SiO_2-Al_2O_3-Na_2O-K_2O-CaO-MgO in the composition range of technical glasses [J]. Glass Technology, 1972, 13: 88-95.

[38] Bottinga Y, Weill D F. The viscosity of magmatic silicate liquids: a model for calculation [J]. American Jorunal of Science, 1972, 272: 438-475.

[39] Goto A, Oshima H, Nishida Y J. Empirical method of calculating the viscosity of peraluminous silicate melts at high temperatures [J]. Volcanology Geothermal Research, 1997, 76: 319-327.

[40] Seki K, Oeters F. Viscosity measurements on liquid slags in the system CaO-FeO-Fe_2O_3-SiO_2 [J]. The Iron and Steel

Institute of Japan，1984，24（6）：445-454.

［41］孙亦碌.煤中矿物杂质对锅炉的危害［M］.北京：水利电力出版社，1994.

［42］Folkedahl B C，Schobert H H. Effects of atmosphere on viscosity of selected bituminous and low-rank coal ash slags ［J］. Energy & Fuels，2005，19：208-215.

［43］He C，Bai J，Kong L，Xu J，Guhl S，Li X，et al. Effects of atmosphere on the oxidation state of iron and viscosity behavior of coal ash slag ［J］. Fuel，2019，243：41-51.

［44］Born M，Green H S. A General kinetic theory of liquids Ⅲ. dynamic properties ［J］. Proceedings of the Royal Society of London Series A，1947，A190：455-474.

［45］Kirkwood J G，Buff F P，Green M S. The Statistical mechanical theory of transportprocesses Ⅲ. the coefficients of shear and bulk viscosity of liquids ［J］. Journal of Chemical Physics，1949，17：988-994.

［46］Helfand E，Rice S A. Principle of corresponding states for transport properties ［J］. Journal of Cemical Physics，1960，32：1642-1644.

［47］Pasternak A D. Liquid metal transport properties ［J］. Physics and Chemistry of Liquids，1972，3：41-53.

［48］Wynne-Jones W K F，Eyring H. The absolute rate of reactions in condensed phases ［J］. Chemical Physics，1935，3：492-502.

［49］Eyring H. Viscosity，plasticity and diffusion as example of absolute reaction rates ［J］. Journal of Chemical Physics，1936，4：283-291.

［50］Weymann H. Theoretical and experimental investigations of the position-change theory of viscous liquids ［J］. Kolloid Zeitschrift，1954，138：41-56.

［51］Bockris J O M，Reddy A K N. Modern Electrochemistry ［M］. New York：Plenum Press，1970.

［52］Mills K C，Sridhar S. Viscosities of ironmaking and steelmaking slags ［J］. Ironmaking and Steelmaking，1999，26（4）：262-268.

［53］Riboud P V，Roux Y，Lucas D，et al. Improvement of continuous casting powders ［J］. Fachber Hutenprax Metallweiterverarb，1981，19：859-869.

［54］Urbain G，Boiret M. Viscosity of Liquid Silicates ［J］. Ironmaking and Steelmaking，1990，17：255-260.

［55］Iida T I，Sakai H，Kita Y，et al. Equation for estimating viscosities of industrial mold fluxes ［J］. High Temperature Material Processes，2000，19：153-164.

［56］Zhou J，Shen Z J，Liang Q F，et al. A new prediction method for the viscosity of the molten coal slag. Part 1：the effect of particle morphology on the suspension viscosity ［J］. Fuel，2018，220：296-302.

［57］Zhou J，Shen Z J，Liang Q F，et al. A new prediction method for the viscosity of the molten coal slag. Part 2：the viscosity model of crystalline slag ［J］. Fuel，2018，220：233-239.

［58］代鑫，白进，李东涛，等. Al_2O_3-SiO_2-CaO-FeO 四元体系煤灰结构及流动性关系的实验和理论研究 ［J］. 燃料化学学报，2019，47（6）：641-648.

［59］Wu G，Yazhenskikh E，Hack K，et al. Viscosity model for oxide melts relevant to fuel slags. Part 1：pure oxides and binary systems in the system SiO_2-Al_2O_3-CaO-MgO-Na_2O-K_2O ［J］. Fuel Process Technol，2015，137：93-103.

［60］Wu G，Yazhenskikh E，Hack K，Müller M. Viscosity model for oxide melts relevant to fuel slags. Part 2：the system SiO_2-Al_2O_3-CaO-MgO-Na_2O-K_2O ［J］. Fuel Process Technol，2015，138：520-533.

［61］Wu G，Seebold S，Yazhenskikh E，et al. Viscosity model for oxide melts relevant to fuel slags. Part 3：The iron oxide containing low order systems in the system SiO_2-Al_2O_3-CaO-MgO-Na_2O-K_2O-FeO-Fe_2O_3 ［J］. Fuel Process Technol，2018，171：339-349.

［62］Hack K，Wu G，Yazhenskikh E，et al. A calphad approach to modelling of slag viscosities ［J］. Calphad，2019，65：101-110.

［63］Wu G，Seebold S，Yazhenskikh E，et al. Slag mobility in entrained flow gasifiers optimized using a new reliable viscosity model of iron oxide-containing multicomponent melts ［J］. Appl Energy，2019，236：837-849.

［64］GTT-Technologies，GTOX database. www. gtt-technologies. de.

［65］Vargas S，Frandsen F J，Dam-Johansen K. Rheological properties of high temperature melts of coal ashes and other silicates ［J］. Prog Energy Combust Sci，2001，27：237-429.

［66］Nowok J W. Viscosity and phase transformation in coal ash slags near and below the temperature of critical viscosity ［J］. Energy & Fuels，1994（8）：1324-1336.

［67］ Groen J C, Brooker D D, Welch P J, et al. Gasification slag rheology and crystallization in titanium-rich, iron-calcium aluminosilicate glasses ［J］. Fuel Process Technol, 1998, 56: 103-127.

［68］ Ilyushechkin A Y, Hla S S, Roberts D G, et al. The effect of solids and phase compositions on viscosity behaviour and T_{cv} of slags from Australian bituminous coals ［J］. J Non-Cryst Solids, 2011, 357: 893-902.

［69］ Yuan H, Liang Q, Gong X. Crystallization of coal ash slags at high temperatures and effects on the viscosity ［J］. Energy & Fuels, 2012, 26: 3717-3722.

［70］ Kim Y, Oh M S. Effect of cooling rate and alumina dissolution on the determination of temperature of critical viscosity of molten slag ［J］. Fuel Process Technol, 2010, 91: 853-858.

［71］ Kondratiev A, Ilyushechkin AY. Flow behaviour of crystallising coal ash slags: shear viscosity, non-Newtonian flow and temperature of critical viscosity ［J］. Fuel, 2018, 224: 783-800.

［72］ Yan T, Bai J, Kong L, et al. Improved prediction of critical-viscosity temperature by fusion behavior of coal ash ［J］. Fuel, 2019, 253: 1521-1530.

［73］ 贡文政, 段合龙, 梁钦锋, 等. 气流床气化炉水冷壁结渣特性的实验研究 ［J］. 煤炭转化, 2006, 29 (4): 21-24, 28.

［74］ 段合龙. 气流床水冷壁气化炉熔渣沉积试验研究及炉壁温度分布和热应力数值计算 ［D］. 上海: 华东理工大学, 2006.

［75］ Eatom A M, Smoot L D, Hill S C, et al. Components, formulations, solutions evaluation, and application of comprehensive combustion models ［J］. Progress in Energy and Combustion Sciences, 1999, 25: 387-436.

［76］ Fan J R, Zha X D, Sun P. Simulation of ash deposit in a pulverized coal-fired boiler ［J］. Fuel, 2001, 80: 645-654.

［77］ 徐明厚, 郑楚光, 等. 煤灰沉积的传热过程模型及其数值研究 ［J］. 工程热物理学报, 2002, 23 (1): 115-118.

［78］ Wang H F, Harb J N. Modeling of ash deposition in large scale combustion facilities burning pulverized coal ［J］. Progress in Energy and Combustion Sciences, 1997, 23: 267-282.

［79］ 汪小憨, 赵黛表, 何立波, 等. 煤粉燃烧的灰渣沉积数值模型研究 ［J］. 力学进展, 2005, 25 (3): 417-426.

［80］ Wang Q, Aquires K D, Chen M, et al. On the role of the lift force in turbulence simulations of particle deposition ［J］. International Journal of Multiphase Flow, 1997, 23: 749-763.

［81］ Walsh P M, Sayre A N, Loehden D O. Deposition of bituminous coal properties on deposition growth ［J］. Progress in Energy and Combustion Science, 1990, 16: 327-346.

［82］ Baxter L L, Desollar R W. Mechanistic description of ash deposition during pulverized coal combustion: prediction compared with observations ［J］. Fuel, 1993, 72: 1411-1418.

［83］ Richards G H, Slater P N, Harb J N. Simulation of ash deposition growth in a pulverized coal-fired pilot-scale reactor ［J］. Energy & Fuels, 1993, 7: 774-781.

［84］ Andersom D W, Viskanta R, Incropera F P. Effective thermal conductivity of coal ash deposits at moderate to high temperatures ［J］. Journal of Engineering for Gas Turbines and Power: Transactions of the ASME, 1987, 109: 215-221.

［85］ Stickler D B, Gannon R E. Slag-coated wall structure technology for entrained flow gasifiers ［J］. Fuel Processing Technology, 1983, 7: 225-238.

［86］ Murray F A, Richerd E C, Leonard G A. Studies on slag deposit formation in pulverized coal combustors ［J］. Fuel, 1985, 64: 827-830.

［87］ Goldman S R. A Technique for computer simulation of time varying slag flow in a coal gasification reactor ［J］. Fuel, 1981, 27: 869-872.

［88］ Heikkinen R. Slagging Behavior of Peat Ash ［J］. Fuel and Energy Abstracts, 1996, 37: 450-451.

［89］ Seggiani M. Modeling and simulation of time varying slag flow in a prenflo entrained flow gasifier ［J］. Fuel, 1998, 77: 1611-1621.

［90］ 韩志明, 李政, 倪维斗. Shell 气化炉的建模和动态仿真 ［J］. 清华大学学报, 1999, 39 (3): 111-114.

［91］ Zhang B B, Shen Z J, Liang Q F, et al. Modeling the slag flow and heat transfer on the bottom cone of a membrane wall entrained-flow gasifier ［J］. Fuel, 2018, 226: 1-9.

［92］ Zhang B B, Shen Z J, Liang Q F, et al. Modeling study of residence time of molten slag on the wall in an entrained flow gasifier ［J］. Fuel, 2018, 212: 437-447.

［93］ Zhang B B, Shen Z J, Liang Q F, et al. Modeling the slag flow and heat transfer with the effect of fluid-solid slag layer interface viscosity in an entrained flow gasifier ［J］. Applied Thermal Engineering, 2017, 122: 785-793.

[94] Zhang B B，Shen Z J，Han D，et al. Effects of the bubbles in slag on slag flow and heat transfer in the membrane wall entrained-flow gasifier [J]. Applied Thermal Engineering，2017，112：1178-1186.

[95] 屈强.气流床气化炉内熔渣流动及炉体导热过程研究 [D]. 上海：华东理工大学，2003.

[96] 瞿海根.气流床气化炉内熔渣沉积过程模拟研究 [D]. 上海：华东理工大学，2003.

[97] 郭晓镭，梁钦锋，代正华，等.多喷嘴对置式粉煤气化技术开发与工业示范进展 [C]. 中国金属学会2008年非高炉炼铁年会文集，2008.

8
气流床气化过程放大与集成

本章将分别对水煤浆气化和煤粉加压气化过程进行分析，讨论炉内的基本过程和气化炉放大准则，探讨流动（混合）与气化反应过程的相互作用；还将讨论出气化炉高温合成气的热量回收与初步净化过程。

8.1 气流床煤气化过程的基本特征

煤的气化和直接燃烧中发生的物理和化学过程在本质上是相同的，只是这些基本过程以不同的方式相互作用，产生不同的结果。对于固定床、流化床和气流床等不同的气化炉类型，由于炉内物料流动特征、混合过程有显著差异，气化过程中发生的化学反应也有明显的不同。对于气流床煤气化的气化过程，不论采用水煤浆进料或干煤粉进料，均涉及高温高压、湍流多相流动条件下复杂的热质传递过程的相互作用，煤在气化炉内会经历以下共同的过程：①反应物的湍流混合；②颗粒与液滴的湍流弥散；③颗粒与液滴的对流加热；④颗粒与液滴的辐射加热；⑤液滴蒸发与颗粒中挥发分的析出；⑥挥发产物的气相反应；⑦残炭的多相反应；⑧灰渣的形成。

气流床气化炉内的温度很高，对于水煤浆气化过程，平均温度高达 1350～1450℃[1,2]，对于采用高灰熔点煤的粉煤加压气化过程，平均温度可能高达 1500～1600℃[3-6]，火焰温度更高，气化过程中某些区域的反应无疑属于快反应，这时化学反应的时间尺度远小于混合的时间尺度，在混合还未达到分子尺度的均匀时，化学反应已经完成，因而气化过程中某些区域的反应实际上是在物料局部聚集的非均相状态下进行的，这种状态严重影响着气化结果（如有效气成分和碳转化率）。因此，与流场密切相关的混合过程起着至关重要的作用。

8.1.1 气化过程的基本特征

水煤浆气化过程中，煤浆经高压煤浆泵送至气化炉喷嘴，在喷嘴的作用下，煤浆与氧气流进行动量交换，被雾化为雾状颗粒，雾状颗粒吸收热量进行蒸发、干燥、热解等过程，热解的产物有挥发分、气态烃（C_nH_m）以及半焦（主要成分是炭）。由于气流床气化过程中炉内高温辐射、对流及强烈的湍流作用，煤浆液滴的蒸发、干燥、热解应该是一个极其快速的过程。对于粉煤气化，由于煤粉通过喷嘴的湍流弥散过程要比煤浆的雾化来得容易，因此可以认为，粉煤经喷嘴入炉后与氧气的混合效果要优于煤浆雾化后与氧气的混合效果，但无论怎样，煤粉在炉内首先要进行升温与快速热解，从宏观而言，其产物与煤浆颗粒热解后的产物并无不同。热解析出的挥发分和形成的半焦将进行燃烧反应。

煤在气流床内的气化反应大体分两个阶段，第一阶段为部分氧化（燃烧）反应（8-1）、反应（8-2），称为一次反应，主要为热解析出的挥发分和形成的半焦燃烧反应，其结束的标志是氧气消耗殆尽；第二阶段为气化反应，又称二次反应，由于第一阶段反应放热，为吸热的气化反应（8-3）、反应（8-4）创造了条件，反应（8-5）为均相水煤气反应，用化学计量式可表示为

$$C_nH_m+\left(n+\frac{m}{4}\right)O_2 === nCO_2+\frac{m}{2}H_2O \qquad （放热反应） \qquad (8-1)$$

$$C+O_2 === CO_2 \qquad （放热反应） \qquad (8-2)$$

$$C+H_2O === CO+H_2 \qquad （吸热反应） \qquad (8-3)$$

$$C+CO_2 === 2CO \qquad （吸热反应） \qquad (8-4)$$

$$CO_2+H_2 === CO+H_2O \qquad （吸热反应） \qquad (8-5)$$

8.1.2　气化火焰

8.1.2.1　火焰过程

无论水煤浆气化或粉煤气化过程，火焰是其共有的特征。当然，由于喷嘴结构、炉体结构不同，原料形态相异，实际的火焰过程中水煤浆火焰和粉煤火焰也有其固有的特征。在实际火焰中，以下的物理和化学过程会同时发生，并相互作用，这些过程包括：①对流和传热；②辐射传热；③流体的湍流流动与混合；④颗粒的弥散；⑤煤颗粒的挥发；⑥挥发分和氧化剂的燃烧反应；⑦炭和氧化剂的反应；⑧残炭的气化反应；⑨灰渣形成；⑩其他过程。

这些过程中究竟哪一个是煤气化反应火焰的控制过程，与喷嘴结构、炉体结构、工艺条件相关。

8.1.2.2　典型的火焰类型

实际火焰[7-9]一般分为预混火焰和扩散火焰，其中扩散火焰在实际的燃烧和气化过程中较为常见，在有些气流床煤气化过程中也存在部分预混火焰。

（1）预混火焰　煤矿瓦斯爆炸、粉煤燃烧器爆炸属于典型的预混火焰，而在扩散火焰的回流区中，由于湍流扩散作用，也存在很小的预混火焰。在预混火焰中，湍流扩散、颗粒燃烧反应、气体燃烧反应是重要的控制过程。对于预混火焰中的层流火焰，气相反应物与产物的反向扩散、热气体与进料颗粒之间的对流传热是非常重要的影响因素。

图 8-1 为典型的实际过程中的预混火焰，其中（a）为煤矿瓦斯爆炸时的预混火焰结构，（b）为薄层预混层流火焰结构。

（2）扩散火焰　扩散火焰的基本特征是燃料和氧化剂分开进入反应器（气化炉）。在扩

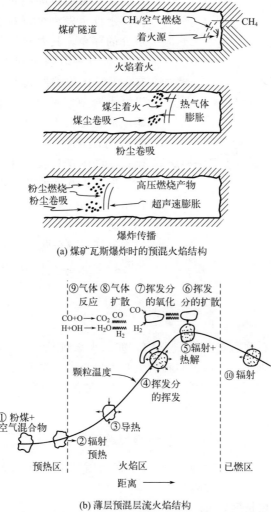

(a) 煤矿瓦斯爆炸时的预混火焰结构

(b) 薄层预混层流火焰结构

图 8-1　实际过程预混火焰过程

散火焰中，燃料与氧化剂之间的混合起着至关重要的作用，而气相反应动力学、颗粒反应动力学及传热也是不可忽视的重要因素。这类火焰的特点是流动过程复杂，而湍流与化学反应之间的相互作用进一步使问题复杂化。在粉煤燃烧器、工业炉和气化炉中，扩散火焰占统治地位。图 8-2 为典型的扩散火焰过程[10]。

8.1.2.3　粉煤扩散火焰

粉煤气化过程中，为了提高碳转化率，必须促进粉煤颗粒与氧气的湍流混合，扩散火焰中的湍流混合对煤的气化具有重要影响，影响粉煤扩散火焰[11-13]的主要参数有：①气化炉的结构与尺寸；②气化炉耐火衬里（水冷壁、耐火砖）和温度；③煤种和粉煤颗粒的粒径分布；④灰分含量及组成；⑤氧气浓度与温度；⑥氧煤比；⑦蒸汽煤比；⑧喷嘴结构及尺寸等。

8.1.2.4　煤浆扩散火焰

由于水煤浆中含有30％～40％的水分，而且煤浆是一种典型的非牛顿流体，与粉煤

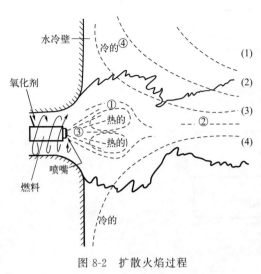

水冷壁

氧化剂

① 热的

③ 热的

喷嘴

燃料

冷的

冷的④

(1)

(2)

(3)

(4)

图 8-2　扩散火焰过程

不同，煤浆通过喷嘴进入气化炉，先要进行雾化、水分蒸发、煤颗粒热解等过程，由于大量水分的存在，其着火燃烧及火焰与粉煤火焰会有所不同。影响水煤浆扩散火焰[14-19]的因素有：①气化炉的结构与尺寸；②气化炉耐火衬里（水冷壁、耐火砖）和温度；③煤种和粉煤颗粒的粒径分布；④灰分含量及组成；⑤氧气浓度与温度；⑥水煤浆浓度与黏度；⑦氧煤比；⑧喷嘴结构及尺寸等。

迄今，有关水煤浆扩散火焰的研究主要集中在水煤浆的燃烧过程，有关水煤浆气化中扩散火焰的研究几乎未见报道。当然，由于燃烧与气化过程有许多内在联系，水煤浆燃烧过程的研究结果对理解水煤浆气化过程中的火焰特征仍然具有重要的价值。

8.1.2.5　气化火焰

（1）单喷嘴火焰　在实际的气化过程中，如果火焰过长，势必将危及耐火砖寿命，为此，于遵宏及其合作者研究了双通道同轴射流时火焰长度与喷嘴及气化炉的结构变量和工艺变量之间的关系[20]，单喷嘴扩散火焰图像见图 8-3，通过对图像的测量分析，最终获得了如下关系式

$$\frac{L_f}{D_e} = AFr^b M^c \tag{8-6}$$

式中　A、b、c——与实验条件有关的参数，在文献[20]的实验范围内，$A = 3.26$，$b = 0.64$，$c = 0.26$；

　　　　L_f——火焰长度，m；

　　　　D_e——喷嘴直径，m；

　　　　Fr——Froude 数，无量纲；

　　　　M——喷嘴环隙通道流体动量与中心通道流体动量之比，无量纲。

$$D_e = 1.13 \frac{(m_c + m_a)}{\rho^{1/2} (G_c + G_a)^{1/2}} \tag{8-7}$$

$$Fr = \frac{\left(1 + \dfrac{m_c}{m_a}\right) u_c^2}{g D_e} \tag{8-8}$$

$$M = \frac{m_a u_a}{m_c u_c} \tag{8-9}$$

式中　m_a——喷嘴环隙通道质量流量，kg/s；

　　　　m_c——喷嘴中心通道质量流量，kg/s；

　　　　ρ——介质密度，kg/m³；

　　　　G_a——喷嘴环隙通道流体动量，kg·m/s²；

　　　　G_c——喷嘴中心通道流体动量，kg·m/s²；

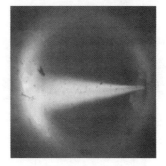

(a) 自由射流时的扩散火焰　　　　(b) 受壁面约束的单喷嘴射流扩散火焰　　　本图彩图

图 8-3　单喷嘴扩散火焰图像

　　g——重力加速度，$9.81\mathrm{m/s^2}$；
　　u_a——喷嘴环隙通道流体速率，m/s；
　　u_c——喷嘴中心通道流体速率，m/s。

（2）撞击流火焰　郭庆华[21]以酒精为燃料，研究了两喷嘴自由撞击时，喷嘴间距与操作条件对撞击火焰长度的影响，图 8-4 为不同撞击距离时，火焰长度的变化。

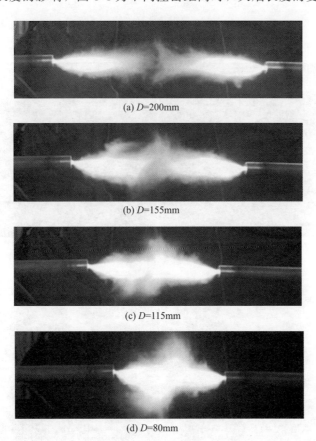

(a) D=200mm

(b) D=155mm

(c) D=115mm

(d) D=80mm

本图彩图

图 8-4　不同撞击距离撞击火焰图像

火焰撞击长度为

$$L_e = D/2 + H_L - W/2 \tag{8-10}$$

式中，D 为喷嘴间距；H_L 为火焰撞击高度，即撞击中心点至火焰结束位置的垂直距离；W 为射流火焰在撞击位置的宽度。

由图 8-5 可以看出，撞击火焰的长度明显小于单射流火焰的长度，随着负荷的增加，两者相差越大。这也充分说明，撞击流的作用强化了燃烧效果，有利于后续气化反应的进行。

炉内两喷嘴撞击流火焰图像见图 8-6，四喷嘴撞击流火焰图像见图 8-7。

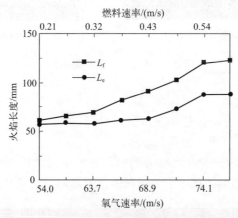

图 8-5 不同工艺条件下的 L_f 和 L_e 的比较

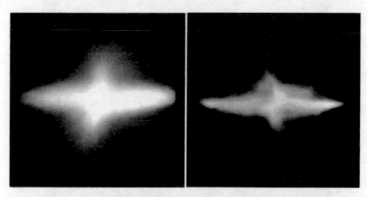

图 8-6 两喷嘴撞击流火焰图像

本图彩图

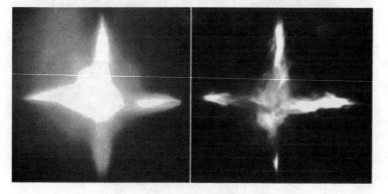

图 8-7 四喷嘴撞击流火焰图像

本图彩图

8.1.3　气流床气化炉放大基本准则

气流床气化炉的放大是一个非常复杂的问题，因为既涉及湍流多相流动条件下混合与化学反应的相互作用，又涉及复杂的火焰结构。无疑，最根本的方法是数学模型法，即建立描述上述过程的综合模型，作为放大的准则，但是，鉴于过程的复杂程度，这样理想的模型，至今仍然是研究开发工作者努力的目标。

当然，大量的研究工作，也为气化炉的设计放大提供了一些重要的理论支撑，尽管我们无法采用理想的模型一劳永逸地解决问题，但也有一些值得遵循的准则。

8.1.3.1　流场相似准则

在本书第 4 章中，作者已经指出，对于气流床气化过程，与流动相关的混合过程是最重要的控制因素，因此在放大过程中，首要的准则是要保证流场的相似，对于单喷嘴同轴射流，可以用 Thring-Newby 数

$$\theta = \frac{r_e}{r_w} \tag{8-11}$$

式中，r_e 为双股同轴射流的喷嘴半径，由下式计算

$$r_e = \frac{m_i + m_a}{\sqrt{(G_i + G_a)\pi\rho}} \tag{8-12}$$

在靠近喷口的区域内，两股射流尚未完全合并为一股流，为了保持模型和原型之间的相似，除了 θ 数相等外，还应保证一次射流和二次射流的质量比保持不变，即

$$\left(\frac{m_i}{m_a}\right)_M = \left(\frac{m_i}{m_a}\right)_F \tag{8-13}$$

8.1.3.2　停留时间

与燃烧过程不同，气化过程分为一次反应和二次反应，二次反应进行得是否完全，与残炭和反应物料在气流床气化炉内的停留时间密切相关。本书第 4 章业已指出，对于气流床气化炉，其停留时间分布接近全混流，同一时间进入气化炉的物料具有不同的停留时间，为了保证气化反应达到理想的效果，必须保持气化炉的平均停留时间相同。

8.1.3.3　火焰结构与几何尺寸

气化炉的平均停留时间，决定了气化炉的总反应体积，但其长径比应该如何确定呢？无疑，对于给定的气化炉体积，长径比有无穷个解。这时的判据只有一个，即火焰的结构与尺寸。

（1）单喷嘴气化炉　由于火焰温度极高，为了保证气化炉耐火衬里，对于单喷嘴气化炉，其最低高度应该满足

$$H_{min} = L_f \tag{8-14}$$

同样，在保证流场相似，即式(8-10)的条件下，其最小直径还应该满足

$$D_{min} = d_{f,max} \tag{8-15}$$

式中，$d_{f,max}$ 为气化火焰的宽度。

由于气化过程为部分氧化过程，在氧气消耗殆尽、火焰结束时，大量的残炭不可能完全转化，它们将进行二次反应，即反应(8-3)和反应(8-4)，因此气化炉还应该有足够的空间保证二次反应的进行。因此，实际的气化炉高度应该大于火焰长度，实际的气化炉直径应该大于火焰宽度。

于遵宏及其合作者通过大量冷模实验，在20世纪90年代就指出，无论是Texaco渣油气化炉还是水煤浆气化炉，其长径比都过小[22-25]，在后来的工程设计中，国内工程界都普遍接受了这一理念，并应用于工程设计。目前引进的GSP气化炉，其长径比只有1.7左右，比Texaco气化炉还要小，这一选择，必然会影响碳的转化率，这是其水冷壁结构决定的，因为从工程上讲，如果长径比过大，二次反应吸热后，气化炉出口温度要降低，就会有堵渣的危险。

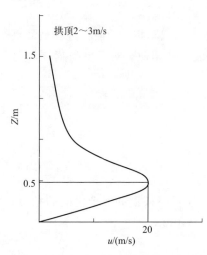

图8-8　撞击流流股的速度分布

（2）多喷嘴气化炉　对于多喷嘴气化炉，单个喷嘴必须满足流场的相似准则，同时还要考虑撞击射流之后，向上撞击流股的流动规律。向上撞击流股的速度分布见图8-8，该流股的速度可表示为[26,27]

$$\frac{u_{rc}}{u_0}=82.92Re_0^{-1.091}Re_g^{1.186}H_1^{0.4368}\left(\frac{d}{L}\right)Z^{0.7124}e^{-3.824Z} \tag{8-16}$$

式中，L为对置喷嘴间距；Re_0为喷口雷诺数；Re_g为床层雷诺数；H_1为喷嘴水平面以上空间总高度；u_0为喷嘴射流速度；u_{rc}为气化炉上部空间轴线速度；Z为坐标点距喷嘴平面高度，无量纲高度。

研究结果表明，只要拱顶高度$H_1 \geqslant 1.5D$，拱顶附近主体流速低于2～3m/s，火焰就不会触及拱顶耐火砖，也不会造成耐火砖烧蚀。

（3）四喷嘴偏离严格对置时的火焰特征　工程实践中十分关注的一个问题是：是否会由于设备加工、喷嘴安装出现偏差，离开"对置"配置要求，而出现火焰烧蚀耐火砖的现象。为此，于遵宏及其合作者研究了由于安装、喷嘴流量不相同等因素对火焰性状的影响。在图8-8中，一对水平喷嘴由于加工、安装的原因，其中心轴线明显偏离，但由于四个喷嘴射流之间交互作用，火焰并未因喷嘴偏离而撞击到对面的耐火砖上。可以推断，在工程允许的误差范围内即使四个喷嘴并不严格"对置"，但火焰的高温区仍会趋于气化炉中央，不会烧蚀耐火砖。

图8-9给出了两喷嘴撞击时，喷嘴流速（负荷）变化对火焰撞击面的偏移的影响情况。可以看到，随着气速比的增大，撞击平面向炉膛中间移动。但从图中也可看出，即使两个喷嘴负荷相差20%以上［图8-9(a)］，也不会发生火焰撞击壁面的现象。

为了进一步分析四喷嘴对撞火焰的分布情况，还进行了喷嘴不同负荷的研究，见图8-10。从图8-10中可以看到，当对置的两喷嘴负荷较另一对喷嘴小时，撞击后火焰分布区域较四喷嘴等负荷时要大，这可能是由于撞击面不稳定造成的，但是基本上没有出现火焰碰到炉壁的情况。

（4）四喷嘴气化炉内温度分布　气化炉内火焰特征及温度分布的研究，对防止气化炉等设备的局部温度偏高、判别气化反应温度范围是否合理以及燃烧状态的判断、预测和诊断等方面意义重大。龚岩等[28]通过光学分层成像耦合双色法实现了单视角三维温度场数值重建，

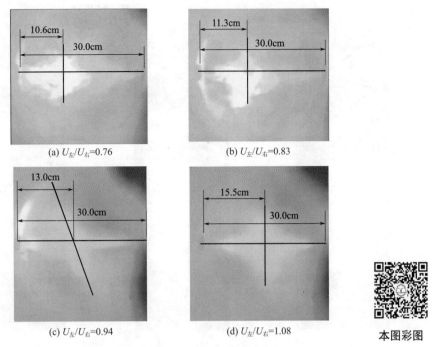

(a) $U_{左}/U_{右}$=0.76   (b) $U_{左}/U_{右}$=0.83

(c) $U_{左}/U_{右}$=0.94   (d) $U_{左}/U_{右}$=1.08

图 8-9 不同气速比下撞击面移动情况

本图彩图

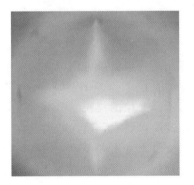

图 8-10 上下喷嘴负荷等于 70％
水平负荷时撞击火焰状况

本图彩图

获得的炉内三维温度分布如图 8-11 所示，可知四喷嘴撞击火焰形成的高温区始终维持在炉膛轴心附近，保证了炉内壁面材料长周期、稳定的工作性能。

（5）四喷嘴气化炉内颗粒行为 连续相水煤浆经喷嘴剪切雾化生成大量离散相煤浆液滴进入多喷嘴对置式气化炉。受炉内复杂流场影响，炉内不同空间位置煤浆液滴运动状态、形态、大小、破碎和反应状态等特性各不相同，且均与气化炉的操作状态密切相关。吴晓翔等[29]采用先进可视化成像系统研究了氧气-水煤浆相对速度对气化炉内水煤浆雾化过程及颗粒演化特性的影响，分析了初次雾化及二次雾化模式并采用图像处理算法获取了颗粒粒径分布特性。研究结果表明，气化炉内水煤浆初次雾化模式主要可分为两类：瑞利型破碎和 Superpulsating 破碎。此外，雾化角及破裂长度与氧气-水煤浆相对速度呈负相关。气化炉内水煤浆二次雾化模式可分为四类：无破碎，拉伸破碎，剪切破碎和协同雾化。颗粒粒径统计分析表明，随着氧气-水煤浆相对速度增加，粒径较小液滴的分布增加，粒径较大液滴的分

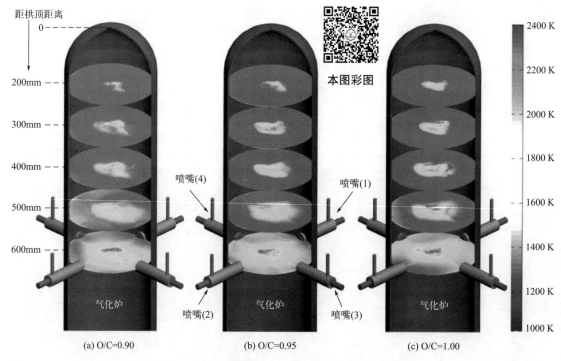

图 8-11 不同氧碳比条件下水煤浆气化三维温度分布

布逐渐减小。然而，随着氧气-水煤浆相对速度增加，水煤浆雾化强度首先降低然后增加。

吴晓翔等[30]进一步研究了不同操作条件下气化炉内射流区和非射流区雾化过程中的颗粒流动行为。研究结果表明，雾化过程中流场可划分为两类：高速流的射流区和低速流的非射流区。雾化过程的统计分析表明，三种氧碳比下，粒径主要分布在 $225 \sim 375 \mu m$ 的范围内。随着氧碳比的增加，雾化过程中产生的颗粒数量减少，颗粒粒径降低。颗粒运动轨迹表明，煤颗粒在射流区中的运动呈现简单直线，而在非射流区中的运动呈现不规则。射流区内颗粒流动行为可分为三种类型：旋转，变形和破碎。中心破碎模式显著改变了煤颗粒的结构和运动状态。非射流区内颗粒流动行为主要受热解反应影响。颗粒轨迹的统计分析表明，三种氧碳比下，非射流区中的颗粒轨迹比例要大于射流区中的轨迹。并且随着氧碳比的增加，在射流区中分布的颗粒轨迹的比例减小。

8.2 水煤浆气化过程

8.2.1 水煤浆喷嘴

喷嘴是水煤浆气化炉的核心设备，其功能有二，一是雾化煤浆，二是与炉体匹配形成适宜的流场。

图 8-12 为 Texaco（GE）水煤浆气化喷嘴头部[31]，为一三通道部分预混式喷嘴，中心通道和外通道分别走氧气，中心通道氧气量约占总氧量的 15%，外通道氧气量约占总氧量

的 85％ 左右，二通道走煤浆，中心通道与外通道下端面相距 65～70mm，中心通道氧气和煤浆形成预混，二通道出口氧气和煤浆混合物的表观出口速率在 20m/s 以上，喷口磨蚀严重，一个生产周期后，喷嘴壁磨得像刀片一样薄，引进原装喷嘴寿命最长约为 3 个月，由于材质的原因，国内检修使用国内材质，寿命通常为 2 个月。喷嘴采用盘管冷却方式，外通道头部为一冷却腔室，分别与冷却水盘管出口和进口相连接，以保护喷嘴头部免遭高温侵蚀。冷却水压力一般低于炉内操作压力，其优点是，一旦盘管和冷却腔室有漏点，冷却水不会进入气化炉，避免了对耐火砖造成损坏。但为了保证安全，必须在冷却水系统设置与 CO 和 H_2 浓度相关的联锁检测系统。

为改进雾化效果和延长喷嘴使用寿命，于遵宏及其合作者提出了三流道、预膜式、外混气流雾化喷嘴，见图 8-13，三个通道下端面基本在同一水平面上。由于形成了可控煤浆膜厚，比预混式有更好的雾化性能，实验表明，在相同条件下，其雾化性能优于 GE 喷嘴，例如 GE 喷嘴平均粒径 95～100μm，预膜式喷嘴平均粒径 85～90μm，滴径（SMD）降低了约 10％。使用寿命也有所好转，即使采用国内材质，喷嘴寿命也可以达到 90 天左右。其冷却结构与 Texaco（GE）气化喷嘴类似。

喷嘴本体一般采用 inconel600，头部用哈氏合金。

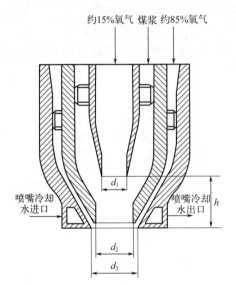 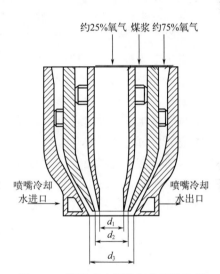

图 8-12 Texaco（GE）水煤浆气化喷嘴头部   图 8-13 预膜式水煤浆气化喷嘴头部

8.2.2 气化炉内的流动与反应特征

8.2.2.1 单喷嘴气化炉流动与反应特征

（1）流动特征 本书作者团队曾对 Texaco 渣油和水煤浆气化炉冷态流场进行了实验研究和数值模拟[32-34]，研究结果已表明，炉内存在流体力学特征各异的三个区，即射流区、回流区与管流区。可以推论，由于射流区、回流区与管流区流体力学特征相异，对应地存在化学反应特征各异的三个区（图 8-14）。在这些区中的反应根据其特征又可分为两类，一是可燃组分（燃料挥发分、回流气体中的 CO 与 H_2 以及残炭）的燃烧反应，我们称其为一次反

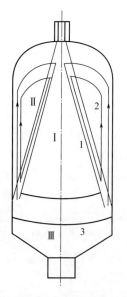

图 8-14 Texaco 气化炉分区示意
Ⅰ—射流区；Ⅱ—回流区；Ⅲ—管流区；
1——次反应区；2——、二次反
应共存区；3—二次反应区

应；二是燃烧产物与残炭及燃料挥发分的气化反应，称为二次反应。无疑射流区的反应以燃料的燃烧为主，称为一次反应区（燃烧区）。视混合情况而定，燃烧区有可能延伸到管流区。管流区中的反应以二次反应为主，称为二次反应区；回流区中既有二次反应，又因氧气的湍流扩散，也会有燃烧反应发生，称为一、二次反应共存区。各反应区的反应特征将由混合时间尺度与反应时间尺度的相对大小而定。

炉内冷态流场的研究还表明，回流量约为射流量的 3.5 倍，由于宏观混合的影响（卷吸、湍流扩散）、富含 CO 和 H_2 的回流气体将进入射流区中，因此燃烧区中的燃烧反应是以燃料的挥发分和残炭的燃烧为主，还是以回流气体与射流区混合后的 CO 和 H_2 的燃烧为主，将视宏观混合与燃料挥发的时间尺度而定。

（2）区域模型中各反应区的特征 本书第 5 章曾经指出，气化炉内微观混合的时间尺度约为 0.6s，而宏观混合的时间尺度为 0.1~0.6s，即宏观混合速率与微观混合速率接近，此时，宏观控制区与微观控制区同时发展，物料以部分分隔状态散布于气化炉内，混合过程由整体和局部同时进行。

① 一次反应区。水煤浆进入气化炉后，首先与高速射流的工艺氧气相互作用，进行一次雾化，成膜、膜成丝、丝成滴；继而进行二次雾化，大滴破碎为小滴[35]。研究表明[36]，滴径大小与燃料性质（表面张力、黏度、密度等）及燃料与氧气的相对射流速率有关，渣油雾化后液滴的平均直径（SMD）约为 $20\mu m$。可以推论，因黏度的作用，水煤浆雾化后的滴径要大于渣油雾化后的滴径。同时燃料接受来自火焰、炉壁、高温气体、炭黑等的辐射热，液滴蒸发并脱挥发分。由于宏观混合与液滴蒸发（或脱挥发分）的时间尺度相当，因此在一次反应区中既有燃料蒸发后气相产物或挥发分与氧气的燃烧反应，又有与射流卷吸的回流气体中 CO 和 H_2 的燃烧反应。同时，挥发分、H_2 和 CO 的燃烧速率极快，其时间尺度在 2~4ms[37]，远小于炉内微观混合的时间尺度（0.6s），在混合过程中，气相燃料将发生裂解，并形成游离炭黑，而蒸发或脱挥发分后的液滴将形成残炭；因此在燃烧区中亦有游离炭黑或残炭的燃烧反应。Mosdim 和 Thring[38] 的研究表明，残炭的燃烧速率约为挥发分燃烧速率的 1/10 左右，因此，残炭在一次反应区中的燃烧与挥发分的燃烧相比是次要的。概括地讲，一次反应区中的反应可用下面的一系列过程表示

$$煤中挥发分 + O_2 \longrightarrow CO_2 + H_2O \tag{8-17}$$

$$2CO + O_2 == 2CO_2 \tag{8-18}$$

$$2H_2 + O_2 == 2H_2O \tag{8-19}$$

$$CH_4 + 2O_2 == CO_2 + 2H_2O \tag{8-20}$$

$$2C + O_2 == 2CO \tag{8-21}$$

一次反应区结束的标志应是氧消耗殆尽。

② 二次反应区。一次反应区的产物将进行二次反应，其主要组分有残炭、游离炭、CO_2、CH_4、H_2O 以及 CO 和 H_2，残炭与游离炭在二次反应区中继续气化

$$C + CO_2 \Longrightarrow 2CO \tag{8-22}$$

$$C + H_2O \Longrightarrow CO + H_2 \tag{8-23}$$

是有效气成分的主要来源。CH_4 将发生下列转化反应

$$CH_4 + H_2O \Longrightarrow CO + 3H_2 \tag{8-24}$$

$$CH_4 + CO_2 \Longrightarrow 2H_2 + 2CO \tag{8-25}$$

前已述及，一次反应区中以 CO 和 H_2 的燃烧反应为主，其产物为 CO_2 和 H_2O，即一次反应产物富含 CO_2 和 H_2O，在二次反应区中将进行下列逆变换反应

$$CO_2 + H_2 \Longrightarrow CO + H_2O \tag{8-26}$$

文献[39]认为，可用反应速率常数的倒数 $1/k$ 表征反应时间尺度，由文献[40]提供的有关反应速率数据，可算出反应 (8-22) 的时间尺度为 10s 左右；已有研究表明[37]，反应 (8-23) 的速率快于反应 (8-22)；而反应 (8-24)～反应(8-26) 这三个反应为均相反应，在高温下其速率高于反应 (8-22) 和反应 (8-23)。C 与 H_2O 和 CO_2 反应的时间尺度均大于微观混合的时间尺度，即化学反应是残炭气化反应的控制步骤。

③ 一次与二次反应共存区。冷态实验表明，在气化炉内存在大范围的回流，射流区下部的介质卷入回流区，轴距为 1.5 倍的炉体直径处回流量最大，因射流的卷吸作用和湍流扩散，回流区与射流区将进行质量交换，其中以卷吸为主，但因湍流的随机性，也将有个别氧气微团经湍流扩散作用而进入回流区中。因此在回流区中既有一次反应，亦有二次反应，但以二次反应为主。同样，该区中的反应除 C 与 H_2O 和 CO_2 的气化反应外均受微观混合过程的控制。

8.2.2.2 多喷嘴对置式气化炉流动与反应特征

本书作者团队在大型冷模装置上研究了多喷嘴对置时气化炉内的流场、冷态浓度分布、停留时间分布、压力分布[41-46]。基于冷模实验和煤气化反应的特征，提出了水煤浆气化过程的分区模型。

（1）流动特征　流场测试表明，四喷嘴对置式气化炉流场结构如图 8-15 所示，可划分为以下六个区域：射流区、撞击区、撞击流股、回流区、折返流区、管流区。

① 射流区（Ⅰ）。流体从喷嘴以较高速度喷出后，将其周围的流体卷吸后带向下游流动，射流宽度随之不断扩展，其速度也逐渐减弱，直至与相邻射流边界相交。

② 撞击区（Ⅱ）。当射流边界交汇后，在中心部位形成相向射流的剧烈碰撞运动，该区域静压较高，且在撞击区中心达到最高。此点即为驻点，射流轴线速度为零。由于流体撞击的作用，射流速度沿径向发生偏转，径向速度（即沿设备轴向速度）逐渐增大。撞击区内速度脉动剧烈，湍流强度大，混合作用好。

③ 撞击流股（Ⅲ）。四股流体撞击后，流体沿反应器轴向运动，分别在撞击区外的上方和下方形成了流动方向相反、特征基本相同的两个流股。撞击流股具有与射流相同的性质，即流股对周边流体也有卷吸作用，使该区域宽度沿轴向逐渐增大，轴向速度沿径向逐渐衰减，轴线处最大。中心轴向速

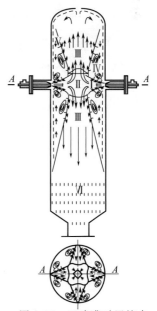

图 8-15　四喷嘴对置撞击流气化炉流场结构

度沿轴向达到一最大值后也逐渐衰减，直至轴向速度沿径向分布平缓。

④ 回流区（Ⅳ）。由于射流和撞击流股都具有卷吸周边流体的作用，故在射流区边界和撞击流股边界，出现回流区。

⑤ 折返流区（Ⅴ）。沿反应器轴向向上运动的流股，对拱顶形成撞击流，近炉壁沿着轴向折返朝下运动。

⑥ 管流区（Ⅵ）。在炉膛下部，射流、射流撞击、撞击流股、射流撞击壁面特征消失，轴向速度沿径向分布基本保持不变，形成管流区。

（2）化学反应特征　与单喷嘴气化炉相似，多喷嘴气化炉内的化学反应同样可分为一次反应（即燃烧反应）和二次反应（即 C、CH_4 等的气化反应和逆变换反应），某个流动区内可能发生的化学反应到底以一次反应为主、还是以二次反应为主，与该区内的流体流动特征及与之相应的混合过程有关。根据不同特点，炉内有三个化学反应特征各异的区域，即一次反应区、二次反应区和一、二次反应共存区。

① 一次反应区。一次反应区包括射流区、撞击区及撞击扩展流区的一部分。该区中以煤中挥发分与氧气的燃烧反应为主，也伴有射流卷吸的回流气体中 CO 和 H_2 的燃烧反应。前已述及，残炭在一次反应区中的燃烧与挥发分的燃烧相比是次要的。即一次反应区中的主要反应为同样为反应（8-17）～反应(8-21)。

② 二次反应区。二次反应区包括管流区和撞击扩展区的一部分。其反应表达式和反应特征同反应(8-22)～反应(8-26)。

③ 一、二次反应共存区。一、二次反应共存区主要是回流区。因射流的卷吸作用和湍流扩散，回流区将与射流区和撞击流扩展区进行质量交换，其中以卷吸为主，但因湍流的随机性，也将有个别氧气微团经湍流扩散作用而进入回流区中。因此在回流区中既有一次反应，亦有二次反应，但以二次反应为主。同样，该区中的反应除碳与 H_2O 和 CO_2 的气化反应外均受微观混合过程的控制。

8.2.2.3　停留时间分布对气化过程的影响

本书第 4 章已述及，宏观混合描述气化炉内物料的整体分散程度，而微观混合则描述从宏观混合后的最小尺度（λ_k）到分子尺度的均匀化过程。宏观混合程度的大小反映了物料参与反应的可能性，而微观混合程度则反映了物料参与反应程度。因此，可用宏观混合时间尺度作为物料是否充分参与反应的判据。

图 8-16 给出了多喷嘴对置式气化炉和 Texaco(GE) 气化炉的无量纲停留时间分布密度

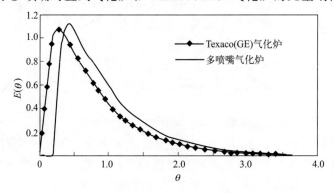

图 8-16　气化炉停留时间分布密度曲线

$E(\theta)$ 与无量纲时间 θ 的关系。结果表明，多喷嘴对置式气化炉与 Texaco（GE）气化炉停留时间分布的差异主要出现在无量纲时间 θ 较小时，前者出峰时间明显较后者晚。对 Texaco（GE）气化炉而言，通过喷嘴进入气化炉的物料几乎同时就有部分物料流出气化炉，在与宏观混合时间相当小的时间前，离开气化炉的物料量约为 5%，显然这一部分物料无法参与反应，主要以 CO_2、C、H_2O 为主。而在多喷嘴对置式气化炉中，通过喷嘴进入气化炉的物料一般要经过 0.18（无量纲时间）之后才可能流出气化炉。多喷嘴对置式气化炉的平均停留时间约为 8.6s，即物料至少要经过 1.5s 才可能出气化炉。气流床煤气化的工程实践表明，经过 1s，煤颗粒的气化反应已进行得相当完全。因此，多喷嘴对置式气化炉的碳转化率将会比 Texaco(GE) 气化炉有显著提高。

8.3 粉煤气化过程

8.3.1 粉煤气化烧嘴

与水煤浆需要雾化不同，粉煤非常容易弥散，相对而言，同样的湍流条件下，其与氧气的混合要优于水煤浆与氧气的混合，因此粉煤气化的喷嘴结构比水煤浆气化喷嘴结构简单。在粉煤气化过程中，喷嘴的作用也有两条：其一，促进粉煤的弥散，强化混合；其二，与炉体匹配形成适宜的流场结构，最终提高气化的效率（即保证有效气成分高、碳转化率高）。

图 8-17 为 GSP 粉煤气化喷嘴[6]，是一多通道结构，最中心为点火枪，其外侧通道为点火用燃料气，在气化炉运转时，该股燃料气依然存在，燃料气通道外侧为氧气和蒸汽混合物通道，最外侧为粉煤通道。其中粉煤为切向进料，以形成旋流、促进粉煤颗粒的湍流弥散，起到强化混合的作用。喷嘴冷却采用水冷夹套形式，除了点火枪之外，其他通道均采用水冷夹套冷却。

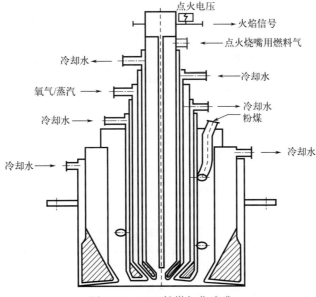

图 8-17　GSP 粉煤气化喷嘴

图 8-18 为 Shell 粉煤气化喷嘴，为二通道烧嘴，中心通道走粉煤，一般由氮气输送，也可以由 CO_2 作为输送载气，外通道走氧气和蒸汽的混合物。为了输送的稳定性，粉煤喷口内径与粉煤输送管道内径相等。从结构而言，是极为简单的。喷嘴冷却同样采用水冷夹套形式，与 GSP 粉煤气化喷嘴不同，只有外通道设有冷却夹套，而中心通道未采取冷却措施。与 Texaco（GE）水煤浆气化喷嘴不同，Shell 粉煤气化喷嘴冷却水压力一般高于炉内操作压力，其优点是，一旦盘管和冷却腔室有漏点，合成气不会进入冷却水系统，相对比较安全，不需要在冷却水系统设置与 CO 和 H_2 浓度相关的连锁检测系统[47,48]。

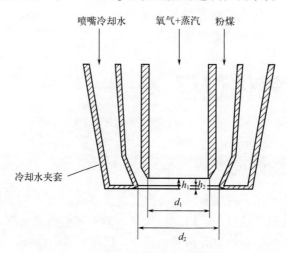

图 8-18 Shell 粉煤气化喷嘴

与水煤浆气化喷嘴不同，粉煤气化喷嘴不易磨损，在同样的材质下，其使用寿命要远远高于水煤浆气化喷嘴。

8.3.2 GSP 气化炉流场特征

GSP 气化炉尽管也为单喷嘴气化炉，但其流场结构与 Texaco 水煤浆气化炉并不同，一是因为喷嘴氧气和蒸汽切向进料，有旋流；二是其长径比较短，从公开的数据看，只有 1.7 左右。旋流的结果是将在中心轴线上产生中心回流区，中心回流区的几何尺寸与回流量大小与旋流数有关。有关旋流的研究均表明，在旋转射流过程中，角动量的轴向通量 G_φ 和轴向动量 G_x 二者均守恒，即

$$G_\varphi = \int_0^{R_s} (w\,r)\rho u\,(2\pi r)\,\mathrm{d}r = const \tag{8-27}$$

$$G_x = \int_0^{R_s} u\,(\rho u)2\pi r\,\mathrm{d}r + \int_0^{R_s} P\,2\pi r\,\mathrm{d}r = const \tag{8-28}$$

从而可定义下列无量纲数作为旋转射流的相似准数，称为旋流数

$$S = \frac{G_\varphi}{G_x R_s} \tag{8-29}$$

旋流数 S 是几何相似的旋流所产生的旋转射流的重要相似准则，上述定义已被众多研究者所采用。在考虑旋转射流过程的相似模化时，旋流数可与其他相似准数（如 Ct 数）一同使用。

GSP 气化炉流场结构可简单用图 8-19 表示。同样在气化炉内有射流区 I 、回流区 II 、

中心回流区Ⅲ，由于长径比较小，在气化炉内不会有明显的管流区，将气化炉出口部分称为出口区Ⅳ。

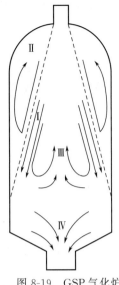

图 8-19　GSP 气化炉
流场结构

8.3.3　Shell 气化炉流场特征

本书作者团队曾在实验室建立了 Shell 气化炉冷模实验装置，并对其流场进行了实验研究和数值模拟[49]。其流场结构如图 8-20 所示。与多喷嘴水煤浆气化装置四个喷嘴正对不同，Shell 气化炉相对的一对喷嘴偏离中心轴线一定的角度，这样在气化炉内会形成一个中心旋流区。为了研究的方便，借鉴喷嘴旋流数的概念，定义了炉内的旋流数

$$Sw = \frac{G_\varphi}{G_x d} \tag{8-30}$$

式中，G_φ 为角动量流率，N/m；G_x 为炉膛轴向动量流率，N；d 为炉膛半径，m。由定义式可以看出，Sw 实际表征炉内实际流体旋转速度与平均上升速度比值的大小。经过推导，可得出 Sw 的计算式为

$$Sw = \frac{u_0 d_s}{v D} \tag{8-31}$$

式中，u_0 为喷嘴出口气速，m/s；v 为炉膛表观气速，m/s；D 为炉膛直径，m；d_s 为假想切圆直径，m。

计算得到实验条件下中心回流数为 42.85，$Sw > 0.6$ 时即为强旋流。由此可见，Shell 气化炉内为一强旋流。

根据图 8-20，可将 Shell 粉煤气化炉内流动过程分为 5 个区域，即射流区、旋流区、回流区、中心回流区、管流区。

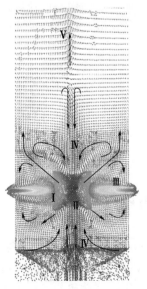
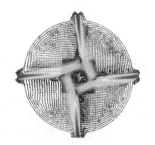

本图彩图

图 8-20　Shell 粉煤气化炉流场结构

① 射流区（Ⅰ）。粉煤和气化剂（氧气＋蒸汽）从喷嘴以较高速度喷出后，将其周围的流体卷吸带向下游流动，射流宽度随之不断扩展，其速度也逐渐减弱，直至与相邻射流边界相交。

② 旋流区（Ⅱ）。由于相对的一对喷嘴轴线有一定的交角，将在喷嘴平面气化炉中心形成一高强度的旋流区，旋流区的大小与相对的一对喷嘴的交角密切相关，也与射流速度相关。旋流区内速度脉动剧烈，湍流强度大，混合作用好。

③ 回流区（Ⅲ）。由于射流和撞击流股都具有卷吸周边流体的作用，故在射流区边界和撞击流股边界，出现回流区。

④ 中心回流区（Ⅳ）。由于喷嘴平面气化炉中心形成了一个强旋流区，平面上下将形成两个中心回流区。

⑤ 管流区（Ⅴ）。在炉膛上部，射流、旋流、中心回流特征消失，轴向速度沿径向分布基本保持不变，形成管流区。

8.3.4　Shell 粉煤气化炉内化学反应特征

与前述的水煤浆气化过程相似，粉煤气化过程同样存在一次反应和二次反应，与流动特征相应，也存在一次反应区、二次反应区和一、二次反应共存区。

（1）一次反应区　粉煤进入气化炉后，首先与高速射流的工艺氧气和蒸汽相互作用，发生湍流弥散，快速升温，并脱挥发分。由于宏观混合与脱挥发分的时间尺度相当，因此在一次反应区中既有燃料蒸发后气相产物或挥发分与氧气的燃烧反应，又有与射流卷吸的回流气体中 CO 和 H_2 的燃烧反应。同时，挥发分、H_2 和 CO 的燃烧速率极快，其时间尺度为毫秒级，远小于炉内微观混合的时间尺度（0.6s），在混合过程中，挥发产物还将发生裂解，并形成游离炭黑，而脱挥发分后的粉煤颗粒将形成残炭，因此在燃烧区中亦有游离炭黑或残炭的燃烧反应。前已述及，残炭的燃烧速率约为挥发分燃烧速率的 1/10 左右，因此，残炭在一次反应区中的燃烧与挥发分的燃烧相比是次要的。同样，一次反应区中的反应可用反应（8-17）～反应（8-21）表示。

一次反应区主要包括射流区和旋流区，也有可能扩展到中心回流区。

（2）二次反应区　二次反应区主要为管流区，其反应表达式和反应特征同反应（8-22）～反应（8-26）。

（3）一、二次反应共存区　一、二次反应共存区主要是回流区和中心回流区。因射流的卷吸作用和湍流扩散，回流区和中心回流区将与射流区和旋流区进行质量交换，其中以卷吸为主，但因湍流的随机性，也将有个别氧气微团经湍流扩散作用而进入回流区中。因此在回流区中既有一次反应，亦有二次反应，但以二次反应为主。同样，该区中的反应除碳与 H_2O 和 CO_2 的气化反应外均受微观混合过程的控制。

8.4　高温合成气热量回收

气流床气化过程中气化室出口温度一般在 1300℃ 以上，合理回收合成气高温显热是一个十分重要的工程问题。根据合成气后续用途的不同，主要有废锅流程和激冷流程。废锅流程中，Texaco 气化技术采用全废锅（辐射废锅与对流废锅组合）技术，Shell、Prenflo 和 E-gas 气化技术只采用对流废锅，对流废锅一般要求进口高温气体温度不高于 1000℃，因此高温合成气进入对流废锅前还需对合成气进行适当的降温，Shell、Prenflo 气化技术采用合成气循环激冷的形式，而 E-gas 气化技术则采用二段喷入部分水煤浆的方式。激冷过程相对简单，Texaco 和 GSP 气化技术均采用合成气与水直接接触的激冷方式，多喷嘴对置气化技术则采用了一种新的激冷室（复合式洗涤冷却室）结构，取得了良好的工程效果。

8.4.1 废热锅炉

8.4.1.1 Texaco 水煤浆气化废锅流程介绍

典型的 Texaco 水煤浆气化废锅流程如图 8-21 所示。气化炉底部出口合成气和熔渣温度达 1350℃左右。大部分熔渣沿气化炉炉壁流入底部渣口，经气化炉与辐射废锅接口流入辐射废锅，合成气夹带的灰渣直接落入辐射废锅底部渣池，经过破渣机破碎后回收利用，这样使合成气得到初步净化和冷却，辐射废锅出口合成气温度为 700℃左右，然后进入对流废锅进一步冷却到 300℃左右，从而完成废热回收程序进入后续气体除尘、脱硫，最后进入燃气透平燃烧发电。在辐射废锅内合成气夹带熔渣主要通过辐射传热的方式与水冷壁进行热量传递，在近壁面形成对流换热，辐射废锅和对流废锅产生的水蒸气被用于蒸汽透平发电。

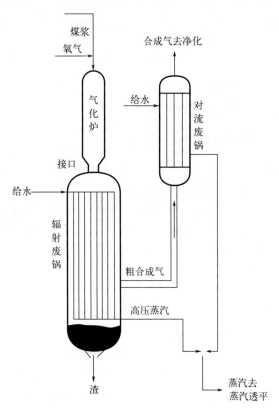

图 8-21　Texaco 水煤浆气化废锅流程

8.4.1.2 Shell 粉煤气化废锅流程介绍

典型的废锅流程 Shell 煤气化工艺流程如图 8-22 所示。气化炉膛平均反应温度约为

1500～1600℃，压力3.5MPa。出气化炉的气体先在气化炉顶部被激冷压缩机送来的冷煤气激冷至900℃，然后经导气管换热器、废热锅炉回收热量后温度降至350℃，再进入高温高压陶瓷过滤器除去合成气中99％的飞灰。出高温高压过滤器的气体分为2股，一股进入激冷气压缩机压缩后作为激冷气，另一股进入文丘里洗涤器和洗涤塔，经高压工艺水除去其中剩余的灰并将温度降至150℃后去气体净化装置。处理后的煤气含尘量小于1mg/m³，然后送后续工序。

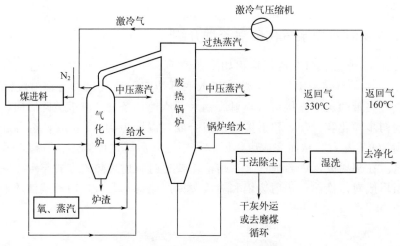

图 8-22　Shell 粉煤气化废锅流程

气化炉膜式壁内和各换热器由泵进行强制水循环，产生的5.4MPa饱和蒸汽进入汽包，经汽水分离后进入蒸汽总管，水循环使用。

8.4.1.3　Texaco 水煤浆气化废锅分析

气化炉尺寸与辐射废锅相比而言要小得多，因此气化炉与辐射废锅的渣口衔接成为关键问题之一。气化炉与辐射废锅的渣口直接承受高温合成气、熔渣和飞灰的侵蚀，针对渣口实际工况，出现了几种不同的设计结构[50]。一种典型的设计结构为气化炉与辐射废锅通过法兰连接，渣口为多层耐火砖结构，从里至外分别为：热面砖、背撑砖和隔热砖。进入辐射废锅后，渣口直管段可起到导流作用，使熔渣由于重力、惯性和气流夹带作用直接落入辐射废锅渣池。而渣口在辐射废锅内段的耐火砖只设一层热面砖，且在其外围设有冷却管保护。各层耐火砖通过焊接在气化炉或辐射废锅上的托砖架支撑。

渣口另一种类似的结构由 Babcock ＆ Wilcox 公司提出的设计方案[51]。结构示意如图8-23所示。辐射废锅和气化炉的渣口为法兰连接，耐火砖衬里。所不同的是，在辐射废锅部分，耐火砖由厚变薄，上窄下宽，且呈抛物线形，外壁用辐射冷却水管贴壁冷却保护耐火砖。其冷却管横向弯曲至水平，在集箱处汇总，耐火砖由冷却管支撑。如图8-24所示。抛物线形渣口的设计优点：①可使气流因流道扩张而减速，避免回流区气流对辐射冷却水管的冲蚀；②可使熔渣和飞灰在重力作用下顺利落入渣池，而不至于在耐火砖壁面出现结渣；③冷却管直接支撑渣口耐火砖衬里可省去焊接金属托砖架，从而解决了托砖架因温度过高而无法承受耐火砖重力的问题。

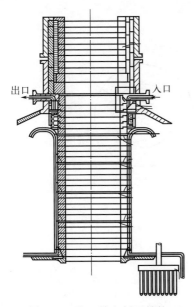

图 8-23 渣口轴向剖面结构

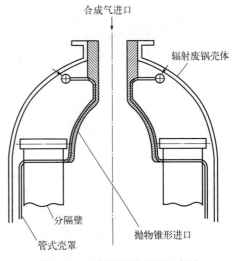

图 8-24 辐射废锅内的渣口部分

废锅流程煤气化工艺主要用于 IGCC 发电，其另一个设计关键问题为辐射废锅的设计和优化。国外对废锅流程 IGCC 发电技术的研究起步较早，并取得了很大的进展。如采用 GE 水煤浆气化技术的美国的 Cool Water 电站和 Tampa 电站都已结束示范运行[52]。Cool Water 电站采用了 Koog 等[53] 设计的一种双水冷壁型辐射废锅，且由 Brooke[54] 对该辐射废锅运行后水冷壁壁面沉积物的化学特性进行了研究。近年来，Kraft 等[55] 设计了一种底部带洗涤冷却室的辐射废锅，并通过 CFD 模拟对内部流场和温度场进行了计算和优化。气化炉和辐射废锅的整体布局如图 8-25 所示。

我国国能宁煤集团有废锅流程 GE 煤气化工艺运行实例，但由于技术完全靠国外引进，在运行过程中出现的问题得不到及时解决，如辐射废锅水冷壁上容易出现结渣、渣堵等，均导致了气化炉运行不正常，甚至停车。

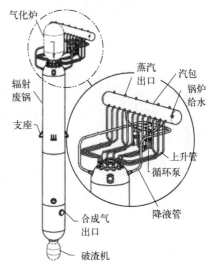

图 8-25 Texaco 气化炉和辐射废锅的整体布局

8.4.2 合成气激冷

8.4.2.1 Texaco 气化炉激冷室

图 8-26 为 Texaco 气化炉激冷室结构简图，为一套筒状结构。激冷室主要由激冷环（图 8-27）、下降管和上升管组成，激冷环下接下降管，下降管在正常操作时插入水中，上升管与下降管同心。如图 8-26 所示，激冷水由激冷环分配室的小孔喷射进入激冷环室，为了避

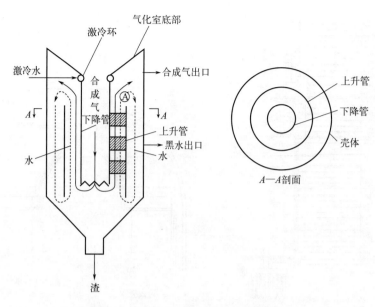

图 8-26　Texaco 气化炉激冷室结构简图

免激冷环面向合成气一侧发生高温龟裂，激冷环室内水必须完全充满，不能有死区存在[56]。激冷水通过激冷环室下环形槽缝流出，在下降管内表面形成均匀液膜，与高温合成气并流接

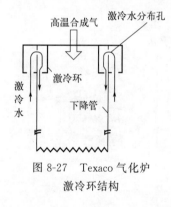

图 8-27　Texaco 气化炉
激冷环结构

触，发生热质同时传递过程，合成气降温，激冷水蒸发进入合成气。激冷环从本质上说起着水分布器的作用。

工程实践表明，其缺点是带水带灰[57]。赵永志等设想在激冷室下降管中心设置一中间激冷器，以强化热质传递，降低下降管出口合成气温度，以避免带水带灰，并用数值模拟的方法进行了研究，但并未应用于工程实践中[58]。为寻找带水带灰的原因，于遵宏及其合作者组织了冷模实验研究，实验发现在下降管与上升管的间隙中，间隔地存在一段气、一段液在出口 A 处形成的脉冲，约 1 次/s[59]。于是，水、灰则被气体携带逸出激冷室。

8.4.2.2　多喷嘴气化炉激冷室（复合床洗涤冷却室）

为克服上述缺陷，于遵宏等提出了一种新颖的复合床激冷室结构，如图 8-28 所示。鉴于激冷室的目的是降温、除尘、增湿。服务于上述目的，于遵宏及其合作者提出在下降管内形成喷淋床，即在激冷环中开二排孔，一排孔喷水沿下降管流下，以保护下降管不受高温干扰，同时水蒸发使煤气降温；另一排孔向煤气即下降管中心喷射，以更快捷的降温（饱和目的）；下降管外侧是鼓泡床，破碎气泡，气泡尺寸愈小，携带的灰量和水分愈少，还可促使其表面更新，能更好完成洗涤降温过程。激冷室中上端设置两块塔板，其作用是除沫，防止带水[60-62]。

简而言之，开发的一种结构新颖的复合床洗涤冷却室，克服了原技术的带水、带灰缺陷，已得到工程实践的验证。

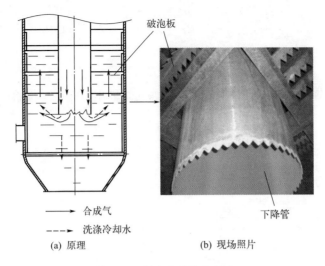

破泡板

下降管

→ 合成气

--→ 洗涤冷却水

(a) 原理　　　　　(b) 现场照片

图 8-28　复合床洗涤冷却室

8.4.2.3　Texaco 气化炉激冷室内热质传递过程

（1）Texaco 气化炉激冷室下降管内热质传递过程　国内有关学者对激冷室下降管内的热质传递过程进行了模拟研究，其中吴韬等[56]在未考虑流动影响的情况下，用经验模型对激冷室下降管内的传热、传质过程进行了计算；李云等[63-65]采用了 k-ε 湍流模型描述下降管内的流动与热质传递过程，得到了下降管内合成气温度变化的规律；李铁等[66,67]则基于 VOF 双流体模型，引入气相组分方程，以及气相主体内部的动量和能量交换方程，建立了下降管内气液热质同时传递过程的数学模型，对管内液膜分布、水蒸气含量等难以测定的参数进行了定性和定量分析，针对下降管内壁水膜流动特性，利用 VOF 模型成功地模拟出激冷水降膜在下降管内壁的流动特征与断裂现象。模拟结果初步揭示了水膜入口厚度、水膜入口速度、气体入口流速与降膜流型的关系。

① 热质传递过程的数学模型。针对气体相，可列出圆柱坐标系下二维连续方程、动量方程、能量方程及水蒸气扩散方程。

连续方程

$$\frac{1}{r} \times \frac{\partial(\rho u)}{\partial r} + \frac{\partial(\rho v)}{\partial x} = 0 \tag{8-32}$$

动量方程

$$\frac{\partial(\rho u^2)}{\partial x} + \frac{1}{r}\left[\frac{\partial(ruv\rho)}{\partial r}\right] = \frac{\partial}{\partial x}\left[(\mu+\mu_t)\frac{\partial u}{\partial x}\right] + \frac{1}{r}\times\frac{\partial}{\partial r}\left[(\mu+\mu_t)\frac{\partial u}{\partial r}\right]$$
$$-\frac{\partial p}{\partial x} + \frac{\partial}{\partial x}\left(\mu_{\mathrm{eff}}\frac{\partial u}{\partial x}\right) + \frac{1}{r}\times\frac{\partial}{\partial r}\left(\mu_{\mathrm{eff}}\frac{\partial v}{\partial x}\right) \tag{8-33}$$

$$\frac{\partial(\rho uv)}{\partial x} + \frac{1}{r}\times\frac{\partial(rv^2\rho)}{\partial r} = \frac{\partial}{\partial x}\left[(\mu+\mu_t)\frac{\partial v}{\partial x}\right] + \frac{1}{r}\times\frac{\partial}{\partial r}\left[(\mu+\mu_t)\frac{\partial v}{\partial r}\right] - \frac{\partial p}{\partial r}$$
$$+\frac{\partial}{\partial x}\left(\mu_{\mathrm{eff}}\frac{\partial u}{\partial x}\right) + \frac{1}{r}\times\frac{\partial}{\partial r}\left(r\mu_{\mathrm{eff}}\frac{\partial v}{\partial x}\right) - \frac{2\mu_{\mathrm{eff}}v}{r^2} \tag{8-34}$$

能量方程

$$\frac{\partial(\rho uT)}{\partial x}+\frac{1}{r}\times\frac{\partial(r\rho\upsilon T)}{\partial r}=\frac{\partial}{\partial x}\Big[\Big(\frac{\mu}{Pr}+\frac{\mu_t}{\sigma_t}\Big)\frac{\partial T}{\partial x}\Big]+\frac{1}{r}\times\frac{\partial}{\partial r}\Big[\Big(\frac{\mu}{Pr}+\frac{\mu_t}{\sigma_t}\Big)\frac{\partial T}{\partial r}\Big]+S_r \tag{8-35}$$

式中

$$S_r=2\alpha_k(R_x+R_y-2E),\quad \mu_t=c_\mu\rho k^2/\varepsilon$$

式中，S_r 的计算采用多通量辐射模型中的四通量模型，在柱坐标系中[68,69]有以下方程。

R_x 方程

$$\frac{\partial}{\partial x}\Big(\frac{1}{\alpha_k+\alpha_s}\times\frac{\partial\phi}{\partial x}\Big)+\frac{1}{r}\times\frac{\partial}{\partial y}\Big(r\;\frac{1}{\alpha_k+\alpha_s}\times\frac{\partial\phi}{\partial y}\Big)=\alpha_k(R_x-E)+\frac{\alpha_s}{2}(R_x-R_y) \tag{8-36}$$

R_y 方程

$$\frac{\partial}{\partial x}\Big(\frac{1}{\alpha_k+\alpha_s+1/r}\times\frac{\partial\phi}{\partial x}\Big)+\frac{1}{r}\times\frac{\partial}{\partial y}\Big(r\;\frac{1}{\alpha_k+\alpha_s+1/r}\times\frac{\partial\phi}{\partial y}\Big)=\alpha_k(R_y-E)+\frac{\alpha_s}{2}(R_y-R_x)$$

$$\tag{8-37}$$

式中

$$E=\delta T^4$$

状态方程：将合成气看作理想气体

$$pM=\rho RT \tag{8-38}$$

水蒸气扩散方程[70]

$$\frac{\partial(\rho um_1)}{\partial x}+\frac{\partial(\rho um_1)}{\partial r}=\frac{1}{r}\times\frac{\partial}{\partial r}\Big(\rho D_1 r\;\frac{\partial m_1}{\partial r}\Big) \tag{8-39}$$

式(8-38)中，当 $r=1$，$m_1=1$；$r=0$，$m_1=m_{1,0}$。m_1 为水蒸气浓度，在壁面处为 1；$m_{1,0}$ 为下降管进口中心位置水蒸气的浓度。

边界条件包括进口、出口、壁面及轴对称线处的条件，与壁面相邻的黏性支层采用壁面函数法处理。对边界条件有如下假定。

a. 进口条件：进口速度按给定常量；紊动能 k 按进口平均动能的 1%，紊动能耗散率 ε 按紊动能生成量等于耗散量确定；进口温度取合成气起始温度 1673K。

b. 出口条件：出口边界参数采用局部单向化假设；出口速度由内点外推求得，并满足质量守恒条件。

c. 壁面条件：在轴向固体壁面处取 $U=0$，$V=-V_w$（壁面上水蒸气的蒸发速度）；在入口突扩区径向固体壁面处取 $U=0$，$V=0$；$T=523K$。

d. 中心线：由于下降管的轴对称性，可取求解变量沿中心线的一阶导数为零，即 $\partial\phi_k/\partial n=0$。

② 下降管内的温度分布。图 8-29 为下降管中心温度随管长变化的情况，可以看出合成气降温主要是在管长 3m 的范围内完成的，合成气温度下降高达 1000℃ 左右，传热过程剧烈，热流密度大，管内液膜大量蒸发，一旦液膜厚度不足或分布不均匀，就会出现干壁，引起下降管损坏，这一现象在工程上曾经发生过，因此液膜的临界厚度是设计激冷环的一个重要参数。

图 8-30 为不同流速对下降管中心温度的影响，可以看出，气体流速越低，降温速度越快，气体在下降管出口温度越低，这说明激冷室下降管内气液两相的传热过程以辐射传热为主，对流传热居于次要的地位。

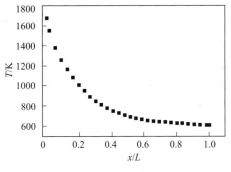

图 8-29　激冷室下降管中心
温度随管长变化

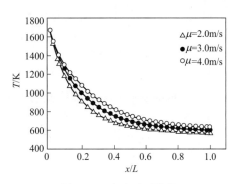

图 8-30　流速对下降管
中心温度的影响

图 8-31 为激冷室进口气体流速一定时，下降管长度对中心温度的影响。从该图中可以看出，下降管长度越长，合成气出口温度越低，这是因为下降管长度增加，相当于增加了管内的热质传递面积，因此传热效果较好。当然工程实践中，要考虑到气化炉激冷室的总体高度、液位控制等诸多的工程因素，选择适宜的下降管长度。

李铁等比较了采用不同辐射传热模型，对下降管中心温度分布模拟结果的影响，发现相对于离散传播辐射模型（DTRM）和 Pl 模型，采用 Rosseland 模型

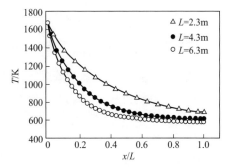

图 8-31　下降管长度对中心
温度的影响（$\mu = 2.3 \mathrm{m/s}$）

模拟下降管内气液两相辐射传热得到的结果与实验和工业运行结果吻合较好[66]。

（2）Texaco 气化炉激冷室内气体穿越液池时的流动特性　激冷室出口合成气带水、带灰问题与合成气通过下降管穿越液池的流动状态密切相关。气体沿下降管进入液池后，由于外床层液封的存在，气体必须经压缩至其自身压力大于液封静压力后，才能克服该静压力而从下降管下端出来进入上升管与下降管组成的环隙，气体一旦沿环隙流动，其压力得以释放，后续气体必须再经压缩后再沿环隙向上流后离开激冷室，因此气相的流动特征是周期性的、脉冲式的循环流动。对于存在于激冷室的液相水而言，由于气相的存在，造成上升管下端内外密度差，内部密度低于外部密度，从而又造成在密度差驱动下的水的整体循环流动。

本书作者团队用电导脉冲法对水气混合流体的循环运动进行测定，得出在不同操作条件下，气相的循环流动与液相水的循环流动具有相同的频率，其循环周期约为 1s[71]。在 Texaco 气化炉激冷室内，流体流动的特征为：非稳态、脉冲式的、周期为 1s 的循环流动。而且在该环隙内，粗合成气夹带循环流动的含渣黑水在环隙内往上流动，流速被加速了 1.6 倍以上，使得气液（液相中含有固相）两相的动能得以增加，由于激冷室内气液分离空间又相当有限，因此合成气从气体出口离开气化炉前，其所夹带的液相含渣黑水的动能无法得以充分释放，因此在惯性作用下，传统激冷室的合成气带水、带灰问题不可避免。

液体在激冷室内实现上升管与下降管环隙和筒体间循环量与气体流速、床层内的液位高度等有关。在与工业装置表观气速相似的条件下（$u_g = 0.53 \mathrm{m/s}$），通过冷模实验，测定了液位高度对循环量的影响，如图 8-32 所示。

实验结果表明，在 Texaco 气化炉激冷室内极易形成水的循环。在一定液位下，由于激冷室内筒体、上升管、下降管为一连通器，因此三者的初始液位是一致的。通气后，在气体作用下，该连通器的液位发生变化，下降管液位先开始下降，到达下降管齿缝位置时，气体冲破上层液位的静压，流经下降管与上升管的环隙，至上升管顶出来进入炉体，当下降管内外密度出现一定的密度差后，液体就在气流作用下实现了循环，各液位亦以一定的振幅开始波动。而且在一定气体流量下，存在一个实现水循环的临界液位，只有当床层内的液位高于该临界值，才会出现液体循环。气体流速与临界液位的关系如图 8-33 所示。

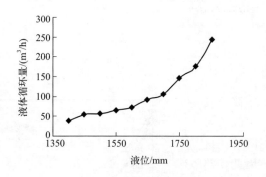

图 8-32　床层内的循环量
与液位高度的关系

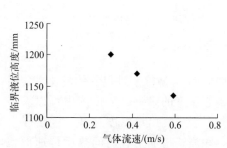

图 8-33　气体流速对临界床
层液位高度的影响

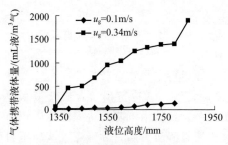

图 8-34　不同表观气速下气体
带液量随床层液位高度的变化

由图 8-33 可见，随着气体流速的增加，形成液体循环的临界床层液位高度逐渐降低。即气体流速增加，易于形成液体循环。但当液位降至其临界值以下时，即使气速增加，也不会形成液位循环。

图 8-34 给出了不同表观气速下气体带液量随床层液位高度的变化。在 Texaco 激冷室内，被气流携带出激冷室的液体主要包括：液体雾化被气体携带进入气相部分；气液二相混合物被脉冲的大气泡携带至气体出口部分。实验发现后者占主要地位。因此 Texaco 激冷室的这种结构，不可避免会出现出口气体的带水问题，这也是工业操作中影响其系统长周期运行的因素之一。

袁竹林等[72,73]模拟计算了合成气穿越液池过程的流动特性以及对带水的影响，得到了与实验基本相同的结论，数值模拟显示出了带液现象，由于水被带出，液池液面逐渐下降，直至液面高度低于下降管的出口位置，达到稳定流动时，液面不断上下波动。

8.4.2.4　复合床洗涤冷却室内流动与热质传递过程

（1）垂直降膜流动　沿连续固体表面流动的液膜随着流动距离的增加存在三个流动状态差异明显的区域：发展区、稳定区和出口扰动区[39]。在洗涤冷却室中，部分冷却水沿洗涤冷却管以液膜的形式垂直向下流动。并且 80% 的热量交换是在发展区[74-76]（$x<1.5m$）完成的。

在复合床洗涤冷却室中，由于洗涤冷却环结构的限制，液膜的周向分布存在明显的不均匀现象[77]。如图 8-35 所示，0°位置局部液膜最厚，其余周向位置液膜较薄，厚度值较为接近；随着流动距离的增加，0°位置部分冷却水向两侧分流，厚度逐渐减小，其余位置厚度逐渐增加，靠近0°的周向位置液膜厚度在轴向上会出现突然增加的现象，液膜平均厚度在周向上分布趋于均匀。同时，液膜雷诺数（图 8-36）和洗涤冷却环槽缝宽度（图 8-37）的增加会增加这种周向分布的不均匀性，并使液膜充分发展所需要的流动距离增加。

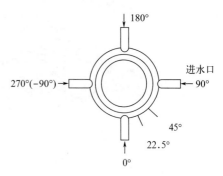

图 8-35 洗涤冷却环结构

由于 Plateau-Rayleigh 不稳定性[78,79]，当液膜雷诺数过大时，液膜表面会因过大的扰动破裂成小液滴进入气相[80-82]，特别是当 $Re_1 \geqslant 1.53 \times 10^4$ 时[83]。因此，在高度湍流的情况下，液膜雷诺数的增加主要是增加液膜表面波动的大波频率，而不是增加液膜的平均厚度[82]。

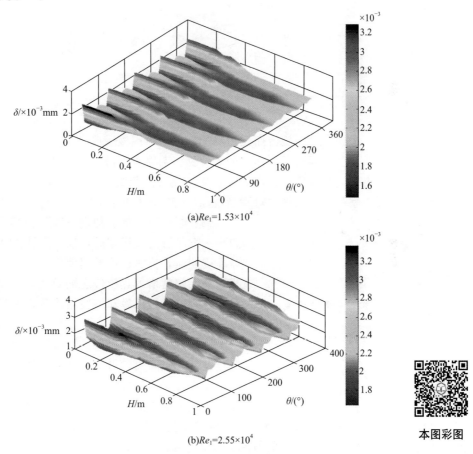

(a)$Re_1 = 1.53 \times 10^4$

(b)$Re_1 = 2.55 \times 10^4$

本图彩图

图 8-36 液膜平均厚度三维分布图

此外，洗涤冷却管内液膜的平均速度随着液膜雷诺数的增加而增加。并且，液膜雷诺数对液膜平均速度的影响在洗涤冷却管入口处最为明显，平均速度的增幅最大。但随着轴向位置增大，液膜雷诺数的影响逐渐减小。

为改善洗涤冷却管内垂直降膜的分布效果和抗干壁能力，颜留成等[78]提出了旋流型洗涤冷却环。研究结果表明，与对置型洗涤冷却管内液膜平均厚度值相比，旋流型洗涤冷却管

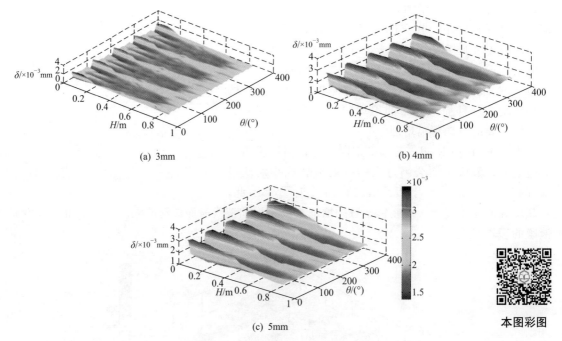

(a) 3mm

(b) 4mm

(c) 5mm

本图彩图

图 8-37　不同槽缝宽度液膜分布三维图

内液膜整体厚度更大，同时因旋流而使得局部区域不再因液膜厚度过大而破碎。同时，旋流现象的存在可以降低管内温度场周向上的差异性。与对置型洗涤冷却环相比，因液膜旋转流动，局部区域不再因液膜厚度过大而破碎，从而使得液膜整体厚度及周向均匀性有所提升，管内壁液膜的覆盖率高于同条件下对置型洗涤冷却环所形成液膜的覆盖率。

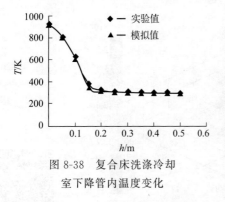

图 8-38　复合床洗涤冷却
室下降管内温度变化

（2）复合床洗涤冷却室下降管内热质传递过程　激冷室下降管内气液相进口温差高达 1100℃以上，流体高度湍流，传热、传质速度极快，增加气液接触面积，会大幅度增加热质传递的效率，正是基于这样的目的，复合室洗涤冷却室在激冷环上采用了交叉流式的激冷水分布形式，即在激冷环中开两排孔，一排孔喷水沿下降管流下，以保护下降管不受高温干扰，同时蒸发使煤气降温；另一排孔向煤气即下降管中心喷射，在下降管内形成喷淋床，有效提高了气液接触面积，实现了更快捷的降温（饱和）目的。

卢瑞华等[84]在实验室小型热模装置上研究了复合床洗涤冷却室下降管内温度的变化情况，并进行了数值模拟，实验结果和模拟结果吻合良好（图 8-38）。

式(8-32)～式(8-39) 同样可应用于复合床洗涤冷却室下降管内流动与热质传递过程的描述。在此不再赘述。

（3）复合床洗涤冷却室内气液固三相的分布特性　在新型洗涤冷却室鼓泡床中，气化炉内产生的高温煤气进入洗涤冷却室进行激冷和洗涤过程，其中激冷过程和渣的相变（由熔融态激冷后变成固体渣）主要发生在下降管内。经下降管冷却后的气体和渣一起进入鼓泡床内，进行进一步的冷却。由于高温煤气中还有大量的煤渣和炭黑，这些固体颗粒不能随气体带入到下一步工序，因此在鼓泡床内发生的主要过程就是固体的沉降分离，同时伴随着气液的进一步热质传递。含渣高温气体冷却后进入鼓泡床，气体上升，通过洗涤冷却水的洗涤和冷却，经床层上方的分离空间进行气液分离后，从气体出口进入下道工序；固体渣在重力的作用下发生沉降，一部分随黑水从黑水出口管排出进入渣水处理系统，尺度较大的渣则发生沉降经锁斗排渣，同时还有一部分颗粒更小的渣跟随气体进入到鼓泡床上部区域，由于气体的携带作用，这部分颗粒不易沉降而是悬浮在鼓泡床内。具体现象如图 8-39 所示。

图 8-39 洗涤冷却室
实验装置

洗涤冷却室内固体流动与洗涤冷却室结构密切相关，在洗涤冷却室中间是下降管，气体从管底流入环隙鼓泡床，在鼓泡床内设置有分隔板，在鼓泡床下部，是锥形缩口。由于结构复杂，固体悬浮与沉降过程不仅受气体和液体流动状况的影响，而且受洗涤冷却室结构的影响。于遵宏及其合作者的实验发现，从洗涤冷却室的结构和固体流动特点出发，可以将固体流动划为以下三个区域。

① 沉降区。位于洗涤冷却室鼓泡床下部锥形缩口部分。从洗涤冷却管出来的部分固体，在重力和水流的作用下沉降，进入该区域。从实验中可观察到该部分气体较少，携带效应不明显，同时实验进水量较小，沉降区的水速较小，因此该区主要为重力沉降。煤渣在沉降区的固含率分布如图 8-40 所示。固含率都是随着轴向位置 z 的下降而升高，可见锥形缩口对固体的浓缩作用比较明显。

② 扩散区。位于洗涤冷却室鼓泡床中部。气体从下降管和支管流出，携带固体进入该区域。在该区域内，由于气泡不稳定，气泡较大，湍动剧烈，导致大量固体随气体扩散。一部分固体沉降到沉降区，另一部分固体特别是小颗粒，则随着气体继续向上扩散，进入鼓泡床上部，因而，该区域可以看作固体颗粒运动的过渡区。图 8-41 为煤渣在扩散区的固含率分布。由图可知，煤渣的固含率分布，随着轴向位置的升高而增大，可见在 $z=0.8m$ 时固体向上扩散的速率和质量减少，开始聚集，形成一个临界高浓度区，炭黑等小颗粒以及初始动量较大的颗粒在这一位置继续向上扩散，而大颗粒固体则开始悬浮。因此，在设计洗涤冷却室，必须考虑固体分布的这个临界点。从洗涤冷却室的结构来看，由于这段位于洗涤冷却管支管出口处，在支管上方为分隔板，支管的位置和分隔板的位置对固含率分布也有影响，支管和分隔板的位置降低可以降低悬浮区的固含率，相当于减少扩散区的轴向高度，使固体迅速沉降。

③ 悬浮区。该区域主要是一部分小颗粒，包括炭黑，容易在该区悬浮或者随气体回流至扩散区。在实验装置中，这部分区域有数块分隔板，分隔板的作用是破碎气泡，降低湍动强度，有利于该区域的固体沉降。如图 8-42 所示。在悬浮区，煤渣的固含率随轴向位置的升高逐渐减少，而不是出现浓度波动，但是其固含率大小比较接近，都在 0.10% ～ 0.20% 之间。可见分隔板对轴向固体浓度分布具有不确定性，但在液面处，固含率都较小，为悬浮区的极小值，因此总体上看分隔板是有利用固体的沉降，同时有效减少固体颗粒随液滴带出洗涤冷却室。

将结构复杂的洗涤冷却室分为三个区域，有利于分析固体在其内部的流动规律，使问题简化。因此整个洗涤冷却室鼓泡床内固体浓度场分布如图 8-43 所示。

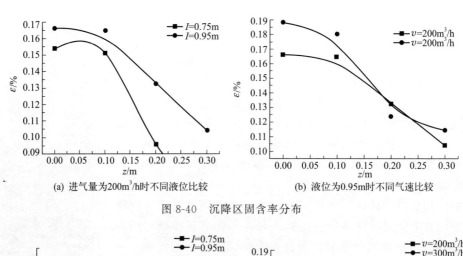

(a) 进气量为200m³/h时不同液位比较　　　　(b) 液位为0.95m时不同气速比较

图 8-40　沉降区固含率分布

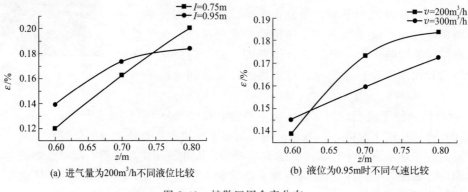

(a) 进气量为200m³/h不同液位比较　　　　(b) 液位为0.95m时不同气速比较

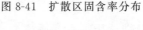

图 8-41　扩散区固含率分布

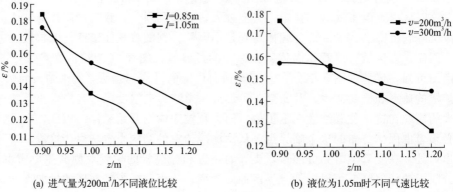

(a) 进气量为200m³/h不同液位比较　　　　(b) 液位为1.05m时不同气速比较

图 8-42　悬浮区固含率分布

　　由图可得，在床层高度 h 为 $0\sim0.5$m 的沉降区内，固含率随着轴向位置增大而下降，这主要是锥形缩口对固体浓度分布的浓缩作用；在 $h=0.5\sim0.8$m 的扩散区内，固含率随着轴向位置升高而增大。$h=0.8$m 处恰为洗涤冷却管支管出口处，固体在该位置开始进入床层，因而该区的固含率最高，另有一部分直接从洗涤冷却管底端出口进入鼓泡床，向其他区域扩散；在 $h=0.8\sim1.2$m 的悬浮区内固含率随着轴向位置升高而降低，固体颗粒在重力和气体挟带力双重作用下扩散到悬浮区，在分隔板的作用下，气液发生剧烈湍流作用，固体则悬浮或随液体回流至扩散区和沉降区。从图 8-43 中可知，进气量对固体浓度分布影响不大。综上所述，固体在洗涤冷却室鼓泡床的分布主要与鼓泡床设备结构有关，而与固体颗粒种类和操作条件关系不大，这一结论也说明了新型洗涤冷却室对各种操作条件具有很好的适应性。从以上分析可知，要改善洗涤冷却室内固体沉降性能，使固体能够迅速沉降，应首先优化洗涤冷却室结构。洗涤冷却管下端支管和分隔板应尽量下移，减少扩散区空间，使固体从洗涤冷却管流入到鼓泡床后，向下能迅速扩散沉降，向上在分隔板的作用下降低扩散动能，使其悬浮或回流至沉降区，这样能使鼓泡床上部区域固含率降低，增大气液传质面积，利于热质进一步传递，同时有效降低洗涤冷却室出气体中的固含量。新型洗涤冷却室的这种设计结构，

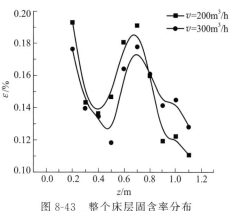

图 8-43　整个床层固含率分布

降低悬浮区固含率能有效避免固体在鼓泡床上部结渣堵塞的情况，与传统的套筒式激冷室相比具有明显的优势。

用双平行电导探针，对新型洗涤冷却室内气体浓度场分布进行实验研究。得到不同分隔板角度、分隔板间距、分隔板板数等因素对床层内局部含气率、界面浓度和气泡直径分布的影响[85,86]。研究结果表明，分隔板对气泡的破碎和分散具有重要作用，能减小气泡尺寸，使气液两相分布更为均匀，降低了床层液面的波动，有效减少了气体带水问题，有利于装置的长周期稳定运行。

（4）含细长颗粒的洗涤冷却室内多相分布特性研究　在工业气化炉运行中发现，部分细长状的灰渣颗粒会桥接和沉积于破泡板上，从而影响气化炉的正常运行，其典型灰渣样本如图 8-44 所示。

洗涤冷却室液池内的上部气液固混合区可以分为如图 8-45 所示的三个区域：下降管出口区、破泡板区和泡沫层区[87]。而对于局部流型来说，其主要与局部气含率和气泡弦长有关。以局部气含率 ε_g 为纵坐标，无量纲最大气泡弦长 $D_{CL,max}/D_H$ 为横坐标（对数坐标），得到如图 8-46 所示的局部流型图[88]。

图 8-44　典型灰渣样本示意图

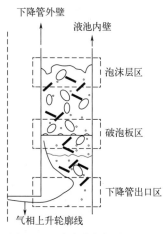

图 8-45　洗涤冷却室液池内的
上部气液固混合区的三个分区

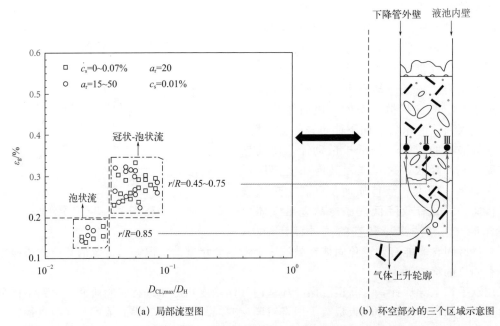

（a）局部流型图　　　　　　　　　　　　　（b）环空部分的三个区域示意图

图 8-46　不同实验条件下的局部流型图和环空部分的三个区域示意图

　　液相湍动程度、流体与壁面间的剪切作用和液相返混程度随表观气速的增大而增大。对总气泡而言，表观气速的增加使得区域Ⅱ和区域Ⅲ中小气泡的比例增加，大气泡的比例减小，但对区域Ⅰ中气泡平均直径的变化影响较小。

　　纤维（即细长颗粒）体积浓度的变化可以通过影响湍流强度受抑制的程度、液相表观黏度和纤维的"隔离作用"来影响不同区域的不同气泡尺寸分布[89,90]。纤维体积浓度由 0 增加至 0.01％时，三个区域的上升气泡平均直径均有增大的趋势。但当纤维体积浓度继续增大至 0.03％时，区域Ⅰ和区域Ⅱ的上升气泡平均直径减小，而区域Ⅲ的上升气泡平均直径则继续增大；三个区域的大部分下降气泡平均直径随纤维体积浓度的增大而减小，仅当纤维体积浓度由 0.01％增大至 0.03％时，区域Ⅰ内的气泡平均直径略有增大，但仍小于无纤维时的气泡平均直径。同时，纤维的隔离作用对直径小于 2mm 的气泡的影响较为显著。此外，纤维长径比对气泡平均直径的影响主要由纤维-纤维间的作用、纤维-气泡间的作用和流体-壁面-纤维间的作用所决定。

8.5　合成气初步净化

8.5.1　合成气初步净化的基本工艺

　　传统气化技术中，无论渣油气化，还是水煤浆气化，合成气的初步净化均采用如图 8-47 所示的流程。其缺点主要是：洗涤塔出口合成气带灰；从洗涤塔出来的循环激冷水灰渣含量高，容易造成激冷环水孔结垢堵塞；文氏管压降较高。这些工程问题往往会影响气化装置甚至后续装置的长周期稳定运行[91]。

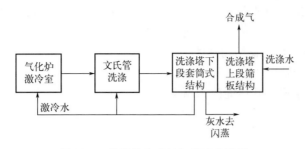

图 8-47　传统的合成气初步净化流程

为了解决上述的工程问题，本书作者团队在开发多喷嘴对置煤气化技术时，在合成气初步净化系统采用了如图 8-48 所示的技术方案[92]。

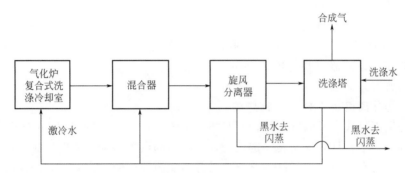

图 8-48　分级式合成气初步净化流程

一般旋风分离器除尘率可达 80%～90%，大部分的粉尘及水分可以在此除掉，其优点有二：一是洗涤塔可以在较宽松的环境下工作，除去更多的细灰和小粒径液滴，洗涤效果更好；二是从塔底循环去洗涤冷却室的黑水，含灰明显降低，避免了洗涤冷却环（激冷环）进水孔的堵塞。这一工艺本质上说是一种分级净化的思想，已得到了工程实践的验证，效果明显。以兖矿国泰日处理 1150t 煤气化装置为例，洗涤冷却环（激冷环）进水孔从未发现结垢堵塞，洗涤塔后一部分合成气经脱硫直接去燃气轮机（IGCC）发电，燃气轮机一般要求进口合成气灰含量＜1mg/m³，运转两年多来，燃机叶轮虽没有打开来以证明叶片上无积垢，但燃机工作完好，并不为气体质量（含尘）不合格而担忧，变换反应器床层阻力降也没有增加，基本仍维持在 0.07MPa，这些现象都是这一净化工艺优越性的明显例证。

8.5.2　新型旋风分离器流体特性与分离效率

8.5.2.1　新型旋风分离器

旋风分离器是利用旋转气流的离心力将气、固两相或气、液、固三相中的固体颗粒和液滴甩到器壁，达到分离目的的一种净化设备[93]。因为它具有结构简单紧凑、操作维护方便、能耗低、耐高温高压等优点，在炼油、石油化工和能源工业的气体净化中被广泛使用[94]。按气体流动状态，可将旋风分离器分为直流式、回流式、平旋式和旋流式四种[95]。考察旋风分离器性能最主要的两个指标是分离效率和压降。旋风分离器分离效率的好坏微观上由旋风分离器内颗粒的运动规律决定，而颗粒的运动又与旋风分离器内部的流场密切相关。旋风分离器内部流动是三维多相流[96]，对其流动的理论和数值分析比较困难，并且还受许多结构参数的影响。更重要的是结构参数的微小变化有可能造成分离效率、压力损失等的较大改变[97]。近年来，旋风分离器在结构形式、分离机理及流场分析等方面的研究已进入新的阶段，许多经验公式在流体力学、几何结构学及相似理论等指导下得到不断完善，旋风分离器结构尺寸和气流运动情况对其性能的影响是十分显著的[98]。

传统的旋风分离器，操作压力一般小于 2.0MPa，大多采用方形直切入口［见图 8-49(a)］，分离筒体中锥体占主要部分，并且多用于气固分离。而分级式煤气初步净化工艺中的旋风分离器在实际运行时处于高压，并存在气、液、固三相。目前工程界一致认为，在高压下，普通焊接技术满足不了切向入口旋风分离器的强度，若仍采用切向进口，相应对旋风分离器材质和加工工艺要求很苛刻，随之产生的直接后果就是制造费用昂贵、投资巨大[92]。对此，在分级式煤气初步净化中采用了一种新型的旋风分离器。其与传统直切入口旋风分离器典型差异表现为：一是入口位置和结构；二是分离筒体中柱体和锥体的高

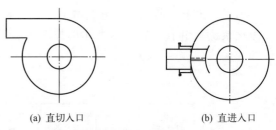

(a) 直切入口　　　　　(b) 直进入口

图 8-49　旋风分离器入口结构

度比。入口采用直进式、径向圆形结构［见图 8-49(b)］，将入口圆柱伸入分离器的管段沿其轴线方向剖去一半，且向下旋转一定角度，并在端部设置一圆柱弧形导流板，进气管半侧出来的煤气相应与水平面向下呈一定交角，沿分离器筒壁旋转，在离心力的作用下，液滴及其包裹的灰渣被甩到筒壁，而筒壁内侧早为水润湿，易于捕获液滴[99]。

8.5.2.2　新型旋风分离器分离效率

（1）气相流动　旋风分离器内是三维湍流的强旋流，在主流上还伴有许多局部二次涡。主流是双层旋流，外侧是向下旋转，中心是向上旋转，但旋转方向是相同的。采用激光三维动态粒子分析仪（Dual PDA）对直进入口旋风分离器的气相流场进行测试，结果表明和传统的直切入口流场特性相似[99]：在旋风分离器分离空间内切向速度分布具明显的对称性，并且沿轴向的变化很小，切向速度在任一截面上的分布分成内外两层旋流，外旋流切向速度随径向增大而减小，是准自由涡；内旋流切向速度随径向增大而增大，是准强制涡；在环形空间，切向速度分布的对称性不如分离空间，并且也无很明显的内外旋流分界。径向和轴向速度沿径向的分布都比较复杂，数值大小也比切向速度小至一个数量级。径向速度绝大部分是向心的，沿轴向变化很大，没有规律性；轴向速度在环形空间基本以下行流为主，在分离空间虽说有明显的上下行流分界，但在靠分离体中心处波动比较大。

旋风分离器内外旋流分界点位置是考察旋风分离器性能的一个方面，对分离效率有明显影响，外旋流区越大，离心力场增强，效率随之提高。1990 年 Iozia 等曾针对通用的旋风分离器提出了内旋流直径 d_t 的计算公式[100]

$$d_t = 0.5DK_A^{0.25}\left(\frac{d_r}{D}\right)^{1.4} \tag{8-40}$$

式中，D 为旋风分离器筒段直径；K_A 为入口截面比：$K_A=(D/d_i)^2$，d_i 为入口直径；d_r 为排气管直径。将直进入口旋风分离器流场测试实验值直接代入公式(8-40)后发现：实验值明显偏小，相对偏差在 28%～49% 之间。经对实验值插值回归后，得校正后的直进入口旋风分离器内旋流直径 d_t 的计算式为[99]

$$d_{\mathrm{t}} = 0.37 D K_{\mathrm{A}}^{0.25} \left(\frac{d_{\mathrm{r}}}{D} \right)^{1.4619} \qquad (8\text{-}41)$$

根据相关文献所述[100]，传统的旋风分离器 $d_{\mathrm{t}}/d_{\mathrm{r}}$
取值一般在 $0.65 \sim 0.8$ 之间，而该直进入口旋风分离器
的 $d_{\mathrm{t}}/d_{\mathrm{r}}$ 值却在 0.6 以下，说明直进入口旋风分离器内
部流场的外旋流区较大，分离效率应该高于普通的旋风
分离器。陈雪莉等[101]对直进入口旋风分离器与同尺寸
直切入口旋风分离器做了比较实验，结果如图 8-50 所
示。发现该类型旋风分离器的分离效率在颗粒粒径大于
$6\mu\mathrm{m}$ 时，与直切入口基本相当，分离效率提高不到
1%；而当颗粒粒径小于 $6\mu\mathrm{m}$ 时，其分离效率明显高于
直切入口，分离效率提高可达 5%。

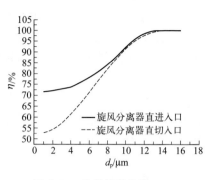

图 8-50　分离效率比较

旋风分离的分级效率是分离器本身分离潜力的一个较准确的度量指标。崔洁[102]研究了
入口颗粒浓度、入口气速、入口角度、升气管直径对直进入口旋风分离器分级效率的影响，
结果如图 8-51 所示。结果表明，直进入口旋风分离器分级效率随着入口气速和入口颗粒浓
度的增加而增加，随着入口角度和升气管直径的增加而减小。直进入口旋风分离器的分离过
程存在临界分离粒径，当颗粒粒径小于该粒径时，分离效率随着颗粒粒径的增大而增大；当
颗粒粒径大于该粒径时，分离效率随着粒径的增大而降低。

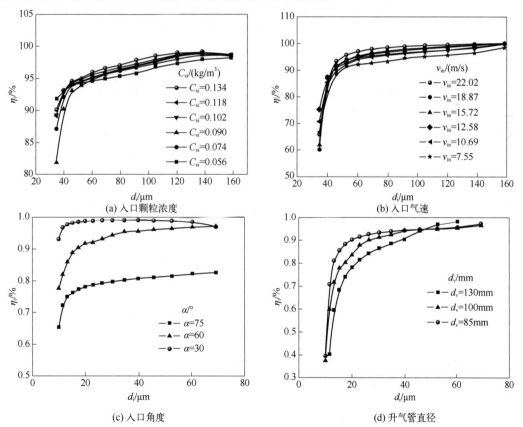

图 8-51　直进入口旋风分离器不同操作条件和结构参数对分级效率的影响

（2）颗粒运动　对直进入口旋风分离器内的颗粒运动轨迹计算表明：大颗粒在进入旋风分离空间前，会因惯性作用与导流板发生碰撞而分离；气流经导流板改变方向，其携带的较大颗粒由于惯性和离心力作用在90°（入口为0°，气流旋转方向为正）方位前完成由直线运动到旋转运动过程，移向器壁并以一定的角度与器壁撞击；细小的颗粒跟随气流继续旋转，在80°～90°区间基本与气流的旋转方向一致且切向速度达到最大。

环形空间内轴向速度和径向速度的分布特点构成了环形空间的二次涡。由于二次涡的存在，向内的径向速度对颗粒曳力与颗粒受到的离心力平衡，向上轴向速度对细颗粒的曳力与颗粒的重力平衡，造成了颗粒悬浮在环形空间中，在切向气流的作用下形成了所谓的"顶灰环"，"顶灰环"在顶板下附近贴近器壁连续旋转。

在旋风分离器的分离空间内颗粒基本是贴着器壁向下螺旋运动，不与器壁发生切向撞击，轴向向下浓度逐渐增高。在下锥体部分，流体受到锥体的约束，含尘气流的旋转速度和浓度急剧提高，同样情况也发生在灰斗和料腿的连接部位。

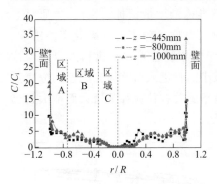

图 8-52　颗粒浓度沿径向分布

颗粒在旋风分离器内由于受离心力不同而呈不均匀分布，图 8-52 给出了颗粒在分离空间某一截面上沿径向的分布[102]。崔洁[102]根据颗粒的运动特点和浓度分布特性，将整个径向区域划分成三部分：A 区域表示颗粒的捕集区，此区域颗粒脱离了气流作用富集在壁面形成颗粒螺旋带，此时颗粒的径向速度为零；B 区域表示颗粒的分离区，此区域颗粒浓度分布均匀，颗粒在离心力的作用下往壁面运动；C 区域表示颗粒的逃逸区，此区域颗粒浓度较低，因颗粒所受曳力较离心力大，容易随上升气流逃逸。

（3）温度和压力对旋风分离器流场和分离效率的影响　因为分级式煤气初步净化中采用的直进入口旋风分离器在实际操作中非常温常压，对此，陈雪莉等[101]研究了温度和压力对旋风分离器流场和粒级分离效率的影响，结果发现：①温度和压力都影响旋风分离器流场内外旋流交界点处切向速度值的大小；对压力而言，该点的切向速度值不是随压力单调变化的，而是在 $P=3.0\mathrm{MPa}$ 时值最大，不同压力下内外旋流交界点的位置稍稍有偏移，但很不明显；温度的影响明显不同，内外旋流分界点位置不随温度变化，但该点的切向速度值却随温度的升高而减小，内外旋流切向速度值随温度的变化规律与之相同。②粒级分离效率随温度升高而减小，当颗粒粒径为 $6\mu\mathrm{m}<d_\mathrm{p}<15\mu\mathrm{m}$ 时，粒级分离效率随温度升高减小明显，但减小的幅度在温度升到一定值时有所减弱；当粒径 $d_\mathrm{p}<6\mu\mathrm{m}$ 和 $d_\mathrm{p}>15\mu\mathrm{m}$ 时，粒级分离效率随温度升高下降不明显。临界粒径随温度升高明显增加，由常温下的 $13\mu\mathrm{m}$ 增大到 $600℃$ 下的 $21\mu\mathrm{m}$。粒级分离效率随压力增加而减小，而临界粒径随压力增加而增大。与温度对粒级分离效率的影响相比，压力的影响明显较弱，但临界粒径却更易随压力而改变。

8.5.2.3　新型旋风分离器压降

压降是评价旋风分离器性能优劣的主要指标之一。旋流运动使旋风分离器的压降问题变得比较复杂[103]：

① 旋风分离器压降与几何参数和工作参数的关系是非线性的；

② 旋风分离器的实测压降，由于测量点的问题，一般很难有一个统一的解释。

压降与气体在器内旋转速度、气体进口和出口损失、气体与器壁摩擦损失等有关。一般说来，造成旋风分离器内流体压力损失的因素有：进口管的摩擦损失；进口的静势能损失；气体进入旋风分离器内，因膨胀或压缩而造成的能量损失；气体在旋风分离器中与器壁的摩擦所引起的能量损失；旋风分离器内气体因旋转而产生的能量损耗；排气管内摩擦损失；排气管内能量回收。通常旋风分离器的压力损失在 $1000 \sim 2000Pa$[104]。研究表明[105]，直进入口旋风分离器进口部分和锥体部分的压力损失分别占总压力损失的 21.2％和 4.6％。温度和压力变化显著影响旋风分离器压力场分布，压力增加，内外旋流静压和总压梯度增大；温度升高，内外旋流静压和总压梯度减小。

8.5.2.4 新型旋风分离器磨损问题

旋风分离器器壁的磨损是一个复杂的冲蚀磨损现象，可划分为切削磨损、摩擦磨损和撞击磨损三类。切削磨损是通过颗粒对表面冲击时斜向切入固体表面而撕下材料和形成挤压变形产生磨损；摩擦磨损是颗粒以一定的正压力贴于固体表面而沿之滚动或滑动，使器壁表面疲劳受损；撞击磨损是颗粒在多种力的作用下以很高的速度撞击固体表面，使之变形或受凿，材料表面组织剥落。

魏耀东等[106]通过对蜗壳旋风分离器的磨损实验研究得出：旋风分离器环形空间筒体部分 0°～180°区间的磨损是以切削磨损和撞击磨损为主，并有一定的摩擦磨损，180°以后的磨损以摩擦磨损为主。在 60°～135°局部区间颗粒对器壁的冲角为 10°～30°，又是运动颗粒撞击器壁最密集的区域，所以造成的磨损是最严重的。环形空间上部高浓度"顶灰环"的连续旋转使顶板下 10～20mm 处器壁内表面磨损成一环状的浅凹槽，这是摩擦磨损的结果。进入分离空间后，颗粒群以很高的浓度沿着器壁螺旋下行，但速度下降了，磨损方式以摩擦磨损为主，磨损程度减轻了，但磨损遍及整个器壁。锥体的末端和灰斗与料腿的连接部分，颗粒群沿着器壁运动，磨损方式以摩擦磨损为主。

金俊杰[105]根据对直进入口旋风分离器内流场和颗粒运动的分析，参考蜗壳式旋风分离器磨损实验判定直进入口式旋风分离器内易磨损区有四个——入口导流板、靠近入口筒体壁面 0°～180°区间、上顶盖、排灰口。其中入口导流板处以撞击磨损为主；圆柱筒体壁面 0°～90°以切削磨损和撞击磨损为主；90°～180°以摩擦磨损为主；上顶盖和排灰口都是以摩擦磨损为主。但因为分级式煤气初步净化系统采用的直进入口式旋风分离器内在实际运行中为气、液、固三相并存，与气固分离器不同，一旦来流中的液滴在离心力作用下被甩向分离器壁面，就会在壁面形成一层液膜，使得在同样的分离速度下，该旋风分离器的磨损不像气固旋风分离器那样严重。

8.5.3 板式洗涤塔的洗涤特性

8.5.3.1 板式洗涤塔

在板式洗涤塔中，气流由下往上通过塔板上的清液层。当气液流量控制在一定操作弹性范围内时，可以在塔板上形成稳定的泡沫层，泡沫层中的气泡不断发生破裂和聚并。携带飞灰颗粒的气体通过数层塔板后，大部分飞灰颗粒被脱除，气体得以净化，洗涤液通过塔板降液管流至水洗塔下部的水槽中。板式洗涤塔通常分为两大类：无溢流洗涤塔和有溢流洗涤塔。当采用溢流堰以保持泡沫层高度时，称为有溢流泡沫洗涤塔 [图 8-53(a)]；在塔板上部不断地补充水，当补充的水量与漏液量相等时，泡沫层保持稳定的高度，此种洗涤塔为无溢流泡沫洗涤塔［图 8-53(b)］。

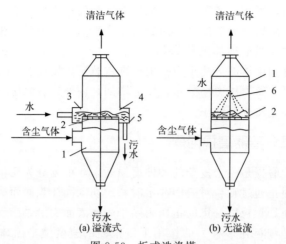

图 8-53　板式洗涤塔

1—塔体；2—筛板；3—液雾区；4—鼓泡区；5—降液管；6—喷淋头

8.5.3.2　板式塔洗涤效率

板式塔属于鼓泡接触型洗涤塔，是以气泡为单元集尘体实现气体除尘的。气泡脱除飞灰颗粒的机理主要包括拦截、惯性撞击、扩散、重力沉降、静电引力等。Fuchs[107] 是最早研究鼓泡洗涤的学者之一，他提出颗粒在单个气泡内分别受扩散、惯性撞击、重力沉降等作用时的洗涤效率。单个气泡内扩散、惯性撞击和重力沉降作用下的洗涤效率分别用 η_{diff}、η_{imp} 和 η_{sed} 表示，其表达式为：

$$\eta_{diff} = 1.8\sqrt{\frac{k_B TC}{3\pi\mu d_b v_b R_b^3}} \tag{8-42}$$

$$\eta_{imp} = \frac{\rho_p d_p^2 v_b C}{4\mu R_b^2} \tag{8-43}$$

$$\eta_{sed} = \frac{g\rho_p d_p^2 C}{24\mu R_b v_b} \tag{8-44}$$

上列式中，k_B 为玻尔兹曼常数；d_b 为气泡直径。ρ_p 为颗粒密度，kg/m^3；d_p 为颗粒粒径，m；v_b 为气泡速度，m/s；μ 为黏度，Pa·s；R_b 为气泡半径，m；C 为 Cunningham 修正系数。

Kaldor[108] 在 Fuchs 研究的基础上，对鼓泡洗涤做了进一步研究，认为气泡内颗粒主要受重力沉降作用影响，且亚微米颗粒受扩散作用影响较大，由此提出了相应的理论模型，其中重力沉降作用下的洗涤效率 η_{sed} 的表达式为：

$$\eta_{sed} = \frac{n_0 - n}{n_0} = 1 - \exp\left[\frac{-v_t t}{\frac{\pi}{2}R_b}\right] \tag{8-45}$$

扩散作用下的洗涤效率 η_{diff} 的表达式为：

$$\eta_{diff} = 1 - \frac{n(t)}{n_0} \tag{8-46}$$

其中 $n(t)$ 是 t 时刻捕集下来的飞灰总量，其表达式为：

$$n(t) = n_0 \frac{6}{\pi^2} \sum_{v=1}^{\infty} \frac{1}{v^2} \exp\left(-\frac{\pi^2 v^2 D_{\mathrm{diff}} t}{R_{\mathrm{b}}^2}\right) \tag{8-47}$$

洗涤塔内总效率可以表示为：

$$\eta_{\mathrm{total}} = \eta_{\mathrm{sed}} + \eta_{\mathrm{diff}}(1 - \eta_{\mathrm{sed}}) \tag{8-48}$$

Lee 和 Gieseke[109] 在 Kuwabara's 的 cell 模型基础上对其进一步修正，得出颗粒在气泡内主要受扩散作用和拦截作用的影响。Park 和 Lee[110] 基于 Fuchs 理论，综合考虑了布朗扩散作用、惯性撞击作用以及重力沉降作用对洗涤效率的影响，提出了适用于新型旋风鼓泡洗涤塔的洗涤效率模型。

$$\eta_{\mathrm{total}} = 1 - \exp(-\eta_{\mathrm{s}} H_{\mathrm{F}}) \tag{8-49}$$

式中，η_{s} 为单个气泡内颗粒的洗涤效率；H_{F} 为泡沫层高度，m。

王清立[111] 实验研究了固阀洗涤塔对气化飞灰的洗涤脱除特性，并基于泡沫层内飞灰颗粒质量守恒原则，结合固阀洗涤塔板上气液流动参数，得出适用于预测固阀洗涤塔洗涤效率的表达式：

$$\eta_{\mathrm{total}} = 1 - \frac{c}{c_0} = 1 - \exp\left[-0.42\left(\frac{\sigma}{\rho_{\mathrm{L}}}\right)^{-0.6} \frac{U}{v_{\mathrm{b}}} F_{\mathrm{g}}^{-0.373} H_{\mathrm{F}} \eta_{\mathrm{s}}\right] \tag{8-50}$$

式中，σ 为液体表面张力，N/m；ρ_{L} 为液体密度，kg/m³；U 为气泡与液体间的相对速度，m/s。

在此基础上，王清立[111] 将实验结果与该预测模型及 Park[110] 和 Kaldor[108] 提出的模型进行了比较，结果见图 8-54～图 8-56。研究结果发现，当飞灰颗粒粒径大于 15μm 时洗涤效率接近 100%；飞灰颗粒粒径介于 3～15μm 时洗涤效率随气量增加而增大；粒径小于 1μm 时

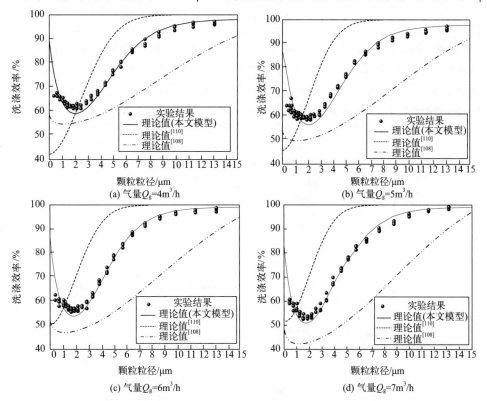

图 8-54　不同气量下固阀塔洗涤效率理论值与实验值对比

随气量增加洗涤效率逐渐降低；塔板层数变化对洗涤效率的影响比气量和液量变化的影响更加显著，随着塔板层数的增加洗涤效率明显提高。

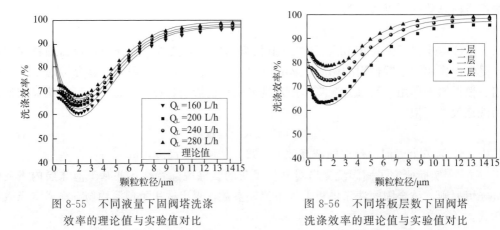

图 8-55　不同液量下固阀塔洗涤
效率的理论值与实验值对比

图 8-56　不同塔板层数下固阀塔
洗涤效率的理论值与实验值对比

8.6　多喷嘴对置式水煤浆气化技术的系统集成

在化学工程的基本原理和科学方法论指导下，于遵宏及其合作者对水煤浆气化的单元设备和过程进行了深入的研究与创新。根据上游单元服务于下游单元，子系统服务于母系统，局部系统服从系统总体目标，局部优化不是优化，整体功能优化方是优化的系统集成原则，一个以水煤浆为原料的气流床气化技术轮廓已经形成，与其紧密相关的是空分单元、公用工程、气流床气化技术（如用于化学品制造，需调整 CO/H_2 比例）、下游接变换工序和深度净化[如用于发电（IGCC）和生产海绵铁（DRI），去下游脱硫工序]。气流床气化技术自身主要包括四个岗位：备煤制浆与泵送、气流床气化炉及煤气冷却洗涤、煤气以除灰脱水为目标的初步净化、渣水处理与热量回收。多喷嘴对置式水煤浆气化技术的工艺原理如图 8-57 所示。

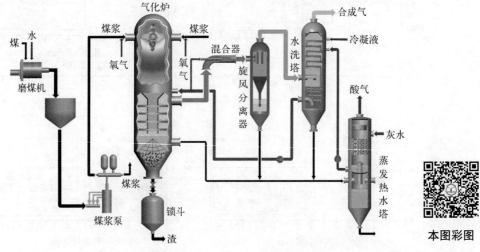

本图彩图

图 8-57　多喷嘴对置式水煤浆气化技术工艺原理

8.6.1　备煤制浆与泵送

制浆与泵送岗位的核心设备是磨机与高压煤浆泵。磨机有球磨、棒磨之分。高压煤浆泵主要有 GEHO（荷兰）、FELUWA（德国）两种型号，前者隔膜往返一次，煤浆吸入压出各一次；后者隔膜往返一次，吸入二次压出二次，相对地说，其流量较 GEHO 平稳。详细的内容参见本书第 5 章。

8.6.2　气流床气化炉及煤气冷却洗涤

气化炉是煤气化技术的核心设备，采用低碳合金钢（SA387Gr11C12）壳体承压，向火面为 Cr-Al-Zr 耐火砖耐温；也可以设置水冷壁在冷壁上形成渣膜，达到以渣抗渣的理想目标。水煤浆在喷嘴出口的速度为 $5\sim8m/s$，氧气速度为 $120\sim150m/s$，两流股交叉，撞击后煤浆被雾化，粒径约为 $100\mu m$，从而使煤浆表面积增加数千倍，有利于热质传递和化学反应进行，相继进行一次反应和二次反应，如前所述。煤中灰分在反应温度下，已经熔化，少部分为气体携带，大部分沿壁流下，经下渣口进入冷却洗涤室。

冷却洗涤室实现粗合成气的冷却、洗涤和增湿。粗合成气与洗涤冷却水间进行剧烈的传热过程，同时进行洗涤冷却水汽化、粗合成气增湿及冷却等过程。洗涤冷却水的喷淋流动既保护洗涤冷却管免受高温合成气的热辐射，又增加了热质传递的有效面积。出洗涤冷却管下端的粗合成气进入液相主体，鼓泡上升，利用鼓泡床内设置的破泡板，实现气泡的破碎与表面更新、增加热质传递面积等。煤气达到气化压力下水的饱和温度，途经两块干板除沫，分离携带水后经出口进入下游工序。

8.6.3　合成气初步净化

实验室中测试洗涤冷却室中鼓泡床内气泡直径为 $10\sim20mm$，仍会裹挟灰尘和渣水。煤气的初步净化就是要采用可行的方法最大限度地除掉煤气中的灰尘及液滴，且压降要小，服务于下游工序。在化学工业中，有诸多气体净化的案例与经验，例如分级净化、先粗后细等，净化效率先低后高。分析认为，旋风分离器的除尘（除雾）效率一般为 $80\%\sim90\%$，即使 70% 也有重要作用，如果在水洗塔（碳洗塔）之前设置旋风分离器，洗涤塔的效率将大大提高。但一般旋风分离器均为常压设备，为此我们开展了两方面的研究与实验：①高压下旋风分离器的结构；②相应结构下的速度分布与压力分布测试。为提高除尘效率，在旋风分离器之前增加了混合器。

初步净化取得极好效果：①自洗涤冷却室至水洗塔出口压降 $<0.2MPa$；②水洗塔出塔气中，蒸汽/合成气 $\geqslant1.4$（摩尔比）；③煤气中含尘 $\leqslant1mg/m^3$（满足燃气轮机要求）。

对比引进的 GE 水煤浆气化装置，经常出现洗涤塔水下不来，塔板堵，变换催化剂浸水或粉尘覆盖失活，我们的工作，使气流床气化技术又上了一个新台阶。

8.6.4　黑水热量回收与水处理

一个日处理千吨煤的气化装置，每小时约 200t 灰水进洗涤冷却室，饱和于煤气中水约为140t/h，大部分灰渣自洗涤冷却室进入锁渣斗，有约60t/h含灰的高压黑水出气化炉进入蒸发热水塔。出旋风分离器和水洗塔的渣水约30t/h也一并进入蒸发热水塔。在其中完成减压闪蒸，高温黑水显热转化为蒸发热，被蒸汽带走。

于遵宏及其合作者提出了蒸发热水塔的概念，蒸汽在热水塔中与返回灰水直接接触进行热交换，回收蒸汽热量。因为是直接接触，所以灰水温度与蒸汽温度相差约1℃。如果采用换热器，其温差为30～40℃，而且换热器壳程（走蒸汽）管程走灰水都经常堵塞。

经过蒸发热水塔后，灰渣及部分黑水进入下游工序进一步减压闪蒸，根据气化压力的高低设置二级或三级减压闪蒸，以充分回收能量。

参考文献

[1] 于遵宏，沈才大，王辅臣，等. 渣油气化过程的数学模拟 [J]. 石油学报：石油加工，1993，3：61.

[2] 于遵宏，沈才大，王辅臣，等. 水煤浆气化炉的数学模拟 [J]. 燃料化学学报，1993，1：90.

[3] Postuma A. The Shell coal gasification process（SCGP）—Research and development overview [C]//Technical Seminar on the Shell Coal Gasification Process. Beijing：1998.

[4] E. L. Doering, G. A. Cremea. Shell 煤气化工艺新进展 [J]. 洁净煤技术，1996，2（4）：51-54.

[5] 李大尚. Texaco 和 GSP 两种煤气化工艺的比较 [J]. 煤化工，1991，2：6-11.

[6] 徐振刚，宫月华，蒋晓林. GSP加压气流床气化技术及其在中国的应用前景 [J]. 洁净煤技术，1998，4（3）：9-11.

[7] Field M A, Gill D W, Morgan B B, et al. Combustion of pulverized fuel：Part 6 Reaction rate of carbon particles [J]. Brit Coal Util Res Assoc Monogr Bull，1967，31：285.

[8] Essenhigh R H. Combustion and flame propagation in coal sysytems：A review [C]//16th Symposium (International) on Combustion. The Combustion Institute, PA：Pittsburgh，1977：372.

[9] Essenhigh R H. Fundamentals of Coal Combustion：Second Supplementary Volume, Chemistry of Coal Utilization [M]. New York：Wiley，1981：1153.

[10] Wendt J O L. Fundamental coal combustion mechanisms and pollutant formation in furnaces [J]. Pragr Energy Combust Sci，1980，6：201.

[11] Thurgood J R, Smoot L D, Hedman P O. Rate measurements in a laboratory-scale pulverized coal combustion [J]. Combustion Science Technology，1980，21：213.

[12] Harding N S, Smoot L D, Hedman P O. Nitrogen pollutant formation in a pulverized coal combustion：effect of secondary stream swirl [J]. AIChE J，1982，28：573.

[13] Asay B W, Smoot L D, Hedman P O. Effect of coal moisture on burnout and nitrogen oxide formation [J]. Combustion Science Technology，1983，35：15.

[14] Manfred R K, Ehrlich S. Combustion of clean coal-water slurry [C]//44th Annual Meeting of American Power Conference. Chicago：1982，April.

[15] Bergman P D, George T J. Coal Slurry：State of Art [R]. US Department of Energy, Pittsburgh Energy Center, Pittsburgh，1983.

[16] Pan Y S, Bella G T, Snedden R B, et al. Exploratory coal-water slurry and coal-methanol mixture combustion tests in oil-design boiler [C]//4th International Symposium on Coal Slurry Combustion, Vol. 2, Session 3, PETC. Pittsburgh：1982.

[17] McHale E G, Scheffe R S, Rossmeissl N P. Combustion of coal-water slurry [J]. Combustion Flame，1982，45：121.

[18] Germane G J, Smoot L D, Diehl S P, et al. Coal-water mixture laboratory combustion studies [C]//5th International Symposium on Coal Slurry Combustion. US Department of Energy, Pittsburgh：1983，2：973.

[19] Walsh P M, Zhang M, Farmayan W F, et al. Ignition and Combustion of Coal-water Slurry in a Confined Turbulent Diffusion Flame [C]//20th Symposium (International) on combustion. MI：Ann Arbor，1984.

[20] 郭庆华，梁钦锋，颜卓勇，等. 同轴自由射流火焰的实验研究 [J]. 燃烧科学与技术，2008，14（5）：441-445.

[21] 郭庆华. 多喷嘴对置式气流床气化过程与火焰撞击特性研究 [D]. 上海：华东理工大学，2009.

[22] 于遵宏，沈才大，于建国，等. 德士古气化炉气化过程剖析（Ⅰ）：问题与思考 [J]. 大氮肥，1993，16（5）：364-367.

[23] 于遵宏，于建国，沈才大，等. 德士古气化炉气化过程剖析（Ⅱ）：冷态速度分布测试 [J]. 大氮肥，1994，17（1）：

46-49.

[24] 于遵宏，付淑芳，于建国，等. 德士古气化炉气化过程剖析（Ⅲ）：停留时间分布测试 [J]. 大氮肥，1994，17（2）：115-118.

[25] 于遵宏，于建国，沈才大，等. 德士古气化炉气化过程剖析（Ⅳ）：区域模型 [J]. 大氮肥，1994，17（5）：352-356.

[26] 刘海峰，刘辉，龚欣，等. 大喷嘴间距对置撞击流径向速度分布 [J]. 华东理工大学学报，2000，26（2）：168-172.

[27] 代正华，刘海峰，于广锁，等. 四喷嘴对置式撞击流的数值模拟 [J]. 华东理工大学学报，2004，30（1）：65-68.

[28] Gong Y，Guo Q，Liang Q，et al. Three-dimensional temperature distribution of impinging flames in an opposed multiburner gasifier [J]. Industrial and Engineering Chemistry Research. 2012，51（22）：7828-7837.

[29] Wu X，Gong Y，Guo Q，et al. Experimental study on the atomization and particle evolution characteristics in an impinging entrained-flow gasifier [J]. Chemical Engineering Science，2019，207：542-555.

[30] Wu X，Gong Y，Guo Q，et al. Visualization study on particle flow behaviors during atomization in an impinging entrained-flow gasifier [J]. Chemical Engineering Science，2020，225：115834.

[31] Marion C P. Synthesis Gas Generation. US 3743806 [P]. 1973-07-03.

[32] 于遵宏，沈才大，龚欣，等. 渣油气化炉冷态流场研究（Ⅰ）[J]. 石油学报：石油加工，1993，9（2）：86-94.

[33] 于遵宏，龚欣，沈才大，等. 渣油气化炉冷态流场研究（Ⅱ）[J]. 石油学报：石油加工，1993，9（2）：95-101.

[34] 肖克俭，于遵宏，沈才大. 德士古气化炉冷态流场数学模拟 [J]. 石油学报：石油加工，1992，8（2）：94-102.

[35] Lefebvre H. Atomization and Sprays [M]. New York：Hemisphere Publishing Corporation，1989.

[36] 侯丽英. 德士古双通道喷嘴雾化性能研究 [D]. 上海：华东理工大学，1993.

[37] Smoot L D，Smith P J. Coal Combustion and Gasification [M]. New York：Plenum Press，1985.

[38] Mosdim E G，Thring M W. Combustion of single droplets of liquid fuel [J]. J Inst Fuel，1962，35：251.

[39] 戴干策，陈敏恒. 化工流体力学 [M]. 北京：化学工业出版社，1988：254.

[40] 孙学信，陈建原. 煤粉燃烧物理化学基础 [M]. 武汉：华中理工大学出版社，1991.

[41] 叶正才，吴韬，王辅臣，等. 射流携带床气化炉内混合过程的研究 [J]. 华东理工大学学报，1998，24（4）：385-388.

[42] 叶正才，吴韬，王辅臣，等. 射流携带床气化炉内混合过程的数值模拟 [J]. 华东理工大学学报，1998，24（6）：627-631.

[43] 刘海峰，王辅臣，吴韬，等. 撞击流反应器内微观混合过程的研究 [J]. 华东理工大学学报，1999，25（3）：228-232.

[44] 龚欣，刘海峰，王辅臣，等. 新型（多喷嘴对置式）水煤浆气化炉 [J]. 节能与环保，2001（6）：15-17.

[45] 刘海峰，刘辉，龚欣，等. 大喷嘴间距对置撞机流径向速度分布 [J]. 华东理工大学学报，2000，26（2）：168-171.

[46] 代正华，刘海峰，于广锁，等. 四喷嘴对置式撞击流的数值模拟 [J]. 华东理工大学学报，2004，30（1）：65-68.

[47] Coal Burner with Outlets for High and Low Velocity Oxygen：US 4510874 [P]. 1985-04-16.

[48] Coal and Oxygen Burner：Canada Patent，1242885 [P]. 1988-10-11.

[49] 许建良. 气流床气化炉内多相湍流反应流动的实验研究与数值模拟 [D]. 上海：华东理工大学，2008.

[50] Heering J，Kohnen K，Brooker D. Refractory lining in the transition of a gasifier to the waste heat boiler：US 5873329 [P]. 1999-02-23.

[51] Kraft D L，Kiplin C A，Fry S R，et al. Radiant Syngas Cooler：WO 2007055930 A2 [P]. 2007-05-18.

[52] Minchener A J. Coal gasification for advanced power generation [J]. Fuel，2005，84：2222-2235.

[53] Koog W，Guptill F E. Synthesis gas cooler and waste heat boiler：GB 2093175A [P]. 1982-01-04.

[54] Brooke D. Chemistry of deposit formation in a coal gasification syngas cooler [J]. Fuel，1993，72（5）：665-670.

[55] Wessel R A，Kraft D L，Fry S R. Compact radial platen arrangement for radiant syngas cooler：US 2008/0041572 A1 [P]. 2008-02-21.

[56] 吴韬，何元，王辅臣，等. Texaco 气化炉激冷室热质传递过程模拟 [J]. 华东理工大学学报，1997，23（1）：25-32.

[57] 王旭宾. 水煤浆气化炉激冷室带水问题的探讨 [J]. 煤气与热力，2000，20（3）：197-199.

[58] 赵永志，顾兆林，李云，冯霄. 带中间激冷器的气化炉激冷室下降管数值模拟 [J]. 化学工程，2003，31（6）：22-25.

[59] 于遵宏. 中国科学技术前沿（第11卷）：多喷嘴对置式水煤浆气化技术 [M]. 北京：高等教育出版社，2008：275.

[60] 于遵宏，王亦飞，周志杰，等. 一种复合床高温煤气冷却洗涤设备及其工业应用：CN01112880.1 [P]. 2001-11-21.

[61] 于遵宏，刘海峰，王亦飞，等. 一种高温煤气冷却洗涤设备及其工业应用：CN01112702.3 [P]. 2001-12-19.

[62] 于遵宏，龚欣，王亦飞，等. 一种射流型洗涤冷却水均布器：CN02266704.0 [P]. 2003-07-30.

[63] 李云，顾兆林，郁永章，冯霄. 气化炉激冷室工作过程数学模拟 [J]. 高等学校化学工程学报，2000，14（2）：

134-138.

［64］李云，顾兆林，郁永章，等. Texaco 气化炉激冷室下降管热质传递过程模拟 ［J］. 化学工程，2003，28（4）：22-24.

［65］赵永志，顾兆林，李云，冯霄. 水煤浆气化炉激冷室下降管流动与传热数值模拟 ［J］. 化工学报，2003，54（1）：115-118.

［66］李铁，李伟力，袁竹林. 用不同辐射模型研究下降管内传热传质特性 ［J］. 中国电机工程学报，2007，27（2）：92-98.

［67］李铁，吴晅，袁竹林. 气化炉激冷室下降管内气液两相热质传递过程数值模拟 ［J］. 中国电机工程学报，2008，28（26）：35-39.

［68］范维澄. 流动与燃烧的模型与计算 ［M］. 北京：中国科学技术大学出版社，1992：208.

［69］杨世铭. 传热学 ［M］. 三版. 北京：高等教育出版社，1998：238.

［70］李云. 水煤浆气化炉激冷室下降管内湍流流动与传热的数值模拟和分析 ［D］. 西安：西安交通大学，1999.

［71］龚欣，等. 复杂多相反应产物处理中的科学问题研究 ［R］. 国家重点基础研究发展规划（973 计划）项目课题中期总结报告. 2006.

［72］谢海燕，袁竹林. 激冷室内合成气穿越液池过程流动特性与带水问题 ［J］. 中国电机工程学报，2007，27（8）：37-41.

［73］吴晅，李铁，袁竹林. 激冷室内气体穿越液池过程气液固三相的数值模拟 ［J］. 热能动力工程，2007，22（4）：385-390.

［74］Karapantsios T D，Karabelas A J. Longitudinal characteristics of wavy falling films ［J］. International Journal of Multiphase Flow，1995，21（1）：119-127.

［75］Heishichiro T，Seizo K. Longitudinal flow characteristics of vertically falling liquid films without concurrent gas flow ［J］. International Journal of Multiphase Flow，1980，6（3）：203-215.

［76］Portalski S.，Clegg A J. An experimental study of wave inception on falling liquid films ［J］. Chemical Engineering Science，1972，27（6）：1257-1265.

［77］颜留成. 洗涤冷却室内垂直降膜流动与传热传质过程研究 ［D］. 上海：华东理工大学，2017.

［78］Plateau J. Experimental and Theoretical Statics of Liquids Subject to Molecular Forces Only ［M］. London：Gand ET Leipzig：F. Clemm，1873.

［79］Rayleigh L. On the instability of jets ［C］//Proceedings of the London Mathematical Society，1878.

［80］Jens E. Nonlinear dynamics and breakup of free-surface flows ［J］. Reviews of Modern Physics，1997，69（3）：865-930.

［81］Mead H R，King A，et al. Plateau rayleigh instability simulation ［J］. American Chemical Society，2012，28（17）：6731-6735.

［82］Wei Z，Wang Y，Wu Z，et al. Wave characteristics of the falling liquid film in the development region at high Reynolds numbers ［J］. Chemical Engineering Science，2020，215：115454.

［83］Yan L，Wang Y，Wu Z，et al. Research of vertical falling film behavior in scrubbing-cooling tube ［J］. Chemical Engineering Research and Design，2017，117：627-636.

［84］王亦飞，卢瑞华，苏宜丰，等. 新型水煤浆气化炉内下降管的温度分布 ［J］. 华东理工大学学报：自然科学版，2006，32（3）：300-304.

［85］卢瑞华，王亦飞，苏宜丰，等. 复合鼓泡床内气液分离空间中液滴夹带统计模型的研究 ［J］. 化学反应工程与工艺，2006，22（1）：37-42.

［86］陈意心，王亦飞，梁铁，等. 新型洗涤冷却室内气液两相的分布特性 ［J］. 化工学报，2008，59（2）：322-327.

［87］Peng X，Wang Y，Wei Z. Gas distribution characteristics for heterogeneous flows in the slender particle-containing scrubbing-cooling chamber of an entrained-flow gasifier ［J］. Chemical Engineering Research and Design，2018，136：358-370.

［88］Peng X，Wang Y，Wei Z，et al. Local flow regime and bubble size distribution in the slender particle-containing scrubbing-cooling chamber of an entrained-flow gasifier ［J］. Chemical Engineering Science，2018，190：126-139.

［89］Zhao Y，Peng X，Wang Y. Local distributions of bubble velocity and interfacial area in the slender particle-containing scrubbing-cooling chamber of an entrained-flow gasifier ［J］. Industrial & Engineering Chemistry Research，2020，59（8）：3560-3574.

［90］彭昕. 含细长颗粒的洗涤冷却室内多相分布特性研究 ［D］. 上海：华东理工大学，2019.

［91］王旭宾. 德士古煤气化渣水系统堵塞问题的探讨 ［J］. 上海化工，1998，23（5）：30-33.

［92］陈雪莉. 气流床煤气化系统中初步净化过程研究 ［D］. 上海：华东理工大学，2003.

[93] 宋贤良，朱利. 轴对称进口旋风分离器性能的研究 [J]. 郑州工程学院学报，2000（4）：34-37.

[94] Hoekstra A J, Derksen J J, Van Den Akker H E A. An experimental and numerical study of turbulent swirling flow in gas cyclones [J]. Chem Engng Sci, 1999, 54：2055-2065.

[95] 袁一. 化学工程师手册 [M]. 北京：机械工业出版社，1999：10.

[96] Avci A, Karagoz I. A mathematical model for the determination of a cyclone performance [J]. Int Comm Heat Mass Transfer，2000，27（2）：263-272.

[97] Avci A, Karagoz I. Theoretical investigation of pressure losses in cyclone separators [J]. Int Comm Heat Mass Transfer，2001，28（1）：107-117.

[98] Ogaw A. Theoretical consideration of the pressure drop of the cylindrical cyclone dust collectors. Particulate and Multipath Process，1985（48）：129-146.

[99] 陈雪莉，周增顺，吕术森，等. 新型旋风分离器气相流场测试实验研究 [J]. 化工学报，2005，33（2）：30-34.

[100] 时钧，汪家鼎，余国琮，陈敏恒. 化学工程手册 [M]. 2版. 北京：化学工业出版社，1996.

[101] 陈雪莉，吕术森，周增顺，等. 一种新型旋风分离器气相流场实验研究和数值模拟 [J]. 化学反应工程与工艺，2004，20（2）：139-145.

[102] 崔洁. 分级式合成气初步净化系统中旋风分离器的分离机理与结构特性研究 [D]. 上海：华东理工大学，2011.

[103] 霍夫曼 A C，斯坦因 L E. 旋风分离器——原理、设计和工程应用 [M]. 彭维明，姬忠礼，译. 北京：化学工业出版社，2004.

[104] 张受谦，等. 化工手册 [M]. 山东：山东科学技术出版社，1986.

[105] 金俊杰. 新型旋风分离器结构性能研究 [D]. 上海：华东理工大学，2006.

[106] 魏耀东，刘仁桓，燕辉，时铭显. 蜗壳式旋风分离器的磨损实验和分析 [J]. 化工机械，2001，28（2）：71-75.

[107] Fuchs N A. The Mechanics of Aerosols [M]. New York：Pergamon press，1964.

[108] Kaldor T G. Phillips C R. Aerosol scrubbing by foam [J]. Industrial & Engineering Chemistry Process Design and Development. 1976，15：199-206.

[109] Lee K W, Gieseke J A. Collection of aerosol particles by packed beds [J]. Environmental Science & Technology，1979，13（4）：466-470.

[110] Park S H, Lee B K. Development and application of a novel swirl cyclone scrubber（2）Theoretical [J]. Journal of Hazardous Materials. 2009，164（1）：315-321.

[111] 王清立. 固阀洗涤塔对煤气化飞灰的洗涤特性及机理研究 [D]. 上海：华东理工大学，2013.

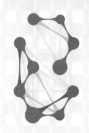

9

煤与气态烃的共同气化

严格地说，气态烃是气态的碳氢化合物，例如天然气、油田气、煤层气。但为了研究的方便，通常将焦炉气、炼厂气等富含甲烷的气体也归入气态烃的行列。气态烃的转化（蒸汽转化、催化部分氧化及非催化部分氧化）技术都有大规模的工业应用，大量的工业装置数据表明，蒸汽转化和催化部分氧化产生的合成气氢碳比较高，适合于制氢或合成氨工业，非催化部分氧化制得的合成气氢碳比较适合于 F-T 合成过程，用于甲醇合成时，总碳量仍然略显不足，需要补碳。而与气态烃的转化相反，煤气化过程产生的合成气，氢碳比较低，用于甲醇合成或 F-T 合成时要通过变换反应来调整合成气中的氢碳比，以满足后续合成工段的工艺要求，即需要减碳。显然，从工艺的角度而言，煤与气态烃共同气化有利于调节合成气的氢碳比。

本章将分别讨论气流床（非催化部分氧化）中煤与焦炉气、煤层气和天然气的共同气化。

9.1 煤与气态烃共气化的基本原理

不同的气态烃中含有不同比例的 CH_4，煤与气态烃的共气化，本质上是煤与 CH_4 的共气化过程，当然，气态烃中其他一些组分的存在也会或多或少地影响到共气化过程，以及气化后的气体组成。

9.1.1 甲烷转化反应

以气态烃（天然气、油田气、焦炉气、煤层气、炼厂气等）为原料生产合成气过程，其核心是气态烃的转化[1-6]，一般包括以下三个反应

$$CH_4 + H_2O \Longrightarrow CO + 3H_2 \qquad \Delta H_{298}^{\ominus} = +206kJ/mol \qquad (9-1)$$

$$CH_4 + CO_2 \Longrightarrow 2CO + 2H_2 \qquad \Delta H_{298}^{\ominus} = +247kJ/mol \qquad (9-2)$$

$$CH_4 + \frac{1}{2}O_2 \Longrightarrow CO + 2H_2 \qquad \Delta H_{298}^{\ominus} = -35.9kJ/mol \qquad (9-3)$$

以上三个反应分别称为 CH_4 的蒸汽转化反应、二氧化碳转化反应、部分氧化反应，而部分

氧化反应又分为催化部分氧化反应[7-10]和非催化部分氧化反应[1]。由于任何化学反应过程都必须满足系统热力学平衡方程的要求,因此,只要反应(9-1)~反应(9-3)发生,必然会有变换反应的存在,即

$$CO+H_2O \Longrightarrow CO_2+H_2 \qquad \Delta H_{298}^{\ominus}=-41.0kJ/mol \qquad (9-4)$$

当然,反应(9-4)是朝哪个方向发生,亦即是正变换反应还是逆变换反应,要视具体的情况而定,一般对CH_4-蒸汽转化过程,反应(9-4)应该以变换反应为主,而对CH_4-氧气的部分氧化反应(无论催化还是非催化部分氧化反应),反应(9-4)应该是逆变换反应,即

$$CO_2+H_2 \Longrightarrow CO+H_2O \qquad \Delta H_{298}^{\ominus}=41.0kJ/mol \qquad (9-5)$$

研究发现,在CH_4的部分氧化反应过程中,反应(9-1)~反应(9-3)和反应(9-5)同时存在[11]。

9.1.2 煤与甲烷共气化的机理

9.1.2.1 过程耦合的基本概念

从反应(9-1)~反应(9-3)可知,CH_4-蒸汽转化和CH_4-CO_2转化过程是吸热的,CH_4-氧气的部分氧化反应是放热的。其实,CH_4的催化或非催化部分氧化过程就是CH_4-蒸汽转化和CH_4-CO_2转化等吸热过程与CH_4-氧气的部分氧化或完全燃烧过程的耦合。如果把参加部分氧化反应的甲烷用煤来替代,就是煤与CH_4的共气化过程,郭占成等[12]给出了纯CH_4与煤共气化时的理论混合比例。当然,由于不同的气态烃,其组成是不同的(见表9-1)[11,13,14],因此,如果以吸热反应和放热反应热量相当为判据,不同的煤与气态烃共气化时理论混合比例也应该是不同的。

表9-1 不同气态烃的典型组成 单位:%(体积分数)

成分	天然气(格尔木)	焦炉气	煤层气
CH_4	97.72	26.00	95.00~98.75
H_2	—	58.00	—
CO	—	6.00	—
CO_2	—	2.70	0.08~0.20
N_2	2.12	4.00	1.00~2.52
C_2H_6	0.09	—	0.01~1.45
C_3H_8	0.07	—	0.01~0.48
C_{4+}	—	—	≤0.23
O_2	—	0.49	≤0.04
总硫	0.001	0.02	≤0.0005
H_2O	—	—	0.01

如果天然气和煤层气中CH_4按98%计,焦炉气中CH_4按26%计,只考虑反应(9-1)时,有表9-2所列的理想状态下的理论计算结果(以25℃为基准)。

表 9-2   反应(9-2)理论计算结果

1000m³ 气态烃	合成气理论产量/m³	合成气理论配比(H_2/CO)	生产 1000m³($CO+H_2$) 反应吸热量/MJ
天然气	3920.0	2.94	2299.1
焦炉气	1670.0	4.25	1431.8
煤层气	3920.0	2.94	2299.1

由于不同的煤种其碳氢组成也是不同的，为了分析问题方便起见，以神府煤为例，根据本书第 2 章神府煤元素组成，其中 $H/C \approx 1$，可以用下面的简化式表示神府煤部分氧化过程

$$C_2H_2 + O_2 == 2CO + H_2 \tag{9-6}$$

合成气中理论 $H/C = 0.5$，同样可以计算生产 1000m³（$CO+H_2$）理论反应放热量约为 2428MJ。这样，就可以从理论上估算煤与气态烃共气化时的理论配比。神府煤与气态烃共气化时理论配比与合成气的理论 H/C 比列于表 9-3。

表 9-3   神府煤与气态烃共气化时理论配比计算

项 目	1000m³		
	天然气(格尔木)	焦炉气	煤层气
神府煤/kg	1858	493	1858
合成气理论配比(H_2/CO)	1.20	1.72	1.20

由于表 9-1 中天然气和煤层气的主要组成非常接近，可以将它们视为同一种原料，以上耦合过程可以用图 9-1 和图 9-2 表示。

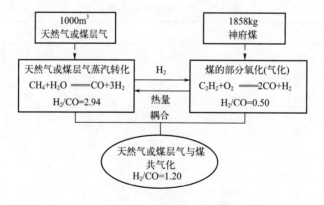

图 9-1   煤与天然气或煤层气共气化

9.1.2.2   煤与气态烃共气化机理

煤与气态烃共气化过程中，既有煤气化过程的基本反应，也有气态烃的转化反应，更为重要的是气化过程中煤与气态烃之间的相互作用。共气化过程中的基本反应应该包括以下几种。

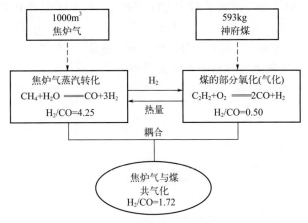

图 9-2 煤与焦炉气共气化

（1）气态烃的燃烧反应

$$CH_4 + 2O_2 =\!=\!= CO_2 + 2H_2O \tag{9-7}$$

$$H_2 + 0.5O_2 =\!=\!= H_2O \tag{9-8}$$

$$CO + 0.5O_2 =\!=\!= CO_2 \tag{9-9}$$

（2）煤的高温热解反应

煤(Coal) —热解→ 气体(CO_2、CO、CH_4、C_2H_6、H_2O、N_2、NH_3、H_2S、COS等)
                焦油(液体)
                焦炭

（3）挥发分的燃烧反应

$$CH_4 + 2O_2 =\!=\!= CO_2 + 2H_2O \tag{9-7}$$

$$H_2 + 0.5O_2 =\!=\!= H_2O \tag{9-8}$$

$$CO + 0.5O_2 =\!=\!= CO_2 \tag{9-9}$$

（4）焦炭的燃烧反应

$$C + O_2 =\!=\!= CO_2 \tag{9-10}$$

（5）甲烷转化与焦炭气化反应

$$CH_4 + H_2O =\!=\!= CO + 3H_2 \tag{9-1}$$

$$CH_4 + CO_2 =\!=\!= 2CO + 2H_2 \tag{9-2}$$

$$C + H_2O =\!=\!= CO + H_2 \tag{9-11}$$

$$C + CO_2 =\!=\!= 2CO \tag{9-12}$$

（6）逆变换反应

$$CO_2 + H_2 =\!=\!= CO + H_2O \tag{9-5}$$

（7）甲烷裂解反应

$$CH_4 =\!=\!= C + 2H_2 \tag{9-13}$$

Mohammad Haghighi 等[15]在固定床上对甲烷、二氧化碳与煤焦的反应机理进行了研究，结果发现，煤焦对 CH_4 与二氧化碳转化反应过程中有较好的催化作用。在有 CO_2 存在时 CH_4 与煤焦的共气化反应大致包括：CO_2 与 CH_4 的转化反应、CH_4 与水蒸气的转化反应、甲烷化反应、水蒸气逆变换反应、甲烷裂解反应、碳的还原反应、碳的气化反应 7 个主要反应。具体的反应路径如图 9-3 所示。甲烷在煤焦表面的反应过程如图 9-4 所示。

在上述的转化过程中，CO 和 H_2 主要是由 CH_4 和 CO_2 通过以下两个路径生成的，如图

9-5 所示。甲烷在煤焦的作用下可以分解为 CH_x 和 H，若煤焦表面有 O 存在，甲烷则会生成 CH_x 和 OH；而煤焦会吸附 CO_2 并使其分解成 CO 和 O，在有 H 存在的条件下会生成 CO 和 OH。因此，煤焦吸附 O 会利于 CH_4 的分解，吸附 H 则利于 CO_2 的转化，另外碳在煤焦表面的堆积会因占据表面活性基团而降低煤焦的反应活性。

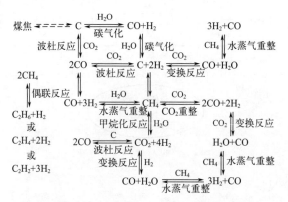

图 9-3 煤焦存在时 CO_2 与 CH_4 的转化反应路径

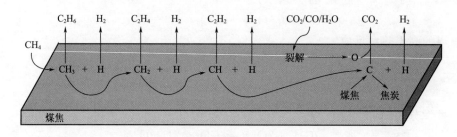

图 9-4 甲烷在煤焦表面的转化机理

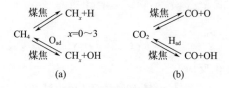

图 9-5 甲烷、二氧化碳的变换路径

9.2 固定床与流化床中煤与天然气的共气化

9.2.1 固定床中煤与天然气的共气化

郭占成、李静海、宋学平、李俊岭[12,16-23]等提出了一种固定床中煤与天然气共气化的工艺，并进行了热力学模拟分析与实验研究。图 9-6 所示为固定床煤与天然气共气化炉。

煤与天然气共气化的反应器可视为逆流移动床反应器，自上而下分为上部煤干馏区、中部焦炭气化区和下部燃烧火焰区。氧气、天然气和水蒸气由底部喷入燃烧火焰区，火焰温度为 1600~1800℃，高温气体逆流向上通过中部焦炭床层干馏区，并使中部焦炭床层和上部煤炭半焦床层加热，燃烧区产生的 CO_2、H_2O 和未裂解的 CH_4 在上升过程中与碳反应转化为 H_2 和 CO；煤从炉膛顶部加入，在上部完成干馏，热解煤气顺流向下通过，烃类和焦油转化为 CO 和 H_2；所得的合成气由中部导气管导出，为保证焦油和烃类的完全裂解，要求导气管的出口位置处温度不低于 1000℃，操作时可上下调节导气管的位置来实现此要求。

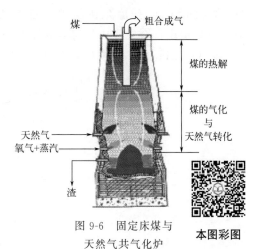

图 9-6   固定床煤与
天然气共气化炉

本图彩图

该工艺可以采用煤或煤焦作为气化原料，采用煤作为气化原料时，要求粗煤气出口温度不低于 1000℃，以避免未裂解的焦油和烃类随产气导出；若采用煤焦作为原料，由于不存在焦油的问题，粗煤气的出口温度可以相对降低。实验结果显示，粗煤气中 $CO+H_2$ 的含量可达 95% 以上，其中 H_2/CO 的比例主要取决于进口 $H_2O/CH_4/O_2$ 的比例。以煤为原料与天然气共气化时，粗煤气中 H_2 含量为 47%~55%，CO 含量为 42%~50%，H_2/CO 的比例为 0.93~1.31；以煤焦为原料与天然气共气化时，所得粗煤气中 H_2 含量为 45%~59%，CO 含量为 39%~53%，H_2/CO 的比例为 0.86~1.49。

图 9-7 为 O_2/CH_4 摩尔比恒定（0.8）时，气化炉出口温度与主要气体组成随水蒸气氧气摩尔比的变化。从图中可见，气化炉出口温度随水蒸气氧气摩尔比增加而降低，CO_2 随其增加而增加，主要是因为水蒸气量增加有利于变换反应的进行，相应 CO_2 增加，而 CO 降低；出口 CH_4 含量基本不受水蒸气氧气摩尔比的影响。图 9-8 为 O_2/CH_4 摩尔比恒定（0.8）时，气化炉出口合成气成分与合成气中 H_2/CO 比随水蒸气氧气摩尔比的变化。从图中可见，随水蒸气氧气摩尔比增加，出口气体中合成气成分有所降低，而 H_2/CO 比增加。

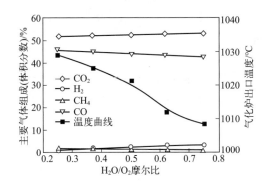

图 9-7   出口温度与主要气体
组成随 H_2O/O_2 摩尔比的变化

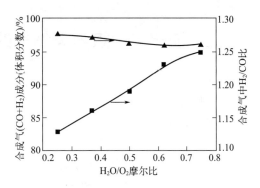

图 9-8   合成气成分与 H_2/CO
比随 H_2O/O_2 摩尔比的变化

图 9-9 为 H_2O/CH_4 摩尔比恒定（0.37）时，气化炉出口温度与主要气体组成随氧气与天然气摩尔比的变化。从图中可见，气化炉出口温度随 O_2/CH_4 摩尔比增加而增加，CO_2 亦随其增加而增加，主要是因为氧气增加，有利于燃烧反应，相应 CO_2 增加；而 CO 也随 O_2/CH_4 摩尔比的增加而增加，这是因为，氧气增加，温度升高，不利于变换反应的进行；

H_2 含量随 O_2/CH_4 摩尔比的增加而明显降低。图 9-10 为 H_2O/CH_4 摩尔比恒定（0.37）时，气化炉出口合成气成分与合成气中 H_2/CO 摩尔比随 O_2/CH_4 摩尔比的变化。从图中可见，随 O_2/CH_4 摩尔比增加，出口气体中合成气成分降低，H_2/CO 摩尔比亦降低。

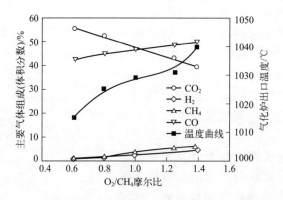

图 9-9   出口温度与主要气体组成随 O_2/CH_4 摩尔比的变化

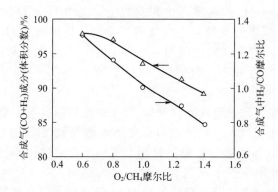

图 9-10   合成气成分与合成气中 H_2/CO 比随 O_2/CH_4 摩尔比的变化

9.2.2   流化床中煤与天然气的共气化

吴晋沪等[24]在实验室规模的小型流化床反应器内研究了煤与甲烷的共气化过程。实验选取了烟煤和无烟煤两种不同的煤，在 1000℃ 的条件下分别进行了单独氧气介质气化和与甲烷共气化的实验。

烟煤单独气化中的碳转化率为 80%～85%，产气率为 1.79～1.89m³/kg 煤，粗煤气组分中 H_2、CO、CO_2 的含量分别为 37%、37%、21%。烟煤与纯甲烷共气化中的甲烷转化率为 78%～90%，碳转化率约为 68%，产气率为 2.62～2.82m³/kg 煤，粗煤气组分中 H_2、CO、CO_2 的含量分别为 37%～39%、31%～33%、20%，另外还有约 2% 的甲烷。

无烟煤单独气化中的碳转化率为 82%～85%，产气率为 1.64～1.81m³/kg 煤，粗煤气组分中 H_2、CO、CO_2 的含量分别为 35%～37%、34%～37%、19%～23%。烟煤与矿坑气（含有约 50% 的甲烷）共气化中的甲烷转化率为 69%～78%，碳转化率约为 70%，产气率为 2.13～2.38m³/kg 煤，粗煤气组分中 H_2、CO、CO_2 的含量分别为 35%～39%、32%～34%、18%～22%，另外还有约 3% 的甲烷。

可见这种共气化方式也是利用矿坑气资源的有效方法。另外，还可以通过调节原料中的 H/C/O 比来控制产气中的 H_2/CO 的比来适应不同的工艺要求。

9.3 气流床中煤与天然气的共气化

9.3.1 天然气蒸汽转化工艺

9.3.1.1 Kellogg工艺

图 9-11 为天然气蒸汽转化中最为典型的 Kellogg 工艺流程[2]。原料天然气经预热脱硫再预热后进一段转化炉，在管内镍催化剂上与水蒸气进行转化反应，一段转化炉出口典型的气体成分见表 9-4。

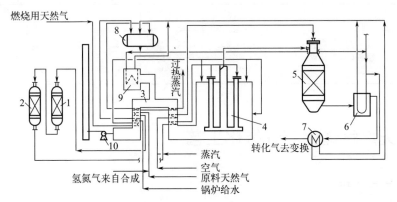

图 9-11　Kellogg 天然气蒸汽转化工艺流程

1—钴相加氢反应器；2—氧化锌脱硫罐；3—对流段；4—辐射段（一段炉）；5—二段转化炉；
6—第一废热锅炉；7—第二废热锅炉；8—汽包；9—辅助锅炉；10—排风机

表 9-4　一段转化炉出口合成气组成

组　分	CH$_4$	CO	CO$_2$	H$_2$	N$_2$
组成(体积分数)/%	9.68	10.11	10.31	69.03	0.87

一段转化气与预热的空气或氧气在二段炉中进行燃烧反应（转化炉下段有催化剂），典型的气体成分见表 9-5。

表 9-5　二段转化炉出口合成气组成

组　分	CH$_4$	CO	CO$_2$	H$_2$	N$_2$	Ar
组成(体积分数)/%	0.33	12.96	7.78	56.41	22.24	0.28

9.3.1.2 ICI工艺

图 9-12 为 ICI 的工艺流程。其一段转化炉（GHR）采用管壳式的气体加热转化炉，其体积小，结构紧凑，热效率高，摒弃以辐射传热为主的工业炉反应器，是世界上对流传热式

反应器应用于天然气转化工艺的首创。GHR 出口气体温度 750℃，负荷降低，炉管寿命延长[25]。ICI 转化炉出口典型气体组成见表 9-6。

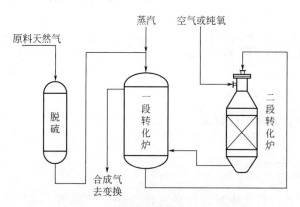

图 9-12 ICI 天然气转化工艺流程

表 9-6 ICI 一、二段转化炉合成气组成

炉型	组分	CH_4	CO	CO_2	H_2	N_2+Ar
一段炉	组成(体积分数)/%	33.22	4.42	9.82	52.54	0.87
二段炉		0.50	12.89	6.63	48.36	31.62

9.3.2 天然气催化部分氧化工艺

9.3.2.1 工艺流程

图 9-13 为天然气催化部分氧化制合成气工艺流程简图[26,27]。压缩的天然气经预热后进入脱硫塔，脱硫后与部分蒸汽混合后进入催化部分氧化转化炉烧嘴，氧气经蒸汽预热后与部分蒸汽混合进入转化炉烧嘴，氧气和天然气在转化炉上部进行部分燃烧反应，然后进入转化炉下部的固定层与镍催化剂进行反应，反应后的气体经热量回收后去后续工段。

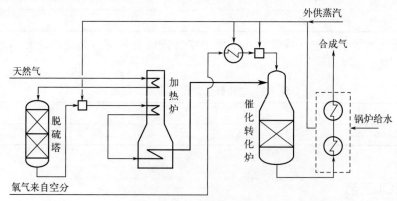

图 9-13 天然气催化部分氧化
转化工艺流程简图

9.3.2.2 技术关键

(1) 烧嘴　烧嘴在催化部分氧化工艺中扮演着举足轻重的角色。其作用一是促进天然气与氧气混合，二是与炉体匹配形成适宜流场，进而形成适宜的温度分布，达到保护烧嘴、上部耐火砖和下部催化剂的多重目的。催化部分氧化过程中，上部燃烧区的火焰中心温度高达2000℃以上，烧嘴设计时在结构上应该尽量将高温热辐射和回流热气体对烧嘴的影响降到最低。

烧嘴的设计必须在对流体力学、混合和燃烧过程充分理解的基础上展开，这样才能既达到良好的操作效果，又能延长烧嘴寿命[28]。良好的烧嘴应该满足如下的条件：①良好的混合效果，以保证天然气氧气的有效混合；②尽量降低烧嘴金属表面的温度；③燃烧过程中无炭黑生成，这一点与烧嘴的混合效果密切相关；④进入转化炉下部的催化床层时，气体的组成和温度分布比较均匀；⑤使耐火砖免受火焰中心高温的辐射，保护耐火砖寿命。

(2) 转化炉上部燃烧与转化空间　在催化转化炉上部燃烧空间内，天然气与氧气进行燃烧反应，其火焰属于典型的湍流扩散火焰，燃烧反应速率极快。由于氧气与天然气摩尔比在0.55～0.60之间，燃烧过程是在低于化学计量比的情况下进行。为了计算方便，通常假定燃烧过程是甲烷完全燃烧生成 CO_2 和 H_2O，氧气耗尽后，还有部分甲烷未完全转化，它们与水蒸气和二氧化碳进一步进行转化反应。天然气中的部分高碳烃的反应历程与甲烷类似。

燃烧空间下部为装填有催化剂的固定床反应器，未燃烧的部分甲烷将与 CO_2 和 H_2O 发生转化反应，即反应(9-1) 和反应(9-2)，在催化床层的出口，转化反应和水蒸气变换反应将达到平衡。

只要在燃烧区形成炭黑，将会对转化催化剂产生严重破坏。同时为了保护下部催化床层内的镍催化剂，上部温度不宜太高，一般控制在 1100～1400℃之间。下部催化剂床层出口温度一般在 1000℃左右，由于受到热力学平衡的限制，为了保证床层出口甲烷含量＜1％，在催化转化炉中需要加入大量的蒸汽，这是其与非催化转化在工艺条件上的明显不同之处。图9-14 为催化剂床层出口温度 1000℃时，不同转化压力下转化气出口甲烷平衡含量随水蒸气与天然气比的变化。

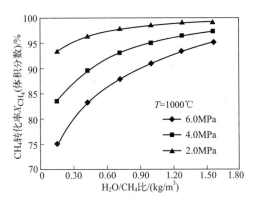

图 9-14　转化炉出口甲烷平衡含量随 H_2O/CH_4 比的变化

(3) 催化剂　催化部分氧化工艺一般采用镍基催化剂[29-31]，用氧化镁/氧化铝作为载体，该催化剂具有良好的稳定性和活性，即可用于蒸汽转化中的二段转化，也可用于催化转化。研究表明，在催化转化过程中，反应受到催化剂表面外扩散控制，因此该催化剂可以在很高的空速下操作。为了延长催化剂寿命，转化气出口温度一般在 1000℃以内。但由于受到热力学平衡的限制，在低于 1000℃时，甲烷的平衡含量比较高，为了使出口气中甲烷含量尽可能低（比如 0.3％左右），转化炉内需要加入大量的水蒸气。

这是催化部分氧化与非催化部分氧化不同的地方之一。

9.3.3 天然气非催化部分氧化工艺

随着以天然气为原料通过 F-T 合成反应生产高品质液态烃（简称 GTL）工艺的成熟，由于天然气原料通过非催化部分氧化得到的合成气中 H_2 与 CO 摩尔比十分接近 F-T 合成反应理论要求的摩尔比，无需进行变换反应和复杂的合成气净化就可以直接进行 F-T 合成反应，尤其适合于 Co 催化剂上的 F-T 合成过程[32,33]，天然气非催化部分氧化法生产合成气过程成再次成为非常热门的研究领域[34,35]。天然气进行非催化部分氧化过程平均温度在 1200℃以上（火焰前沿温度更高），天然气转化过程基本上属于快反应，与流体流动密切相关的混合过程在其中起着极为重要的作用，其核心是喷嘴与炉体匹配形成的流场。王辅臣针对目前渣油气化炉改烧天然气原料需要，通过大型冷模实验，提出了一种多通道的天然气部分氧化制合成气烧嘴，并成功实现了工业化[11,36,37]。

9.3.3.1 工艺流程

天然气非催化部分氧化工艺流程简图如图 9-15 所示。压缩的天然气与部分蒸汽混合进入非催化部分氧化转化炉烧嘴，氧气经蒸汽预热后与部分蒸汽混合进入转化炉烧嘴，氧气和天然气在转化炉上部进行部分燃烧反应，反应后的气体经热量回收后去后续工段。

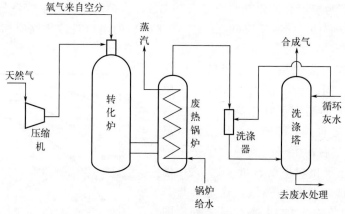

图 9-15　天然气非催化部分氧化工艺流程简图

9.3.3.2 关键技术

天然气非催化部分氧化的技术关键是烧嘴以及烧嘴与气化炉匹配形成的流场。

（1）烧嘴　对天然气非催化转化，烧嘴的功能有二，一是促进天然气与氧气混合，二是与炉体匹配形成适宜流场，进而形成适宜的温度分布，达到保护烧嘴和炉顶耐火砖的双重目的。

非催化转化炉应有适宜的长径比，一般不小于 3∶1，以保证适当的停留时间，使天然气转化有足够的时间，其主要矛盾是延长烧嘴寿命，应尽量简化烧嘴结构，即使烧嘴混合性能有所降低，气化炉较长的停留时间也足以弥补，同样能达到工艺要求。

图 9-16 为已在工业上成功应用的多通道天然气烧嘴头部结构[37]，图 9-17 为两通道天然气非催化部分氧化烧嘴头部结构。烧嘴结构采用多通道形式，冷却方式采用盘管式冷却。从工业实践看，盘管式冷却有利于提高喷嘴寿命，但盘管材质要求比夹套冷却高，因此盘管式烧嘴造价要比夹套式烧嘴高。

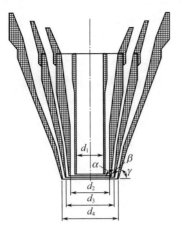

图 9-16　多通道天然气烧嘴头部结构

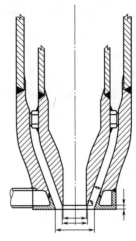

图 9-17　两通道天然气烧嘴头部结构

（2）烧嘴与炉体的匹配　非催化部分氧化转化炉内的温度分布和烧嘴与炉体匹配形成的流场有关。与固体或液体原料相比，天然气更容易燃烧，气化炉上部特别是炉顶部的燃烧强度增加，热强度增大，对炉壁的辐射传热增加，可能会造成炉顶温度的升高。工业实践也证明了这一点。由于天然气非催化部分氧化时转化炉上部燃烧强度增加，为了满足炉顶温度在正常范围的要求，可加厚炉顶耐火砖的厚度，以降低拱顶表面温度。

9.3.3.3　天然气非催化转化炉流场结构与反应特征

（1）非催化转化炉流场结构　天然气非催化部分氧化炉是一种典型的气流床气化炉，本书第 3 章的基本原理，同样适用于描述天然气非催化部分氧化炉内的流体流动特征。冷模研究表明，炉内存在流体力学特征各异的三个区，即射流区、回流区与管流区，图 9-18 为气化炉流动区域示意。与射流区、回流区和管流区相应，也存在化学反应特征各异的三个区，即一次反应区（燃烧区）、二次反应区和一、二次反应共存区。在这些区中的反应根据其特征又可分为两类，一是可燃组分（燃料天然气、回流气体中的 CO 与 H_2）的燃烧反应，为一次反应；二是燃烧产物与天然气的气化反应，为二次反应。无疑射流区的反应以燃料的燃烧为主，为一次反应区（燃烧区）。视混合情况而定，燃烧区有可能延伸到管流区。管流区中的反应以二次反应为主，为二次反应区；回流区中既有二次反应，又因氧气的湍流扩散，也会有燃烧反应发生，为一、二次反应共存区。

炉内冷态流场的研究还表明，回流量约为射流量的 3～5 倍，由于宏观混合的影响（卷吸、湍流扩散），富含 CO 和 H_2 的回流气体将进入射流区中，因此燃烧区中的燃烧反应是以燃料天然气的燃烧为主，还是以回流气体与射流区混合后的 CO 和 H_2 的燃烧为主，将视宏观混合与天然气燃烧时间尺度的相对大小而定。

（2）非催化转化炉内的化学反应特征　其他各区的反应特征也将由混合（微观或宏观）时间尺度与反应时间尺度的相对大小而定[8]。气化炉内宏观混合的时间尺度为 $t_M=0.15\sim0.50\text{s}$。气化炉内微观混合的时间

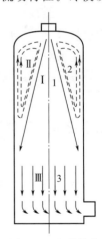

图 9-18　气化炉流动区域模型示意

Ⅰ—射流区；Ⅱ—回流区；Ⅲ—管流区
1——次反应区；2——、二次反应共存区；3—二次反应区

尺度为 $t_c=0.60s$。由于气化炉内物料微观混合的时间尺度与宏观混合的时间尺度量级相当，即宏观混合速率与微观混合速率接近，此时，宏观控制区与微观控制区同时发展，物料以部分分隔状态散布于气化炉内，均匀化过程由整体和局部同时进行。

① 一次反应区。由于物料宏观混合的时间尺度远大于天然气燃烧的时间尺度（毫秒级），因此在一次反应区中主要为燃料天然气与氧气的燃烧反应，而射流卷吸的回流气体中 CO 和 H_2 的燃烧反应是次要的。

$$CH_4+2O_2 \Longrightarrow CO_2+2H_2O \tag{9-7}$$

$$CH_4+\frac{1}{2}O_2 \Longrightarrow CO+2H_2 \tag{9-3}$$

② 二次反应区。一次反应区的产物将进行二次反应，其主要组分有 CO_2、CH_4、H_2O 以及 CO 和 H_2，极少量由于甲烷裂解形成的炭黑在二次反应区中也将继续气化。

$$C+H_2O \Longrightarrow CO+H_2 \tag{9-11}$$

$$C+CO_2 \Longrightarrow 2CO \tag{9-12}$$

CH_4 将继续发生转化反应

$$CH_4+H_2O \Longrightarrow CO+3H_2 \tag{9-1}$$

$$CH_4+CO_2 \Longrightarrow 2CO+2H_2 \tag{9-2}$$

一次反应区中以燃烧反应为主，其产物为 CO_2 和 H_2O，即一次反应产物富含 CO_2 和 H_2O，在二次反应区中将进行下列逆变换反应

$$CO_2+H_2 \Longrightarrow CO+H_2O \tag{9-5}$$

通常可用反应速率常数的倒数 $1/k$ 表征反应时间尺度，可算出反应(9-11)的时间尺度为 10s 左右；已有研究表明，反应(9-11)的速率快于反应(9-12)；而反应(9-1)、反应(9-2)、反应(9-5)这三个反应为均相反应。

（3）非催化转化炉内温度特征　三个区域中，因反应特征不同，温度分布各不相同，其中射流区（一次反应区）温度最高，回流区（一、二次反应共存区）次之，管流区（二次反应区）最低。因工艺条件不同，转化炉长径比不同，各区域最高温度值亦不相同，研究表明，各区温度大致范围如下：射流区（一次反应区）1200~1600℃；回流区（一、二次反应共存区）1000~1400℃；管流区（二次反应区）1000~1400℃。

9.3.3.4　天然气非催化转化工业装置运行结果

天然气非催化部分氧化技术生产合成气在国内已经有广泛应用[11,38-40]。截至 2023 年底，华东理工大学开发的天然气非催化部分氧化成套工艺技术已经应用于国内 19 家企业，在建和运行转化炉 29 台，原料涵盖天然气、焦炉气、荒煤气等，产品涵盖 CO、H_2、合成氨、乙二醇。2009 年 9 月中国石油和化学工业协会对中国石油兰州石化分公司的天然气非催化转化制合成气（配套 30 万吨/年合成氨）装置进行了现场考核。表 9-7 列出了四套工业装置的操作条件、天然气组成及转化炉出口合成气的组成。

表 9-7　天然气非催化部分氧化工业装置运行结果

项　目	A厂	B厂	C厂	D厂
操作压力/MPa	6.00	6.00	8.53	8.53
天然气流量/m^3	16558.0	16960.0	16581.0	17838.0
氧气流量/m^3	10729.0	11000.0	11414.0	11700.0

项　　目	A 厂	B 厂	C 厂	D 厂
氧气纯度/%	99.60	99.60	98.50	98.50
天然气组成(体积分数)/%				
CH_4	97.72	95.95	94.08	95.15
C_2H_6	0.09	0.69	3.37	0.91
C_3H_8	0.07	0.14	0.63	0.14
C_4H_{10}	—	0.12	0.70	—
C_5H_{12}	—	—	0.12	—
N_2	2.12	0.20	1.47	—
CO_2	—	2.90	0.01	3.80
总硫	0.001	0.0005	<0.3	0.002
天然气热值/(kJ/m³)	35180			
合成气组成(体积分数)/%				
H_2	62.98	62.04	58.94	61.08
CO	33.02	33.05	34.57	32.29
CO_2	2.75	3.36	4.83	5.10
H_2S	—	—	—	—
COS	—	—	—	—
CH_4	0.85	0.45	0.69	0.66
N_2+Ar	0.40	1.10	1.23	0.87
转化炉出口温度/℃	1200～1300	1230～1330	1350～1390	1350～1390
合成气配比(H_2/CO)	1.91	1.88	1.71	1.89

9.3.3.5　工艺条件对气化结果的影响

影响化学反应结果的主要因素是温度与浓度，以及反应进行的时间，天然气非催化转化过程也不例外。从本质上讲，天然气转化过程是将天然气中的 C 和 H 转变为合成气的过程。前已述及，该过程是吸热的，为了避开动力学控制区，使整个气化过程具有较高的速率，转化温度应维持在较高的水平（一般气化炉出口温度应不低于 1200℃）。转化炉出口温度主要与 O_2/CH_4 比、蒸汽用量、气化反应进行的深度以及热损失有关。转化反应进行的深度一方面与温度水平有关，另一方面又同浓度和反应时间（停留时间及其分布）有关，而它们取决于喷嘴与炉体匹配形成的流场及混合过程。在转化炉形式一定的情况下，影响气化结果的因素主要是 O_2/CH_4 比、蒸汽用量。由于天然气中氢碳比较高，且气化过程中只有极微量的炭黑生成，从化学反应的角度讲，不需要外部加入蒸汽。蒸汽仅作为开停车时喷嘴的保护气体用，烧嘴所需保护蒸汽量一般为 H_2O/CH_4 比约为 0.08kg/m³。因此以下将重点讨论 O_2/CH_4 比对气化结果的影响。

对于非催化转化过程，由于温度较高，甲烷转化率接近于平衡值，一般并不需要加入工艺蒸汽，有时加入少量蒸汽仅作为保护烧嘴之用。

王辅臣曾提出了气流床气化（部分氧化）过程的混合模型[41]，并成功用于渣油、水煤浆[42]和天然气[11]部分氧化过程的模拟计算。因此，以下直接应用该模型进行天然气转化过程的工艺计算，其结果应具有可信性。

（1）温度对甲烷转化率的影响　由于天然气转化过程中二次反应是吸热反应，因此 CH_4 的转化率与温度密切相关，图 9-19 给出了不同压力下 CH_4 转化率随温度的变化情况。

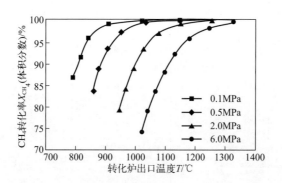

图 9-19　不同压力下 CH_4 转化率随温度的变化

从图 9-19 可见，相同压力下，温度增加，CH_4 转化率增加，但当温度大于一定值后，甲烷转化率将不再有显著变化。从图 9-19 还可见，同样温度下，转化压力减小，CH_4 转化率增加，即低压有利于天然气中 CH_4 的转化，这是因为反应（9-1）、反应（9-2）、反应（9-11）均为体积增加的反应，低压有利于上述反应的进行。

（2）最佳氧气与天然气体积比　由于转化率与温度密切相关，氧气与天然气体积（摩尔）比的大小，决定了实际的转化温度，而从理论而言，由反应（9-3）的化学计量关系即可确定理论最佳氧气与天然气体积比，用下式表示

$$R_{O_2,NG} = 0.5 y_{CH_4,i}$$

式中，$R_{O_2,NG}$ 为理论氧气与天然气的体积比；$y_{CH_4,i}$ 为天然气中 CH_4 的含量。

对于表 9-1 所列的典型天然气组成，理论氧气与天然气比为 0.4886。实际的氧气与天然气比肯定会高于此值，一方面是因为转化炉有一定的热损失，另一方面主要是由于非催化转化一般在 1200～1400℃高温下进行，这两方面都需要通过甲烷燃烧反应提供热量。

图 9-20 给出了每立方米天然气产生的有效气（$CO+H_2$）量（有效气产量）随氧气与天然气体积比的变化情况。

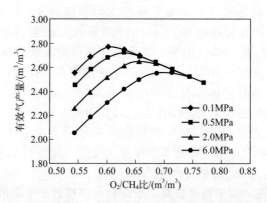

图 9-20　不同转化压力下有效气产率随氧气天然气比的变化

从图 9-20 可见，压力降低，每立方米天然气有效气（$CO+H_2$）产率增加。在不同的压力下，随氧气与天然气体积比的变化，每立方米天然气有效气（$CO+H_2$）产率出现最大值，随压力的不同，最佳氧气与天然气体积比在 0.60～0.70 之间。

（3）氧气与天然气体积比对转化结果的影响　图 9-21 给出了转化炉出口温度随氧气与天然气体积比的变化。由图可见，随着氧气与天然气体积比的增加，转化炉出口温度增加。值得注意的是，在约 1200℃ 以下时，同样的氧气与焦炉气比，低压时转化炉出口温度高于高压时的出口温度，在约 1200℃ 以上时，趋势恰好相反。这是因为，在 1200℃ 以下时，低压下 CH_4 转化率高，其出口温度自然比较低。而在 1200℃ 以上时，CH_4 已近乎完全转化，这时高压下气体的焓值比低压时高，因此高压时转化炉的出口温度自然比低压时的出口温度要低。

图 9-22 为 CH_4 转化率随 O_2/CH_4 体积比的变化。从图中可见，氧气与天然气体积比增加，CH_4 转化率起初提高较快，几乎呈现线形关系，但当氧气与天然气体积比增加一定值时，CH_4 转化率几乎不再变化，基本接近 100%。

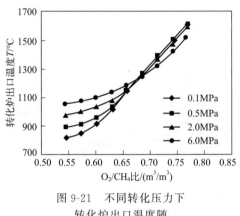

图 9-21　不同转化压力下
转化炉出口温度随
O_2/CH_4 比的变化

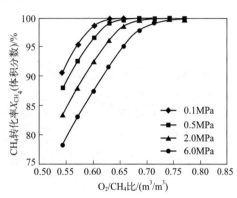

图 9-22　不同转化压力下
甲烷转化率随 O_2/CH_4
体积比的变化

从图 9-23 可见，转化炉出口 H_2 量随 O_2/CH_4 比的增加出现最大值，CO_2 量出现最小值，相应的 O_2/CH_4 比在 $0.66 \sim 0.70 m^3/m^3$ 之间，CO 量随 O_2/CH_4 比的增加而升高，CH_4 量随 O_2/CH_4 比的增加而降低。

文献[38]的研究结果表明，蒸汽增加，CO_2 量升高，有效气成分降低，但对有效气产量基本无影响，这是因为蒸汽量增加，不利于可逆反应(9-2)的进行。这一点应在操作时注意，如果在有效气成分高的同时，H_2 含量高，甲烷量低，则有效气产率必然高；可逆反应(9-2)导致的有效气成分升高，是一种表面现象，由于 CO 升高，反而加重变换系统的负担。

文献[38]还指出，在 O_2/CH_4 比大于 $0.66 m^3/m^3$ 后，蒸汽量对气化炉出口 CH_4 量基本无影响，这是因为在同样的 O_2/CH_4 比情况下，增加蒸汽有利于天然气转化反应进行，但蒸汽量增加，温度降低，又反过来影响天然气转化速率，在 O_2/CH_4 比大于 $0.66 m^3/m^3$ 后，气化温度大于 1200℃，温度的影响逐渐增加，蒸汽对反应速率的影响降低。

9.3.3.6　工艺条件的选择

（1）O_2/CH_4 比　前已述及，O_2/CH_4 比越高，气化温度则越高，天然气转化越充分，出口 CH_4 含量降低，同时生成的 CO_2 就增多。CH_4 含量降低，有利于有效气成分的提高，而 CO_2 增多则不利于有效气成分的提高。反之，如果 O_2/CH_4 比较低，则气化温度就低，CO_2 含量降低，有效气成分会升高，但 CH_4 随之增加。如果 CO_2 的降低不足以弥补 CH_4

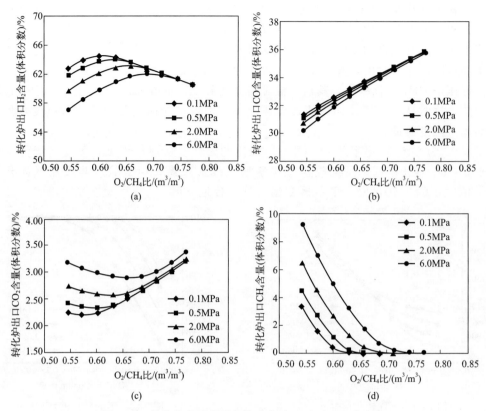

图 9-23　转化炉出口主要气体成分随 O_2/CH_4 比的变化

增加而消耗的有效 C 和 H，则有效气产率和有效成分摩尔比也不会高。

因此，O_2/CH_4 比的选择应有一个最佳值，对炉子容积大、平均停留时间长的气化炉，相应可在较低的温度下操作（气化炉出口温度约为 1100℃），随操作压力和天然气组成不同，O_2/CH_4 比在 0.60～0.68 m^3/m^3。对炉子容积小、平均停留时间短的气化炉，必须在较高的温度下操作（气化炉出口温度约为 1350℃），随操作压力和天然气组成不同，O_2/CH_4 比在 0.68～0.70 m^3/m^3。

（2）H_2O/CH_4 比　由于 O_2/CH_4 比到一定值（亦即气化温度到一定水平后），蒸汽的加入对有效气产量和气化炉出口 CH_4 含量无影响。同时为了维持一定的气化温度，加入蒸汽与不加入蒸汽相比，氧耗量将上升。对于空分设计能力裕度不大的厂，为充分挖掘生产潜力，应尽量少用或不用蒸汽，烧嘴保护可采用高压 N_2。

9.3.4　气流床中煤与天然气的共气化

气流床煤气化过程一般用纯氧作为气化剂，共气化过程中，由于天然气的存在，且其燃烧速率极快，可以认为在气流床内首先发生的是天然气的燃烧反应，然后才是快速热解产生的挥发分的燃烧反应，最后才有可能是焦炭的燃烧。这是气流床内天然气与煤共气化与煤单独气化的不同之处。但总体而言，无论是煤的单独气化，还是其与天然气的共气化，其基本过程应该是大同小异的。

9.3.4.1　水煤浆与天然气的共气化

王辅臣[41]应用混合模型计算了不同天然气煤比例下，神府煤水煤浆与天然气共气化时的气体成分与主要工艺指标，列于表9-8。由于缺少必要的工业数据作为验证，这些数据仅供有关研究人员和工程设计人员参考。

表9-8　水煤浆与天然气共气化时的气体成分与主要工艺指标

项目	指标		
煤浆浓度(质量分数)/%	62.0		
气化压力/MPa	4.0		
气化炉出口温度/℃	1350.0		
氧气纯度(体积分数)/%	99.60		
原料混合比/(kg 干煤/m³ 天然气)	1.200	1.858	2.400
气化炉出口气体组成(干基,体积分数)/%			
H_2	48.71	45.92	44.44
CO	39.84	41.34	42.08
CO_2	9.92	11.37	12.20
H_2S	0.08	0.09	0.10
COS	0.002	0.003	0.003
CH_4	0.05	0.03	0.03
N_2	0.77	0.67	0.62
Ar	0.11	0.12	0.18
NH_3	0.52	0.45	0.41
HCN	0.01	0.01	0.01
出口气体中 H_2O 含量(体积分数)/%	18.82	20.27	21.05
出口气体中 H_2/CO 比	1.223	1.111	1.056
合成气产量/(m³/kg 混合原料)	2.324	2.173	2.096
比氧耗/[m³O_2/1000m³(CO+H_2)]	344.6	358.7	366.6

从表9-8可见，混合原料中天然气比例增加，合成气中 H_2/CO 比例随之增加，每千克混合原料合成气产量增加，比氧耗降低。在图9-1的天然气煤理论配比下，实际的 H_2/CO 比例为1.111，低于理论的1.20，其原因在于，图9-1中没有考虑实际的共气化过程中合成气的显热。

9.3.4.2　干煤粉与天然气的共气化

为了与水煤浆比较，表9-9给出了用混合模型计算的不同天然气煤比例下，神府干粉煤与天然气共气化时的气体成分与主要工艺指标。

表9-9　干粉煤与天然气共气化时的气体成分与主要工艺指标

项目	指标
气化压力/MPa	4.0
气化炉出口温度/℃	1350.0

项目	指标		
氧气纯度（体积分数）/%	99.60		
煤与输送氮气比/(kg/m³)	约 15.45		
原料混合比/(kg 干煤/m³ 天然气)	1.200	1.858	2.400
气化炉出口气体组成（干基，体积分数）/%			
H_2	50.93	48.75	46.89
CO	39.53	41.66	42.85
CO_2	6.96	7.31	7.52
H_2S	0.07	0.08	0.09
COS	0.002	0.003	0.003
CH_4	0.06	0.06	0.05
N_2	2.30	2.40	2.46
Ar	0.07	0.07	0.07
NH_3	0.06	0.05	0.05
HCN	0.02	0.02	0.02
出口气体中 H_2O 含量（体积分数）/%	15.47	14.71	14.41
出口气体中 H_2/CO 比	1.288	1.170	1.094
合成气产量/(m³/kg 混合原料)	2.514	2.385	2.317
比氧耗/[m³O_2/1000m³(CO+H_2)]	264.8	265.3	266.1

9.4 煤与焦炉气的共气化

9.4.1 焦炉气的转化方法

焦炉气含有 25% 左右的 CH_4，富含 H_2，将其转化为合成气是焦炉气利用的一条有效途径。焦炉气的组成类似于天然气蒸汽转化工艺中一段炉出口的气体组成（表9-6），因此可以采用天然气蒸汽转化工艺中二段炉的催化部分氧化工艺对其进行转化，前提条件是必须脱除焦炉气中含有的大量硫。由于焦炉气中的硫主要以有机硫的形式存在，脱硫工艺非常复杂，还会造成二次污染，因此，尽管从工艺角度而言，焦炉气催化部分氧化工艺是成熟的，但从环境的友好性、流程的简洁性而言，有明显的缺陷。王辅臣及其合作者对焦炉气转化的非催化部分氧化工艺进行了详尽的分析[14]。

9.4.1.1 反应过程分析

由于焦炉气与天然气组成不同，焦炉气在部分氧化时，除了进行反应(9-1)、反应(9-2)、反应(9-5)、反应(9-11)、反应(9-12)外，还将发生下列反应

$$H_2 + 0.5O_2 \Longrightarrow H_2O \tag{9-8}$$

$$CO + 0.5O_2 \Longrightarrow CO_2 \tag{9-9}$$

在焦炉气催化部分氧化过程中，转化温度基本维持在 1000℃ 左右，为了提高 CH_4 的平衡转化率，并防止催化剂上发生析炭反应，导致催化剂失活，需要加入大量的蒸汽，为了防

止转化炉上部燃烧区高温烧结催化剂，催化部分氧化转化炉必须要有足够的燃烧空间。

反应(9-1)、反应(9-2)、反应(9-11)、反应(9-12)均为吸热反应，提高反应温度将显著提高平衡转化率。这就是说，提高温度（例如操作温度维持在1200～1300℃左右），在热力学上对焦炉气中甲烷的转化反应是有利的。当然温度再高，如果混合不良，将导致有利于甲烷裂解生成碳的反应(9-13)的进行，还会给设备、材质带来更高的要求。

$$CH_4 \rightleftharpoons C + 2H_2 \qquad (9-13)$$

9.4.1.2　催化部分氧化工艺

（1）工艺流程　图9-24为焦炉气催化部分氧化制合成气工艺流程简图。压缩的焦炉气经预热后进入脱硫塔，脱硫后与部分蒸汽混合进入催化部分氧化转化炉烧嘴，氧气经蒸汽预热后与部分蒸汽混合进入转化炉烧嘴，氧气和焦炉气在转化炉上部进行部分燃烧反应，然后进入转化炉下部的固定层与镍催化剂进行反应，反应后的气体经热量回收后去后续工段。

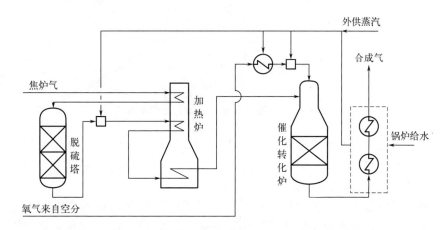

图9-24　焦炉气催化部分氧化转化工艺流程简图

（2）技术关键

① 烧嘴。烧嘴在催化部分氧化工艺中同样扮演着举足轻重的角色，既要促进焦炉气与氧气混合，又要与炉体匹配形成适宜流场，进而形成适宜的温度分布，达到保护烧嘴、上部耐火砖和下部催化剂的多重目的。

烧嘴的设计必须在对流体力学、混合和燃烧过程充分理解的基础上展开，这样才能既达到良好的操作效果，又能延长烧嘴寿命[28]。

② 转化炉上部燃烧与转化空间。在催化转化炉上部燃烧空间内，焦炉气与氧气进行燃烧反应，其火焰属于典型的湍流扩散火焰，燃烧反应速率极快，由于完全燃烧反应的进行，氧气耗尽后，还有部分甲烷未完全转化，它们与水蒸气和二氧化碳进一步进行转化反应，为了保护下部催化床层内的镍催化剂，上部温度不宜太高，一般控制在1100～1400℃之间。

③ 催化剂。催化部分氧化工艺一般采用镍基催化剂，用氧化镁/氧化铝作为载体，该催化剂具有良好的稳定性和活性，为了延长催化剂寿命，转化气出口温度一般在1000℃以内。但由于受到热力学平衡的限制，在低于1000℃时，甲烷的平衡含量比较高，为了使出口气中甲烷含量尽可能低（比如0.3%左右），二段转化炉内需要加入大量的水蒸气。这是催化部分氧化与非催化部分氧化不同的地方之一。

9.4.1.3 非催化部分氧化工艺

（1）工艺流程　焦炉气非催化部分氧化工艺流程简图如图 9-25 所示。焦炉气经预热后进入脱硫塔，脱硫后经压缩与部分蒸汽混合后进入催化部分蒸汽转化炉烧嘴，氧气经蒸汽预热后与部分蒸汽混合进入转化炉烧嘴，氧气和焦炉气在转化炉上部进行部分燃烧反应，然后进入转化炉下部的固定层与镍催化剂进行反应，反应后的气体经热量回收后去后续工段。

其技术关键是烧嘴以及烧嘴与气化炉匹配形成的流场。

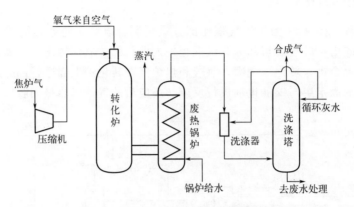

图 9-25　非催化部分氧化工艺流程简图

（2）烧嘴　与天然气非催化转化一样，对焦炉气非催化转化过程，烧嘴的功能有二，一是促进焦炉气与氧气混合，二是与炉体匹配形成适宜流场，进而形成适宜的温度分布，达到保护烧嘴和炉顶耐火砖的双重目的。

非催化转化炉应有适宜的长径比，一般不小于 3∶1，以保证适当的停留时间，使焦炉气转化有足够的时间，其主要矛盾是延长烧嘴寿命，应尽量简化烧嘴结构，即使烧嘴混合性能有所降低，气化炉较长的停留时间也足以弥补，同样能达到工艺要求。

（3）烧嘴与炉体的匹配　非催化部分氧化转化炉内的温度分布与烧嘴和炉体匹配形成的流场有关。与固体或液体原料相比，焦炉气更容易燃烧，气化炉上部特别是炉顶部的燃烧强度增加，热强度增大，对炉壁的辐射传热增加，可能会造成炉顶温度的升高。工业实践也证明了这一点。由于焦炉气非催化部分氧化时转化炉上部燃烧强度增加，为了满足炉顶温度在正常范围的要求，可加厚炉顶耐火砖的厚度，以降低拱顶表面温度。

烧嘴结构采用多通道形式，冷却方式采用盘管式冷却，从工业实践看，盘管式冷却有利于提高烧嘴寿命，但每台烧嘴造价要比夹套式高。

9.4.1.4 非催化转化炉流动特征及温度

与天然气非催化部分氧化过程相似，焦炉气非催化转化炉内也存在三个流动特征各异的区域，即射流区、回流区和管流区。与此相适应，也存在化学反应特征各异的三个区，即一次反应区、二次反应区和一、二次反应共存区（图 9-18）。

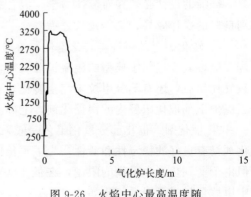

图 9-26　火焰中心最高温度随气化炉长度的变化

图 9-26 为应用 Fluent 软件模拟的火焰中心最高温度随气化炉长度的变化。从图中可见，燃烧（高温）区在烧嘴以下 2.5m 左右。

9.4.1.5 焦炉气转化过程的工艺计算

以表 9-1 的焦炉气为原料，考虑到等压合成甲醇，以及与催化部分氧化法的比较，采用混合模型计算了转化压力分别为 6.0MPa 和 3.0MPa、转化炉出口温度 1200℃ 时，转化炉出口的气体组成，结果见表 9-10。

从表 9-10 中可见，焦炉气中的有机硫（噻吩、硫醇等）全部转变为 H_2S 和 COS，可以用常规的低温甲醇洗、NHD 等工艺脱除。使合成气中 S 含量满足后续化工合成的需要。

表 9-10 转化炉出口温度 1200℃ 时合成气组成

压力 /MPa	合成气组成（干基，体积分数）/%									
	H_2	CO	CO_2	H_2S	COS	CH_4	N_2	Ar	NH_3	HCN
6.00	67.65	25.5	2.9	0.01	1×10^{-6}	0.68	2.87	0.06	0.14	0.06
3.00	68.25	25.6	2.76	0.01	1×10^{-6}	0.23	2.81	0.06	0.13	0.06

从表 9-10 中还可见，转化炉出口合成气中 $\dfrac{H_2-CO_2}{CO+CO_2}$ 的比例分别为 2.27 和 2.30，接近合成甲醇要求的最佳 $\dfrac{H_2-CO_2}{CO+CO_2}=2.05^{[8]}$ 的要求，不需要经过变换反应，可大大简化以焦炉气为原料生产甲醇的工艺流程。

9.4.1.6 工艺条件的选择与讨论

（1）析炭反应 已有研究表明，含碳多的烃类愈益发生裂解反应，碳数相同时，不饱和烃比饱和烃易发生裂解析炭反应[43]。烃类中以 CH_4 最为稳定，如 CH_4 发生析炭反应，则其他烃类发生析炭反应的可能性更大。

1200℃、压力分别 6.0MPa 和 3.0MPa 时反应(9-13)的平衡常数和分压商见表 9-11。

表 9-11 1200℃ 时反应(9-13)平衡常数和分压商

压力/MPa	Kp_8	Jp_8
6.0	62.19	4038
3.0	62.19	4050

从表 9-11 可见，$Jp_8 \gg Kp_8$，因此当转化温度在 1200℃ 左右时，不会发生 CH_4 裂解析炭的反应。对于 C_{2+} 以上的烃类，即使发生析炭反应，由于焦炉气中 C_{2+} 以上组分较少，炉内总的炭生产量也是微乎其微的。这一点已被天然气非催化部分氧化工业实践所证实[11]。

（2）温度对甲烷转化率的影响 由于焦炉气转化过程中二次反应是吸热反应，因此 CH_4 的转化率与温度密切相关，图 9-27 给出了不同压力下 CH_4 转化率随温度的变化情况。

从图 9-27 可见，相同压力下，温度增加，CH_4 转化率增加，但当温度大于一定值后，甲烷转化率将不再有显著变化。

从图 9-27 还可见，同样温度下，转化压力减小，CH_4 转化率增加，即低压有利于焦炉

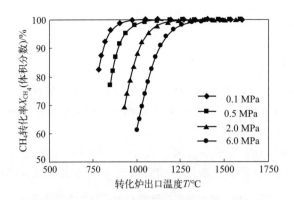

图 9-27　不同压力下转化温度对甲烷转化率的影响

气中 CH_4 的转化，这是因为反应(9-1)、反应(9-2)、反应(9-11)、反应(9-12) 均为体积增加的反应，低压有利于上述反应的进行。

（3）最佳氧气与焦炉气体积比　由于转化率与温度密切相关，氧气与焦炉气体积（摩尔）比的大小，决定了实际的转化温度，而从理论而言，由反应(9-3)的化学计量关系即可确定理论最佳氧气与焦炉气体积比，用下式表示

$$R_{O_2,gas} = 0.5 y_{CH_4,i}$$

式中，$R_{O_2,gas}$ 为理论氧气与焦炉气的体积比；$y_{CH_4,i}$ 为焦炉气中 CH_4 的含量。

对于表 9-1 所列的典型焦炉气组成，理论氧气与焦炉气比为 0.13。实际的氧气与焦炉气比肯定会高于此值，一方面是因为转化炉有一定的热损失，另一方面主要是焦炉气中惰性组分在焦炉气转化过程中从常温升高到转化温度要吸收热量，这两方面都需要通过燃烧反应提供热量。

图 9-28 给出了每立方米焦炉气产生的有效气（$CO+H_2$）量（有效气产率）随氧气与焦炉气体积比的变化情况。

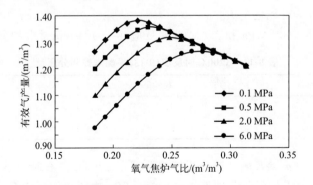

图 9-28　不同转化压力下有效气产率随氧气焦炉气比的变化

从图 9-28 可见，压力降低，每立方米焦炉气有效气（$CO+H_2$）产率增加。在不同的压力下，随氧气与焦炉气体积比的变化，每立方米焦炉气有效气（$CO+H_2$）产率出现最大值，随压力的不同，最佳氧气与焦炉气体积比在 0.22～0.27 之间。

（4）氧气与焦炉气体积比对转化结果的影响　图 9-29 给出了转化炉出口温度随氧气与焦炉气体积比的变化，从图 9-29 可见，随着氧气与焦炉气体积比的增加，转化炉出口温度

增加。值得注意的是，在约1200℃以下时，同样的氧气与焦炉气比，低压时转化炉出口温度高于高压时的出口温度，在约1200℃以上时，趋势恰好相反。这是因为，在1200℃以下时，低压下CH_4转化率高，其出口温度自然比较低。而在1200℃以上时，CH_4已近乎完全转化，这时高压下气体的焓值比低压时高，因此高压时转化炉的出口温度自然比低压时的出口温度要低。

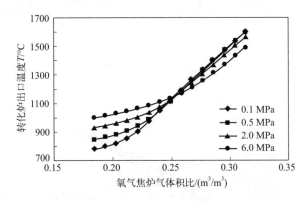

图9-29　不同转化压力下转化炉出口温度随氧气焦炉气比的变化

图9-30为CH_4转化率随氧气与天然气体积比的变化。从图中可见，氧气与焦炉气体积比增加，CH_4转化率起初提高较快，几乎呈线形关系，但当氧气与焦炉气体积比增加一定值时，CH_4转化率几乎不再变化，基本接近100%。

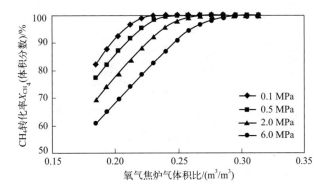

图9-30　不同转化压力下甲烷转化率随氧气焦炉气体积比的变化

从图9-31可见，转化炉出口H_2量随氧气焦炉气比的增加出现最大值，CO_2量出现最小值，相应的氧焦炉气比在$0.22\sim0.27m^3/m^3$之间，CO量随氧气焦炉气比的增加而升高，CH_4量随氧气焦炉气比的增加而降低。

9.4.1.7　焦炉气非催化转化技术工程应用

华东理工大学开发的焦炉气非催化转化制合成气成套技术已经应用于国内4家企业，在建和运行转化炉8台。首套装置建设于宁夏宝丰能源股份有限公司，设计单炉处理能力75000m³/h焦炉气，配套30万吨/年甲醇装置。该装置于2014年6月一次投料成功，实现了安全稳定长周期高效运行。2019年3月29日通过中国石油和化学工业联合会组织的运行考核，考核期间的入炉焦炉气组成及主要工艺指标分别列于表9-12和表9-13[44]。

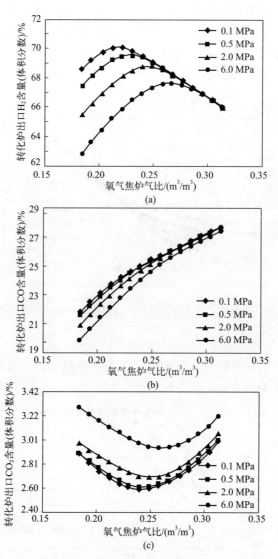

图 9-31 转化炉出口主要气体成分随氧气焦炉气比的变化

表 9-12 宁夏宝丰装置考核期间焦炉煤气组成 单位:%(体积分数)

H₂	CO	CO₂	CH₄	C₂H₆	C₂H₄	N₂	O₂	总硫 /(mg/m³)
56.44	10.86	4.40	20.59	0.56	1.97	4.83	0.35	372

表 9-13 宁夏宝丰装置考核期间气体成分与主要工艺指标

操作条件	指标
转化压力/MPa(G)	3.5
转化炉出口温度/℃	1300
转化炉出口气体组成(体积分数)/%	
H₂	64.06
CO	29.08
CO₂	2.80

操作条件	指标
CH_4	0.22
N_2	3.83
O_2	0.01
主要工艺指标	
有效气(H_2+CO)成分(体积分数)/%	93.14
焦炉气耗量/[$m^3/1000m^3(CO+H_2)$]	784
氧气耗量/[$m^3/1000m^3(CO+H_2)$]	174
烃类转化率/%	98.8
废锅蒸汽产量/(t/1000m^3 焦炉气)	1.11

9.4.2　非催化与催化部分氧化工艺比较

应用混合模型，采用表 9-1 的原料气组成，计算了转化压力为 3.0MPa、出口甲烷含量 0.30%左右时，催化部分氧化（假定完全达到平衡）和非催化部分氧化的反应结果，见表 9-14，同时给出了相应的工艺条件作为比较。

表 9-14　非催化和催化部分氧化工艺的比较

工艺		非催化部分氧化	催化部分氧化
焦炉气	温度/℃	120.0	120.0
	压力/MPa	3.5	3.5
氧气	温度/℃	250.0	250.0
	压力/MPa	3.5	3.5
	氧气焦炉气比/(m^3/m^3)	0.262	0.267
蒸汽	温度/℃	380.0	380.0
	压力/MPa	3.8	3.8
	蒸汽焦炉气比/(kg/m^3)	0	0.56
转化炉出口气体温度/℃		1200	1023
气体组成(干基,体积分数)/%			
H_2		68.25	69.99
CO		25.68	18.24
CO_2		2.76	8.67
H_2S		0.01	0.01
COS		0.0001	0.0001
CH_4		0.23	0.31
N_2		2.81	2.72
Ar		0.06	0.06
NH_3		0.13	
HCN		0.06	
H_2/CO 比		2.66	3.84
有效气产率/(m^3/m^3)		1.30	1.28
比氧耗/(m^3/m^3)		202.3	208.3

从表 9-14 不难看出，当出口合成气中甲烷量大体相当时，焦炉气催化部分氧化法制合成气的氧耗量略高于非催化部分氧化工艺，这与人们的常识似乎相违背。因为，一般认为非催化部分氧化工艺转化温度高，氧耗量高是必然的。其实不然，由于受到热力学平衡限制，催化部分氧化要达到非催化部分氧化同样的甲烷转化率，必须在焦炉气中加大量的水蒸气，这部分水蒸气参加甲烷转化反应的只是少量，大量蒸汽并未参加反应，从进口温度升高到 1000℃ 左右需要吸收大量的热量，其结果是氧耗量增加。

从以上的比较不难看出，催化部分氧化不仅没有氧耗低的优势，反而需要大量的外加蒸汽，其总体能耗并不比非催化部分氧化法低，而且脱硫工艺复杂。

9.4.3　气流床中焦炉气与煤的共气化

与天然气和煤共气化相似，可以认为在气流床内首先发生的是焦炉气的燃烧反应，然后才是快速热解产生的挥发分的燃烧反应，最后才有可能是焦炭的燃烧。这是气流床内焦炉气与煤共气化与煤单独气化的不同之处。但总体而言，无论是煤的单独气化，还是其与焦炉气的共气化，其基本过程应该是大同小异的。

9.4.3.1　水煤浆与焦炉气的共气化

王辅臣[41]应用混合模型计算了不同焦炉气煤比例下，神府煤水煤浆与焦炉气共气化时的气体成分与主要工艺指标，列于表 9-15。由于缺少必要的工业数据作为验证，这些数据仅供有关研究人员和工程设计人员参考。

表 9-15　水煤浆与焦炉气共气化时的气体成分与主要工艺指标

项目	指标		
煤浆浓度(质量分数)/%	62.0		
气化压力/MPa	4.0		
气化炉出口温度/℃	1350.0		
氧气纯度(体积分数)/%	99.60		
原料混合比/(kg 干煤/m³ 焦炉气)	0.300	0.493	0.700
气化炉出口气体组成(干基,体积分数)/%			
H_2	56.89	53.00	49.05
CO	32.34	35.19	37.36
CO_2	7.65	9.10	11.15
H_2S	0.05	0.07	0.09
COS	0.001	0.002	0.002
CH_4	0.06	0.04	0.03
N_2	1.74	1.48	6.32
Ar	0.09	0.10	0.11
NH_3	1.16	0.99	0.89
HCN	0.01	0.01	0.01
出口气体中 H_2O 含量(体积分数)/%	19.99	21.21	23.70
出口气体中 H_2/CO 比	1.759	1.506	1.313
合成气产量/(m³/kg 混合原料)	2.274	2.158	2.011
比氧耗/[m³O_2/1000m³(CO+H_2)]	284.5	307.0	351.5

比较表 9-13 和表 9-8 数据可见,焦炉气与煤共气化比天然气与煤共气化 H_2/CO 比例更高,更有利于调整合成气的 H_2/CO 比例。

9.4.3.2 干粉煤与焦炉气的共气化

为了与水煤浆比较,表 9-16 给出了用混合模型计算的不同焦炉气煤比例下,神府干粉煤与焦炉气共气化时的气体成分与主要工艺指标。

表 9-16 干粉煤与焦炉气共气化时的气体成分与主要工艺指标

项目	指标		
气化压力/MPa	4.0		
气化炉出口温度/℃	1350.0		
氧气纯度(体积分数)/%	99.60		
煤与输送氮气比/(kg/m³)	约 17.53		
原料混合比/(kg 干煤/m³ 焦炉气)	0.300	0.493	0.700
气化炉出口气体组成(干基,体积分数)/%			
H_2	58.73	55.16	52.55
CO	31.34	34.51	36.86
CO_2	6.70	7.16	7.46
H_2S	0.05	0.07	0.08
COS	0.001	0.002	0.002
CH_4	0.04	0.04	0.04
N_2	2.93	2.88	2.84
Ar	0.06	0.06	0.06
NH_3	0.11	0.10	0.09
HCN	0.04	0.04	0.003
出口气体中 H_2O 含量(体积分数)/%	21.78	20.05	18.75
出口气体中 H_2/CO 比	1.874	1.598	1.426
合成气产量/(m³/kg 混合原料)	2.387	2.307	2.251
比氧耗/[m³O_2/1000m³(CO+H_2)]	238.7	243.5	250.0

9.5 煤与气态烃共气化应用建议

本章专门讨论煤与气态烃(特别是富甲烷、含焦油、含尘、含有机硫的难处理气体,如焦炉气)的共气化是有其工程价值的,但是并不是所有的气态烃在所有的条件下都必须通过共气化以调整合成气的氢碳比。在工程实际中,如果气态烃的量比较大,可以单独采用蒸汽转化或非催化部分氧化技术加以利用,无需采用共气化技术。作为一种特殊情况下的技术方案,它的适用是有前提的,下列情况可以考虑共气化:

① 气态烃总量比较少,单独建蒸汽转化或非催化转化装置经济性差,此时如果有煤气化装置,就可以依托现有煤气化装置采用共气化的方式将气态烃加以转化利用。

② 少量的挥发性有机物,这些有机物可以通过煤气化装置采用共气化的方式加以处理,既清洁高效,又能实现资源化利用。

参考文献

[1] DuBois E. Synthesis gas by partial oxidation [J]. Industrial and Engineering Chemistry, 1956, 48 (7): 1118-1122.

[2] 于遵宏. 烃类蒸气转化工程 [J]. 北京: 烃加工出版社, 1989, 128-134.

[3] Zhu J, Zhang D, King K D. Reforming of CH_4 partial oxidation: Thermodynamic and kinetic analyses [J]. Fuel, 2001, 80: 899-905.

[4] Shih T H, Liou W W, Shabbir A, et al. A new k-ε eddy-viscosity model for high reynolds number turbulent flows-model development and validation [J]. Computers Fluids, 1995, 24 (3): 227-238.

[5] Rostrup-Noelson J R. Catalytic Steam Reforming. [M]//Anderson J R, Boudart M, Editord. Catalysis, Science and Technology. Berlin: Springer, 1983, 5: 1-110.

[6] Rostrup-Noelson J R. Production of synthesis [J]. Catal Today, 1993, 18: 305-324.

[7] Hickman D A, Schmidt L D. Synthesis gas formation by direct oxidation of methane over pt monoliths [J]. J Catal, 1992, 138: 267-282.

[8] Mleczko L, Wurzel T. Experimental studies of catalytic partial oxidation of methane to synthesis gas in a bubbling-bed reactor [J]. Chem Eng J, 1997, 66: 193-200.

[9] Fathi M, Heitnes H K, Sperle T, et al. Partial oxidation of methane to synthesis gas at very short contact times [J]. Catal. Today, 1998, 42: 205-209.

[10] Basini L, Aasberg-Petersen K, Guarinomi A, et al. Catalytic partial oxidation of natural gas at elevated pressure and low residence time [J]. Catal Today, 2001, 64: 9-20.

[11] 王辅臣, 李伟锋, 代正华, 等. 天然气非催化部分氧化法制合成气过程的研究 [J]. 石油化工, 2006, 35 (1): 47-51.

[12] Song X, Guo Z. A new process synthesis gas by co-gasifying and natural gas [J]. Fuel, 2005, 84: 525-531.

[13] 蒲亮, 孙善秀, 程向华, 等. 几种典型的煤层气液化流程计算及㶲分析比较 [J]. 化学工程, 2008, 36 (2): 54-58.

[14] 王辅臣, 代正华, 刘海峰, 等. 焦炉气非催化部分氧化与催化部分氧化制合成气工艺比较 [J]. 煤化工, 2006, 34 (2): 4-9.

[15] Mohammad Haghighi, et al. On the reaction mechanism of co reforming of methane over a bed of coal char [J]. Proceedings of the Combustion Institute, 2007, 31: 1983-1990.

[16] 宋学平, 郭占成. 移动床煤与天然气共气化制备合成气的工艺技术 [J]. 化工学报, 2005, 2 (56): 312-317.

[17] 李俊岭, 温浩, 李静海, 等. 以天然气和煤为原料的合成气制备方法及其制备炉: CN01134806. 2 [P]. 2003-05-21.

[18] 李俊岭, 赵月红, 温浩, 等. 天然气和煤联合制备廉价合成气新工艺及其热力学分析 [J]. 计算机与应用化学, 2002, 4 (19): 381-384.

[19] 宋学平, 郭占成. 固定床中天然气与煤联合气化制合成气反应过程的实验研究 [J]. 过程工程学报, 2005, 2 (5): 157-161.

[20] 宋学平, 郭占成. 固定床天然气与煤共气化火焰区温度影响因素的研究 [J]. 燃料化学学报, 2005, 1 (33): 53-57.

[21] 宋学平, 郭占成. 天然气与煤联合气化的热力学模拟研究 [J]. 计算机与应用化学, 2005, 1 (22): 38-42.

[22] 欧阳朝斌, 郭占成, 段东平, 等. 煤种对煤与天然气共气化过程的影响 [J]. 过程工程学报, 2006, 5 (6): 773-776.

[23] Zhao Y, Wen H, Xu Z. Conceptual design and simulation study of a co-gasification technology [J]. Energy Conversion and Management, 2006, 47: 1416-1428.

[24] Wu J, Fang Y, Wang Y. Combined coal gasification and methane reforming for production of syngas in a fluidized-bed reactor [J]. Energy & Fuels, 2005, 19: 512-516.

[25] 于广锁, 沈才大, 王辅臣, 于遵宏. LCA 系统模拟 [J]. 氮肥设计, 1996, 34 (5): 9-12.

[26] Christensen T S, Primdahl I I. Improve syngas production using autothermal reforming [J]. Hydrocarbon Process, 1994, 3: 39-46.

[27] Ib Dybkjær. Tubular reforming and autothermal reforming of natural gas -an overview of available process [J]. Fuel Process Technology, 1995, 42: 85-107.

[28] Christensen T S, Ib Dybkjær, Hansen L, Primdahl I I. Burner for secondary and atuothermal reforming design and industrial performance [C] //AIChE Ammonia Safety Meeting. Vancouver: UAS, 1994: 39.

[29] Soliman M A, Adris M A, Al-Ubaid A S, et al. Iintrinsic kinetics of nickel/calcium aluminate catalyst for methane

steam reforming [J]. J Chem Tech Biotechnol，1992，55：131-138.

[30] Luna A E C，Becerra A M. Kinetics of methane steam reforming on a ni on alumina-titania catalyst. react. kinet [J]. Catalyst Letter，1997，61（2）：369-374.

[31] Kaihu H，Ronald H. The kinetics of methane steam reforming over a Ni/α-Al$_2$O$_3$ catalyst [J]. Chemical Engineering Journal，2001，82：311-328.

[32] Burke B，Song Y L，Kramer S J. Technical and economic outlook for GTL projects [C]//2004 AIChE Spring National Meeting，Conference Proceedings，2004，1650-1658.

[33] Clarke S，Ghaemmaghami B. Engineering a gas-to-liquids project：Taking GTL forward [J]. Chemical Engineering World，2004，5：44-50.

[34] Zhu J，Zhang D，King K D. Reforming of CH$_4$ partial oxidation：thermodynamic and kinetic analyses [J]. Fuel，2001，80：899-905.

[35] Shih T H，Liou W W，Shabbir A，et al. A New k-ε Eddy-viscosity model for high reynolds number turbulent flows-model development and validation [J]. Computers Fluids，1995，24（3）：227-238.

[36] 王辅臣，龚欣，刘海峰，等. 带有内分布器的三喷口天然气部分氧化制合成气烧嘴：ZL 02151143. 8 [P]. 2005-02-16.

[37] 王辅臣，郭文元，龚欣，等. 多通道天然气部分氧化制合成气烧嘴：ZL 02151238. 8 [P]. 2006-09-20.

[38] 王辅臣，龚欣，王亦飞，等. 气流床天然气部分氧化制合成气工艺分析 [J]. 大氮肥，2003，26（1）：65-69.

[39] 王建忠. 天然气部分氧化制合成气的工业应用 [J]. 石油与天然气化工，2002，31（3）：114-115.

[40] 王建忠. 渣油气化炉改烧天然气工艺分析 [J]. 大氮肥，2002，25（2）：138-140.

[41] 王辅臣. 射流携带床气化过程研究 [D]. 上海：华东理工大学，1995.

[42] 王辅臣，吴韬，于建国，等. 射流携带床气化炉内宏观混合过程研究（Ⅲ）过程分析与模拟 [J]. 化工学报，1997，48（3）：337-346.

[43] Rostrup-Nielsen J R. Sulfur-passivated nickel catalysts for carbon-free steam reforming of methane [J]. Journal of Catalyst，1984，85：31-43.

[44] 中国石油和化学工业联合会. 焦炉气非催化部分氧化制合成气装置考核报告 [R]. 2019-3-29.

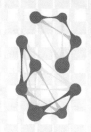

10
气化炉及气化系统模拟

　　气化炉的设计放大在 20 世纪 60 年代以前主要靠经验方法。随着对高速射流相伴的炉内湍流过程研究的不断深入，以及计算机技术的飞速发展，人们越来越不满足于经验的方法，而是试图从描述过程的各种微分方程出发，模拟真实气化过程中炉内速度、浓度与温度场的分布，以此为基础预测气化炉的总体特性，为工程设计放大提供依据。同时，气化系统的过程模拟广泛应用于气化装置开发、设计和优化等方面，加速了新技术的开发和应用。

　　本章着重讨论气化炉和气化系统的模拟方法。

10.1　固定床(移动床)气化炉模拟

　　固定床气化又称移动床气化，分为常压与加压两种，从物料流动方向看属于逆流操作。常压固定床气化比较简单，但要求用块煤，低灰熔点、高黏结性的煤难以使用。加压法是常压法的改进和提高，常用氧气与水蒸气为气化剂，对煤种适应性大大提高。固定床气化炉有 UGI 炉（常压）、鲁奇（Lurgi）炉（加压）和液态排渣鲁奇（BGL）炉（加压）等。

　　固定床中 Lurgi 加压气化炉应用较广，因此以 Lurgi 炉为重点介绍固定床模拟计算。气化炉结构参见本书第 1 章，床层由上而下可分为干燥区、干馏区、气化区（还原区）、燃烧区（氧化区）和灰渣区五部分[1]。在实际反应过程中，除了燃烧区和气化区之间是以氧气浓度为零来划分外，其余各区并无明确的边界定义，各区之间可以重叠覆盖。在固定床数学模拟过程中，为了简化问题、方便求解，可以人为假定一些边界条件，比如将燃烧反应开始（约 650K）直到氧气耗尽之间的区定为燃烧区，之后是气化区，当温度低到气化反应可以忽略不计时，气化区结束。

10.1.1　固定床气化炉内流动及反应过程描述[2]

10.1.1.1　传热与传质过程

　　固定床气化炉内部的传热、传质过程十分复杂。就传热而言，有气固相间、气固相与炉壁间、固相不同层之间的各种传热过程。就传质来讲，不仅有气相和固相各自的主体运动，还有气固相间、固相颗粒内部向颗粒外部的传质过程。从机理上讲，传热过程有传导、对流和辐射等方式，传质过程有扩散传质和对流传质。传热过程包括以下各个步骤[3]：①颗粒内传导；②相接触的颗粒间传导；③颗粒间辐射；④颗粒流体间的对流；⑤颗粒向流体的辐射；⑥流体内传导；⑦流体内辐射；⑧流体混合；⑨颗粒炉壁间传导；⑩颗粒炉壁间辐射；⑪流体炉壁间对流；⑫流体炉壁间辐射。

相对来讲，传质过程就要简单得多，其原因有以下三点：①颗粒内扩散经常可以忽略；②没有向炉壁的传质；③没有与辐射传热相对应的传质方式。

气体和固体的许多物理性质（如热容、黏度、传质系数等）都是温度和压力的函数。当温度变化范围较小时，可以采用平均值方式来简化传热与传质的数学模型；但在固定床气化炉中，沿床层轴向温度梯度很大，因而必须确定各种性质与温度之间的函数关系。

在简单的一维均相模型中，床层向炉壁的传热可以用总传热系数来表示。总传热系数可以有不同的计算方法，除了选取经验值[15～35W/(m²·K)]外，还可以由计算公式得到，比如用 Li 和 Finlayson[4] 给出的公式或者由 Hobbs 等[5] 给出的计算公式。由于煤颗粒在粒度和形状上的多变性，再加上固定床床层不同高度空隙率不同，总传热系数很难精确求得，现有公式计算的理论值和实验值之间的偏差达到 20% 以内时便可以认为能够满足工程设计的需要。

10.1.1.2　气相化学反应

在气化炉底部的灰分区，灰分和进入气化炉的气化剂（蒸汽和氧气等）进行热量交换。随着温度的升高，气化剂中的氧气同固体中的碳发生多相氧化反应，生成 CO_2 和 CO，气化剂中的 H_2O 也有可能同固体碳发生多相气化反应，生成 H_2 和 CO。同时，由于气相中有 O_2 的存在，可能会发生如下的均相反应

$$2CO + O_2 \rightleftharpoons 2CO_2 \tag{10-1}$$
$$2H_2 + O_2 \rightleftharpoons 2H_2O \tag{10-2}$$

这样，反应的总效果就是在气相的氧未耗尽之前，不但不会产生 H_2O 的消耗，而且因为均相反应(10-1)的存在，气相中的 CO_2 浓度是逐渐增加的。总之，在固定床内的燃烧区中，尽管会发生 H_2O、CO_2 与碳的多相气化反应，但气化反应的产物 H_2 和 CO 按照均相反应式(10-1)和式(10-2)被氧化成 H_2O 和 CO_2。在气化炉中的气化区，存在着大量的均相气相反应。除了水煤气变换反应外，还有如下的均相甲烷化反应[6]

$$CO + 3H_2 \rightleftharpoons CH_4 + H_2O \tag{10-3}$$
$$CO_2 + 4H_2 \rightleftharpoons CH_4 + 2H_2O \tag{10-4}$$
$$2CO + 2H_2 \rightleftharpoons CH_4 + CO_2 \tag{10-5}$$

这些反应均是体积减小的放热反应，提高压力、降低温度有助于甲烷的生成。与此相反，CO_2 和 H_2O 的多相还原气化反应如下

$$C + 2CO_2 \rightleftharpoons 2CO \tag{10-6}$$
$$C + H_2O \rightleftharpoons CO + H_2 \tag{10-7}$$

均是体积增加的吸热反应，降低压力、提高温度有利于碳的气化。显然，压力恒定时，温度越高，CO 的平衡浓度越高；温度一定时，压力越高，CO 平衡浓度越低。这样可部分说明加压气化工艺生产的煤气中的 CO_2 的含量要高于常压气化，CO 的浓度却要低于常压气化。

实际上，由于气相和固相的逆流性质、气相的快速流动及固定床内沿床层温度的不断变

化，气化炉中生成的各种气体很难达到完全平衡。在干燥区和脱挥发分的热解区，由于温度的进一步降低，煤气组成更加偏离平衡区。

10.1.1.3　气相和固相流动

在固定床中，由于气相和固相的逆流特性，煤颗粒在向下运动时要遇到向上流动气流的阻力。影响煤颗粒运动的因素有很多，比如剪切强度、可渗透性、耐磨性以及在干燥和热解过程中体积、重量、密度和粒度的变化。因此，要准确地给出煤颗粒运动的数学描述是十分困难的。在现有的固定床气化炉数学模型中，多数数学模型假定固定床层为固定相或活塞流。1985 年 Kang 和 Thorsness 初次建立了一个比较符合实际状况的固体流模型[7]，其基本假定是：总体床层密度恒定，固体运动方向垂直向下。固体物料的衡算方程为：床层某一高度处的固体移动速率＝床层底部的移动速率＋由床层底部至此高度区间内固体的消耗速率，由于固体的消耗速率是床层高度的函数，因而衡算公式中右边第二项是比较复杂的积分项。实际上，在适当假定的条件下，床层某一高度处的颗粒移动速率还可以有更简洁的数学表述。

对于气相流动的数学描述，为了简化起见，一般假定床层流型为活塞流。实际上，气相流动还受到床层空隙率的影响，同时由于温度、组成和总量的不断变化，对气相流动的详细数学描述要涉及诸多因素。气相流动中的通道效应也会影响活塞流这一近似假设的准确性。当然，从宏观角度来看，如果气化炉半径很大，靠近炉壁的温度边界层又很薄，那么在中央绝热反应区内，若某一断面上的温度是均一的，则气体反应的速率也可以认为是均一的。这样，除了较薄的边界层外，按活塞流处理气体的流动对固定床气化炉的温度与组成的模拟不致产生太大的影响。

10.1.1.4　干燥过程

煤颗粒进入固定床气化炉后，在向下降落的过程中同气相接触并进行换热，煤颗粒升温。粒度的大小决定了整个煤颗粒升温速率的快慢，粒度小的煤颗粒升温速率较快。由于干燥过程进行得很快，特别是当水含量较低时，几乎在瞬间就可完成，因此在数学描述固定床气化反应时，许多模型都假定一个很小的干燥层。

10.1.1.5　热解过程

煤的热解[8]通常是指煤在隔绝空气或惰性气氛中持续加热升温且无催化作用的条件下发生的一系列化学和物理变化，在这一过程中，化学键的断裂是最基本的行为，无论是煤气化过程，还是煤燃烧过程，煤都会经过热解阶段。影响煤热解的因素有煤化程度、煤颗粒径、传热、升温速率、最终温度、反应压力等[9]。

许多固定床模型都假定热解是瞬间过程，且挥发分产物组成对所有煤种都相同。在瞬间脱挥发分的假设下，挥发分的量一般取煤的工业分析数据。由于热解过程的研究极多，对热解研究进行总体模型进展评述的工作也很多，不同的研究者在评述热解过程时都有各自不同的侧重点，这里不一一赘述。

10.1.1.6　气化与燃烧过程

同热解过程相比，固定床中煤颗粒燃烧和气化的时间要更长一些。因此，热解半焦燃烧与气化过程对固定床反应器的操作具有十分重要的意义。

半焦的多相反应受到各种因素的影响，如煤结构的多样性，O_2、H_2O、CO_2、H_2 等各种反应剂的扩散，半焦的粒度，孔扩散，半焦中矿物质含量，反应表面的变化，煤颗粒的破碎，温度和压力的变化等，这些因素的存在使得对多相半焦反应的描述十分困难，所建立的数学模型一般只针对特定的煤种和实验条件。现有的一些综述中给出的煤燃烧与气化的数据都是对小颗粒过程的模拟[10,11]，针对固定床气化反应器中大颗粒（1~10mm）的研究较少，而目前一般都认为在大颗粒气化与燃烧反应机理中，粒度是最重要的参数[12]。

气化与燃烧过程中半焦表面和内部可能发生的反应见表 10-1[13]，气化剂必须通过灰分层到达颗粒的反应中心上，然后反应产物再离开颗粒。

表 10-1 气化、燃烧及水煤气变换反应

反　　　应	$\Delta H_{298}^{\ominus}/(kJ/mol)$	温度（$K_p>1$）
$C+CO_2 \Longrightarrow 2CO$	172	>950K
$C+H_2O \Longrightarrow CO+H_2$	131	>950K
$C+2H_2 \Longrightarrow CH_4$	−74.9	<820K
$C+0.5O_2 \Longrightarrow CO$	−111	<5000K
$C+O_2 \Longrightarrow CO_2$	−394	<5000K
$CO+H_2O \Longrightarrow CO_2+H_2$	−41.2	<1100K

固定床气化炉中，对半焦的燃烧与气化处理有两个最常用的模型，即缩芯（shell progressive，SP）模型和缩径（ash segregation，AS）模型。两者的区别在于对灰分的描述上。SP 模型认为在燃烧过程中灰分层保留在半焦颗粒的外层，反应气体必须穿过膜边界层和灰分层才能到达反应中心；AS 模型则认为灰分层会逐渐破碎并离开半焦颗粒，反应气体仅需穿过膜边界层便可到达反应中心，由于反应是在核的表面上进行的，故只与未反应核的外表面有关。

目前，处理半焦气化与燃烧动力学的孔扩散模型有两个，一是大孔模型，二是微孔模型。前者用经验扩散系数表示颗粒的扩散阻力，后者则用孔扩散模型描述内部扩散阻力，然后用单个孔道的扩散行为再加上孔分布的统计描述便可以反映整个颗粒的反应速率。若孔径和扩散系数均为常数，两个模型实际上是等价的。对于它们的有效性，前人也有过一些讨论[14,15]，不过，由于微孔模型比较复杂，目前还没有应用到固定床燃烧行为的模拟上，因此在对固定床气化反应器进行数学模拟时，重点都放在大孔收缩核模型上。

10.1.2　固定床气化炉的数学模型

概括来讲，对固定床气化炉的数学描述也是一个由简到繁、由浅入深不断发展的过程。从描述的范围看，起初仅考虑半焦甚至碳的气化反应，然后逐渐推广到包括气化反应、二次反应、热解、干燥在内的整个气化过程。其中在描述气化反应时由均一温度逐渐推广至沿床层有温度分布，再推广至气固间有传热过程，气固传热过程可由单一传热系数描述，也可由更精确的热量衡算方程来描述。从描述的精度来看，开始仅为定性讨论，然后逐渐发展到半定量的数学描述，以期对生产与研究有指导作用，最后则要达到在一定意义上的精确定量描述，以期对固定床气化炉的设计放大和生产操作提供科学依据。

比较现有的各种固定床煤气化反应器数学模型，可以看出各种模型在理论假设或简化处理上有一些共性，即：①单一颗粒尺寸；②气固相间无动量传输；③气固相轴径向流速均一；④整个床层轴径向空隙率均一；⑤固定床内传质与传热不受化学反应影响；⑥瞬间干燥；⑦瞬间或简化脱挥发分过程，由近似分析得到数据；⑧碳或焦的燃烧、气化使用小颗粒的动力学参数；⑨固定的产物（CO/CO_2）组成分布；⑩气相反应化学仅考虑水煤气变换平衡反应。

不过，随着模型的发展，在新的模型中有些简化假定已经被取消，比如二维模型考虑到了径向温度与浓度分布，热解动力学的引入不再假定热解过程为瞬间过程，床层空隙率的变化不再需要假定整个床层空隙率均一，复杂的气相反应化学的引入不再需要假定气相中仅有水煤气变换的平衡反应等。

由于各模型研究者着眼点不同，关注的重点各异，各种模型在对气化反应器内各反应区的划分、反应方程的确定、数学表达式的建立以及数学方程组的求解等方面各有自己的特点。

10.1.2.1 热力学平衡模型

20 世纪 50 年代首先由 Gumz 提出了预测完全绝热型煤气化反应器的热力学平衡模型。在经历了约二十年的停滞后，自 20 世纪 70 代后期以来，平衡模型不断完善，1976 年 Woodmansee 对 Gumz 模型进行了修正，将煤气化反应器的热损失引入模型。1982 年，Kosky 和 Floess 又引入了脱挥发分过程，他们假定脱挥发分过程瞬间完成，并从工业数据得到挥发分的收率和组成。1992 年，Hobbs 等人建立了双区部分平衡模型，其基本假定是气固燃烧区和干燥/热解区分别有各自的均一温度，所有气体均处于热平衡状态和部分化学平衡状态[16]。

热力学平衡模型比较简单，最大的优点是能较准确地预测产物气体的组成。除了产物气体组成外，根据能量衡算，平衡模型还可以计算出口产物气体的温度。然而在工程设计、过程开发和操作优化中，更重要的是了解煤气化反应器内部的状况，尤其是气化炉内温度沿床层高度的变化情况。对于干式排渣的气化炉，由于气化炉内部固相温度的峰值在任何时候都必须低于灰分的软化温度，气化炉内沿轴向气固温度分布尤其是峰值温度及其位置就成为很重要的参数。而在操作条件上讲，气化炉又要在尽可能高的温度下操作，以提高生产能力、提高转化率、降低焦油产率、减少蒸汽消耗。因此，建立气化炉的动力学模型就势在必行了。

10.1.2.2 动力学模型

1978 年，Yoon 等[17]建立了 Lurgi 炉的稳态均相数学模型。所谓均相，是指气固相温度一致。考虑到煤气化反应器壁向外传热，假定煤气化反应器心部分为绝热核心区，靠近外壁的部分为边界层。后来的 Yu 模型更进一步，对输入物流发生扰动时的情况进行了模拟。同样在 1978 年由 Amundson 和 Arri 建立的模型考虑到了两相间的温度差和燃烧区中煤颗粒所经历的结构变化[18]。Biba 等[19]的模型也考虑到了两相间的温度差，不过对反应动力学进行了简化。类似的多相模型还有 Desai-Wen 模型、Stillman 模型、Cho 模型和 Kim 模型等。Kim 模型是对 Cho 模型的推广，同均相的 Yu 模型类似，Kim 也对输入物流发生扰动时的动态过程进行了模拟。到 20 世纪 80 年代中期，又相继出现了更新的模型，比如 Earl-

Islam[20]一维稳态模型和 Thorsness-Kang[7]、Bhattacharya[21]二维非稳态模型。

进入 20 世纪 90 年代以后，Adanez 等[22]建立的一维稳态多相模型对不同反应路线的影响进行了考察，同时还对其他操作条件的影响进行了研究。Hobbs 等[16]的模型不仅考虑到了气相流速的床层空隙率沿轴向的变化，还引入了 Solomon 等人建立的最新的热解模型，即以后的 FG-DVC 模型[23]，从而将全面系统的热解动力学引入了热解阶段。与此同时，气相反应化学的引入还可用吉布斯自由能量最小化来决定气体组成。不过，由于 Solomon 热解模型的复杂性，最终导致 Hobbs 模型由 191 个联立一阶微分方程组构成，在数值求解时十分困难，而且预测结果的精度仍需提高。

目前关于数学模型的研究主要集中在对稳态操作的模拟，而对动态过程的模拟研究相对较少，文献[16]对现有的各种固定床模型进行了总结归纳。

10.1.3　Lurgi 气化炉的一维模拟[16]

10.1.3.1　气化炉模型

（1）守恒方程和边界条件　质量和能量的守恒方程是气化炉模拟的基础。质量和能量守恒方程中的一些源项用物理和化学相关的子模型描述。模型输入参数包括反应器尺寸、操作条件等参数，输出结果为轴向气相固相温度、压力、组分浓度、气体流量和壁面热损失等。模型假设气相和固相的流动均为活塞流，气相压降用 Ergun[24]方程计算，采用有效热量传递系数计算壁面热损失，SP 模型或者 AS 模型描述氧化和气化反应，气相的浓度和温度假设达到化学平衡，统一的煤颗粒尺寸。一维固定床气化炉模型的守恒方程和边界条件见表 10-2。

表 10-2　一维固定床气化炉模型的守恒方程和边界条件

项　目	方　程
所有气相组分连续性	$\dfrac{dW_g}{dz} = A \sum\limits_{i=1}^{n} r_i$
所有固相组分连续性	$\dfrac{dW_s}{dz} = -A \sum\limits_{i=1}^{n} r_i$
气相能量	$\dfrac{dW_g h_g}{dz} = A \left(Q_{sg} - Q_{gw} + \sum\limits_{i=1}^{n} r_i h_{ig} \right)$
固相能量	$\dfrac{dW_s h_s}{dz} = A \left(-Q_{sg} - Q_{sw} + \sum\limits_{i=1}^{n} r_i h_{ig} \right)$
固相组分连续性（湿基）	$\dfrac{dW_{湿基}}{dz} = -A r_{湿基}$
非挥发碳	$\dfrac{dW_{非挥发性\,c}}{dz} = -A r_{湿基\,c}$
非挥发硫	$\dfrac{dW_{非挥发性\,s}}{dz} = -A r_{湿基\,s}$
有机功能团	$dy_i/dz = -(1/u_s) k_i y_i$
焦油组分	$dx/dz = -(1/u_s) k_x x$
气相元素连续性	$\dfrac{dW_g \omega_j}{dz} = A \sum\limits_{i=1}^{n} r_{i,\,j}$
气相焦油组分连续性	$\dfrac{dW_{焦油}}{dz} = A \sum\limits_{i=1}^{n} r_{i,\,焦油}$

项　　目	方　　程
气相焦油元素连续性	$\dfrac{\mathrm{d}W_{焦油}\,\omega_{焦油,j}}{\mathrm{d}z}=A\sum\limits_{i=1}^{n}r_{i,j}^{焦油}$
边界条件	
所有气相/固相组分连续性	加料煤/气质量流量
固/气相能量	加料煤/气焓或温度
固相组分连续性	组分和功能团分析
气相元素和焦油连续性	加料气相和焦油

（2）辅助方程

① 质量、热量传递系数。固定床气化炉内的质量、热量传递受复杂的固体流动和化学反应影响。表 10-3 给出了模型中采用的质量、热量传递系数计算公式。

表 10-3　质量、热量传递系数计算公式

项目	公式
床层到壁面热导率	$h_{\mathrm{w}}=2.44k_{\mathrm{r}}^{0}D^{-4/3}+0.033k_{\mathrm{g}}PrRed_{\mathrm{p}}^{-1}$
气相到壁面热导率	$h_{\mathrm{w}}^{\mathrm{g}}=h_{\mathrm{w}}k_{\mathrm{rg}}/\left(k_{\mathrm{rg}}+k_{\mathrm{rs}}\right)$
固相到壁面热导率	$h_{\mathrm{w}}^{\mathrm{s}}=h_{\mathrm{w}}k_{\mathrm{rs}}/\left(k_{\mathrm{rg}}+k_{\mathrm{rs}}\right)$
静态有效径向传导	$k_{\mathrm{r}}^{0}=k_{\mathrm{g}}\varepsilon\left(1+\dfrac{d_{\mathrm{p}}h_{\mathrm{rv}}}{k_{\mathrm{g}}}\right)+\dfrac{k_{\mathrm{g}}\left(1-\varepsilon\right)}{\left(\dfrac{1}{\phi}+\dfrac{h_{\mathrm{rs}}d_{\mathrm{p}}}{k_{\mathrm{g}}}\right)^{-1}+\dfrac{2}{3\kappa}}$
气相有效径向传导	$k_{\mathrm{rg}}=k_{\mathrm{g}}\left\{\varepsilon\left(1+\dfrac{d_{\mathrm{p}}h_{\mathrm{rv}}}{k_{\mathrm{g}}}\right)+0.14PrRe\left/\left[1+46\left(\dfrac{d_{\mathrm{p}}}{D}\right)^{2}\right]\right.\right\}$
固相有效径向传导	$k_{\mathrm{rs}}=k_{\mathrm{g}}\left(1-\varepsilon\right)\left/\left[\left(\dfrac{1}{\phi}+\dfrac{h_{\mathrm{rs}}d_{\mathrm{p}}}{k_{\mathrm{s}}}\right)^{-1}+\dfrac{2}{3\kappa}\right]\right.$
固相传导	$k_{\mathrm{s}}=\left(\rho_{\mathrm{s}}^{t}/4511\right)^{3.5}\sqrt{T_{\mathrm{s}}}$
空-空辐射系数	$h_{\mathrm{rv}}=2.27\times10^{-7}T_{\mathrm{g}}^{3}\left/\left[1+\dfrac{\varepsilon}{2\left(1-\varepsilon\right)}\left(\dfrac{1-\varepsilon'}{\varepsilon'}\right)\right]\right.$
固体辐射系数	$h_{\mathrm{rs}}=2.27\times10^{-7}\left(\dfrac{\varepsilon'}{2-\varepsilon}\right)T_{\mathrm{s}}^{3}$
堆积参数	$\phi=\begin{cases}\phi_{2}+\left(\phi_{1}-\phi_{2}\right)\dfrac{\varepsilon-0.260}{0.476-0.260} & \left(\varepsilon_{1}\geqslant\varepsilon\geqslant\varepsilon_{2}\right)\\[2mm]\phi_{1} & \left(\varepsilon>\varepsilon_{1}=0.476\right)\\[2mm]\phi_{2} & \left(\varepsilon<\varepsilon_{2}=0.260\right)\end{cases}$
松散堆积参数	$\phi_{1}=\dfrac{0.3525\left(\dfrac{\kappa-1}{\kappa}\right)^{2}}{\ln\left[\kappa-0.5431\left(\kappa-1\right)\right]-\dfrac{0.4569\left(\kappa-1\right)}{\kappa}}-\dfrac{2}{3\kappa}$
稠密堆积参数	$\phi_{2}=\dfrac{0.07217\left(\dfrac{\kappa-1}{\kappa}\right)^{2}}{\ln\left[\kappa-0.9250\left(\kappa-1\right)\right]-\dfrac{0.07498\left(\kappa-1\right)}{\kappa}}-\dfrac{2}{3\kappa}$
固相到气相换热系数	$h_{\mathrm{sg}}=\dfrac{2.06Cp_{\mathrm{g}}G}{\varepsilon}Re^{-0.575}Pr^{-2/3}$
质量交互系数	$k_{\mathrm{m}}=\dfrac{2.06G}{\varepsilon\rho_{\mathrm{g}}}Re^{-0.575}Sc^{-2/3}$

项　目	公　式
雷诺数、普朗特数和施密特数	$Re=d_p G/\mu_g$，$Pr=Cp_g\mu_g/k_g$，$Sc_i=\mu_g/p_g D_{im}$
热导率比	$\kappa=k_s/k_g$
床层孔隙率	$\varepsilon=$空隙体积/床层体积
煤辐射系数	$\varepsilon'=0.85$

② 干燥和脱挥发分。干燥过程假设由扩散控制[25]，用方程(10-8)描述。

$$r_w=k_{wm}(\rho_{wp}-\rho_{wg}) \tag{10-8}$$

官能团模型[23]（functional group model）用于描述煤的脱挥发分过程。脱挥发分速率和焦油生成速率分别用方程(10-9)和方程(10-10)描述。方程(10-9)和方程(10-10)中没有考虑质量传递过程中的阻力，在大颗粒计算时可能会有很大的偏差。公式(10-11)是考虑了气膜和颗粒阻力后对有效质量传递系数的修正。

$$r_i^d=\rho_{sm}^0(1-\varepsilon^0)(1-\Omega_{灰}^0-\Omega_{湿基}^0)[(1-x^0+x)(k_i y_i)+y_i(k_x x)] \tag{10-9}$$

$$r_{i,焦油}^d=\rho_{sm}^0(1-\varepsilon^0)(1-\Omega_{灰}^0-\Omega_{湿基}^0)k_x x y_i \tag{10-10}$$

$$k_{i,x}^{有效}=\left(\frac{1}{k_{i,x}}+\frac{1}{k_m}+\frac{1}{k_{有效}}\right)^{-1} \tag{10-11}$$

③ 氧化和气化反应。SP 模型和 AS 模型用于描述煤颗粒的氧化和气化反应。两者的区别在于对灰分的描述上，一般化的如方程(10-12)所示。考虑水蒸气、CO_2 和 H_2 三种气化剂。

$$r_i^{o,g}=\frac{A_p v_s M w_p C_{ig}}{\dfrac{1}{k_r\zeta}+\dfrac{1}{k_m}+\dfrac{1}{k_{有效}}} \tag{10-12}$$

非均相碳的燃烧反应可能同时生成 CO 和 CO_2，CO 和 CO_2 的比例可用式(10-13)校正[11]。

$$\frac{n_{CO}}{n_{CO_2}}=A\exp\left(-\frac{E}{RT}\right)=\frac{2(\lambda-1)}{(2-\lambda)} \tag{10-13}$$

10.1.3.2　Lurgi 气化炉模拟结果[16]

一维固定床气化炉模型参数汇总于表10-4。Lurgi 气化炉的操作参数见表10-5。

表 10-4　一维固定床气化炉模型参数汇总

参　　　数	典　型　值	描　　　述
脱灰发分		
x^0	0.110～0.270	焦油形成的潜在值
k_i^0/s^{-1}	0.81×10^{13}	官能团指前因子
$E_j/R/\mathrm{K}$	22500	官能团活化能
k_x^0/s^{-1}	589.0	焦油指前因子
$E_x/R/\mathrm{K}$	27700	焦油活化能
氧化/气化		
$A_{CO_2}/[\mathrm{m/(s\cdot K)}]$	589.0	气化指前因子

参　数	典　型　值	描　述
$E_{CO_2}/R/K$	26800	气化活化能
$A_{H_2}/[m/(s\cdot K)]$	0.589	气化指前因子
$E_{H_2}/R/K$	26800	气化活化能
$A_{H_2O}/[m/(s\cdot K)]$	589.0	气化指前因子
$E_{H_2O}/R/K$	26800	气化活化能
$A_{O_2}/[m/(s\cdot K)]$	2.30	氧化指前因子
$E_{O_2}/R/K$	11.100	氧化活化能
流动、热和质量传递		
ε'	0.85	煤辐射系数
$\varepsilon_{顶}$	0.23~0.40	床层上部空隙率
$\varepsilon_{底}$	0.33~0.67	床层下部空隙率
ζ	0.10	反应/不反应热传递系数
ϕ/r^2	0.50	灰分空隙率除以曲率平方

注：模型选择可有以下选择：a.AS模型或SP模型；b.气相焦油反应平衡选择；c.挥发物质量传递选择；d.燃烧产物分配。

表 10-5　Lurgi 气化炉操作参数

项　目	数　值
煤工业分析(质量分数)/%	
灰分	9.7
固定碳	36.4
水分	24.7
挥发分	9.2
煤元素分析(质量分数)/%	
碳	77.1
氢	4.9
氮	1.4
硫	1.7
氧	15.0
操作条件	
燃烧室内径/m	274
床层高度/m	3.05
燃烧室压力/kPa	2560
表观密度/(kg/m³)	1270
颗粒直径/cm	1.61
床层顶部空隙率	0.40
床层底部空隙率	0.50
进口煤温度/K	298
添加气温度/K	644
壁面温度/K	498
煤质量流量/(kg/s)	2.23
空气质量流量/(kg/s)	0.58
蒸汽质量流量/(kg/s)	2.80
夹套蒸汽质量流量/(kg/s)	0.31
壁面热损失/MW	0.836
壁面热损失/MW	0.888

图 10-1 给出了 Lurgi 气化炉的模拟结果。

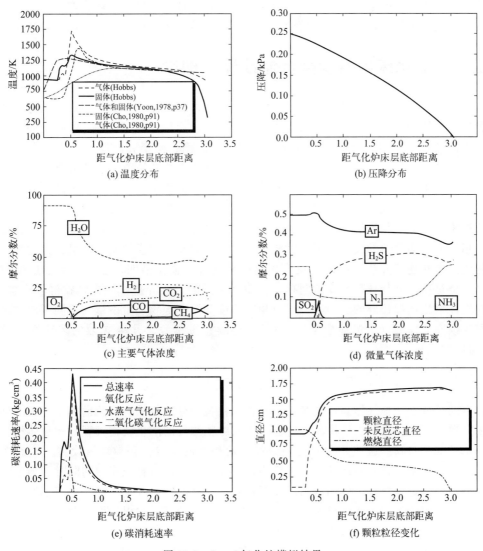

(a) 温度分布

(b) 压降分布

(c) 主要气体浓度

(d) 微量气体浓度

(e) 碳消耗速率

(f) 颗粒粒径变化

图 10-1 Lurgi 气化炉模拟结果

10.2 流化床气化炉模拟

10.2.1 流化床内流动反应过程基本描述

流化床气化是指气化反应在以气化剂与煤形成的流化床内进行[26]。流化床气化时,煤的粒度既不能过大,亦不能过小,大则不易流化,粒度过小又常易被气流带出。流化床气化用煤的粒度是 0~6mm 或 0~10mm。与固定床相比,流化床内气-固之间的传热和传质速率较高,因而固体在床层中的混合接近于理想混合反应器中的状态,过程容易控制,与固定床相比,有利于大规模生产。

流化床气化炉有多种分类，按操作压力，可分为常压和增压流化床；按床内运行状态，可分为循环流化床和鼓泡流化床。工业上应用的流化床技术主要是常压、增压流化床，其中典型的有高温温克勒（HTW）、灰熔聚气化（KRW、U-gas、中国科学院山西煤化所）。

10.2.2 流化床内气固两相流动模拟理论

流化床内气固两相流动是稠密气固两相流，由于体积浓度高，颗粒相对流动的影响比较大，颗粒与流体明显分离、流体在颗粒相之间穿行，是完全非均匀流动，颗粒之间空间自由程缩小而使其相互作用大大加强，引发一系列诸如碰撞、团聚和脉动等变化。在这种情况下，以追踪单个颗粒运动为主的拉格朗日方法（也称为随机轨道方法、离散方法等）计算量大、模型描述困难，以浓度概念为参数的欧拉方法则成为稠密流动数值模拟的主要手段。

目前，对流化床气固两相流动数值模拟主要是宏观模拟方法，以此为基础建立了多种气固两相湍流模型。气相流场中加入颗粒相，必然要引起气相质量、动量、能量的变化，因此气固两相湍流流动模拟的关键在于颗粒相的模拟。对颗粒相的模拟基本上可分为两大类，一类是把流体当作连续介质，而将颗粒作为离散相处理，在拉格朗日坐标系下描述颗粒的运动。另一类是把流体与颗粒看作共同存在、相互渗透的连续介质，即把颗粒群看作拟流体，在欧拉坐标下描述颗粒群的运动，根据对相间速度和温度等物理量滑移的不同考虑，可分为无滑移连续介质模型（单流体模型）、小滑移连续介质模型、滑移-扩散的多连续介质模型（双流体模型）。

10.2.2.1 颗粒轨道模型

拉格朗日方法是把气体当作连续相，而将颗粒视为分散相的颗粒轨道模型。根据处理颗粒体积分数的不同，颗粒轨道模型分为适合于低颗粒浓度的随机轨道模型（颗粒体积分数＜10%，不考虑颗粒间的碰撞）和处理稠密气固两相流的确定性颗粒轨道模型[27,28]。颗粒相的运动通过直接跟踪颗粒的运动轨迹进行描述。在考虑流体对颗粒作用的同时，确定性颗粒轨道模型还要考虑颗粒对流体的作用以及颗粒间的相互作用。确定性颗粒轨道模型主要研究颗粒间相互作用的处理方法。目前，颗粒间相互作用的处理方法根据处理颗粒碰撞的方式分为三类：第一类是软球模型，也称离散单元法或 DEM（discrete element method）法，可以用来计算高颗粒浓度流化床的停留时间分布[29]；第二类是硬球模型；第三类是 DSMC（direct simulation Monte Carlo）方法，也称直接 Monte Carlo 方法。

10.2.2.2 颗粒拟流体模型

（1）无滑移连续介质模型（又称单流体模型）　该模型不考虑颗粒相与流动相间的温度和速度滑移，直接把单相流体力学的概念推广到两相流中，即把气固两相多流体笼统地看成为一个单一流体，是简单的两相流体模型。

（2）小滑移连续介质模型　该模型考虑了相间的温度和速度滑移，其优点是考虑了颗粒的湍流扩散、湍流黏性、滑移以及两相间滑移引起的阻力，增加了颗粒群的动量方程，相对无滑移连续介质模型更合理、更接近于实际情况。

（3）滑移-扩散的多连续介质模型（双流体模型）　滑移-扩散的多连续介质模型是在欧拉坐标系下的双流体模型，它把颗粒相也看作连续的介质，认为颗粒与流体占据同一空间，并且为相互渗透的拟流体。它不仅考虑了相间的温度和速度滑移，而且在速度滑移方面还考虑了相间因初始动量不同引起的时均速度上的大滑移。

10.2.3 流化床煤气化过程模型

10.2.3.1 热力学模型[30,31]

平衡模型与气化炉型无关，在假定合适的平衡限制和氧气被完全消耗的基础上，建立各元素组分的质量平衡、反应平衡方程及整个炉子能量平衡。求解这些方程可以预测给定煤、汽氧进料比、操作压力和希望得到的碳转化率的煤气平衡组成和温度。Watkinson 等用这种方法用于 KRW 和 U-gas 两种炉型，经与实测数据相比较，发现对 U-gas 炉型预测与实测结果较相符。总的来说，平衡模型较简单，不考虑气化过程传质传热及化学反应速率，因而很难准确预测操作参数变化对气化炉行为的影响。

10.2.3.2 速率模型

速率模型[31]是将流化床的流体力学模型和气化反应动力学模型有机结合起来建立的，由此求得炉内气固相组成及温度曲线和给定炉型、操作条件时的总碳转化率，从而可用作评价气化炉的操作行为。不同学者使用的动力学方程及参数差别较大。根据所使用的流体力学模型，可将数学模型分为以下几种：全混模型、两相模型、鼓泡床模型、气泡汇集模型、颗粒轨道模型、双流体模型，其中，鼓泡床模型、气泡汇集模型、双流体模型可认为是两相模型的修正模型。

（1）全混模型[31,32]　这种模型将气化炉简单地视为一段或多段全混反应器。此类模型可对试验数据作初步分析。Purdy 和 Rhinehart 等详细分析了他们的顶部加煤示范流化床气化炉装置，建立了动态和稳态全混模型，探讨了自由空间反应、瞬态脱挥发分反应、流化床层内的气化反应及瞬态燃烧反应，并考虑了颗粒的扬析现象和气化炉热损失，模型预测数据与试验结果相符。Weimer 等建立了瞬态模型，研究了流化床内焦粒的粒度分布和转化率。他们考虑了气相和内扩散阻力、孔比表面积随转化率的变化和因扬析造成的粒子损失。

（2）两相模型[33]　此类模型以流化床两相理论为基础，其基本假设有：①床层内包括两相，即乳化相和气泡相；②乳化相中气速等于起始流化速度（U_{lf}），超过它的气体（$U-U_{mf}$）都以气泡形式通过床层；③床层由流化开始的高度 L_{mf} 膨胀到实际的流化高度 L_f，都是由气泡造成的；④气泡相为平推流（或活塞流），气泡尺寸恒定且内无固体粒子；⑤乳化相含有所有固体粒子，气相反应只在乳化相中进行，乳化相流动模式为平推流或全混流；⑥气泡相和乳化相间的交换量为穿透量和扩散量之和。

Chejne[34] 等根据两相模型原理建立了一维稳态模型，并将预测结果与气化炉试验数据相比较，分析了挥发分的燃烧或热解、半焦燃烧的产物比、水煤气变换反应的平衡程度对模型预测效果的影响。模型能够比较精确地预测碳转化率、冷煤气效率、产出气的成分、产量和热值。Stubington 等的模拟结果表明，两相模型预测结果与试验数据相符性好于鼓泡床模型和全混模型。

（3）鼓泡床模型[32]　鼓泡床模型基本假设有：①床层由气泡、气泡晕和乳化相组成；②乳化相内气体处于临界流化状态，大于临界流化速度的气体以气泡的形式按活塞流通过床层；③气泡由当量气泡代替，其直径是一恒量，当 $U_o/U_{mf}>6\sim11$ 时，出床层的气体组成完全由气泡的组成所代替。

该类模型基本上是鼓泡流化床和飞灰回送模型的组合，将因飞灰回送而增加的停留时间和粒度分布的变化考虑到鼓泡床的模型中去。模型分为浓相段和稀相段；流化床由两相组成，即气泡相呈平推流，乳化相呈全混；固体颗粒在床内的停留时间服从正态随机分布规律。这类模型在处理循环流化床时过于简单，只能得到一些总体的特性，且模型的结果与循环流化床的差别比较大，但求解比较容易，适用于循环倍率较低的循环流化床的初步设计计算。

（4）气泡汇集模型[31]　该模型理论是由 Kato 和 Wen 提出的，基本假设有：①流化床是由几个间隔串联而成的，每个间隔的高度与相应床高处的气泡大小相等；②每个间隔由气泡相、气泡晕和乳化相组成，各相中的气体均为全混；③气泡相不含固体颗粒，处于活塞流中；④气泡晕和乳化相的空隙率等于起始流化时床层空隙率，乳化相中气速相当于起始流化床的气速；⑤气泡晕和乳化相是稳定的；⑥床层的膨胀是气泡引起的；⑦当气泡未达到最大的稳定尺寸或未达到床层直径而通过床层时，则认为气泡是连续长大的。

当上升流速成为颗粒的极限速度时，就达到最大的稳定气泡直径，并由下式计算

$$D_{max} = \left(\frac{U_t}{0.71}\right)^2 \times \frac{1}{g} \tag{10-14}$$

式中，D_{max} 为最大稳定气泡直径；U_t 为终端速度；g 为重力加速度。

（5）颗粒轨道模型[35]　颗粒轨道模型基本思路为：对气相，在欧拉坐标系中将单元控制体按各种变量守恒关系的微分方程进行积分，构成差分方程；对颗粒群，则考查其各尺寸组及各种初始位置或方向在拉格朗日坐标系中的运动、质量损失及能量变化过程，并在气相单元内积分，求颗粒轨道及沿轨道的颗粒速度、温度、尺寸（或密度）变化史；由颗粒群的相变及对气相的阻力、传热以及各种热效应计算颗粒群造成的质量、动量及能量源，并使之作用于气相速度场、温度场及组分浓度场，气相场则反过来又影响颗粒的轨道及沿轨道变化的经历。

此类模型物理意义简明，方程形式简单，但计算很复杂。在循环流化床内，由于固体颗粒浓度较高，采用此模型来计算固体颗粒浓度分布等会遇到比较大的困难，但在计算颗粒速度及气固化学反应过程中有独到的优点，可以追踪比较复杂的颗粒经历。岑可法等采用脉动频谱随机轨道模型计算了循环流化床内的颗粒运动规律。

（6）双流体模型　双流体模型的基本假设有[32]：①把颗粒和气体都看成是连续介质，即看成双流体系统；②认为空间各点都有这两种流体各自不同的速度、密度分布，共同占据同一空间而互相渗透；③存在不同的体积份额（或出现的概率），相互间存在着滑移。

采用双流体模型建立两相流方程的观点和基本方法，是先建立每一相的、瞬时的、局部的守恒方程，然后采用某种平均的方法得到两相流方程和各种相间作用的表达式。一般形式的两相流方程很复杂，直接用它去解决具体流动问题目前还有很多困难，尤其是各种相互间作用的表达式，为了便于使用，需进行简化，忽略流体相密度的脉动、颗粒质量变化率的脉动以及非定常关联项，双流体模型中流体相控制方程组和颗粒相。方程组可以用一个统一的形式表示

$$\frac{\partial}{\partial t}(\rho_k \alpha_k \overline{\varphi_k}) + \frac{\partial}{\partial x_j}(\rho_k \alpha_k u_k \overline{\varphi_k}) = \frac{\partial}{\partial x_k}\left(\Gamma_k \alpha_k \frac{\partial \overline{\varphi_k}}{\partial x}\right) + \Psi_k \tag{10-15}$$

Guo 等[36]基于气固双流体模型，建立了一个粉煤脱挥发分、燃烧的 k-ξ-k_p 型模型。预测了气相和固相的速度分布、产物成分分布。发现颗粒与气相间有很大的滑移。Kim 等[37]

利用双流体理论，结合化学反应动力学和煤挥发分的经验数据，建立了一个煤气化内循环流化床（ICFB）的数学模型。该模型预测了产气的组分、产气率、碳转化率和产气的热值，与实验数据相符，并能很好地解释现有系统的反应行为。

10.2.4 流化床煤气化过程数值模拟[38,39]

灰熔聚流化床气化炉具有煤气化条件温和、干法进料、干法排灰、结构简单、投资低、氧消耗低、能耗低、产品气成本低的优点[40,41]。下面以灰熔聚流化床气化炉为例，介绍流化床气化炉的数值模拟方法。

10.2.4.1 物理模型和数学模型

（1）物理模型和边界条件　图10-2、图10-3为灰熔聚流化床气化炉示意图和边界条件。该流化床气化炉直径78mm，底部为锥形分布板和直径14mm环管。锥形分布板高55mm，锥角60°。高速空气流从环管通入炉内，水蒸气则以相对低的速度从分布板通入。空气在炉内与煤焦发生燃烧，放出的反应热提供气化反应所需热量。煤焦被简化为只含有碳。基本的操作参数见表10-6。进气温度设置为1173K。

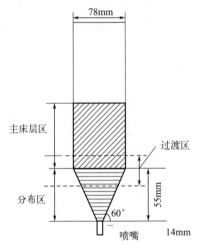

图10-2　灰熔聚流化床气化炉示意图

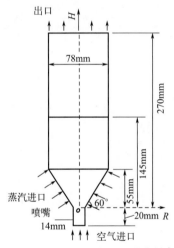

图10-3　灰熔聚流化床气化炉边界条件

表10-6　灰熔聚流化床气化炉颗粒性质和操作条件

项　　目	数　　值
焦颗粒性质	
颗粒大小/mm	0.41
组成	碳（100%）
密度/(kg/m³)	1100
操作参数	
压力/MPa	0.1
喷嘴气速(O_2)/(cm³/s)	1.36×10^{-5}（298K）
$m_f(O_2)$	0.212
喷嘴气速(N_2)/(cm³/s)	5.74×10^{-5}（298K）
$m_f(N_2)$	0.788
分布器流量(H_2O)/(kg/s)	2.2×10^{-5}
焦加入速率/(kg/s)	6.56×10^{-5}

（2）化学反应模型　气化炉中的主要反应如下[39,42]

$$C+(2-\beta)/2O_2 \longrightarrow \beta CO+(1-\beta)CO_2$$

$$r_c=1.16\times10^4\exp(-168000/RT_p)[O_2]^{0.5} \qquad (10\text{-}16)$$

$$C+\alpha H_2O \longrightarrow (2-\alpha)CO+(\alpha-1)CO_2+\alpha H_2$$

$$-\frac{d[H_2O]}{dt}=\frac{k_1[H_2O]}{1+k_2[H_2O]+k_3[H_2]+k_4[CO]}\times\frac{\rho_s}{M_B}\alpha(1-X) \qquad (10\text{-}17)$$

$$C+CO_2 \longrightarrow 2CO$$

$$-\frac{d[CO_2]}{dt}=\frac{k_1[CO_2]}{1+k_2[CO_2]+k_3[CO]}\times\frac{\rho_s}{M_B}(1-X) \qquad (10\text{-}18)$$

$$CO+H_2O \longrightarrow CO_2+H_2$$

$$r_s=\frac{k_1}{(RT)^2}\left(P_{CO}P_{H_2O}-\frac{P_{CO_2}P_{H_2}}{K_{eq}}\right) \qquad (10\text{-}19)$$

式中，$\alpha=1.25$，$\beta=0.8$。

（3）数学模型　欧拉-欧拉模型用来描述灰熔聚流化床气化炉内的气固流动，具体方程[43]如下。

连续性方程

$$\frac{\partial}{\partial t}(\varepsilon_\alpha\rho_\alpha)+\nabla(\varepsilon_\alpha\rho_\alpha V_\alpha)=S_{MSa}+\Gamma_{\alpha\beta}$$

$$\alpha\ 或\ \beta=s、g,但\ \alpha\neq\beta \qquad \Gamma_{\alpha\beta}=\Gamma_{\alpha\beta}^+-\Gamma_{\beta\alpha}^+ \qquad (10\text{-}20)$$

动量方程

$$\tau_g=\varepsilon_g\mu_g[\nabla V_g+(\nabla V_g)^T]$$

$$\tau_s=0 \qquad \nabla P_s=G(\varepsilon_s)\nabla\varepsilon_s$$

$$G(\varepsilon_s)=G_0\exp[c(\varepsilon_s-\varepsilon_{sm})]$$

$$G_0=1Pa \qquad c=20\sim600$$

$$\beta=\frac{3}{4}C_d\frac{\varepsilon_g\varepsilon_s\rho_g|V_s-V_s|}{d_s}\varepsilon_g^{-2.65}(\varepsilon_g\geqslant0.8) \qquad (10\text{-}21)$$

$$C_d=\frac{24}{Re}(1+0.15Re^{0.687})(Re<1000)$$

$$C_d=0.44(Re\geqslant1000)$$

$$\beta=150\times\frac{\varepsilon_s(1-\varepsilon_g)\mu_g}{\varepsilon_gd_s^2}\times1.75\times\frac{\varepsilon_s\rho_g|V_s-V_s|}{d_s}(\varepsilon_g<0.8)$$

能量方程

$$\frac{\partial}{\partial t}(\varepsilon_\alpha\rho h_\alpha)+\nabla[\varepsilon_\alpha(\rho_\alpha V_\alpha h_\alpha-\lambda_\alpha\nabla T_\alpha)]=(\Gamma_{\alpha\beta}^+h_\beta-\Gamma_{\beta\alpha}^+h_\alpha)+Q_\alpha+S_\alpha$$

$$\alpha\ 或\ \beta=s、g,但\ \alpha\neq\beta \qquad (10\text{-}22)$$

组分方程

$$\frac{\partial}{\partial t}(\varepsilon_a \rho_a Y_{Aa}) + \nabla\{\varepsilon_a[\rho_a V_a Y_{Aa} - \rho_a D_{Aa}(\nabla Y_{Aaa})]\} = S_{A\alpha}$$

$$\alpha \text{ 或 } \beta = s、g，但 \alpha \neq \beta \qquad\qquad (10\text{-}23)$$

10.2.4.2 模拟结果与讨论

（1）中心管氧气量 图 10-4 给出了分布板水蒸气通入量保持不变（2.2×10^{-5} kg/s）时，中心管氧气流量变化时流化床气化炉内的气体组成、质量浓度分布。图 10-4 表明，流化床气化炉内 CO_2、CO 和 H_2 的分布既不像全混流状态那样浓度均匀分布，也不像活塞流那样层状分布；而是在分布板区域及过渡区气体浓度变化显著，浓度梯度大，上部主床层气体浓度分布则较均匀，浓度梯度变化很小。图 10-4 还表明，最高浓度的 CO_2、H_2 集中分布在分布板区和主床层之间的过渡区两侧；而 CO 在贴近分布板位置浓度最高。这是因为气化剂水蒸气直接进入分布板区域，大量的气化反应、水煤气变换反应的发生造成这个区域气体浓度变化显著；进入上部主床层后，不断的气体交换扩散会使浓度梯度降低。随着氧气量的增加，床内 CO_2 和 CO 浓度水平有所提高，而 H_2 的浓度略有下降。这是由于中心管氧气量的增加直接影响到燃烧反应，结果产生更多的 CO_2 和 CO。

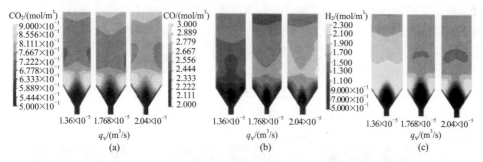

图 10-4　流化床气化炉内气体量浓度分布随中心管氧气通入量的变化

图 10-5 给出了气化炉内温度分布随中心管氧气通入量变化的情况。结果显示，氧气量的增加会在一定程度上扩大中心射流伴生的局部高温区的范围，而高温区的扩大会对水煤气变换这个放热反应产生一定程度的抑制作用，所以 H_2 的浓度会略有下降。但是所考察的操作条件下，氧气量的增加对气化反应影响不大。

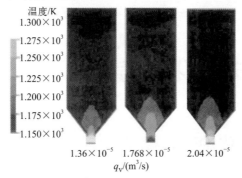

图 10-5　流化床气化炉内温度分布随中心管氧气通入量的变化

（2）分布板水蒸气量 图 10-6 给出了中心管氧气量不变时，气化炉内气相质量浓度分布随水蒸气量的变化。从图 10-6 中可以看出，不同组分的气体在床内的总体浓度分布类依然是分布板区和过渡区浓度梯度显著高于主床层。但是随着水蒸气进量的增加，床内相应的 CO_2 和 H_2 浓度水平显著提高，而 CO 的浓度却略微有所下降。

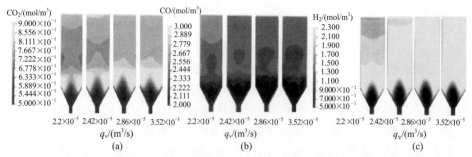

图 10-6　流化床气化炉内气相质量浓度分布随水蒸气通入量的变化

　　图 10-7 为水蒸气、二氧化碳气化及水煤气变换反应的炉内速率分布情况。从图 10-7 中可以看出炉内三个反应各具特点，水蒸气气化的发生集中于分布板区域和主床层下部射流的周围；二氧化碳气化则集中发生在上部主床层；而水煤气变换反应在过渡区两侧最为强烈。进一步比较不同分布板水蒸气进量时三个反应的速率变化发现，随着水蒸气进量的增加，二氧化碳气化的反应速率改变并不显著，水蒸气气化的速率却随之增加，水煤气变换的反应速率也有所增加，且两个反应增加的速率相当（根据标尺测算）。其共同作用的结果是，大量的水蒸气将煤焦气化为 CO 和 H_2，所产生的 CO 继续与富余的水蒸气发生水煤气变换反应，生成 CO_2 和更多的 H_2；虽然水蒸气的增加会通过水煤气气化产生许多的 CO，但水煤气变换反应的同步加强却抵消甚至更多地消耗了多产生的 CO，导致最后的气相中 CO 的质量浓度略有下降，而 CO_2 和 H_2 的浓度明显增加。

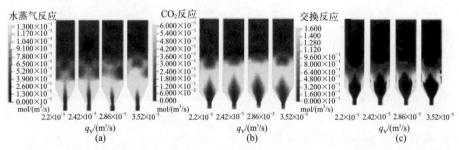

图 10-7　不同水蒸气量时水蒸气气化、二氧化碳气化及变换反应速率在炉内的分布

10.3　气流床气化炉模拟

10.3.1　气流床气化炉数学模型

10.3.1.1　热力学平衡模型

　　平衡模型有化学计量和非化学计量两种，前者就是通常所说的平衡常数，而后者是受质量守恒和非负限制约束的 Gibbs 自由能最小化方法。本书第 2 章有详细的介绍。王辅臣及其

合作者[44]应用 Gibbs 自由能最小化方法对多喷嘴对置粉煤气化中试装置进行了模拟，模拟结果与中试装置运行值吻合良好。

10.3.1.2 一维模型

一维射流床模型[45-49]又称平推流（plug flow）模型。其基本特点是假定反应产物的回流量已知，炉内不存在径向温度与浓度分布，将气化炉沿轴向划分为许多小的区域，其中每个区域作为均匀搅拌反应器处理，同时考虑对流与辐射传热及颗粒反应动力学等因素。

平推流模型包括以下内容：①煤的挥发与膨胀；②炭与氧气、水蒸气、CO_2 及 H_2 的反应；③煤颗粒或炭粒与气体之间的导热和对流换热；④气化炉壁的对流热损失；⑤颗粒与气体之间、颗粒与颗粒之间以及颗粒与炉壁之间的辐射换热；⑥煤种与气化剂种类的变化；⑦煤颗粒或炭粒尺寸的变化；⑧挥发产物的气化反应。

与热力学平衡模型相比，该模型无疑进了一步，但其最大的缺陷在于未考虑气流床内的流体流动特征，平推流流型的假定隐含的意义是：炉内流元具有相同的停留时间。显然，这与实际并不相符。因此在对气流床气化炉的模拟中，一维模型有局限性，表现在：①一维模型无法预测气化炉内当地的脉动性质，预测的平均性质仅是轴向位置的函数；②一维模型不能预测射流混合或回流速率；③该模型忽略了微观混合等因素对反应的影响。

10.3.1.3 综合模型

煤气化综合数学模型是将动力学模型或平衡模型与计算流体力学方法集成在一起，考虑了流动和化学反应在微观层次上的相互作用，是综合考虑了各种相关的化学物理作用机理的子模型的集成。图 10-8 描述了气流床煤气化综合数学模型所包含的子模型。

图 10-8　煤气化综合数学模型

气流床气化炉内部的流动是复杂的多相湍流反应流，包括了一系列的物理和化学过程，对其进行数值模拟需要综合利用计算流体力学、计算传热学和化学反应工程等基本原理，建立描述过程动量、质量和能量守恒的偏微分方程组，即气流床气化模型，并求解以获得气化炉的内部特性。

根据不同的模拟要求，气流床气化可以选择相应规模的数学模型。对粉煤气化，用到的数学模型包括气体湍流流动模型、煤脱挥发分模型、煤的燃烧与气化反应模型、气体湍流反应模型、颗粒相运动模型、传热模型、熔渣流动模型等。对水煤浆气化除了粉煤气化需要的模型外，还应包括液滴蒸发模型和煤浆雾化模型。其中气体湍流反应模型可以运用 EBU 模型、EBC 模型和多混合分数的 PDF 等模型描述；颗粒相运动模型可以采用 Lagrange 方法或 Euler 方法描述；传热模型包括传导、对流和辐射传热。

20世纪80年代开始，众多的研究者致力于综合模型的开发与研究，其中的集大成者是Smoot 和 Smith，他们合作开发了二维粉煤燃烧和气化（PCGC-2，pulverized coal gasification and combustion 2-Dimensional）模型[50]。该模型基于计算流体力学、计算传热学和计算燃烧学的基本原理，建立并求解描述过程动量、质量和能量守恒的偏微分方程组，预测气化炉的总体特性。

① 气相流体力学模型　假定气相是能够用通用守恒方程湍流反应流动的连续场，流动是稳态的，气体性质（密度、温度、组成等）满足一定概率密度的随机函数。用梯度扩散过程的 Favre-平均和 k-ε 双方程模型封闭法模拟湍流；用经验关系式模拟煤颗粒对气相湍流的影响。假定气相反应受混合速率的影响，而不受反应动力学的限制，假定局部的瞬时平衡来计算气相性质。

② 辐射传热模型　火焰辐射场是一个多组分、不均匀，有发射、吸收、散射的气体-煤颗粒系统，火焰可能被不均匀的、有发射、反射和吸收的表面所包围。用欧拉坐标系来模拟辐射，使辐射性质与气相方程易于耦合。

③ 煤颗粒特性　煤颗粒无法作为连续介质来考虑，在同一地点不同的煤颗粒由于不同的煤颗粒路径可以表现出完全不同的特性。利用拉格朗日方法，可以把煤颗粒表达为一系列轨道，得到煤颗粒的性质。

④ 煤颗粒反应　在湍流燃烧中，颗粒对气相场的影响现在还知之甚少。综合模型假定煤反应速率同湍流时间尺度相比是小的，从而可用平均的气相特性代替脉动的气相特性来计算煤颗粒的性质。

假定煤颗粒内部和表面温度相同，挥发分具有不变的组成，灰是惰性的。煤反应速率用具有固定活化能的许多平行反应速率描述。炭颗粒的膨胀用经验估算。

建立综合模型的难点并不在于描述过程的基本微分方程的确立，而在于对特定系统所涉及的复杂的边界条件的确定，以及方程封闭方法的选择，而湍流与化学反应之间的相互作用更增加了问题的复杂程度。尽管如此，综合模型的研究却代表了这一领域未来的发展方向。

（1）湍流反应流的数值模拟

① 有限反应速率模型。当选择解化学物质的守恒方程时，需要建立第 i 种物质的对流扩散方程预估每种物质的质量分数 Y_i。守恒方程采用以下的通用形式[51]

$$\frac{\partial}{\partial t}(\rho Y_i) + \nabla (\rho \upsilon Y_i) = -\nabla \boldsymbol{J}_i + R_i + S_i \tag{10-24}$$

式中，R_i 是化学反应的净产生速率；S_i 为离散相及用户定义的源项导致的额外产生速率。在系统中出现 N 种物质时，需要解 $N-1$ 个这种形式的方程。由于质量分数的和必须为 1，第 N 种物质的分数通过 1 减去 $N-1$ 个已解得的质量分数得到。

对于层流中的质量扩散，式(10-25)中，J_i 是物质 i 的扩散通量，由浓度梯度产生，扩散通量可记为

$$J_i = -\rho D_{i,m} \nabla Y_i \tag{10-25}$$

对于湍流中的质量扩散，用式(10-26)计算式(10-24)中的扩散通量 J_i，其中，Sc_t 是湍流施密特数，$\frac{\mu_t}{\rho D_t}$（缺省设置值为 0.7）。

$$\boldsymbol{J}_i = -\left(\rho D_{i,m} + \frac{\mu_t}{Sc_t}\right)\nabla Y_i \tag{10-26}$$

颗粒相与气相之间的热量、质量和动量的交互作用如图 10-9 所示。当颗粒相通过一个

计算网格时，将两相之间的热量、质量和动量传递作为源相传递给连续相。

通用有限反应速率模型有三种形式，包括层流或湍流反应系统，预混、非预混、部分预混燃烧系统都适用。

a. 层流有限速率模型：忽略湍流脉动的影响，反应速率根据 Arrhenius 公式确定。

b. 涡耗散模型[52,53]（Eddy BreakUp 模型，EBU）：认为反应速率由湍流控制，因此避开了代价高昂的 Arrhenius 化学动力学计算。

c. 涡耗-概念（EDC）模型[54,55]：是涡耗散模型的延伸，细致的 Arrhenius 化学动力学在湍流中合并。

② 混合分数模型。混合分数方法假定气相反应由反应物的混合速度决定而不是反应动力学，气体的组成可以通过局部单元的组成和能量水平通过 Gibbs 自由能最小化方法进行瞬时平衡计算得到。局部组成由入口边界和煤发生非均相反应释放出的气体决定，将煤发生非均相反应释放出的各个气体占总气体的质量分数定义为混合分数。气相的组分质量分数、温度和密度只是这些混合分数的函数式，而不是通过组分输送方程来计算[51]。

（2）气流床气化炉的数值模拟进展　气流床气化炉的模拟已有多年历史，最早采用的是一维模型，Wen[56]、Govind[57] 开发了 Texaco 气化炉的数学模型，Ni[58] 基于质量和能量守恒开发了 Shell 气化炉的数学模型，Vamvuka[59,60] 分析了操作条件对气化结果的影响，这些模型没有考虑颗粒相在气化炉内的循环运动。Wen 对气相流动采用全混流假设，对颗粒相采用活塞流假设，固相反应采用未反应核缩心模型，物料能量衡算示意见图 10-10。

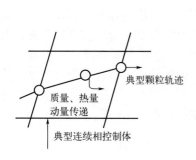

图 10-9　颗粒相反应与气相之间的交互作用

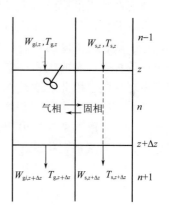

图 10-10　计算微元内的热量和质量平衡

随着计算流体力学技术和计算机技术的发展，各种商用流体力学软件相继出现，有代表性的是 PCGC[61,62]、Fluent[51,63] 和 CFX[64]，为气流床气化炉的数值模拟创造了条件，研究者只需将自己的重点集中到有关气流床气化的基础反应模型的开发，而不是有关湍流反应流、偏微分方程数学模型的求解和网格划分上。最近发表的气流床气化炉数值模拟相关文献见表 10-7。共同点是都采用三维模型，但在颗粒相模型、气相湍流反应、脱挥发分和固相反应等方面存在很大差别。

表 10-7　气流床气化炉数值模拟文献

作者（出版年份）	颗粒相	气相湍流反应	脱挥发分	固相反应
Chen[65-67]（2000）	Lagrange	混合分数＋MSPV	两步竞争反应[68]	多步平行反应[69]

作者(出版年份)	颗粒相	气相湍流反应	脱挥发分	固相反应
Choi[70](2001)	Lagrange	EBU	平行反应	未反应核缩芯模型[56]
Watanabe[71](2006)	Lagrange	EBU	单步反应	随机孔模型[72]
吴玉新[73](2007)	Lagrange	简单混合分数	单步反应	—
Vicente[74](2003)	Euler	EBU	单步反应	多步平行反应[69]

10.3.1.4 混合模型

由于综合模型在求解方面的困难，其应用范围受到了一定的限制，至今还很难直接应用于工程设计。基于对气化炉内速度、浓度与停留时间分布的研究，借鉴微观混合问题的研究结果，王辅臣及其合作者[75]提出了气流床气化炉的混合模型。

(1) 气相物料的混合模型　气流床气化过程中，除残炭的气化反应外，其他反应基本上属于快反应。但从总体上讲，因受停留时间分布的影响，停留时间低于宏观或微观混合时间尺度的这一部分物料将无法充分反应，其宏观表现似乎是化学反应未达到平衡。笼统地用平衡温距加以描述，其结果当然无法与实际相符。在进行气化炉气相物料的计算时，必须从停留时间分布的角度出发，考虑到微观混合与宏观混合的时间尺度。

(2) 残炭量的计算模型　气化炉出口的残炭量与液滴和颗粒在炉内的经历有关。尽管渣油液滴的蒸发和残炭的形成与水煤浆液滴中水分的蒸发及挥发分的析出过程有所不同，但从机理上讲有其共性，可认为液滴和颗粒在炉内的气化过程经历了下列步骤：①颗粒与液滴的湍流弥散；②颗粒与液滴的对流加热；③颗粒与液滴的辐射加热；④液滴蒸发与颗粒中挥发分的析出；⑤挥发产物的气相反应；⑥残炭的多相反应；⑦灰渣的形成。但是，由于每个阶段的速率不尽相同，因此上述过程对颗粒反应的影响也有大有小，液滴和颗粒的弥散和传热与炉内流动特征密切相关，而炉内主要组分的气相化学反应又为微观混合过程所控制。因此，残炭量的计算既要考虑炉内的流动特征，又要涉及炉内的宏观混合（影响浓度分布和停留时间分布）和微观混合状况。

水煤浆气化过程中，气化炉出口残炭量占煤中总有效成分量的分数可用下式计算。

$$Y_T = \int_0^{t_{crit}} (1-V_\infty)\left(1+\frac{V_\infty R_c}{R_v}-R_c\right)E(t)\mathrm{d}t \tag{10-27}$$

$$t_{crit} = \frac{R_v+V_\infty R_c}{R_v R_c}$$

式中，V_∞ 为挥发分析出的总量；R_v 为挥发分析出速率，kg/(kg·s)；R_c 为残炭的反应速率，kg/(kg·s)；其计算方法可参阅文献[76]。

当脱挥发分的速率远大于残碳的气化速率时，$R_c/R_v \to 0$，$t_{crit} \to 1/R_c$，从而上式简化为

$$Y_T = \int_0^{\frac{1}{R_c}} (1-V_\infty)(1-R_c)E(t)\mathrm{d}t \tag{10-28}$$

10.3.1.5 降阶模型

由于基于反应器网络的气化炉降阶模型具有计算简便、接口灵活、适用性广的优点，近两年在国内外气化炉工程模拟方面受到了广泛的关注。Monaghan 等对 GE、MHI 等多种类型的气化炉建立的降阶模型[77]并进行了敏感性分析[78]和动态模拟[79]。杨志伟等用反应器网

络模型研究了清华大学两段给氧气化炉的动态特性[80]。Gazzani 等则建立了 Shell-Prenflo 气化炉的降阶模型[81]。以气化炉流动特征及气化炉混合模型为基础,李超等又提出了分区网络的多喷嘴气化炉降解模型[82,83],并在多喷嘴水煤浆气化炉及其他气化炉的数学模型逐渐得到应用。

10.3.2　基于混合模型的水煤浆气化炉模拟[75]

10.3.2.1　操作值与模拟值的比较

前面讨论混合模型用于渣油气化炉模拟时的计算结果,本节将利用其对水煤浆气化炉进行模拟。选择 A、B、C 三厂的气化炉作为模拟对象,各个厂家的工艺操作条件与所用煤的元素组成列于表 10-8。模拟值与操作值的比较见表 10-9。

表 10-8　煤的组成与操作条件

项目	A 厂	B 厂	C 厂
元素分析(质量分数)/%			
C	71.10	68.83	68.38
H	3.90	4.38	4.33
N	1.10	1.21	0.49
S	0.54	0.95	0.03
O	8.00	6.96	9.24
灰分	15.40	17.67	17.41
高热值/(kJ/kg)	27991.0	28139.0	27691.0
操作压力/MPa	3.80	2.60	2.06
煤浆质量分数/%	64.0	63.8	64.0
氧碳比/(m³/kg)	0.901	0.923	0.895

表 10-9　操作值与模拟值的比较

项目	A 厂		B 厂		C 厂	
	操作值	模拟值	操作值	模拟值	操作值	模拟值
出口温度/℃	1483～1450	1464		1483	1390	1426
气体组成(体积分数)/%						
H_2	31.80	33.97	34.65	34.43	38.10	37.76
CO	48.60	47.18	44.57	46.42	41.70	44.12
CO_2	18.90	17.98	20.56	18.11	19.80	17.71
H_2S		0.23	0.23	0.33	0.04	0.03
COS		0.01		0.02		0.01
CH_4	0.007	0.007	0.01	0.008	0.10	0.03
$Ar+N_2$		0.39	0.25	0.43	0.64	0.23
NH_3		0.23		0.25		0.12
HCN		0.008		0.01		0.004
HCOOH		0.00001		0.00001		0.00001

10.3.2.2 工艺条件对气化炉出口温度与组成的影响

以 A 厂为例，考察了水煤浆气化炉出口温度与组成随煤浆含量与氧碳比的变化情况。

（1）氧碳比的影响 图 10-11～图 10-14 分别给出了不同煤浆含量下，气化炉出口温度、每千克煤有效气产率以及比氧耗与主要成分随氧碳比的变化。

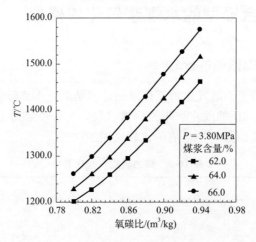

图 10-11 不同煤浆浓度下出口温度随氧碳比的变化

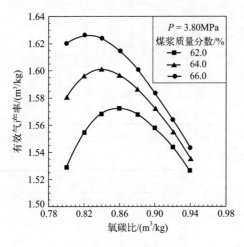

图 10-12 不同煤浆浓度下
有效气产率随氧碳比的变化

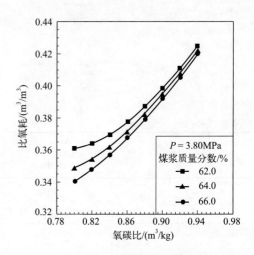

图 10-13 不同煤浆浓度下
比氧耗随氧碳比的变化

从图 10-11 可见，氧碳比每升高 0.01，气化炉出口温度约升高 15℃；图 10-12 则表明，有效气产率随氧油比的变化有一最佳值，随水煤浆含量的不同，对应的氧碳比在 0.84～0.86 之间，但是氧碳比的选择还要考虑煤的灰熔点；图 10-13 显示，比氧耗随氧碳比的下降而下降；从图 10-14(a)～(c) 可见，H_2 含量随氧碳比的增加而降低，CO 和 CO_2 含量的变化趋势正好相反。

（2）煤浆含量的影响 图 10-15～图 10-18 分别给出了不同氧碳比下，气化炉出口温度、每千克煤有效气产率、比氧耗与主要成分随水煤浆含量的变化。

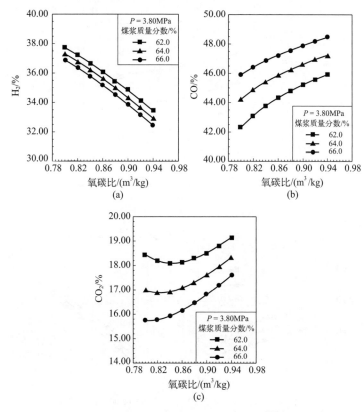

图 10-14　不同煤浆浓度下出口气体组成随氧碳比的变化

从图 10-15 可见，水煤浆质量分数每升高 1%，气化炉出口温度约升高 25℃；图 10-16 则表明，有效气产率随水煤浆质量分数的升高而增加，但在水煤浆质量分数较高时，升高的幅度趋缓。图 10-17 显示，比氧耗随水煤浆浓度的升高而下降；从图 10-18（a）～（c）可见，H_2 和 CO_2 含量随水煤浆质量分数的增加而降低，而 CO 含量的变化趋势正好相反。

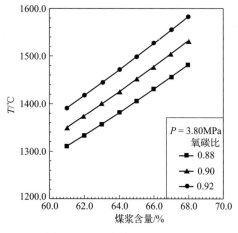

图 10-15　不同氧碳比下出口
温度随煤浆含量的变化

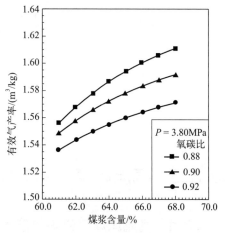

图 10-16　不同氧碳比下有效气
产率随煤浆含量的变化

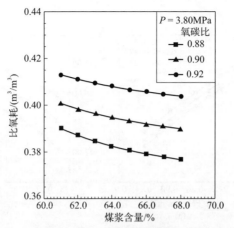

图 10-17　不同氧碳比下比氧耗随煤浆含量的变化

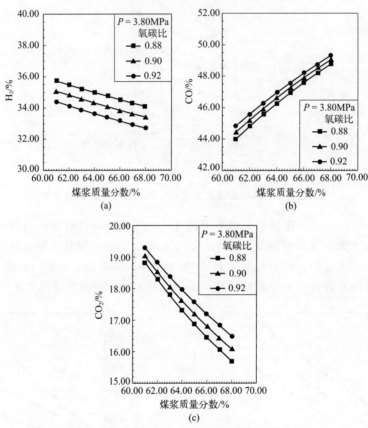

(a)　(b)

(c)

图 10-18　不同氧碳比下出口气体组成随煤浆浓度的变化

10.3.3　气流床煤气化炉数值模拟

10.3.3.1　气流床煤气化炉数值模拟描述

（1）气流床气化炉内化学反应

① 颗粒脱挥发分模型　颗粒脱挥发分过程采用两步竞争反应模型，速率如式（10-29）

所示

$$m_v = m_c (a_1 \beta_{v_1} e^{-E_{v_1}/RT_p} + a_2 \beta_{v_2} e^{-E_{v_2}/RT_p}) \tag{10-29}$$

式中，m_c 为挥发分的质量；T_p 为颗粒温度；模型参数[84] $a_1=0.3$，$\beta_{v_1}=2\times10^5$，$E_1=1.046\times10^8$；$a_2=1$，$\beta_{v_2}=1.3\times10^7$，$E_2=1.674\times10^8$。挥发分产物由 CH_4、CO、CO_2、H_2、H_2O、N_2 组成，具体含量按 David 煤裂解模型思想[85]，根据元素分析，用元素平衡方法进行估算。

② 颗粒表面反应模型　颗粒表面反应速率 R 可用式(10-30)表示。式中，D_0 为扩散系数；C_g 为气相中平均气体浓度；C_s 为颗粒表面的平均气体浓度；R_c 为木征化学反应速率系数；N 为反应级数。由于 C_s 是未知的，R 转化式见式(10-31)。

$$R = D_0(C_g - C_s) = R_c(C_s)^N \tag{10-30}$$

$$R = R_c \left(C_g - \frac{R}{D_0}\right)^N \tag{10-31}$$

图 10-19 描述了多相湍流反应流中的反应颗粒，T_p 为颗粒表面温度；T_∞ 为气相温度。Fluent[51] 用以下方程表示在气相物质 n 中颗粒表面物质 j 的第 r 个反应的速率[53]。在这种情况下，反应 r 的化学计量表达式描述为

颗粒组分 $j(s)$ + 气相组分 $n \longrightarrow$ 产物

反应的速率为

$$\bar{R}_{j,r} = A_p \eta_r Y_j R_{j,r} \tag{10-32}$$

$$R_{j,r} = R_{\text{kin},r} \left(p_n - \frac{R_{j,r}}{D_{0,r}}\right)^{N_r} \tag{10-33}$$

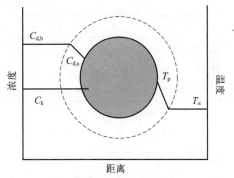

图 10-19　多相湍流反应流中的颗粒

式中，$\bar{R}_{j,r}$ 为颗粒表面物质的消耗速率，kg/s；A_p 为颗粒表面积，m^2；Y_j 为颗粒状态的表面物质 j 的质量分数；η_r 为效率因子（无维）；$R_{j,r}$ 为单位面积的颗粒表面物质反应速率，$kg/m^2 \cdot s$；p_n 为气相物质的分压力，Pa；$D_{0,r}$ 为反应 r 的扩散速率系数；$R_{\text{kin},r}$ 为反应 r 的动力学速率（单位变化）；N_r 为反应 r 的显式级数。

效率因子 η_r 与表面积有关，可以用于多个反应中的每一个反应。$D_{0,r}$ 由下式给出

$$D_{0,r} = C_{1,r} \frac{[(T_p + T_\infty)/2]^{0.75}}{d_p} \tag{10-34}$$

式中，$C_{1,r}$ 为气体扩散控制常数。

反应 r 的动力学速率定义为

$$R_{\text{kin},r} = A_r T^{\beta_r} e^{-(E_r/RT)} \tag{10-35}$$

反应级数 $N_r=1$ 的颗粒表面物质消耗速率由下式给出

$$\bar{R}_{j,r} = A_p \eta_r Y_j p_n \frac{R_{\text{kin},r} D_{0,r}}{D_{0,r} + R_{\text{kin},r}} \tag{10-36}$$

反应级数 $N_r=0$ 时

$$\bar{R}_{j,r} = A_p \eta_r Y_j R_{\text{kin},r} \tag{10-37}$$

对于有多个气相物质与颗粒表面物质 j 反应，反应速率方程式

$$R_{kin,r} = \frac{A_r T^{\beta_r} e^{-(E_r/RT)}}{(p_{r,d})^{N_{r,d}}} \prod_{n=1}^{n_{max}} p_n^{N_{r,n}} \tag{10-38}$$

在气化炉内，热解后的半焦与氧气、CO_2、H_2O 和 H_2 发生非均相化学反应。由于焦炭与 H_2 的化学反应速率相对较小，故只考虑焦炭与氧气、CO_2 和 H_2O 的非均相反应。

$$C + \frac{1}{2}O_2 \xrightarrow{k_1} CO \tag{10-39}$$

$$C + CO_2 \xrightarrow{k_2} 2CO \tag{10-40}$$

$$C + H_2O \xrightarrow{k_3} CO + H_2 \tag{10-41}$$

采用式(10-30)～式(10-38)模拟颗粒表面的化学反应，非均相反应动力学参数如表 10-10 所示。β_r 为温度指数；A_r 和 E_r 为颗粒气化反应本征动力学指前因子和活化能；N 为反应级数。

表 10-10　非均相反应动力学参数

反应	$A_r/[g \cdot m^2/(Pa^N \cdot s)]$	$E_r/(J/kmol)$	N	β_r
$C + O_2$	300	1.3×10^8	0.65	0
$C + CO_2$	2224	2.2×10^8	0.6	0
$C + H_2O$	42.5	1.42×10^8	0.4	0

③ 气相化学反应　对于气相的化学反应主要有两部分，一是炉内合成气的燃烧反应，二是气体与水的变换反应，具体反应如下

$$CO + \frac{1}{2}O_2 \xrightarrow{k_4} CO_2 \tag{10-42}$$

$$H_2 + \frac{1}{2}O_2 \xrightarrow{k_5} H_2O \tag{10-43}$$

$$CH_4 + \frac{1}{2}O_2 \xrightarrow{k_6} CO + 2H_2 \tag{10-44}$$

$$CO + H_2O \xrightleftharpoons{k_7} CO_2 + H_2 \tag{10-45}$$

$$CH_4 + H_2O \xrightleftharpoons{k_8} CO + 3H_2 \tag{10-46}$$

表 10-11 所列为气相反应动力学参数。

表 10-11　气相反应动力学参数

项目	$A_r/[kg \cdot m^2/(Pa^N \cdot s)]$	$E_r/(J/kmol)$	β_r
k_4	6.8×10^{15}	1.68×10^8	0
k_5	2.2×10^{12}	1.67×10^8	0
k_6	3×10^8	1.26×10^8	0
k_{f_7}	4.1×10^{11}	1.68×10^8	0
k_{b_7}	5.12×10^{-14}	2.73×10^4	0
k_{f_8}	2.75×10^{10}	8.38×10^7	0
k_{b_8}	2.65×10^{-2}	3.96×10^3	0

（2）气流床气化炉模拟控制方程

① 气相控制方程　湍流模型采用 Realizable k-ε 模型。气相浓度和能量的输运方程如下

$$\frac{\partial}{\partial t}(\rho Y_i)+\frac{\partial}{\partial x_i}(\rho v_i Y_i)=\frac{\partial}{\partial x_j}\Big(\rho D_{i,m}+\frac{\mu_t}{Sc_t}\Big)\frac{\partial Y_i}{\partial x_j}+S_{Y_i} \tag{10-47}$$

$$\frac{\partial}{\partial t}(\rho h)+\frac{\partial}{\partial x_i}(\rho v_i h)=\frac{\partial}{\partial x_j}\Big(\frac{k_t}{C_p}\times\frac{\partial \varepsilon}{\partial x_j}\Big)+S_h \tag{10-48}$$

② 颗粒相控制方程　颗粒相控制方程采用 Lagrange 模型。

③ 湍流反应流模拟　对于气相化学反应，采用 EDC 模型[51]进行处理。EDC 模型是 EBU 模型的扩展。EDC 模型是由 Magnussen[54]于 1981 年提出的，其基本思想是气相化学反应由两个过程组成：一是湍流细微结构附近大涡团区域内，反应物混合后才能发生化学反应的混合过程，二是湍流细微结构中发生分子接触的化学反应过程；其中混合所需的时间比化学反应时间长，因此受混合速率控制。

湍流细微结构尺度的定义为

$$\xi^{*}=C_{\xi}\left(\frac{\nu\varepsilon}{k^{2}}\right)^{1/4} \tag{10-49}$$

式中，C_{ξ} 为结构尺度常数，取 2.317；ν 为运动黏度；k 和 ε 分别为湍动能及湍动能耗散率。模型中认为反应物在细微结构中的停留时间尺度为 τ^{*}。

$$\tau^{*}=C_{\tau}\left(\frac{\nu}{\varepsilon}\right)^{1/2} \tag{10-50}$$

式中，C_{τ} 为时间尺度长度，取 0.4082。其平均化学反应速率可表示为

$$R_i=\frac{\rho(\xi^{*})^{2}}{\tau[1-(\xi^{*})^{3}]}(Y_i^{*}-Y_i) \tag{10-51}$$

对于大于时间尺度 τ^{*} 后进行的化学反应，其反应速率按 Arrhenius 公式计算，其表达式为

$$R_{i,r}=(\nu_{i,r}''-\nu_{i,r}')\Big(k_{f,r}\prod_{j=1}^{N_r}\big[C_{j,r}\big]^{\eta_{j,r}'}-k_{b,r}\prod_{j=1}^{N_r}\big[C_{j,r}\big]^{\eta_{j,r}''}\Big) \tag{10-52}$$

$$k_{f,r}=A_r T^{\beta_r}\exp\Big(\frac{-E_r}{RT}\Big) \tag{10-53}$$

$$k_{b,r}=\frac{k_{f,r}}{K_r} \tag{10-54}$$

$$K_r=\exp\Big(\frac{\Delta S_r^{\ominus}}{R}-\frac{\Delta H_r^{\ominus}}{RT}\Big)\Big(\frac{p_{atm}}{RT}\Big)^{\sum_{r=1}^{N_R}(\nu_{j,r}''-\nu_{j,r}')} \tag{10-55}$$

式中，$k_{f,r}$ 和 $k_{b,r}$ 分别为正、逆反应速率常数；$\nu_{i,r}'$ 和 $\nu_{i,r}''$ 分别为正逆反应中的化学方程系数；对于不可逆反应，$k_{b,r}=0$ $\nu_{i,r}''=0$。$\eta_{i,r}'$ 和 $\eta_{i,r}''$ 分别为正逆反应中的组分 i 的反应指数；$\Delta S_r^{\ominus}$ 和 $\Delta H_r^{\ominus}$ 分别为标准化学反应生成熵和焓；A_r 为指前因子；β_r 为温度指数；E_r 为化学反应活化能；其具体数值如表 10-11 所示。

④ 辐射模型　对于气流床气化炉，炉内含有 H_2O 和 CO_2，对辐射具有强烈的吸收作用。炉内的光学厚度 $aL>1$，因此可采用 P1 模型计算炉内的辐射传热。

$$-\nabla q_{r} = -\nabla(\Gamma \nabla G) = aG - 4a\sigma T^{4} \tag{10-56}$$

$$\Gamma = [3(a+\sigma_{s})]^{-1} \tag{10-57}$$

式中，$-\nabla q_{r}$ 为能量中的热源；σ 为 Stefan-Boltzmann 常数；发射系数 $\sigma_{s} = 0.14$；吸收系数 $a = 0.28\exp(T/1135)$。

10.3.3.2 多喷嘴对置水煤浆气化炉模拟

许建良等[86]以某厂实际操作的多喷嘴对置水煤浆气化炉为例，研究了气化炉负荷（设计投煤量的百分比）变化对气化结果的影响。在以前的大量模拟计算中，均用磨煤后的粒径分布作为水煤浆气化过程的粒径分布，忽略了喷嘴气速对雾化过程的影响，对于水煤浆气化过程，由于存在液滴的聚并，雾化后的粒径大小主要取决于喷嘴的雾化性能，多喷嘴对置水煤浆气化炉的模拟采用了实验所得到的雾化液滴分布模型[87,88]。

（1）多喷嘴对置水煤浆气化炉模拟参数

① 气化炉结构及网格　以某厂水煤浆气化炉为例进行模拟计算。气化炉炉膛内直径为 2820mm，采用耐火砖结构。对应的三维气化炉网格如图 10-20 所示。为了提高计算精度，喷嘴射流和撞击流区域的网格进行了加密。

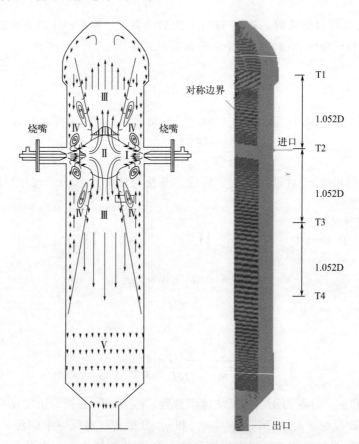

图 10-20　多喷嘴对置水煤浆气化炉结构示意及计算网格

② 煤质分析　原料煤为山东北宿煤，煤质分析数据如表 10-12 所示。

表 10-12 煤质特性

工业分析(干基,质量分数)/ %				元素分析(干基,质量分数)/ %						HHV(干基) / (MJ/kg)
M	A	V	FC	C	H	O	N	S		
0	12.61	23.18	64.21	70.62	5.54	7.87	1.29	2.19		29.6

③ 气化炉操作条件　气化炉不同负荷下喷嘴氧气流速及水煤浆液滴直径分布参数主要操作条件如表 10-13 所示。气化炉 100% 负荷（表 10-13 工况 Ⅱ）下主要操作条件见表 10-14。

表 10-13　气化不同负荷下喷嘴氧气流速及水煤浆液滴直径分布参数

项目	工况 Ⅰ	工况 Ⅱ	工况 Ⅲ	工况 Ⅳ	工况 Ⅴ
气化炉操作负荷	124%	100%	80%	66%	50%
喷嘴出口氧气流速/(m/s)	150s	121	97	80	60
液滴直径范围/μm	5~2300	5~2300	5~2300	5~2300	5~2300
平均直径(SMD)/μm	127	149	175	202	250
分布参数(N)	0.85	0.85	0.85	0.85	0.85

表 10-14　气化炉 100% 负荷（工况 Ⅱ）时的操作条件

参数	参数值	参数	参数值
操作压力/MPa	3.88	煤浆密度/(kg/m³)	1185.6
煤量(干基)/(t/d)	882	氧气流量/(m³/h)	24716
煤浆浓度(质量分数)/ %	60.5	氧气浓度(体积分数)/ %	99.96%

（2）模拟值与工业操作值的比较　表 10-14 给出了模拟的碳转化率、气体组成与工业操作值的比较，图 10-21 给出了近气化炉内壁面气相温度模拟值与工业操作值的比较，从表中和图中可以看出，模拟结果与工业操作值吻合良好，表明建立的模型和采用的方法是适宜的。

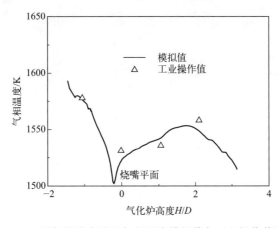

图 10-21　近气化炉内壁面气相温度模拟值与工业操作值比较

（3）喷嘴雾化性能对气化炉性能的影响　图 10-22 给出了从 127μm 到 250μm 的不同水煤浆粒径（SMD）下的气化炉性能。从图中可以看出，CO、H_2、CO_2、H_2O 的摩尔分数仅相差 0.8%~1.2% ［见图 10-22 （a）］。气体摩尔分数差异较小表明喷嘴的雾化性能对合成气组成影响不大。这一现象与工业气化炉的运行结果相吻合。然而，水煤浆液滴尺寸（SMD）对煤的碳转化率和有效气体（CO 和 H_2）产率有显著的影响。随着水煤浆粒径从 $127\mu m$ 增加到 $250\mu m$，碳转化率从 96.9% 增加到 99.1%，有效气体产率从每千克煤 $1.69m^3$ 增加到 $1.74m^3$。氧气（雾化介质）流速对气化炉性能有重要影响，当氧气速度高于 $120m/s$ 时，水煤浆液滴尺寸应当小于 $150\mu m$，气化炉的碳转化率高于 98.9%。

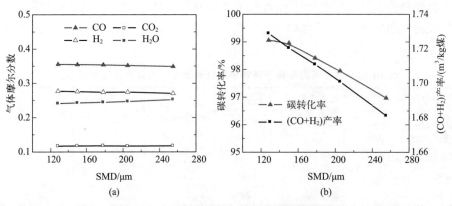

图 10-22　煤浆粒径对气化炉性能的影响

（4）颗粒运动特性　在气化炉中，热解后的大部分煤颗粒将与 H_2O 和 CO_2 反应。伴随着颗粒周围高温气体的传热，煤炭颗粒中的 C 转化为 CO 和 H_2，因此，颗粒物浓度分布是气化炉性能的关键参数。模拟得到的气化炉中颗粒浓度分布如图 10-23 所示，可以看出，在撞击区域和撞击射流区域中的颗粒浓度高于其他区域，而且，在撞击和撞击射流区域中的气体温度也高于其他区域（如图 10-24 所示）。这说明气体温度分布与颗粒浓度分布相一致，即高温区颗粒浓度高，多喷嘴撞击形成的这一特点有利于提高非均相反应速率和碳转化率。在射流区域，由于颗粒的运动及其弥散性，颗粒浓度降低，如图 10-25 所示，在撞击区域

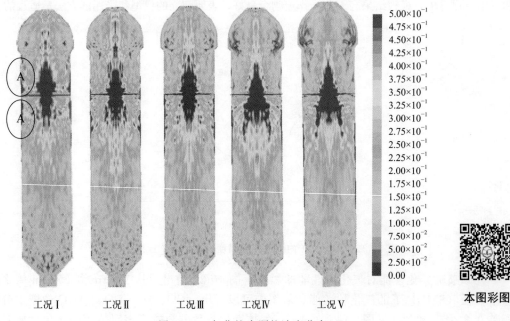

图 10-23　气化炉内颗粒浓度分布

中，由于四个煤颗粒流的混合和颗粒的往复振动，颗粒浓度增加。在撞击射流区域，煤颗粒经历化学和物理变化过程，然后被气流沿气化炉水平轴分散，颗粒浓度再次降低。

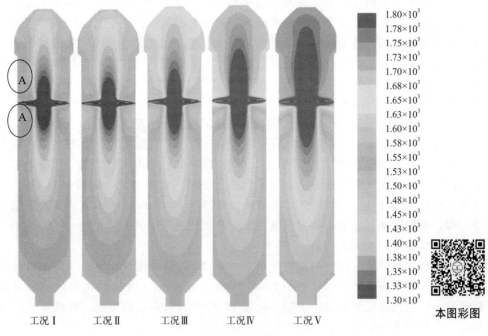

图 10-24　气化炉气相温度分布

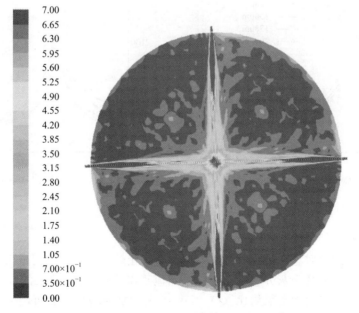

图 10-25　喷嘴平面颗粒浓度分布（kg/m³）

对于不同的水煤浆液滴尺寸（SMD），在喷嘴平面上方和在喷嘴平面下方的颗粒分布是不同的。在工况 I、II 中，雾化剂（O_2）的流速高于 120m/s，水煤浆液滴尺寸较小，因此工况 I 和 II 的颗粒浓度在喷嘴平面两侧的流股区域中几乎对称。而对于工况 III～V 中，O_2

流速小于 100m/s，煤浆雾化粒径较大，喷嘴平面的两侧流股颗粒浓度分布不对称，这是由于较大的颗粒尺寸和相对较小的气体速度减小了对颗粒的阻力。

（5）喷嘴平面内气相温度分布　在喷嘴平面内，由于 O_2 与 CO 和 H_2 的燃烧，存在四股高温火焰。按照常理而言，喷嘴平面周围的壁面温度应该高于其他区域，但事实却与之相反，喷嘴平面周围的壁面温度较其他区域更低。在喷嘴平面内，由于大惯性力的作用，一些较大的煤焦颗粒穿过射流区和撞击区而到达相反的壁面区，以及回流区和折返流区煤粉颗粒裹挟回喷嘴平面附近导致喷嘴平面区域颗粒富集，如图 10-23 所示（A 区域）。这种高浓度颗粒富集使得该区域温度低于其他区域的原因（见图 10-21 和图 10-24），这对延长喷嘴平面周围耐火砖寿命有重要作用（这一模拟结果与工业生产中耐火砖寿命分布基本吻合）。

图 10-26 为喷嘴平面射流轴向的气体温度分布图。在射流区，由于气相燃烧和辐射的作用，气体温度随着射流的扩展而升高，在 $R/D=0.1$ 时达到最大值，此时燃烧反应结束，随后由于水煤浆液滴蒸发和脱挥发分导致温度下降。结果表明，随着煤浆雾化粒径的增加，气体温度也随之升高。在射流区，当液滴温度高于 500K 时，水煤浆液滴发生蒸发和脱挥发分过程，模拟结果还表明，蒸发、脱挥发分和气化速率随液滴粒径的增大而减小，射流区温度随液滴粒径的增大而升高。

（6）沿气化炉轴向的气相温度分布　图 10-27 为沿气化炉轴线的气体温度分布，研究发现，撞击区温度高于 2000K（如图 10-26 所示），并且由于煤焦气化和射流夹带作用，温度随着撞击折射流的发展沿轴向下降。从图 10-27 中可以明显地看出，煤浆雾化粒径对轴线上温度分布影响十分显著。

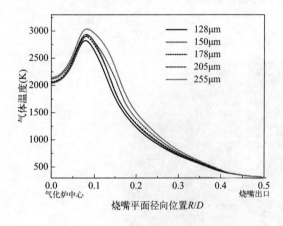
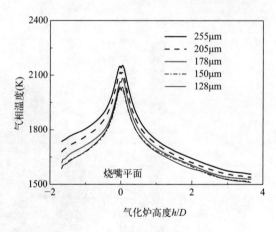

图 10-26　喷嘴平面沿射流轴向的温度分布　　　图 10-27　气化炉轴向温度分布
　　　　　　　　　　　　　　　　　　　　　　　　　（$h/D=0$ 为对置喷嘴平面）

（7）煤浆雾化粒径对气化炉出口温度的影响　气化炉出口气体温度是液态排渣气化炉的关键操作参数，其值应高于灰分的熔点（一半用流动温度表示），前人的大量的实验和模拟均表明，气化炉出口温度随着氧煤比（O_2/CWS）的增加而增加。然而，工业测量和新的模拟结果显示[86]，O_2 流速对出口气体温度也起着重要作用。随着 O_2 流速的降低，碳转化率和 O/C 比随之降低。这意味着气化炉出口温度升高，如图 10-28 所示。图 10-28 还给出了不同 O_2 流速下的气化炉其他区域的气体温度（拱顶、不同热电偶位置）。在多喷嘴 B 气化炉中，气化炉穹顶顶部的气体温度（T_{top}）比出口温度（T_{out}）高约 80K，并且随着 O_2 流速的降低，这一温度差会增加。因此，在气化炉实际操作中控制喷嘴出口氧气速度至关重要。

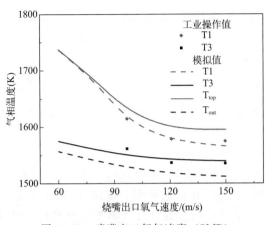

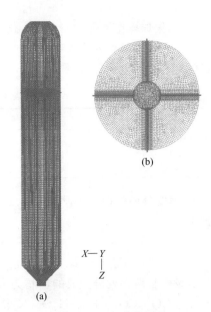

图 10-28　喷嘴出口氧气速度（SMD）
对气化炉顶部和出口的温度影响

图 10-29　气化炉网格

10.3.3.3　多喷嘴粉煤气化炉模拟[89,90]

（1）多喷嘴对置粉煤气化炉模拟参数

①气化炉结构及网格　以粉煤气化为例进行模拟计算。多喷嘴对置粉煤中试气化炉炉膛内直径为 900mm，采用耐火砖结构。对应的三维气化炉网格如图 10-29 所示，喷嘴安装位置在 $z=1$m 平面，喷嘴上部空间总高度为 1.5m，喷嘴下部空间总高度为 4.3m。为了提高计算精度，喷嘴射流和撞击流区域的网格进行了加密，总网格数量约为 84 万。

②煤质分析　原料煤为山东北宿煤，煤质分析数据如表 10-15 所示。

表 10-15　煤质分析

项目	原煤	粉煤	项目	原煤	粉煤
工业分析（质量分数）/%			CaO	12.930	
M	9.20	0.76	SO₃	9.767	
灰分	8.40	9.14	MgO	1.312	
挥发分	34.96	37.55	K₂O	0.665	
固定碳	47.44	52.55	TiO₂	0.619	
元素分析（质量分数）/%			P₂O₅	0.199	
C	74.06		SrO	0.187	
H	5.02		V₂O₅	0.097	
N	1.29		MnO	0.096	
S	3.51		ZnO	0.084	
O	6.91		Cr₂O₃	0.062	
灰分	9.21		CuO	0.035	
灰分组成（质量分数）/%			高热值/[kJ/kg（干基）]	30500	
SiO₂	36.341		煤灰熔点（流动温度）/℃	1240	
Al₂O₃	24.569				
Fe₂O₃	13.038				

③ 气化炉操作条件　粉煤中试气化炉主要操作条件如表 10-16 所示。粉煤及其载气、氧气和蒸汽经对置的四个喷嘴均匀地进入粉煤气化炉。粉煤及其载气速度为 8m/s，气化剂（氧气和蒸汽混合物）速度约为 70m/s，温度约为 180℃。

表 10-16　气化炉操作条件

项目	数值	项目	数值
气化方式	粉煤	输送气流量/[$m^3 N_2$/t（粉煤）]	125
气化炉压力/MPa	2.0	氧气流量/[$m^3 O_2$/t（粉煤）]	570
煤流量/[吨煤/天（干基）]	22	蒸汽流量/[kg/t（粉煤）]	180

④ 挥发分的处理　假设煤脱挥发分由以下两个反应完成，粉煤颗粒加热到 400℃ 后开始脱挥发分。

$$煤 \longrightarrow C_{灰分} + V_m + 0kJ/mol \tag{10-58}$$

$$V_m \longrightarrow \alpha_{1CH_4} + \alpha_{2CO} + \alpha_{3CO_2} + \alpha_{4H_2} + \alpha_{5H_2O} + \alpha_{6N_2} + \alpha_{7H_2S} + Q \tag{10-59}$$

假设颗粒脱挥发分生成的产物为一虚拟组分 V_m，在反应系统中按式（10-59）迅速分解为 CH_4、CO、CO_2、H_2、H_2O、N_2、H_2S。按文献 [85] 的方法将挥发分分解后，得到挥发分的系数为表 10-17 所示。

表 10-17　挥发分系数

组分	系数	组分	系数
CH_4	0.596	H_2O	0.004
CO	0.16	N_2	0.023
CO_2	0.026	H_2S	0.055
H_2	0.004	挥发分分子量	17.754

对挥发分除了确定其元素组成外，还需确定其反应（10-59）的反应热，可由反应物和反应产物的标准燃烧热或者标准生成焓来计算。表 10-18 列举了计算挥发分标准燃烧热或者标准生成焓须用到的相关物性数据，据此计算的挥发分标准燃烧热（低位）为 564.25kJ/mol，挥发分标准生成焓（低位）为 62.85kJ/mol。

表 10-18　挥发分标准燃烧热和标准生成焓计算基础数据

组分	低位燃烧热量/(kJ/m^3)	低位燃烧热量/(kJ/mol)	高位燃烧热量/(kJ/mol)	标准生成焓/(kJ/mol)
H_2	−10780	−241.472	−285.85	0
CO	−12628	−282.8672	−282.867	−110.54
CH_4	−35861	−803.2864	−892.042	−74.85
SO_2	—	—	—	−296.85
H_2S	−23354	−523.1296	−567.508	−20.17
C	—	−393.51	−393.51	0
CO_2	0	0	0	−393.51
$H_2O(g)$	0	0	0	−241.472
$H_2O(l)$	0	0	0	−285.85
煤（干基）	—	29386kJ/kg	30500kJ/kg	—

（2）多喷嘴对置粉煤气化炉模拟结果

① 模拟结果与实验数据比较　对耐火砖结构气流床气化炉，能直接测量的数据为气化炉温度和气体组成。表 10-19 给出了合成气组成和温度的中试试验数据和模拟数据比较。从表中可以看出，模拟数据与工业数据基本吻合，表明了建立的煤气化模型可以运用于气流床

气化炉热态模拟。

表 10-19 粉煤中试气化炉数值模拟结果与实验数据比较

工况	气化温度/℃	粗合成气组成(干基,体积分数)/%				
		CO	H₂	CO₂	N₂	CO+H₂
Exp1	1310	60.55	30.64	2.44	6.4	91.19
Exp1	1331	61.63	29.56	2.06	6.4	91.19
Simu	1259	58.07	32.42	2.12	7.30	90.49

② 气化炉内速度分布　图 10-30 给出了气化炉内轴向截面速度分布等值线图,图 10-30 (a)为热态气化炉模拟结果,图 10-30(b)为冷态气化炉模拟结果(未考虑化学反应和颗粒相)。热态和冷态气化炉流场基本相同,炉内存在射流区、撞击区、撞击流股区、折返流区、回流区和管流区[91]。但冷态气化炉内速度较热态时低,是由于气化炉内发生化学反应总气量增加、同时温度升高所致。

图 10-31 给出了冷态和热态气化炉的轴线速度分布,热态气化炉内的速度高于冷态时的速度,撞击流股的最大速度热态气化炉约为冷态气化炉的 2 倍。喷嘴上部、下部空间分别存在很大的回流区域,上部空间全为回流区,下部空间回流区长度约为气化炉直径的 2 倍。对热态气化炉,从气化炉平推流段速度为 0.2~0.5m/s,气化炉出口速度约为 6m/s。

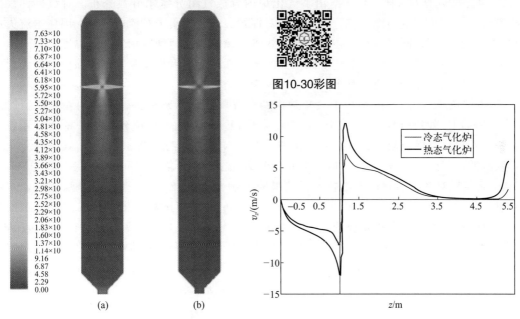

图10-30彩图

图 10-30　气化炉内轴向截面速度分布等值线图　　　　图 10-31　气化炉轴线速度

③ 气化炉内温度分布　图 10-32 给出了气化炉内炉体轴向截面、喷嘴平面温度分布。从图中可以看出,高温区域在射流的边界,因氧气与卷吸进来的合成气发生急剧燃烧反应,温度迅速升高,火焰主体温度约 3500~3800K,气化炉壁面温度约为 1530K,与中试实验数据基本吻合。除燃烧区外,炉内温度分布均匀,主要是因炉内回流所致。

图 10-33 给出了气化炉内轴线温度分布。沿轴线,撞击区温度最高约为 1900K,较气化炉顶部和出口温度高约为 400K。在气化炉喷嘴下部空间回流区结束后,气化炉内温度趋于均一。

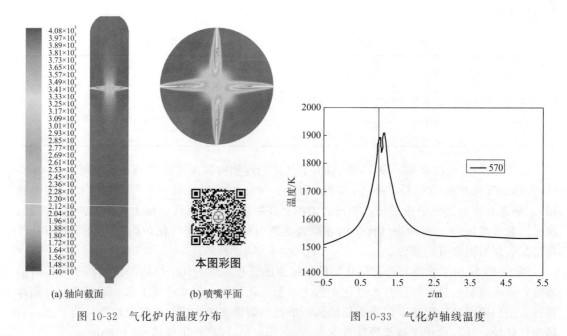

(a) 轴向截面	(b) 喷嘴平面

图 10-32　气化炉内温度分布

图 10-33　气化炉轴线温度

④ 组分浓度分布　图 10-34 给出了气化炉内合成气组分摩尔分数分布。对氧气，仅离开喷嘴后的非常小的空间发生完化学反应；对挥发分，主要集中在撞击区域，因撞击流失的颗粒在撞击区富集，同时颗粒经在射流区加热进入撞击区已达到脱挥发分的温度；对水蒸气和二氧化碳，最高浓度出现在氧气射流消失的最前端；对一氧化碳和氢气，除撞击区和射流区外，因炉内回流和卷吸使得整个炉内分布较为均匀。

⑤ 颗粒轨迹　图 10-35 给出了气化炉内两个煤颗粒的运动轨迹，分别用颗粒停留时间[图 10-35(a)]、颗粒质量[图 10-35(b)]变化来标识。假设当颗粒碰到气化炉壁面，颗粒被捕获，将不再进行颗粒轨迹计算。入气化炉单个颗粒的质量约为 7.33×10^{-10} kg，碳完全转化后颗粒的质量约为 8.69×10^{-11} kg，颗粒达到碳完全转化所需的时间为 0.4~1s。

⑥ 氧煤比对多喷嘴对置气化炉模拟结果的影响　表 10-20 给出了三个氧煤比下，多喷嘴对置气化炉气化室出口气体组成和温度，图 10-36 为氧煤比对气化炉轴线温度分布的影响。除氧煤比外，三个模拟工况的其他参数均相同，见表 10-16。在氧煤比可行操作范围内，撞击流股的温度在 1800~2000K。随氧煤比增大，拱顶温度和气化室出口温度增大；出气化室粗合成气中 CO 和 H_2 含量减小，CO_2 和 H_2O 上升。氧煤比每升高 $0.01m^3$/kg 煤，气化温度大约升高 30~40℃，变化规律与文献[92]模拟数据基本吻合。

表 10-20　氧煤比对气化炉出口气体组成和温度的影响

工况	氧煤比/(m³/t)	拱顶温度/℃	气化室出口温度/℃	粗合成气组成(湿基,体积分数)/%			
				CO	H₂	CO₂	H₂O
1	550	1178	1192	57.11	32.23	1.39	2.02
2	570	1238	1259	56.28	31.42	2.06	3.08
3	590	1317	1335	55.54	30.33	2.77	4.22

⑦ 喷嘴上部空间高度对多喷嘴对置气化炉模拟结果的影响　喷嘴上部空间高度是气化炉结构设计的重要参数，决定气化炉上部空间内的速度分布和温度分布，进而影响耐火砖的

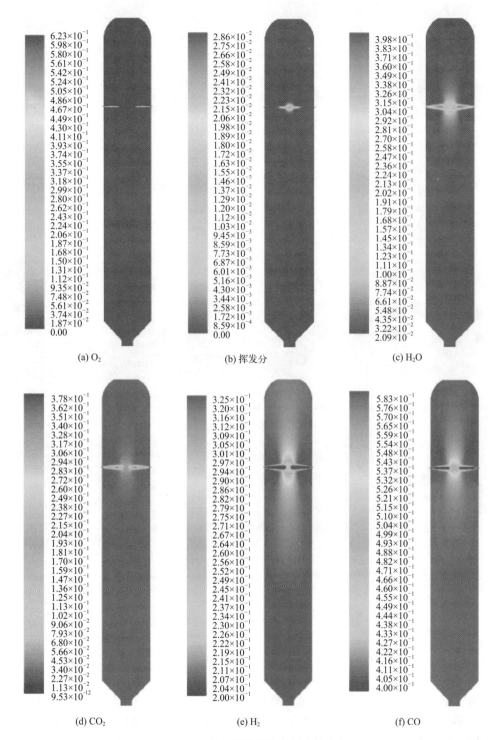

(a) O_2 (b) 挥发分   (c) H_2O

(d) CO_2 (e) H_2 (f) CO

图 10-34　气化炉内组分摩尔分数分布

使用寿命。图 10-37～图 10-40 给出喷嘴上部空间总高度分别为 1.5m（喷嘴上部空间总高度/气化炉直径＝1.67）和 1.0m（喷嘴上部空间总高度/气化炉直径＝1.11）下气化炉内速度和温度的分布情况，气化炉操作参数见表 10-19。

图10-34彩图

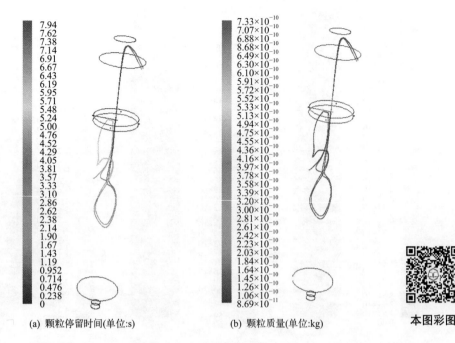

(a) 颗粒停留时间(单位:s)　　　　　(b) 颗粒质量(单位:kg)　　　　　　本图彩图

图 10-35　典型颗粒轨迹

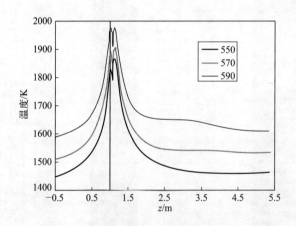

图 10-36　氧煤比对气化炉轴线温度的影响

图 10-37 给出了不同喷嘴上部空间高度下气化炉内速度分布,从图中可看出,喷嘴上部空间减小,拱顶附近区域的向上撞击流和向下折返流速度明显变大。对图 10-38 所示的喷嘴上部空间气化炉轴线速度分布,在气化炉喷嘴上部空间总高度/气化炉直径从 1.67 降为1.11 时,其气化炉封头内向上撞击流股的速度约增大 50%,其他位置轴线速度基本不变。也就是说,喷嘴上部空间的高径比对拱顶内速度分布影响显著,高径比变小,向上撞击流对气化炉拱顶将产生更大的冲刷力。

从图 10-39 和图 10-40 可以看出,喷嘴上部空间减小,气化炉拱顶附近区域的温度上升。在气化炉喷嘴上部空间总高度/气化炉直径从 1.67 降为 1.11 时,气化炉拱顶温度从1511K 上升到 1573K,增加约 60℃。

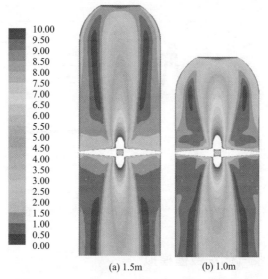

图 10-37 不同喷嘴上部空间高度下气化炉内速度分布（单位：m/s）

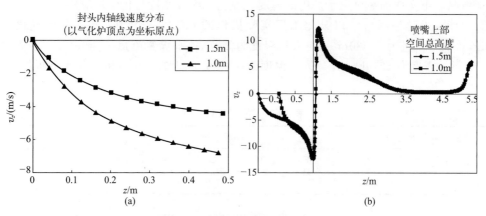

图 10-38 喷嘴上部空间高度对气化炉轴线速度的影响

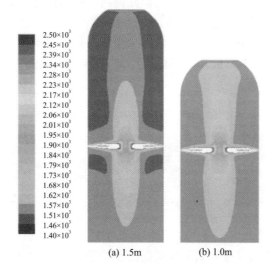

图 10-39 不同喷嘴上部空间高度下气化炉内温度分布（单位：K）

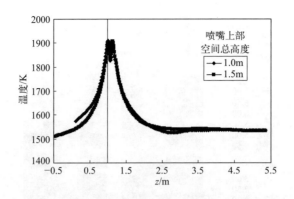

图 10-40 喷嘴上部空间高度对气化炉轴线温度的影响

10.3.3.4　GE 水煤浆气化炉数值模拟[91]

GE 气化炉是目前运用最为广泛的气流床气化炉之一，为了进一步认识气化炉内的流动与反应情况，下文详细地讨论了炉内的速度、温度、组分浓度与化学反应情况。

（1）计算工况与网格　以某化工厂实际操作的 GE 气化炉为对象，其中气化压力为 4.0MPa，氧气流量为 14530m^3/h，入口温度为 300K；水煤浆流量为 30m^3/h，水煤浆浓度为 60.51%，密度为 1210kg/m^3，入口温度为 330K，原煤的工业分析与元素分析如表 10-21 所示。

表 10-21　原煤分析数据

工业分析/%				元素分析/%					$Q_{HV,d}$/(MJ/kg)
M	A	V	FC	C	H	O	N	S	
3.2	6.32	35.04	55.44	73.1	4.4	11.93	0.8	0.25	28.58

计算区域与网格如图 10-41 所示，由于气化喷嘴尺寸与炉体尺寸相差很大，因此在喷嘴出口处进行局部加密。考虑到计算量与气化炉几何结构的对称性，计算区域取 1/4 的几何模型。通过计算分析网格数目对模拟结果的影响，最终取计算网格约 110000。喷嘴入口均采用质量入口，气化炉出口采用压力出口，切面采用对称性边界条件；壁面热损失按气化炉进口煤热值的 0.5% 计算。对于离散相，颗粒跟踪数目为 4800 个；除喷嘴壁面外，颗粒与壁面接触按捕获处理。

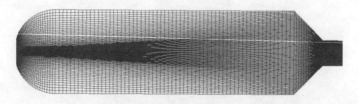

图 10-41　GE 气化炉计算网格

（2）模型验证　气流床气化炉属于高温高压反应器，对炉内热态流场的测量十分困难，目前能测量的数据为气化炉出口碳转化率、气体组成和温度。表 10-22 给出了气化炉出口的气体组成与温度的工业数据和模拟数据。从表中可以看出，模拟数据与工业测量数据吻合得很好，证明了该模型可以运用于 GE 气化炉热态模拟。

表 10-22 工业运行数据与模拟数据比较

项目	CO/%[①]	CO$_2$/%	H$_2$/%	CH$_4$/%	H$_2$S/%	C 转化率	T/K
工业数据	43.2	18.4	36.8	0.05	—	95	1513
模拟数据	44.7	18.47	36.34	0.014	0.096	95.8	1552

① 出口气体组成为干基，文中除特别说明外，出口组成均按干基计算。

（3）数值模拟结果与分析　GE 气化炉内属于同轴受限射流流场，炉内存在射流区、回流区和管流区，如图 10-42 所示。图 10-43 给出了气化炉轴向截面上的温度分布，从图中可以看出，气化炉内存在明显的火焰结构；喷嘴出口附近存在一个高温区（约 3100K），而火焰前端最高温度仅为 2000K 左右；在射流区与管流区内温度要比回流区内温度高，这与于遵宏等[93,94]的研究结论是一致的。另外从图 10-43 还可以得出，除火焰区域外，从气化炉顶到回流区底部，气化炉整体温度升高，在回流区底部达到最大值。

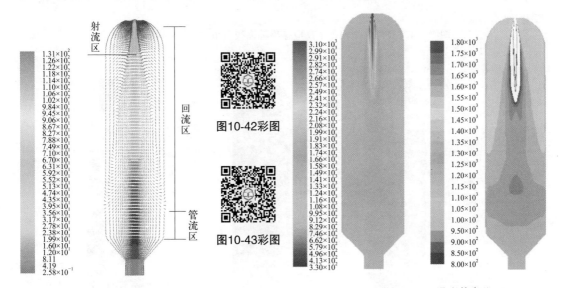

图 10-42　气化炉内速度矢量图　　　　　　图 10-43　气化炉内温度等高线图

炉内温度分布与化学反应是分不开的，为此对炉内化学反应进行了研究。图 10-44、图 10-45 分别给出了气化炉内均相与非均相化学反应速率等高线图。在喷嘴出口附近，高速射流的氧气与射流卷吸进来的高温粗水煤气发生燃烧反应，反应的结果导致喷嘴出口附近的射流剪切层内温度迅速升高。出喷嘴一段距离后，煤浆中水分被蒸发掉，煤颗粒发生脱挥发分、焦炭的燃烧反应以及和水、CO$_2$ 的气化反应（也称二次反应）。由于大部分氧气被粗水煤气燃烧消耗掉，而炉内富含大量的 CO$_2$ 和水蒸气，因此焦炭的二次反应在非均相反应中占主导地位。从图 10-45 可以看出，炉内的二次反应区域一直延伸到气化炉的中下部位，由于二次反应属于吸热反应，因此二次反应区内气体温度降低。在靠近喷嘴出口的火焰区内，燃烧反应产生大量的 CO$_2$，因此该区域内主要发生变换反应中的逆反应，而在火焰的其他部位，由于煤浆加热后产生大量的水，因此该区域内主要发生变换反应中的正反应；在气化炉的其他部位，化学反应基本平衡。以上这些反应区域的分析与文献[93,94]的结论基本一致。

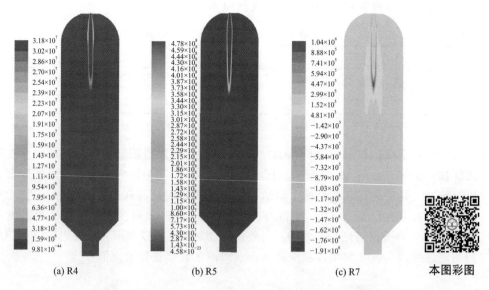

(a) R4   (b) R5   (c) R7   本图彩图

图 10-44　气化炉均相化学反应速率等高线 ［单位：$kmol/(m^3 \cdot s)$］

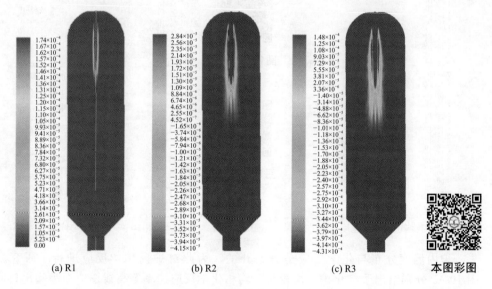

(a) R1   (b) R2   (c) R3   本图彩图

图 10-45　气化炉非均相化学反应速率等高线图（单位：kg/s）

　　图 10-46 给出了气化炉内 CO、H_2、CO_2、H_2O 和 O_2 等主要气体的体积分数等高线图。在火焰区中心区域，主要分布内通道射出的氧气和煤浆蒸发产生大量的水蒸气；在火焰的边缘，由于燃烧反应和二次反应的作用，产生 CO、H_2 和 CO_2，其中 CO_2 的含量要比 CO、H_2 高。在火焰外侧和火焰底部，CO_2 和 H_2O 减小，CO 和 H_2 含量增大，而氧气基本已被消耗完。在二次反应区域外，炉体气体基本达到平衡。图 10-47 给出了气化炉轴线上主要气体摩尔分数分布。

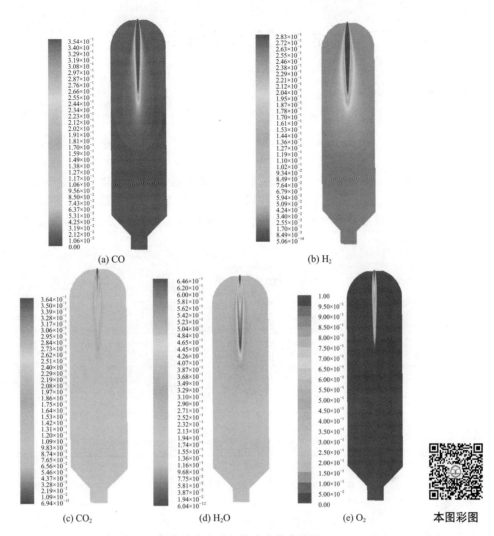

(a) CO   (b) H_2

(c) CO_2 (d) H_2O (e) O_2 本图彩图

图 10-46　气化炉内主要气体浓度等高线图

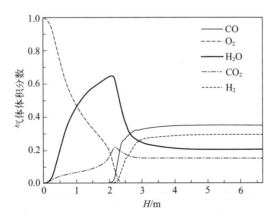

图 10-47　气化炉轴线上主要气体摩尔分数分布

10　气化炉及气化系统模拟　　　451

10.3.4 基于降阶模型的气流床气化炉模拟

10.3.4.1 降阶模型

综合模型计算量大、计算速度慢，难以应用于气流床气化炉动态过程模拟，为此李超等又提出基于分区网络的气流床气化炉降解模型，并应用于多喷嘴对置式水煤浆气化炉的模拟[82,83]。

基于本书第 3 章 3.4.3 节多喷嘴气化炉流动模型区，构建了气化炉反应器网络如图 10-48 所示，其中各分区的体积、气体操作态体积流量、颗粒持料量、颗粒流量以及由此算出的气相和颗粒相停留时间列于表 10-23。降阶模型中所用相关物性参数及子模型的详细介绍可参阅文献 [95]。

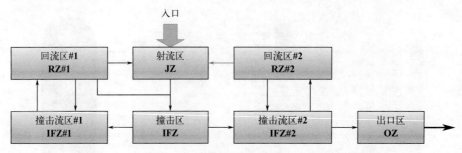

图 10-48 由气化炉流场结构得出的气化炉分区及分区间流动

表 10-23 气化炉中流动区域体积和流动参数

流动区间	射流区	撞击区	撞击流区 #1	撞击流区 #2	回流区 #1	回流区 #2	出口区
简称	JZ	IZ	IFZ #1	IFZ #2	RZ #1	RZ #2	OZ
分区类型	PFR	CSTR	PFR	PFR	CSTR	CSTR	CSTR
体积/m^3	0.1808	0.0744	4.1944	10.3952	10.7944	9.9272	4.7624
体积流量/(m^3/s)	10.162	10.162	9.4008	10.59	9.4008	4.2168	6.3732
气体停留时间/s	0.0178	0.0073	0.4462	0.9816	1.1482	2.3542	0.7473
质量/kg	13.500	0.5312	3.1252	5.6528	1.3536	1.3636	0.5656
平均质量流量/(kg/s)	28.659	17.8196	6.7128	6.638	6.13	2.0204	2.7332
颗粒停留时间/s	0.4711	0.0298	0.4656	0.8516	0.2208	0.6749	0.2069

10.3.4.2 基于降阶模型的多喷嘴水煤浆气化炉模拟

（1）模拟条件 基于某厂多喷嘴对置式气化炉工业运行数据，选用神府煤作为气化原料，其工业分析和元素分析见表 10-24，燃烧和气化反应动力学参数见表 10-25，煤浆中煤颗粒粒径分布见表 10-26。气化炉操作条件见表 10-27。

表 10-24 神府煤工业分析和元素分析

工业分析(干基)			元素分析(干基)					HHV(干基) /(kJ/kg)
FC_d	V_d	A_d	C_d	H_d	O_d	N_d	$S_{t,d}$	
57.74	33.41	8.85	75.93	4.24	9.90	0.88	0.20	29741

表 10-25 神府煤焦燃烧和气化反应动力学参数

反应	C—O$_2$[96]	C—CO$_2$	C—H$_2$O
A /(s^{-1}/MPa^n)	1.36×10^6	3.78×10^4	1.33×10^7
E /(kJ/mol)	130	178	226
n	0.68	0.53	0.60
Ψ	14	2	2

表 10-26 颗粒粒径分布

粒径/μm	20	40	60	80	100	200	500
质量分数/%	33.0	16.0	12.0	8.0	17.0	11.0	3.0

表 10-27 气化炉操作条件

参数	大小
压力(表压)/MPa	5.8
煤浆流量/(m^3/h)	72.0
煤浆浓度(质量分数)/%	60.5
煤浆密度/(kg/m)	1176
氧气流量/(m^3/h)	33960
氧气浓度(体积分数)/%	99.8

（2）模型验证 工业气化炉出口主要工艺结果和分区模型模拟结果的比较列于表10-28。可以看出，模拟值与工业装置实际运行结果吻合良好，表明建立的降阶模型是可靠的。

表 10-28 工业气化炉出口结果与分区模型模拟结果比较

	工业操作值	模拟值
H$_2$(体积分数)/%	32.98	33.81
CO(体积分数)/%	49.00	50.39
CO$_2$(体积分数)/%	17.02	15.21
碳转化率/%	98.0	98.3
气化炉出口温度/℃	1224	1230
比煤耗/[kg/1000m^3(CO+H$_2$)]	568	560
比氧耗/[Nm^3/1000m^3(CO+H$_2$)]	376	371

（3）气化炉温度分布 图10-49为分区模型模拟得到的气化炉各分区内温度分布。可以看到，由于建立气化炉分区模型时考虑到了气化炉的非轴对称结构，计算得到的气化炉温度分布近似于三维。由于射流中氧气和卷吸的回流流股中可燃组分的燃烧反应，模拟得到的气化炉最高温度在射流区与撞击区的交界处，最高温度为2374K，这与三维数值模拟得到的结果2423K较为接近，可见相对于一维模型，气化炉分区模型能够有效地捕捉到炉内温度分布的更多细节。由于撞击区附近温度高，燃烧和气化反应都十分剧烈，导致附近温度梯度很大。此外，炉内喷嘴截面以上炉腔温度高于喷嘴截面下部炉腔温度，这一趋势与工业上热电偶测量数据的趋势相吻合。导致这一结果的原因可能有以下两点：第一，由于气化炉上端封闭，其物料的回流比为1，完全的回流有利于能量的保存，其热量损失仅由壁面换热引起。而气化炉下部炉腔开放，大部分流股经出口流出气化炉，其气体回流比仅为0.4，出口的物

料携带大量显热流出气化炉，使气化炉下部温度较低；第二，可能与颗粒在上下撞击折射流中的分布有关，根据对热态 CFD 结果的统计，本章采用的撞击区出口上下撞击折射流中颗粒分配比例为 1 : 1.6，上行的撞击折射流中携带的颗粒较少，因此由于煤焦颗粒气化导致的吸热量也较少，导致炉膛上部温度偏高。

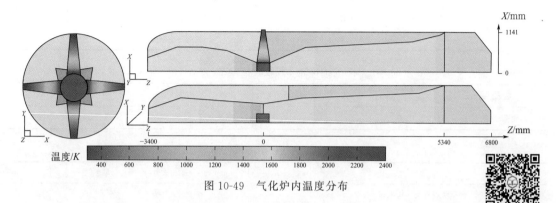

图 10-49　气化炉内温度分布

图10-49彩图

图10-50彩图

　　（4）气化炉气体组分分布　气化炉内气体组分分布见图 10-50。在射流区内，由于液滴中水的蒸发以及射流卷吸的回流组分和热解产物的燃烧，导致 H_2O 和 CO_2 含量迅速上升，在接近撞击区时达到最大。同时，CO 和 H_2 含量迅速降低，在射流区结束时接近于 0。且由于 H_2 燃烧反应速率比 CO 燃烧反应速率慢，导致射流区内大部分区域（特别是在前半段温度较低时），H_2 含量明

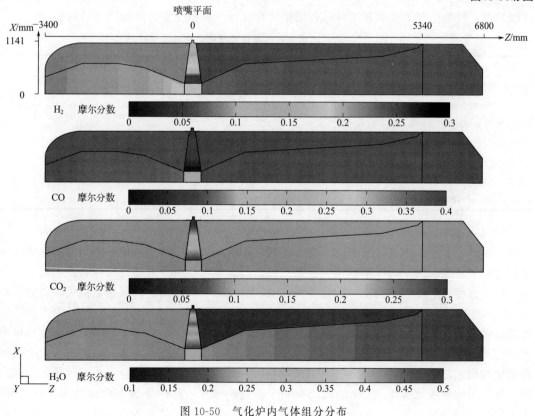

图 10-50　气化炉内气体组分分布

显高于 CO 含量。撞击区内是炉内气化反应发生最为剧烈、反应速率最大的区域，经过撞击区内气化反应后，H_2 和 CO 浓度有显著提高，CO_2 和 H_2O 浓度显著降低。在撞击折射流区内，由于大部分颗粒气化反应都已经完成，气相组分仅在接近撞击区部分变化较明显，大部分区域变化并不显著。气化炉回流区和出口区域中的气体组成基本接近与撞击折射流区出口浓度。

(5) 气化炉各区域颗粒碳转化率分布　图 10-51 给出了气化炉不同区域内的颗粒碳转化率分布，从结果中可以看出不同颗粒发生热解和气化的主要区域。如图 10-51(a)，射流区前半段颗粒均处于水分蒸发阶段，不同粒径颗粒碳转化率均为 0。射流区后半段，小颗粒蒸发过程率先结束，由于其热解速度较快，升温速度也较快，碳转化率升高显著，$20\mu m$ 颗粒在射流区结束时已接近完全转化，其热解、燃烧和气化过程均发生在射流区中。至射流区结束 $40\mu m$、$60\mu m$ 和 $80\mu m$ 颗粒碳转化率也均有所提高，$100\mu m$ 以上颗粒基本没有转化。至撞击区出口 [图 10-51(d)]，$60\mu m$ 以下颗粒均完全转化，$80\mu m$ 和 $100\mu m$ 颗粒碳转化率较低。$200\mu m$ 以上颗粒尚未转化，这些大颗粒的气化过程主要发生在撞击折射流区中，在这两个区域里，$100\mu m$ 以下颗粒的碳转化率均已达到 100% [图 10-51(b) 和(c)]。同时，在回流区出口，仅 $200\mu m$ 以上颗粒碳转化率较低，$200\mu m$ 颗粒碳转化率约 93%，$500\mu m$ 颗粒碳转化率仅为 80% [图 10-51(d)]。

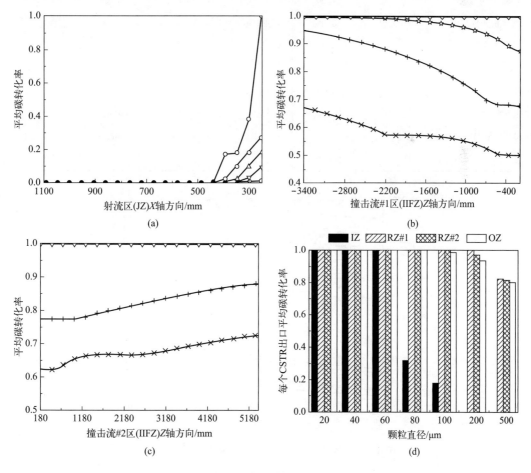

图 10-51　气化炉各区域颗粒碳转化率分布

（6）操作条件对气化结果的影响

① 氧碳比的影响　计算了氧碳比（进口氧气中氧元素与煤中碳元素摩尔比）从 0.89 增加到 0.97 时气化炉出口温度、气体组成和消耗指标，见表 10-29。可以看出随着氧碳比从 0.89 增加到 0.97，气化炉碳转化率增加 4.2%。氧碳比每增加 0.01，气化温度升高约 10～15℃。在氧碳比大于 0.95 后，碳转化率达到 99% 以上。同时可以看出气化炉出口合成气中 CO 含量随氧碳比增加略有升高，H_2 含量略有降低，CH_4 含量显著下降。

图 10-52 给出了气化炉各个区域出口温度随氧碳比的变化。可以看到整体温度随氧碳比的升高而升高。但射流区和撞击区温度在氧碳比从 0.93 升高到 0.95 的过程中变化不大，这主要是由于氧碳比升高导致上述两个区域中的煤焦的碳转化率升高显著，使气化温度上升不明显。对比图 10-53 所示的气化炉各区域出口总碳转化率随氧碳比的变化即可发现，氧碳比升高带来的碳转化率提高主要发生在射流区和撞击区中。其他区域由于碳转化率已达较高水平，所以提升并不显著。

表 10-29　氧碳比对气化结果的影响

项目	指标				
	O/C=0.89	O/C=0.91	O/C=0.93	O/C=0.95	O/C=0.97
H_2（体积分数）/%	34.80	34.36	33.81	33.34	32.71
CO（体积分数）/%	48.92	49.50	50.39	51.00	51.48
CO_2（体积分数）/%	15.52	15.44	15.20	15.10	15.28
CH_4（体积分数）/%	0.30	0.24	0.16	0.10	0.07
碳转化率/%	95.51	96.93	98.31	99.17	99.71
气化温度/℃	1173	1195	1229	1262	1297
比煤耗/[kg/1000m^3（CO+H_2）]	571.2	565.7	559.8	558.0	561.4
比氧耗/[m^3/1000m^3（CO+H_2）]	360.3	364.8	370.4	375.7	385.9

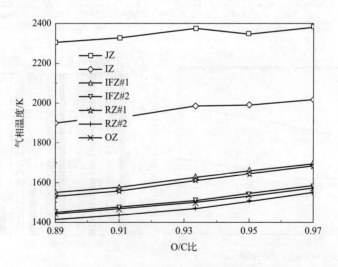

图 10-52　气化炉各区域出口温度随氧碳比的变化

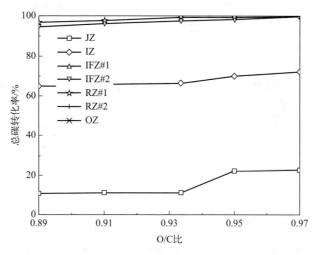

图 10-53　气化炉各区域出口总碳转化率随氧碳比的变化

② 煤浆浓度对气化结果的影响　表 10-30 给出了煤浆浓度对气化结果的影响。表格中前三列为保持氧碳比不变时的模拟结果，煤浆浓度从 59.5% 增加到 61.5%，气化温度提高约 30℃，碳转化率增加约 1%。煤浆浓度每增加 1%，1000m³ 有效气煤耗约降低 4kg、氧耗约降低 3m³。表 10-30 中后三列为保持气化炉出口温度不变时，气化结果随煤浆浓度增加时的变化。此时，煤浆浓度每增加 1%，1000m³ 有效气煤耗约降低 3kg，氧耗约降低 6m³。因此，煤浆浓度增加有利于提高气化炉性能。

表 10-30　氧气量不变时煤浆浓度对气化结果的影响

项目	指标					
	59.5%①	60.5%	61.5%	59.5%	60.5%	61.5%
H_2(体积分数)/%	34.09	33.81	33.53	33.85	33.81	33.79
CO(体积分数)/%	49.47	50.39	51.38	49.75	50.39	51.06
CO_2(体积分数)/%	15.80	15.20	14.51	15.79	15.20	14.54
CH_4(体积分数)/%	0.20	0.16	0.13	0.16	0.16	0.16
碳转化率/%	97.87	98.31	98.73	98.34	98.31	98.22
气化炉出口温度/℃	1215	1229	1246	1229	1229	1228
比煤耗/[kg/1000m³(CO+H_2)]	563.6	559.8	555.1	562.5	559.8	555.9
比氧耗/[m³/1000m³(CO+H_2)]	373.9	370.4	367.2	376.0	370.4	363.8

① 本行数值为煤浆浓度（质量分数）。

10.3.5　基于熔渣界面反应的气流床气化炉模拟

10.3.5.1　熔渣界面反应区

液态排渣技术是气流床气化炉采用的关键技术，煤中的灰分及未反应的半焦被气化炉壁面捕获，最终在耐火衬里表面形成熔融液态渣膜，在重力等作用下从下渣口排出气化炉。工业运行结果表明，从气化炉排出的液态渣层固化后，其内部仍含有部未反应的碳。研究发现，残炭的形成来源于部分气化或未反应完的颗粒[97]。目前对气化炉内炉膛内的气固两相反应与流动、壁面熔渣流动等复杂过程进行了广泛研究，但对被壁面捕获的半焦颗粒行为特征的研究开展很少。

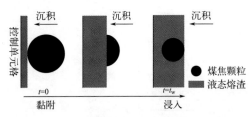

图 10-54　熔渣界面煤焦颗粒有限时间反应模型

为此在高温热台显微镜上开展了熔渣界面煤焦颗粒气化反应实验研究。图 10-54 给出了熔渣表面与炉膛空间的神府煤焦颗粒的碳转化率随时间的变化关系[98]。煤焦颗粒的完全转化所需时间随颗粒粒径增加而增大，且熔渣界面颗粒的碳转化率在相同反应时间下比煤焦颗粒的转化率高；两者比较时间发现，熔渣界面颗粒完全反应时间约为煤焦颗粒的二分之一，即缩短 50% 的反应时间，表明熔渣界面对颗粒气化反应有明显的促进作用。在工业气化炉中，液态熔渣界面沉积的碳颗粒仍然继续与近壁面气体反应[99]，或者被流动的渣层覆盖后转变为残炭[96]。碳颗粒沉积在液态熔渣表面，即在炉内的停留时间延长，增加被液态熔渣覆盖的概率，但是研究发现熔渣能够促进颗粒的气化反应。对于渣层覆盖与化学反应时间的关系，采用文献[100]提供的数据，一方面渣层覆盖导致界面更新，另一方面由于化学反应使得颗粒直径减小，因此壁面化学反应时间受壁面沉积量和颗粒转化率双重控制。

10.3.5.2　基于熔渣界面反应的综合模型

通过上述实验测试，结合气流床气化炉壁面熔渣沉积、流动、相变与传热过程分析，得出熔渣表面为气流床气化炉的第二反应场所[101]，提出了包括炉膛空间气固多相反应、熔渣界面反应和壁面熔渣流动与传热的综合气化反应模型。综合气化反应模型在本章 10.3.1 节传统综合模型基础上，增加了炉内颗粒直径与密度演化模型、熔渣界面反应模型和壁面熔渣流动模型。

（1）炉内颗粒直径与密度演化模型　热解过程中颗粒的直径演化对其有重要的影响，该模型包括两部分，一部分是颗粒受热膨胀，另一部分是颗粒在恒温热解过程中的收缩。

第一阶段，蒸发热解阶段：由于进入反应区的煤颗粒的升温速率很快，约 105K/s，因此颗粒膨胀过程可以表达为：

$$\frac{d_{\mathrm{p}}}{d_{\mathrm{p,0}}}=1+(C_{\mathrm{sw}}-1)\frac{(1-f_{\mathrm{w,0}}/)m_{\mathrm{p,0}}-m_{\mathrm{p}}}{f_{\mathrm{v,0}}(1-f_{\mathrm{w,0}}/)m_{\mathrm{p,0}}} \tag{10-60}$$

式中，d_{p} 为原煤粒径；$m_{\mathrm{p,0}}$ 和 m_{p} 为原煤颗粒质量和升温过程中颗粒质量；$f_{\mathrm{w,0}}$ 和 $f_{\mathrm{v,0}}$ 为原煤中挥发分和水分质量。

第二阶段为气化反应阶段，借鉴经典的 CBK 模型，构建气化过程中焦炭颗粒直径与密度演化模型[102,103]。焦炭的密度演化模型可以用下式表达：

$$\frac{1}{\rho_{\mathrm{Ch}}}=\frac{1-X_{\mathrm{A}}}{\rho_{\mathrm{C}}}+\frac{X_{\mathrm{A}}}{\rho_{\mathrm{A}}} \tag{10-61}$$

式中，ρ_{Ch} 为煤焦颗粒密度；ρ_{C} 和 ρ_{A} 为煤焦颗粒内的碳和灰的密度；X_{A} 为瞬态的灰质量分率；假设反应过程中灰密度保持不变，而碳密度随碳转化率发生变化，并满足下式：

$$\frac{\rho_{\mathrm{C}}}{\rho_{\mathrm{C0}}}=(m_{\mathrm{C}}/m_{\mathrm{C0}})^{a}=(1-X)^{a} \tag{10-62}$$

式中，m_{C} 为气化过程中碳的质量；X 为转化率；a 为收缩因子，其数值为 0.2；m_{C0}

和 ρ_{C0} 为热解完成后焦炭内部的碳的质量和密度。ρ_{C0} 可以根据热解完成后煤焦的密度 $\rho_{Ch,0}$、灰的密度 ρ_A 和灰的质量分数 $X_{A,0}$，采用式（10-61）进行推导，得到计算式（10-63）：

$$\rho_{C0} = \frac{1 - X_{A,0}}{1/\rho_{Ch,0} - X_{A,0}/\rho_A} \tag{10-63}$$

详细计算过程如下：

$$\rho_{Ch,0} = \frac{6M_{Ch,0}}{\pi d_{Ch,0}^3} \tag{10-64}$$

式中，$M_{Ch,0}$ 和 $d_{Ch,0}$ 为热解完成后的焦炭质量和直径，其计算方法为：

$$d_{Ch,0} = C_{sw} d_{p,0} \tag{10-65}$$

$$M_{Ch,0} = M_{p,0}(1 - f_{w,0} - f_{v,0}) \tag{10-66}$$

采用式（10-61）和式（10-62）对气化炉内的煤焦颗粒进行计算，将得到的数据与实验获得的煤焦反应中密度和直径数据[104]进行对比，结果说明该模型能很好地反映气化反应过程中颗粒直径和密度的演化。

（2）熔渣界面反应模型[101]　熔渣界面沉积颗粒的反应模型可以表达为：

$$R_{w,j} = C_0 R_j \quad \begin{pmatrix} t < t_{w,p}, C_0 = 2 \\ t \geqslant t_{w,p}, C_0 = 0 \end{pmatrix} \tag{10-67}$$

式中，R_j 为炉膛空间正常颗粒反应速率；C_0 为促进因子；$t_{w,p}$ 为界面反应时间常数，表示为沉积在熔渣表面的颗粒被熔渣覆盖的时间，可采用下式计算：

$$t_{w,p} = \frac{d_p}{m_{dr}/\rho_{dr}} \tag{10-68}$$

式中，d_p 为沉积颗粒的直径；m_{dr} 为气化炉壁面熔渣沉积率；$\overline{\rho_{dr}}$ 为沉积颗粒的平均密度。

炉膛空间正常颗粒反应速率可以按式（10-33）选取，也可以按随机孔模型（包括动力学反应、外扩散、内扩散等过程）进行描述，其表达式如式（10-69）所示[105]

$$\frac{dX}{dt} = \sum_{i=1}^{Nr} \eta_i A_i P_i^{n_i} e^{-E_i/RT_p} (1-X) \sqrt{1 - \Psi_i \ln(1-X)} \tag{10-69}$$

式中，X（$X = 1 - m_C/m_{C0}$）为焦炭碳转化率；m_C 和 m_{C0} 为热解后的焦炭质量和反应过程中的焦炭质量，另外，η_i、A_i、n_i 和 E_i 为有效因子、频率因子、反应指数和活化能。

（3）熔渣界面反应模型和壁面熔渣流动模型[101]　气化炉壁面上的熔渣沉积、流动与传热过程为动态过程，如图 10-55 所示。沉积在颗粒表面的熔渣厚度逐渐增大，形成液态渣膜。假设流动渣层为牛顿流体，可以在图所示的欧拉坐标下建立熔渣质量、动量和能量守恒方程。

① 质量方程　熔渣沉积过程的动量方程如式所示：

$$0 = \frac{m_{in,i} + m_{ex,i-1} - m_{ex,i}}{A_i} \tag{10-70}$$

$$m_{ex,i} = \int_0^{\delta_{l,i}} L_i v_i(x) dx = \int_{T_{o,i}}^{T_{cv}} L_i v_i(T) dT$$

式中，$m_{in,i}$ 为颗粒沉积流量；$m_{ex,i}$ 为流出质量；L_i 为单元格长度；δ_i 为熔渣厚度。

② 能量方程　控制体内的能量守恒为：

$$0 = q_{in,i} - q_{out,i} + \frac{m_{in,i} c T_{in,i} + q_{ex,i-1} - q_{ex,i}}{A_i} \tag{10-71}$$

$$q_{ex,i} = \int_0^{\delta_{il}} \rho L_i v_i(x) C \overline{T_i}(x) dx \tag{10-72}$$

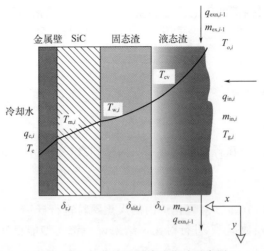

图 10-55　气化炉壁面熔渣流动示意图

式中，$T_{in,i}$ 为沉积颗粒的温度；$\overline{T_i}$ 为熔渣层平均温度；C 为熔渣热容；$q_{ex,i}$ 为流动熔渣携带能量；$q_{in,i}$ 为炉膛空间辐射和对流传热量；$q_{out,i}$ 为向外侧传导热量。

③ 动量方程　液态流动渣层的流动方程为：

$$\frac{\partial}{\partial x}\left[\eta_s(x)\frac{\partial \nu}{\partial x}\right]=-\rho_s g\cos\beta \quad \begin{cases} x=0,\ \eta(x)\dfrac{\mathrm{d}\nu}{\mathrm{d}x}=\tau \\ x=\delta_1,\ \nu=0 \end{cases} \tag{10-73}$$

式中，τ 为剪切应力；$\eta_s(x)$ 为流动渣层的黏度分布。

（4）基于界面反应的气化炉综合模型　传统的气化炉内模型主要包括第一代的炉膛空间多相湍流反应流动模型和第二代的耦合壁面熔渣流动与传热的炉内多相湍流反应流动模型；通过上述界面反应过程的分析，开发了包括炉膛空间气固多相反应、熔渣界面反应和壁面熔渣流动与传热的综合气化反应模型，如图 10-56 所示。

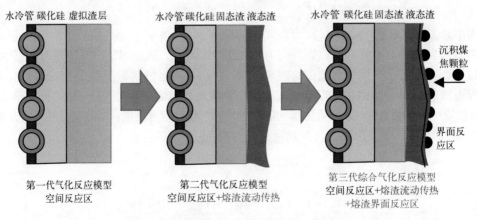

图 10-56　气流床气化内综合气化反应模型

10.3.5.3　熔渣界面反应气化综合模型的应用

（1）SE 粉煤气化炉模拟　基于上述开发的综合气化反应模型，对 SE 粉煤气化炉内湍流反应流动进行了模型。图 10-57 给出了单喷嘴气化炉内的气体速度分布和温度分布。可以看出炉内为射流流场结构，当气化炉直段高径比较小，炉内存在射流区和回流区，平推流区较小，回流区一直延伸到气化炉底部下锥位置；随着气化炉高径比增大，平推流区逐渐增大。气化炉内存在明显的火焰结构；喷嘴出口附近射流剪切层内存在一个高温区（温度大于2000℃），该高温是由于高速射流的氧气与射流卷吸进来的高温合成气发生燃烧反应产生；喷嘴出口下游的火焰中心存在一个低温的黑区（温度小于1000℃），长度约为$1D$，在该区域内，颗粒浓度较高；除高温火焰区外，气化炉内温度从上到下逐渐升高，其中在渣口附近达到最大值，这种温度场结构，有利于水冷壁气化炉的排渣，即可利用高速高温流股冲击渣口，可实现劣质煤的高效气化。

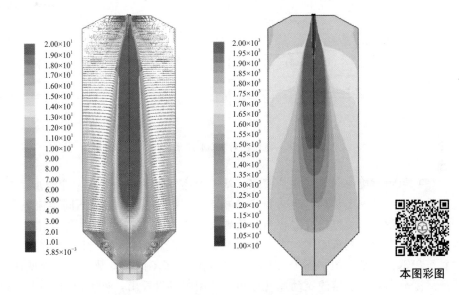

图 10-57 炉内气体速度分布、温度分布和颗粒浓度分布

表 10-31 给出采用综合气化反应模型计算能得到的 SE 粉煤气化炉出口的颗粒分配（粗渣/细灰）、残炭等信息，并与工业数据进行了对比，从表中数据可以看出，采用综合气化反应模型能准确地模拟计算出气化炉熔渣量、熔渣残炭、细灰量和细灰残炭等数据。通过研究发现 SE 粉煤气化炉的飞灰量约为 32%，残炭约为 15%；而被壁面捕获的颗粒量约为 68%，残炭约为 3%，壁面捕获颗粒中约有 20%的焦炭在气化炉熔渣界面发生转化。

表 10-31　气化炉颗粒碳转化效率

参数	模拟数据		工业数据	
	捕获颗粒	飞灰颗粒	粗渣	细灰
质量分率/%	68	32	~70	~30
残炭/%	3	15	1.0~3.0	10.0~20.0
总碳转化率/%	99.3	96.1	98.8~99.9	93.0~98.0
界面反应转化比例/%	23.0	—	—	—

（2）SE 水煤浆气化炉模拟　基于上述开发的综合气化反应模型，对 SE 水煤浆气化炉进行了模拟研究，分析了气化炉高径比对气化炉性能及壁面反应情况的影响。图 10-58 给出了气化炉出口气体组成、有效气产率和碳转化率随气化炉高径比的变化规律。从图中可以得

出，随气化炉直段高径比增大，CO 和 H_2 组分体积分数增大，CO_2 和 H_2O 组分体积分数减小，当 H/D 大于 4.3 时，组分体积分数趋于恒定值。当高径比 H/D 由 2.3 增大到 5.3 时，干基有效气含量由 80.3% 增大到 81.6%。不同高径比下，焦炭的碳转化率和有效气产率变化比气体组分浓度更为显著，当高径比 H/D 由 2.3 增大到 4.3 时，碳转化率由 95.4% 线性增大到 99.1%，有效气产率由 1.74 线性增大到 1.83m^3/kg 煤。当气化炉高径比进一步增大时，碳转化率和有效气产率趋于恒定值。

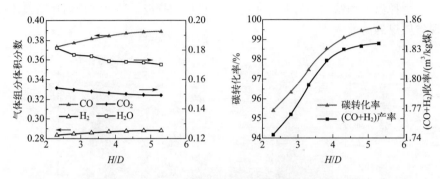

图 10-58　高径比对 SE 水煤浆气化炉性能的影响[106]

（3）单喷嘴旋流粉煤气化炉模拟　基于上述开发的综合气化反应模型，对单喷嘴旋流气化炉内的水冷壁表面传热过程进行了分析[107]。图 10-59 给出了不同旋流数下气化炉水冷壁表面熔渣沉积分布，可以看出，当旋流数大于 0.66 时，在距离喷嘴出口约（0.36～0.81）D 附近存在一个颗粒高沉积区，随着旋流数减小，沉积量减小。当旋流数小于 0.65 时，壁面颗粒沉积迅速减小。图 10-60～图 10-62 分别给出了不同旋流数下的水冷壁面表面温度分布、熔渣厚度分布和液态熔渣流动速度分布。从图中可以看出，喷嘴出口结构直接影响了水冷壁表面参数分布状态。从上到下，水冷壁熔渣表面和 SiC 表面温度先升高后降低，其分布规律也气相温度分布规律相一致。水冷壁表面熔渣厚度分布与温度分布呈现相反的规律，即高温区厚度小，低温区域厚度大，其中在高温火炬接触点附近，不存在固态熔渣；然而液态熔渣厚度从上到下逐渐升高。水冷壁表面液态熔渣流动速度分布可以看出，渣膜平均速度先增大，后在距离喷嘴出口约（0.8～1）D 附近趋于稳定值；而渣膜表面速度，因气流剪切，其值先增大到最大值，然后减小，最后趋于稳定值。

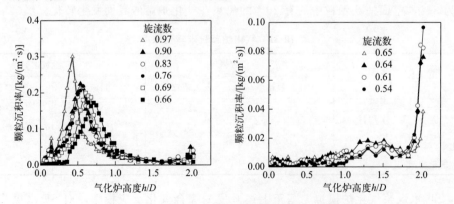

图 10-59　不同旋流数下的壁面颗粒沉积分布

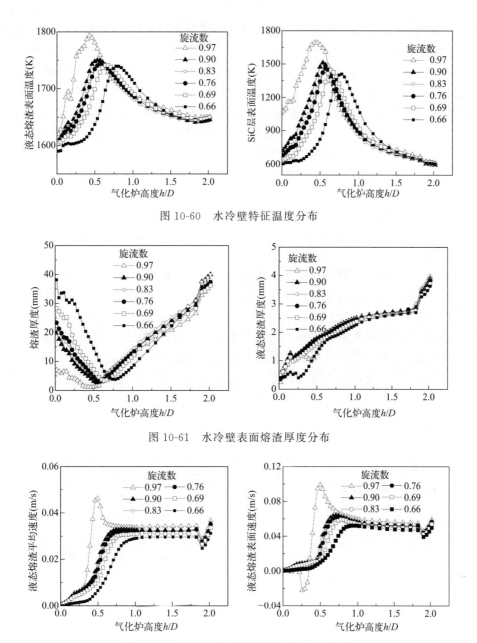

图 10-60　水冷壁特征温度分布

图 10-61　水冷壁表面熔渣厚度分布

图 10-62　水冷壁表面液态熔渣流动速度分布

10.4　气流床气化系统过程模拟

10.4.1　过程系统的稳态模拟技术

过程系统工程作为 20 世纪 50 年代的产物，是一个新兴的学科，也是一门综合性的边缘学科，它以处理物料—能量—资金—信息流的过程系统为研究对象，其核心功能是过程的组织、计划、协调、设计、控制和管理，它广泛地用于化学、冶金、制药、建材和食品等过程工业中，目的是在总体上达成技术上及经济上的最优化，以符合可持续发展的要求。在 21 世纪的今天，过程系统作为一门独立的学科，同时结合系统工程、信息技术和化学工程的发展，正处于兴旺的发展时期。

过程系统工程能应用于过程工业的过程开发、过程设计、过程优化和过程管理等方面[108]。过程系统工程的研究对象正在由传统的中观向微观和宏观两个方向延伸，小到以分子模拟为手段的产品设计，大到供应链管理的优化和生态系统，均已成为研究的热点；绿色过程系统工程、动态过程和批处理过程系统工程必将成为 21 世纪初的新增长点，系统集成是当前最受重视的领域之一。

过程系统的流程模拟技术是过程系统工程研究的基础。流程模拟可分为稳态模拟、动态模拟和实时优化系统[109]。过程系统的稳态模拟是动态模拟和实时优化的基础。只有在稳态模拟的基础上，才能运行动态模拟和实时优化。

化工过程稳态模拟又称静态模拟或离线模拟，是根据化工过程的稳态数据，诸如物料的压力、温度、流量、组成和有关工艺操作条件、工艺规定、产品规格以及一定的设备参数，通过计算机模拟得到详细的物料和热量平衡的过程。利用模拟技术可以在不涉及到实际装置变动的情况下，在计算机上进行不同方案和工艺条件的探讨、分析，所需的分析成本是任何实验研究所无法比拟的，因而化工过程稳态模拟已成为研究、开发、设计、挖潜改造、节能增效、生产指导以至于企业管理等工作必不可少的工具，在科研和实际生产中发挥着越来越大的作用。

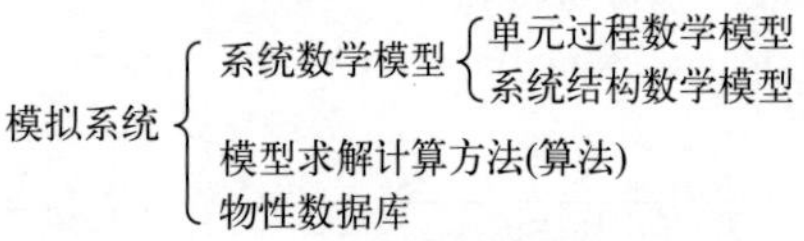

模拟系统 $\begin{cases} \text{系统数学模型} \begin{cases} \text{单元过程数学模型} \\ \text{系统结构数学模型} \end{cases} \\ \text{模型求解计算方法(算法)} \\ \text{物性数据库} \end{cases}$

图 10-63　过程系统稳态模拟

过程系统稳态模拟的主要模块如图 10-63 所示。除单元过程数学模型和系统结构模型构成的系统数学模拟外，还应有系统模型的求解算法和丰富的物性数据库。过程系统的结构模型可用信息流程图表示，王辅臣及其合作者曾提出了水煤浆气化系统的信息流程图[110]（图 10-64），并对该系统进行了稳态模拟。单元过程数学模型即单个设备的数学模型，如混合器、精馏塔、闪蒸器、泵、换热器、化学反应器等。过程系统的求解方法有序贯模块法、联立方程法等。序贯模块法是通过模块依次计算求解系统模型的一种方法，联立方程法的基本思想是对系统的模型方程进行联立求解，二者各有其优缺点。

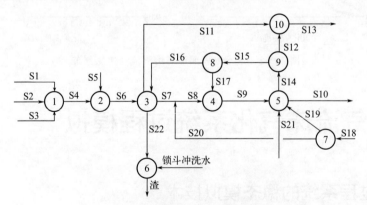

图 10-64　水煤浆气化系统信息流程

1—煤浆制备；2—气化炉；3—激冷室；4—文丘里洗涤器；5—洗涤塔；6—锁渣斗；7~9—分割流股；10—混合流股
S1~S22—物流号

随着过程系统工程学科和计算机技术的发展，通用的过程系统稳态模拟软件应运而生，有代表性的有 Aspen Plus[111] 和 ProⅡ。过程系统的软件结构如图 10-65 所示[109]。对实际的工程应用，可根据需求选择相应的模块，若软件不能提供相应的功能，可用软件提供的用户扩展接口自定义用户模块。

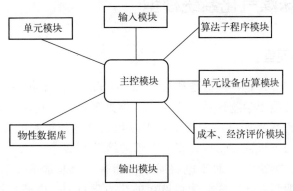

图 10-65　过程系统软件结构

准确的单元过程的数学模型是过程系统稳态模拟成功的重要因素之一。计算流体力学是分析单个装置内流动和混合过程的强大工具，能处理复杂的几何结构，提供单元装置的详细信息。将计算流体力学集成到过程系统模拟之中将创造新的价值，二者具有互补性。Bezzo[112] 报道了将 Fluent 4.5 集成到 gPROMS 1.7 来模拟一个搅拌系统。Fluent 公司[113] 报道了将 Fluent 集成到 Aspen Plus 中模拟 vision 21 中的 IGCC 电站装置，Fluent 和 Aspen Plus 软件之间采用 CAPE-OPEN 标准接口实现数据传递。

10.4.2　气流床煤气化系统描述

按煤的进料方式和气化炉耐火衬里形式可将气化工艺分为表 10-32 所示的四种，目前常见的是第Ⅰ种和第Ⅲ种方案。

表 10-32　气流床煤气化工艺分类

气化工艺	煤进料方式		气化炉耐火衬里形式	
	水煤浆	粉煤	耐火砖	水冷壁
Ⅰ	√		√	
Ⅱ	√			√
Ⅲ		√		√
Ⅳ		√	√	

此外，出气化炉的高温合成气冷却方式也有多种，如用水激冷（多喷嘴流程、GE 流程）、辐射锅炉＋对流锅炉（GE 流程）、气体激冷＋废热锅炉（Shell 流程、Prenflo 流程[114-116]）、二段气化＋废热锅炉（E-gas 流程[116,117]、三菱空气气化炉[118]、西安热工研究院流程[119,120]）等方式。

气流床煤气化系统，包括气化炉、洗涤塔、换热器等众多设备，以及由各种管线连接构成的复杂回路。单元设备的操作压力从负压到 6.5MPa 以上，温度从常温到 1700℃，每个设备的操作条件差别巨大。气流床煤气化系统各单元设备的操作条件差别巨大，同时大部分物流中包括气、液、固三相。气流床煤气化系统模拟的关键是确定煤气化系统的热力学模型和各单元设备的数学模型。

10.4.3 气流床煤气化系统模型

10.4.3.1 热力学模型

（1）PR-BM 模型 PR-BM 模型是利用 Peng Robinson 立方状态方程和 Boston-Mathias 的 α 功能来计算所有的热力学物性的。应用于气体处理过程、气体精制、石化产品的应用、样品应用以及气化厂乙烯生产。对于气体处理过程及气体的精制的计算可以取得很好的效果，在任何温度和压力下该模型都可以得到合理的结果[121]。

（2）ELECNRTL 模型[122] 对于电解质系统拥有三个非常重要的特征：①液相溶液的化学性；②组分间的明显差异；③非理想液相的热力学行为。电解质溶液计算的应用很广，如酸水的抽提（石化工业）、腐蚀性盐水的蒸发和结晶（氯碱工业）、酸气的脱除（化工和气体工业）、含氮酸的分离（核化学工业）、天然碱过程（矿业工业）、有机盐分离（生物化学工业）、黑水蒸发（纸浆工业）。ELECNRTL 模型是通用的计算活度系数的模型。这个模型可以模拟水的电介质溶液以及浓度范围很广的混合的电介质溶液体系。也可以计算在水溶液或者混合电介质溶液的离子或者分子的活度系数。

ELECNRTL 模型可以处理多组分系统，其过量 Gibbs 能的表达式如下

$$
\frac{G_m^{E,lc}}{RT} = \sum_B X_B \frac{\sum_j X_j G_{jB} \tau_{jB}}{\sum_k X_k G_{kB}} + \sum_c X_c \sum_{a'} \left(\frac{X_a}{\sum_{a''} X_{a''}} \right) \frac{\sum_j X_j G_{jc,a'c} \tau_{jc,a'c}}{\sum_k X_k G_{kc,a'c}}
$$

$$
+ \sum_a X_a \sum_{c'} \left(\frac{X_{c'}}{\sum_{c''} X_{c''}} \right) \frac{\sum_j X_j G_{ja,c'a} \tau_{ja,c'a}}{\sum_k X_k G_{ka,c'a}} \tag{10-74}
$$

式中，j 和 k 表示任意组分（a，C，B）。

在水煤浆气化体系中，发生了很多复杂的反应，出气化炉物流的温度大约为 $200 \sim 250^\circ C$，要经过一系列的水洗、闪蒸的后处理过程，在这些过程中，可以将其考虑为电解质溶液进行模拟，涉及的主要电解质溶液的水解平衡方程如下所示

$$
H_2O \longrightarrow H^+ + OH^- \tag{10-75}
$$

$$
H_2S + H_2O \longrightarrow H_3O^+ + HS^- \tag{10-76}
$$

$$
HS^- + H_2O \longrightarrow H_3O^+ + S^{2-} \tag{10-77}
$$

$$
CO_2 + 2H_2O \longrightarrow H_3O^+ + HCO_3^- \tag{10-78}
$$

$$
HCO_3^- + H_2O \longrightarrow H_3O^+ + CO_3^{2-} \tag{10-79}
$$

$$
NH_3 + H_2O \longrightarrow NH_4^+ + OH^- \tag{10-80}
$$

$$
NH_3 + HCO_3^- \longrightarrow NH_2COO^- + H_2O \tag{10-81}
$$

$$
HCl + H_2O \longrightarrow H_3O^+ + Cl^- \tag{10-82}
$$

$$
CHN + H_2O \longrightarrow H_3O^+ + CN^- \tag{10-83}
$$

$$
CH_2O_2 + H_2O \longrightarrow H_3O^+ + HCOO^- \tag{10-84}
$$

由于离子对水的相互作用较之气体对水的相互作用要强得多，所以会发生盐效应[134]，甚至可能生成 $CaCO_3$、$CaCl_2$、NH_4Cl、NH_4HCO_3 等固体沉淀物。

（3）STEAMNBS 模型　STEAMNBS 物性方法是与 International Association for Properties of Steam（IAPS）相关的传输模型，是由 NBS/NRC 水蒸气表推导出的经验公式。该物性方法可以用于纯净水和物流的处理，在用于纯水和物流的计算时，其温度范围可以是 273.15K 到 2000K，最大压力可达 1000MPa。

（4）溶解度模型（Henry 定律）　亨利定律是稀溶液重要的经验定律，表述了互成平衡的气、液两相组分间的关系。表征了气相物质在液相中的溶解度关系，对于无限稀释的溶液尤其适用。目前系统中考虑的亨利组分是 CO_2、H_2S、NH_3、HCl、H_2、N_2、CO、COS、CH_4、Ar、$HCOOH$。

10.4.3.2　气流床煤气化系统单元设备模型

对于整个水煤浆气化系统而言，将不同的装置按照其功能和操作结果都将采用 Aspen Plus 中的相应模块来进行简化模拟，首先介绍下系统模拟中采用的主要模块。如表 10-33 所示为基本功能介绍和在系统使用的相应部分。

表 10-33　主要模块的应用

单元过程	模块名称	功　　能	对应于信息流程图
热交换	Heater	通用加热炉	冷热物流进行热量交换（换热器）
升降压	Pump	改变物流压力	系统中泵的作用
混合	Mixer	物流混合器	来自不同管道中的物流的合并
分流	Fsplit	物流分割器	在系统的模拟过程中
	SSplit	组分分流	物流的分离
	RYield	收率反应器	煤的分解
反应	RGibss	通用相平衡和化学平衡	模块 1（气化炉）
闪蒸	Flash2	两相闪蒸、蒸发气液平衡计算	模块 5 和模块 6（闪蒸器）
精馏	RadFrac	多级气-液分离的严格模型	模块 4（水洗塔）

（1）混合器与分离器的选择　Mixer 模块是将多股进料流股汇合成一个流股，可用来模拟三通或其他形式的混合操作。我们选用 Mixer 模块来模拟整个流程中物料的汇合。

Fsplit 模块则正好和 Mixer 的作用相反，是将一股物流分离成不同的物流，但是分离的物流在常规组分浓度等物性方面并没有改变，即每股物流保持相同的物性。

SSplit 模块同样是一个物流分离模块，与 Fsplit 的不同之处是，对于非常规物质和常规物质分离时，可以采用不同的分离比例。

（2）反应器模块的选择　水煤浆加压气化系统模拟过程中，化学反应只在气化炉内发生，针对气化炉内复杂的反应特性，选用了 RGibbs 模型来模拟气化炉燃烧室部分。由于煤的非常规物质，因而选用了 RYield（产率反应器）来将煤分解成一个含有不同物质的物流。也可采用文献[82]中的混合模型来模拟气化炉。

（3）塔模块的选择　水煤浆加压气化系统中的水洗塔部分，则是选用 RadFrac 模块，它是一个有关普通蒸馏、吸收、再沸吸收、萃取、再沸萃取，抽提和共沸蒸馏，萃取平衡或反应比率控制蒸馏等流程模拟的严格模型。

（4）辅助模块　除了以上这些模块以外，还用到了其他模块以提供一些辅助功能。比如物流需要加压打入某个装置时泵则是采用了 Pump 模块。物流的闪蒸器则是采用的 Flash 模块，将物流闪蒸成气相和液相。

系统中主要单元模块见表 10-33。

气流床气化炉数学模型是气化系统模拟的基础。基于 Gibbs 自由能最小化和化学平衡原理建立的单元装置的数学模型，往往用于描述反应机理和相平衡非常复杂的一类单元设备，包括流化床气化炉[123]、气流床气化炉[124,125]、煤燃烧[126]、燃烧或气化过程中微量元素迁移[127-129]、CH_4 重整[130,131] 和等离子体反应器[132]等。

10.4.4 多喷嘴对置水煤浆气化工艺模拟

10.4.4.1 模拟框图

多喷嘴对置水煤浆气化示范装置模拟框图如图 10-66 所示，包括水煤浆气化炉、合成气初步净化、渣水处理三个部分，流程描述见文献 [133]。图中数字 1~9 表示物流号，其意义参见表 10-34 ~ 表 10-37。气化炉采用 PR-BM 物性模型，对含有气体的设备采用 ELECNRTL 物性模型＋Henry 模型，对液固两相的设备采用 STEAMNBS 物性模型。

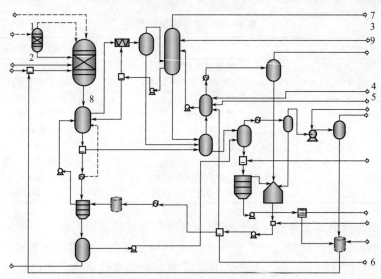

图 10-66　多喷嘴对置水煤浆气化示范装置模拟框图

10.4.4.2 气化装置主要操作参数和煤质分析

气化炉操作压力为 4.0MPa。进出气化装置主要流股参数如表 10-34 所示。原料煤采用山东北宿精洗煤，煤浆浓度为 60%，煤质分析如表 10-35 所示。

表 10-34　进出气化装置主要流股参数

物流名称	物流号	温度/℃	压力/MPa	流速/(kg/h)
煤(干基)	1	50	6.0	42090
氧气	2	50	6.0	40491
高温冷凝液	3	150	5.85	49331
低温冷凝液	4	120	0.55	60536
脱氧水	5	104	0.65	10000
废水排放量	6	78	0.65	37547

表 10-35 山东煤煤质分析

项　目	煤　种	项　目	煤　种
工业分析(干基)质量分数/%		氢	5.13
固定碳	42.11	氮	1.179
挥发分	50.57	氯	0.021
灰分	7.32	硫	2.63
元素分析(干基)质量分数/%		氧	8.77
灰	7.32	低热值 $Q_{net,ar}$/(cal/g)	6630
碳	74.73	灰熔点/℃	1190

10.4.4.3　模拟结果与工业运行数据比较

出水洗塔合成气物流参数和气化温度的模拟值和工业运行数据的比较见表 10-36，出酸气分离器去火炬气体组成的模拟值和工业运行数据的比较见表 10-37。模拟值和工业运行数据非常接近，说明了整个模拟过程的合理性和正确性。

表 10-36　出水洗塔合成气物流参数和气化温度的
模拟值和工业运行数据的比较

项　目	模拟值	实际操作	项　目	模拟值	实际操作
水洗塔气体出口物流(物流号：7)			H_2S(体积分数)/%	0.78	0.86
$CO+H_2$ 流量/(m³/h)	79049	—	COS(体积分数)/%	0.05	0.0065
温度/℃	214.5	215	CH_4(体积分数)/%	0.03	0.17
H_2(体积分数)/%	36.83	36.66	N_2(体积分数)/%	0.44	0.19
CO(体积分数)/%	49.18	49.07	气化炉温度(物流号：8)/℃	1250	1236
CO_2(体积分数)/%	12.54	13.6			

表 10-37　出酸气分离器去火炬气体组成

出酸气分离器去火炬气体(物流号：9)	工业运行数据(最小值~最大值)	模拟值
H_2(体积分数)/%	23.18~32.84	32.6
CO(体积分数)/%	23.58~31.33	25.3
CO_2(体积分数)/%	30.60~51.60	36.5
H_2S(体积分数)/%	2.01~3.94	2.2

10.4.4.4　多喷嘴对置水煤浆气化装置的设计计算

设计计算是指已知系统的输入、单元特性及系统的拓扑结构，求满足某个设计规定的条件下，系统的输出、系统中其他所有流股的信息以及设计规定相对应的过程参数。对于过程模拟，通过调整系统中某个过程参数或控制系统中某系统输入流股变量的数值、比例满足设计规定的要求的系统模拟计算称为解设计型问题。

多喷嘴对置水煤浆气化装置设计计算是气化装置设计的基础。对于气化装置给定的煤质、有效气产量等信息，进而确定气化装置全部的物流数据。可通过定义以下四个设计规定实现：①气化温度由进入气化炉的氧气量控制；②有效气（$CO+H_2$）产量由进入气化炉的煤量控制；③废水排放量由入炉煤中的 Cl 元素含量控制；④去气化炉激冷室激冷水量由进入系统的脱氧水量控制。

10.4.5　气流床煤气化制备氢气的能耗分析

由于每一种煤气化技术有技术路线和应用领域的差异性,直接影响到煤化工企业的投资、稳定生产和经济效益。本节以 $100000\mathrm{m}^3/\mathrm{h}$($\mathrm{H}_2$)为基准,对不同气流床煤气化工艺流程和煤质下制氢的能耗进行分析。

10.4.5.1　气流床煤气化制备氢气工艺流程

图 10-67~图 10-69 中数字表示物流号,分别对应于表 10-39~表 10-43 中的物流号。

水煤浆气化工艺流程如图 10-67 所示,整个工艺流程分成五个部分:煤浆制备、气化(激冷)、初步净化(洗涤)、渣水处理、变换。水煤浆气化气化炉采用耐火砖结构。

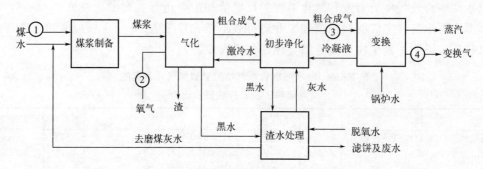

图 10-67　水煤浆气化制备 H_2 工艺流程

粉煤气化分别考虑激冷和废锅两种方式。粉煤气化气化炉采用水冷壁结构,水冷壁移走热量为入炉煤热值的 2%。粉煤制备单元用污氮作干燥介质,粉煤输送单元采用高压 N_2 作粉煤输送介质。

粉煤气化(激冷)工艺流程如图 10-68 所示,整个工艺流程分成六个部分:煤粉制备、煤粉输送、气化(激冷)、初步净化(洗涤)、渣水处理、变换。

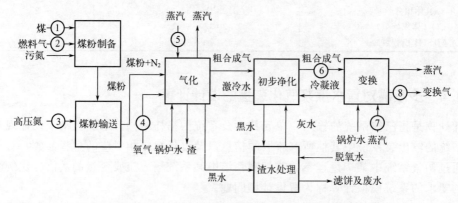

图 10-68　粉煤气化(激冷)制备 H_2 工艺流程

粉煤气化(废锅)工艺流程如图 10-69 所示,整个工艺流程分成六个部分:煤粉制备、煤粉输送、气化(废锅)、初步净化(干法过滤+洗涤)、渣水处理、变换,出废锅气体温度设定为 340℃。

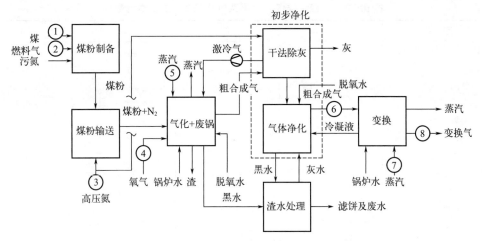

图 10-69　粉煤气化（废锅）制备 H₂ 工艺流程

若进入变换单元的粗合成气的水/干气体积比＜1.4，则补充水蒸气使之达到 1.4[134]。变换单元均副产 1.0MPa（G）饱和蒸汽。

10.4.5.2　煤质分析及工艺条件

煤质是气流床气化流程选择的重要依据之一，水煤浆气化因采用耐火砖衬里，采用低灰熔点的山东北宿精洗煤。

粉煤气化采用水冷壁耐火衬里，分别采用低灰熔点的山东北宿精洗煤（见表 10-35）和高灰熔点的贵州无烟煤（见表 10-38）。每个煤种分别模拟激冷和废锅两个流程。对山东北宿精洗煤，气化压力 4.0MPa，气化温度 1300℃，入炉粉煤含水量 2%，碳转化率 99%。对贵州无烟煤，气化压力 4.0MPa，气化温度 1600℃，入炉粉煤含水量 2%，碳转化率 99%。

表 10-38　贵州煤煤质分析

项　　目	数值	项　　目	数值
工业分析(质量分数)/%		N(d)	0.75
M(ar)	2	S(d)	2.66
灰分(d)	31.91	O(d)	1.29
挥发分(d)	8.5	灰分(d)	31.91
固定碳(d)	59.59	灰熔点/℃	
元素分析(质量分数)/%		DT	—
C(d)	61.28	ST	—
H(d)	2.04	FT	1450

从煤种角度来看，对山东北宿精洗煤模拟水煤浆气化、粉煤气化（激冷）和粉煤气化（废锅）三个流程，对应于工艺流程图 10-67～图 10-69；对贵州无烟煤模拟粉煤气化（激冷）和粉煤气化（废锅）两个流程，对应于工艺流程图 10-68 和图 10-69。共五种气化方案。

10.4.5.3　气流床煤气化模拟结果及能耗分析

（1）各气流床煤气化工艺主要物流数据　表 10-39～表 10-43 分别列举了生产 100000m³/h（H₂）五种气化方案的主要物流数据。

表 10-39　北宿精洗煤、水煤浆气化制 H₂ 主要物流数据

物　流　号	1	2	3	4
温度/℃		25	218.0	40
压力/MPa		5.0	4.0	3.8
气相/(m³/h)		35676	288329	177966
CO(体积分数)/%			20.5	0.4
H₂(体积分数)/%			14.4	56.2
CO₂(体积分数)/%			5.8	42.2
N₂(体积分数)/%		0.4	0.2	0.4
H₂S(体积分数)/%			0.33	0.53
CH₄(体积分数)/%			0.0055	0.0088
H₂O(体积分数)/%			58.6	0.2
O₂(体积分数)/%		99.6		
液相/(kg/h)	6401			
固相(干)/(kg/h)	55146			

表 10-40　北宿精洗煤、粉煤气化（激冷）制 H₂ 主要物流数据

物　流　号	1	2	3	4	5	6	7	8
温度/℃		25	80	25	380	213	380	40
压力/MPa		0.2	4.2	6	4.50	4	4.50	4
气相/(m³/h)		2560	5310	28180	11085	254546	7390	174136
CO(体积分数)/%		66.83				25.63		0.37
H₂(体积分数)/%		23.84				13.73		57.16
CO₂(体积分数)/%		2.15				0.90		38.36
N₂(体积分数)/%		7.02	100	0.4		2.30		3.37
H₂S(体积分数)/%						0.24		0.34
CH₄(体积分数)/%						0.07		0.10
H₂O(体积分数)/%					100.00	57.08	100.00	0.23
O₂(体积分数)/%				99.6				
液相/(kg/h)		6302						
固相(干)/(kg/h)		49530						

表 10-41　北宿精洗煤、粉煤气化（废锅）制 H₂ 主要物流数据

物　流　号	1	2	3	4	5	6	7	8
温度/℃		25	80	25	380	213	380	40
压力/MPa		0.2	4.2	6	4.50	4	4.50	4
气相/(m³/h)		2560	5310	28180	11085	254546	135486	169729
CO(体积分数)/%		66.83				25.63		0.37
H₂(体积分数)/%		23.84				13.73		57.52
CO₂(体积分数)/%		2.15				0.90		38.12
N₂(体积分数)/%		7.02	100	0.4		2.30		3.36
H₂S(体积分数)/%						0.24		0.25
CH₄(体积分数)/%						0.07		0.10
H₂O(体积分数)/%					100.00	57.08	100.00	0.23

物 流 号	1	2	3	4	5	6	7	8
O₂(体积分数)/%				99.6				
液相/(kg/h)	6302							
固相(干)/(kg/h)	49530							

表 10-42　贵州煤、粉煤气化（激冷）制 H₂ 主要物流数据

物 流 号	1	2	3	4	5	6	7	8
温度/℃		25	80	25	380	215.4	380	40
压力/MPa		0.2	4.2	5.0	4.5	4.0	4.5	3.8
气相/(m³/h)		3101	7222	32688	13828	252493	15305	168670
CO(体积分数)/%		66.83				29.24		0.43
H₂(体积分数)/%		23.84				10.43		58.86
CO₂(体积分数)/%		2.15				0.94		35.63
N₂(体积分数)/%		7.02	100	0.40		3.07		4.50
H₂S(体积分数)/%						0.45		0.37
CH₄(体积分数)/%						0.0021		0.0002
H₂O(体积分数)/%					100	55.80	100	0.16
O₂(体积分数)/%				99.60				
液相/(kg/h)	9191							
固相(干)/(kg/h)	67403							

表 10-43　贵州煤、粉煤气化（废锅）制 H₂ 主要物流数据

物 流 号	1	2	3	4	5	6	7	8
温度/℃		25	80	25	380	116.5	380	40
压力/MPa		0.2	4.2	5.0	4.5	4.0	4.5	3.8
气相/(m³/h)		3101	7223	32691	13830	117213	150518	168645
CO(体积分数)/%		66.83				63.00		0.43
H₂(体积分数)/%		23.84				22.47		58.87
CO₂(体积分数)/%		2.15				2.01		35.63
N₂(体积分数)/%		7.02	100	0.40		6.61		4.50
H₂S(体积分数)/%						0.93		0.36
CH₄(体积分数)/%						0.0044		0.0002
H₂O(体积分数)/%					100.00	4.83	100.00	0.16
O₂(体积分数)/%				99.60				
液相/(kg/h)	9192							
固相(干)/(kg/h)	67409							

（2）各气流床煤气化工艺指标　表 10-44 列举出了各气流床水煤浆气化和粉煤气化的工艺指标。总的来说，水煤浆气化的冷煤气效率较粉煤气化低 7%～9%。原因在于水煤浆气化需要通过燃烧提供能量将煤浆中约 40% 的水转化为高温蒸汽，在不考虑水蒸气参与反应的情况下使水气化这部分能量相当于煤热值的 11%。对粉煤气化，低灰熔点、高热值的山东北宿煤的冷煤气效率高于贵州煤约 2%。

表 10-44　各气流床煤气化工艺指标

项　目	北宿煤			贵州煤	
	水煤浆气化	粉煤气化（激冷）	粉煤气化（废锅）	粉煤气化（激冷）	粉煤气化（废锅）
有效气成分（干基，体积分数）/%	84.3	91.35	91.35	89.8	89.8
比氧耗 $m^3(O_2)/1000m^3(CO+H_2)$	357	281	281	327	327
比煤耗 kg煤（干基）/1000kg(CO+H_2)	551	495	495	674	674
冷煤气效率/%	73.2	82.6	82.6	80.2	80.2

（3）气流床煤气化制备氢气的能耗分析　表 10-45 列举了生产 $100000m^3/h$（H_2）五种气化方案的能耗表，此计算过程只列出了主要的原料、公用工程能耗。总热效率定义为

$$总热效率 = \frac{H_2\,低位燃烧热 + 副产蒸汽潜热}{系统输入总能量} \times 100\% \qquad (10-85)$$

从表 10-45 中可以看出，对北宿煤，水煤浆气化流程的总热效率较粉煤气化低约 5%；采用水煤浆气化的山东北宿煤的总热效率较贵州煤粉煤气化低约 2%。水煤浆气化与粉煤气化总热效率较冷煤气效率有了大幅缩小，原因在于粉煤气化流程在气化单元需补充水蒸气作气化剂，在变换单元需要补充大量水蒸气提高入变换炉水/干气比；而水煤浆气化流程能充分利用初步净化单元粗合成气中的大量饱和水蒸气，变换单元不需补充水蒸气，此部分能量得到了充分利用。粉煤气化的激冷流程和废锅流程总热效率基本相当，水冷壁和废锅副产蒸汽不能满足系统自身需求。对粉煤气化，低灰熔点、高热值的山东北宿煤的总气效率高于贵州煤约 3%（氧气能耗以某大型蒸汽驱动空分装置推算，约 $4680kJ/m^3O_2$）。

表 10-45　气流床气化制 H_2 能耗分析

项　目	北宿煤			贵州煤	
	水煤浆气化	粉煤气化（激冷）	粉煤气化（废锅）	粉煤气化（激冷）	粉煤气化（废锅）
系统输入/(kJ/h)					
原煤	1.62×10^9	1.46×10^9	1.46×10^9	1.52×10^9	1.52×10^9
磨机电耗	4.94×10^6	1.78×10^6	1.78×10^6	2.43×10^6	2.43×10^6
热风炉燃料	—	2.82×10^7	2.82×10^7	3.41×10^7	3.41×10^7
循环风机电耗	—	1.43×10^6	1.43×10^6	1.94×10^6	1.94×10^6
高压氮加热器用蒸汽	—	2.77×10^6	2.77×10^6	3.78×10^6	3.78×10^6
空分能耗	1.67×10^8	1.31×10^8	1.31×10^8	1.53×10^8	1.53×10^8
蒸汽消耗	—	2.82×10^7	2.23×10^8	4.45×10^7	2.51×10^8
系统输出/(kJ/h)					
水冷壁产蒸汽	—	2.62×10^7	2.62×10^7	2.83×10^7	2.83×10^7
废锅产蒸汽	—	—	1.27×10^8	—	1.48×10^8
变换产蒸汽	2.0×10^8	1.54×10^8	1.59×10^8	1.74×10^8	1.74×10^8
H_2 燃烧热	1.08×10^9	1.08×10^9	1.08×10^9	1.08×10^9	1.08×10^9
总热效率/%	71.10	76.05	75.14	73.02	72.81
H_2 燃烧热/原煤热值/%	66.67	73.97	73.97	71.05	71.05

10.4.6 以气流床粉煤气化为基础的直接还原炼铁过程模拟

在钢铁工业发展过程中，由于传统的高炉炼铁方式投资大、能耗高、流程长，在当今世界范围内焦煤供应紧张、价格不断上涨的情况下，钢铁工业逐渐向结构更紧凑、效率更高、生产更连续、对环境影响更小的一些非焦煤炼铁工艺的方向发展[135]。而其中最重要的方法之一便是直接还原炼铁法。直接还原炼铁技术自问世以来发展迅猛，目前主要的直接还原炼铁技术有 Midrex 法和 HYLⅢ法两种。

与 Midrex 技术相比，HYLⅢ技术的操作压力较大，在 0.55MPa，气流速度较慢，气体还原剂与铁矿石的接触时间较长，气体还原剂中氢气含量高，与铁矿石的还原反应速率快。因此在相同竖炉有效还原容积的条件下，HYLⅢ竖炉产量更大，而且 HYLⅢ技术对原料的适应性宽，可以处理含硫量较高的铁矿[136-139]。

目前，气基直接还原技术虽然在直接还原铁的生产中占主导，但是从我国的基本国情出发，由于受到天然气资源和开发的限制，不宜采用天然气为原料发展直接还原炼铁技术。然而，我国煤炭资源却十分丰富，因此，煤基直接还原炼铁[140]是我国的首选工艺。本节提出了气流床粉煤气化结合 HYLⅢ竖炉技术的煤基直接还原炼铁工艺，采用过程系统工程的研究方法，分析该工艺原料与能量的消耗。

10.4.6.1 以气流床粉煤气化为基础的直接还原炼铁工艺描述

以气流床粉煤气化为基础的直接还原炼铁过程，简单来讲就是由粉煤气化制备的合成气经过洗涤除尘后进行变换，将其转化成富含 H_2 的还原气，在经过净化、减压膨胀以及加热处理后作为还原气进入直接还原炉生产 DRI，如图 10-70 所示（图中数字表示物流号）。出 HYLⅢ竖炉的 DRI 不考虑冷却，直接作后续工序原料[141]。

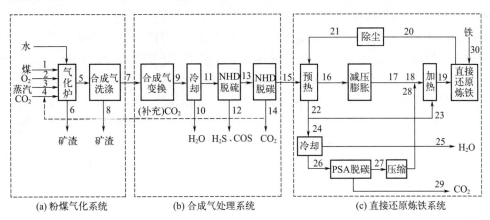

图 10-70　以气流床粉煤气化为基础的直接还原炼铁过程

（1）气流床粉煤气化　该流程选用粉煤气化技术进行合成气的制备。在煤粉的输送过程中，为了避免由于采用 N_2 输送而导致合成气中惰性气体含量高，因此输送粉煤所用的载气将选用 CO_2。本节计算中，粉煤气化压力设置为 4.0MPa，实际 DRI 粉煤气化流程气化压力选择还需分析气化压力对整个装置的投资和运行成本的影响后确定。气化炉的耐火衬里将选用使用周期较长的水冷壁。该流程采用喷水激冷的方式，在洗涤的同时将煤气的显热直接转化为蒸汽，然后利用这部分水蒸气进行合成气的变换。该流程采用的是主要由激冷室、文氏里和高效洗涤塔组成的湿法洗涤操作来分离合成气中的固体颗粒。气化原料为神府煤，如表10-46所示。

表 10-46　神府煤煤质分析

项　　目	数值	项　　目	数值
工业分析(质量分数)/%		H(d)	3.99
M(ad)	2	N(d)	0.96
固定碳(d)	58.92	S(d)	0.46
挥发分(d)	33.1	O(d)	13.16
灰分(d)	7.98	灰分(d)	7.98
元素分析(质量分数)/%		灰熔点(FT)/℃	1270
C(d)	73.45	高热值/(kJ/kg)	31004

（2）合成气的处理　由于该流程采用 HYL 竖炉技术生产 DRI，而该技术需要较高的 H_2 的进口含量，因此合成气需要进行变换以此提高 H_2 的含量，使其转化成富含 H_2 [≥85%（体积分数）] 的还原气。在直接还原铁的生产过程中，当还原温度高于 810℃ 时，H_2 的还原能力较 CO 强[142]。高温、高浓度的氢气保证了非常高的还原速度，从而促进了反应的进行，并且能够大大改善竖炉还原的动力学条件，对还原炉横截面上的还原效率以及直接还原铁金属化率的提高均有很大的帮助[143]。

在直接还原铁的生产过程中，直接还原炉进口所要求的硫含量低于 100mg/kg，而二氧化碳的含量要求降低到令 (H_2+CO)≥90%（体积分数）为止。脱硫脱碳的方式有很多，鉴于目前高温脱硫难以适应工业生产[144]，根据本流程的工艺条件，该工艺流程将选用成熟的 NHD[145] 和 PSA[146] 两种技术。

（3）直接还原铁的制备[147]　直接还原炼铁装置主要由 HYL Ⅲ 竖炉和炉顶气循环利用系统所构成，如图 10-71 所示。还原气预热至 300℃ 后减压膨胀至 0.6MPa，接着加热至 950℃，最后进入 HYL Ⅲ 竖炉与铁矿石发生还原反应。在炉顶气循环利用系统中，400℃ 的炉顶气首先对新鲜还原气进行预热，换热后分出一部分作为燃料气，燃烧所产生的热量用于加热直接还原炉的进口还原气，其余经过脱碳以及压缩后一部分作为冷却气进入冷却段冷却高温的 DRI，其余循环与新鲜还原气混合，冷却段出口的冷却气也将与新鲜的还原气混合。

该流程选用了 HYL Ⅲ 竖炉来生产 DRI。HYL Ⅲ 竖炉属于对流移动床反应器，分为还原段、等压段与冷却段三个部分，其中还原段包括预热区与还原区，但两者没有明显界线，一般统称为还原段。还原气从还原段下部的通道进入，与从炉顶通入的铁矿逆流接触并发生还原反应。在预热区主要发生器内矿石要完成预热过程和高价铁至浮式体的还原，这些过程需要消耗大量物理热，因此在该区域内矿石迅速升温，而还原气的温度迅速降低后从炉顶排出，在还原区内温度基本保持入炉时还原气的温度不变，铁氧化物完成自 FeO 至金属铁的全部还原过程[148-151]。冷却气从冷却段下部的通道进入，与来自还原段的热 DRI 逆流接触，冷却后的 DRI 从炉底排出，冷却气则从冷却段上部的通道排出。其中，竖炉加料和排料处均设有压力密封仓，排料口处还设有两根液压松料杆，从而保证了排料顺畅。而等压段保证了 DRI 均匀地从还原段进入冷却段。竖炉的边界操作条件[136]如图 10-72 所示。

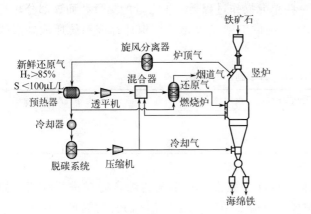

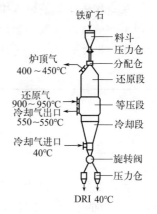

图 10-71　直接还原炼铁装置　　　　　图 10-72　竖炉的结构及其边界操作条件

由于直接还原炼铁的过程十分复杂，因此在模拟过程中为使模型简化，假设铁矿的成分全部为 Fe_2O_3，并且还原反应按 $Fe_2O_3 \longrightarrow Fe$ 来考虑，其中两个主要的还原反应分别为

$$Fe_2O_3 + 3H_2 \Longrightarrow 2Fe + 3H_2O \tag{10-86}$$

$$Fe_2O_3 + 3CO \Longrightarrow 2Fe + 3CO_2 \tag{10-87}$$

根据国内外大量试验证明，在高温条件下，$H_2 + CO$ 混合气体在还原氧化球团或块矿时，其利用率均为 40% 左右。

直接还原炉的出口还原尾气首先对新鲜还原气进行预热，换热后的还原尾气将部分作为燃料气燃烧，所产生的热量用于加热直接还原炉的进口还原气，其余经过脱碳以及压缩后循环与新鲜还原气混合，从而提高了 H_2 和 CO 的利用率。

10.4.6.2 以气流床粉煤气化为基础的直接还原炼铁过程模拟与分析

（1）工艺物料平衡　以生产 1t 纯的 DRI 为基准，对系统的工艺物料进行衡算，如表 10-47 所示。主要原料消耗为：干基煤 406kg，O_2 217m³。从表 10-47 可以看出，来自粉煤气化系统的合成气中 H_2/CO 比仅为 0.38，在经过变换后，直接还原炉的进口还原气中 H_2 体积分数大于 85%，H_2/CO 比为 6.71，而且循环的还原气中 H_2/CO 比保持在 6.12。

表 10-47　工艺物料平衡数据

物流名称	煤	氧	水蒸气	载气	合成气	变换气	还原气	炉顶气	燃料气	循环气
物流号	S1	S2	S3	S4	S7	S9	S19	S20	S23	S28
温度/℃	80	120	270	80	214	226	950	422	281	59
压力/MPa	4.0	4.0	5.0	4.0	3.8	3.6	0.6	0.55	0.5	0.6
流体相组成(摩尔分数)/%										
H_2	0	0	0	0	12.69	40.23	85.24	48.59	48.59	83.13
CO	0	0	0	0	33.19	5.64	12.71	8.00	8.00	13.59
CO_2	0	0	0	1	2.05	29.60	0.24	4.94	4.94	0.072
O_2	0	1	0	0	0	0	0	0	0	0
H_2O	0	0	1	0	51.71	24.16	0.37	37.02	37.02	0.76
$H_2S + COS$	0	0	0	0	0.078	0.078	0.0016	0.0016	0.0016	0.0024
CH_4	0	0	0	0	0.030	0.030	0.13	0.13	0.13	0.20
N_2	0	0	0	0	0.22	0.22	1.31	1.31	1.31	2.24
总流量/m³	0	217	61	38	1650	1650	1455	1455	269	693
固相										
干基煤/kg	406	0	0	0	0	0	0	0	0	0

此外，在直接还原炼铁过程中，一些单元操作过程会产生大量的热量，而该部分热量可以用于副产不同等级的蒸汽，现以生产 1t 纯的 DRI 为基准，模拟计算该系统所能副产的蒸汽量，如表 10-48 所示。

表 10-48　系统副产蒸汽量

单元操作过程	水冷壁移热	合成气变换	变换气冷却过程		循环气冷却过程	
蒸汽压力/MPa	1.5	1.5	1.5	0.5	1.5	0.5
副产蒸汽量/kg	107	342	11	80	49	34

（2）过程能量平衡　以生产 1t 纯的 DRI 为基准，对系统的综合能耗进行计算，如图 10-73 所示。系统的能耗主要包括入炉煤的热值和循环气的压缩所消耗的热量。而系统中某些单元操作所产生的热量能够被综合利用，如水冷壁移热、合成气变换、气体的冷却，这些过程所产生的热量将部分用于副产蒸汽，另外还有气体减压膨胀所产生的能量可用于系统的发电。其他单元过程的能量消耗或者产出忽略不计。因此，该模拟系统的综合能耗约为 10.99GJ/tDRI。

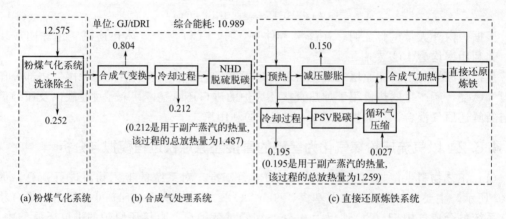

图 10-73　能量平衡图

（3）模拟结果与参考工艺指标的比较　从表 10-49 可知，以气流床粉煤气化为基础的直接还原炼铁过程的工艺条件和参数完全满足直接还原炼铁的生产要求。

表 10-49　模拟结果与参考工艺指标[152,153]的比较

比较项目	还原气温度/℃	还原压力/MPa	H_2+CO（体积分数）/%	还原气 H_2（体积分数）/%	H_2/CO（体积比）	还原气含硫量/(mg/kg)	DRI 产率（质量分数）/%
参考指标	850～1050	0.55～0.8	≥90	≥85	5.7～10.0	<100	≥93
本流程	950	0.55	97.95	85.24	6.71	16	94.92

以生产 1t 纯的 DRI 为基准，比较该工艺流程和现有的直接还原炼铁工艺中原料与能量的消耗[136,137]，如表 10-50 所示，由此可见该工艺流程的物料与能量的消耗都是十分合理的。

表 10-50　该流程的消耗与参考工艺指标的比较

比较项目	煤耗/kg	氧耗/m³	能耗/GJ
参考指标	约 470	约 300	10～12
本流程	406	217	10.99

10.5　气流床气化炉动态模拟

气化炉是煤气化过程中的关键设备，气化炉操作条件变化将影响气化装置的稳定和安全运行。当气化炉氧煤比升高时，炉内氧化反应加剧，气化炉温度升高加速耐火衬里（耐火砖或者水冷壁）的烧蚀，威胁到承压气化炉壳的安全；合成气中氧气含量可能超过安全界限甚至发生爆炸事故，将给气化炉及工厂的安全生产带来危险。2005 年到 2006 年南京某企业水煤浆气化炉多次因煤浆流量较低，系统过氧，造成气化炉超温甚至发生洗涤塔闪爆事故[154]。

动态模拟对预测化工生产风险和指导生产过程安全操作有重要意义。付建民[155]通过建立天然气管道输送的等效泄漏仿真模型，模拟了天然气泄漏时紧急关断阀的响应时间对天然气泄漏速率的影响过程，对天然气管道泄漏风险的评估具有很好的应用价值。Hessam[156]利用所建立的延迟焦化装置的动态模型，研究了减压条件下焦化鼓超压现象，得到超压情况下装置的动态特性。Manca[157]以炼油厂爆炸事故为研究对象，利用 Unisim 软件建立动态模型以模拟该爆炸事故，并获得与事故情况相符合的动态变化过程。

气流床煤气化炉在操作参数大幅变化的异常工况下运行时，气化炉温度大幅波动，合成气中可能含有氧气，不利于工厂安全稳定运行。Monaghan[158,159]、Gazzani[160]、杨志伟[161]、杨俊宇[83]等国内外研究者均对气化炉动态过程展开了模拟研究工作，但主要集中在工艺操作过程和开车炉温变化过程的模拟。由于控制回路的调节时间延迟问题，不能实施响应操作参数的大幅度变化。为了保证气化系统的安全，在操作参数变化到一定范围时，需要通过紧急停车 SIS 系统实现自动关闭，而不是控制回路调节。对装置操作运行来说，需要给定 SIS 系统关于操作参数变换幅度的设定值，以实现气化装置的安全运行。

10.5.1　基本模型

可以利用不同气化炉的流动特征，构建气化炉的反应器网络模型[82,83]，其本质上是一种降阶模型，能够快速预测气化炉反应过程。在反应器网络模型的基础上，再利用流程模拟软件 Unisim Hysis 对气化炉动态过程进行模拟。

10.5.2　多喷嘴对置水煤浆气化炉异常工况动态模拟

动态模拟的目的是快速预测非正常情况下气化炉的运行状况，张强等以某厂多喷嘴对置水煤浆气化炉异常工况为研究对象，以气化炉反应器网络模型为基础，建立了气化炉的动态模型[162]，对气化炉煤浆流量和煤浆浓度大幅变化情况下气化炉的动态响应过程进行研究。

（1）煤浆流量大幅减少的工况　模拟过程中，50s 之前气化炉处于稳定运行状态，煤浆流量降低的阶跃变化于 50s 时添加。当氧气流量不变，煤浆流量分别减少 30%、40%、

45％、50％左右时，气化炉出口温度动态响应过程如图 10-74 所示，气化炉出口气体组成的动态响应过程如图 10-75（a）～（d）所示。

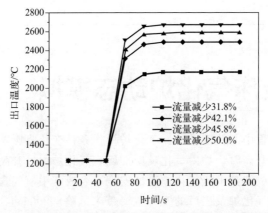

图 10-74　煤浆流量大幅减少时气化炉出口温度的动态响应曲线

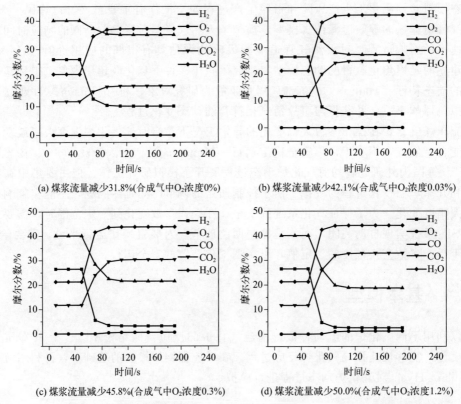

(a) 煤浆流量减少31.8%(合成气中O_2浓度0%)　　　　(b) 煤浆流量减少42.1%(合成气中O_2浓度0.03%)

(c) 煤浆流量减少45.8%(合成气中O_2浓度0.3%)　　　　(d) 煤浆流量减少50.0%(合成气中O_2浓度1.2%)

图 10-75　煤浆流量大幅减少时气化炉出口气体组成的动态响应曲线

由图 10-74 可看出，阶跃变化出现后，气化炉出口温度迅速变化。由于煤浆流量降低，气化炉中氧煤比增大，炉内燃烧反应加剧，气化炉温度升高，当煤浆流量降低超过 30％时，合成气将温度超过 2000℃。

由图 10-75（a）～（d）可看出，阶跃变化出现后，气化炉出口气体组成也迅速变化。由于氧煤比升高，使得 CO 和 H_2 燃烧反应加剧，燃烧产物 CO_2 和 H_2O 含量升高，其中 H_2O 含量的增加幅度和 H_2 含量的减小幅度基本相同，CO_2 含量的增加幅度和 CO 含量的减小幅度基本相同，主要是由于 H_2 和 CO 的燃烧反应促使二者分别向 H_2O 和 CO_2 转变，使得二者的减小幅度与对应燃烧产物的增长幅度近似相同。H_2O 和 H_2 含量变化速度大于 CO 和 CO_2 变化速度，主要是因为 H_2 燃烧反应速率相对于 CO 燃烧速率较快。当煤浆流量减少超过 40% 时，合成气中氧浓度含量明显上升，给气化装置及下游装置的操作带来巨大的安全风险。

（2）煤浆浓度大幅减少的工况研究与煤浆流量大幅减少工况研究方法相似，模拟过程中，50s 之前气化炉处于稳态运行状态，煤浆浓度降低的阶跃变化于 50s 时添加。氧气流量不变，煤浆浓度分别减少为 40%、30%、26%、20% 时，气化炉出口温度动态响应过程如图 10-76，气化炉出口气体组成的动态响应过程分别图 10-77（a）～（d）所示。

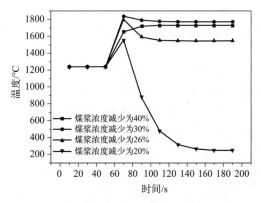

图 10-76　煤浆浓度大幅减少时气化炉出口温度的动态响应曲线

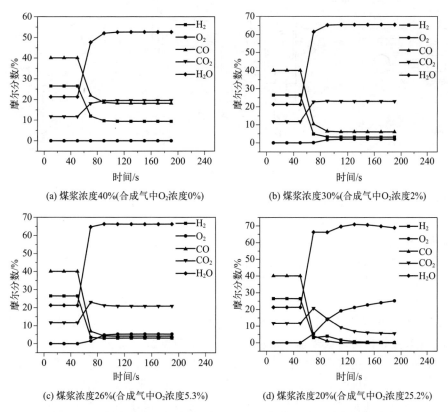

图 10-77　煤浆浓度大幅减少时气化炉出口气体组成的动态响应曲线

在添加煤浆浓度阶跃变化后的开始阶段，气化炉内 CO 和 H_2 浓度仍然保持在较高的水平，由于气化炉入口氧煤比增大，促进 CO 和 H_2 的燃烧反应，使得气化炉温度升高。随着气化炉内 CO 和 H_2 浓度不断降低，同时由于入炉煤浆中的水流量增加，大量水的汽化吸热，气化炉内温度开始降低，如图 10-76 所示。其中由煤浆浓度为 20% 的温度响应曲线可看出，当气化炉煤浆浓度突然降低到 20% 时，气化炉可能出现熄火现象，带来巨大的安全隐患。

由图 10-77（a）～（d）可以看出，由于煤浆流量不变，煤浆浓度降低后入炉水流量增大，导致气化炉出口合成气 H_2O 含量增加迅速。煤浆浓度低于 30% 后，出口合成气中氧浓度含量增加很快，使得气化装置及下游装置存在爆炸的风险。

10.5.3 多喷嘴对置水煤浆带压连投过程动态模拟[163]

（1）控制流程 多喷嘴对置气化炉有两对对置的喷嘴，每对由一个煤浆泵供料。生产中，如果其中一个煤浆泵或线路故障，则该对喷嘴停止工作，生产负荷减半。由于另一对喷嘴继续运行，可避免整个装置停车。当故障被排除后，通过带压联投，熄火喷嘴可在高温高压的生产环境中重新投入运行，从而延长装置运行时间。图 10-78 给出了多喷嘴气化炉的控制结构简图。

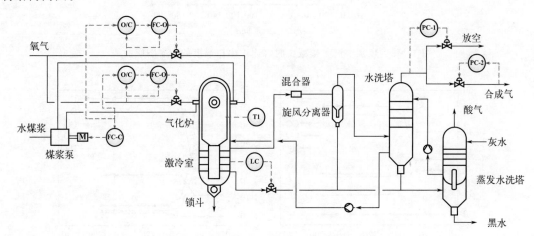

图 10-78 多喷嘴对置水煤浆气化系统控制结构图

出于安全考虑，通过水洗塔出口阀门调节气化炉压力。因此，气化炉的动态模型必须考虑整个气化系统而非单个炉体。当设备尺寸、阀门、控制回路确定后，可将稳态模型转为压力驱动的动态模型。气化系统动态模型如图 10-79 所示，为减少计算量，模型不包含旋风分离器和水洗塔。激冷室由一个 $35m^3$ 的三相分离器模拟，其循环物料为灰水，出料为黑水，熔渣通过固相分离。

（2）手动控制带压联投模拟及验证 为了验证动态模型准确性，取国内某化工厂气化炉手动带压联投前 300s 数据作对比。主要操作变量为水煤浆和氧气流量，假设喷嘴-A&B 为工作喷嘴，喷嘴-C&D 为熄火喷嘴，带压联投过程手动控制。

如图 10-80 所示，在带压联投初始，喷嘴-C&D 水煤浆流量为 77% 负荷，分四次逐步增加至 98% 负荷。从图 10-80（a）可以看出，模拟结果与工业数据吻合。氧气流量由于受阀门两侧压力影响有一定波动 [图 10-80（b）]，并在第 13s 快速增大防止气化炉熄火。喷嘴-C&D 氧气流量随水煤浆流量通过给定氧煤比控制，炉温通过喷嘴-A&B 的氧气流量独立控

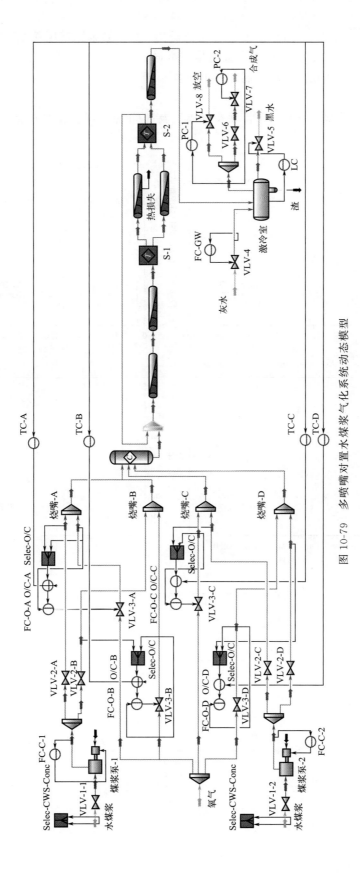

图 10-79 多喷嘴对置水煤浆气化系统动态模型

制［图 10-80(c)］。从图 10-80（d）、（e）可以看出，生产负荷因带压联投开始增大。实际带压联投时，压力突然增大或反应朝合成气生成方向进行会导致合成气比率［式(10-88)］超过 100％。但模型由于质量衡算限制，模拟值均小于 100％。综上所述，动态模型具有较高准确性和鲁棒性。

$$合成气比率＝带压联投合成气流量/正常工况合成气流量 \qquad (10\text{-}88)$$

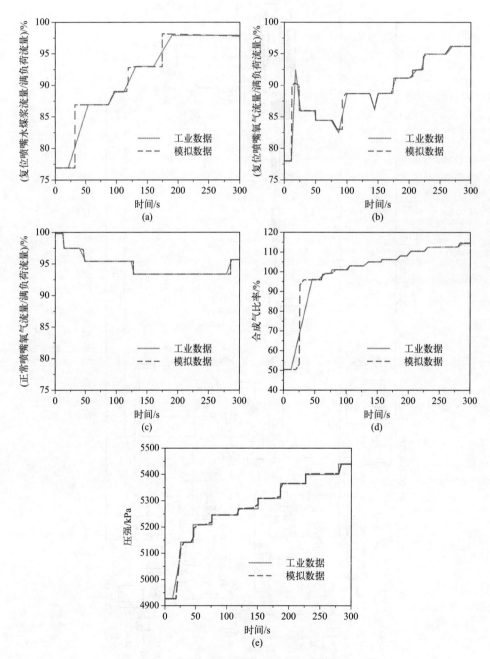

图 10-80　手动带压联投的工业数据和模拟数据比较

（3）自动控制带压联投模拟　目前工业生产中，气化炉操作自动化程度较低，手动控制往往导致误操作带来安全风险，因此有必要研究带压联投的自动控制机制。

当喷嘴-C&D熄火后，生产负荷下降，气化炉压力将至5.3MPa。如图10-81（a）所示，第40s启动带压联投，喷嘴-C&D水煤浆流量设为14.27m^3/h（80%负荷）。为使水煤浆顺利投料，进料压力要增大0.1～0.3MPa，导致煤浆进料量增大至14.95m^3/h（保持2s使火焰稳定）。投料完成后，水煤浆进料量在9min内要达到正常值（17.83m^3/h）。水煤浆和氧气流量阶跃值分别设为每分钟增加0.4m^3/h和189m^3/h[图10-81（b）]。进料量增加时，气化炉压力通过PC-1、2维持在5.3MPa。

当水煤浆和氧气流量均达到正常值后，气化炉压力以每分钟0.1MPa速率增加至5.8MPa[图10-81（d）]。PC-2阀门开度不变，PC-1设为自动控制。当PC-1开度为0时，PC-2设为自动。

如图10-81（b）所示，由于生产负荷增加[图10-81（g）]，塔压在第5s随之增加106kPa，导致喷嘴-A&B氧气流量在第45s下降1.3%。同样，当气化炉压力在第643s开始增加时，所有喷嘴的氧气流量突然下降，并在第897s时最大减少2%。氧气流量影响气化炉温度，如果氧气量下降过多，炉内温度降低，可能会导致堵渣；如果氧气量过大，又会烧蚀炉内构建，减少设备寿命，甚至会使下游工艺氧含量过高而产生安全隐患。

如图10-81（c）所示，负荷增加时，炉温显著增加。在第42s时，炉温开始下降，此时要增大氧气流量防止气化炉熄火。因此炉温在第55s到102s开始增加，然后一直稳定到第643s（氧气量开始下降）。最低温度1203℃出现在第909s，最大波动33℃，始终高于灰渣熔融点，保证液态排渣。模型考虑了温度变化滞后，因为：①设备内大空间传热速率影响；②水煤浆流量变化先于氧气流量变化。

从图10-81（e）可以看出，当气化炉负荷提升时，由于颗粒停留时间变短，碳转化率下降。由图10-81（f）可知，开始投料时，回流区局部合成气与充足氧气发生燃烧反应，CO_2浓度升高。之后随着负荷增加，炉内压力升高，碳转化率增加，CO_2浓度开始下降。从图10-81（g）可以看出，合成气产量随压力升高而波动增加，并最终恢复到满负荷状态。由图10-81（h）可看出，激冷室液位有两次下降。第一次突然下降是因为温度提升时，大量液体蒸发；第二次是由于黑水管路阀门VLV-5前后压差增大。随后，液位通过控制器LC回到正常水平。考虑到控制延迟和液位测量不确定度，激冷室液位设定值设为60%。

模拟表明，多喷嘴对置水煤浆气化炉的两两对置喷嘴可以强化混合并扩大操作窗口。生产过程中，其中一对喷嘴可暂时熄火，当其在负荷状态下重新投运就称为带压联投。然而，目前工业装置带压联投依靠操作人员手动控制。以往工作通过建立基于反应网络的气化系统降阶模型，模拟了稳态及开环动态过程，证明了模型可靠性。

以流场划分和RTD为基础建立了基于反应网络模型的气化系统降阶模型，模拟了一套工业设备（5.8MPa，1500 TPD）的带压联投控制机制。通过模型的开环和手动闭环控制验证了模型准确性。在此基础上，进一步模拟了带压联投的自动控制机制。结果表明，气化炉压力同时受上下游工艺影响，温度（最大33℃）和压力（最大106kPa）波动，均在安全范围内。这表明可靠的复杂反应器降阶模型可用于闭环控制模拟。

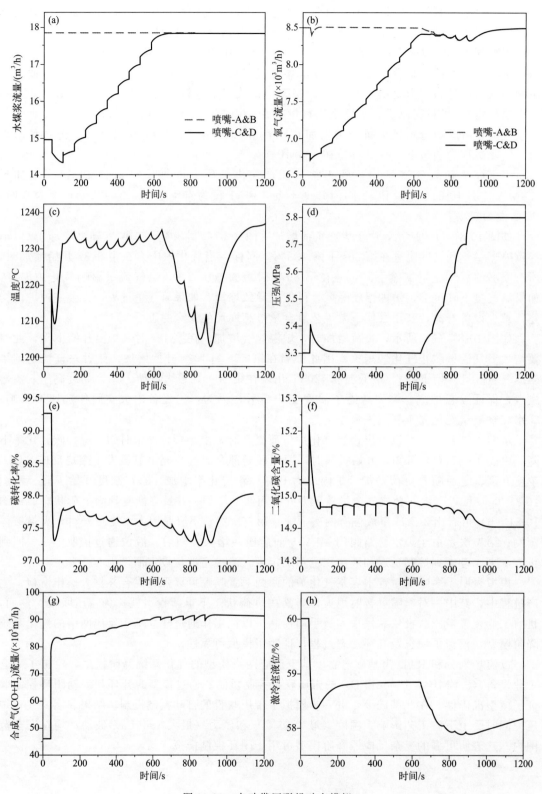

图 10-81　自动带压联投动态模拟

　煤炭气化技术：理论与工程

参考文献

[1] Hobbs M L. Modeling countercurrent fixed-bed coal gasification [D]. UT：Brigham Young University，1990.

[2] 刘旭光.煤热解 DAEM 模型分析及固定床煤加压气化过程 [D]. 太原：中国科学院山西煤炭化学研究所，2000.

[3] Balakrishnen A R，Pei D C T. Heat transfer in gas-solid packed bed systems. 1. A critical review [J]. Ind Eng Chem Process Des Dev，1979，18（1）：30-40.

[4] Li C H，Finlayson B A. Heat transfer in packed beds-a reevaluation [J]. Chem Eng Sci，1977，32：1055-1066.

[5] Hobbs M L，Radulovic P T，Smoot L D. Combustion and gasification of coals in fixed-beds [J]. Prog Energy Combust Sci，1993，19：505-586.

[6] 郭树才.煤化工工艺学 [M]. 北京：化学工业出版社，1992：185.

[7] Thorsness C B，Kang S W. Further development of general-purposr，packed-bed model for analysis of underground coal gasification process [M]. Denver：Underground coal gasification symp，1985.

[8] 姚文君.常压固定床煤气发生炉内传输过程数值计算 [D]. 北京：北京科技大学，2004.

[9] 谢克昌.煤的结构与反应性 [M]. 北京：科学出版社，2002：210-211.

[10] Essenhigh R H. Chemistry of Coal Utilization：Second Supplementary Volume [M]. New York：John Wiley，1981：1153.

[11] Laurendeau N M. Heterogeneous kinetics of coal char gasification and combustion [J]. Prog Energy Combust Sci，1978，4：221-270.

[12] Juntgen H. Coal characterization in relation to coal combustion. Part1：Structural aspects and combustion，erdoel，kohle，erdgas [J]. Petrochemie，1987，40：153.

[13] Harris D J，Smith I W. Intrinsic reactivity of petroleum coke and brown coal char to carbon dioxide [C]//The proceedings of 23rd Symp. Int. on Combust. Pittsburgh：The Combustion Institute，1990：1185.

[14] Wang S C，Wen C Y. Experimental evaluation of nonisothermal solid-gas reaction model [J]. AIChE J，1972，18（6）：1231-1238.

[15] Bhatia S K. Modeling the pores structure of coal [J]. AIChE J，1987，33（10）：1707-1718.

[16] Hobbs M L，Radulovic P T，Smoot F G. Modeling fixed-bed coal gasifies [J]. AIChEJ，1992，38（5）：681-702.

[17] Yoon H，Wei J，Denn M M. A model for moving bed coal gasification reactors [J]. AIChE J，1978，24（5）：885-903.

[18] Amundson N R，Arri L E. Char gasification in a countercurrent reactor [J]. AIChE J，1978，24（1）：87-101.

[19] Biba V，Macak J，Malecha J. Mathematical model for the gasification of coal under pressure [J]. Ind Eng Chem Process Des Dev，1978，17（1）：92 -98.

[20] Earl W B，Islam K A. Steady-state model of a lurgi-tyoe coal gasifier [C]//Proc. Australian Chemical Engineering Conference. Perth，1985：289.

[21] Bhattacharya A，Salam L，Dudukovic M P，ct al. Experimental and modeling studies in fixed-bed char gasification [J]. Ind Eng Chem Process Des Dev，1986，25：988-996.

[22] Adanez J，Labiano F G. Modeling of moving-bed coal gasifiers [J]. Ind Eng Chem Res，1990，29（10）：2079-2088.

[23] Solomon P R，Hamblen D G，Carangelo R M，et al. General Model for Coal Devolatilization [J]. Energy & Fuels，1988，2：405-422.

[24] Ergun S. Fluid flow through packed columns [J]. Chem Eng Prog，1952，48：89.

[25] Smoot L D，Smith P J. Pulverized-coal Combustion and Gasification [M]. New York：Plenum Press，1979.

[26] 杨太阳.煤气化流化床流体动力学（CFD）模拟 [D]. 北京：北京科技大学，2005.

[27] 张政，谢灼利.流体-固体两相流数值模拟 [J]. 化工学报，2001，52（1）：1-12.

[28] 欧阳洁，李静海.确定性颗粒轨道模型在流化床模拟中的应用 [J]. 化工学报，2004，54（10）：1581-1592.

[29] Stewart R L，Bridgwater J，Zhou Y C，et al. Determination of particle residence time at the walls of gas fluidized beds by discrete element method simulation [J]. Chemical Engineering Science，2003，58（2）：387-395.

[30] Li X，Grace J R，Watldnson A P，et al. Equilibrium modeling of gasification：a free energy minimization approach and its application to a circulating fluidized bed coal gasifier [J]. Fuel，2001，80（2）：195-207.

[31] Kato K，Wen C Y. Bubble assemblage model for fluidized bed catalytic reactors [J]. Chem Eng Sci，1969，24（8）：

1351-1369．

［32］肖显斌，杨海瑞，吕俊复，岳光溪．循环流化床燃烧数学模型［J］．煤炭转化，2002，25（3）：11-16．

［33］Kim Y J，Lje J M，Kim S D．带有进风管的内循环流化床煤气化反应炉中的模型（续）［J］．洁净煤燃烧与发电技术，2000（3）：46-55．

［34］Chejne F，Hernandez J P．Modelling and simulation of coal gasification process in fluidized bed［J］．Fuel，2002，81（13）：1687-1702．

［35］岑可法，倪明江，骆仲沈，等．循环流化床锅炉理论设计与运行［M］．北京：中国电力出版社，1997．

［36］Guo Y C，Chan C K．A multi-fluid model for simulating turbulent gas -particle flow and pulverized coal combustion［J］．Fuel，2000，79：1467-1476．

［37］Kim Y J，Lee J M，Kim S D．Model of Coal Gasification in an Internally circulating fluidized bed reactor with draught tube［J］．Fuel，2000，79：69-77．

［38］高鹍，吴晋沪，王洋．灰熔聚流化床气化炉的 CFD 模拟研究［J］．燃料化学学报，2006，34（6）：670-674．

［39］Gao Kun，Wu Jinhu，Wang Yang，et al．Bubble dynamics and its effect on the performance of a jet fluidized bed gasifier simulated using CFD［J］．Fuel，2006：1221-1231．

［40］徐奕丰，陈寒石．灰熔聚流化床粉煤气化技术［J］．化肥工业，1997，24（5）：27-29．

［41］王洋．加压灰熔聚流化床粉煤气化技术的研究与开发［J］．山西化工，2002，22（3）：4-7．

［42］Bi J，Kojima T．Prediction of temperature and composition in a Jetting fluidized bed coal gasifier［J］．Chem Eng Sci，1996，51（11）：2745-2750．

［43］ANSYS inc．CFX version 5 7 User Manual［M］．Ontario，Canada：ANSYS inc，2004．

［44］Dai Z，Gong X，Guo X，et al．Pilot trial and modeling of a new type of pressurized entrained-flow pulverized coal gasification technology［J］．Fuel，2008，87（11）：2304-2313．

［45］Smoot L D．Fundamental of Coal Combustion［M］．New York：Elsvier，1993．

［46］Smith P J，Smoot L D．One-dimensional model for pulverized coal combustion and gasification［J］．Combustion Science and Technology，1980，23（1）：17-31．

［47］Sprouse Kenneth M，Schuman Merlin D．Predicting lignite devolatilization with the multiple parallel and two-competing reaction models［J］．Combustion Flame，1981，43：265-271．

［48］Ubhayakar S K，Stickier D B，Gannon R E．Modelling of entrained-bed pulverized coal gasifiers［J］．Fuel，1977，56（3）：281-291．

［49］Govind R，Shan J．Modeling and simulation of an entrained flow coal gasifier［J］．AIChE J，1984，30（1）：79-92．

［50］Smoot L D，Hedman P O，Smith P J．Pulverized-coal combustion research at Brigham young university［J］．Progress in Energy and Combustion Science，1984，10（4）：359-441．

［51］ANSYS FLUENT，2009［Z］．Version 12，Ansys Inc．USA．

［52］Magnussen B F，Hjertager B G．On mathematical models of turbulent combustion with special emphasis on soot formation and combustion［C］//16th Symp．（Int'l.）on Combustion．The Combustion Institute，1976．

［53］Spalding D B．Mixing and chemical reaction in steady confined turbulent flames［C］//13th Symp（Int'l.）on Combustion．The Combustion Institute，1970．

［54］Magnussen B F．On the structure of turbulence and a generalized eddy dissipation concept for chemical reaction in turbulent flow［C］//Nineteenth AIAA Meeting．St．Louis，1981．

［55］Gran I R，Magnussen B F．A Numerical study of a bluff-body stabilized diffusion flame．Part 2．Influence of combustion modeling and finite-rate chemistry［J］．Combustion Science and Technology，1996，119：191．

［56］Wen C Y，Chaung T Z．Entrained coal gasification modeling［J］．Ind Eng Chem Process Des Dev，1979，18（4）：684-695．

［57］Govind R，Shah J．Modeling and simulation of an entrained flow gasifier［J］．AIChE J，1984，30（1）：79-91．

［58］Ni Qizhi，Alan W．A simulation study on the performance of an entrained-flow coal gasifier［J］．Fuel，1995，74（1）：102-110．

［59］Vamvuka D，Woodburn E T，Senior P R．Modelling of an entrained flow coal gasifier 1．Development of the model and general predictions［J］．Fuel，1995，74（10）：1452-1460．

［60］Vamvuka D，Woodburn E T，Senior P R．Modelling of an entrained flow coal gasifier 2．Effect of operating conditions on reactor performance［J］．Fuel，1995，74（10）：1461-1465．

[61] Eaton A M, Smoot L D, Hill S C, et al. Components, formulations, solutions, evaluation, and application of comprehensive combustion models [J]. Progress in Energy and Combustion Science, 1999, 25: 387-436.

[62] Brown B M, Smoot L F, et al. Measurement and prediction entrained-flow gasification process [J]. AIChE J, 1988, 34 (3): 435-446.

[63] Skodras G, Kaldis S P, Sakellaropoulos G P, et al. Simulation of a molten bath gasifier by using a CFD code [J]. Fuel, 2003, 82: 2033-2044.

[64] Feltcher D F, Haynes B S, Christo F C. A CFD combustion model of an entrained flow biomass gasifier [J]. Applied Mathematical Modelling, 2000, 24: 165-182.

[65] Chen C, Masayuki H, Toshinori T. Numerical simulation of entrained flow coal gasifiers part I: Modeling of coal gasification in an entrained flow gasifier [J]. Chemical Engineering Science, 2000, 55: 3861-3874.

[66] Chen C, Masayuki H, Toshinori K. Numerical Simulation of Entrained Flow coal Gasifiers Part Ⅱ: Effects of Operating Conditions on Gasifier Performance. Chemical Engineering Science, 2000, 55: 3875-3883.

[67] Chen C, Masayuki H, Roshinori K. Use of numerical modeling in the design and scale-up of entrained flow coal gasifier [J]. Fuel, 2001, 80: 1513-1523.

[68] Ubhayakar S K, Stickler D B, Von Rosenberg C Y, et al. Sixteenth Symposium (International) on Combustion [C]. Pittsburgh: The Combustion Institute, 1977.

[69] Smith I W. The combustion rates of coal chars: a review [C]//19th Symp (Int) on Combustion. The Combustion Institute, 1982: 1045-1065.

[70] Choi Y C, Li X Y, Park T J, et al. Numerical study on the coal gasification characteristics in an entrained blow coal basifier [J]. Fuel, 2001, 80: 2193-2201.

[71] Watanabe H, Otaka M. Numerical simulation of coal gasification in entrained flow coal gasifier [J]. Fuel, 2006, 85: 1935-1943.

[72] Bhatia S K, Perlmutter D D. A random pore model for fluid-solid reaction: I. Isothermal, kinetic control [J]. AIChE J, 1980, 26 (3): 379-386.

[73] 吴玉新, 张建胜, 王明敏, 等. 简化 PDF 模型对 Texaco 气化炉的三维数值模拟 [J]. 化工学报, 2007, 58 (9): 2369-2374.

[74] William V, Salvador O, Javier A, et al. An eulerian model for the simulation of an entrained flow coal gasifier [J]. Applied Thermal Engineering, 2003, 23: 1993-2008.

[75] 王辅臣. 射流携带床气化过程研究 [D]. 上海: 华东理工大学, 1995.

[76] Najjar Y S H, Goodger E M J. Soot formation in gas turbines using heavy fuels [J]. Fuel, 1981, 60 (10): 980-986.

[77] Monaghan R F D, Ghoniem A F. A dynamic reduced order model for simulating entrained flow gasifiers Part I: Model development and description [J]. Fuel, 2012, 91 (1): 61-80.

[78] Monaghan R F D, Ghoniem A F. A dynamic reduced order model for simulating entrained flow gasifiers. Part II: Model Validation and Sensitivity Analysis [J]. Fuel, 2012, 94: 280-297.

[79] Monaghan R F D, Ghoniem A F. Simulation of a commercial-scale entrained flow gasifier using a dynamic reduced order model [J]. Energy & Fuels, 2012, 26 (2): 1089-1106.

[80] Yang Z W, Wang Z, Wu Y X, et al. Dynamic model for an oxygen-staged slagging entrained flow gasifier [J]. Energy & Fuels, 2011, 25 (8): 3646-3656.

[81] Gazzani M, Manzolini G, Macchi E, et al. Reduced order modeling of the shell-prenflo entrained flow gasifier [J]. Fuel, 2012, 104: 822-837.

[82] Li C, Dai Z, Sun Z, et al. Modeling of an opposed multiburner gasifier with a reduced-order model [J]. Industrial & Engineering Chemistry Research, 2013, 52 (16): 5825-5834.

[83] 杨俊宇, 李超, 代正华, 等. 基于停留时间分布的气流床气化炉通用网络模型 [J]. 华东理工大学学报 (自然科学版), 2015, 41 (3): 287-292.

[84] Kobayashi H, Howard J B, Sarom A F. Coal devolatilization at high temperatures [C]//16th Symp. (Int'l.) on Combustion. The Combustion Institute, 1976.

[85] David M. Models of thermal decomposition of coal [J]. Fuel, 1983, 62: 534-539.

[86] Xu J, Zhao H, Dai Z, et al. Numerical simulation of opposed multi-burner gasifier under different coal loading ratio [J]. Fuel, 2016, 174: 97-106.

[87] 王少云，陈谋志，秦军，等.三通道气流式喷嘴内粘性流体雾化过程 [J]. 化学工程，2005，33（5）：26-29.

[88] 王少云，杨永喆，李伟锋，等.三通道空气气流式喷嘴的雾化性能 [J]. 华东理工大学学报，2003，29（6）：596-598.

[89] 代正华.气流床气化炉内多相反应流动及煤气化系统的研究 [D]. 上海：华东理工大学，2008.

[90] Dai Z，Xu J，Liang Q，et al. The numerical simulation of opposed-multi-burner pulverized coal gasifier [C]//12th APCChE Congress. Dalian，China：2008：4-6.

[91] 许建良.气流床气化炉内多相湍流反应流动的实验研究与数值模拟 [D]. 上海：华东理工大学，2008.

[92] 王辅臣，龚欣，代正华，等. Shell 粉煤气化炉的分析与模拟 [J]. 华东理工大学学报，2003，29（2）：202-205.

[93] 于遵宏，于建国，沈才大，等.德士古气化炉气化过程剖析（V）——区域模型 [J]. 大氮肥. 1994，5：352-356.

[94] 于遵宏，沈才大，王辅臣，等.水煤浆气化过程的三区模型 [J]. 燃料化学学报，1993，21（1）：90-95.

[95] 李超.气流床气化炉内颗粒流动模拟及分区模型研究 [D]. 上海：华东理工大学，2013.

[96] Watanabe H，Otaka M. Numerical simulation of coal gasification in entrained flow coal gasifier [J]. Fuel，2006，85（12-13）：1935-1943.

[97] Wu S，Huang S，Ji L，et al. Structure characteristics and gasification activity of residual carbon from entrained-flow coal gasification slag [J]. Fuel，2014，122：67-75.

[98] Shen Z，Liang Q，Xu J，et al. In situ study on the formation mechanism of bubbles during the reaction of captured chars on molten slag surface [J]. International Journal of Heat and Mass Transfer，2016，95：517-542.

[99] Wang X，Zhao D，He L，et al. Modeling of a coal-fired slagging combustor：Development of a slag submodel [J]. Combustion and Flame，2007，149：249-260.

[100] Wu S，Huang S，Ji L，et al. Structure characteristics and gasification activity of residual carbon from entrained-flow coal gasification slag [J]. Fuel，2014，122：67-75.

[101] Xu J，Liang Q，Dai Z，Liu H. Comprehensive model with time limited wall reaction for entrained flow gasifier [J]. Fuel，2016，184：118-127.

[102] Stefan H，Hartmut S. Numerical simulation of entrained flow gasification：Reaction kinetics and char structure evolution [J]. Fuel Process Technol，2015，138：314-324.

[103] Hurt R，Sun J K，Lunden M. A kinetic model of carbon burnout in pulverized coal combustion [J]. Combust and Falme，1998，113：181-197.

[104] Li S H，Whitty K J. Physical phenomena of char-slag transition in pulverized coal gasification [J]. Fuel Process Technol，2015；95：127-136.

[105] Sun Z H，Dai Z H，Zhou Z J，et al. Numerical simulation of industrial opposed multi-burner coal water slurry entrained flow gasifier [J]. Ind Eng Chem Res，2012，51：2560-2569.

[106] 许建良，赵辉，代正华，等.单喷嘴水煤浆气化炉高径比对反应流动的影响 [J]. 化学工程，2016，44（4）：68-73.

[107] Xu J，Liang Q，Dai Z，Liu H. The influence of swirling flows on pulverized coal gasifiers using the comprehensive gasification model [J]. Fuel Processing Technology，2017，172：142-154.

[108] 杨友麒，成思危.现代过程系统工程 [M]. 北京：化学工业出版社，2003.

[109] 张瑞生，王弘轼，宋宏宇.过程系统工程概论 [M]. 北京：科学出版社，2001.

[110] 王辅臣，刘海峰，龚欣，等.水煤浆气化系统数学模拟 [J]. 燃料化学学报，2001，29（1）：33-38.

[111] Sotudeh-Fharebaagh R，Legros R，et al. Simulation of circulating fluidized bed reactors using aspen plus [J]. Fuel，1998，77：327-337.

[112] Bezzo F，Macchietto S，Pantelides C C. A general framework for the integration of computational fluid dynamics and process simulation [J]. Computers and Chemical Engineering，2000，24：653-658.

[113] Syamlal M，Osawe M，Zitney A. Development of technologies and analytic capabilities for vision 21 energy plants，final technical report [EB/OL]. http：//www. osti. gov/energycitations/servlets/purl/ 841446-EXW7Ew/native/ 841446. pdf. 2005.

[114] Higman C，Burgt M van der. Gasification [M]. Boston：Elseiver，2003.

[115] Schellberg W，Garcia P F. Commercial operation of the Puertollano IGCC plant [C]//Fifth European Gasification Conference. Noordwijk，The Netherlands，2002.

[116] M V I，Pisa H，Cortes J，et al. The Puertollano IGCC plant：status update [C]//Gasification Technologies Conference. 1998.

[117] Phil A. E-Gas technology project updates. San Fransico，2007. http：//www. gasification. org.

［118］倪维斗，李政，刘恒伟，等.促进 IGCC 在中国的发展——用于发电和液体燃料生产［M］.北京：清华 BP 清洁能源研究与教育中心，2008．

［119］任永强，许世森，夏军仓，等.神木煤粉加压气流床气化中试试验研究［J］.煤化工，2006，34（5）：15-18.

［120］任永强，许世森，夏军仓，等.两段式干煤粉加压气流床气化试验研究［J］.热力发电，2007，36（8）：27-30.

［121］Kong X D，Zhong W M，Du W L，et al. Three stage equilibrium model for coal gasification in entrained flow gasifiers based on Aspen plus［J］. Chinese Journal of Chemical Engineering，2013，21（1）：79-84.

［122］Chen C C，Britt H I，Boston J F，et al. Local compostion model for excess Gibbs energy of electrolyte systems［J］. AIChE J，1982，28：588.

［123］Li X，Grace J R，Watldnson A P，et al. Equilibrium modeling of gasification：A free energy minimization approach and its application to a circulating fluidized bed coal gasifier［J］. Fuel，2001，80（2）：195-207.

［124］Prapan K，Sankar B，Atsushi T. Combination of thermochemical recuperative coal gasification cycle and fuel cell for power generation［J］. Fuel，2005，84：1019-1021.

［125］Zheng L，Edward F. Comparison of Shell，Texaco，BGL and KRW gasifiers as part of IGCC plant computer simulations［J］. Energy Conversion and Management，2005，46：1767-1779.

［126］Zheng L，Edward F. Assesment of coal combustion in $O_2 + CO_2$ by equilibrium calculations［J］. Fuel Processing Technology，2003，81：23-34.

［127］Argent B B，Thompson D. Thermodynamic equilibrium study of trace element mobilisation under air blown gasification conditions［J］. Fuel，2002，81（1）：75-89.

［128］李勇，肖军，章名耀.燃煤过程中碱金属迁移规律的模拟研究与预测分析［J］.燃料化学学报，2005，33（5）：556-559.

［129］Jason N，Mohanmmed P，Alan W. Modelling the formation and emission of environmentally unfriendly coal species in some gasification processes［J］. Fuel，1997，76（13）：1201-1216.

［130］李延兵，肖睿，金保升，等.基于 Gibbs 自由能最小原理分析 CO_2 重整 CH_4［J］.东南大学学报：自然科学版，2006，36（5）：769-773.

［131］Zhu J，Zhang D，King K D. Reforming of CH_4 by partial oxidation：thermodynamic and kinetic analyses［J］. Fuel，2001，80（7）：899-905.

［132］陈宏刚，谢克昌.等离子体裂解制乙炔碳-氢体系的热力学平衡分析［J］.过程工程学报，2002，2（2）：112-117.

［133］于广锁，龚欣，刘海峰，等.多喷嘴对置式水煤浆气化技术［J］.现代化工，2004，24（10）：46-49.

［134］胡英.近代化工热力学——应用研究的新进展［M］.上海：上海科学技术文献出版社，1994：353-356.

［135］贾丛林.Shell 煤气化耐硫变换工艺流程研究［J］.大氮肥，1999，22（5）：338-346.

［136］冯燕波，曹维成，杨双平，等.中国直接还原技术的发展现状及展望［J］.中国冶金，2006，16（5）：10-13.

［137］钱晖，周渝生.HYL-Ⅲ直接还原炼铁技术［J］.世界钢铁，2005，1：16-21.

［138］Duarte P E，Gerstbrein E O. A reliable and economical approach for coal based DRI production［C］//AIC Conferences 3rd Annual Asian Steel Summit. Hong Kong，1997：1-18.

［139］郭汉杰，孙贯永.非焦煤炼铁工艺及装备的未来（2）气基直接还原炼铁工艺及装备的前景研究（下）［J］.冶金设备，2015，221（4）：1-33.

［140］黄雄源，周兴灵.现代非高炉炼铁技术的发展现状与前景（一）［J］.金属材料与冶金工程，2007，25（6）：49-56.

［141］Bohm C，Czermak K，Eichberger E，Siuka D. Combined（integrated）COREX iron making and DRI production technologies［C］//Thirteen Annual International Pittsburgh Coal Conference. Pittsburgh，1996：1207-1212.

［142］Quintero R. Super-integration：use of hot DRI at New Hylsa CSP mill［C］//Gorham/Intertech Mini-Mills of the Future Conference. NC：Charlotte，1996.

［143］黄希禔.钢铁冶金原理［M］.北京：冶金工业出版社，1990.

［144］许海川，齐渊洪.COREX 炼铁煤气生产热压块流程的模拟分析［J］.钢铁，2007，42（4）：16-20.

［145］问国强，刘翠玲，米杰.高温煤气脱硫剂研究进展［J］.科技情报开发与经济，2007，17（8）：130-131.

［146］童武元.NHD 与低温甲醇洗净化工艺的比较与选择［J］.化肥工业，2004，3（32）：38-40.

［147］范安平，唐莉，陈健，等.新型变压吸附脱碳技术的开发与应用［J］.中氮肥，1997（5）：20-22.

［148］彭宇慧.以气流床粉煤气化技术为基础的工艺流程模拟［D］.上海：华东理工大学，2009.

［149］秦民生.非高炉炼铁：直接还原与熔融还原［M］.北京：冶金工业出版社，1988.

［150］Parisi D R，Laborde M A. Modeling of counter current moving bed gas-solid reactor used in direct reduction of iron ore

[J]. Chemical Engineering，2004，104：35-43.

[151] Jozwiak W K，Kaczmarek E，Maniecki T P. Reduction behavior of iron oxides in hydrogen and carbon monoxide atmospheres [J]. Applied Catalysis，2007，326：17-27.

[152] Coetsee T，Pistorius P C，Villiers E E de. Rate-determining steps for reduction in magnetite-coal pellets [J]. Minerals Engineering，2002，15：919-929.

[153] Trevino V. Method and apparatus for producing direct reduced iron with improved reducing gas utilization：US 6027545 [P]. 1999-02-18.

[154] 黄剑平. 德士古水煤浆气化装置气化炉过氧问题的探讨 [J]. 大氮肥，2009，32（2）：88-90.

[155] 付建民，陈国明，朱渊，等. 紧急关断阀关断延迟对天然气管道泄漏过程的影响 [J]. 化工学报，2009（12）：3178-3183.

[156] Vakilalroayaei H，Biglari M，Elkamel A，et al. Dynamic behavior of coke drum process safety valves during blocked outlet condition in the refinery delayed coking unit [J]. Journal of Loss Prevention in the Process Industries，2012，25（2）：336-343.

[157] Manca D，Brambilla S. Dynamic simulation of the BP Texas City refinery accident [J]. Journal of Loss Prevention in the Process Industries，2012，25（6）：950-957.

[158] Monaghan R F D，Ghoniem A F. A dynamic reduced order model for simulating entrained flow gasifiers. Part II：Model validation and sensitivity analysis [J]. Fuel，2012，94（1）：280-297.

[159] Monaghan R F D，Ghoniem A F. A dynamic reduced order model for simulating entrained flow gasifiers：Part I：Model development and description [J]. Fuel，2012，91（1）：61-80.

[160] Gazzani M，Manzolini G，Macchi E，et al. Reduced order modeling of the Shell-Prenflo entrained flow gasifier [J]. Fuel，2013，104：822-837.

[161] 杨志伟. 气流床气化炉动态仿真模型研究 [D]. 北京：清华大学，2014.

[162] 张强，孙峰，代正华，等. 水煤浆气化炉异常工况动态模拟研究 [J]. 高校化学工程学报，2017，31（4）：857-862.

[163] Qiu P，Dai Z，Xu J，et al. On-line reset control of a commercial-scale opposed multi-burner coal-water slurry gasification system using dynamic reduced-order model [J]. Computers and Chemical Engineering，2020，143：1-10.

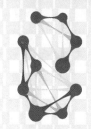

11

煤气化技术的工程化及其应用

改革开放以来，特别是进入新世纪后，我国在煤气化技术的基础研究、技术开发、工程示范、工业应用等方面均取得了长足进步，开发成功了具有完全自主知识产权的多喷嘴对置式水煤浆气化技术，实现了我国大型煤气化技术零的突破。国内开发的多种煤气化技术也实现了工业应用，我国煤气化技术完成了从跟跑、并跑到领跑的跨越，支撑了现代煤化工行业的快速发展[1-7]。以煤气化技术为核心的现代煤化工技术对促进国民经济可持续科学发展、保障国家能源安全发挥了重要作用。

据不完全统计，我国现有林林总总的煤气化专利商或声称拥有煤气化技术的公司 30 余家，煤气化技术进入了百花齐放的时代，但现有的各种主流煤气化技术并未超出固定床、流化床、气流床的技术范畴，也没有超越热化学转化这一基本的工艺路线。本章将摘其要者加以总结，选择的原则是：基础研究比较扎实、技术源流比较清楚、工程应用比较广泛。

11.1　水煤浆加压气化技术

11.1.1　水煤浆加压气化技术特点

水煤浆加压气化技术属于典型的气流床工艺，有关气流床气化技术的特点在本书第 1 章 1.4 节有比较详细的介绍，这里不再赘述。水煤浆加压气化技术最早由美国 Texaco 公司开发成功，1975 年在美国 Galifornia 州的 Montebello 建成 15t/d 的中试装置，1978 年开始建设 150t/d 的工业示范装置，1982 年开始商业化推广。几乎在同期，美国 Dow 化学公司也开发成功了两段式水煤浆气化技术，即 E-gas 气化工艺，1978 年在美国 Louisiana 州 Plaquemine 建成投煤量 12t/d 的中试装置，1983 年建成投煤量 500t/d 工业示范装置。从其后的发展看，Texaco 公司的商业推广要好于 Dow 化学公司。

水煤浆加压气化技术的主要优点在于：

① 水煤浆容易实现高压输送，输送能耗比较低，有利于实现高压气化，能够应用于甲醇或合成氨等等压合成工艺，降低全系统能耗；

② 装置操作稳定性较高；

③ 煤浆中的部分水有利于促进煤气化反应进行；

④ 可以协同处置化工装置有机废液；

⑤ 气化系统投资较低。

其缺点在于：

① 对煤种要求比较高，不太适合于褐煤气化；

② 为了降低气化炉热损失，耐火衬里一般采用耐火砖结构，采用单喷嘴结构时气化炉下锥部耐火砖寿命比较短。

11.1.2　引进水煤浆气化技术在国内的工程应用

11.1.2.1　Texaco（GE）水煤浆气化技术

（1）激冷型水煤浆 Texaco（GE）水煤浆气化技术　1979 年根据国家科委煤气化液化专家小组的建议，经国家科委、国家计委、燃料化学工业部和对外经济贸易部批准，决定引进 Texaco 水煤浆气化技术，在山东鲁南化肥厂（现兖矿鲁南化工有限公司）建设国内首套水煤浆工业化装置，配套建设 8 万吨合成氨装置[8]。当时只购买了 Texaco 公司的专利许可权和工艺设计软件包（PDP），建设了 3 台单炉投煤量 300t/d 的水煤浆气化炉（2 开 1 备），气化压力 3.0MPa。该装置除煤浆泵、氧阀、工艺烧嘴、破渣机和控制系统从国外进口外，75％以上的装备都实现了国产化。装置于 1992 年投产运行，1994 年通过国家组织的工程验收。其后，我国又在上海焦化厂（现上海华谊能源化工有限公司）和陕西渭河化肥厂（现陕西渭河煤化工集团有限公司）引进了该技术[9]，上海焦化厂气化装置配置 3 台单炉投煤量 500t/d 气化炉（2 开 1 备），气化压力 4.0MPa，下游配套 20 万吨甲醇/年装置。渭河化肥厂气化装置配置 3 台单炉投煤量 750t/d 气化炉（2 开 1 备），气化压力 6.5MPa，下游配套 30 万吨合成氨/年（52 万吨尿素/年）装置。

图 11-1 为激冷流程 Texaco 水煤浆气化工艺流程简图。山东鲁化、上海焦化、陕西渭化典型操作煤种及气化结果分别列于表 11-1 和表 11-2[10,11]。山东鲁化使用的北宿精煤为洗净煤，灰分含量低，故合成气有效气组成比较高，比氧耗和比煤耗比较低。

表 11-1　典型工业装置煤质分析结果

项目	山东鲁化	上海焦化	陕西渭化
煤种	北宿精煤	神府煤	华亭煤
工业分析			
$M_{ad}/\%$	3.30	6.98	9.51
$A_d/\%$	7.32	4.56	13.97
$V_d/\%$	50.57	30.58	38.14
固定碳/%	42.11	64.86	47.89
总硫/%	2.51	0.43	0.42

项目	山东鲁化	上海焦化	陕西渭化
热值/(kJ/kg)	31059	30170	27214
元素分析(干燥基,质量分数)/%			
C	74.73	71.23	66.27
H	5.13	6.08	4.62
N	1.20	1.00	1.06
O	8.77	14.76	13.60
S	2.60	0.46	0.46
灰分	7.57	4.90	13.97

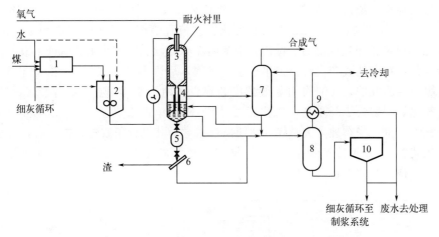

图 11-1　激冷流程 Texaco 水煤浆气化工艺流程简图
1—磨煤制浆；2—煤浆槽；3—气化炉；4—激冷室；5—锁渣斗；
6—捞渣机；7—洗涤塔；8—闪蒸罐；9—换热器；10—澄清槽

表 11-2　典型工业示范装置操作条件及主要工艺指标

项目	山东鲁化	上海焦化	陕西渭化
单炉生产能力/(t/d)	400	500	750
操作压力(表压)/MPa	3.0	4.0	6.5
煤浆浓度(质量分数)/%	约 63	约 60	约 62
有效气(CO+H$_2$)成分(体积分数)/%	约 82	约 80	约 80
碳转化率/%	约 95	约 95	约 96
比氧耗/[m^{3}O$_2$/1000m^3(CO+H$_2$)]	约 336	约 412	约 410
比煤耗/[kg 煤(干基)/1000m^3(CO+H$_2$)]	约 547	约 631	约 646

　　Texaco 水煤浆气化技术在国内应用初期，暴露了一些工程问题，主要是烧嘴寿命短、气化炉下部耐火砖寿命短、激冷环和下降管烧蚀、出激冷室合成气带水带灰、合成气洗涤系统积灰堵塞、进变换合成气细灰含量超标、碳转化率较低（一般在 95％左右）等[12-24]，严重制约装置的长周期稳定运行，国内工程界和技术界作了大量的技术改进工作。从国内工程界发表的大量科技论文中可以粗略看出，目前的 Texaco 水煤浆气化工艺至少有 60％的技术

经过了中国相关企业的改进。但是由于单喷嘴顶置气化炉物料容易短路、氧气和煤颗粒（液滴）混合不均、火焰对气化炉下部的冲蚀等结构缺陷，至今碳转化率仍然低于多喷嘴气化技术（一般相差 2～3 个百分点），气化炉下部的耐火砖寿命依然偏短（4000～5000h 左右），合成气带水带灰问题也未得到很好解决[25]。

2000 年后，Texaco 水煤浆气化技术的专利权几经转移，从 Texaco 公司转移到 Chevron-Texaco 公司，再从 Chevron-Texaco 公司转移至 GE 公司，2019 年又转至 AP 公司。由于国内煤化工行业的快速发展，Texaco 水煤浆气化技术在国内得到了广泛应用。据统计，截至 2023 年 12 月，Texaco（AP）水煤浆气化技术在国内在建和运行的气化炉共计 206 台。单炉最大投煤量为 3000t/d，应用于国家能源集团鄂尔多斯煤制化学品（CTC）项目。

（2）废锅型水煤浆 Texaco（GE）水煤浆气化技术　针对 IGCC 发电系统需要回收高温合成气显热以提高系统效率的需要，Texaco 气化公司又开发了废锅流程的水煤浆加压气化工艺，图 11-2 为废锅流程 Texaco 水煤浆气化工艺流程简图。该工艺曾应用于美国 Florida 州 Tampa 250MW 的 IGCC 电站。国内首钢集团在 20 世纪 80 年代末曾引进了该工艺，并购置了包括气化炉在内的成套设备，拟用于生产燃气，后因各种原因，一直未进行装置建设。后被宁夏煤业集团收购，2004 年开始装置安装建设，用于 24 万吨/年甲醇装置，2007 年投入运行，气化炉配置为 2 开 1 备，气化压力 3.8MPa，单炉投煤量 500t/d。从运行初期看，辐射废锅积渣严重，华东理工大学煤气化团队曾指导对其进行了改进；据了解，由于泄漏等问题该气化装置 2020 年暂停运行。由于废锅流程水煤浆气化装置的一些工程问题，这一技术在国内并未得到其他项目的应用。

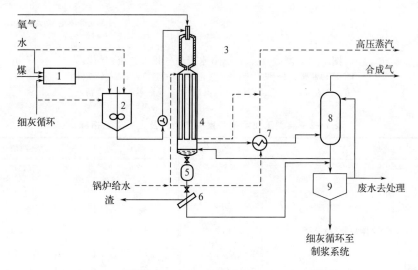

图 11-2　废锅流程 Texaco 水煤浆气化工艺流程简图
1—磨煤制浆；2—煤浆槽；3—气化炉；4—辐射废锅；5—锁渣斗；
6—捞渣机；7—对流废锅；8—洗涤塔；9—澄清槽

11.1.2.2　E-gas 水煤浆气化技术

（1）开发历程　1978 年，美国 Dow 化学公司开始开发 E-gas 水煤浆气化技术，1983 年建成了单炉处理煤量 500t/d 的示范装置。1987 年建设了单炉 1600t/d 的煤气化装置，配套

165MW IGCC 电站。其后，又在 Indiana 州的 Terra Haute 建立了单炉 2500t/d 的气化装置，配套 Wabash River 的 260MW 的 IGCC 电站，1995 年投入运行。1989 年专利权转移到 Destec 公司，2000 年又从 Destec 公司转让到美国 Global Energy 公司，接着又被 Conoco Philips、CBI 相继收购。

（2）技术特点　E-gas 气化炉内衬采用耐火砖，约 80% 的煤浆与氧气通过喷嘴射流进入气化炉第一段，进行高温气化反应；接近 20% 的煤浆从气化炉第二段加入，与一段的高温气体进行热质交换，煤在高温下蒸发、热解，残炭与 CO_2 和 H_2O 进行气化反应，可以使上端出口温度降低到 1040℃ 左右；1040℃ 的合成气通过一个火管锅炉（合成气走管内）进行降温，降温后的合成气进入陶瓷过滤器，分离灰渣，过滤器分离出的灰渣循环进入气化炉一段。该技术工艺流程简图见图 11-3[26]。

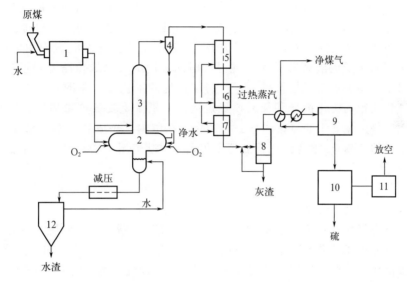

图 11-3　E-gas 气化工艺流程简图

1—磨煤机；2——段气化室；3—二段气化室；4—高温分离器；5—余热锅炉；6—蒸汽过热器；
7—锅炉水预热器；8—除尘器；9—脱硫；10—硫回收；11—焚烧炉；12—渣水储槽

（3）引进过程　与 Texaco 水煤浆气化技术不同，该技术采用了煤浆两段分级进料方式[1,27]。1989 年国内就有文献报道，探讨该技术应用于合成氨工业的可能性[28]。

1995 年，当时的技术拥有方 Destec 公司曾在北京与国内技术界进行了深入交流，目的是介入国内当时正在讨论的 IGCC 项目。2006 年后，由于国内煤化工行业的快速发展，E-gas 技术再次进入中国进行技术推广，起初计划应用于煤制天然气项目，后来在中海油惠州炼油项目配套建设了 3 台气化炉（2 开 1 备），用于制氢，单炉设计投煤量 2200t/d。该项目 2016 年开始建设，2018 年 8 月试生产。运行六年来，暴露了一系列工程问题，主要是二段加入的水煤浆热解产生的细灰及焦油造成二段炉出口及后系统的焦油热解器堵塞，制约气化装置的长周期运行。至今，最长运行周期仅 45 天。

（4）主要问题　由于该技术两段式气化炉结构，二段气化室加入的水煤浆主要发生热解反应，产生的热解半焦再与水蒸气和 CO_2 反应，造成二段出口 CH_4 和焦油含量较高，配套制氢就必须额外配置 CH_4 转化或分离装置，这既增加了系统的投资与运行成本，也增加了长周期运行的风险。工程实践表明，该技术并不适宜于炼油厂煤气化制氢。

11.1.3 国内自主水煤浆气化技术的开发及工程应用

11.1.3.1 多喷嘴对置式水煤浆气化技术

（1）应用基础研究 针对引进的气流床气化技术存在的大量工程问题，1988年，在中国石化集团公司的支持下，华东理工大学于遵宏教授团队在国内率先建立了直径300mm的气流床气化炉冷模装置，揭示这些工程问题产生的科学机理，对气流床气化炉内的流场特征和停留时间分布进行了实验研究[29-31]，并开展了炉内流动过程的数值模拟计算[32]，在此基础上建立水煤浆气化炉的区域模型和数学模型，对水煤浆气化过程进行了模拟计算[33,34]。1991年，在中国石化集团公司的支持下，华东理工大学建成了国内最大的气流床气化炉冷模实验装置（直径1000mm，高度可变），提出了气流床气化过程的层次机理模型[35]，对炉内冷态浓度分布和停留时间分布进行了系统研究，建立了浓度分布和停留时间分布的数学模型[36,37]，提出了基于炉内微观混合和宏观混合时间尺度的气化炉短路混合模型，对三种不同规模的水煤浆气化炉进行了模拟计算，获得了最优的工艺操作参数[10]。这些研究结果为引进水煤浆气化装置的优化操作和长周期稳定运行提供了重要的理论指导。1995年，华东理工大学与山东鲁南化学工业（集团）公司合作，在国内首先成功开发了水煤浆气化喷嘴，并在该公司引进的Texaco水煤浆气化装置上得到了成功应用，1996年5月通过了化学工业部组织的专家鉴定。

（2）中试装置运行情况 在大量基础研究后，华东理工大学煤气化团队首次提出了多喷嘴对置式水煤浆气化技术方案[37]，并对水煤浆气化工艺系统进行了全面创新，为开发自主知识产权的大型煤气化技术奠定了基础。1996年10月，"新型（多喷嘴对置）水煤浆气化炉开发"正式列入国家"九五"重点科技项目（攻关）计划。在该项目的支持下，华东理工大学、山东鲁南化学工业（集团）公司和化工部第一设计院（现中国天辰工程有限公司）联合攻关，1997年建成了多喷嘴对置式水煤浆气化炉大型冷模装置，对炉内流动和混合过程进行了系统研究[38-44]，建立了气化炉和气化系统的数学模型[45]，为开发中试装置和工业示范装置的工艺设计软件包奠定了基础。1998年兖矿集团有限公司兼并重组鲁南化学工业（集团）公司后，对中试装置的建设继续给予大力支持。2000年初，单炉日处理22t煤的多喷嘴对置式水煤浆气化炉中试装置建成，进行了长周期运行，2000年9月完成了中国石油和化学工业协会（现中国石油和化学工业联合会）组织的72h连续运行考核，气化操作条件为：气化压力4.0MPa，气化温度1200～1350℃，煤浆浓度61%。2000年10月通过了中国石油和化学工业协会组织的专家鉴定，各项工艺指标全面超过了引进技术[46-48]。

（3）工业示范装置主要工艺指标 2001年，"新型水煤浆气化技术"列为国家"十五"863计划重大课题，由兖矿集团有限公司和华东理工大学共同承担，在兖矿国泰化工有限公司（兖矿国泰）建设2套单炉日处理1150t煤的多喷嘴对置式水煤浆气化装置，配套24万吨/年甲醇和80MW IGCC发电装置。气化装置于2005年7月建成并首次试车成功，2005年10月正式投入运行，2005年12月通过168h连续稳定运行考核，2006年1月通过中国石油和化学工业协会组织的专家鉴定。工业示范装置的运行结果表明，多喷嘴对置式水煤浆气化技术工艺技术指标、关键设备寿命等全部超过了国外引进的同类技术，实现了安全、稳定、长周期、满负荷、优化运行[49-51]。

同期，在国家经贸委重大装备国产化项目支持下，山东华鲁恒升化工有限公司（华鲁恒升）也建设了一套多喷嘴对置式水煤浆气化装置。气化示范装置气化压力 6.5MPa、单炉煤处理量 750t/d，配套生产合成氨 30 万吨/年，气化装置由华陆工程科技有限责任公司设计，装置于 2004 年年底建成，于 2004 年 12 月 1 日一次投料成功。

多喷嘴对置式水煤浆气化技术由磨煤制浆、多喷嘴对置气化、煤气初步净化及含渣黑水处理 4 个工段组成，包括磨煤机、煤浆槽、气化炉、喷嘴、洗涤冷却室、锁斗、混合器、旋风分离器、水洗塔、蒸发热水塔、闪蒸罐、澄清槽、灰水槽等关键设备，工艺流程简图如图 11-4 所示。

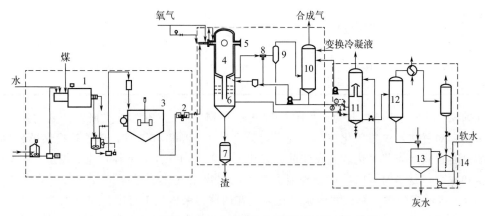

图 11-4　多喷嘴对置式水煤浆气化技术工艺流程简图
1—磨煤机；2—煤浆槽；3—煤浆泵；4—多喷嘴对置式气化炉；5—喷嘴；
6—洗涤冷却室；7—锁斗；8—混合器；9—旋风分离器；10—水洗塔；
11—蒸发热水塔；12—真空闪蒸器；13—澄清槽；14—灰水槽

华鲁恒升气化装置采用神府煤，兖矿国泰采用北宿精煤，两种煤的煤质分析列于表 11-3[51,52]，气化炉出口合成气典型组成及主要工艺指标列于表 11-4[51,52]。

表 11-3　工业示范装置煤质分析结果

项目	神府煤	北宿精煤	项目	神府煤	北宿精煤
工业分析/%			元素分析(质量分数)/%		
固定碳	64.86	42.11	C	71.23	74.73
M_{ad}	6.98	3.30	H	6.08	5.13
A_{ad}	4.56	7.32	O	14.76	8.77
V_{ad}	30.58	50.57	N	1.00	1.20
热值/(kJ/kg)	30170	31059	S	0.46	2.60
			灰分	4.90	7.57
			气化装置	华鲁恒升	兖矿国泰

表 11-4　气化炉出口合成气典型组成及主要指标

气化装置	华鲁恒升	兖矿国泰
单炉规模/(t/d)	750	1150
气化压力/MPa	6.5	4.0
煤浆质量分数/%	约 60	约 60
气化炉出口合成气组成(体积分数)/%		
H_2	34.85	36.33

气化装置	华鲁恒升	兖矿国泰
CO	47.78	48.46
CO_2	16.80	14.21
H_2S	0.03	0.71
CH_4	0.02	0.05
N_2	0.43	0.24
其他	0.09	—
主要工艺指标		
有效气($CO+H_2$)含量/%	约83	约85
碳转化率/%	>98	>98
比氧耗/[m^3O_2/1000m^3($CO+H_2$)]	约400	约309
比煤耗/[kg煤(干基)/1000m^3($CO+H_2$)]	约581	约535

在国家"十一五"863 计划、"十二五"863 计划、"十三五"重点研发计划的持续支持下，多喷嘴对置式水煤浆气化技术实现了大型化跨越。2009 年 6 月，单炉日投煤量 2000t 级的多喷嘴对置式水煤浆气化装置在江苏灵谷化工有限公司（江苏灵谷）建成投运，配套生产合成氨和尿素，是当时国内单炉处理能力最大的水煤浆气化装置；2014 年 6 月，单炉日投煤量 3000t 级的多喷嘴对置式水煤浆气化装置在内蒙古荣信化工有限公司（内蒙古荣信）建成投运，配套生产甲醇，是当时世界单炉处理规模最大的煤气化装置；2019 年 10 月，单炉日投煤量 4000t 级的多喷嘴对置式水煤浆气化装置在内蒙古荣信建成投运，配套生产甲醇和乙二醇，是迄今为止世界上单炉处理规模最大的煤气化装置。

单炉日处理煤 2000t 级、3000t 级和 4000t 级首套装置典型工厂操作煤质见表 11-5[53-55]，气化炉出口合成气典型组成及主要工艺指标列于表 11-6[53-55]。

表 11-5　不同规模多喷嘴气化炉典型操作煤质

气化装置	江苏灵谷	内蒙古荣信(一期)	内蒙古荣信(二期)
煤种	神府	转龙湾煤 70% +赛蒙特尔煤 30%	70%转龙湾煤+20%石拉乌素煤 +10%赛蒙特尔煤
工业分析/%			
M_{ad}	8.35	7.24	6.16
A_{ad}	8.22	5.76	6.86
V_{ad}	29.93	31.86	30.50
FC_{ad}	53.50	55.14	56.48
热值/(kJ/kg)	27360	27340	27900
元素分析(质量分数)/%			
C	68.09	71.07	70.35
H	3.85	4.50	4.02
O	10.48	10.15	10.95
N	0.80	0.85	0.98
S	0.21	0.43	0.68

表 11-6   不同规模多喷嘴气化炉出口典型合成气组成及主要指标

项目	江苏灵谷	内蒙古荣信(一期)	内蒙古荣信(二期)
单炉规模/(t/d)	2000t 级	3000t 级	4000t 级
气化压力/MPa	4.0	6.5	6.5
煤浆质量分数/%	约 62	约 57	约 59
气化炉出口合成气主要组成(体积分数)/%			
H_2	34.73	36.24	36.30
CO	48.15	44.74	45.60
CO_2	16.58	18.54	17.65
其他	0.54	0.48	0.45
主要工艺指标			
有效气($CO+H_2$)含量/%	82.9	81.0	81.9
碳转化率/%	>99	>99	>99
比氧耗/[$m^3 O_2$/1000m^3($CO+H_2$)]	352	388	382
比煤耗/[kg 煤(干基)/1000m^3($CO+H_2$)]	568	560	559

与国内外同类技术相比,多喷嘴对置式水煤浆气化技术工艺指标具有明显优势。均采用北宿精煤煤种的兖矿国泰与兖矿鲁南气化炉相比,碳转化率提高 3% 以上,比氧耗降低约 8%,比煤耗降低 2%~3%;同样,采用神府煤的华鲁恒升多喷嘴对置式气化炉与上海焦化气化炉相比,碳转化率提高 3% 以上,比氧耗降低约 2%,比煤耗降低约 8%。工业运行结果表明,多喷嘴对置气化炉工艺指标先进,运行稳定可靠。

多喷嘴对置式水煤浆气化技术的工业化成功,标志着我国拥有了完全自主知识产权的大型煤气化技术,打破了国外跨国公司的技术垄断,有力支撑了我国现代煤化工行业的快速发展,是我国煤气化技术发展史上的里程碑。

(4) 技术特点与优势   与单喷嘴水煤浆气化技术相比,多喷嘴对置式水煤浆气化技术具有显著的工艺特点,下面分别加以叙述。

① 碳转化率高,氧耗、煤耗低。4 个喷嘴对称布置在气化炉中上部同一水平面,水煤浆与氧气一起对喷进入气化炉,形成撞击流,在完成煤浆雾化的同时,强化了炉内热质传递,同时避免了单喷嘴顶置气化炉物料短路的问题,有利于增加煤颗粒的平均停留时间,从而促进气化反应的进行。

② 喷嘴寿命长,煤浆雾化效果好。采用了独特的预膜式喷嘴结构,既有利于提高喷嘴雾化效果,降低雾化后煤浆的平均粒径,促进气化反应,也大大缓解了喷嘴磨蚀,延长了喷嘴寿命。

③ 耐火砖寿命长。一方面通过流场调控,在炉内形成适宜的浓度和温度分布,为延长气化炉各部位耐火砖寿命创造良好条件;另一方面,发明了多段支撑的气化炉耐火砖结构,优化了拱顶耐火砖整体结构,有效延长了气化炉耐火砖寿命。

④ 容易实现大型化,降低气化岛的总体投资。单喷嘴水煤浆气化炉大型化的最大制约在于:大型化之后,喷嘴雾化性能会明显降低,导致碳转化率下降,氧耗、煤耗增加,灰渣中细灰增加。多喷嘴对置式气化炉每个喷嘴煤浆只有单喷嘴的 1/4,雾化效果好。

⑤ 气化炉操作稳定,在线率高。多喷嘴对置式水煤浆气化技术除了具有一般水煤浆气化工艺所拥有的进料稳定、安全可靠的优点外,还利用四个喷嘴两两对置的特点,开发了带压联投和无波动倒炉技术,显著提升了气化炉在线率。

⑥ 发明了新型洗涤冷却室结构。运用交叉流式洗涤冷却水分布器和复合床高温合成气冷却洗涤设备，既强化了高温合成气与洗涤冷却水间的热质传递过程，又很好地解决了洗涤冷却室带水带灰、液位不易控制等问题，并使合成气充分润湿，有利于后续工段进一步除尘净化，合成气激冷过程的操作稳定性和弹性明显增加。

⑦ 发明了分级净化式合成气初步净化工序。采用"分级净化"的概念，由混合器、分离器、水洗塔三单元组合，形成合成气初步净化工艺流程，即先"粗分"再"精分"，属高效、节能型。混合器后设置分离器，除去 $80\%\sim90\%$ 的细灰，使进入水洗塔的合成气较为洁净；加入水洗塔的洗涤水比加入混合器的润湿洗涤水更清洁，保证洗涤效果。合成气细灰含量低，洗涤系统压降明显降低。

⑧ 黑水处理系统能量回收充分，装置效率高。采用含渣水蒸发产生的蒸汽与灰水直接接触，同时完成传质、传热过程，工业装置运行已证实有较长的操作周期和很好的能量回收效果。

⑨ 环境友好。粗渣残炭含量低、渣灰比例高，固体废渣易于处理。

总之，多喷嘴对置式水煤浆气化技术不仅气化效率显著提高，氧耗、煤耗明显下降，而且高温合成气激冷、洗涤、黑水处理系统与同类技术相比，具有明显优势。目前，国内主流的气流床煤气化技术及部分引进的国外气化技术均借鉴了多喷嘴对置式水煤浆气化技术高温合成气激冷、洗涤、黑水处理系统的单元技术及系统流程。

（5）工业应用情况 截至 2023 年 12 月底，该技术已经推广应用于国内外 71 家企业，在建和运行气化炉 206 台，气化装置煤处理能力位列世界第一[56,57]。应用领域涵盖合成氨、甲醇、制氢、煤制烯烃、煤制油、乙二醇及燃气和 CO 等领域，日处理煤量超过 30 万吨。

（6）废锅-激冷组合多喷嘴对置式水煤浆气化技术 在多喷嘴对置式水煤浆气化技术激冷流程工业示范成功、广泛应用的基础上，华东理工大学和兖矿集团有限公司（现山东能源集团有限公司）继续合作开发了废锅-激冷组合式多喷嘴对置式水煤浆气化技术。开发过程中得到了国家"863"计划、国家自然科学基金等项目的持续支持与资助，2006 年承担国家"十一五"863 计划子课题"用于 200MW 级 IGCC 发电的 2000t 煤/d 级多喷嘴对置水煤浆气化炉研究"，提出了用于 200MW 级 IGCC 发电的气化岛方案（含辐射废锅），在实验室系统地开展了辐射废锅冷态/热态模型试验研究和数值模拟工作，对 2000t 煤/d 级多喷嘴对置式水煤浆气化炉及其辐射废锅内的多相流动、传热过程与熔渣行为进行了深入研究，为拟建示范工程关键设备选型提供了理论和技术支撑。

废锅-激冷组合型气化炉与传统激冷型气化炉相比，相当于将激冷型气化炉的气化室与激冷室两部分分开后，在原气化炉中部连接辐射废锅，气化炉由气化、辐射废锅和激冷室三部分组成。辐射废锅内部水冷壁由筒体单面水冷壁和辐射屏双面水冷壁构成，可回收高温合成气的显热，用于产生高压蒸汽，进一步提高能源利用效率。

2020 年 12 月，首套多喷嘴对置式废锅-激冷耦合水煤浆气化炉在兖矿榆林能化有限公司投入运行，单炉日处理煤 2000t，提升了大型煤气化装置的系统能效[58]。

与激冷型气化炉相比，废锅-激冷组合型气化炉主体高度增加，系统投资也有增加。因此用户在具体项目中选用激冷型气化炉还是废锅-激冷组合型气化炉，要结合后系统合成气用途、全系统投入产出比等各方面因素综合考虑。

11.1.3.2 晋华（清华）炉水煤浆气化技术

（1）开发历程 自 2001 年，在科技部、国家发展改革委、国家自然科学基金委的支持下，清华大学开始研究水煤浆气化技术，开展了从煤气化基础理论研究到煤气化工艺设计，并联合相关企业，从气化炉装备制造到气化装置工程建设等技术开发与实践，相继开发出第1代非熔渣-熔渣分级气化技术、第2代水煤浆水冷壁气化技术和第3代水煤浆水冷壁-辐射废锅组合的气化技术[59-62]，均有工业示范或工业应用的业绩。

2001年，清华大学与山西丰喜肥业（集团）有限公司等合作，开展单喷嘴热壁炉水煤浆气化技术的研发，合成气冷却采用激冷流程。2006年1月，第1代晋华炉在阳煤丰喜集团临猗分公司投入运行，单炉投煤量500t/d，配套年产10万吨甲醇装置，2007年12月通过中国石油和化学工业协会组织的科技成果鉴定。2008年开始研发水煤浆水冷壁气化技术，合成气冷却采用激冷流程，2011年8月，国内首台工业化水煤浆水冷壁气化炉在阳煤丰喜集团临猗分公司投入运行。2015年，清华大学山西清洁能源研究院与山西阳煤化工机械（集团）有限公司、阳煤丰喜肥业（集团）有限责任公司、北京清创晋华科技有限公司等联合开发第3代水煤浆水冷壁气化炉，与第2代晋华炉的区别是高温合成气冷却采用辐射式蒸汽发生器和激冷结合的工艺流程，2016年4月国内首台采用水煤浆水冷壁耦合辐射式蒸汽发生器的工业化气化炉在阳煤丰喜集团临猗分公司投入运行[63]。

（2）主要技术特点

① 第一代晋华炉采用非熔渣-熔渣分级气化技术，气化炉采用耐火砖内衬。顶部的主烧嘴将全部水煤浆和部分氧气喷入气化炉，由于氧气低于当量比，气化炉上部的温度降低，温度在煤的灰熔点以下，处于非熔渣气化。侧面的二次烧嘴将剩余氧气补充送入气化炉，使第二段的温度达到煤的灰熔点以上，在熔渣的条件下完成气化过程。

② 第二代晋华炉采用水冷壁内衬，这一点与各类商业化的粉煤气化技术类似，目的是解决传统耐火砖内衬气化炉需定期换砖、运行维护成本高的问题。第二代晋华炉采用膜式水冷壁代替传统的耐火砖内衬。气化炉操作温度可提升至1400℃以上，为"三高煤"的气化提供了新的技术选择。气化炉采用一体化组合式工艺烧嘴，解决了水冷壁气化炉无蓄热点火的难题，气化炉启动时间短。

③ 第三代晋华炉在水冷壁炉膛的基础上，采用辐射废锅回收高温合成气显热实现了水煤浆气化的部分热回收，提升了气化系统的热效率。该技术在气化炉底部直连辐射废锅，解决了高温高压气、液、固三相复杂条件下设备的密封和热膨胀问题。辐射废锅采用环形单筒体和径向双面膜式水冷壁的特殊结构，在保证换热面积的条件下有效减小了辐射废锅的体积。

（3）工艺流程　第一代、第二代、第三代晋华炉水煤浆气化技术基本流程类似，不再一一列出，下文只给出第三代晋华炉（水冷壁废锅气化）工艺流程简图（图11-5），系统包括磨煤制浆、气化和合成气初步净化及渣水处理三个工艺单元，包括磨煤机、煤浆槽、水煤浆水冷壁气化炉、辐射废锅、锁斗、文丘里洗涤器、洗涤塔、饱和热水塔、闪蒸罐、沉降槽、灰水槽等关键设备。

（4）典型装置运行情况

① 阳煤丰喜肥业（集团）有限责任公司　阳煤丰喜肥业（集团）有限责任公司采用4台水煤浆气化炉，其中3台为氧气分级水煤浆气化炉，1台为水煤浆水冷壁激冷气化炉，2015年开始，其中1台氧气分级水煤浆气化炉拆除，改造为水煤浆水冷壁废锅气化炉，2016年4月投料运行。

该水煤浆水冷壁废锅气化炉是在原有气化炉的基础上进行改造，改造后的气化炉单炉投煤量为500t/d，气化压力4.0MPa，每小时副产5.4MPa饱和蒸汽23t。2017年11月14日该装置通过中国石油和化学工业联合会组织的72h连续运行考核，该装置考核期间气化煤质

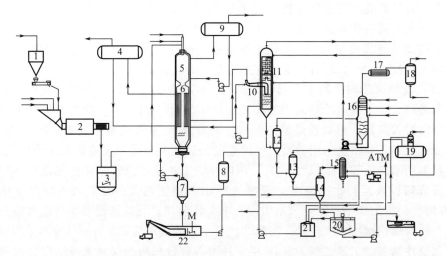

图 11-5　第三代晋华炉气化工艺流程简图

1—煤斗；2—磨煤机；3—煤浆槽；4—辐射废锅汽包；5—气化炉；6—辐射废锅；7—锁斗；
8—锁斗冲洗水罐；9—水冷壁汽包；10—文丘里洗涤器；11—洗涤塔；12—高压闪蒸罐；
13—低压闪蒸罐；14—真空闪蒸罐；15—真空闪蒸冷却器；16—饱和热水塔；
17—酸性气体冷却器；18—酸性气体分离器；19—除氧器；20—沉降槽；21—灰水槽；22—渣池

分析列于表 11-7[64]，气化炉主要工艺指标列于表 11-8[64]。

表 11-7　第三代晋华炉运行考核煤质分析

项目	指标	项目	指标
工业分析/%		元素分析(空气干燥基)/%	
M_{ad}	3.90	C	70.44
A_{ad}	11.76	H	4.40
V_{ad}	33.48	O	8.27
FC_{ad}	50.86	N	0.86
热值(收到基)/(kJ/kg)	25220	S	0.37

表 11-8　第三代晋华炉运行考核主要指标

项目	指标	项目	指标
气化压力(表压)/MPa	3.79	比氧耗/[$m^3 O_2$/1000m^3(CO+H_2)]	374.2
有效气成分(CO+H_2)/%	80.72	比煤耗/[kg煤(干基)/1000m^3(CO+H_2)]	581.8
碳转化率/%	97.71		

② 河南金山集团金大地化工有限公司　河南金山集团金大地化工有限公司年产 45 万吨合成氨搬迁改造项目，采用 3 台气化压力 6.5MPa（G）水煤浆水冷壁废锅气化炉，2 开 1 备，以神木煤和焦作煤的混煤为原料。2019 年 2 月气化装置投料开车，2019 年 3 月打通全部流程，产出合格合成氨产品。

总之，第三代晋华炉水煤浆气化技术集合了水煤浆气化与粉煤气化的部分优点，水冷壁式耐火衬里的采用，拓宽了水煤浆气化技术的煤种适应范围。

（5）主要问题　从实践来看，不论是水冷壁粉煤气化炉，还是水冷壁水煤浆气化炉，气化高灰熔点煤都需要提高气流床气化炉操作温度，随之而来的是氧耗、煤耗的增加，水冷壁衬里气化炉的热损失也要高于耐火砖衬里气化炉，因此，在实际操作中，工厂一般还是通过配煤或添加助熔剂来降低煤的灰熔点，以降低气化炉操作温度。另一方面，增加辐射废锅后，虽可回收合成气高温显热，气化系统整体效率有所增加，但也带来了一些工程问题，诸如辐射废锅壁面积灰等，需要在实践中不断加以完善和解决。

（6）推广应用情况　截至 2023 年 12 月，晋华炉已应用在国内 40 个煤化工项目，累计签订气化炉 95 台/套，应用范围涵盖合成氨、煤制甲醇、煤制乙二醇、煤制氢等煤化工领域，其中 41 台/套气化炉已投运[63]。

11.1.3.3　SE（单喷嘴）水煤浆气化技术

（1）研发过程及工艺流程　针对传统炼厂制氢方法成本高、效率低等问题，结合炼厂高硫石油焦和废弃物处理的迫切需求，华东理工大学和中国石化集团公司合作，成功开发了 SE 水煤（焦）浆气化成套技术。2014 年，"SE 水煤（焦）浆气化成套技术开发及工业应用"项目入选中国石化"十条龙"科技攻关项目，在中国石化镇海炼化建设 3 套单炉投煤（焦）量 1000 t/d 的示范装置，其工艺流程简图见图 11-6。该装置于 2019 年 1 月投料运行，2019 年 10 月 26 日通过了 72h 连续运行考核标定，装置考核期间使用的神府煤煤质列于表11-9[65]，主要工艺指标列于表 11-10[65]。

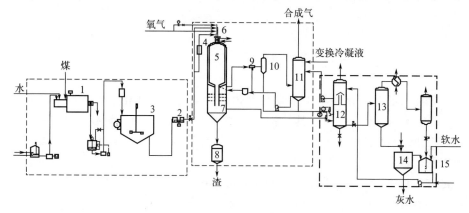

图 11-6　SE 水煤浆气化技术工艺流程

1—磨煤机；2—煤浆槽；3—煤浆泵；4—煤浆分配阻力部件；5—SE 水煤浆气化炉；
6—双浆双氧喷嘴；7—洗涤冷却室；8—锁斗；9—混合器；10—旋风分离器；
11—水洗塔；12—蒸发热水塔；13—真空闪蒸器；14—澄清槽；15—灰水槽

表 11-9　SE 水煤浆气化炉运行考核煤质分析

项目	指标	项目	指标
煤种	神府	元素分析/%	
工业分析/%		C	75.88
M_{ad}	5.82	H	4.42
A_{ad}	7.05	O	10.69
V_{ad}	31.55	N	0.96
FC_{ad}	55.58	S	0.56
热值/(kJ/kg)	28238		

表 11-10　SE 水煤浆气化炉运行考核主要指标

项目	指标	项目	指标
气化压力(表压)/MPa	6.18	碳转化率/%	98.9
煤浆质量分数/%	59.7	比氧耗/[$m^3O_2/1000m^3(CO+H_2)$]	370.7
有效气成分(CO+H_2)/%	80.43	比煤耗/[kg 煤(干基)/1000m^3(CO+H_2)]	551.4

（2）主要技术特点　SE 水煤浆成套技术的创新点是采用双煤（焦）浆双氧长寿气化喷嘴、两路煤浆自动分配技术及以平推流流场结构为主的 SE 水煤（焦）浆高性能气化炉，强化了雾化过程、延长了颗粒在炉内的平均停留时间，提高了总体的碳转化率。

（3）主要问题　单喷嘴顶置的气流床气化炉固有的一些缺点，在 SE 水煤浆气化技术中并未完全消除，还需在今后的工程实践中不断完善。

（4）应用情况　该技术已经应用于 5 个项目，在建和运行气化炉 13 台/套，其中单炉最大投煤量 2500t/d 级用于中国石化集团镇海炼化水煤浆气化制氢项目。

11.2　粉煤加压气化技术

11.2.1　粉煤加压气化技术特点

粉煤气化技术的工业化要早于水煤浆气化，最早实现商业化运行的粉煤气化技术是德国的 Koppers-Totzek（K-T）炉（其结构见本书第 1 章图 1-24），该技术于 1952 年商业示范成功后，在 14 个国家和地区约有 50 台 K-T 气化炉在运行，早期的 K-T 煤气化炉是在常压下操作的，这限制了其进一步发展。20 世纪 70 年代石油危机之后，Shell 公司利用其在渣油气化方面近 20 年的技术积累，与 Krupp-Koppers 公司合作开发了粉煤加压气化技术[66,67]，最早也称为 Shell-Koppers 技术，该技术是在 K-T 粉煤气化基础上发展起来的。

粉煤加压气化技术的主要优点在于：

① 气化炉氧耗较低；

② 煤种适应性较宽，可以用于褐煤和部分高灰熔点煤的气化。

其最大缺点在于：

① 采用高压气力输送，需要对原料煤进行干燥，干燥能耗较高；

② 系统投资较大——一般为同样规模水煤浆气化装置投资的 2～2.5 倍；

③ 气化炉操作压力受限——受制于粉煤的密相气力输送，粉煤加压气化炉的操作压力目前还无法超过 4.0MPa，无法实现甲醇或合成氨的等压合成过程。

从国内目前的运行情况看，水煤浆气化与粉煤气化技术各具优势，但也有各自的缺点，长期来看，应该是共存的局面。用户应该根据煤质特点、下游产品等选择气化技术，从全系统的能耗来考虑总体消耗，而不是仅仅看气化炉自身的效率。表 11-11 给出了两种技术的粗略比较，可供读者参考。

表 11-11 水煤浆气化与粉煤气化比较

比较内容	水煤浆气化	粉煤气化
原料干燥	无	干燥 5%～15% 水分
进炉原料	煤+水+氧气	煤+蒸汽+氧气
煤种适应性	较低灰熔点煤（一般 FT<1400℃）	较高灰熔点煤（一般 FT>1400℃）
比投资	1	2～3
运行稳定性	稳定	较稳定
IGCC 发电效率/%	39～40	41～42
IGCC 发电+CO_2 捕集效率/%	约 33	约 31
吨甲醇原料+燃料消耗/(t 干煤/t 甲醇)	约 2	约 2
吨氨原料+燃料消耗/(t 干煤/t 氨)	约 1.8	约 1.9

从表 11-11 可知，由于粉煤加压气化需要预先干燥煤中的水分，同时还需要在气化炉喷嘴进口加入水蒸气，以保证气化反应，在比较粉煤加压气化与水煤浆气化的效率时，需要考虑原料处理和输送过程的能量消耗，不能仅仅只看有效气（$CO+H_2$）成分和冷煤气效率。从有效气（$CO+H_2$）成分看，似乎粉煤气化要远远高于水煤浆气化，其实质是由于水煤浆气化炉内发生了部分水蒸气与 CO 的变换反应，生成较多的 CO_2，笔者认为用合成气产出率（见本书第 1 章）相对科学一点。如果气化后的合成气用于制氢或合成氨，则粉煤气化在变换工段需要消耗更多的蒸汽，考虑到这一部分能耗，粉煤加压气化技术用于合成氨或制氢时，同样煤种其消耗要高于水煤浆气化技术；用于甲醇合成时，二者基本相当；用于单纯的 IGCC 发电，粉煤气化的总体效率要高于水煤浆气化。

11.2.2 引进粉煤加压气化技术在国内的工程应用

11.2.2.1 Shell 粉煤加压气化技术

（1）技术引进过程　Shell 粉煤气化技术进入中国市场是在 1995 年之后，当时国内最早引进的 3 套（鲁南化肥厂、上海焦化厂、渭河化肥厂）德士古水煤浆气化装置在运行中遇到了一些工程问题，诸如煤种适应性、气化炉结渣、水系统结垢堵塞等，加上渭河化肥厂实际投资远远超过国家批复的建设预算，国内工程界和产业界对水煤浆气化技术一片质疑之声。Shell 公司充分利用这一机会，宣称其技术具有碳转化率高、氧耗低、适应所有煤种等技术优势[68,69]，国内工程界也一边倒地加以推崇[70,71]。此后在国内掀起了一股引进 Shell 粉煤气化技术的热潮，短短的十年间签订了 19 套气化装置的许可合同，其中以中石化岳阳、安庆、枝江三套装置最早。对"一窝蜂"式的引进，当年国内技术界、工程界和产业界也有一些不同意见，但未能阻止在各种利益驱动下企业盲目引进的势头。

（2）工艺流程与技术特点　图 11-7 为 Shell 粉煤加压气化工艺流程简图[72]。Shell 粉煤加压气化技术在煤粉高压输送、气化炉结构、流程设置等方面有其独特创新之处。

Shell 粉煤加压气化工艺流程最早是为了适应 IGCC 系统而设计的，工程实践表明，早期引进国内的 Shell 粉煤加压气化工艺流程并不适宜于合成氨、制氢、甲醇等下游产品的生产。另一方面该技术的全系统投资高（约为同规模水煤浆气化装置的 2～3 倍，最高达 4 倍以上），对煤质也有一定的限制，并不像 Shell 公司早期宣称的可以适用于所有煤种。Shell

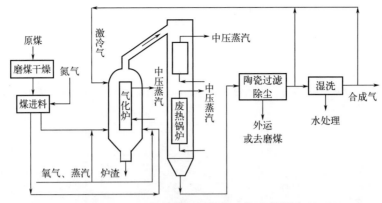

图 11-7　Shell 粉煤加压气化工艺流程简图

粉煤加压气化技术在国内运行初期，由于其自身的技术缺陷、设计上的照抄照搬、运行上缺乏经验等，曾产生过一系列影响装置长周期稳定运行的工程问题，诸如气化炉堵渣、烧嘴隔焰罩烧（腐）蚀、锅炉积灰、细灰过滤器陶瓷管断裂等[73]，国内工程界在实践中逐渐解决了这些技术难题，特别是中国石化集团公司组织了系统研究攻关，为 Shell 粉煤气化技术在中国的稳定运行做出了重要贡献。

（3）工程应用情况　截至 2023 年底，Shell 粉煤加压气化技术在国内共有 24 个项目，36 台气化炉运行或在建。设计最大单炉投煤量为 3000t/d，应用于山西潞安高硫煤清洁利用油化电热一体化示范项目（简称潞安煤制油项目）。

11.2.2.2　GSP 粉煤加压气化技术

（1）GSP 技术在国外的发展情况　GSP 气化工艺又称 Noell 气化工艺，最早由前民主德国燃料研究所（DBI）开发，属单喷嘴下行式粉煤加压气化炉。20 世纪 80 年代曾在民主德国黑水泵建立工业装置，用于气化高灰熔点褐煤[74]。1991 年，德国鲁尔（Noell）公司取得了该技术的所有权，对该技术进行了进一步开发，以适应气化废弃物和液体残渣的需要，并在黑水泵装置上进行了液体废料和污泥的气化[75]。

GSP 气化工艺流程主要由煤粉给料系统、气化炉、粗煤激冷洗涤、灰渣处理、黑水处理等单元构成。原料煤经过破碎、研磨、干燥后，70%～80%的粉煤粒度达到 200 目以下，由自动闸门储料器系统将粉煤自旋风过滤器送至常压进料斗。粉煤在常压进料斗内通过氮气输送，与氧、蒸汽一起送入气化炉喷嘴，然后在高温（1200～1700℃）、高压（2.5～3.0MPa）下进行快速反应。气化炉内衬采用盘管式水冷壁结构，煤中灰渣形成稳定遮蔽层保护水冷盘管。粗合成气携带熔渣进入气化炉下部的激冷室，进行洗涤冷却，出激冷室的粗合成气去洗涤塔进行进一步洗涤，以满足后续工段对合成气灰含量的要求。激冷后的灰渣经气化炉下部的渣斗排除，激冷水去黑水处理工段沉清。表 11-12 列出了 GSP 曾经在德国的黑水泵工厂气化的原料及主要工艺指标[75]。

表 11-12　采用不同原料时 GSP 气化的主要工艺指标

项目	指标						
原料种类	无烟煤	石油焦	褐煤	油	生物质	泥浆	家庭废物
组成(质量分数)/%							
C	92.0	87.0	66.5	85.5	51.4	34.5	35.4

项目	指标						
H	3.5	3.9	5.2	12.5	6.1	5.0	4.4
N	1.0	2.0	0.5	—	0.9	3.5	1.5
O	2.5	0.2	27.5	1.0	41.5	20.5	30.5
S	1.0	5.3	0.5	1.0	0.1	1.5	1.5
水分/%	2.0	2.0	10.0	<0.1	20.0	15.0	10.0
灰(干基)/%	5.0~15.0	1.0~5.0	5.0~15.0	>0.5	0.5~1.5	39.0~45.0	15.0~25.0
热值(干基)/(MJ/kg)	25~32	34~36	18~25	39~42	17~19	10~13	12~15
气体成分(体积分数)/%							
H_2	27	22	31	45	27	29	32
CO	64	65	55	48	50	49	49
CO_2	3	5	8	4	14	16	12
CH_4	<0.1	<0.1	<0.1	<0.1	<0.1	<0.1	<0.1
N_2	5.5	6.5	4.3	2.9	6.3	5.6	6.7
H_2S	0.46	1.3	0.20	0.12	0.36	0.28	
COS	0.04	0.16	0.02	0.01	<0.1	0.02	0.02
HCN[①]	1.0	0.8	1.0	0.2	0.3	0.01	2.0
NH_3	0.4	0.3	0.24	0.4	0.4	0.25	0.3
热值(标准状态)/(MJ/m³)	11.1	10.9	10.3	11.2	9.3	9.4	9.7

① 气流床气化的实践表明气化炉出口的 HCN 体积分数要低于 NH_3，因此笔者怀疑 HCN 的数据有误。

（2）技术引进过程　20 世纪 80 年代末，我国工程界开始关注该技术并加以介绍[76-79]。安徽淮化集团（原淮南化肥厂）和江苏灵谷分别于 2004 年和 2005 年与德方签署了该技术的许可协议，但经技术调研和比对后，最终均放弃采用 GSP 气化技术。淮化集团选择了 Texaco 水煤浆气化技术，江苏灵谷选择了国内自主开发的多喷嘴对置式水煤浆气化技术。2005 年，神华集团宁夏煤业集团公司（现为国家能源集团宁夏煤业集团公司，简称宁夏煤业）签订了合资协议，并在 60 万吨煤制丙烯项目上首次采用 GSP 粉煤气化技术。

（3）工艺流程与技术特点　图 11-8 为 GSP 粉煤加压气化技术工艺流程简图[80]。GSP 与 Shell 粉煤加压气化技术不同之处在于，采用单喷嘴（或多喷嘴）顶置形式，高温合成气采用激冷流程，但激冷室结构不同于 Texaco 水煤浆气化技术，激冷水与高温合成气的接触主要采用喷淋形式，而非一般的降膜并流形式。该气化技术并未避免一般的单喷嘴顶置气化炉存在物料短路的缺点，碳转化率难以提高，灰渣中渣灰比低，容易造成合成气洗涤系统积灰堵塞。

国内首套 GSP 气化技术投产后，出现了煤粉输送不稳定、烧嘴烧蚀、水冷壁烧损、碳转化率低、后系统积灰堵塞严重等问题[80-82]。宁夏煤业采用多喷嘴对置式水煤浆气化技术的初步净化和渣水处理系统，对 GSP 气化装置的合成气洗涤系统进行了全面改进。

（4）工程应用　该技术除了应用于在宁夏煤业 60 万吨/年煤制丙烯装置外，其后又应用于宁夏煤业 400 万吨/年煤制油项目，但其合成气激冷与洗涤系统与多喷嘴对置式水煤浆气化的关键单元技术相似。

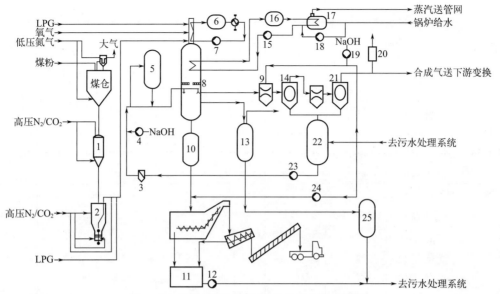

图 11-8　GSP 粉煤加压气化技术工艺流程简图

1—锁斗；2—进料仓；3—过滤器；4—NaOH 加入器；5—事故激冷水罐；6—缓冲罐冷却水；
7、12、15、18、23、24—泵；8—气化炉；9—文丘里洗涤器；10—渣锁斗；11—澄清水槽；
13—黑水闪蒸罐；14—闪蒸气送焚烧炉；16—缓冲罐；17—蒸汽锅炉；19—NaOH 泵；
20—火炬；21—气液分离罐；22—激冷水罐；25—废水罐

11.2.2.3　科林粉煤加压气化技术

科林粉煤气化技术与 GSP 粉煤气化技术无本质区别，是德国统一后民主德国燃料研究所的技术骨干成立的不同公司，推广同一个技术[74]。与 GSP 粉煤气化工艺一样，科林气化工艺过程也主要是由给料系统、气化炉和粗煤气洗涤系统组成，即备煤、气化和气体处理三部分组成，本章不再赘述。

兖矿集团贵州开阳化工有限公司（简称贵州开阳）合成氨项目曾采用该技术建设了 2 台粉煤加压气化炉，单炉处理能力 1150t/d，气化压力 4.0MPa（G），配套生产 50 万吨/年合成氨。由于该气化装置在建设之初，兖矿集团采用多喷嘴对置式水煤浆气化技术的初步净化和渣水处理系统对其气化工艺进行改造，装置运行初期优于 GSP 技术。即兖矿开阳的 2 台科林粉煤气化装置，是科林气化炉与多喷嘴对置式水煤浆气化技术激冷、洗涤系统的组合。目前国内推广的科林气化技术，在合成气激冷和洗涤系统的流程配置上，基本沿袭了贵州开阳气化装置的技术。其后内蒙古康乃尔化学工业有限公司年产 60 万吨/年（一期 30 万吨/年）乙二醇项目亦采用该技术，以褐煤为原料，配置 2 台投煤量为 1200t/d 的气化炉，该项目于 2015 年末建成[83]。截至 2023 年 12 月，该技术应用于国内 5 个项目，在建和运行气化炉 13 台，单炉最大投煤量 2000t/d 级。

11.2.3　国内自主粉煤气化技术的开发及工程应用

11.2.3.1　华能两段式粉煤加压气化技术

（1）开发历程　1997 年，电力部西安热工研究院开始研究粉煤气化技术，建成了投煤量 0.7t/d 的小试装置,气化压力 0.5～3.0MPa[84-88]。2003 年,提出了粉煤两段气化的技术方案,2004 年在国家"十五"863 计划项目支持下,于陕西渭化建成了投煤量 36～40t/d 的中试装置,气化压力 3.0MPa,进行了神木、华亭、黄陵、晋城、伊利等 7 种煤的气化试验[89-96],2006 年 5 月通过了科技部组织的验收。2007 年开始,在国家"十一五"863 重大项目课题的支持下,由中国华能集团投资,在天津建设投煤量 2000t/d 的两段式粉煤加压气化工业示范装置,配套 250MWIGCC 电站[97];2009 年国家发改委核准该项目建设,2012 年 4 月装置建成,气化炉投料成功,2012 年 9 月实现全流程贯通[98,99],2013 年 4 月通过科技部组织的专家验收,2015 年 6 月通过中国石油和化学工业联合会组织的成果鉴定。

(2) 工艺流程及技术特点 华能干煤粉加压气化炉内部分成两个反应区,气化炉下段为第一反应区,在该区域,80%～90% 的粉煤(由惰气携带)、O_2 和蒸汽进行高温化学反应,产生粗煤气。此后,温度高达 1400～1600℃(根据煤种而异)的粗煤气进入气化炉上部二段反应区,在此 10%～20% 粉煤与蒸汽利用来自一段的煤气显热进行煤的热解、挥发物的气化和碳的气化等反应,产生额外的煤气。其基本流程简图示于图 11-9。该技术采用神华煤的合成气组成及主要工艺指标列于表 11-13[100]。

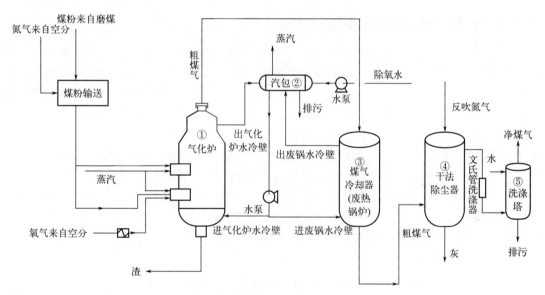

图 11-8 华能两段气化技术工艺流程简图

表 11-13 典型煤种合成气组成及主要工艺指标

项目	指标	项目	指标
装置	天津 IGCC	N_2	4.87
合成气组成(体积分数)/%		单炉生产能力/(t/d)	2000
CO	62.38	操作压力/MPa	4.0
H_2	29.36	有效气($CO+H_2$)体积分数/%	91.72
CO_2	2.76	冷煤气效率/%	83
CH_4	0.26	比氧耗/[$m^3 O_2$/1000m^3($CO+H_2$)]	308
H_2S+COS	0.37	比煤耗/[kg 煤(干基)/1000m^3($CO+H_2$)]	506

该技术的主要特点如下:

① 干煤粉多烧嘴水平进料。采用干煤粉进料,冷煤气效率高,燃气热值高。采用多烧

嘴水平进料，介质在反应区停留时间较长，进料比较均匀，同时各股进料形成强烈扰动，使反应更充分，有利于稳定液态渣膜的形成。

② 分级进料，分级气化。干煤粉被气化剂混合扩散，在气化炉的一段（温度 1400～1700℃），煤与 O_2 和 H_2O 发生部分氧化反应，生成以 $CO+H_2$ 为主要成分的粗煤气。在气化炉二段送入少量煤粉，主要进行煤的热解气化、挥发分的裂解及水蒸气的分解等反应，将粗煤气温度降低至 1100～1200℃。冷煤气效率一般在 83% 以上。

③ 气化炉采用水冷壁结构。

④ 采用煤气冷却器实现高温煤气显热回收。气化炉出口煤气温度在 900℃ 以下，煤气在废热锅炉中进行降温，可以产生蒸汽。

（3）主要问题 该技术主要问题是第二段干粉进料容易造成合成气带灰，导致后系统积灰、堵塞等，影响装置的长周期运行[101,102]。

（4）推广应用情况 华能干煤粉加压气化技术已经应用于国内多家企业。其中，中化辛集化工煤制乙二醇项目、江苏伟天化工煤焦气化项目、中化淮河化工合成氨技改项目等项目的气化装置已经建成投产。

11.2.3.2 多喷嘴对置式粉煤加压气化技术

（1）开发历程 1998 年开始，在教育部科技项目支持下，华东理工大学开始研究粉煤加压气化技术，对引进粉煤气化技术进行了模拟研究[103]，建立了粉煤输送试验装置和小试研究平台[104,105]。2001 年在国家"十五"科技攻关项目支持下，华东理工大学和兖矿鲁南化学工业公司合作，建设多喷嘴对置式粉煤加压气化中试装置，气化炉衬里采用耐火砖结构，气化压力为 4.0MPa，2004 年 8 月中试装置建成，同年 9 月底投入运行，2004 年 12 月上旬通过了科技部组织的现场 72h 连续运行考核，2004 年 12 月底通过了科技部组织的专家验收[106,107]。2005 年 6 月，完成了我国首次 CO_2 为输送介质的粉煤加压气化试验[108]。2006 年开始建设投煤量 30t/d 的水冷壁粉煤加压气化炉中试装置（工艺流程见图 11-10），于 2007 年 7 月投入运行，2007 年 11 月通过了中国石油和化学工业协会组织的 72h 连续运行考核[109]。中试装置典型煤种（入炉煤粉）煤质分析见表 11-14[109]，气化主要工艺指标见表 11-15[109]。

表 11-14 多喷嘴粉煤气化中试煤质（入炉煤粉）分析结果

项目	指标	项目	指标
工业分析		元素分析(质量分数)/%	
M_{ad}/%	0.76	C	74.06
A_d/%	9.21	H	5.02
V_d/%	37.66	N	1.29
固定碳/%	53.13	O	6.91
		S	3.51
		灰	9.21

表 11-15 多喷嘴粉煤气化中试操作条件及主要工艺指标

项目	指标	项目	指标
单炉生产能力/(t/d)	39	碳转化率/%	98.9
操作压力/MPa	2.5	比氧耗/[m³O_2/1000m³($CO+H_2$)]	292
有效气($CO+H_2$)体积分数/%	91.4	比煤耗/[kg 煤/1000m³($CO+H_2$)]	511

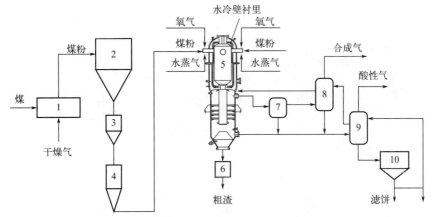

图 11-10　多喷嘴对置式粉煤加压气化工艺流程简图

1—制粉干燥；2—煤粉储仓；3—煤粉锁斗；4—发料罐；5—气化炉；6—渣锁斗；
7—旋风分离器；8—洗涤塔；9—蒸发热水塔；10—澄清槽

（2）主要技术特点　多喷嘴对置式粉煤气化技术在气化炉结构上与多喷嘴对置式水煤浆气化技术相似，只是前者采用水冷壁衬里，后者采用耐火砖衬里。该技术不仅具有多喷嘴对置式水煤浆气化技术炉内流场结构合理、混合良好、碳转化率高等优势，也具有一般的粉煤加压气化技术煤种适应性较宽的优势，在此不再赘述。

（3）示范工程进展　2006 年"高灰熔点煤加压气化技术开发与工业示范"列入国家"863 计划"重点项目，由兖矿集团公司和华东理工大学共同承担，在贵州开阳建设投煤量 1000t/d 的多喷嘴对置式粉煤加压气化示范装置，下游配套 50 万吨合成氨和甲醇。为了配合工业化示范，贵州开阳由于依托项目运行问题，投煤量 1000t/d 气化炉制造完成后，未进行下一步的安装和运行。华东理工大学和山东能源集团（原兖矿集团有限公司）合作，建设了投煤量 3000t/d 的多喷嘴对置式粉煤加压气化工业示范装置，该装置于 2024 年 7 月 21 日投料成功。

11.2.3.3　航天炉（HT-L）粉煤加压气化技术

（1）研究开发历程　2006 年，航天长征化学工程股份有限公司开始开发粉煤气化技术（简称 HT-L），2008 年，先后在濮阳市甲醇厂和安徽临泉化工股份有限公司建设了 2 套 HT-L 粉煤加压气化工业示范装置，气化压力 4.0MPa，单炉投煤量 750t/d，配套生产甲醇 15 万吨/年，均于 2008 年 9 月建成，同年 10 月投料成功，2009 年通过了由中国石油和化学工业协会组织的成果鉴定[110,111]。2012 年 10 月，在河南晋开化工投资控股集团有限责任公司建设的投煤量 2000t/d 级气化装置投入运行[112-114]。

（2）工艺流程及技术特点　航天炉粉煤加压气化技术由煤粉制备、煤加压输煤、气化及合成气洗涤、渣及灰水处理四个工段组成，包括磨煤机、煤粉过滤器、煤粉锁斗、煤粉给料罐、气化炉、烧嘴、渣锁斗、洗涤塔、闪蒸罐、沉降槽、灰水槽等关键设备和单元构成，工艺流程简图示于图 11-11。表 11-16 给出了 HT-L 炉首套气化装置（安徽临泉化工）72h 考核标定所用煤种煤质分析[115]，表 11-17 给出了相应的气化炉主要工艺指标[115]。该技术在中化吉林长山化工有限公司煤制尿素装置上，采用褐煤原料气化；在山西晋煤华昱煤化工有限公司 100 万吨/年甲醇项目上，采用晋城高硫无烟煤气化。这两套装置先后通过了中国石油和化学工业联合会组织的连续运行考核，考核期间的煤质分析和气化炉主要工艺指标分别列于表 11-18 和表 11-19[116,117]。

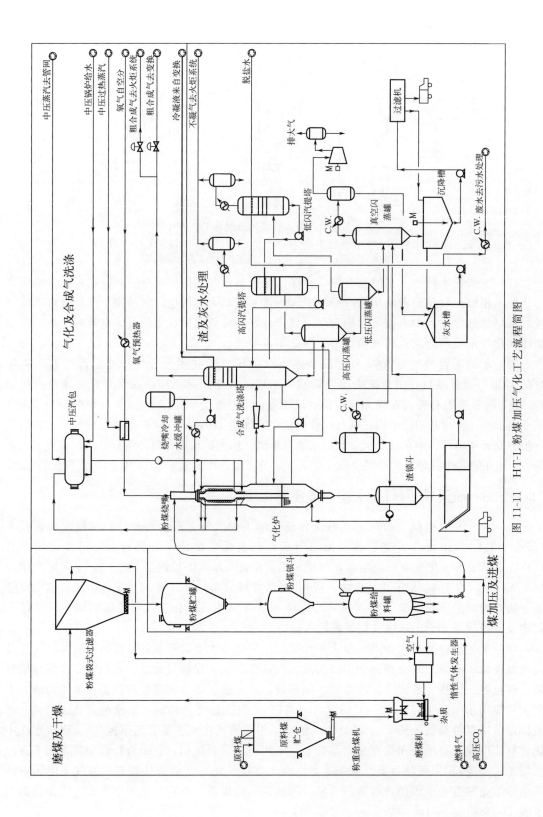

图 11-11　HT-L 粉煤加压气化工艺流程简图

表 11-16　HT-L 气化首套装置考核标定煤种煤质分析

项目	指标	项目	指标
煤种	新疆保利＋晋城赵庄(4∶1)	V_d/%	25.50
工业分析		固定碳/%	57.41
M_{ad}/%	1.53	热值/(kJ/kg)	26254
A_d/%	15.54		

表 11-17　气化炉出口合成气组成及主要工艺指标

项目	指标	项目	指标
气化压力/MPa	3.8	比氧耗/[m^3O_2/1000m^3($CO+H_2$)]	300
有效气体积分数/%	93.1	碳转化率/%	97.5
比煤耗/[kg 煤/1000m^3($CO+H_2$)]	561		

表 11-18　HT-L 气化典型煤种煤质分析

项目	指标		项目	指标	
	无烟煤	褐煤		无烟煤	褐煤
工业分析			元素分析(质量分数)/%		
M_{ad}/%	2.64	15.09	C	65.73	61.87
A_d/%	24.93	16.31	H	2.32	2.84
V_d/%	8.31	37.11	O	3.29	17.90
固定碳/%	66.76	46.58	N	0.73	0.78
热值/(kJ/kg)	24750	20560	S	3.00	0.27
			灰	24.93	16.31

表 11-19　气化炉出口合成气组成及主要工艺指标

项目	指标		项目	指标	
	晋城无烟煤	褐煤		晋城无烟煤	褐煤
气化炉出口合成气组成(体积分数)/%			气化炉主要操作条件		
H_2	25.00	23.71	气化压力/MPa	4.0	4.0
CO	63.94	66.10	操作温度/℃	约 1530	约 1300
CO_2	10.31	9.06	有效气体积分数/%	68.94	69.81
CH_4	0.01	0.16	比煤耗/[kg 煤/1000m^3($CO+H_2$)]	613	603
H_2S	0.63	—	比氧耗/[m^3O_2/1000m^3($CO+H_2$)]	338	313
N_2	0.02	0.91	碳转化率/%	98.5	约 99

该技术主要特点:

① 气化炉为单喷嘴顶置结构,耐火衬里采用盘管水冷壁结构,高温气化并副产中压蒸汽。盘管内强制两相流汽包水循环,水流分布比较均匀,有利于气化炉的长周期安全运行。

② 气化烧嘴为组合式结构,将点火、开工、工艺烧嘴设计成一体,安装、维护、调节简便、快捷。调节单一氧煤比和汽氧比,可以实现对气化炉气化参数的调节。

③ 气化段水冷壁设置温度测点。在气化炉气化段水冷壁沿周向、轴向设置温度测点,对气化温度是否满足挂渣需要进行实时监测,有利于开车、煤种转换和气化炉运行调节。

④ 设置可视化火焰监测系统。气化炉除设置红外/紫外火焰监测装置外，还设有可视的火焰监测系统，操作人员可以实时目测炉膛火焰情况。

（3）推广应用情况　2017 年 6 月，单炉投煤量 3000t/d 级气化炉工业示范列入国家重点研发计划项目，依托山东瑞星集团建设示范工程，该装置计划于 2021 年初投产。截至 2023 年 12 月，HT-L 技术已推广应用于国内 70 家企业，在建和运行气化炉 177 台[118]。

11.2.3.4　SE 粉煤加压气化技术

（1）研究开发历程　2009 年开始，华东理工大学联合中国石化宁波工程公司、中国海洋石油公司开发单喷嘴粉煤加压气化技术（SE 气化炉），拟在中海油内蒙古天野化工建设单炉投煤量 1000t/d 的工业示范装置，后因故搁置。2011 年 8 月，中国石化集团公司介入该技术的开发，并与华东理工大学签署了合作协议，2012 年 4 月完成了工艺设计软件包（PDP），2012 年 5 月在扬子石化建设单炉投煤量 1000t/d 级的示范装置，配套炼油装置制氢，2013 年 10 月完成装置中交，2014 年 1 月装置一次投料成功[119]，随后又进行了煤种适应性试验研究[120]，于 2014 年 8 月通过了中国石化集团公司科技部组织的专家鉴定。

（2）工艺流程及技术特点　SE 粉煤加压气化工艺基本流程示意见图 11-12。SE 粉煤气化工艺在喷嘴结构、气化炉高径比、水冷壁结构上均有创新，在一定程度上克服了传统的单喷嘴顶置气化炉物料容易短路的缺点，提高了碳转化率。在合成气激冷和洗涤系统采用了多喷嘴对置式水煤浆气化技术，同时针对粉煤气化细灰含量高的特点，对水洗塔结构作了进一步优化。

表 11-20 和表 11-21 分别列出了 SE 炉气化的典型煤种（入炉煤粉）煤质分析和气化炉出口合成气组成及主要工艺指标[120]。

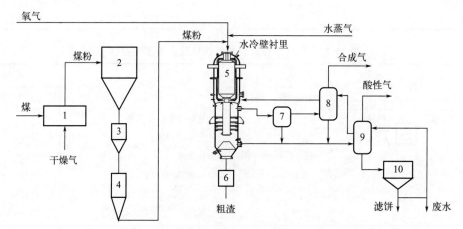

图 11-12　SE 粉煤加压气化工艺流程简图
1—制粉干燥；2—煤粉储仓；3—煤粉锁斗；4—发料罐；5—气化炉；6—渣锁斗；
7—旋风分离器；8—洗涤塔；9—蒸发热水塔；10—澄清槽

表 11-20　典型工业装置入炉煤粉煤质分析结果

项目	指标		
	扬子石化装置	中安联合装置	中科炼化装置
工业分析			
M_{ad}/%	0.36	1.58	1.45

项目	指标		
	扬子石化装置	中安联合装置	中科炼化装置
A_d/%	16.59	19.65	13.25
V_d/%	17.12	31.11	
固定碳/%	66.29	49.24	52.59
热值/(kJ/kg)	27160	25786	28178
元素分析(质量分数)/%			
C	72.40	65.04	71.86
H	0.97	4.34	4.62
N	1.02	1.01	0.94
O	5.62	9.30	8.02
S	3.40	0.67	1.31
灰	16.59	19.65	13.25

表 11-21 典型工业装置操作条件及主要工艺指标

项目	指标		
	扬子石化装置	中安联合装置	中科炼化装置
单炉生产能力/(t/d)	1000	1500	2000
操作压力/MPa	4.0	4.0	4.0
有效气($CO+H_2$)体积分数/%	89	87	88
碳转化率/%	98.3	99.2	98.4
比氧耗/$[m^3 O_2/1000m^3(CO+H_2)]$	331	344	291
比煤耗/$[kg 煤/1000m^3(CO+H_2)]$	569	618	536

（3）推广应用情况 截至 2023 年 12 月，SE 粉煤加压气化技术已经应用于中安煤制烯烃、广东湛江中科炼油装置制氢、中石化贵州能化等项目，在建和运行气化炉 13 台，单炉最大投煤量 2000t/d 级[121]。

11.3 固定床气化技术

本书第 1 章 1.2 节介绍了固定床气化技术的基本特点及主要的固定床气化技术，本章将对国内固定床气化技术的研究、发展与工程化进展作系统介绍。

11.3.1 固定床气化技术在国内的发展

（1）常压固定床气化技术研究与发展 20 世纪 30 年代初，国内分别从欧洲和美国引进了常压固定床气化技术，分别用于城市煤气和合成氨的生产，前者建于上海杨树浦煤气厂，后者建于南京永利宁公司。

新中国成立后，国民经济快速恢复，农业和其他工业部门发展对合成氨的需求大幅增加，一批小型合成氨厂应运而生，当时石油匮乏，煤是主要的化工原料，大批小化肥厂的建设直接推动了煤气化技术在我国的广泛应用。当时采用的煤气化技术以常压固定床气化炉为主，从技术细节上主要分为：新中国成立前永利宁公司引进的 UGI 炉（气化炉直径以2740mm 为主）和新中国成立后从苏联引进的煤气发生炉（直径 3600mm），两者原理相同，但炉箅结构不同。

1950 至 1976 年，为了适应国内化肥工业和燃气工业的发展需求，工程技术界和工业界在固定床气化方面进行了大量的消化吸收和技术改进工作，影响较大的有：①将焦炭进料改为无烟煤进料，拓展了固定床气化的原料范围，降低了气化的原料成本；②将原来的空气-蒸汽间歇进料，改为富氧-蒸汽连续上吹气化，提高了系统效率；③针对无烟煤开采运输后成块率低（仅为 40%～70%），研究无烟煤粉料的成型技术；④开发了空气连续气化工艺；⑤针对烟煤固定床气化产物中 CH_4 和焦油多、难以作为合成氨原料气的问题，提出了双炉串联制气技术方案[122]。同时，还开展了如变压气化、变径气化、双炉对吹气化等技术的探索，均因缺乏深入的理论研究支撑，未取得应有的效果。这些实践探索和改进提升了我国常压固定床气化的总体技术水平，对促进我国合成氨行业的发展具有巨大的推动作用。

改革开放初期，部分中小型合成氨厂为了扩能改造，冶金、陶瓷等行业需要燃气的部分企业为了降低成本，新建了很多常压固定床气化炉。进入 21 世纪后，我国仍有 700 余家小型合成氨厂和煤气厂采用 UGI 气化技术，有 4000 余台 UGI 气化炉还在运行，但从气化技术发展的角度看，已无法适应现代煤化工对气化的要求，必须逐渐淘汰，用更加清洁高效的大型气流床气化技术替代。

（2）加压固定床（Lurgi）气化技术研究开发   1978 年，煤炭科学研究院北京煤化学研究所（现煤炭科学技术研究院有限公司煤化工分院）开始固定床加压煤气化技术的研究开发，1983 年 10 月建成了直径 650mm 的加压气化炉试验装置，1984 年 5 月投入加压热态运转，以沈北褐煤为原料进行了验证性试验，并取得了初步成功[123]。该装置运行压力 2.0～2.5MPa，投煤量 200～500kg/h，产气量 280～500m^3/h。在此基础上，又进行了蔚县次烟煤、黄县褐煤及依兰气煤的固定床加压气化试验，于 1984 年通过了煤炭部组织的技术鉴定[124,125]。由于该装置试验运行费用较大，煤炭科学研究院北京煤化学研究所与美国 Foster Wheeler 公司合作，建成了直径 100mm 的加压固定床试验装置，设计压力 5.0MPa，实际运行压力 3.0MPa。北京煤化学研究所牵头承担国家"七五"重点科技攻关项目"煤炭转化基础工艺特性研究"，在该装置上完成了 21 个典型煤种的气化特性试验，获得了煤在加压气化条件下的结渣性、气化活性、干馏特性等基础数据[126,127]。华东理工大学等合作单位开展了加压条件下煤气化特性的研究[128-132]，并建立了加压固定床气化炉的数学模型[133,134]。1986 年，东北煤气化设计研究所建成了直径 1000mm 的加压固定床试验装置，设计压力 2.8MPa，产气量 1000～1300m^3/h，完成了沈北褐煤和鸡西弱黏结性煤的气化试验[135]，为加压固定床气化技术在我国的应用和发展奠定了重要基础。

1980 年，化学工业部第二设计院（现赛鼎工程有限公司）与太原重型机器厂合作，以解放军化肥厂的 Mark I 型 Lurgi 加压气化炉为基础，开展了直径 2800mm 的固定床加压气化炉研制。1982 年 12 月完成气化炉制造，1985 年 9 月底完成了配套装置的建设及气化炉安装，1986 年 7、8 月先后进行了 2 次热态试验，但因炉箅无法运转而停车，并拆炉改造。1987 年 10 月，改造后的气化炉重新安装就位，开始单体试车。1987 年 11 月至 1988 年 11 月，开展了 3 次热态试车，累计运行 32d，操作压力 2.2～2.4MPa，产气量约 7000m^3/h，后因依托工厂的公用工程无法满足气化炉的长期运行而停止了试验[136,137]，这为后来山西潞安引进的 Φ3600mm Lurgi 加压固定床气化炉的调试、改造和运行积累了重要经验。

11.3.2 Lurgi 加压固定床气化技术工程应用

（1）技术引进过程 最早引进 Lurgi 加压固定床气化技术的是云南解放军化肥厂，炉型为第 1 代 Lurgi 炉，属于 Mark Ⅰ型，以褐煤为原料，单炉产气量约 8000m³/h。20 世纪 80 年代中后期，山西天脊集团、兰州煤气厂、哈尔滨煤气厂、河南义马气化厂等先后引进了新 1 代 Lurgi 碎煤加压气化技术，其中兰州煤气厂采用 Mark Ⅱ炉型（单炉产气量约 14000m³/h），哈尔滨煤气厂采用 Mark Ⅲ炉型（单炉产气量约 32000m³/h），均用于生产城市煤气。山西天脊集团采用 Lurgi Mark Ⅳ 炉型[138]，气化炉内径 3848mm，单炉产气量约 56000m³/h，用于生产合成气（CO＋H₂），配套生产合成氨 30 万吨/年（尿素 52 万吨/年）。当时，由于对煤种特性等研究缺乏，天脊集团的煤气化装置于 1988 年建成后经长时间的调试和试生产，直至 1998 年完全正常运行，合成氨产量达到设计能力[139,140]。

（2）工艺流程与技术特点 图 11-13 为 Lurgi 加压气化炉示意。筛选过的煤通过加压密封料斗加入分布器，通过分布器均匀分布到气化炉燃料床层上部。为了防止黏结性强的煤在煤的脱挥发分过程中形成的黏聚物影响气化炉连续稳定操作，通常在分布器上安装一个搅拌器，以破碎在脱挥发分区形成的黏聚物。燃料床层用旋转炉箅支撑，通过炉箅使气化剂均匀进入气化床层并连续排灰。气化剂一边沿床层上升，一边与煤逆流进行热量、质量传递，并不断进行气化反应。Lurgi 气化典型煤种的气化结果列于表 11-22[141]。

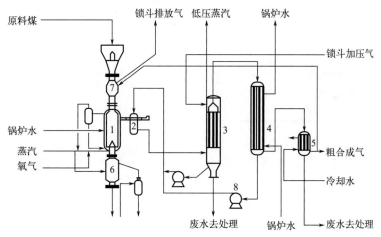

图 11-13　Lurgi 气化工艺流程简图
1—气化炉；2—洗涤冷却塔；3—合成冷却塔；4—锅炉水预热器；
5—水冷器；6—锁灰斗；7—锁煤斗；8—黑水循环泵

表 11-22　Lurgi 加压气化炉用各种煤的典型操作结果

项目	指标				
	爱尔兰泥煤	德国褐煤	萨索尔次烟煤	多尔斯顿烟煤	越南无烟煤
煤的粒度/mm	15.2～40.6	1.0～10.1	5.1～30.5	5.1～30.5	5.1～30.5
工业分析(质量分数)/%					
挥发分	57.3	36.8	19.7	29.1	5.7
固定碳	25.2	32.6	38.3	47.6	87.3

项目	指标				
	爱尔兰泥煤	德国褐煤	萨索尔次烟煤	多尔斯顿烟煤	越南无烟煤
水分	15.5	26.5	5.4	5.1	2.0
灰分	2.0	4.1	36.3	18.2	5.0
高热值/(kJ/kg)	22865	26168	30098	33332	35913
Fisher 法焦油(无水无灰基)	15.0	11.6	4.3	13.5	0
硫	0.1	0.4	0.6	2.0	0.5
灰熔点/℃	—	1204	1421	1382	1499
操作条件					
压力/MPa	2.03	2.52	2.86	2.24	2.86
蒸汽/氧摩尔比	8.7	8.7	6.8	5.3	6.8
粗煤气组成(体积分数)/%					
CO	17.0	19.1	21.4	24.8	20.3
H_2	34.1	37.2	38.4	38.3	45.3
CH_4	13.6	11.8	9.6	9.3	4.7
C_nH_m	0.6	0.4	0.5	0.6	0.3
H_2S	0.1	0.2	0.2	0.5	0.1
CO_2	33.8	30.7	28.9	25.8	27.5
N_2	0.8	0.5	1.0	0.7	1.3
煤气高热值/(kJ/m^3)	11614	11446	11096	11438	9836
工艺指标					
氧耗/(m^3/kg 无水无灰基煤)	0.14	0.18	0.31	0.41	0.59
蒸汽消耗/(kg/kg 无水无灰基煤)	0.96	1.20	1.61	1.65	3.09
蒸汽消耗/(kg/10^9J 煤气)	57.6	57.6	62.3	60.1	100.5
煤气产量/(m^3/kg 无水无灰基煤)	1.44	1.81	2.32	2.39	3.12

从表 11-22 可见，Lurgi 气化炉出口合成气中 CH_4 的含量，随煤种不同，在 5%～14% 之间，与其他气化技术相比，其热值相对较高，比较适合用作工业燃气和城市煤气。如果要用于合成氨、甲醇等大宗化学品的生产，就必须采用天然气蒸汽转化工艺或部分氧化工艺对 CH_4 进行进一步的转化，整个工艺流程就显得冗长而复杂，增加了整个合成气生产系统的投资和运行成本。与山西天脊集团相比，采用 Lurgi 加压气化技术生产城市煤气的兰州煤气厂和哈尔滨煤气厂的早期运行效果更好。

（3）工程应用情况　2006 年后，国内天然气供需矛盾日益突出，20 世纪 80 年代受美国大平原建立煤制天然气工厂的启发，我国技术界、工程界和产业界也开始酝酿建设煤制天然气装置，先后建成了大唐克旗、新疆庆华、内蒙古汇能和伊犁新天等工业项目。大唐辽宁阜新煤制天然气项目（一期）于 2011 年 7 月开工建设，2014 年因故停建，2018 年 4 月恢复施工[142]，后因各种原因又停建。已建成运行的项目，除内蒙古汇能外，均采用 Lurgi 固定床碎煤加压气化技术。采用 Lurgi 固定床碎煤加压气化煤制天然气装置投运以来，出现了气化废水处理难度高、气化炉内壁腐蚀等问题。由于内蒙古汇能项目在终端产品上采用液化天然气、选择稳定性好的水煤浆气化技术，财务费用较低，因而项目一直处于盈利状态，而其他项目曾长时间呈亏损状态，最近几年由于天然气价格的上涨及天然气管网公司设立，煤制天然气项目全面盈利。截至目前，国内在建或运行的 Lurgi 固定床碎煤加压气化炉共 146 台，其中 18 台用于城市煤气生产，24 台用于合成氨生产，其余均用于煤制天然气生产。

（4）主要问题 由于气化温度不高，Lurgi 气化炉出口合成气中含有大量的焦油，其合成气的初步净化流程比较复杂，系统产生的含酚废水处理是目前最大的难题。块煤使用后，大量末煤的消化也是一个必须重视的问题。从长远看，将水煤浆气化与 Lurgi 固定床气化结合，建立大型气化岛是重要的发展方向，工程界应给予足够的重视。

11.3.3 BGL 固定床熔渣气化技术工程应用

（1）技术发展与引进过程 BGL（British Gas-Lurgi）气化工艺是在 Lurgi 气化工艺的基础上发展起来的，最早的研究开发工作开始于 20 世纪 50 年代中期，于 60 年代初期完成了中试装置的运行[143,144]，投煤量为 100t/d，气化压力 2.07MPa。其后，由于北海天然气的勘探和开采，该技术的进一步商业化示范陷于停顿，直到 1976 年美国 ERDA 对一个产气规模 1700000m³/d 的 BGL 气化炉的评价、设计与运行进行了报道，该技术才得以进一步发展[145-149]。

2005 年，英国 Advantica 公司授权云南解化公司（前身为云南解放军化肥厂）将其原有的 1 台 Φ2300mm 的 Lurgi 碎煤加压气化炉（Mark Ⅰ型）改造为熔渣式气化炉（BGL 炉）。该装置由赛鼎工程有限公司（原化工部第二设计院）设计，单炉投煤量 26t/h，以当地褐煤为原料，并进行了 2 年的工业试验[150]。该技术改造和工业试验解决了炉内耐火衬里磨蚀等影响气化装置长周期运行的问题，为 BGL 技术在我国的商业应用积累了宝贵的工程经验。

2007 年重组后的云南煤化工集团有限公司（简称云煤集团）与英国劳氏工业服务有限公司签署了碎煤熔渣气化许可协议，在其所属的云南解化清洁能源有限公司建设 3 台 Φ3600mm 的 BGL 炉，以褐煤为原料生产合成气，配套 20 万吨/年甲醇装置。2010 年上海泽玛克敏达机械设备进口公司获得 BGL 气化技术专利拥有权，目前统称为泽玛克固定床熔渣气化技术。

（2）工艺流程与技术特点 泽玛克（BGL）固定床熔渣气化技术工艺流程如图 11-14 所示。其上部组成与普通的 Lurgi 加压气化炉并无不同，同样包括加压密封煤斗、煤分布器（搅拌器）、煤气出口和煤气激冷。气化炉下部用四周设置气化剂进口的耐火材料炉膛以支撑气化过程的燃料床层。蒸汽和氧气从气化剂进口喷入，其配比足以产生高温以使灰渣熔融并聚集在炉膛底部，熔渣从炉膛流入气化炉下部的熔渣室，用水激冷并使其在密封灰斗中沉积，然后排出气化炉。

表 11-23 给出了泽玛克（BGL）气化炉采用不同煤种时，中试装置合成气组成及主要工艺指标。

表 11-23 BGL 熔渣气化炉用各种煤的典型操作结果[①]

项目	石油焦	强黏结性烟煤	黏结性烟煤	烟煤	次烟煤	褐煤	20%型煤+80%垃圾	褐煤型煤
工业分析(质量分数)/%								
M_{ar}	2	12.55	5.4	3～8	16.7	33	1～8	19
A_{ar}	0.25	7.84	21.3	4～8	4.1	10.08	10～25	5.5
V_{ar}	12.74	34.48	32.5	32～38	27.38	25.86	—	41

续表

项目	石油焦	强黏结性烟煤	黏结性烟煤	烟煤	次烟煤	褐煤	20%型煤+80%垃圾	褐煤型煤
FC_{ar}	85.01	45.13	40.8	50~55	51.82	31.06	—	34.5
粒度		6~30	6~25	6~30	6~50	6~50	20×80	46×52.5×55
操作条件								
气化压力(表压)/MPa	2.4	2.4	2.4	2.4	37.5	36~38	25	25
气化炉内径/mm	2288	2288	2288	2288	3600	3600	3600	3600
汽氧比/(kg/m³)	1.1	1.05	1.05	1.05	0.95~1.15	0.88~0.92	1~1.5	1
排渣温度/℃	1300~1400	1300~1400	1300~1400	1300~1400	1300~1400	1300~1400	1300~1400	1300~1400
消耗指标								
氧煤比/[m³/kg煤(daf)]	0.42	0.39	0.39	0.39~0.41	0.37	0.31	0.25	0.43
蒸汽煤比/[kg/kg煤(daf)]	0.46	0.42	0.41	0.40~0.43	0.42	0.28	0.25	0.43
粗煤气产率/[m³/t煤(daf)]	2572	2230	2130	2100~2250	2177	1937	1231	2167
渣中残炭/%	2.2	<0.5	<0.5	<0.5	<0.5	<0.5	<0.5	<0.5
冷煤气效率/%	>90	>90	>90	>90	>93	>90	>70	>75
合成气组成(体积分数)/%								
CO_2	0.74	3.9	5.3	2.3~5.5	4.2	17.8	16	2.8
CO	60.85	55.5	53.7	53~58	59.2	39.6	33.5	56
H_2	28.96	29.1	28.6	28~30	27.3	30.9	18	28
CH_4	3.37	7.2	7.2	6~8	7.2	8.2	18	6
C_nH_m	0.16	0.3	0.8	0.6~1.0	1	1	3.6	0.6
H_2S	0.35	0.1	0.1	0.1	0.1	0.1	0.2	0.3
其他	5.73	3.9	4.3	2~4	2	2.4	10.7	3.3

① 冷煤气效率计算中计入了甲烷与焦油等热值。

与普通的 Lurgi 气化炉相比，泽玛克（BGL）气化炉具有如下特点：

① 单位截面积的产量提高了 1~2 倍，气化强度大，单炉生产能力大；

② 气化过程中蒸汽耗量仅为 Lurgi 气化炉的 15%~20%，蒸汽分解率提高，气化效率明显增加，废水量仅为 Lurgi 气化炉的 1/5~1/4，同时还降低了焦油等难处理副产物的生成量；

③ 原料适应范围比较广。各高低阶块煤、废弃物、型煤及其混合物，强黏结性煤种，高灰熔点煤种；

④ 粗煤气有效成分较 Lurgi 炉高，CO+H_2 大于 85%，CO_2 含量降低，但甲烷含量略有降低；

⑤ 碳转化率（高于 99%）、气化效率（冷煤气效率高于 90%）和热效率（高于 90%）比 Lurgi 提高；

⑥ 气化炉可视化操作，便于及时在线调整操作；

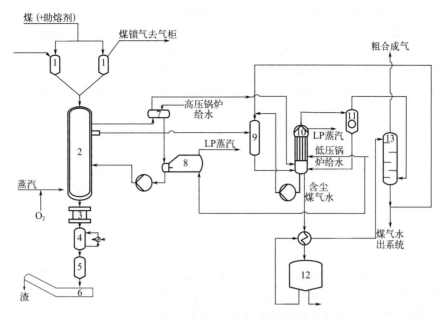

图 11-14　BGL 气化工艺流程简图

1—煤锁；2—气化炉；3—连接短节；4—激冷室；5—锁渣罐；6—捞渣机；7—汽包；8—夹套锅炉；
9—洗涤器；10—废热锅炉；11—旋风分离器；12—含尘煤气水分离器；13—煤气洗涤塔

⑦ 双煤锁交替加煤，加煤系统稳定，便于在线维护，同时渣锁内部充满水，操作简便、安全稳定。

（3）工程应用情况　云煤集团先锋化工 20 万吨/年甲醇项目、云南瑞气化工 50 万吨/年甲醇项目、内蒙古金星化工 50 万吨/年合成氨项目、中煤图克 100 万吨/年合成氨项目均采用 BGL 气化技术[151-154]，目前我国在建和运行的 BGL 气化炉共 33 台。

（4）主要问题　泽玛克熔渣气化技术存在如下几个主要问题：一是对于气化炉合成气夹带粉尘产生的含尘焦油，现有装置中处理效果不佳，带来了环境问题；二是副产的获得需增加工艺处理流程，要求项目具备一定的规模效应；三是废水的处理成本略高。

（5）未来发展　泽玛克熔渣气化技术正在开展以下三方面的工作：一是加压固定床熔渣气化大型化，即采用更大内径更高操作压力的气化炉，实现气化炉日处理量 1000t/d 向 2000t/d 的跨越；二是泽玛克块粉一体气化技术，即气化炉顶部采用 6～50mm 的块料进料为基础，在气化炉底部同时喷入粉煤和或水煤浆和或油水混合物，实现块料和粉料和或浆料的共同气化；三是泽玛克固废/生物质气化技术，即低劣质含碳废料制成块料的适应性气化技术。

11.4　流化床气化技术

11.4.1　灰熔聚流化床气化技术

（1）引进技术工程应用　20 世纪 90 年代初，为了解决上海的城市燃气短缺问题，上海焦化厂从美国引进该技术，建设由 8 台 U-gas 气化炉组成的气化装置。1995 年建成后，一直未正常运行，最后只能拆除，这是我国盲目引进国外煤气化技术最为惨痛的教训，主要原因为：当时美国 U-gas 技术的相关试验和中试研究，尚不足以支撑该技术大规模工业化运行，且我国在煤气化技术领域的基础研究积累不够，无法解决该技术面临的工程问题。

2000 年后，我国煤化工行业进入了发展快车道，U-gas 技术专利拥有方经多次变更，最后被美国综合能源系统（SES）有限公司收购，又以 SES 气化技术的名义进入中国。2007 年，SES 公司与山东海化煤业化工有限公司合作，建设了示范装置，气化系统配置 2 台气化炉，气化压力 0.2MPa，单炉合成气产气量 22000m³/h，配套 10 万吨/年甲醇装置[155]。其后，SES 公司又与河南义马煤业、综能协鑫（内蒙古）有限公司签署了技术合作协议，与义马煤业合资建立了 1000 万 m³/d 供气量的气化工厂，气化压力 1.0MPa。目前我国运行的 U-gas（SES）气化炉共 10 台。

（2）国内灰熔聚流化床气化技术研究开发　　1980 年，中国科学院山西煤炭化学研究所（ICC）开始研究灰熔聚气化技术，建成了投煤量 1t/d 的试验装置，1985 年完成了基础研究工作[156,157]。"七五"期间，在国家重点科技攻关项目支持下，开展了基础理论研究、冷态模试，并建成了投煤量 24t/d 的中试装置。在中试装置运行试验的基础上，完成了灰熔聚流化床工程放大特性研究，取得了较完整的工业放大数据和实际运行经验[158-164]，1991 年 8 月通过了中国科学院组织的专家验收和鉴定[165]。1995 年，完成了 100t/d 示范装置的放大与工程设计，获得了国家"八五"攻关重大科技成果奖。随后在陕西成化股份有限公司建设示范装置，气化炉结构尺寸为下部内径 Φ2400mm、上部内径 Φ3600mm、高 15m，气化压力 0.03MPa，投煤量 200t/h，粗煤气产量 9000m³/h，配套生产合成氨 2 万吨/年[166]，2001 年 6 月一次投料成功，2002 年 2 月正式投入商业运行。

2002 年完成了小型加压灰熔聚流化床粉煤气化试验装置的建设和试验运行，气化炉设计压力 1.5MPa（G），内径为 200mm，上部扩大段内径为 300mm，炉体总高度约 4.7m，并研究了压力和温度等对气化指标的影响[167]。中国科学院山西煤炭化学研究所和山西晋煤集团合作建成了 3.0MPa 加压灰熔聚流化床粉煤气化中试平台[168]，气化炉内径为 800mm，气化压力 1.0～3.0MPa，设计投煤量 50～100t/d。2006 年根据晋煤集团应用"三高"无烟煤制化学品的需求，设计了 6 套 0.6MPa 灰熔聚工业气化炉，并于 2009 年 4 月完成气化装置的冷态调试，并进入热态调试，经过对设备的全面消缺，于 2009 年 8 月多台气化炉并气，进入净化和合成车间并生产出合格甲醇[169]。

（3）工艺流程及技术特点　　灰熔聚流化床气化工艺是在传统流化床技术基础上发展而来的，采用了独特的气体分布器和灰团聚分离装置，中心射流形成床内局部高温区（1200～1300℃），促使灰渣团聚成球，借助重量的差异达到灰团与半焦的分离，连续有选择地排出低碳含量的灰渣。将气化温度从＜950℃提高到 1000～1100℃，使适用煤种从高活性褐煤或次烟煤拓展到烟煤、无烟煤。根据飞灰立管流动原理设计的飞灰循环系统使碳转化率提高。

灰熔聚流化床粉煤气化以碎煤为原料（＜6～8mm），以空气或富氧或氧气为氧化剂，水蒸气或二氧化碳为气化剂，在适当的煤粒度和气速下，使床层中粉煤沸腾，床中物料强烈返混，气固两相充分混合，温度到处均一，煤在床内部分燃烧产生的高温下一次实现破黏、脱挥发分、气化、灰团聚及分离、焦油及酚类的裂解等过程，完成煤的气化。

图 11-15 为中国科学院山西煤化所开发的灰熔聚流化床气化技术工艺路程简图，表 11-24 给出了中试典型煤种煤质数据，表 11-25 为中试气化炉出口合成气组成及主要工艺指标。

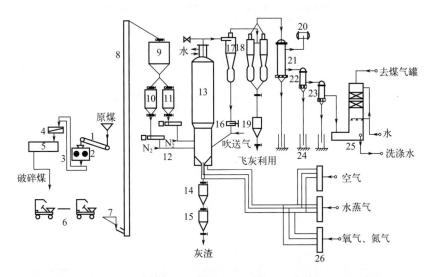

图 11-15 ICC 灰熔聚流化床粉煤气化工业示范装置工艺流程简图

1—皮带输送机；2—破碎机；3—埋刮板输送机；4—筛分机；5—烘干机；6—输送；7—受煤斗；
8—斗式提升机；9—进煤斗；10—进煤平衡斗 A；11—进煤平衡斗 B；12—螺旋给料机 A/B；
13—气化炉；14—上排灰斗；15—下排灰斗；16—高温返料阀；17——级旋风分离器；
18—二级旋风分离器；19—二旋排灰斗；20—汽包；21—废热锅炉；22—蒸汽过热器；
23—脱氧水预热器；24—水封；25—粗煤气水洗塔；26—气体分气缸

表 11-24 ICC 灰熔聚气化炉试验煤种分析

项目	指标						
	埃塞俄比亚褐煤	彬县长焰煤	西山焦煤	东山瘦煤	阳泉无烟煤	晋城无烟煤	石油焦
工业分析/%							
M_{ad}	13.58	2.52	1.49	1.30	2.06	2.56	0.72
A_{ad}	29.45	10.14	16.91	18.23	27.82	24.07	0.81
V_{ad}	30.18	24.43	19.51	13.61	8.93	6.35	11.57
元素分析/%							
C_{ad}	36.84	69.94	70.58	70.93	61.49	66.81	88.50
H_{ad}	2.68	3.85	4.15	3.53	2.83	2.66	3.69
O_{ad}	15.01	12.73	4.89	2.59	3.45	0.95	3.58
N_{ad}	1.02	0.36	1.16	1.37	0.89	0.80	1.44
S_{ad}	1.42	0.46	0.82	2.05	1.46	2.15	1.26
灰熔融性温度/℃							
DT	1300	1160	>1500	1480	1500	1432	1500
ST	1370	1210	>1500	>1500	>1500	1451	>1500
FT	1390	1300	>1500	>1500	>1500	1500	>1500
坩埚膨胀系数/℃$^{-1}$	2	2	6	3	2	2	3
热值 $Q_{net,v,ad}$/(kJ/kg)	15240	29090	28390	28060	22840	25010	36150

表 11-25 ICC 灰熔聚气化炉典型的气化结果

项目	指标					
	埃塞俄比亚褐煤	彬县长焰煤	西山焦煤	东山瘦煤	阳泉无烟煤	晋城无烟煤
操作条件						
投煤量/(kg/h)	1056	633	780	932	709	522
温度/℃	1000	1048	1078	1079	1053	1187
压力(表)/kPa	40.0	22.5	123	158	30	121
空气/(m³/h)	103	124	427	222	132	121
氧气/(m³/h)	349	334	320	475	310	330
蒸汽/(kg/h)	510	626	528	1256	745	550
氧煤比/(m³/kg 煤)	0.33	0.53	0.41	0.51	0.44	0.63
蒸汽煤比/(kg/kg 煤)	0.48	0.99	0.68	1.35	1.02	1.05
氧气含量(体积分数)/%	82	79	55	75	76	79
出口气体组成/%						
CO	21.92	29.46	28.36	26.67	36.98	33.94
CO_2	28.09	21.59	18.38	20.98	8.07	22.42
CH_4	4.32	1.70	1.70	1.94	29.06	0.64
H_2	38.65	39.73	31.88	42.12	0.67	34.96
N_2	7.11	7.42	19.68	8.20	25.22	8.03
主要工艺指标						
气体热值/(kJ/m³)	9372	9468	8318	9497	8722	9000
气体产率/(m³/kg)	1.19	2.12	2.24	2.35	1.95	2.43
碳转化率/%	90.4	85.7	89.7	88.1	84.0	86.0

这些试验数据表明：①虽然各种煤反应性不同，但均可在灰熔聚流化床中在相似反应条件下气化生成煤气，产物中有效组分（CO+H_2）达到 70%；②在操作温度范围（1050～1100℃）内，具有不同灰熔融性温度的煤均能实现灰的熔聚和分离，所排灰中碳含量低于10%，碳转化率达到 90%；③比氧耗低 [<300m³O_2/1000m³（CO+H_2）]；④在氧气/蒸汽鼓风时，无烟煤也能够很好地气化。

表 11-26 给出了加压灰熔聚气化炉采用晋城无烟煤和文山褐煤的煤质分析，表 11-27 给出了相应的气化结果。

表 11-26 ICC 加压灰熔聚气化炉典型煤种煤质分析

项目	指标		项目	指标	
	晋城无烟煤	文山褐煤		晋城无烟煤	文山褐煤
工业分析(质量分数)/%			元素分析/%		
M_{ad}	5.00	25.98	C_{ad}	65.86	—
A_{ad}	23.17	7.45	H_{ad}	2.66	—
V_{ad}	6.19	33.51	O_{ad}	3.60	—
固定碳	—	33.06	N_{ad}	0.90	—

项目	指标		项目	指标	
	晋城无烟煤	文山褐煤		晋城无烟煤	文山褐煤
S_{ad}	1.61	—	ST	>1500	—
灰熔融性温度/℃			FT	>1500	—
DT	1460	—	热值 $Q_{net,v,ad}$/(kJ/kg)	25040	16727

表 11-27　ICC 加压灰熔聚气化炉典型煤种气化结果

项目	指标		项目	指标	
	晋城无烟煤	文山褐煤		晋城无烟煤	文山褐煤
操作条件			出口气体组成/%		
投煤量/(kg/h)	12540	19600	CO	26.0	—
温度/℃	1024	850	CO_2	26.5	—
压力(表压)/MPa	0.59	0.40	H_2	42.7	—
氧气/(m³/h)	5338	3400	CH_4	1.4	—
蒸汽/(kg/h)	14423	7790	N_2	3.3	—
氧煤比/(m³/kg 煤)	0.426	0.173	O_2	0.1	—
蒸汽煤比/(kg/kg 煤)	1.15	0.397	CO+H_2	68.7	46.1

（4）工程应用情况　ICC 灰熔聚流化床气化技术目前应用企业有三家，分别是石家庄金石化肥有限责任公司、山西晋城无烟煤矿业集团有限责任公司、云南文山铝业有限公司，在建和运行气化炉 10 台，单炉最大投煤量 450t/d。

（5）主要问题　灰熔聚气化技术目前存在的问题主要包括两个方面：一方面是操作压力低，因而处理能力低，中国科学院山西煤化所正在进行加压（设计压力 2.5MPa）气化技术研发，并取得了一些加压条件下的工程数据和操作经验，期待进一步提高操作压力，将气化炉单炉处理量提高到约 1000t/d 以上；另一方面是由于飞灰损失，总碳转化率仍较低，计划通过与一些燃烧过程（如 CFB、粉煤炉）或高温气化（气流床气化）耦合集成，使总碳转化率达到 95% 以上，提高整个系统的效率。

11.4.2　循环流化床气化技术

（1）国内循环流化床气化工艺研究与发展　"七五"期间，煤炭科学研究院北京煤化学研究所开展了加压循环流化床粉煤气化研究，建成了直径 100mm（扩大段直径 150mm）试验装置，设计压力 3.0MPa，开展了扎赉诺尔褐煤、蔚县长焰煤、神木不黏煤、东山瘦煤和晋城无烟煤等 5 个煤种的试验[170,171]。"八五"期间，在国家重点科技攻关项目的支持下，煤炭科学研究院北京煤化学研究所联合上海发电设备成套研究所继续开展加压循环流化床气化技术的研究开发，1992 年建成了冷模装置，1994 年建成了直径 300mm 的中试装置，设计压力 2.5MPa，先后对上海焦化厂高温冶金焦、上海杨树埔煤气厂伍德炉半焦、陕西神木煤、山西大同煤 1 号、大同煤 2 号等 5 种原料进行了气化试验，1995 年通过了机械工业部组织的专家鉴定[172-176]。虽然这一研究成果未得到工业化应用，但为其他单位研究循环流化床煤气化技术提供了重要借鉴。

20 世纪 80 年代，清华大学开始研究了循环流化床气化工艺，提出了双炉气化的技术路线，并先后完成了冷模实验和小试研究[177,178]。随后又提出了循环流化床煤气-蒸汽联产工艺，并列入国家"八五"科技攻关项目。1991 年至 1992 年间，在清华大学试验电厂内建起了循环流化床煤燃烧、气化热态试验装置，并成功完成了一系列冷、热态试验[179,180]。20 世纪 90 年代中后期，中国科学院山西煤炭化学研究所布局循环流化床煤气化技术的开发，并开展了相关的基础研究工作[181-184]。

中国科学院工程热物理研究所在循环流化床锅炉燃烧领域具有长期的技术积累，2002 年开始在国家 863 计划课题"循环流化床加压煤气化"的支持下，研究循环流化床气化技术，2004 年在循环流化床常压煤气化热态试验系统 CFBR100（提升管内径 100mm）上先后完成了以氧气-水蒸气为气化剂和空气-水蒸气为气化剂的试验研究[185-188]。其后又进行了双流化床气化试验，其原理是将煤的热解气化和半焦燃烧分开，热解气化在鼓泡流化床内进行，半焦燃烧在循环流化床内进行，为鼓泡床热解气化提供所需的热量[189-191]。2014 年完成了循环流化床富氧气化实验[192,193]。

2011 年 11 月，中国科学院工程热物理研究所开发的常压循环流化床煤气化技术首套工业示范装置在宁夏华盈矿业有限公司镁业分公司顺利投料，完成 420h 试车，运行期间，出站冷煤气量达到 25000m³/h，满足设计指标要求，煤气热值基本稳定在 1150kcal/m³（1kcal＝4.18kJ），为后续工艺镁合金冶炼提供了合格燃料。不同工况下气化飞灰含碳量＜33％，中位粒径在 50～70μm，气化飞灰具有高的比表面积和良好的气化反应活性[194]。

在常压流化床气化技术工程化的基础上，中国科学院工程热物理研究所又研究开发了加压循环流化床煤气化技术，加压技术充分保留了传统常压循环流化床煤气化技术优势，并且能强化气固间的流动、传热、传质和反应，提升煤气化性能指标。2019 年 12 月 4 日，由中国科学院工程热物理研究所和兰石集团共同开发的国内首套加压循环流化床煤气化装置在金昌项目现场交付使用，为甘肃金化集团 20 万吨/年合成氨生产线提供原料气，以替代其原有落后的固定床气化技术。

（2）工艺流程与技术特点　常压循环流化床煤气化工艺流程简图如图 11-16 所示[195]，该工艺主要由循环流化床煤气化炉本体（炉膛、旋风分离器、返料器）、煤气余热回收系统（空气预热器和/或余热锅炉）、煤气除尘系统（旋风除尘器和布袋除尘器）、煤气冷却器及辅助系统组成。其中，辅助系统包括给煤系统、供风系统、灰渣冷却及排出系统、循环水系统及煤气加压机等。

循环流化床煤气化过程是在温和（850～1100℃）气化条件下进行的。运行过程中，0～10mm 的粉煤经螺旋给料机加入气化炉，气化剂从炉膛底部进入气化炉。原料煤受高温加热发生干燥、热解、气化、燃烧及转化等一系列物理和化学变化；产生的半焦在还原区与气化剂发生气化反应，生成气化煤气；高温煤气与未反应完全的半焦及床料自炉膛顶部进入旋风分离器；循环半焦经返料器返回气化炉，继续参与气化反应；高温含尘煤气经冷却、除尘，最后经煤气加压机加压后送至后续工艺系统；气化飞灰从布袋除尘器排出，底渣从炉膛底部的排渣机排出。气化飞灰可送往配套设计的残炭锅炉进行燃烧，产生的蒸汽可以外供也可以回送至气化炉作为气化剂。

循环流化床气化的主要特点：

① 循环倍率高，容易实现大型化。循环流化床气化技术增加了气固分离和高倍率固体物料回送设备，不仅具有处理量大、气化强度大、炉内传热传质好的特点，还延长了煤颗粒在气化炉内的停留时间，有利于提高工艺的碳转化率。

② 煤种适应性较宽。循环流化床煤气化技术对煤的水分、灰分、含氧量及粒径等指标

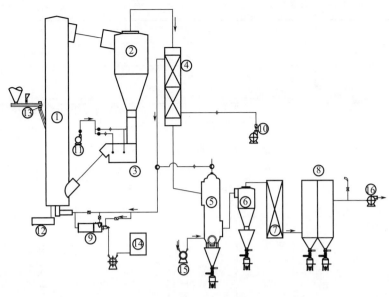

图 11-16　常压循环流化床煤气化工艺流程

1—提升管；2—旋风分离器；3—返料器；4—空气预热器；5—余热锅炉；6—旋风除尘器；
7—煤气冷却器；8—布袋除尘器；9—点火器；10—鼓风机；11—返料风机；12—冷渣机；
13—螺旋给料机；14—油箱；15—水泵；16—煤气加压机

不敏感，可使用褐煤、长焰煤、烟煤、不黏或弱黏结煤，煤源得到很大拓展，特别是为低阶煤清洁高效利用提供了良好的途径。

③ 适宜于生产低热值燃气，制气成本低。循环流化床气化技术以 0～10mm 的粉煤为原料，原料煤资源丰富、产量大、价格低，原料煤经简单破碎即可。

④ 运行维护成本比较低。循环流化床气化炉结构简单，生产中无运动部件，无烧嘴及其他气化辅助易损件，气化条件温和，无渣水处理工段，操作简单、维修量小，运行维护成本低。

表 11-28 列出了 25000m³/h、40000m³/h、60000m³/h 等不同容量等级气化炉所用典型煤种煤质组成[196]，表 11-29 列出了不同容量常压循环流化床气化炉操作条件[196]，图 11-17 为不同容量常压循环流化床气化炉合成气组成及主要工艺指标[196]。

表 11-28　不同容量常压循环流化床气化炉所用煤种煤质分析

分析项目	指标				
	神木煤	山西煤	内蒙古煤	朔州煤	诺金煤
工业分析(质量分数，ar)/%					
M_{ar}	12.0	10.8	16.4	17.4	14.8
A_{ar}	7.26	17.68	9.38	18.79	5.42
V_{ar}	31.38	25.25	26.13	25.14	26.76
FC_{ar}	49.36	46.27	48.09	38.67	53.02
元素分析(质量分数，ar)/%					
C_{ar}	65.25	57.89	60.06	47.8	64.48
H_{ar}	3.97	3.48	3.18	2.88	3.46
N_{ar}	0.87	0.94	0.95	0.74	0.79

分析项目	指标				
	神木煤	山西煤	内蒙古煤	朔州煤	诺金煤
O_{ar}	10.3	8.44	9.61	11.93	10.81
S_{ar}	0.36	0.77	0.43	0.47	0.24
$Q_{net,ar}$/(kJ/kg)	25360	22300	22840	17690	24450
灰熔融特征温度/℃					
变形温度	1130	1460	1330	>1500	1120
软化温度	1140	>1500	1350	—	1120
半球温度	1140	—	1360	—	1130
流动温度	1150	—	1370	—	1180
灰成分分析(质量分数)/%					
SiO_2	36.3	51.76	45.14	39.30	44.38
Al_2O_3	15.77	32.10	25.97	39.51	16.29
Fe_2O_3	10.62	4.79	4.76	3.52	7.31
CaO	20.39	3.54	10.77	5.16	15.03
MgO	1.32	0.59	0.9	1.08	1.61
TiO_2	0.95	1.23	1.15	1.8	0.89
SO_3	8.41	2.8	6.28	4.26	9.06
P_2O_5	0.06	0.2	0.46	0.33	0.19
K_2O	1.26	1.06	0.63	0.62	0.94
Na_2O	0.79	0.38	0.61	0.62	1.32

注：ar 表示收到基。FC_{ar} 和 O_{ar} 由差减法得到。

表 11-29　首套不同容量常压循环流化床气化炉运行参数

项目	运行参数					
运行工况	A	B	C	D	E	F
气化炉规模及产品	25000m³/h		40000m³/h		60000m³/h	
用户	惠然实业		信发华宇（Ⅰ期）		九江焦化	
运行煤种	神木煤	山西煤	内蒙古煤		朔州煤	诺金煤
炉膛温度/℃	945	932	945	930	950	951
给煤量/（kg/h）	8300	5290	13950	10480	24638	21007
空气量/（m³/h）	16970	9930	23170	15000	35598	34544
产气量/（m³/h）	26250	14218	41005	28926	65833	63935
气化炉负荷/%	105	57	103	72	110	107

（3）工程应用情况　截至 2023 年 12 月，中国科学院工程热物理研究所开发的循环流化床气化技术已推广到国内 40 个用户，在建和运行不同容量等级的气化炉 91 台。

（4）主要问题　循环流化床煤气化技术应用在工业燃气和化工原料气领域的生产经验表明，该技术是可行的。存在的问题主要包括以下两个方面：

① 碳转化率偏低，影响技术的经济性。碳转化率偏低的原因主要有三个方面：一是循环流化床气化温度温和，气化反应速率偏低；二是该工艺对煤破碎后的粒度要求太宽，通常

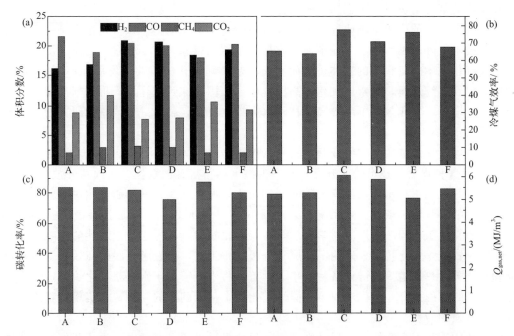

图 11-17　煤气化性能指标：(a) 煤气成分；(b) 冷煤气效率；(c) 碳转化率；(d) 低位热值

采用 0～10mm 的宽筛分粉煤为原料，粗颗粒需要更长的停留时间才能完全，但运行过程中为了保持床层压力，需要适时排渣，未完全反应的碳会随底渣一同排出系统，造成碳损失；三是煤气中细颗粒夹带物多，使得气化飞灰量大、含碳量高，并且未能回送至气化炉继续参与反应。目前已经开发出气化细粉残炭燃烧技术和蒸汽锅炉装备，有效解决气化细粉残炭燃烧再利用问题，提高了煤炭利用率。

② 单炉处理量偏小。迄今，最大容量的常压循环流化床气化炉产气量为 80000m³/h，煤处理量约为 800～1200t/d。相比于鼓泡流化床气化技术，高循环倍率的循环流化床气化技术在煤处理量方面有显著的提升，但与大规模加压气流床气化技术相比，运行压力低、单台煤处理量偏小，属于千吨级容量的气化技术，应用规模受到限制。

③ 在大循环倍率时容易产生管道、阀门等的磨损，需要继续完善改进。

④ 采用中高挥发分煤时，合成气中依然会存在焦油，对后系统的运行带来一些问题。

11.5　煤气化技术工程应用的启示

煤气化技术起源于西方，在我国也有 150 多年的应用和发展历史。我国对煤气化技术的自主研发起步于 20 世纪 50 年代初，并逐渐形成了我国在煤气化基础研究和工程应用领域引领发展的局面。

（1）要虚心向发达国家学习，但时刻不能忘记自主创新。学习和引进的目的是创新，要结合我国的自然资源条件、社会发展条件和行业发展需求消化、吸收、再创新。再创新是要针对引进技术中存在的各类工程问题开展基础研究，在扎实系统的研究基础上提出新思路、新方案、新技术，形成新工艺。再创新需要充分尊重原有知识产权，才能推动技术的不断进步，才能赶超世界先进水平。改革开放 40 多年来，煤气化技术在我国的快速发展，充分说明了在学习的基础上进行自主创新的重要性。

（2）扎实系统的应用基础研究是推动技术不断进步的原动力。煤气化技术是一个既陈旧又新颖的技术，陈旧是因为在工业革命后就提出了原创思想，有 200 多年的发展历史；新颖是因为煤气化技术随着科学的整体进步而不断进步，随着化学工业的发展而不断完善提升。从间歇进料到连续进料，从常压气化到高压气化，从固定床到流化床，再到气流床，单炉处理能力不断增加，气化效率不断提高，技术水平持续提升，技术进步与基础研究的深入推进密不可分。

我国在煤气化领域的基础研究起步较晚，但进步迅速。20 世纪 50 年代末开始，曾开展了 K-T 炉等各种煤气化技术研究开发，有不少技术思路富有创新性，但改革开放前 30 年的煤气化技术开发和工程示范，鲜有成功的案例，重要原因之一是基础研究相对薄弱，对与工程问题相关的科学原理缺乏深入系统研究。近 40 年，华东理工大学通过基础研究揭示引进技术存在的大量工程问题背后的科学原理，在煤气化技术领域做出了创新性的贡献，如首创了多喷嘴对置式煤气化技术，发明了合成气分级净化工艺，研发了预膜式高效长寿命水煤浆烧嘴和高效蒸发热水塔等关键设备，清华大学首次将水冷壁用于水煤浆气化炉等，无不得益于扎实系统的基础研究，不仅解决了中国煤气化技术从无到有的问题，也实现了我国煤气化技术从弱到强的转变。

（3）现代煤化工行业快速发展是推动煤气化技术进步的重要动力。改革开放前，我国煤气化技术发展落后的另一个原因是行业需求不足，企业没有成为技术创新的主体。实验室的基础研究要实现产业化，走向市场，企业是关键的一环。国内首套具有自主知识产权的大型煤气化技术（多喷嘴对置式水煤浆气化技术）的产业化，正是由于兖矿集团的大力支持才促进了该技术的广泛推广应用。煤气化技术的进步支撑了我国现代煤化工行业的快速发展，而现代煤化工行业的发展又对气化技术提出了更高的要求，从而促进煤气化技术的不断创新和进步。

（4）煤气化技术的选择一定要立足企业实际。每种煤气化技术都有其优点和不足，只是相对多少的差异，至今还没有适应所有煤种的万能煤气化技术，企业在煤气化技术的选择上一定要从自身实际出发。

从技术上，原料煤的理化特性是选择煤气化技术的首要条件，对煤种要有充分的研究和认识，包括煤的反应活性、灰分高低、灰成分、灰熔点、半焦的热强度、灰渣的黏度-温度特性等。根据目前的运行经验，若煤种适应水煤浆，在水煤浆气化和粉煤气化技术中应优先选择水煤浆气化技术。生产何种下游产品是煤气化技术选择的重要依据，应根据下游产品配置合适的气化工艺流程。若下游产品是 H_2（合成氨），应优先选择合成气激冷流程，而不应盲目选择废锅流程；若下游配置 IGCC 发电，则应优选废锅流程；若下游产品是 SNG，选择固定床气化较合理，但从长远看，将固定床和气流床水煤浆气化技术结合，既可解决块煤气化后剩余末煤的出路问题，也可解决固定床气化废水难处理的问题。

参考文献

[1] 王辅臣，于广锁，龚欣，等. 大型煤气化技术的研究与发展 [J]. 化工进展，2009，28（2）：173-180.

[2] 谢克昌. 中国煤化工技术的发展和创新 [J]. 应用化工，2006，35（S）：1-22.

[3] 王基铭. 中国现代煤化工产业现状与展望 [J]. 当代石油石化，2012（8）：1-6.

[4] 李志坚. 现代煤化工进展及发展关注重点 [J]. 化学工业，2013，31（6）：9-14.

[5] 杜铭华，安星悦. 我国新型煤化工发展思路探讨 [J]. 化学工业，2013，31（1）：19-21.

[6] 王辅臣. 我国现代煤化工发展及展望 [C]//中国化工学会石油化工学术年会. 南京, 2014.

[7] Yang Yong, Xu Jian, Liu Zhenyu, et al. Progress in coal chemical technologies of China [J]. Review in Chemical Engineering, 2020, 36: 21-66.

[8] 韩伯琦, 曾庆纯. 德士古水煤浆加压气化及 NHD 气体净化制合成气工艺介绍 (上) [J]. 化肥工业, 1995, 22 (1): 11-14.

[9] 章荣林. 水煤浆加压气化技术对煤种的适应性 [J]. 氮肥设计, 1992, 30 (6): 45-50.

[10] 王辅臣, 吴韬, 于建国, 等. 射流携带床气化炉内宏观混合过程研究 (Ⅲ) 过程分析与模拟 [J]. 化工学报, 1997, 48 (3): 337-346.

[11] 范立民. 水煤浆加压气化原料用煤更换总结 [J]. 化肥工业, 25 (5): 16-20.

[12] 李健, 付少华, 蒋小川. 德士古水煤浆加压气化装置应用技术总结 [J]. 氮肥设计, 1996, 34 (5): 56-58.

[13] 蒋威德, 韩伯琦. 德士古煤浆气化技术及装置运行分析 [J]. 煤化工, 1997, 2: 18-26.

[14] 王旭宾. 德士古煤气化装置运行状况及问题的探讨 [J]. 煤气与热力, 1997, 17 (6): 6-9.

[15] 王旭宾. 德士古煤气化装置运行状况及故障分析 [J]. 化肥工业, 1998, 25 (4): 22-26.

[16] 王旭宾. 德士古煤气化炉耐火砖问题探讨 [J]. 煤气与热力, 1998, 28 (6): 9-12.

[17] 许波. 德士古煤气化装置运行问题探讨 [J]. 煤化工, 1999, 4: 34-37, 40.

[18] 王旭宾. 德士古煤气化工艺技术完善探讨 [J]. 化肥工业, 1999, 26 (4): 53-55.

[19] 崔巍, 吕传磊, 徐厚斌. 德士古水煤浆加压气化技术的应用及创新 [J]. 化肥工业, 2000, 27 (6): 7-8, 17.

[20] 陈方林. 我公司德士古水煤浆加压气化装置的改进 [J]. 中氮肥, 2001, 3: 55-56.

[21] 朱冬梅, 聂成元, 孙清涛, 董金国. 水煤浆加压气化炉带水原因分析及应对措施 [J]. 化肥设计, 2002, 40 (2): 32-34.

[22] 罗庆洪. 水煤浆加压气化炉用 $Cr_2O_3-Al_2O_3-ZrO_2$ 砖的损毁模式 [J]. 耐火材料, 2005, 38 (4): 265-267, 270.

[23] 陈方林. 德士古水煤浆加压气化试车总结 [J]. 中氮肥, 2001, 4: 31-32.

[24] 刘远园, 马少龙, 秦敏建. 德士古水煤浆加压气化技术存在问题探析 [J]. 化工管理, 2016, 21: 81.

[25] 刘晓兵. GE 德士古水煤浆气化炉带水分析 [J]. 中国设备工程, 2020, 8: 171-172.

[26] 费家法. 陶氏煤气化工艺概况 [J]. 小氮肥技术设计, 2002, 23 (1): 5-8.

[27] 汪寿建. 现代煤气化技术发展趋势及应用综述 [J]. 化工进展, 2016, 35 (3): 653-664.

[28] 黄景梁. DOW 煤气化法及其在合成氨工业中的应用 [J]. 煤化工, 1989, 4: 34-38.

[29] 龚欣, 于建国, 肖克俭, 等. 德士古气化炉冷态流场测试 [J]. 华东化工学院学报, 1993, 19 (2): 128-133.

[30] 傅淑芳, 龚欣, 沈才大, 等. 德士古气化炉冷态停留时间分布测试 (Ⅰ) [J]. 华东化工学院学报, 1993, 19 (2): 133-138.

[31] 龚欣, 于建国, 王辅臣, 等. 冷态德士古气化炉流场与停留时间分布研究 [J]. 燃料化学学报, 1994, 32 (2): 189-195.

[32] 肖克俭, 于遵宏, 沈才大. 德士古气化炉冷态流场的数学模拟 [J]. 石油学报 (石油加工), 1992, 8 (2): 94-102.

[33] 于遵宏, 沈才大, 王辅臣, 等. 水煤浆气化炉气化过程的三区模型 [J]. 燃料化学学报, 1993, 21 (1): 90-95.

[34] 于遵宏, 沈才大, 王辅臣, 等. 水煤浆气化炉的数学模型 [J]. 燃料化学学报, 1993, 21 (2): 191-198.

[35] 王辅臣. 射流携带床气化过程研究 [D]. 上海: 华东理工大学, 1995.

[36] 王辅臣, 龚欣, 于广锁, 等. 射流携带床气化炉内宏观混合过程研究 (Ⅰ) 冷态浓度分布 [J]. 化工学报, 1997, 48 (2): 193-199.

[37] 王辅臣, 龚欣, 于广锁, 等. 射流携带床气化炉内宏观混合过程研究 (Ⅱ) 停留时间分布 [J]. 化工学报, 1997, 48 (2): 200-207.

[38] 华东理工大学. "九五"国家重点科技项目 (攻关) 计划可行性论证报告 [R]. 内部资料, 1995.

[39] 叶正才, 吴韬, 王辅臣, 等. 射流携带床气化炉内混合过程的研究 [J]. 华东理工大学学报, 1998, 24 (4): 385-388.

[40] 叶正才, 吴韬, 王辅臣, 等. 射流携带床气化炉内混合过程的数值模拟 [J]. 华东理工大学学报, 1998, 24 (6): 627-631.

[41] 刘海峰, 王辅臣, 吴韬, 等. 撞击流反应器内微观混合过程研究 [J]. 华东理工大学学报, 1999, 25 (3): 228-232.

[42] 刘海峰, 刘辉, 龚欣, 等. 大喷嘴间距对置撞击流径向速度分布 [J]. 华东理工大学学报, 2000, 26 (2): 168-172.

[43] 龚欣, 刘海峰, 王辅臣, 等. 新型水煤浆气化炉 [J]. 节能与环保, 2001, 6: 15-17.

[44] 纪利俊, 刘海峰, 王辅臣, 于遵宏. 撞击流反应器停留时间分布 [J]. 华东理工大学学报, 2006, 32 (1): 24-27.

[45] 王辅臣, 刘海峰, 龚欣, 等. 水煤浆气化系统数学模拟 [J]. 燃料化学学报, 2001, 29 (1): 33-38.

11 煤气化技术的工程化及其应用　　533

[46] 韩文，赵东志，祝庆瑞，等. 新型（多喷嘴对置）水煤浆气化炉的开发 [J]. 化肥工业，2001，28（3）：18-20.

[47] 龚欣，王辅臣，刘海峰，等. 新型撞击流气流床水煤浆气化炉 [J]. 燃气轮机技术，2002，15（2）：23-24.

[48] 于广锁，龚欣，刘海峰，等. 多喷嘴对置式水煤浆气化技术 [J]. 现代化工，2004，24（10）：46-49.

[49] 于遵宏，于广锁. 多喷嘴对置式水煤浆气化技术的研究开发与工业应用 [J]. 中国科技产业，2006，2：28-31.

[50] 王辅臣，于广锁，龚欣，等. 多喷嘴对置煤气化技术的研究与示范 [J]. 应用化工，2006，35（Z1）：119-132.

[51] Wang Fuchen，Zhou Zhijie，Dai Zhenhua，et al. Development and demonstration plant operation of an opposed multi-burner coal-water slurry gasification technology [J]. Frontiers of Energy and Power Engineering in China，2007，1（3）：251-258.

[52] 多喷嘴对置式水煤浆技术场考核报告 [R]. 中国石油和化学工业协会，2005-12.

[53] 日处理 2000 吨煤新型水煤浆气化技术现场考核报告 [R]. 中国石油和化学工业联合会，2011-11.

[54] 日处理煤 3000 吨级超大型煤气化技术工业装置现场考核报告 [R]. 中国石油和化学工业联合会，2015-09.

[55] 单炉日处理煤 4000 吨级超大规模水煤浆气化工业装置现场考核报告 [R]. 中国石油和化学工业联合会，2021-01.

[56] Chris Higman. GSTC Global Syngas Database [C]. Global Syngas Technologies Conference. Austin，USA，2019.

[57] Wang Fuchen，Yu Guangsuo，Liu Haifeng，et al. Opposed multi-burner gasification technology：Recent process of fundamental research and industrial application [J]. Chinese Journal Chemical Engineering Journal，2020，35：124-142.

[58] 郭庆华. 多喷嘴对置式水煤浆气化技术研发及工业应用最新进展 [C]. 第九届全国水煤浆气化技术交流年会. 无锡，2020.

[59] 张建胜，胡文斌，吴玉新，等. 分级气流床气化炉模型研究 [J]. 化学工程，2007，35（3）：14-18.

[60] 吴玉新，蔡春荣，张建胜，等. 二次氧量对分级气化炉气化特性影响的分析和比较 [J]. 化工学报，2012，63（2）：369-374.

[61] 毕大鹏，赵勇，管清亮，等. 水冷壁气化炉内熔渣流动特性模型 [J]. 化工学报，2015，66（3）：888-895.

[62] 丁满福，张建胜，马宏波. 水煤浆水冷壁气化炉结构的优化设计及应用 [J]. 中国化工装备，2015，17（4）：44-48.

[63] 晋帅妮，姚毅. 造之重器　炼硬核担当 [N]. 山西日报，2024-04-01.

[64] 合成气/蒸汽联产水煤浆水冷壁气化炉现场考核报告 [R]. 中国石油和化学工业联合会，2017-11.

[65] SE 水煤浆气化炉工业装置现场考核报告 [R]. 中国石化集团公司，2019-10.

[66] Van der Burgt M J，Naber J E. Develoment of the Shell Coal Gasification Process（SCGP）[C]. Third BOC Priestley Conference. London：1983.

[67] Van der Burgt M J，Naber J E. Development of the Shell coal gasifiaction process（SCGP）[C]. Advanced Gasification Symposium. Shanghai，1983.

[68] Postuma A. The Shell coal gasification process（SCGP）—research and development overview [C]//Technical Seminar on the Shell Coal Gasification Process. Beijing，1998.

[69] Doering E L，Cremea G A. Shell 煤气化工艺新进展 [J]. 洁净煤技术，1996，2（4）：51-54.

[70] 卢正滔. 采用 Shell 加压粉煤气化技术改造我国大、中型氨厂的评价（上）[J]. 化肥工业，2001，28（5）：3-9.

[71] 卢正滔. 采用 Shell 加压粉煤气化技术改造我国大、中型氨厂的评价（下）[J]. 化肥工业，2001，28（6）：5-8.

[72] 彭爱华，李新春. Shell 粉煤气化技术在合成氨装置上的应用 [J]. 化肥工业，2006，33（4）：41-43.

[73] 李亚东. Shell 粉煤气化技术应用综述 [J]. 大氮肥，2010，33（1）：46-49.

[74] Chris H，Maarten van der Burgt. Coal gasification [M]. USA：Elsevier Science，2003：2-4.

[75] Lorson H，Schingnitz M，Leipnitz Y. The thermal treatment of waste and sludges with the noell entrained-gasifier [C]. IchemE Conference. London，1995.

[76] 张东亮. 干法进料粉煤加压煤气化制合成气技术 [J]. 煤化工，1996（4）：24-30.

[77] 郭鉴. 国外煤气化及液化开发进展 [J]. 煤化工，1989（1）：31-39.

[78] 李大尚. Texaco 和 GSP 两种煤气化工艺的比较 [J]. 煤化工，1991（2）：6-11.

[79] 徐振刚，宫月华，蒋晓林. GSP 加压气流床气化技术及其在中国的应用前景 [J]. 洁净煤技术，1998，4（3）：9-11.

[80] 井云环，张劲松，杨英. GSP 气化工艺工业用中的技术改造 [J]. 现代化工，2013，33（12）：102-106.

[81] 吴跃，李刚健，井云环，等. GSP 气化技术煤粉密相输送系统稳定性研究 [J]. 煤炭科学技术，2012，40（12）：111-113.

[82] 杨英，魏璐，罗春桃. GSP 气化技术工业化应用及发展方向 [J]. 洁净煤技术，2013，19（1）：72-74.

[83] 姜赛红，杨珂，唐凤金，等. 典型的激冷流程干粉气流床煤气化技术比较 [J]. 化肥设计，2014，52（4）：8-12.

[84] 任永强，许世森，张东亮，等. 干煤粉加压气化技术的试验研究 [J]. 煤化工，2004 (3)：10-13.

[85] 任永强，许世森，郜时旺，等. 干法进料煤气化技术在中国的进展与发展趋势 [J]. 中国电力，2004，37 (6)：49-52.

[86] 任永强，许世森，夏军仓，等. 粉煤加压气化小型试验研究 [J]. 热能动力工程，2004，19 (6)：579-581.

[87] 任永强，许世森，等. 粉煤加压气化小型试验研究 [J]. 热能动力工程，2004，19 (6)：579-581.

[88] 张东亮，任永强，等. 两段式加压粉煤气化技术 [J]. 煤化工，2005，33 (6)：23-25.

[89] 许世森，任永强，夏军仓，等. 两段式干煤粉加压气化技术的研究开发 [J]. 中国电力，2006，39 (6)：30-33.

[90] 任永强，许世森，夏军仓，等. 神木煤粉加压气流床气化中试试验研究 [J]. 煤化工，2006 (5)：15-18.

[91] 许世森，任永强，李小宇，等. 两段式干煤粉加压气化技术的工程应用及技术经济分析 [J]. 应用化工，2006，35：133-142.

[92] 许世森，李小宇，任永强，等. 两段式干煤粉加压气化技术中试研究 [J]. 中国电力，2007，40 (4)：42-46.

[93] 任永强，许世森，夏军仓，等. 干煤粉加压气流床气化试验研究 [J]. 热能动力工程，2007，22 (4)：431-434.

[94] 许世森，刘刚，任永强，等. 新型两段式煤气化工艺进料系统的研发 [J]. 热力发电，2007 (5)：80-86.

[95] 李小宇，李广宇，许世森，曹子栋. 液态排渣煤气化炉炉内灰渣的流动和换热研究 [J]. 中国电机工程学报，2009，29 (14)：12-17.

[96] Xiaoyu Li, Guangyu Li, Zidong Cao, et al. Research on flow characteristics of slag film in a slag tapping gasifier [J]. Energy & Fuels, 2010, 24 (9)：5109-5115.

[97] 许世森，王保民. 两段式干煤粉加压气化技术及工程应用 [J]. 化工进展，2010，29 (S1)：290-294.

[98] 任永强，车得福，许世森，等. 国内外 IGCC 技术典型分析 [J]. 中国电力，2019，52 (2)：7-13，184.

[99] Xiaoyu Li, Yongbo Du, Pengqian Wang, et al. Numerical investigation on heat transfer characteristics of high-pressure syngas in the membrane helical-coil cooler of a 2, 000 t/d gasifier [J]. Numerical Heat Transfer, Part A：Applications，2017，72：708-720.

[100] 中国华能集团清洁能源研究院有限公司. 2000 吨/天级两段式干煤粉加压气化技术及工程应用技术鉴定报告 [R]. 2015.

[101] 邹家富，于要娟，聂成元. 两段炉激冷水装置积灰原因分析及改进 [J]. 化肥设计，2015，53 (1)：47-48.

[102] 李锐. 利用航天气化技术改造两段式加压气化工艺的可行性分析 [J]. 化肥设计，2017，55 (3)：52-55.

[103] 王辅臣，龚欣，刘海峰，等. Shell 粉煤气化炉的分析与模拟 [J]. 大氮肥，2002，25 (6)：381-384.

[104] 赵艳艳，陈峰，龚欣，等. 粉煤浓相气力输送中的固气比 [J]. 华东理工大学学报，2002，28 (3)：235-237.

[105] 赵艳艳，刘海峰，龚欣，等. 水平管粉煤密相气力输送压差信号的小波分析 [J]. 华东理工大学学报，2003，29 (1)：30-32.

[106] 龚欣，郭晓镭，代正华，等. 新型气流床粉煤加压气化技术 [J]. 现代化工，2005，25 (3)：51-52.

[107] 龚欣，郭晓镭，代正华，等. 自主创新的气流床粉煤加压气化技术 [J]. 大氮肥，2005，28 (3)：154-157.

[108] 龚欣，郭晓镭，代正华，等. 气流床粉煤加压气化制备合成气新技术 [J]. 煤化工，2006 (6)：5-8.

[109] 郭晓镭，梁钦锋，代正华，等. 多喷嘴对置式粉煤气化技术开发与工业示范进展 [C]//中国金属学会 2008 年非高炉炼铁年会文集. 延吉，2008.

[110] 姜从斌. 航天粉煤加压气化技术的发展及应用 [J]. 氮肥技术，2011，32 (1)：18-20.

[111] 姜从斌，刘晓军，葛超伟. HT-L 航天粉煤加压气化装置运行情况 [J]. 化工设计通讯，2011，37 (4)：24-28.

[112] 卢正滔，姜从斌. 航天粉煤加压气化技术（HT-L）的进展及装置运行情况 [J]. 化肥工业，2012，39 (4)：1-2.

[113] 朱玉营，赵静一，彭书，等. 航天粉煤加压气化炉运行总结 [J]. 化肥工业，2012，39 (4)：19-21.

[114] 姜从斌，朱玉营. 航天炉运行现状及煤种适应性分析 [J]. 煤炭加工与综合利用，2014 (10)：23-28.

[115] HT-L 航天粉煤加压气化装置现场考核标定报告 [R]. 中国石油和化学工业协会，2009-10.

[116] 航天炉褐煤清洁高效转化技术 [R]. 中国石油和化学工业联合会，2019-08-23.

[117] 航天炉无烟煤清洁高效转化技术 [R]. 中国石油和化学工业联合会，2020-08-16.

[118] 姜从斌. 航天粉煤气化新技术示范及应用报告 [C]//2020（第九届）中国国际煤化工发展论坛资料集. 荆州，2020.

[119] 张炜. SE-东方炉煤气化技术及其工业应用 [J]. 大氮肥，2015，38 (S1)：1-6.

[120] 丁家海. SE-东方炉粉煤加压气化技术煤种适应性工业试验 [J]. 大氮肥，2016，39 (6)：361-365.

[121] 胡小平. 安徽淮南煤在 SE-东方炉煤气化装置上的工业应用 [J]. 大氮肥，2019，42 (2)：73-77.

[122] 直径 2. 745 米固定层煤气炉系统技术革新成果汇编 [J]. 化肥工业，1977 (S1)：1-49.

[123] 杨金和，古永辉，于涌年，等. 煤炭加压气化中间试验装置 [J]. 煤炭科学技术，1985，13 (2)：29-32.

11　煤气化技术的工程化及其应用

[124] 陆成辉，阎洪明，王长洋，等. 中国煤的半工业性加压气化特性研究. 煤炭科学研究院北京煤化学研究所（内部资料）. 1985.

[125] 杨金和，古永辉，于涌年，等. 若干煤种的加压气化实验研究 [J]. 煤炭科学技术，1985，13（12）：24-28.

[126] 彭万旺，陈家仁. 煤的固定床加压气化小试试验研究 [Z]. 煤炭科学研究院北京煤化学研究所（项目鉴定材料）. 1990.

[127] 步学朋，彭万旺. 煤炭加压气化技术的研究及开发 [J]. 煤，2001（3）：14-18.

[128] 李文，沙兴中，孙惠，等. 加压下煤的着火特性的研究（Ⅰ）着火特性的影响因素 [J]. 燃料化学学报，1991，19（4）：366-372.

[129] 李文，沙兴中，孙惠，等. 加压下煤的着火特性的研究（Ⅱ）煤及煤焦性质的影响 [J]. 燃料化学学报，1991，19（4）：373-379.

[130] 沙兴中，曹建勤，任德庆. 加压下煤气化及燃烧特性评价（一）：加压下煤炭反应性的评定 [J]. 煤气与热力，1991，11（6）：4-9.

[131] 沙兴中，王光德，陈勤妹，等. 加压下煤气化及燃烧特性评价（二）：加压下煤黏结性的评定 [J]. 煤气与热力，1992，12（1）：10-14.

[132] 沙兴中，陆伟，胡镯琴，等. 加压下煤气化及燃烧特性评价（三）：加压下煤炭结渣性的测定 [J]. 煤气与热力，1992，12（2）：4-6.

[133] 王光德，沙兴中，任德庆. 加压移动床煤气化反应器的数学模型 [J]. 煤气与热力，1993，13（2）：14-27.

[134] 步学朋，彭万旺，项友谦. 固定床加压气化数学模型研究 [J]. 煤化工，1993（1）：6-15.

[135] 朱万美，金润成. 一米直径加压气化炉中间试验 [J]. 煤气与热力，1989，9（6）：13-17.

[136] 刘耀营. Φ2.8m加压气化炉第三次热态试验简况 [J]. 煤化工，1989（3）：59-60.

[137] 赵修武. Φ2.8m加压气化炉攻关总结 [J]. 煤化工，1990（2）：6-9.

[138] 荆宏健，李水弟，樊宏原. 鲁奇Mark-Ⅳ型煤加压气化炉运行总结 [J]. 大氮肥，1993（1）：14-16.

[139] 狄重阳，张银行，李录彦. Mark-Ⅳ型鲁奇炉煤气出口温度高和（或）灰锁温度高的原因分析及对策 [J]. 大氮肥，1998，21（5）：344-347.

[140] 樊宏原，李雅红. 鲁奇煤制气合成氨装置达产达标总结 [J]. 大氮肥，2002，25（3）：145-149.

[141] Elliott M A. Chemistry of Coal Utilization [M]. 2nd ed. Hoboken：John Wiley and Sons Inc，1981.

[142] 张传江. 创新驱动升级示范保障国家能源安全——煤制天然气产业示范实践启示与"十四五"政策建议 [C]//2020（第九届）中国国际煤化工发展论坛资料集. 荆州，2020.

[143] Hebden D，Edge R F. Experiments with a Slagging Pressure Gasifier [R]. Gas Council Research Commun. No. GC50，1958.

[144] Hebden D，Horsler A G，Lacey J A. Further experiments with a slagging pressure gasifier [R]. Gas Council Research Commun. No. GC112，1964.

[145] Anon. British gas's SNG process to receive S20 million ERDA grant [J]. Eur Chem News，1976，19.

[146] Hebden D. High pressure gasification under slagging conditions [C]. 7th Synthetic Pipeline Gas Symp. Chicago，1975.

[147] Brooks C T，Stroud H J F，Tart K R. British gas/lurgi slagging gasifier [M]//Hand Book of Synfuels Technology. New York：McGraw-Hill，1984：63-83.

[148] Cooke B H，Taylor M R. The environmental benefit of coal gasification using the BGL gasifier [J]. Fuel，1993，72（3）：305-314.

[149] 李宝庆. 液态排渣鲁奇气化技术的进展 [J]. 煤化工，1994（1）：17-22.

[150] 汪家铭. BGL碎煤熔渣气化技术及其工业应用 [J]. 化学工业，2011，29（7）：34-39.

[151] 宋文健，崔书明，韩雪冬，等. BGL煤气化技术分析与中煤图克煤制化肥气化炉运行总结 [J]. 煤炭加工与综合利用，2015（6）：45-49.

[152] 施峰. 影响BGL气化炉运行的设备问题分析与技改 [J]. 煤化工，2018，46（S）：32-34.

[153] 宋文健，崔书明，张上龙，等. BGL碎煤加压熔渣气化炉运行实践 [J]. 煤炭科学技术，2018，46（S2）：241-245.

[154] 王兆龙，颜文. 中煤图克煤制化肥项目实践 [J]. 煤岩加工与综合利用，2020（2）：43-47，50.

[155] 汪家铭. SES煤气化技术及其在国内的应用 [J]. 化肥设计，2010，48（5）：13-17.

[156] 王洋. 第二代流化床煤气化炉的开发 [J]. 煤炭转化，1989（1）：44-51.

[157] 张海生，张建民，王洋. 灰熔聚流化床粉煤气化工艺 [J]. 燃料与化工，1995，27（3）：151-156.

[158] 房倚天, 汤忠, 李梅, 等. 流化床气化炉飞灰气化反应性的研究Ⅰ: 与实验室制备焦气化反应性的差别 [J]. 燃料化学学报, 1996, 24 (2): 225-232.

[159] 房倚天, 吴晋沪, 张建民, 等. 流化床气化炉飞灰气化反应性的研究Ⅱ: 飞灰气化动力学的研究 [J]. 燃料化学学报, 1996, 24 (3): 225-232.

[160] Fang Yitian, Huang Jiejie, Wang Yang. Experiment and mathematical modeling of a bench-scale circulatingfluidized bed gasifier [J]. Fuel Process Technology, 2001, 69 (1): 29-44.

[161] 高鹍, 赵涛, 吴晋沪, 等. 简单射流流化床的数值模拟 [J]. 燃烧科学与技术, 2004, 10 (5): 444-450.

[162] 王洋, 吴晋沪. 中国高灰、高硫、高灰熔融性温度煤的灰熔聚流化床气化 [J]. 煤化工, 2005 (2): 3-5.

[163] 高鹍, 吴晋沪, 王洋. 灰熔聚流化床气化炉分布分离结构的模拟研究 [J]. 燃料化学学报, 2006, 34 (4): 487-491.

[164] 高鹍, 吴晋沪, 王洋. 灰熔聚流化床气化炉的 CFD 模拟研究 [J]. 燃料化学学报, 2006, 34 (6): 670-674.

[165] 李风海, 黄戒介, 房倚天, 等. 小龙潭褐煤流化床气化灰熔聚物的熔融特性 [J]. 煤炭转化, 2011, 34 (2): 36-40.

[166] 王洋. 灰熔聚流化床粉煤气化技术及其工业应用 [J]. 全国煤气化技术通讯, 2003 (3): 30-39.

[167] 王洋. 加压灰熔聚流化床粉煤气化技术的研究与开发 [J]. 山西化工, 2002, 22 (3): 4-7.

[168] 房倚天, 王洋, 马小云, 等. 灰熔聚流化床粉煤气化技术加压大型化研发新进展 [J]. 煤化工, 2007 (1): 11-15.

[169] 李庆峰, 李霄鹏, 黄戒介, 等. 灰熔聚流化床粉煤气化技术 0.6MPa 工业炉运行概况 [J]. 化学工程, 2010, 38 (10): 123-126.

[170] 加压流化床粉煤气化小试研究报告 (1986—1990) [R]. 煤炭科学研究院北京煤化学研究所 (内部资料). 1991.

[171] 增压循环流化床气化技术 [Z]. 煤炭科学研究院北京煤化学研究所科技成果鉴定证书 (第 9606007 号). 1996.

[172] 联合循环发电工艺——增加循环流化床 [Z]. 煤炭科学研究院北京煤化学研究所 (鉴定材料). 1995.

[173] 加压流化床煤气化技术研究报告 [R]. 煤炭科学研究院北京煤化学研究所 (内部资料). 1995.

[174] 项友谦, 彭万旺, 步学朋, 等. 粉煤加压气流床气化试验与模拟的比较 [C]//中国城市煤气学会气源专业委员会六届二次技术交流会. 昆明, 1994.

[175] 彭万旺, 步学朋, 王乃计, 等. 加压粉煤流化床气化技术试验研究 [J]. 煤炭转化, 1998, 21 (4): 67-76.

[176] 逄进, 彭万旺, 步学朋, 等. 加压粉煤流化床气化的开发研究 [J]. 煤气与热力, 1999, 19 (1): 3-8.

[177] 马润田, 郭宪华, 张魁彪. 流化循环床双器煤气化工艺小试 [J]. 煤气与热力, 1986, 6 (3): 12-17.

[178] 马润田. 流化循环床双器煤气化工艺 [J]. 钢铁, 1987 (3): 66-69.

[179] 李定凯, 沈幼庭, 徐秀清, 等. 循环流化床煤气-热-电联产技术及其应用前景 [J]. 煤气与热力, 1994, 14 (5): 41-45.

[180] 马润田, 梁国栋. 循环流化床粉煤气化工艺 [J]. 中国陶瓷工艺, 1995 (1): 32-33.

[181] 房倚天, 周政, 勾吉祥, 等. 循环流化床 (CFB) 煤/焦气化反应的研究Ⅰ: 操作气速、固体循环速率对循环流化床气化反应的影响 [J]. 燃料化学学报, 1998, 26 (6): 521-525.

[182] 房倚天, 陈富艳, 王鸿瑜, 等. 循环流化床 (CFB) 煤/焦气化反应的研究Ⅱ. 温度、氧含量及煤种对 CFB 气化反应的影响 [J]. 燃料化学学报, 1999, 27 (1): 23-28.

[183] 房倚天, 勾吉祥, 王鸿瑜, 等. 循环流化床 (CFB) 煤/焦气化反应的研究Ⅲ. 同鼓泡流化床 (BFB) 气化反应的对比 [J]. 燃料化学学报, 1999, 27 (1): 29-33.

[184] 冯荣涛, 李俊国, 房倚天, 等. 加压多段循环流化床固体颗粒浓度分布特性 [J]. 东南大学学报 (自然科学版), 2018, 48 (6): 1137-1142.

[185] 那永洁, 张荣光, 吕清刚, 等. 循环流化床常压煤气化的初步试验研究 [J]. 煤炭学报, 2004, 29 (5): 598-601.

[186] 张荣光, 那永洁, 吕清刚. 循环流化床煤气化试验研究 [J]. 中国电机工程学报, 2005, 25 (9): 80-85.

[187] 张荣光, 那永洁, 吕清刚. 循环流化床煤气化平衡模型研究 [J]. 中国电机工程学报, 2005, 25 (18): 80-85.

[188] 张荣光, 常万林, 那永杰, 等. 空气煤比对循环流化床煤气化过程的影响 [J]. 煤炭科学技术, 2006, 34 (3): 46-48.

[189] 吕清刚, 刘琦, 范晓旭, 等. 双流化床煤气化试验研究 [J]. 工程热物理学报, 2008, 29 (8): 1435-1439.

[190] 宋国良, 吕清刚, 刘琦, 等. 循环流化床单床与双床煤气化特性试验研究 [J]. 中国电机工程学报, 2009, 29 (32): 24-29.

[191] 刘嘉鹏, 于旷世, 朱治平, 等. 温度对循环流化床双床气化中热解炉产物影响 [J]. 化学工程, 2011, 40 (11): 56-59.

[192] 刘嘉鹏, 朱治平, 蒋海波, 等. 循环流化床富氧气化实验研究 [J]. 燃料化学学报, 2014, 42 (3): 297-302.

[193] 梁晨, 吕清刚, 张海霞, 等. 循环流化床煤富氧-水蒸气气化实验研究 [J]. 燃烧科学与技术, 2019, 25 (2): 105-111.

[194] Zhang Haixia，Zhu Zhiping，Zhou Zuxu，et al. Gasification reactivity of fly ash from an industrial fluidized bed gasifier ［C］. The 2013 Australia Symposium on Combustion. Perth，Australia，2013.

[195] 张海霞，刘伟伟，于旷世，等. 循环流化床工业气化炉高钠煤配煤气化研究. 煤炭学报，2017，42（4）：1021-1027.

[196] Qinggang Lu，Kuangshi Yu，Weiwei Liu，et al. Development and operation of large scale circulating fluidized bed coal gasification ［C］. The 12th International Conference on Fluidized Bed Technology. Kraków，Poland，2017.